0101001111011000010101100000101011111000001110110101101011110101010110101101010111010111011111101000010101100110101001010110010100000001010100

算法竞赛入门经典（第2版）

刘汝佳◎编著

清华大学出版社
北 京

内 容 简 介

本书是一本算法竞赛的入门与提高教材，把 C/C++语言、算法和解题有机地结合在一起，淡化理论，注重学习方法和实践技巧。全书内容分为 12 章，包括程序设计入门、循环结构程序设计、数组和字符串、函数和递归、C++与 STL 入门、数据结构基础、暴力求解法、高效算法设计、动态规划初步、数学概念与方法、图论模型与算法、高级专题等内容，覆盖了算法竞赛入门和提高所需的主要知识点，并含有大量例题和习题。书中的代码规范、简洁、易懂，不仅能帮助读者理解算法原理，还能教会读者很多实用的编程技巧；书中包含的各种开发、测试和调试技巧也是传统的语言、算法类书籍中难以见到的。

本书可作为全国青少年信息学奥林匹克联赛（NOIP）复赛教材、全国青少年信息学奥林匹克竞赛（NOI）和 ACM 国际大学生程序设计竞赛（ACM/ICPC）的训练资料，也可作为 IT 工程师与科研人员的参考用书。

图书在版编目（CIP）数据

算法竞赛入门经典/刘汝佳编著．—2 版．—北京：清华大学出版社，2014（2024.12重印）
（算法艺术与信息学竞赛）
ISBN 978-7-302-35628-8

I．①算…　II．①刘…　III．①计算机算法-教材　IV．①TP301.6

中国版本图书馆 CIP 数据核字（2014）第 046697 号

责任编辑：朱英彪
封面设计：刘　超
版式设计：文森时代
责任校对：王　云
责任印制：曹婉颖

出版发行：清华大学出版社
网　　址：https://www.tup.com.cn，https://www.wqxuetang.com
地　　址：北京清华大学学研大厦 A 座　　　邮　　编：100084
社 总 机：010-83470000　　　邮　　购：010-62786544
投稿与读者服务：010-62776969，c-service@tup.tsinghua.edu.cn
质量反馈：010-62772015，zhiliang@tup.tsinghua.edu.cn

印 装 者：大厂回族自治县彩虹印刷有限公司
经　　销：全国新华书店
开　　本：185mm×260mm　印　　张：30.5　字　　数：794 千字
版　　次：2009 年 11 月第 1 版　2014 年 6 月第 2 版　印　　次：2024 年12月第31次印刷
印　　数：205001～208000
定　　价：79.80 元

产品编号：055687-02

推 荐 序 一

《算法竞赛入门经典（第 2 版）》要面世了。一方面高兴，一方面也想借题发挥，这是因为近年来我和我的团队致力于研究计算机教育的改革，对于应该如何提升学生的思维能力和行动能力有了新的认识。当然我会把握“不要离题太远”。

在我的书案上常年摆着一本蓝皮的书《算法艺术与信息学竞赛》，这是刘汝佳与黄亮合写的书，2003 年 12 月我怀着喜悦的心情给这本书写了一页纸的序言。今天，时隔十年，我又拿起笔来为汝佳的新书作序，想到信息学奥林匹克的魅力，看到我们的学生能够承担起普及的责任和水平，此时此刻我的欣喜之情难以言表。“青出于蓝更胜于蓝”是我们当老师的最大愿望和期盼。汝佳之所以能写出这种内容和内涵丰富，文字也很难表达的思维艺术之美的好书，在于他对于信息学竞赛的热爱和他在青少年中普及计算机知识的强烈的责任感。汝佳为人低调诚实，做事认真负责，最可贵之处是那种“打破砂锅问到底”的求真务实精神，还有就是愿意和善于与人合作共事，能够真心听取别人的意见。

刘汝佳在中学参加信息学奥赛，进入清华大学后作为主力队员参加过 ACM/ICPC 世界大学生程序设计大赛，在本科和读研期间又长期担任国际信息学奥林匹克中国队的教练。很早以前他就说过：想写一本“从入门开始就能陪伴着读者的书”，意思是书的作用不仅是答疑、解惑，更是像朋友和知己，同读者一起探讨和研究问题。我当然赞成著书者的境界，在我给本科生上“程序设计基础”课时的感悟是：教学相长，发挥学生在学习中的主体作用，激发兴趣和调动积极性，创造条件，使其参与课程内容的研讨，并提出宝贵意见，是成就精品课的必由之路。汝佳说：“书的第 12 章就像是一个路标，告诉你每条路通往怎样的风景，但是具体还得靠读者自己走过去，在走之前也需要自己选择。”话说得很到位。闪光的东西蕴含在解决问题时的那些思维之美中，精妙的解题思路和策略有时令人拍案叫绝，一路学一路体味赏心悦目的风景，没有不爱学和学不会之理。

学会编程是一件相当重要的事，我在清华上课时对学生说“这是你们的看家本事”。一个国家，一个民族，要想不落伍，要想跻身于世界民族之林，关键在于拥有高素质的人才。学习和掌握信息科学与技术，在高水准人才的知识结构中占有重要的地位。讲文化要以科学为基础，讲科学要提高到文化的高度。学习计算机必须了解这一学科的内在规律和特征，“构造性”和“能行性”是计算机学科的两个最根本特征。与构造性相应的构造思维，又称计算思维，指的是通过算法的“构造”和实现来解决一个给定问题的一种“能行”的思维方式。

有些问题没有固定的解法，给读者留有广阔的发挥创造力的空间，经过思考构造出的算法能不能高效地解决问题，都得通过上机实践的检验，在这一过程中思维能力和行动能力会同步提升。我认为高手应该是这样炼成的。光说不练，纸上谈兵是绝对学不会的。

当前，有识之士已经认识到：大学计算机作为基础课，与数学、物理同样重要。培养计算机的应用能力，掌握使用计算机的思路和方法，必须既动手又动脑，体会和感悟蕴含于其中的计算思维要素，对于现代人是非常重要的。

当你拿到这本书时，建议你先看“阅读说明”。其中有两点，一是“本书最好是有人带着学习”，如果这一点做不到的话，建议你求助于网络，开展合作学习，向高人请教，让心得共享，这些都符合现代学习理念；二是“一定要重视书中的提示”，因为其中包含着需要掌握的重要知识点和编程技巧，你会发觉有些内容在一般教科书中是看不到的。

这是一本学习竞赛入门的书。我想说的是参加信息学竞赛入门不难，深造也是做得到的，关键是专心、恒心与信心，世上无难事，只要肯攀登！

全国信息学奥林匹克（NOI）科学委员会名誉主席
国际信息学奥林匹克中国队总教练
清华大学计算机科学与技术系
吴文虎

推荐序二

认识刘汝佳已有十多年的时间。2000 年 3 月，我作为 NOI（全国信息学奥林匹克）科学委员会委员赴澳门参加 NOI2000 的竞赛组织工作，正是在那届 NOI 上，刘汝佳以总分第四名的优异成绩获得 NOI2000 金牌并进入国家集训队。保送进入清华计算机系后，他又经选拔成为清华大学 ACM 队的主力队员，先后获得 2001 年 ACM/ICPC（国际大学生程序设计竞赛）亚洲-上海赛区冠军和 2002 年世界总决赛的银牌（世界第四）。其后的多年时间里，他还同时担任 NOI 科学委员会的学生委员和 IOI（国际信息学奥林匹克）中国国家队的教练。

2005—2007 年，刘汝佳在清华计算机系读研期间，正逢我为本科生开设《数据结构》课程，他多次担任这门课程的助教工作。十多年来他几乎每年都受聘参加 NOI 冬令营的授课，并赢得听课选手的一致好评。

可以说，刘汝佳既是一名 NOI 和 ACM/ICPC 成绩优异的金牌选手，又是曾多年执教国家集训队的金牌教练，同时还作为在 NOI 冬令营等竞赛培训第一线参与授课培训最受欢迎的金牌教师。他在信息学奥赛方面的丰富经历与多重身份，特别是近 20 年来他对信息学奥赛的痴迷与执着，使得他对程序设计语言得心应手，对各种数据结构和算法的理解也颇有心得。这些都为他日后编写算法和编程竞赛的多部专著奠定了坚实的基础。

以信息学奥赛的应用为背景，将数据结构和算法的知识点讲解与信息学奥赛的问题求解紧密联系在一起，通过大量鲜活的奥赛解题实例让读者领悟到不同算法和数据结构的精妙，是刘汝佳教材的独到之处与鲜明特色。这也是国内大量单一身份的作者（课程教师）编写的教材所欠缺又无法企及的。我们通常看到的或者是单纯叙述算法与数据结构知识的普通教材，或者是专门针对竞赛题目的题解汇编，但真正既能涵盖算法竞赛的主要知识点，又融入大量比赛技巧和解题经验教训，且将二者融会贯通的教材实在是凤毛麟角。刘汝佳的教材在这方面或者可以说是填补了空白，至少也称得上是独树一帜，这也是许多作者心有余而力不足的。

从编排结构和写作特点上来说，刘汝佳的专著充分考虑不同层次的读者阅读需求，在《算法竞赛入门经典》中分为语言篇、基础篇和竞赛篇，循序渐进，既适合初学者，也适合高手进一步提升研读。特别是书中大量实用的示例代码和丰富的例题与习题，使各种水平的选手都能从他的书中获益并汲取营养，是有志在竞赛中取得佳绩的选手所必备的参考资料。

从刘汝佳的第一本专著《算法艺术与信息学竞赛》问世至今刚好十年时间。其间，在读者好评如潮和高于市场预期的销量面前，刘汝佳并没有就此止步，而是搜集信息学竞赛选手的各种需求，对已出版的教材进行更多有益的尝试。在繁忙的工作之余仍能挤出时间笔耕不辍，这也从一个侧面反映了他的勤奋刻苦、不懈进取以及对信息学奥赛的执着追求。我们为国内信息学奥赛领域有汝佳这样优秀的专家学者感到庆幸。中国计算机学会 2009 年为他颁发的“特别贡献奖”实至名归。

今年正值邓小平同志提出“计算机的普及要从娃娃抓起”和全国信息学奥林匹克创办30周年，刘汝佳的新版专著为这一历史时刻增光添彩。我们期待信息学奥赛领域有更多更好的教材专著问世。让一切与信息学奥赛相关的劳动、知识、技术、管理和资本的活力竞相迸发，让一切与信息学奥赛创新改革的源泉充分涌流。让我们共同努力，谱写全国信息学奥林匹克的新篇章。

全国信息学奥林匹克（NOI）科学委员会主席
清华大学计算机科学与技术系
王　宏

推 荐 序 三

ACM 国际大学生程序设计竞赛（简称为 ACM-ICPC 或 ICPC）始于 1970 年，成形于 1977 年，并于 1996 年进入我国大陆。由于该项赛事形式别具一格，竞赛题目既有挑战性又有趣味性，有助于培养参赛选手的抽象思维、逻辑思维、心理素质、团队合作和协同能力，所以深受参赛选手们的喜爱，ACM-ICPC 赛事也从不为人所知、从组委会千方百计邀请各个兄弟院校组队参赛捧场，到如今各赛区组委会都遇到了多次扩容仍无法满足大家的参赛愿望。虽然在 1996 年仅有 19 所学校的 25 队参赛，但在 2013 年已有来自 250 所高校的 4300 多队参加了网络赛，170 多所学校的 840 多队获得了参加现场赛的机会。从竞赛中脱颖而出的优秀选手也获得了国内外著名企业的高度认可，可以说 ACM-ICPC 大赛得到社会各界的广泛认可，这也是对我们这批该项赛事组织者而言最大的鼓励和回报。

刘汝佳则是从该项赛事中涌现出的佼佼者之一，他不仅在该项赛事中取得了优异的成绩，获得了 2011 年 ACM-ICPC 亚洲区上海赛区冠军和 2002 年夏威夷全球总决赛银奖第一，而且热心于该项赛事的著书写作和命题等工作。

《算法竞赛入门经典（第 2 版）》将程序设计语言和算法灵活地结合在一起，形式独特，算法部分讲解细致，内容涵盖了许多经典算法，强调了不少入门时的注意事项，并且在一定程度上回答了“参加 ACM-ICPC 需要掌握哪些基本的知识点、哪些经典算法、要注意哪些基本的编程技巧、ICPC 优秀选手是如何分析问题和优化代码的”等一系列问题。

虽然本书不是一本专门为 ACM-ICPC 而写的教材，但是书中所有例题都来自 ACM-ICPC 相关竞赛，不仅可作为 ACM-ICPC 的入门参考书，同时也是一本适合具有一定数学基础但没有接触过程序设计的大学生阅读的算法参考书。

ACM 国际大学生程序设计竞赛中国区指导委员会秘书长
上海大学
周维民

第 2 版前言

《算法竞赛入门经典》第 1 版出版至今已有四个年头。这四年间发生了很多变化，如 NOI 系列比赛终于对 STL“解禁”，如 C11 和 C++11 标准出台，g++编译器升级（直接导致本书第 1 版中官方使用的<?和>?运算符无法编译通过），如《算法竞赛入门经典——训练指南》的出版弥补了本书第 1 版的很多缺憾，再如 ACM/ICPC 的蓬勃发展，使更多的大学生了解并参与到了算法竞赛中来……

看来，是时候给本书“升级”了。

主要的变化

我原本打算只是增加一章专门介绍 C++和 STL，用符合新语言规范的方式重写部分代码，顺便增加一些例题和习题，没想到一写就是 100 页——几乎让书的篇幅翻了一倍。写作第 1 版时，220 页的篇幅是和诸位一线中学教师商量后定下来的，因为书太厚会让初学者望而生畏。不过这几年的读者反馈让我意识到：由于篇幅限制，太多的东西让读者意犹未尽，还不如多写点。虽然之后出版了《算法竞赛入门经典——训练指南》，但那本书的主要目标是补充知识点，即拓展知识宽度，而我更希望在知识宽度几乎不变的情况下增加深度——我眼中的竞赛应该主要比思维和实践能力，而不是主要比见识。

索性，我继续加大篇幅，用大量的例子（包括题目和代码）来表现我想向读者传达的信息。一位试读的朋友在收到第一份书稿片段时惊呼：“题目的质量比第 1 版提高太多了！”这正是我这次改版的主要目的。

具体来说，这次改版有以下变化：

- ❑ 在前 4 章中逐步介绍一些更实用的语言技巧，直接使用竞赛题目作为例子。
- ❑ 全新的第 5 章，讲解竞赛中最常用的 C++语法，包括 STL 算法和容器。
- ❑ 第 6~7 章作为基础篇，加大代码和技巧的比例，并适当增加例题。
- ❑ 第 8~11 章作为中级篇，增加了各种例题，着重锻炼思维能力。
- ❑ 全新的第 12 章作为高级篇，在《算法竞赛入门经典——训练指南》的基础上补充少量知识点与大量精彩例题。

需要特别说明的是第 12 章出现的原因。这一章的内容很难，而且要求读者熟练掌握《算法竞赛入门经典——训练指南》的主要内容，看起来和“入门”二字是矛盾的。其实本书虽然名为“入门经典”，实际上却不仅只适合入门读者。根据这几年读者反馈的情况来看，有相当数量的有经验的选手也购买了本书。原因在于：很多有经验的选手属于“自学成才”，总觉得自己可能会漏掉点什么基础知识。事实也是如此：本书中提到的很多代码和分析技巧是传统教科书中见不到的，对于很多有经验的选手来说也是“新鲜事物”，并且他们能比初学者更快、更好地把这些知识运用到比赛中去。本书第 12 章就是为这些读者准备的。如果这样解释还不够直观，就把第 12 章作为一个游戏里通关后多出来的 Hard 模式吧！

阅读说明

既然内容有了较大变化，阅读方式也需要再次说明一下。首先，和本书第 1 版一样，**本书最好是有人带着学习**，如老师、教练或者学长。随着网络的发展，这个条件越来越容易满足了——就算是没人指导，也可以在别人的博客中留言，或者在贴吧中寻求帮助。

一定要重视书中的“提示”。书中有很多“提示”部分都是非常重要的知识点或者技巧，有些提示看似平凡无奇，但如果没有引起重视而导致赛场上丢分，可是会追悔莫及的。

接下来是关于新增第 5 章的。首先声明一点，这一章并不是 C++语言速成——C++语言是不可能速成的。这一章不是说你从头读到尾然后就掌握 C++了，而是提供一个纲要，告诉你哪些东西是算法竞赛中最常用的，以及这些东西应当如何使用。你可以先另外找一本书（或者阅读网上的文章）学习 C++，然后再看本书第 5 章（目的是把那些又容易晕又不那么有用的知识从脑子里删除），也可以直接看本书第 5 章，每次遇到看不懂或者觉得不够详细的地方，再找其他参考书来学。顺便说一句，**就算你已经非常熟悉 C++了，也最好浏览一下第 5 章（特别是代码！）**。这不会花费太多时间，但很可能学到有用的东西。

忍不住再说点题外话。有时学习算法的最好方法并不是编写程序，而是手算。“手算”这个词听上去有点枯燥，改成“玩游戏”如何？如《雷顿教授与不可思议的小镇》就是一个不错的选择——它包含了过河问题（谜题 7、93）、找砝码（谜题 6、131）、一笔画（谜题 30、39）、n 皇后（谜题 80~83，130）、倒水问题（谜题 23、24、78）、幻方（谜题 95）、华容道（谜题 97、132、135）等诸多经典问题。

最后，需要特别指出的是，本书前 11 章中全部 155 道例题的代码都可以在代码仓库中下载：https://github.com/aoapc-book/aoapc-bac2nd/。书稿中因篇幅原因未能展开叙述的算法细节和编程技巧都可以在代码仓库中找到，请读者朋友们善加利用。

致谢

虽然多出来了 200 多页，其实本书的改版工作并没有花费太长时间（不到半年），在此期间也没有麻烦太多朋友读稿和讨论。参与本书第 2 版读稿和校对工作的几位朋友分别是：陈锋（第 8~11 章）、王玉斌（第 8~9 章，第 12 章）、郭云镝（第 12 章）、曹海宇（第 5 章、第 9 章）、陈立杰（第 12 章）、叶子卿（第 12 章）、周以凡（第 12 章）。

感谢给我发邮件以及在 googlecode 的 wiki 中留言指出本书第 1 版勘误的网友们：imxivid、zr95.vip、李智维、王玉、chnln0526、yszhou4tech、metowolf88、zhongying822、chong97993、tplee923、wtx20074587、chu.pang、code4101、雷正阳等，你们的支持和鼓励是我写作的重要动力。

另外，书中部分难题的题解离不开以下朋友的赐教和讨论：Md.Mahbubul Hasan、Shahriar Manzoor、Derek Kisman、Per Austrin、Luis Garcia、顾昱洲、陈立杰、张培超等。

第 2 版的习题全部（这次不仅仅是“主要”了）来自 UVa 在线评测系统，感谢 Miguel Revilla 教授、他的儿子 Miguel Jr.和 Carlos M. Casas Cuadrado 对本书的大力支持。

最后，再次感谢清华大学出版社的朱英彪编辑在这个恰当的时机提出改版事宜，并容忍我把交稿时间一拖再拖。希望这次改版不会让你失望。

刘汝佳

前　言

“听说你最近在写一本关于算法竞赛入门的书？”朋友问我。

“是的。”我微笑道。

“这是怎样的一本书呢？”朋友很好奇。

“C 语言、算法和题解。”我回答。

“什么？几样东西混着吗？”朋友很吃惊。

“对。”我笑了，“这是我思考许久后做出的决定。”

大学之前的我

12 年前，当我翻开 Sam A.Abolrous 所著的《C 语言三日通》的第一页时，我不会想到自己会有机会编写一本讲解 C 语言的书籍。当时，我真的只用了 3 天就学完了这本书，并且自信满满：“我学会 C 语言啦！我要用它写出各种有趣、有用的程序！”但渐渐地，我认识到了：虽然浅显易懂，但书中的内容只是 C 语言入门，离实际应用还有较大差距，就好比**小学生学会造句以后还要下很大工夫才能写出像样的作文一样**。

第二本对我影响很大的书是 Sun 公司 Peter van der Linden（PvdL）所著的《C 程序设计奥秘》。作者称该书应该是每一位程序员“在 C 语言方面的第二本书”，因为“书中绝大部分内容、技巧和技术在其他任何书中都找不到”。原先我只把自己当成是程序员，但在阅读的过程中，我开始渐渐了解到硬件设计者、编译程序开发者、操作系统编写者和标准制定者是怎么想的。继续的阅读增强了我的领悟：**要学好 C 语言，绝非熟悉语法和语义这么简单**。

后来，我自学了数据结构，懂得了编程处理数据的基本原则和方法，然后又学习了 8086 汇编语言，甚至曾没日没夜地用 SoftICE 调试《仙剑奇侠传》，并把学到的技巧运用到自己开发的游戏引擎中。再后来，我通过《电脑爱好者》杂志上一则不起眼的广告了解到全国信息学奥林匹克联赛（当时称为分区联赛，NOIP 是后来的称谓）。“学了这么久的编程，要不参加个比赛试试？”想到这里，我拉着学校里另外一个自学编程的同学，找老师带我们参加了 1997 年的联赛——在这之前，学校并不知道有这个比赛。凭借自己的数学功底和对计算机的认识，我在初赛（笔试）中获得全市第二的成绩，进入了复赛（上机）。可我的上机编程比赛的结果是“惨烈”的：第一题有一个测试点超过了整数的表示范围；第二题看漏了一个条件，一分都没得；第三题使用了穷举法，全部超时。考完之后我原以为能得满分的，结果却只得了 100 分中的 20 多分，名落孙山。

痛定思痛，我开始反思这个比赛。一个偶然的机会，我拿到了一本联赛培训教材。书上说，比赛的核心是算法（Algorithm），并且推荐使用 Pascal 语言，因为它适合描述算法。我复制了一份 Turbo Pascal 7.0（那时网络并不发达）并开始研究。由于先学的是 C 语言，所以我刚开始学习 Pascal 时感到很不习惯：赋值不是“=”而是“:=”，简洁的花括号变成了累赘的 begin 和 end，if 之后要加个 then，而且和 else 之间不允许写分号……但很快我就发现，这些都不是本质问题。在编写竞赛题的程序时，我并不会用到太多的高级语法。Pascal 的语法虽然稍微啰嗦一点，但总体来说是很清晰的。就这样，我只花了不到一天的时间就把语法习惯从 C 转到了 Pascal，剩下的知识就是在不断编程中慢慢地学习和熟练——**学习 C 语言的过程是痛苦的，但收益也是巨大的，“轻松转到 Pascal”只是其中一个小小的例子。**

我学习计算机，从一开始就不是为了参加竞赛，因此，在编写算法程序之余，我几乎总是使用熟悉的 C 语言，有时还会用点汇编，并没有觉得有何不妥。随着编写应用程序的经验逐渐丰富，我开始庆幸自己先学的是 C 语言——在我购买的各类技术书籍中，几乎全部使用的是 C 语言而不是 Pascal 语言，尽管偶尔有用 Delphi 的文章，但这种语言似乎除了构建漂亮的界面比较方便之外，并没有太多的“技术含量”。**我始终保持着对 C 语言的熟悉，而事实证明这对我的职业生涯发挥了巨大的作用。**

中学竞赛和教学

在大学里参加完 ACM/ICPC 世界总决赛之后（当时 ACM/ICPC 还可以用 Pascal，现在已经不能用了），我再也没有用 Pascal 语言做过一件“正经事”（只是偶尔用它给一些只懂 Pascal 的孩子讲课）。后来我才知道，国际信息学奥林匹克系列竞赛是为数不多的几个允许使用 Pascal 语言的比赛之一。IT 公司举办的商业比赛往往只允许用 C/C++或 Java、C#、Python 等该公司使用较为频繁的语言（顺便说一句，C 语言学好以后，读者便有了坚实的基础去学习上述其他语言），而在做一些以算法为核心的项目时，一般来说也不能用 Pascal 语言——你的算法程序必须能和已有的系统集成，而这个“现有系统”很少是用 Pascal 写成的。为什么还有那么多中学生非要用这个“以后几乎再也用不着”的语言呢？

于是，我开始在中学竞赛中推广 C 语言。这并不是说我希望废除 Pascal 语言（事实上，我希望保留它），而是希望学生多一个选择，毕竟并不是每个参加信息学竞赛的学生都将走入 IT 界。但如果简单地因为“C 语言难学难用，竞赛中还容易碰到诸多问题”就放弃学习 C 语言，我想是很遗憾的。

然而，推广的道路是曲折的。作为五大学科竞赛（数学、物理、化学、生物、信息学）中唯一一门高考中没有的“特殊竞赛”，学生、教师、家长所走的道路要比其他竞赛要艰辛得多。

第一，数理化竞赛中所学的知识，多是大学本科时期要学习的，只不过是提前灌输给高中生而已，但信息学竞赛中涉及的很多知识甚至连本科学生都不会学到，即使学到了，也只是“简单了解即可”，和“满足竞赛的要求”有着天壤之别，这极大地削减了中学生学习算法和编程的积极性。

第二，学科发展速度快。辅导信息学竞赛的教师常常有这样的感觉：必须不停地学习学习再学习，否则很容易跟不上“潮流”。事实上，学术上的研究成果常常在短短几年之内就体现在竞赛中。

第三，质量要求高。想法再伟大，如果无法在比赛时间之内把它变成实际可运行的程序，那么所有的心血都将白费。数学竞赛中有可能在比赛结束前 15 分钟找到突破口并在交卷前一瞬间把解法写完——就算有漏洞，还有部分分数呢；但在信息学竞赛中，想到正确解法却 5 个小时都写不完程序的现象并不罕见。连程序都写不完当然就是 0 分，即使程序写完了，如果存在关键漏洞，往往还是 0 分。这不难理解——如果用这个程序控制人造卫星发射，难道当卫星爆炸之后你还可以向人炫耀说："除了有一个加号被我粗心写成减号从而引起爆炸之外，这个卫星的发射程序几乎是完美的。"

在这样的情况下，让学生和教师放弃自己熟悉的 Pascal 语言，转向既难学又容易出错的 C 语言确实是难为他们了，尤其是在 C 语言资料如此缺乏的情况下。等一下！C 语言资料缺乏？难道市面上不是遍地都是 C 语言教材吗？对，C 语言教材很多，但和算法竞赛相结合的书却几乎没有。**不要以为语言入门以后就能轻易地写出算法程序**（这甚至是很多 IT 工程师的误区），多数初学者都需要详细的代码才能透彻地理解算法，只了解算法原理和步骤是远远不够的。

大家都知道，编程需要大量的练习，只看和听是不够的。反过来，如果只是盲目练习，不看不听也是不明智的。本书的目标很明确——提供算法竞赛入门所必需的一切"看"的蓝本。有效的"听"要靠教师的辛勤劳动，而有效的"练"则要靠学生自己。当然，就算是最简单的"看"，也是大有学问的。不同的读者，往往能看到不同的深度。请把本书理解为"蓝本"。没有一本教材能不加修改就适用于各种年龄层次、不同学习习惯和悟性的学生，本书也不例外。我喜欢以人为本，因材施教，不推荐按照本书的内容和顺序填鸭式地教给学生。

内容安排

前面花了大量篇幅讨论了语言，但语言毕竟只是算法竞赛的工具——尽管这个工具非常重要，却不是核心。正如前面所讲，算法竞赛的核心是算法。我曾考虑过把 C 语言和算法分开讲解，一本书讲语言，另一本书讲基础算法。但后来我发现，其实二者难以分开。

首先，语言部分的内容选择很难。如果把 C 语言的方方面面全部讲到，篇幅肯定不短，而且和市面上已有的 C 语言教材基本上不存在区别；如果只是提纲挈领地讲解核心语法，并只举一些最为初级的例子，看完后读者将会处于我当初 3 天看完《C 语言三日通》后的状态——以为自己都懂了，慢慢才发现自己学的都是"玩具"，真正关键、实用的东西全都不懂。

其次，算法的实现常常要求程序员对语言熟练掌握，而算法书往往对程序实现避而不谈。即使少数书籍给出了详细代码，但代码往往十分冗长，不适合用在算法竞赛中。更重要的是，这些书籍对算法实现中的小技巧和常见错误少有涉及，所有的经验教训都需要读者自己从头积累。换句话说，传统的语言书和算法之间存在不小的鸿沟。

基于上述问题，本书采取一种语言和算法相结合的方法，把内容分为如下 3 部分：

- 第 1 部分是语言篇（第 1~4 章），纯粹介绍语言，几乎不涉及算法，但逐步引入一些工程性的东西，如测试、断言、伪代码和迭代开发等。
- 第 2 部分是算法篇（第 5~8 章），在介绍算法的同时继续强化语言，补充了第 1 部分没有涉及的语言特性，如位运算、动态内存管理等，并延续第一部分的风格，在需要时引入更多的思想和技巧。学习完前两部分的读者应当可以完成相当数量的练习题。

- 第 3 部分是竞赛篇（第 9~11 章），涉及竞赛中常用的其他知识点和技巧。和前两部分相比，第 3 部分涉及的内容更加广泛，其中还包括一些难以理解的“学术内容”，但其实这些才是算法的精髓。

本书最后有一个附录，介绍开发环境和开发方法，虽然它们和语言、算法的关系都不大，却往往能极大地影响选手的成绩。另外，本书讲解过程中所涉及的程序源代码可登录网站 http://www.tup.tsinghua.edu.cn/进行下载。

致谢

在真正动笔之前，我邀请了一些对本书有兴趣的朋友一起探讨本书的框架和内容，并请他们撰写了一定数量的文字，他们是赖笠源（语言技巧、字符串）、曹正（数学）、邓凯宁（递归、状态空间搜索）、汪堃（数据结构基础）、王文一（算法设计）、胡昊（动态规划）。尽管这些文字本身并没有在最终的书稿中出现，但我从他们的努力中获得了很多启发。北京大学的杨斐瞳完成了本书中大部分插图的绘制，清华大学的杨锐和林芝恒对本书进行了文字校对、题目整理等工作，在此一并表示感谢。

在本书构思和初稿写作阶段，很多在一线教学的老师给我提出了有益的意见和建议，他们是绵阳南山中学的叶诗富老师、绵阳中学的曾贵胜老师、成都七中的张君亮老师、成都石室中学的文仲友老师、成都大弯中学的李植武老师、温州中学的舒春平老师，以及我的母校——重庆外国语学校的官兵老师等。

本书的习题主要来自 UVa 在线评测系统，感谢 Miguel Revilla 教授和 Carlos M. Casas Cuadrado 的大力支持。

最后，要特别感谢清华大学出版社的朱英彪编辑，与他的合作非常轻松、愉快。没有他的建议和鼓励，或许我无法鼓起勇气把“算法艺术与信息学竞赛”以丛书的全新面貌展现给读者。

刘汝佳

目　　录

第1部分　语　言　篇

第2部分 基 础 篇

第3部分 竞 赛 篇

第1部分　语　言　篇

第1章　程序设计入门

学习目标

☑ 熟悉C语言程序的编译和运行
☑ 学会编程计算并输出常见的算术表达式的结果
☑ 掌握整数和浮点数的含义和输出方法
☑ 掌握数学函数的使用方法
☑ 初步了解变量的含义
☑ 掌握整数和浮点数变量的声明方法
☑ 掌握整数和浮点数变量的读入方法
☑ 掌握变量交换的三变量法
☑ 理解算法竞赛中的程序三步曲：输入、计算、输出
☑ 记住算法竞赛的目标及其对程序的要求

计算机速度快，很适合做计算和逻辑判断工作。本章首先介绍顺序结构程序设计，其基本思路是：把需要计算机完成的工作分成若干个步骤，然后依次让计算机执行。注意这里的“依次”二字——步骤之间是有先后顺序的。这部分的重点在于计算。

接下来介绍分支结构程序设计，用到了逻辑判断，根据不同情况执行不同语句。本章内容不复杂，但是不容忽视。

注意：编程不是看会的，也不是听会的，而是练会的，所以应尽量在计算机旁阅读本书，以便把书中的程序输入到计算机中进行调试，顺便再做做上机练习。千万不要图快——如果没有足够的时间用来实践，那么学得快，忘得也快。

1.1　算术表达式

计算机的“本职”工作是计算，因此下面先从算术运算入手，看看如何用计算机进行复杂的计算。

程序1-1　计算并输出1+2的值

```
#include<stdio.h>
int main()
{
```

```
  printf("%d\n", 1+2);
  return 0;
}
```

这是一段简单的程序，用于计算 1+2 的值，并把结果输出到屏幕。如果不知道如何编译并运行这段程序，可阅读附录A或向指导教师求助。

即使读者不明白上述程序除了“1+2”之外的其他代码，仍然可以进行以下探索：试着把“1+2”改成其他内容，而不要修改那些并不明白的代码——它们看上去工作情况良好。

下面做4个实验。

实验1：修改程序1-1，输出3-4的结果。

实验2：修改程序1-1，输出5×6的结果。

实验3：修改程序1-1，输出8÷4的结果。

实验4：修改程序1-1，输出8÷5的结果。

直接把“1+2”替换成“3-4”即可顺利解决实验1，但读者很快就会发现：无法在键盘上找到乘号和除号。解决方法是：用星号“*”代替乘号，而用正斜线“/”代替除号。这样，4个实验都顺利完成了。

等一下！实验4的输出结果居然是1，而不是正确答案1.6。这是怎么回事？计算机出问题了吗？计算机没有出问题，问题出在程序上：这段程序的实际含义并非和我们所想的一致。

在C语言中，8/5的确切含义是8除以5所得商值的整数部分。同样地，（-8）/5的值是-1。那么，如果非要得到8÷5=1.6的结果怎么办？下面是完整的程序。

程序1-2　计算并输出8/5的值，保留小数点后1位

```
#include<stdio.h>
int main()
{
  printf("%.1f\n", 8.0/5.0);
  return 0;
}
```

注意：百分号后面是一个小数点，然后是数字1，最后是小写字母f，千万不能输入错，包括大小写——在C语言中，大写和小写字母代表的含义是不同的。

再来做3个实验。

实验5：把%.1f中的数字1改成2，结果如何？能猜想出“1”的确切意思吗？如果把小数点和1都删除，%f的含义是什么？

实验6：字符串%.1f不变，把8.0/5.0改成原来的8/5，结果如何？

实验7：字符串%.1f改成原来的%d，8.0/5.0不变，结果如何？

实验5并不难解决，但实验6和实验7的答案就很难简单解释了——真正原因涉及整数和浮点数编码，相信多数初学者对此都不感兴趣。原因并不重要，重要的是规范：根据规范做事情，则一切尽在掌握中。

提示 1-1：整数值用%d 输出，实数用%f 输出。

这里的“整数值”指的是 1+2、8/5 这样“整数之间的运算”。只要运算符的两边都是整数，则运算结果也会是整数。正因为这样，8/5 的值才是 1，而不是 1.6。

8.0 和 5.0 被看作是“实数”，或者说得更专业一点，叫“浮点数”。浮点数之间的运算结果是浮点数，因此 8.0/5.0=1.6 也是浮点数。注意，这里的运算符“/”其实是“多面手”，它既可以做整数除法，又可以做浮点数除法[①]。

提示 1-2：整数/整数=整数，浮点数/浮点数=浮点数。

这条规则同样适用于加法、减法和乘法，不过没有除法这么容易出错——毕竟整数乘以整数的结果本来就是整数。

算术表达式可以和数学表达式一样复杂，例如：

程序 1-3　复杂的表达式计算

```
#include<stdio.h>
#include<math.h>
int main()
{
  printf("%.8f\n", 1+2*sqrt(3)/(5-0.1));
  return 0;
}
```

相信读者不难把它翻译成数学表达式 $1+\dfrac{2\sqrt{3}}{5-0.1}$。尽管如此，读者可能还是有一些疑惑：5-0.1 的值是什么？“整数-浮点数”是整数还是浮点数？另外，多出来的#include<math.h>有什么作用？

第 1 个问题相信读者能够“猜到”结果：整数-浮点数=浮点数。但其实这个说法并不准确。确切的说法是：整数先“变”成浮点数，然后浮点数-浮点数=浮点数。

第 2 个问题的答案是：因为程序 1-3 中用到了数学函数 sqrt。数学函数 sqrt(x)的作用是计算 x 的算术平方根（若不信，可输出 sqrt(9.0)的值试试）。一般来说，只要在程序中用到了数学函数，就需要在程序最开始处包含头文件 math.h，并在编译时连接数学库。如果不知道如何编译并运行这段程序，可阅读本章末尾的内容。

1.2　变量及其输入

1.1 节的程序虽好，但有一个遗憾：计算的数据是事先确定的。为了计算 1+2 和 2+3，

① 但也有不少语言会严格区分整数除法和浮点数除法。

下面不得不编写两个程序。可不可以让程序读取键盘输入，并根据输入内容计算结果呢？答案是肯定的。程序如下：

程序 1-4　a+b 问题

```
#include<stdio.h>
int main()
{
  int a, b;
  scanf("%d%d", &a, &b);
  printf("%d\n", a+b);
  return 0;
}
```

该程序比 1.1 节的复杂了许多。简单地说，第一条语句“int a, b”声明了两个整型（即整数类型）变量 a 和 b，然后读取键盘输入，并放到 a 和 b 中。注意 a 和 b 前面的“&”符号——千万不要漏掉，不信可以试试[①]。

现在，你的程序已经读入了两个整数，可以在表达式中自由使用它们，就好比使用 12、597 这样的常数。这样，表达式 a+b 就不难理解了。

提示 1-3：scanf 中的占位符和变量的数据类型应一一对应，且每个变量前需要加“&”符号。

可以暂时把变量理解成“存放值的场所”，或者形象地认为每个变量都是一个盒子、瓶子或箱子。在 C 语言中，变量有自己的数据类型，例如，int 型变量存放整数值，而 double 型变量存放浮点数值（专业的说法是“双精度”浮点数）。如果一定要把浮点数值存放在一个 int 型变量中，将会丢失部分信息——我们不推荐这样做。

下面来看一个复杂一点的例子。

例题 1-1　圆柱体的表面积

输入底面半径 r 和高 h，输出圆柱体的表面积，保留 3 位小数，格式见样例。

样例输入：

```
3.5 9
```

样例输出：

```
Area = 274.889
```

【分析】

圆柱体的表面积由 3 部分组成：上底面积、下底面积和侧面积。由于上下底面积相等，完整的公式可以写成：表面积=底面积×2+侧面积。根据几何知识，底面积=πr^2，侧面积=$2\pi rh$。不难写出完整程序：

[①] 在学习编程时，“明知故犯”是有益的：起码你知道了错误时的现象。这样，当真的不小心犯错时，可以通过现象猜测到可能的原因。

程序 1-5　圆柱体的表面积

```
#include<stdio.h>
#include<math.h>
int main()
{
  const double pi = acos(-1.0);
  double r, h, s1, s2, s;
  scanf("%lf%lf", &r, &h);
  s1 = pi*r*r;
  s2 = 2*pi*r*h;
  s = s1*2.0 + s2;
  printf("Area = %.3f\n", s)
  return 0;
}
```

这是本书中第一个完整的“竞赛题目”，因为和正规比赛一样，题目中包含着输入输出格式规定，还有样例数据。大多数的算法竞赛包含如下一些相同的“游戏规则”。

首先，选手程序的执行是自动完成的，没有人工干预。不要在用户输入之前打印提示信息（例如“Please input n:”），这不仅不会为程序赢得更高的“界面友好分”，反而会让程序丢掉大量的（甚至所有的）分数——这些提示信息会被当作输出数据的一部分。例如，刚才的程序如果加上了“友好提示”，输出信息将变成：

```
Please input n:
Area = 274.889
```

比标准答案多了整整一行！

其次，不要让程序“按任意键退出”（例如，调用 system("pause")，或者添加一个多余的 getchar()），因为不会有人来“按任意键”的。不少早期的 C 语言教材会建议在程序的最后添加这样一条语句来“观察输出结果”，但注意千万不要在算法竞赛中这样做。

提示 1-4： *在算法竞赛中，输入前不要打印提示信息。输出完毕后应立即终止程序，不要等待用户按键，因为输入输出过程都是自动的，没有人工干预。*

在一般情况下，你的程序不能直接读取键盘和控制屏幕：不要在算法竞赛中使用 getch()、getche()、gotoxy()和 clrscr()函数（早期的教材中可能会介绍这些函数）。

提示 1-5： *在算法竞赛中不要使用头文件 conio.h，包括 getch()、clrscr()等函数。*

最后，最容易忽略的是输出的格式：在很多情况下，输出格式是非常严格的，多一个或者少一个字符都是不可以的！

提示 1-6： *在算法竞赛中，每行输出均应以回车符结束，包括最后一行。除非特别说明，每行的行首不应有空格，但行末通常可以有多余空格。另外，输出的每两个数或者字符串之间应以单个空格隔开。*

总结一下，算法竞赛的程序应当只做 3 件事情：读入数据、计算结果、打印输出。不要打印提示信息，不要在打印输出后“暂停程序”，更不要尝试画图、访问网络等与算法无关的任务。

回到刚才的程序，它多了几个新内容。首先是“const double pi = acos(-1.0);”。这里也声明了一个叫 pi 的“符号”，但是 const 关键字表明它的值是不可以改变的——pi 是一个真正的数学常数[①]。

提示 1-7：尽量用 const 关键字声明常数。

接下来是 s1 = pi * r * r。这条语句应该如何理解呢？“s1 等于 pi*r*r”吗？并不是这样的。若把它换成“pi * r * r = s1”，编译器会给出错误信息：invalid value in assignment。如果这条语句真的是“二者相等”的意思，为何不允许反着写呢？

事实上，这条语句的学术说法是赋值（assignment），它不是一个描述，而是一个动作。其确切含义是：先把“等号”右边的值算出来，然后赋于左边的变量中。注意，变量是“喜新厌旧”的，即新的值将覆盖原来的值，一旦被赋了新的值，变量中原来的值就丢失了。

提示 1-8：赋值是个动作，先计算右边的值，再赋给左边的变量，覆盖它原来的值。

最后是“Area = %.3f\n”，该语句的用法很容易被猜到：只有以“%”开头的部分才会被后面的值替换掉，其他部分原样输出。

提示 1-9：printf 的格式字符串中可以包含其他可打印符号，打印时原样输出。

这里还有一个非常容易忽略的细节：输入采用的是"%lf"而不是"%f"。关于这一点，本章的末尾会继续讨论，现在先跳过。

1.3 顺序结构程序设计

例题 1-2 三位数反转

输入一个三位数，分离出它的百位、十位和个位，反转后输出。

样例输入：

```
127
```

样例输出：

```
721
```

【分析】

首先将三位数读入变量 *n*，然后进行分离。百位等于 *n*/100（注意这里取的是商的整数部分），十位等于 *n*/10%10（这里的%是取余数操作），个位等于 *n*%10。程序如下：

---

① 有的读者可能会用 math.h 中定义的常量 M_PI，但其实这个常数不是 ANSI C 标准的。不信可以用 gcc-ansi 编译试试。

程序 1-6　三位数反转（1）

```
#include<stdio.h>
int main()
{
  int n;
  scanf("%d", &n);
  printf("%d%d%d\n", n%10, n/10%10, n/100);
  return 0;
}
```

此题有一个没有说清楚的细节，即：如果个位是 0，反转后应该输出吗？例如，输入是 520，输出是 025 还是 25？如果在算法竞赛中遇到这样的问题，可向监考人员询问[①]。但是在这里，两种情况的处理方法都应学会。

提示 1-10： 算法竞赛的题目应当是严密的，各种情况下的输出均应有严格规定。如果在比赛中发现题目有漏洞，应向相关人员询问，尽量不要自己随意假定。

上面的程序输出 025，但要改成输出 25 似乎会比较麻烦——必须判断 n%10 是不是 0，但目前还没有学到“根据不同情况执行不同指令”（分支结构程序设计是 1.4 节的主题）。

一个解决方法是在输出前把结果存储在变量 m 中。这样，直接用%d 格式输出 m，将输出 25。要输出 025 也很容易，把输出格式变为%03d 即可。

程序 1-7　三位数反转（2）

```
#include<stdio.h>
int main()
{
  int n, m;
  scanf("%d", &n);
  m = (n%10)*100 + (n/10%10)*10 + (n/100);
  printf("%03d\n", m);
  return 0;
}
```

例题 1-3　交换变量

输入两个整数 a 和 b，交换二者的值，然后输出。

样例输入：

```
824  16
```

样例输出：

```
16  824
```

① 如果是网络竞赛，还可以向组织者发信，在论坛中提问或者拨打热线电话。

【分析】

按照题目所说，先把输入存入变量 a 和 b，然后交换。如何交换两个变量呢？最经典的方法是三变量法：

程序 1-8　变量交换（1）

```
#include<stdio.h>
int main()
{
  int a, b, t;
  scanf("%d%d", &a, &b);
  t = a;
  a = b;
  b = t;
  printf("%d %d\n", a, b);
  return 0;
}
```

可以将这种方法形象地比喻成将一瓶酱油和一瓶醋借助一个空瓶子进行交换：先把酱油倒入空瓶，然后将醋倒进原来的酱油瓶中，最后把酱油从辅助的瓶子中倒入原来的醋瓶子里。这样的比喻虽然形象，但是初学者应当注意它和真正的变量交换的区别。

借助一个空瓶子的目的是：避免把醋直接倒入酱油瓶子——直接倒进去，二者混合以后，将很难分开。在C语言中，如果直接进行赋值 a=b，则原来 a 的值（酱油）将会被新值（醋）覆盖，而不是混合在一起。

当酱油被倒入空瓶以后，原来的酱油瓶就变空了，这样才能装醋。但在C语言中，进行赋值 $t=a$ 后，a 的值不变，只是把值复制给了变量 t 而已，自身并不会变化。尽管 a 的值马上就会被改写，但是从原理上看，t=a 的过程和“倒酱油”的过程有着本质区别。

提示 1-11：赋值 $a=b$ 之后，变量 a 原来的值被覆盖，而 b 的值不变。

另一个方法没有借助任何变量，但是较难理解：

程序 1-9　变量交换（2）

```
#include<stdio.h>
int main()
{
  int a, b;
  scanf("%d%d", &a, &b);
  a = a + b;
  b = a - b;
  a = a - b;
  printf("%d %d\n", a, b);
  return 0;
}
```

这次就不太方便用倒酱油做比喻了：硬着头皮把醋倒在酱油瓶子里，然后分离出酱油倒回醋瓶子？比较理性的方法是手工模拟这段程序，看看每条语句执行后的情况。

在顺序结构程序中，程序一条一条依次执行。为了避免值和变量名混淆，假定用户输入的是 a_0 和 b_0，因此 scanf 语句执行完后 $a = a_0$，$b = b_0$。

执行完 $a = a+b$ 后：$a = a_0+b_0$，$b = b_0$。

执行完 $b = a-b$ 后：$a = a_0+b_0$，$b = a_0$。

执行完 $a = a-b$ 后：$a = b_0$，$b = a_0$。

这样，就不难理解两个变量是如何交换的了。

提示 1-12：可以通过手工模拟的方法理解程序的执行方式，重点在于记录每条语句执行之后各个变量的值。

这个方法看起来很好（少用一个变量），但实际上很少使用，因为它的适用范围很窄：只有定义了加减法的数据类型才能采用此方法[①]。事实上，笔者并不推荐读者采用这样的技巧实现变量交换：三变量法已经足够好，这个例子只是帮助读者提高程序阅读能力。

提示 1-13：交换两个变量的三变量法适用范围广，推荐使用。

那么是不是说，三变量法是解决本题的最佳途径呢？答案是否定的。多数算法竞赛采用黑盒测试，即只考查程序解决问题的能力，而不关心采用了什么方法。对于本题而言，最合适的程序如下：

程序 1-10　变量交换（3）

```
#include<stdio.h>
int main()
{
  int a, b;
  scanf("%d%d", &a, &b);
  printf("%d %d\n", b, a);
  return 0;
}
```

换句话说，我们的目标是解决问题，而不是为了写程序而写程序，同时应保持简单（Keep It Simple and Stupid，KISS），而不是自己创造条件去展示编程技巧。

提示 1-14：算法竞赛是在比谁能更好地解决问题，而不是在比谁写的程序看上去更高级。

1.4　分支结构程序设计

例题 1-4　鸡兔同笼

已知鸡和兔的总数量为 n，总腿数为 m。输入 n 和 m，依次输出鸡的数目和兔的数目。

① 这个方法还有一个“变种”：用异或运算“^”代替加法和减法，还可以进一步简写成 a^=b^=a^=b，但不建议使用。

如果无解，则输出 No answer。

样例输入：

```
14 32
```

样例输出：

```
12 2
```

样例输入：

```
10 16
```

样例输出：

```
No answer
```

【分析】

设鸡有 a 只，兔有 b 只，则 $a+b=n$，$2a+4b=m$，联立解得 $a=(4n-m)/2$，$b=n-a$。在什么情况下此解“不算数”呢？首先，a 和 b 都是整数；其次，a 和 b 必须是非负的。可以通过下面的程序判断：

程序 1-11 鸡兔同笼

```
#include<stdio.h>
int main()
{
  int a, b, n, m;
  scanf("%d%d", &n, &m);
  a = (4*n-m)/2;
  b = n-a;
  if(m % 2 == 1 || a < 0 || b < 0)
    printf("No answer\n");
  else
    printf("%d %d\n", a, b);
  return 0;
}
```

上面的程序用到了 if 语句，其一般格式是：

```
if(条件)
    语句 1;
else
    语句 2;
```

注意语句 1 和语句 2 后面的分号，以及 if 后面的括号。“条件”是一个表达式，当该表达式的值为“真”时执行语句 1，否则执行语句 2。另外，“else 语句 2”是可以省略的。

语句 1 和语句 2 前面的空行是为了让程序更加美观，并不是必需的，但强烈推荐读者使用。

提示 1-15：if 语句的基本格式为：if(条件) 语句 1; else 语句 2。

换句话说，“m%2==1 || a < 0 || b < 0”是一个表达式，其字面意思是“m 是奇数，或者 a 小于 0，或者 b 小于 0”。这句话可能正确，也可能错误。因此这个表达式的值可能为真，也可能为假，取决于 m、a 和 b 的具体数值。

这样的表达式称为逻辑表达式。和算术表达式类似，逻辑表达式也由运算符和值构成，例如“||”运算符称为“逻辑或”，a || b 表示 a 为真，或者 b 为真。换句话说，a 和 b 只要有一个为真，a || b 就为真；如果 a 和 b 都为真，则 a || b 也为真。和其他语言不同的是，在 C 语言中单个整数也可以表示真假，其中 0 为假，其他值为真。

提示 1-16：if 语句的条件是一个逻辑表达式，它的值可能为真，也可能为假。单个整数值也可以表示真假，其中 0 为假，其他值为真。

细心的读者也许发现了，如果 a 为真，则无论 b 的值如何，a || b 均为真。换句话说，一旦发现 a 为真，就不必计算 b 的值。C 语言正是采取了这样的策略，称为短路(short-circuit)。也许读者会觉得，用短路的方法计算逻辑表达式的唯一优点是速度更快，但其实并不是这样，稍后将通过几个例子予以证实。

提示 1-17：C 语言中的逻辑运算符都是短路运算符。一旦能够确定整个表达式的值，就不再继续计算。

例题 1-5　三整数排序

输入 3 个整数，从小到大排序后输出。

样例输入：

```
20 7 33
```

样例输出：

```
7 20 33
```

【分析】

a、*b*、*c* 这 3 个数一共只有 6 种可能的顺序：*a b c*、*a c b*、*b a c*、*b c a*、*c a b*、*c b a*，所以最简单的思路是使用 6 条 if 语句。

程序 1-12　三整数排序（1）（错误）

```
#include<stdio.h>
int main()
{
  int a, b, c;
  scanf("%d%d%d", &a, &b, &c);
  if(a < b && b < c)printf("%d %d %d\n", a, b, c);
  if(a < c && c < b)printf("%d %d %d\n", a, c, b);
```

```
  if(b < a && a < c)printf("%d %d %d\n", b, a, c);
  if(b < c && c < a)printf("%d %d %d\n", b, c, a);
  if(c < a && a < b)printf("%d %d %d\n", c, a, b);
  if(c < b && b < a)printf("%d %d %d\n", c, b, a);
  return 0;
}
```

上述程序看上去没有错误，而且能通过题目中给出的样例，但可惜有缺陷：输入“1 1 1”将得不到任何输出！这个例子说明：即使通过了题目中给出的样例，程序仍然可能存在问题。

提示 1-18： 算法竞赛的目标是编程对任意输入均得到正确的结果，而不仅是样例数据。

将程序稍作修改：把所有的小于符号“<”改成小于等于符号“<=”（在一个小于号后添加一个等号）。这下总可以了吧？很遗憾，还是不行。对于“1 1 1”，6 种情况全部符合，程序一共输出了 6 次“1 1 1”。

一种解决方案是人为地让 6 种情况没有交叉：把所有的 if 改成 else if。

程序 1-13　三整数排序（2）

```
#include<stdio.h>
int main()
{
  int a, b, c;
  scanf("%d%d%d", &a, &b, &c);
  if(a <= b && b <= c) printf("%d %d %d\n", a, b, c);
  else if(a <= c && c <= b) printf("%d %d %d\n", a, c, b);
  else if(b <= a && a <= c) printf("%d %d %d\n", b, a, c);
  else if(b <= c && c <= a) printf("%d %d %d\n", b, c, a);
  else if(c <= a && a <= b) printf("%d %d %d\n", c, a, b);
  else if(c <= b && b <= a) printf("%d %d %d\n", c, b, a);
  return 0;
}
```

最后一条语句还可以简化成单独的 else（想一想，为什么），不过，幸好程序正确了。

提示 1-19： 如果有多个并列、情况不交叉的条件需要一一处理，可以用 else if 语句。

另一种思路是把 a、b、c 这 3 个变量本身改成 $a \leqslant b \leqslant c$ 的形式。首先检查 a 和 b 的值，如果 $a>b$，则交换 a 和 b（利用前面讲过的三变量交换法）；接下来检查 a 和 c，最后检查 b 和 c，程序如下：

程序 1-14　三整数排序（3）

```
#include<stdio.h>
int main()
{
```

```
    int a, b, c, t;
    scanf("%d%d%d", &a, &b, &c);
    if(a > b) { t = a; a = b; b = t; } //执行完毕之后 a≤b
    if(a > c) { t = a; a = c; c = t; } //执行完毕之后 a≤c，且 a≤b 依然成立
    if(b > c) { t = b; b = c; c = t; }
    printf("%d %d %d\n", a, b, c);
    return 0;
}
```

为什么这样做是对的呢？因为经过第一次检查以后，必然有 $a \leqslant b$，而第二次检查以后 $a \leqslant c$。由于第二次检查以后 a 的值不会变大，所以 $a \leqslant b$ 依然成立。换句话说，a 已经是 3 个数中的最小值。接下来只需检查 b 和 c 的顺序即可。值得一提的是，上面的代码把上述推理写入注释，成为程序的一部分。这不仅可以让其他用户更快地搞懂你的程序，还能帮你自己理清思路。在 C 语言中，单行注释从“//”开始直到行末为止；多行注释用“/*”和“*/”包围起来[①]。

提示 1-20：适当在程序中编写注释不仅能让其他用户更快地搞懂你的程序，还能帮你自己理清思路。

注意上面程序中的花括号。前面讲过，if 语句中有一个“语句 1”和可选的“语句 2”，且都要以分号结尾。有一种特殊的“语句”是由花括号括起来的多条语句。这多条语句可以作为一个整体，充当 if 语句中的“语句 1”或“语句 2”，且后面不需要加分号。当然，当 if 语句的条件满足时，这些语句依然会按顺序逐条执行，和普通的顺序结构一样。

提示 1-21：可以用花括号把若干条语句组合成一个整体。这些语句仍然按顺序执行。

1.5　注解与习题

经过前几个小节的学习，相信读者已经初步了解顺序结构程序设计和分支结构程序设计的核心概念和方法，然而对这些知识进行总结，并且完成适当的练习是很必要的。

为了突出实践的重要性，本章从一开始就不加解释地给出了一段程序，并鼓励读者暂时忽略不理解的细节，把注意力集中在变量、表达式、赋值等核心内容。然而，实践的步伐也不是越快越好，因此笔者在每章的最后加入一些理论知识，供读者在实践之余稍加注意。也可以直接跳到第 2 章继续阅读，以后再阅读（并且实践）这些文字。

1.5.1　C 语言、C99、C11 及其他

本书的前 4 章介绍 C 语言，更具体地说是介绍 C99 标准中对算法竞赛而言最核心的部分。C 语言的历史和特点不难在网上以及其他书籍中找到，并且本书的前言中也详细叙述了为什么要介绍 C 语言，因此这里唯一想讲的是 C99 和编译器。

[①] 单行注释原先只有 C++支持，后来已成为 C99 的标准的一部分。

什么是编译器？简单地说，编译器的任务就是把人类可以看懂的源代码变成机器可以直接执行的指令。“机器可以直接执行的指令”很抽象，并且笔者也无意在这里进行进一步的解释——但有一点可以说明，那就是这里的“机器”有很多种，甚至还可以是非物理的虚拟机器。诚然，让同一段程序完美地运行在千差万别的机器上并不是容易的事情，但编译器仍然大大减轻了工作量。

C 语言并不是只有一种编译器[①]，例如 gcc 和微软的 Visual C++系列[②]。为了避免同一段程序被不同的编译器编译成截然不同的机器指令，C 语言标准诞生了。目前最新的是 C11，其次是 C99。考虑到 C11 的新特性未影响算法竞赛[③]，因此这里仍然讨论 C99。正如前言中所说，本书介绍 C 语言只是为学习 C++做铺垫。C99 中最常用的特性已经基本包含在了 C++中（例如 64 位整数、随处声明变量、单行注释），所以在前 4 章中无须过多地关注哪些特性是 C99 新增的，哪些是 ANSI C（即 C89）中已经包含的特性，把更多的注意力放在代码和算法本身。

本书介绍 C 语言的目的是为 C++语言铺垫（因为后面章节的代码用了很多 C++特性），但是**有读者仍然希望先学习到“纯粹的 C”，所以在写作本书时确保了前 4 章中的代码全部能使用 gcc -std=c99 编译通过**[④]。“与 C99 兼容”是要付出代价的。例如，在 C99 中，double 的输出必须用%f，而输入需要用%lf，但是在 C89 和 C++中都不必如此——输入输出可以都用%lf。为了保持与 C99 兼容，不得不向这种不一致性妥协。如果一开始就使用 C++，则不必拘泥于 C99，把所有代码以.cpp 而不是.c 为扩展名保存，用 C++编译器编译即可。**本书前 4 章中的代码均可以直接用 C++编译器编译**。不仅如此，多数比赛中的 C 语言都是指 ANSI C，即 C89 而不是 C99，**在参加比赛时也需要把 C 语言程序当作 C++程序提交**。

是不是很晕？没关系，只要你不是一个纯粹主义者，作者最推荐的方式就是：从现在开始直接认为你学的不是 C 语言，而是 C++语言中与 C 兼容的部分。这样一来，ANSI C、C99 之类的名词都和你无关了。

1.5.2 数据类型与输入格式

在继续学习之前，强烈建议读者完成以下两个实验。它们不仅能帮助你搞清楚数据类型以及输入输出的一些细节，还能培养你的实践习惯，锻炼实践能力。

数据类型实验。本章中涉及的 int 和 double 并不能保存任意的整数和浮点数。它们究竟有着怎样的限制呢？不必解释背后的原因，但需注意现象。

实验 A1：表达式 11111*11111 的值是多少？把 5 个 1 改成 6 个 1 呢？9 个 1 呢？

实验 A2：把实验 A1 中的所有数换成浮点数，结果如何？

实验 A3：表达式 sqrt(-10)的值是多少？尝试用各种方式输出。在计算的过程中系统会报错吗？

---

① 事实上，它甚至有多种解释器——无须编译直接执行的 C 语言解释器，例如 Ch 和 TCC。
② Visual C++不仅包含 IDE，也包含 C 和 C++编译器。
③ 有一个例外：gets 在 C11 中被移除了。详见第 3 章。
④ 如果使用其他编译器，请自行查阅相关文档，确保代码按照 C99 标准编译，否则可能会出现编译错误。

实验 A4：表达式 1.0/0.0、0.0/0.0 的值是多少？尝试用各种方式输出。在计算的过程中系统会报错吗？

实验 A5：表达式 1/0 的值是多少？在计算的过程中系统会报错吗？

输入格式实验。本章介绍了 scanf 和 printf 这两个最常见的输入输出函数。考虑下面的函数段，可以从实验结果总结出什么样的规律？

程序 1-15　输入输出实验

```
#include<stdio.h>
int main()
{
  int a, b;
  scanf("%d%d", &a, &b);
  printf("%d %d\n", a, b);
  return 0;
}
```

实验 B1：在同一行中输入 12 和 2，并以空格分隔，是否得到了预期的结果？

实验 B2：在不同的两行中输入 12 和 2，是否得到了预期的结果？

实验 B3：在实验 B1 和 B2 中，在 12 和 2 的前面和后面加入大量的空格或水平制表符（TAB），甚至插入一些空行。

实验 B4：把 2 换成字符 s，重复实验 B1~B3。

输出技巧。读者有没有注意到在本章中所有的printf中，双引号中的内容总是以\n结尾？\n 是一个特殊字符，叫做“换行符”，其中 n 是英文单词 newline（换行）的首字母。换句话说，在输出的最后加一个\n 会在输出结束后换行。既然“换行”只是一个特殊字符，完全可以用 printf("1\n2\n")分两行输出 1 和 2，并且用“printf("1\n\n2\n");”分三行输出 1 和 2，并且在 1 和 2 中间换一行。更多的特殊字符将在第 3 章中介绍。但是这样一来，问题出现了：如果真的要输出斜线“\”和字符 n，怎么办？方法是“printf("\\n");”，编译器会把双斜线“\\”理解成单个字符“\”[①]。

最后请读者思考这样一个问题：如何连续输出“%”和 d 两个字符？不难发现使用“printf("%d\n");”是不行的，那么应该怎样办呢？读者可以自行尝试，也可以查阅 printf 的资料[②]。从一开始就养成查文档的好习惯是有益的。

1.5.3　习题

程序设计是一门实践性很强的学科，读者应在继续学习之前确保下面的题目都能做出来。请先独立完成，如果有困难可以翻阅本书代码仓库中的答案，但一定要再次独立完成。

习题 1-1　平均数（average）

输入 3 个整数，输出它们的平均值，保留 3 位小数。

---

① 这是一个很有意思的设计，建议读者花时间琢磨一下这样做的用意。

② 例如 http://en.wikipedia.org/wiki/Printf。

习题 1-2　温度（temperature）

输入华氏温度 f，输出对应的摄氏温度 c，保留 3 位小数。提示：c=5(f-32)/9。

习题 1-3　连续和（sum）

输入正整数 n，输出 1+2+…+n 的值。提示：目标是解决问题，而不是练习编程。

习题 1-4　正弦和余弦（sin 和 cos）

输入正整数 n（n<360），输出 n 度的正弦、余弦函数值。提示：使用数学函数。

习题 1-5　打折（discount）

一件衣服 95 元，若消费满 300 元，可打八五折。输入购买衣服件数，输出需要支付的金额（单位：元），保留两位小数。

习题 1-6　三角形（triangle）

输入三角形 3 条边的长度值（均为正整数），判断是否能为直角三角形的 3 个边长。如果可以，则输出 yes，如果不能，则输出 no。如果根本无法构成三角形，则输出 not a triangle。

习题 1-7　年份（year）

输入年份，判断是否为闰年。如果是，则输出 yes，否则输出 no。

提示：简单地判断除以 4 的余数是不够的。

接下来的题目需要更多的思考：如何用实验方法确定以下问题的答案？注意，不要查书，也不要在网上搜索答案，必须亲手尝试——实践精神是极其重要的。

问题 1：int 型整数的最小值和最大值是多少（需要精确值）？

问题 2：double 型浮点数能精确到多少位小数？或者，这个问题本身值得商榷？

问题 3：double 型浮点数最大正数值和最小正数值分别是多少（不必特别精确）？

问题 4：逻辑运算符号“&&”、“||”和“!”（表示逻辑非）的相对优先级是怎样的？也就是说，a&&b||c 应理解成(a&&b)||c 还是 a&&(b||c)，或者随便怎么理解都可以？

问题 5：if(a) if(b) x++; else y++的确切含义是什么？这个 else 应和哪个 if 配套？有没有办法明确表达出配套方法？

1.5.4　小结

对于不少读者来说，本章的内容都是直观、容易理解的，但这并不意味着所有人都能很快地掌握所有内容。相反，一些勤于思考的人反而更容易对一些常人没有注意到的细节问题产生疑惑。对此，笔者提出如下两条建议。

一是重视实验。哪怕不理解背后的道理，至少要清楚现象。例如，读者若亲自完成了本章的探索性实验和上机练习，一定会对整数范围、浮点数范围和精度、特殊的浮点值、scanf、空格、TAB 和回车符的过滤、三角函数使用弧度而非角度等知识点有一定的了解。这些内容都没有必要死记硬背，但一定要学会实验的方法。这样即使编程时忘记了一些细节，手边又没有参考资料，也能轻松得出正确的结论。

二是学会模仿。本章始终没有介绍“#include<stdio.h>”语句的作用，但这丝毫不影响读者编写简单的程序。这看似是在鼓励读者“不求甚解”，但实为考虑到学习规律而作出的决策：初学者自学和理解能力不够，自信心也不够，不适合在动手之前被灌输大量的理论。如果初学者在一开始就被告知“stdio 是 standard I/O 的缩写，stdio.h 是一个头文件，它在 XXX 位置，包含了 XXX、XXX、XXX 等类型的函数，可以方便地完成 XXX、XXX、XXX 的任务；但其实这个头文件只是包含了这些函数的声明，还有一些宏定义，而真正的函数定义是在库中，编译时用不上，而在连接时……”多数读者会茫然不知所云，甚至自信心会受到打击，对学习 C 语言失去兴趣。正确的处理方法是“抓住主要矛盾”——始终把学习、实验的焦点集中在最有趣的部分。如果直观地解决方案行得通，就不必追究其背后的原理。如果对一个东西不理解，就不要对其进行修改；如果非改不可，则应根据自己的直觉和猜测尝试各种改法，而不必过多地思考“为什么要这样”。

当然，这样的策略并不一定持续很久。当学生有一定的自学、研究能力之后，本书会在适当的时候解释一些重要的概念和原理，并引导学生寻找更多的资料进一步学习。要想把事情做好，必须学得透彻，但没有必要操之过急。

第 2 章　循环结构程序设计

学习目标

- ☑　掌握 for 循环的使用方法
- ☑　掌握 while 和 do-while 循环的使用方法
- ☑　学会使用计数器和累加器
- ☑　学会用输出中间结果的方法调试
- ☑　学会用计时函数测试程序效率
- ☑　学会用重定向的方式读写文件
- ☑　学会用 fopen 的方式读写文件
- ☑　了解算法竞赛对文件读写方式和命名的严格性
- ☑　记住变量在赋值之前的值是不确定的
- ☑　学会使用条件编译指示构建本地运行环境
- ☑　学会用编译选项-Wall 获得更多的警告信息

第 1 章的程序虽然完善，但并没有发挥出计算机的优势。顺序结构程序自上到下只执行一遍，而分支结构中甚至有些语句可能一遍都执行不了。换句话说，为了让计算机执行大量操作，必须编写大量的语句。能不能只编写少量语句，就让计算机做大量的工作呢？这就是本章的主题。基本思路很简单：一条语句执行多次就可以了。但如何让这样的程序真正发挥作用，可不是一件容易的事。

2.1　for 循环

考虑这样一个问题：打印 1, 2, 3,⋯, 10，每个占一行。本着“解决问题第一”的思想，很容易写出程序：10 条 printf 语句就可以了。或者也可以写一条，每个数后面加一个“\n”换行符。但如果把 10 改成 100 呢？1000 呢？甚至这个重复次数是可变的：“输入正整数 n，打印 1, 2, 3,⋯, n，每个占一行。”又怎么办呢？这时可以使用 for 循环。

程序 2-1　输出 1,2,3,⋯,n 的值

```
1  #include<stdio.h>
2  int main()
3  {
4    int n;
5    scanf("%d", &n);
6    for(int i = 1; i <= n; i++)
7      printf("%d\n", i);
```

```
8    return 0;
9  }
```

暂时不用考虑细节，只要知道它是“让 i 依次等于 1, 2, 3,…, n，每次都执行 printf("%d\n", i);” 即可。这个 “依次” 非常重要：程序运行结果一定是 1,2,3,…,n，而不是别的顺序。

提示 2-1：for 循环的格式为：for(初始化; 条件; 调整)　循环体;

在刚才的例子中，初始化语句是 “int i = 1” 。这是一条声明+赋值的语句，含义是声明一个新的变量 i，然后赋值为 1。循环条件是 “i≤n” ，当循环条件满足时始终进行循环。调整方法是 i++，其含义和 i = i+1 相同——表示给 i 增加 1。循环体是语句“printf("%d\n", i);”，这就是计算机反复执行的内容。注意循环变量的妙用：尽管每次执行的语句相同，但是由于 i 的值不断变化，该语句的输出结果也是不断变化的。

提示 2-2：尽管 for 循环反复执行相同的语句，但这些语句每次的执行效果往往不同。

为了更深入地理解 for 循环，下面给出了程序 2-1 的执行过程。

当前行：5。scanf 请求键盘输入，假设输入 4。此时变量 n=4，继续。

当前行：6。这是第一次执行到该语句，执行初始化语句 int i=1。条件 i≤n 满足，继续。

当前行：7。由于 i=1，在屏幕输出 1 并换行。循环体结束，跳转回第 6 行。

当前行：6。先执行调整语句 i++，此时 i=2，n=4，条件 i≤n 满足，继续。

当前行：7。由于 i=2，在屏幕输出 2 并换行。循环体结束，跳转回第 6 行。

当前行：6。先执行调整语句 i++，此时 i=3，n=4，条件 i≤n 满足，继续。

当前行：7。由于 i=3，在屏幕输出 3 并换行。循环体结束，跳转回第 6 行。

当前行：6。先执行调整语句 i++，此时 i=4，n=4，条件 i≤n 满足，继续。

当前行：7。由于 i=4，在屏幕输出 4 并换行。循环体结束，跳转回第 6 行。

当前行：6。先执行调整语句 i++，此时 i=5，n=4，条件 i≤n 不满足，跳出循环体。

当前行：8。程序结束。

这个执行过程对于理解 for 循环非常重要：语句是一条一条执行的。强烈建议教师在课堂上演示单步调试的方法，并打开 i 和 n 的 watch 功能，以帮助学生掌握如何用实验验证上面所介绍的执行过程。观察执行过程时应留意两个方面：“当前行”的跳转（在 IDE 中往往高亮显示），以及变量的变化。这二者也是编码、测试和调试的重点。根据实际情况，教师可以用 IDE（如 Code::Blocks）或者文本界面的 gdb 进行演示。gdb 的简明参考见附录 A。

提示 2-3：编写程序时，要特别留意“当前行”的跳转和变量的改变。

上面的代码里还有一个重要的细节：变量 i 定义在循环语句中，因此 i 在循环体内不可见，例如，在第 8 行之前再插入一条“printf("%d\n", i);”会报错[①]。有经验的程序员总是尽量缩小变量定义的范围，当写了足够多的程序之后，这样做的优点会慢慢表现出来。

提示 2-4：建议尽量缩短变量的定义范围。例如，在 for 循环的初始化部分定义循环变量。

[①] Visual C++ 6.0 等早期编译器允许在循环体之后访问 i，但这样，如果再写一个“for(int i = 0; i < n; i++)”则会出现 i 重定义的错误。

有了 for 循环，可以解决一些简单的问题。

例题 2-1　aabb

输出所有形如 aabb 的 4 位完全平方数（即前两位数字相等，后两位数字也相等）。

【分析】

分支和循环结合在一起时功能强大：下面枚举所有可能的 aabb，然后判断它们是否为完全平方数。注意，a 的范围是 1~9，但 b 可以是 0。主程序如下：

```
for(int a = 1; a <= 9; a++)
  for(int b = 0; b <= 9; b++)
    if(aabb是完全平方数) printf("%d\n", aabb);
```

请注意，这里用到了循环的嵌套：for 循环的循环体自身又是一个循环。如果难以理解嵌套循环，可以用前面介绍的方法——在 IDE 或 gdb 中单步执行，观察“当前行”和循环变量 a 和 b 的变化过程。

上面的程序并不完整——“aabb 是完全平方数”是中文描述，而不是合法的 C 语言表达式，而 aabb 在 C 语言中也是另外一个变量，而不是把两个数字 a 和两个数字 b 拼在一起（C 语言中的变量名可以由多个字母组成）。但这个“程序”很容易理解，甚至能让读者的思路更加清晰。

这里把这样“不是真正程序”的“代码”称为伪代码（pseudocode）。虽然有一些正规的伪代码定义，但在实际应用中，并不需要太拘泥于伪代码的格式。主要目标是描述算法梗概，避开细节，启发思路。

提示 2-5： 不拘一格地使用伪代码来思考和描述算法是一种值得推荐的做法。

写出伪代码之后，我们需要考虑如何把它变成真正的代码。上面的伪代码有两个“非法”的地方：完全平方数判定，以及 aabb 这个变量。后者相对比较容易：用另外一个变量 n = a*1100 + b*11 存储即可。

提示 2-6： 把伪代码改写成代码时，一般先选择较为容易的任务来完成。

接下来的问题就要困难一些了：如何判断 n 是否为完全平方数？第 1 章中用过“开平方”函数，可以先求出其平方根，然后看它是否为整数，即用一个 int 型变量 m 存储 sqrt(n)四舍五入后的整数，然后判断 m^2 是否等于 n。函数 floor(x)返回不超过 x 的最大整数。完整程序如下：

程序 2-2　7744 问题（1）

```
#include<stdio.h>
#include<math.h>
int main()
{
  for(int a = 1; a <= 9; a++)
    for(int b = 0; b <= 9; b++)
    {
      int n = a*1100 + b*11; //这里才开始使用n，因此在这里定义n
```

```
    int m = floor(sqrt(n) + 0.5);
    if(m*m == n) printf("%d\n", n);
  }
  return 0;
}
```

读者可能会问：可不可以这样写？if(sqrt(n) == floor(sqrt(n))) printf("%d\n", n)，即直接判断 sqrt(n)是否为整数。理论上当然没问题，但这样写不保险，因为浮点数的运算（和函数）有可能存在误差。

假设在经过大量计算后，由于误差的影响，整数 1 变成了 0.9999999999，floor 的结果会是 0 而不是 1。为了减小误差的影响，一般改成四舍五入，即 floor(x+0.5)[①]。如果难以理解，可以想象成在数轴上把一个单位区间往左移动 0.5 个单位的距离。floor(x)等于 1 的区间为[1,2)，而 floor(x+0.5)等于 1 的区间为[0.5, 1.5)。

提示 2-7： *浮点运算可能存在误差。在进行浮点数比较时，应考虑到浮点误差。*

另一个思路是枚举平方根 *x*，从而避免开平方操作。

程序 2-3　7744 问题（2）

```
#include<stdio.h>
int main()
{
  for(int x = 1; ; x++)
  {
    int n = x * x;
    if(n < 1000) continue;
    if(n > 9999) break;
    int hi = n / 100;
    int lo = n % 100;
    if(hi/10 == hi%10 && lo/10 == lo%10) printf("%d\n", n);
  }
  return 0;
}
```

此程序中的新知识是 continue 和 break 语句。continue 是指跳回 for 循环的开始，执行调整语句并判断循环条件（即“直接进行下一次循环”），而 break 是指直接跳出循环[②]。

这里的 continue 语句的作用是排除不足四位数的 *n*，直接检查后面的数。当然，也可以直接从 *x*=32 开始枚举，但是 continue 可以帮助我们偷懒：不必求出循环的起始点。有了 break，连循环终点也不必指定——当 *n* 超过 9999 后会自动退出循环。注意，这里是“退出循环”

---

① 这样做，小数部分为 0.5 的数也会受到浮点误差的影响，因此任何一道严密的算法竞赛题目中都需要想办法解决这个问题。后面还会讨论这个问题。

② 逻辑与“&&”似乎也没有出现过，但假设读者在学习后已经翻阅了相关资料，或者教师已经给学生补充了这个运算符。如果确实没有学过，现在学也来得及。

而不是“继续循环”（想一想，为什么），可以把 break 换成 continue 加以验证。

另外，注意到这里的 for 语句是“残缺”的：没有指定循环条件。事实上，3 部分都是可以省略的。没错，for(;;) 就是一个死循环，如果不采取措施（如 break），就永远不会结束。

2.2 while 循环和 do-while 循环

例题 2-2 3n+1 问题

猜想[①]：对于任意大于 1 的自然数 n，若 n 为奇数，则将 n 变为 $3n+1$，否则变为 n 的一半。经过若干次这样的变换，一定会使 n 变为 1。例如，3→10→5→16→8→4→2→1。

输入 n，输出变换的次数。$n \leqslant 10^9$。

样例输入：

```
3
```

样例输出：

```
7
```

【分析】

不难发现，程序完成的工作依然是重复性的：要么乘 3 加 1，要么除以 2，但和 2.1 节的程序又不太一样：循环的次数是不确定的，而且 n 也不是“递增”式的循环。这样的情况很适合用 while 循环来实现。

程序 2-4 3n+1 问题（有 bug）

```
#include<stdio.h>
int main()
{
  int n, count = 0;
  scanf("%d", &n);
  while(n > 1)
  {
    if(n % 2 == 1) n = n*3+1;
    else n /= 2;
    count++;
  }
  printf("%d\n", count);
  return 0;
}
```

上面的程序有好几个值得注意的地方。首先是“=0”，意思是定义整型变量 count 的同时初始化为 0。接下来是 while 语句。

① http://en.wikipedia.org/wiki/3n+1。

提示 2-8：while 循环的格式为“while(条件) 循环体;”。

此格式看上去比 for 循环更简单，可以用 while 改写 for。“for(初始化; 条件; 调整) 循环体;”等价于：

```
初始化;
while(条件)
{
  循环体;
  调整;
}
```

建议读者再次利用 IDE 或者 gdb 跟踪调试，看看执行流程是怎样的。

n /=2 的含义是 n = n / 2，类似于前面介绍过的 i++。很多运算符都有类似的用法，例如，a *= 3 表示 a = a * 3。

count++的作用是计数器。由于最终输出的是变换的次数，需要一个变量来完成计数。

提示 2-9：当需要统计某种事物的个数时，可以用一个变量来充当计数器。

这个程序是否正确？先来测试一下：输入“987654321”，看看结果是什么。很不幸，答案等于 1——这明显是错误的。题目中给出的范围是 $n \leqslant 10^9$，这个 987654321 是合法的输入数据。

提示 2-10：不要忘记测试。一个看上去正确的程序可能隐含错误。

问题出在哪里呢？若反复阅读程序仍然无法找到答案，就动手实验吧！一种方法是利用 IDE 和 gdb 跟踪调试，但这并不是本书所推荐的调试方法。一个更通用的方法是：输出中间结果。

提示 2-11：在观察无法找出错误时，可以用“输出中间结果”的方法查错。

在给 n 做变换的语句后加一条输出语句 printf("%d\n", n)，将很快找到问题的所在：第一次输出为-1332004332，它不大于 1，所以循环终止。如果认真完成了前面的所有探索实验，读者将立刻明白这其中的缘由：乘法溢出了。

下面稍微回顾一下数据类型的大小。在第 1 章中，通过实验得出了 int 整数的大小——很可能是-2147483648~2147483647，即-2^{31}~$2^{31}-1$。为什么叫“很可能”呢，因为 C99 中只规定了 int 至少是 16 位，却没有规定具体值[①]。是不是感觉有些别扭？的确如此，所以 C99 规定了一些固定长度的整数，例如 int32_t、uint32_t[②]。

好在算法竞赛的平台相对稳定，目前几乎在所有的比赛平台上，int 都是 32 位整数。

提示 2-12：C99 并没有规定 int 类型的确切大小，但在当前流行的竞赛平台中，int 都是 32 位整数，范围是-2147483648~2147483647。

---

① 在笔者中学时期，int 一般是 16 位的，即-32768~32767。

② uint32_t 表示无符号 32 位整数，范围是 0~4294967296。

回到本题。本题中 n 的上限 10^9 只比 int 的上界稍微小一点，因此溢出了也并不奇怪。只要使用 C99 中新增的 long long 即可解决问题，其范围是 -2^{63}~$2^{63}-1$，唯一的区别就是要把输入时的%d 改成%lld。但这也是不保险的——在 MinGW 的 gcc[①]中，要把%lld 改成%I64d，但奇怪的是 VC2008 里又得改回%lld。是不是很容易搞错？所以如果涉及 long long 的输入输出，常用 C++的输入输出流或者自定义的输入输出方法，本书将在后面的章节对其进行深入讨论。

提示 2-13：long long 在 Linux 下的输入输出格式符为%lld，但 Windows 平台中有时为%I64d。为保险起见，可以用后面介绍的 C++流，或者编写自定义输入输出函数。

最后给出 long long 版本的代码，它避开了对 long long 的输入输出，并且成功算出 n=987654321 时的答案为 180。

程序 2-5 3n+1 问题

```
#include<stdio.h>
int main()
{
  int n2, count = 0;
  scanf("%d", &n2);
  long long n = n2;
  while(n > 1)
  {
    if(n % 2 == 1) n = n*3+1;
    else n /= 2;
    count++;
  }
  printf("%d\n", count);
  return 0;
}
```

例题 2-3 近似计算

计算 $\frac{\pi}{4}=1-\frac{1}{3}+\frac{1}{5}-\frac{1}{7}+\cdots$，直到最后一项小于 10^{-6}。

【分析】

本题和例题 2-2 一样，也是重复计算，因此可以用循环实现。但不同的是，只有算完一项之后才知道它是否小于 10^{-6}。也就是说，循环终止判断是在计算之后，而不是计算之前。这样的情况很适合使用 do-while 循环。

程序 2-6 近似计算

```
#include<stdio.h>
int main() {
  double sum = 0;
```

① 这并不是 MinGW 引起的，而是因为 Windows 的 CRT（C Runtime）。

```
  for(int i = 0; ; i++) {
    double term = 1.0 / (i*2+1);
    if(i % 2 == 0) sum += term;
    else sum -= term;
    if(term < 1e-6) break;
  }
  printf("%.6f\n", sum);
  return 0;
}
```

提示 2-14：do-while 循环的格式为“do { 循环体 }while(条件);”，其中循环体至少执行一次，每次执行完循环体后判断条件，当条件满足时继续循环。

2.3　循环的代价

例题 2-4　阶乘之和

输入 n，计算 $S = 1! + 2! + 3! + \cdots + n!$的末 6 位（不含前导 0）。$n \leqslant 10^6$，$n!$表示前 n 个正整数之积。

样例输入：

```
10
```

样例输出：

```
37913
```

【分析】

这个任务并不难，引入累加变量 S 之后，核心算法只有“for(int i = 1; i <= n; i++)S+= i!”。不过，C 语言并没有阶乘运算符，所以这句话只是伪代码，而不是真正的代码。事实上，还需要一次循环来计算 i!，即“for(int j = 1; j <= i; j++)　factorial *= j;”。代码如下：

程序 2-7　阶乘之和（1）

```
#include<stdio.h>
int main()
{
  int n, S = 0;
  scanf("%d", &n);
  for(int i = 1; i <= n; i++)
  {
    int factorial = 1;
    for(int j = 1; j <= i; j++)
      factorial *= j;
```

```
    S += factorial;
  }
  printf("%d\n", S % 1000000);
  return 0;
}
```

注意累乘器 factorial（英文“阶乘”的意思）定义在循环里面。换句话说，每执行一次循环体，都要重新声明一次 factorial，并初始化为 1（想一想，为什么不是 0）。因为只要末 6 位，所以输出时对 10^6 取模。

提示 2-15： *在循环体开始处定义的变量，每次执行循环体时会重新声明并初始化。*

有了刚才的经验，下面来测试一下这个程序：n=100 时，输出-961703。直觉告诉我们：乘法又溢出了。这个直觉很容易通过“输出中间变量”法得到验证，但若要解决这个问题，还需要一点数学知识。

提示 2-16： *要计算只包含加法、减法和乘法的整数表达式除以正整数 n 的余数，可以在每步计算之后对 n 取余，结果不变。*

在修正这个错误之前，还可以进行更多测试：当 $n=10^6$ 时输出什么？更会溢出不是吗？但是重点不在这里。事实上，它的速度太慢！下面把程序改成“每步取模”的形式，然后加一个“计时器”，看看究竟有多慢。

程序 2-8　阶乘之和（2）

```
#include<stdio.h>
#include<time.h>
int main()
{
  const int MOD = 1000000;
  int n, S = 0;
  scanf("%d", &n);
  for(int i = 1; i <= n; i++)
  {
    int factorial = 1;
    for(int j = 1; j <= i; j++)
      factorial = (factorial * j % MOD);
    S = (S + factorial) % MOD;
  }
  printf("%d\n", S);
  printf("Time used = %.2f\n", (double)clock() / CLOCKS_PER_SEC);
  return 0;
}
```

上面的程序再次使用到了常量定义，好处是可以在程序中使用代号 MOD 而不是常数

1000000，改善了程序的可读性，也方便修改（假设题目改成求末 5 位正整数之积）。

这个程序真正的特别之处在于计时函数 clock()的使用。该函数返回程序目前为止运行的时间。这样，在程序结束之前调用此函数，便可获得整个程序的运行时间。这个时间除以常数 CLOCKS_PER_SEC 之后得到的值以“秒”为单位。

提示 2-17：可以使用 time.h 和 clock()函数获得程序运行时间。常数 CLOCKS_PER_SEC 和操作系统相关，请不要直接使用 clock()的返回值，而应总是除以 CLOCKS_PER_SEC。

输入“20”，按 Enter 键后，系统瞬间输出了答案 820313。但是，输出的 Time used 居然不是 0！其原因在于，键盘输入的时间也被计算在内——这的确是程序启动之后才进行的。为了避免输入数据的时间影响测试结果，可使用一种称为“管道”的小技巧：在 Windows 命令行下执行 echo 20 | abc，操作系统会自动把 20 输入，其中 abc 是程序名[①]。如果不知道如何操作命令行，请参考附录 A。笔者建议每个读者都熟悉命令行操作，包括 Windows 和 Linux。

在尝试了多个 n 之后，得到了一张表，如表 2-1 所示。

表 2-1　程序 2-8 的输出结果与运行时间表

n	20	40	80	160	1600	6400	12800	25600	51200
答案	820313	940313	940313	940313	940313	940313	940313	940313	940313
时间	<0.01	<0.01	<0.01	<0.01	0.05	0.70	2.70	11.08	43.72

由表 2-1 可知：第一，程序的运行时间大致和 n 的平方成正比（因为 n 每扩大 1 倍，运行时间近似扩大 4 倍）。甚至可以估计 $n=10^6$ 时，程序大致需要近 5 个小时才能执行完。

提示 2-18：很多程序的运行时间与规模 n 存在着近似的简单关系。可以通过计时函数来发现或验证这一关系。

第二，从 40 开始，答案始终不变。这是真理还是巧合？聪明的读者也许已经知道了：25！末尾有 6 个 0，所以从第 5 项开始，后面的所有项都不会影响和的末 6 位数字——只需要在程序的最前面加一条语句“if(n>25)　n = 25;”，效率和溢出都将不存在问题。

本节展示了循环结构程序设计中最常见的两个问题：算术运算溢出和程序效率低下。这两个问题都不是那么容易解决的，将在后面章节中继续讨论。另外，本节中介绍的两个工具——输出中间结果和计时函数，都是相当实用的。

2.4　算法竞赛中的输入输出框架

例题 2-5　数据统计

输入一些整数，求出它们的最小值、最大值和平均值（保留 3 位小数）。输入保证这些数都是不超过 1000 的整数。

① Linux 下需要输入“echo | ./abc”，因为在默认情况下，当前目录不在可执行文件的搜索路径中。

样例输入：

```
2 8 3 5 1 7 3 6
```

样例输出：

```
1 8 4.375
```

【分析】

如果是先输入整数 *n*，然后输入 *n* 个整数，相信读者能够写出程序。关键在于：整数的个数是不确定的。下面直接给出程序：

程序 2-9 数据统计（有 bug）

```
#include<stdio.h>
int main()
{
  int x, n = 0, min, max, s = 0;
  while(scanf("%d", &x) == 1)
  {
    s += x;
    if(x < min) min = x;
    if(x > max) max = x;
    n++;
  }
  printf("%d %d %.3f\n", min, max, (double)s/n);
  return 0;
}
```

看看这个程序多了些什么内容？scanf 函数有返回值？对，它返回的是成功输入的变量个数，当输入结束时，scanf 函数无法再次读取 x，将返回 0。

下面进行测试。输入“2 8 3 5 1 7 3 6”，按 Enter 键，但未显示结果。难道程序速度太慢？其实程序正在等待输入。还记得 scanf 的输入格式吗？空格、TAB 和回车符都是无关紧要的，所以按 Enter 键并不意味着输入的结束。那如何才能告诉程序输入结束了呢？

提示 2-19：在 Windows 下，输入完毕后先按 Enter 键，再按 Ctrl+Z 键，最后再按 Enter 键，即可结束输入。在 Linux 下，输入完毕后按 Ctrl+D 键即可结束输入。

输入终于结束了，但输出却是“1 2293624 4.375”。这个 2293624 是从何而来？当用-O2 编译（读者可阅读附录 A 了解-O2）后答案变成了 1 10 4.375，和刚才不一样！换句话说，这个程序的运行结果是不确定的。在读者自己的机器上，答案甚至可能和上述两个都不同。

根据“输出中间结果”的方法，读者不难验证下面的结论：变量 max 在一开始就等于 2293624（或者 10），自然无法更新为比它小的 8。

提示 2-20：变量在未赋值之前的值是不确定的。特别地，它不一定等于 0。

解决的方法就很清楚了：在使用之前赋初值。由于 min 保存的是最小值，其初值应该是一个很大的数；反过来，max 的初值应该是一个很小的数。一种方法是定义一个很大的常数，如 INF = 1000000000，然后让 max=-INF，而 min=INF，另一种方法是先读取第一个整数 x，然后令 max = min = x。这样的好处是避免了人为的“假想无穷大”值，程序更加优美；而 INF 这样的常数有时还会引起其他问题，如“无限大不够大”，或者“运算溢出”，后面还会继续讨论这个问题。

上面的程序并不是很方便：每次测试都要手动输入许多数。尽管可以用前面讲的管道的方法，但数据只是保存在命令行中，仍然不够方便。

一个好的方法是用文件——把输入数据保存在文件中，输出数据也保存在文件中。这样，只要事先把输入数据保存在文件中，就不必每次重新输入了；数据输出在文件中也避免了“输出太多，一卷屏前面的就看不见了”这样的尴尬，运行结束后，慢慢浏览输出文件即可。如果有标准答案文件，还可以进行文件比较[①]，而无须编程人员逐个检查输出是否正确。事实上，几乎所有算法竞赛的输入数据和标准答案都是保存在文件中的。

使用文件最简单的方法是使用输入输出重定向，只需在 main 函数的入口处加入以下两条语句：

```
freopen("input.txt", "r", stdin);
freopen("output.txt", "w", stdout);
```

上述语句将使得 scanf 从文件 input.txt 读入，printf 写入文件 output.txt。事实上，不只是 scanf 和 printf，所有读键盘输入、写屏幕输出的函数都将改用文件。尽管这样做很方便，并不是所有算法竞赛都允许用程序读写文件。甚至有的竞赛允许访问文件，但不允许用 freopen 这样的重定向方式读写文件。参赛之前请仔细阅读文件读写的相关规定。

提示 2-21：请在比赛之前了解文件读写的相关规定：是标准输入输出（也称标准 I/O，即直接读键盘、写屏幕），还是文件输入输出？如果是文件输入输出，是否禁止用重定向方式访问文件？

多年来，无数选手因文件相关问题丢掉了大量分数。一个普适的原则是：详细阅读比赛规定，并严格遵守。例如，输入输出文件名和程序名往往都有着严格规定，不要弄错大小写，不要拼错文件名，不要使用绝对路径或相对路径。

例如，如果题目规定程序名称为 test，输入文件名为 test.in，输出文件名为 test.out，就不要犯以下错误。

错误 1：程序存为 t1.c（应该改成 test.c）。

错误 2：从 input.txt 读取数据（应该从 test.in 读取）。

错误 3：从 tset.in 读取数据（拼写错误，应该从 test.in 读取）。

错误 4：数据写到 test.ans（扩展名错误，应该是 test.out）。

错误 5：数据写到 c:\\contest\\test.out（不能加路径，哪怕是相对路径。文件名应该只有

[①] 在 Windows 中可以使用 fc 命令，而在 Linux 中可以使用 diff 命令。

8个字符：test.out）。

提示 2-22：在算法竞赛中，选手应严格遵守比赛的文件名规定，包括程序文件名和输入输出文件名。不要弄错大小写，不要拼错文件名，不要使用绝对路径或相对路径。

当然，这些错误都不是选手故意犯下的。前面说过，利用文件是一种很好的自我测试方法，但如果比赛要求采用标准输入输出，就必须在自我测试完毕之后删除重定向语句。选手比赛时一紧张，就容易忘记将其删除。

有一种方法可以在本机测试时用文件重定向，但一旦提交到比赛，就自动“删除”重定向语句。代码如下：

程序 2-10　数据统计（重定向版）

```
#define LOCAL
#include<stdio.h>
#define INF 1000000000
int main()
{
#ifdef LOCAL
  freopen("data.in", "r", stdin);
  freopen("data.out", "w", stdout);
#endif
  int x, n = 0, min = INF, max = -INF, s = 0;
  while(scanf("%d", &x) == 1)
  {
    s += x;
    if(x < min) min = x;
    if(x > max) max = x;
/*
    printf("x = %d, min = %d, max = %d\n", x, min, max);
*/
    n++;
  }
  printf("%d %d %.3f\n", min, max, (double)s/n);
  return 0;
}
```

这是一份典型的比赛代码，包含了几个特殊之处：

- 重定向的部分被写在了#ifdef 和#endif 中。其含义是：只有定义了符号 LOCAL，才编译两条 freopen 语句。
- 输出中间结果的 printf 语句写在了注释中——它在最后版本的程序中不应该出现，但是又舍不得删除它（万一发现了新的 bug，需要再次用它输出中间信息）。将其注释的好处是：一旦需要时，把注释符去掉即可。

上面的代码在程序首部就定义了符号 LOCAL，因此在本机测试时使用重定向方式读写文件。如果比赛要求读写标准输入输出，只需在提交之前删除#define LOCAL 即可。一个更好的方法是在编译选项而不是程序里定义这个 LOCAL 符号（不知道如何在编译选项里定义符号的读者请参考附录 A），这样，提交之前不需要修改程序，进一步降低了出错的可能。

提示 2-23：在算法竞赛中，有经验的选手往往会使用条件编译指令并且将重要的测试语句注释掉而非删除。

如果比赛要求用文件输入输出，但禁止用重定向的方式，又当如何呢？程序如下：

程序 2-11　数据统计（fopen 版）

```
#include<stdio.h>
#define INF 1000000000
int main()
{
  FILE *fin, *fout;
  fin = fopen("data.in", "rb");
  fout = fopen("data.out", "wb");
  int x, n = 0, min = INF, max = -INF, s = 0;
  while(fscanf(fin, "%d", &x) == 1)
  {
    s += x;
    if(x < min) min = x;
    if(x > max) max = x;
    n++;
  }
  fprintf(fout, "%d %d %.3f\n", min, max, (double)s/n);
  fclose(fin);
  fclose(fout);
  return 0;
}
```

虽然新内容不少，但也很直观：先声明变量 fin 和 fout（暂且不用考虑 FILE *），把 scanf 改成 fscanf，第一个参数为 fin；把 printf 改成 fprintf，第一个参数为 fout，最后执行 fclose，关闭两个文件。

提示 2-24：在算法竞赛中，如果不允许使用重定向方式读写数据，应使用 fopen 和 fscanf/fprintf 进行输入输出。

重定向和 fopen 两种方法各有优劣。重定向的方法写起来简单、自然，但是不能同时读写文件和标准输入输出；fopen 的写法稍显繁琐，但是灵活性比较大（例如，可以反复打开并读写文件）。顺便说一句，如果想把 fopen 版的程序改成读写标准输入输出，只需赋值“fin =

stdin; fout = stdout;”即可，不要调用 fopen 和 fclose[①]。

对文件输入输出的讨论到此结束，本书剩余部分的所有题目均使用标准输入输出。

例题 2-6 数据统计 II

输入一些整数，求出它们的最小值、最大值和平均值（保留 3 位小数）。输入保证这些数都是不超过 1000 的整数。

输入包含多组数据，每组数据第一行是整数个数 *n*，第二行是 *n* 个整数。*n*=0 为输入结束标记，程序应当忽略这组数据。相邻两组数据之间应输出一个空行。

样例输入：

```
8
2 8 3 5 1 7 3 6
4
-4 6 10 0
0
```

样例输出：

```
Case 1: 1 8 4.375

Case 2: -4 10 3.000
```

【分析】

本题和例题 2-5 本质相同，但是输入输出方式有了一定的变化。由于这样的格式在算法竞赛中非常常见，这里直接给出代码：

程序 2-12 数据统计 II（有 bug）

```
#include<stdio.h>
#define INF 1000000000
int main()
{
  int x, n = 0, min = INF, max = -INF, s = 0, kase = 0;
  while(scanf("%d", &n) == 1 && n)
  {
    int s = 0;
    for(int i = 0; i < n; i++) {
      scanf("%d", &x);
      s += x;
      if(x < min) min = x;
      if(x > max) max = x;
    }
    if(kase) printf("\n");
```

① 有读者可能试过用 fopen("con", "r")的方法打开标准输入输出，但这个方法并不是可移植的——它在 Linux 下是无效的。

```
    printf("Case %d: %d %d %.3f\n", ++kase, min, max, (double)s/n);
  }
  return 0;
}
```

聪明的读者，你能看懂其中的逻辑吗？上面的程序有几个要点。首先是输入循环。题目说了n=0为输入标记，为什么还要判断scanf的返回值呢？答案是为了鲁棒性(robustness)。算法竞赛中题目的输入输出是人设计的，难免会出错。有时会出现题目指明以 *n*=0 为结束标记而真实数据忘记以 *n*=0 结尾的情形。虽然比赛中途往往会修改这一错误，但在 ACM/ICPC 等时间紧迫的比赛中，如果程序能自动处理好有瑕疵的数据，会节约大量不必要的时间浪费。

提示 2-25： 在算法竞赛中，偶尔会出现输入输出错误的情况。如果程序鲁棒性强，有时能在数据有瑕疵的情况下仍然给出正确的结果。程序的鲁棒性在工程中也非常重要。

下一个要点是 kase 变量的使用。不难看出它是“当前数据编号”计数器。当输出第 2 组或以后的结果时，会在前面加一个空行，符合题目“相邻两组数据的输出以空行隔开”的规定。注意，最后一组数据的输出会以回车符结束，但之后不会有空行。不同的题目会有不同的规定，请读者仔细阅读题目。

像本题这样“多组数据”的题目数不胜数。例如，ACM/ICPC 总决赛就只有一个输入文件，包含多组数据。即使是 NOI/IOI 这样多输入文件的比赛，有时也会出现一个文件多组数据的情况。例如，有的题目输出只有 Yes 和 No 两种，如果一个文件里只有一组数据，又是每个文件分别给分，一个随机输出 Yes/No 的程序平均情况下能得 50 分，而一个把 Yes 打成 yes, No 打成 no 的程序却只有 0 分[①]。

接下来是找 bug 时间。上面的程序对于样例输入输出可以得到正确的结果，但它真的是正确的吗？在样例输入的最后增加第 3 组数据：1 0，会看到这样的输出：

Case 3: -4 10 0.000

相信读者已经意识到问题出在哪里了：min 和 max 没有“重置”，仍然是上个数据结束后的值。

提示 2-26： 在多数据的题目中，一个常见的错误是：在计算完一组数据后某些变量没有重置，影响到下组数据的求解。

解决方法很简单，把 min 和 max 定义在 while 循环中即可，这样每次执行循环体时，会新声明和初始化 min 和 max。细心的读者也许注意到了另外一个问题：为什么第 3 个数（累加和）是对的呢？原因在于：循环体内部也定义了一个 s，把 main 函数里定义的 s 给“屏蔽”了。

提示 2-27： 当嵌套的两个代码块中有同名变量时，内层的变量会屏蔽外层变量，有时会引起十分隐蔽的错误。

---

① 也不总是如此。有些比赛会善意地把这种只是格式不对的结果判成“正确”。可惜这样的比赛非常少。

这是初学者在求解“多数据输入”的题目时常范的错误，请读者留意。这种问题通常很隐蔽，但也不是发现不了：对于这个例子来说，编译时加一个-Wall 就会看到一条警告：warning: unused variable 's' [-Wunused-variable]（警告：没有用过的变量's'）。

提示 2-28：用编译选项-Wall 编译程序时，会给出很多（但不是所有）警告信息，以帮助程序员查错。但这并不能解决所有的问题：有些“错误”程序是合法的，只是这些动作不是所期望的。

2.5 注解与习题

不知不觉，本章已经开始出现一些挑战了。尽管难度不算太高，本章的例题和习题已经出现了真正的竞赛题目——仅使用简单变量和基本的顺序、分支与循环结构就可以解决很多问题。在继续前进之前，请认真总结，并且完成习题。

2.5.1 习题

习题 2-1 水仙花数（daffodil）

输出 100~999 中的所有水仙花数。若 3 位数 ABC 满足 $ABC=A^3+B^3+C^3$，则称其为水仙花数。例如 $153=1^3+5^3+3^3$，所以 153 是水仙花数。

习题 2-2 韩信点兵（hanxin）

相传韩信才智过人，从不直接清点自己军队的人数，只要让士兵先后以三人一排、五人一排、七人一排地变换队形，而他每次只掠一眼队伍的排尾就知道总人数了。输入包含多组数据，每组数据包含 3 个非负整数 a,b,c，表示每种队形排尾的人数（$a<3$，$b<5$，$c<7$），输出总人数的最小值（或报告无解）。已知总人数不小于 10，不超过 100。输入到文件结束为止。

样例输入：

```
2 1 6
2 1 3
```

样例输出：

```
Case 1: 41
Case 2: No answer
```

习题 2-3 倒三角形（triangle）

输入正整数 $n\leqslant 20$，输出一个 n 层的倒三角形。例如，$n=5$ 时输出如下：

```
#########
 #######
  #####
   ###
    #
```

习题 2-4　子序列的和（subsequence）

输入两个正整数 $n<m<10^6$，输出 $\frac{1}{n^2}+\frac{1}{(n+1)^2}+\cdots+\frac{1}{m^2}$，保留 5 位小数。输入包含多组数据，结束标记为 $n=m=0$。提示：本题有陷阱。

样例输入：

```
2 4
65536 655360
0 0
```

样例输出：

```
Case 1: 0.42361
Case 2: 0.00001
```

习题 2-5　分数化小数（decimal）

输入正整数 a, b, c，输出 a/b 的小数形式，精确到小数点后 c 位。$a,b\leqslant 10^6$，$c\leqslant 100$。输入包含多组数据，结束标记为 $a=b=c=0$。

样例输入：

```
1 6 4
0 0 0
```

样例输出：

```
Case 1: 0.1667
```

习题 2-6　排列（permutation）

用 1,2,3,…,9 组成 3 个三位数 *abc*，*def* 和 *ghi*，每个数字恰好使用一次，要求 *abc*:*def*:*ghi*=1:2:3。按照“abc def ghi”的格式输出所有解，每行一个解。提示：不必太动脑筋。

下面是一些思考题。

题目 1。假设需要输出 2, 4, 6, 8,…, 2*n*，每个一行，能不能通过对程序 2-1 进行小小的改动来实现呢？为了方便，现把程序复制如下：

```
1  #include<stdio.h>
2  int main()
3  {
4    int n;
5    scanf("%d", &n);
6    for(int i = 1; i <= n; i++)
7      printf("%d\n", i);
8    return 0;
9  }
```

任务 1：修改第 7 行，不修改第 6 行。

任务 2：修改第 6 行，不修改第 7 行。

题目 2。下面的程序运行结果是什么？“!=”运算符表示“不相等”。提示：请上机实验，不要凭主观感觉回答。

```
#include<stdio.h>
int main()
{
  double i;
  for(i = 0; i != 10; i += 0.1)
    printf("%.1f\n", i);
  return 0;
}
```

2.5.2 小结

循环的出现让程序逻辑复杂了许多。在很多情况下，仔细研究程序的执行流程能够很好地帮助理解算法，特别是“当前行”和变量的改变。有些变量是特别值得关注的，如计数器、累加器，以及“当前最小/最大值”这样的中间变量。很多时候，用 printf 输出一些关键的中间变量能有效地帮助读者了解程序执行过程、发现错误，就像本章中多次使用的一样。

别人的算法理解得再好，遇到问题时还是需要自己分析和设计。本章介绍了“伪代码”这一工具，并建议“不拘一格”地使用。伪代码是为了让思路更清晰，突出主要矛盾，而不是写“八股文”。

在程序慢慢复杂起来时，测试就显得相当重要了。本章后面的几个例题几乎个个都有陷阱：运算结果溢出、运算时间过长等。程序的运行时间并不是无法估计的，有时能用实验的方法猜测时间和规模之间的近似关系（其理论基础将在后面介绍），而海量数据的输入输出问题也可以通过文件得到缓解。尽管不同竞赛在读写方式上的规定不同，熟练掌握了重定向、fopen 和条件编译后，各种情况都能轻松应付。

再次强调：编程不是看书看会的，也不是听课听会的，而是练会的。本章后面的上机编程习题中包含了很多正文中没有提到的内容，对能力的提高很有好处。如有可能，请在上机实践时运用输出中间结果、设计伪代码、计时测试等方法。

第 3 章　数组和字符串

学习目标

☑ 掌握一维数组的声明和使用方法
☑ 掌握二维数组的声明和使用方法
☑ 掌握字符串的声明、赋值、比较和连接方法
☑ 熟悉字符的 ASCII 码和 ctype.h 中的字符函数
☑ 正确认识“++”、“+=”等能修改变量的运算符
☑ 掌握 fgetc 和 getchar 的使用方法
☑ 了解不同操作系统中换行符的表示方法
☑ 掌握 fgets 的使用方法并了解 gets 的“缓冲区溢出”漏洞
☑ 学会用常量表简化代码

第 2 章的程序很实用，也发挥出了计算机的计算优势，但没有发挥出计算机的存储优势——我们只用了屈指可数的变量。尽管有的程序也处理了大量的数据，但这些数据都只是“过客”，只参与了计算，并没有被保存下来。

本章介绍数组和字符串，二者都能保存大量的数据。字符串是一种数组（字符数组），但由于其应用的特殊性，适用一些特别的处理方式。

3.1　数　　组

考虑这样一个问题：读入一些整数，逆序输出到一行中。已知整数不超过 100 个。如何编写这个程序呢？首先是循环读取输入。读入每个整数以后，应该做些什么呢？思来想去，在所有整数全部读完之前，似乎没有其他事可做。换句话说，只能把每个数都存下来。存放在哪里呢？答案是：数组。

程序 3-1　逆序输出

```
#include<stdio.h>
#define maxn 105
int a[maxn];
int main()
{
  int x, n = 0;
  while(scanf("%d", &x) == 1)
    a[n++] = x;
  for(int i = n-1; i >= 1; i--)
```

```
    printf("%d ", a[i]);
  printf("%d\n", a[0]);
  return 0;
}
```

语句“int a[maxn]”声明了一个包含 maxn 个整型变量的数组，它们是：a[0],a[1],a[2],…, a[maxn−1]。注意，没有 a[maxn]。

提示 3-1：*语句“int a[maxn]”声明了一个包含 maxn 个整型变量的数组，即 a[0],a[1],…, a[maxn−1]，但不包含 a[maxn]。maxn 必须是常数，不能是变量。*

为什么这里声明 maxn 为 105 而不是 100 呢？因为这样更保险。

提示 3-2：*在算法竞赛中，常常难以精确计算出需要的数组大小，数组一般会声明得稍大一些。在空间够用的前提下，浪费一点不会有太大影响。*

接下来是语句“a[n++] = x”，它做了两件事：首先赋值 a[n]=x，然后执行 n=n+1。如果觉得难以理解，可以将其改写成“{ a[n] = x; n=n+1; }”。注意这里的花括号是不能省略的，因为在默认情况下，for 语句的循环体只有一条语句。只有使用花括号时，花括号里的语句才会整体作为循环体。一般地，当表达式里出现 n++时，表达式会使用加 1 前的 n 计算表达式，当表达式计算完毕之后再给 n 加 1。

和 n++相对应的，还有一个++n，表示先给 n 增加 1，然后使用新的 n。前缀和后缀“++”运算符是 C 语言的特色之一。事实上，后面将要介绍的 C++语言名字里的“++”就是该运算符。

提示 3-3：*对于变量 n，n++和++n 都会给 n 加 1，但当它们用在一个表达式中时，行为有所差别：n++会使用加 1 前的值计算表达式，而++n 会使用加 1 后的值计算表达式。“++”运算符是 C 语言的特色之一。*

循环结束后，数据被存储在 a[0], a[1],…, a[n−1]中，其中变量 n 是整数的个数（想一想，为什么）。

存好以后就可以输出了：依次输出 a[n−1],a[n−2],…,a[1]和 a[0]。这里有一个小问题：一般要求输出的行首行尾均无空格，相邻两个数据间用单个空格隔开。这样，一共要输出 n 个整数，但只有 n-1 个空格，所以只好分两条语句输出。

在上述程序中，数组 a 被声明在 main 函数的外面。请试着把 maxn 定义中的 100 改成 1000000，比较一下把数组 a 放在 main 函数内外的运行结果是否相同。如果相同，试着把 1000000 改得再大一些。当实验完成之后，读者应该就能明白为什么要把 a 的定义放在 main 函数的外面了。简单地说，只有在放外面时，数组 a 才可以开得很大；放在 main 函数内时，数组稍大就会异常退出。其道理将在后面讨论，现在只需要记住规则即可。

提示 3-4：*比较大的数组应尽量声明在 main 函数外，否则程序可能无法运行。*

C 语言的数组并不是“一等公民”，而是“受歧视”的。例如，数组不能够进行赋值操作：在程序 3-1 中，如果声明的是“int a[maxn], b[maxn]”，是不能赋值 b = a 的。如果要从数组 a 复制 k 个元素到数组 b，可以这样做：memcpy(b, a, sizeof(int) * k)。当然，如果数组 a 和 b 都是浮点型的，复制时要写成“memcpy(b, a, sizeof(double) * k)”。另外需要注意的是，使用 memcpy 函数要包含头文件 string.h。如果需要把数组 a 全部复制到数组 b 中，可以写得简单一些：memcpy(b, a, sizeof(a))。

开灯问题。有 n 盏灯，编号为 1~n。第 1 个人把所有灯打开，第 2 个人按下所有编号为 2 的倍数的开关（这些灯将被关掉），第 3 个人按下所有编号为 3 的倍数的开关（其中关掉的灯将被打开，开着的灯将被关闭），依此类推。一共有 k 个人，问最后有哪些灯开着？输入 n 和 k，输出开着的灯的编号。$k \leqslant n \leqslant 1000$。

样例输入：

```
7 3
```

样例输出：

```
1 5 6 7
```

【分析】

用 a[1], a[2],…, a[n]表示编号为 1, 2, 3,…,n 的灯是否开着。模拟这些操作即可。

程序 3-2　开灯问题

```
#include<stdio.h>
#include<string.h>
#define maxn 1010
int a[maxn];
int main()
{
  int n, k, first = 1;
  memset(a, 0, sizeof(a));
  scanf("%d%d", &n, &k);
  for(int i = 1; i <= k; i++)
    for(int j = 1; j <= n; j++)
      if(j % i == 0) a[j] = !a[j];
  for(int i = 1; i <= n; i++)
    if(a[i]) { if(first) first = 0; else printf(" "); printf("%d", i); }
  printf("\n");
  return 0;
}
```

“memset(a, 0, sizeof(a))”的作用是把数组 a 清零，它也在 string.h 中定义。虽然也能用 for 循环完成相同的任务，但是用 memset 又方便又快捷。另一个技巧在输出：为了避免输出多余空格，设置了一个标志变量 first，可以表示当前要输出的变量是否为第一个。第一个变量前不应有空格，但其他变量都有。

蛇形填数。在 $n \times n$ 方阵里填入 1, 2,…, $n \times n$，要求填成蛇形。例如，n=4 时方阵为：

```
10  11  12  1
9   16  13  2
8   15  14  3
7    6   5  4
```

上面的方阵中，多余的空格只是为了便于观察规律，不必严格输出。$n \leqslant 8$。

【分析】

类比数学中的矩阵，可以用一个二维数组来储存题目中的方阵。只需声明一个“int a[maxn][maxn]”，就可以获得一个大小为 maxn×maxn 的方阵。在声明时，二维的大小不必相同，因此也可以声明 int a[30][50]这样的数组，第一维下标范围是 0,1, 2,…,29，第二维下标范围是 0,1,2,…,49。

提示 3-5：可以用“int a[maxn][maxm]”生成一个整型的二维数组，其中 maxn 和 maxm 不必相等。这个数组共有 maxn×maxm 个元素，分别为 a[0][0], a[0][1],…, a[0][maxm−1], a[1][0],a[1][1],…,a[1][maxm−1],…,a[maxn−1][0],a[maxn−1][1],…, a[maxn−1] [maxm −1]。

从 1 开始依次填写。设“笔”的坐标为(x,y)，则一开始 x=0，y=n−1，即第 0 行，第 n−1 列（行列的范围是 0~n−1，没有第 n 列）。“笔”的移动轨迹是：下，下，下，左，左，左，上，上，上，右，右，下，下，左，上。总之，先是下，到不能填为止，然后是左，接着是上，最后是右。“不能填”是指再走就出界（例如 4→5），或者再走就要走到以前填过的格子（例如 12→13）。如果把所有格子初始化为 0，就能很方便地加以判断。

程序 3-3　蛇形填数

```
#include<stdio.h>
#include<string.h>
#define maxn 20
int a[maxn][maxn];
int main()
{
  int n, x, y, tot = 0;
  scanf("%d", &n);
  memset(a, 0, sizeof(a));
  tot = a[x=0][y=n-1] = 1;
  while(tot < n*n)
  {
    while(x+1<n && !a[x+1][y]) a[++x][y] = ++tot;
    while(y-1>=0 && !a[x][y-1]) a[x][--y] = ++tot;
    while(x-1>=0 && !a[x-1][y]) a[--x][y] = ++tot;
    while(y+1<n && !a[x][y+1]) a[x][++y] = ++tot;
  }
  for(x = 0; x < n; x++)
  {
```

```
    for(y = 0; y < n; y++) printf("%3d", a[x][y]);
    printf("\n");
  }
  return 0;
}
```

这段程序充分利用了 C 语言简洁的优势。首先，赋值 x=0 和 y=n−1 后马上要把它们作为数组 a 的下标，因此可以合并完成；tot 和 a[0][n−1]都要赋值 1，也可以合并完成。这样，就用一条语句完成了多件事情，而且并没有牺牲程序的可读性——这段代码的含义显而易见。

提示 3-6： 可以利用 C 语言简洁的语法，但前提是保持代码的可读性。

那 4 条 while 语句有些难懂，不过十分相似，因此只需介绍其中的第一条：不断向下走，并且填数。我们的原则是：先判断，再移动，而不是走一步以后发现越界了再退回来。这样，则需要进行“预判”，即是否越界，以及如果继续往下走会不会到达一个已经填过的格子。越界只需判断 x+1<n，因为 y 的值并没有修改；下一个格子是(x+1,y)，因此只需“a[x+1][y] == 0”，简写成“!a[x+1][y]”（其中“!”是“逻辑非”运算符）。

提示 3-7： 在很多情况下，最好是在做一件事之前检查是不是可以做，而不要做完再后悔。因为“悔棋”往往比较麻烦。

细心的读者也许会发现这里的一个“潜在 bug”：如果越界，x+1 会等于 n，a[x+1][y]将访问非法内存！幸运的是，这样的担心是不必要的。“&&”是短路运算符（还记得我们在哪里提到过吗？）。如果 x+1<n 为假，将不会计算“!a[x+1][y]”，也就不会越界了。

至于为什么是++tot 而不是 tot++，留给读者思考。

3.2　字 符 数 组

文本处理在计算机应用中占有重要地位。本书到现在为止还没有正式讨论过字符串（尽管曾经使用过），因为在 C 语言中，字符串其实就是字符数组——可以像处理普通数组一样处理字符串，只需要注意输入输出和字符串函数的使用。

竖式问题。找出所有形如 abc*de（三位数乘以两位数）的算式，使得在完整的竖式中，所有数字都属于一个特定的数字集合。输入数字集合（相邻数字之间没有空格），输出所有竖式。每个竖式前应有编号，之后应有一个空行。最后输出解的总数。具体格式见样例输出（为了便于观察，竖式中的空格改用小数点显示，但所写程序中应该输出空格，而非小数点）。

样例输入：

```
2357
```

样例输出：

```
<1>
..775
X..33
-----
.2325
2325.
-----
25575

The number of solutions = 1
```

【分析】

本题的思路应该是很清晰的：尝试所有的 abc 和 de，判断是否满足条件。我们可以写出整个程序的伪代码：

```
char s[20];
int count = 0;
scanf("%s", s);
for(int abc = 111; abc <= 999; abc++)
  for(int de = 11; de <= 99; de++)
    if("abc*de"是个合法的竖式)
    {
      printf("<%d>\n", count);
      打印 abc*de 的竖式和其后的空行
      count++;
    }
printf("The number of solutions = %d\n", count);
```

第一个新内容是 char s[20]定义。char 是“字符型”的意思，而字符是一种特殊的整数。为什么字符会是特殊的整数？请参见图 3-1 所示的 ASCII 编码表。

0	NUL	1	SOH	2	STX	3	ETX	4	EOT	5	ENQ	6	ACK	7	BEL
8	BS	9	HT	10	NL	11	VT	12	NP	13	CR	14	SO	15	SI
16	DLE	17	DC1	18	DC2	19	DC3	20	DC4	21	NAK	22	SYN	23	ETB
24	CAN	25	EM	26	SUB	27	ESC	28	FS	29	GS	30	RS	31	US
32	SP	33	!	34	"	35	#	36	$	37	%	38	&	39	'
40	(	41	)	42	*	43	+	44	,	45	-	46	.	47	/
48	0	49	1	50	2	51	3	52	4	53	5	54	6	55	7
56	8	57	9	58	:	59	;	60	<	61	=	62	>	63	?
64	@	65	A	66	B	67	C	68	D	69	E	70	F	71	G
72	H	73	I	74	J	75	K	76	L	77	M	78	N	79	O
80	P	81	Q	82	R	83	S	84	T	85	U	86	V	87	W
88	X	89	Y	90	Z	91	[	92	/	93	]	94	^	95	_
96	‘	97	a	98	b	99	c	100	d	101	e	102	f	103	g
104	h	105	i	106	j	107	k	108	l	109	m	110	n	111	o
112	p	113	q	114	r	115	s	116	t	117	u	118	v	119	w
120	x	121	y	122	z	123	{	124	—	125	}	126	~	127	DEL

图 3-1　ASCII 编码表

从图 3-1 中可见，每一个字符都有一个整数编码，称为 ASCII 码。为了方便书写，C 语言允许用直接的方法表示字符，例如，“a”代表的就是 a 的 ASCII 码。不过，有一些字符直接表示出来并不方便，例如，回车符是“\n”，而空字符是“\0”，它也是 C 语言中字符串的结束标志。其他例子包括“\\”（注意必须有两个反斜线）、“\'”（这个是单引号），甚至还有的字符有两种写法：“\"”和“"”都表示双引号。像这种以反斜线开头的字符称为转义序列（Escape Sequence）。如果认真完成了第 1 章中的实验，相信对这些字符不会陌生。

提示 3-8：C 语言中的字符型用关键字 char 表示，它实际存储的是字符的 ASCII 码。字符常量可以用单引号法表示。在语法上可以把字符当作 int 型使用。

另一个新内容是“scanf("%s", s)”。和“scanf("%d", &n)”类似，它会读入一个不含空格、TAB 和回车符的字符串，存入字符数组 s。注意，不是“scanf("%s", &s)”，s 前面没有“&”符号。

提示 3-9：在“scanf("%s", s)”中，不要在 s 前面加上“&”符号。如果是字符串数组 char s[maxn][maxl]，可以用“scanf("%s", s[i])”读取第 i 个字符串。注意，“scanf("%s", s)”遇到空白字符会停下来。

接下来有两个问题：判断和输出。根据我们的一贯作风，先考虑输出，因为它比较简单。每个竖式需要打印 7 行，但不一定要用 7 条 printf 语句，1 条足矣。首先计算第一行乘积 *x=abc*e*，然后是第二行 *y=abc*d*，最后是总乘积 *z=abc*de*，然后一次性打印出来：

```
printf("%5d\nX%4d\n-----\n%5d\n%4d\n-----\n%5d\n\n", abc, de, x, y, z);
```

注意这里的%5d，它表示按照 5 位数打印，不足 5 位在前面补空格（还记得%03d 吗？）。完整程序如下：

程序 3-4　竖式问题

```
#include<stdio.h>
#include<string.h>
int main()
{
  int count = 0;
  char s[20], buf[99];
  scanf("%s", s);
  for(int abc = 111; abc <= 999; abc++)
    for(int de = 11; de <= 99; de++)
    {
      int x = abc*(de%10), y = abc*(de/10), z = abc*de;
      sprintf(buf, "%d%d%d%d%d", abc, de, x, y, z);
      int ok = 1;
      for(int i = 0; i < strlen(buf); i++)
        if(strchr(s, buf[i]) == NULL) ok = 0;
      if(ok)
```

```
      {
        printf("<%d>\n", ++count);
        printf("%5d\nX%4d\n-----\n%5d\n%4d\n-----\n%5d\n\n", abc, de, x, y, z);
      }
    }
  printf("The number of solutions = %d\n", count);
  return 0;
}
```

还有两个函数是以前没有遇到的：sprintf 和 strchr。strchr 的作用是在一个字符串中查找单个字符，而这个 sprintf 似曾相识：之前用过 printf 和 fprintf。没错！这 3 个函数是“亲兄弟”，printf 输出到屏幕，fprintf 输出到文件，而 sprintf 输出到字符串。多数情况下，屏幕总是可以输出的，文件一般也能写（除非磁盘满或者硬件损坏），但字符串就不一定了：应该保证写入的字符串有足够的空间。

提示 3-10： 可以用 sprintf 把信息输出到字符串，用法和 printf、fprintf 类似。但应当保证字符串足够大，可以容纳输出信息。

多大才算足够大呢？答案是字符个数加 1，因为 C 语言的字符串是以空字符“\0”结尾的。后面还会提到这个问题，但是基本原则仍然是以前说过的：如果算不清楚就把数组空间设置得大一点，空间够用的情况下浪费一点没关系。例如，此处声明的缓冲字符串 buf 的长度为 99（可以保存长度为 98 的字符串），保存 *abc*, *de*, *x*, *y*, *z* 的所有数字绰绰有余。

函数 strlen(s)的作用是获取字符串 s 的实际长度。什么叫实际长度呢？字符数组 s 的大小是 20，但并不是所有空间都用上了。如果输入是“2357”，那么实际上 s 只保存了 5 个字符（不要忘记了还有一个结束标记“\0”），后面 15 个字符是不确定的（还记得吗？变量在赋值之前是不确定的）。strlen(s)返回的就是结束标记之前的字符个数。因此这个字符串中的各个字符依次是 s[0], s[1],…, s[strlen(s)-1]，而 s[strlen(s)]正是结束标记“\0”。

提示 3-11： C 语言中的字符串是以“\0”结尾的字符数组，可以用 strlen(s)返回字符串 s 中结束标记之前的字符个数。字符串中的各个字符是 s[0], s[1],…,s[strlen(s)-1]。

提示 3-12： 由于字符串的本质是数组，它也不是“一等公民”，只能用 strcpy(a, b), strcmp(a, b), strcat(a, b)来执行“赋值”、“比较”和“连接”操作，而不能用“=”、“==”、“<=”、“+”等运算符。上述函数都在 string.h 中声明。

此处再次看到了++count 这样的用法，有必要对它进行进一步说明。猜猜看：count=0 时，“printf("%d %d %d\n", count++, count++, count++)”会输出什么（然后做个实验）。怎么样，是不是和你想的不同呢？

另一个例子是“count = count++”。这里对 count++的解释是：count++在表达式中的值是加 1 之前的值（即原来的值），但计算 count++之后 count 会增加 1。问题出现了：这个“稍后再加 1”到底是何时进行的呢？如果是计算完赋值的右边（即 count++）之后就立刻执行，最后 count 的值不会变（别忘了最后执行的是赋值）；但如果是整个赋值完成之后才加 1，最后 count 的值会比原来多 1。如果在理解刚才这段话时感到吃力，最好的方法是避开它。

提示 3-13：滥用“++”、“--”、“+=”等可以修改变量值的运算符很容易带来隐蔽的错误。建议每条语句最多只用一次这种运算符，并且所修改的变量在整条语句中只出现一次。

事实上，就算充分理解了这条规则，在实际编程时也可能临时忘记。好在可以利用编译器减少这种错误。用-Wall 命令编译刚才的两个例子，编译器都会给出警告：对 count 的运算可能是没有定义的。

3.3　竞赛题目选讲

例题 3-1　TeX 中的引号（Tex Quotes, UVa 272）[①]

在 TeX 中，左双引号是“``”，右双引号是“''”。输入一篇包含双引号的文章，你的任务是把它转换成 TeX 的格式。

样例输入：

```
"To be or not to be," quoth the Bard, "that
is the question".
```

样例输出：

```
``To be or not to be,'' quoth the Bard, ``that
is the question''.
```

【分析】

本题的关键是，如何判断一个双引号是左双引号还是右双引号。方法很简单：使用一个标志变量即可。可是在此之前，需要解决另外一个问题：输入字符串。

之前学习了使用“scanf("%s")”输入字符串，但却不能在本题中使用它，因为它碰到空格或者 TAB 就会停下来。虽然下次调用时会输入下一个字符串，可是不知道两次输入的字符串中间有多少个空格、TAB 甚至换行符。可以用下述两种方法解决这个问题：

第一种方法是使用“fgetc(fin)”，它读取一个打开的文件 fin，读取一个字符，然后返回一个 int 值。为什么返回的是 int 而不是 char 呢？因为如果文件结束，fgetc 将返回一个特殊标记 EOF，它并不是一个 char。如果把 fgetc(fin)的返回值强制转换为 char，将无法把特殊的 EOF 和普通字符区分开。如果要从标准输入读取一个字符，可以用 getchar，它等价于 fgetc(stdin)。

提示 3-14：使用 fgetc(fin)可以从打开的文件 fin 中读取一个字符。一般情况下应当在检查它

---

① 本章最后会介绍 UVaXXX 的含义。

不是 EOF 后再将其转换成 char 值。从标准输入读取一个字符可以用 getchar，它等价于 fgetc(stdin)。

fgetc 和 getchar 将读取“下一个字符”，因此需要知道在各种情况下，“下一个字符”是哪个。如果用“scanf("%d", &n)”读取整数 n，则要是在输入 123 后多加了一个空格，用 getchar 读取的将是这个空格；如果在“123”之后紧跟着换行，则读取到的将是回车符“\n”。

这里有个潜在的陷阱：不同操作系统的回车换行符是不一致的。Windows 是“\r”和“\n”两个字符，Linux 是“\n”，而 MacOS 是“\r”。如果在 Windows 下读取 Windows 文件，fgetc 和 getchar 会把“\r”“吃掉”，只剩下“\n”；但如果要在 Linux 下读取同样一个文件，它们会忠实地先读取“\r”，然后才是“\n”。如果编程时不注意，所写程序可能会在某个操作系统上是完美的，但在另一个操作系统上就错得一塌糊涂。当然，比赛的组织方应该避免在 Linux 下使用 Windows 格式的文件，但正如前面所强调过的：选手也应该把自己的程序写得更鲁棒，即容错性更好。

提示 3-15：在使用 fgetc 和 getchar 时，应该避免写出和操作系统相关的程序。

第二种方法是使用“fgets(buf, maxn, fin)”读取完整的一行，其中 buf 的声明为 char buf[maxn]。这个函数读取不超过 maxn−1 个字符，然后在末尾添上结束符“\0”，因此不会出现越界的情况。之所以说可以用这个函数读取完整的一行，是因为一旦读到回车符“\n”，读取工作将会停止，而这个“\n”也会是 buf 字符串中最后一个有效字符（再往后就是字符串结束符“\0”了）。只有在一种情况下，buf 不会以“\n”结尾：读到文件结束符，并且文件的最后一个不是以“\n”结尾。尽管比赛的组织方应避免这样的情况（和输出文件一样，保证输入文件的每行均以回车符结尾），但正如刚才所说，选手应该把自己的程序写得更鲁棒。

提示 3-16：“fgets(buf, maxn, fin)”将读取完整的一行放在字符数组 buf 中。应当保证 buf 足够存放下文件的一行内容。除了在文件结束前没有遇到“\n”这种特殊情况外，buf 总是以“\n”结尾。当一个字符都没有读到时，fgets 返回 NULL。

和 fgetc 一样，fgets 也有一个“标准输入版”gets。遗憾的是，gets 和它的“兄弟”fgets 差别比较大：其用法是 gets(s)，没有指明读取的最大字符数。这里就出现了一个潜在的问题：gets 将不停地往 s 中存储内容，而不管是否存储得下！难道 gets 函数不去管 s 的可用空间有多少吗？确实如此。

提示 3-17：C 语言并不禁止程序读写“非法内存”。例如，声明的是 char s[100]，完全可以赋值 s[10000] = 'a'（甚至-Wall 也不会警告），但后果自负。

正是因为如此，gets 已经被废除了，但为了向后兼容，仍然可以使用它。从长远考虑，读者最好不要使用此函数。事实上，在 C11 标准里，gets 函数已被正式删除。

提示 3-18：C 语言中的 gets(s)存在缓冲区溢出漏洞，不推荐使用。在 C11 标准里，该函数已被正式删除。

本题的特点是：可以边读边处理，而不需要把输入字符串完整地存下来，因此 getchar 是一个不错的选择。下面的代码里还有一个有趣的运算符“?:”，是 if 语句的“表达式版”。表达式“a?b:c”的含义是：当 a 为真时值为 b，否则为 c。另一个细节是直接用到了赋值语句“c = getchar()”的返回值，把它和 EOF 进行比较。这样的写法并不多见，但有时能让代码更简洁。

程序 3-5　TeX 中的引号

```
#include<stdio.h>
int main() {
  int c, q = 1;
  while((c = getchar()) != EOF) {
    if(c == '"') { printf("%s", q ? "``" : "''"); q = !q; }
    else printf("%c", c);
  }
  return 0;
}
```

例题 3-2　WERTYU（WERTYU, UVa10082）

把手放在键盘上时，稍不注意就会往右错一位。这样，输入 Q 会变成输入 W，输入 J 会变成输入 K 等。键盘如图 3-2 所示。

图 3-2　键盘

输入一个错位后敲出的字符串（所有字母均大写），输出打字员本来想打出的句子。输入保证合法，即一定是错位之后的字符串。例如输入中不会出现大写字母 A。

样例输入：

```
O S, GOMR YPFSU/
```

样例输出：

```
I AM FINE TODAY.
```

【分析】

和例题 3-1 一样，每输入一个字符，都可以直接输出一个字符，因此 getchar 是输入的理想方法。问题在于：如何进行这样输入输出变换呢？一种方法是使用 if 语句或者 switch 语句，如“if(c == 'W') putchar('Q')”。但很明显，这样做太麻烦。一个较好的方法是使用常量数组，下面是完整程序：

程序 3-6　WERTYU

```
#include<stdio.h>
char s[] = "`1234567890-=QWERTYUIOP[]\\ASDFGHJKL;'ZXCVBNM,./";
int main() {
```

```
    int i, c;
    while((c = getchar()) != EOF) {
      for (i=1; s[i] && s[i]!=c; i++); //找错位之后的字符在常量表中的位置
      if (s[i]) putchar(s[i-1]); //如果找到，则输出它的前一个字符
      else putchar(c);
    }
    return 0;
  }
```

还有其他使用常量数组的方法。例如，构造一个数组 s，使得对于任意字符 c, s[c]的值为 c“左边”的字符。这个方法也是可行的，但是在程序里输入这样一个 s 数组有些麻烦，还是本题的策略更容易实现。常量数组并不需要指明大小，编译器可以完成计算。

提示 3-19： 善用常量数组往往能简化代码。定义常量数组时无须指明大小，编译器会计算。

例题 3-3　回文词（Palindromes, UVa401）

输入一个字符串，判断它是否为回文串以及镜像串。输入字符串保证不含数字 0。所谓回文串，就是反转以后和原串相同，如 abba 和 madam。所有镜像串，就是左右镜像之后和原串相同，如 2S 和 3AIAE。注意，并不是每个字符在镜像之后都能得到一个合法字符。在本题中，每个字符的镜像如图 3-3 所示（空白项表示该字符镜像后不能得到一个合法字符）。

Character	Reverse	Character	Reverse	Character	Reverse
A	A	M	M	Y	Y
B		N		Z	5
C		O	O	1	1
D		P		2	S
E	3	Q		3	E
F		R		4	
G		S	2	5	Z
H	H	T	T	6	
I	I	U	U	7	
J	L	V	V	8	8
K		W	W	9	
L	J	X	X		

图 3-3　镜像字符

输入的每行包含一个字符串（保证只有上述字符。不含空白字符），判断它是否为回文串和镜像串（共 4 种组合）。每组数据之后输出一个空行。

样例输入：

```
NOTAPALINDROME
ISAPALINILAPASI
2A3MEAS
ATOYOTA
```

样例输出：

```
NOTAPALINDROME -- is not a palindrome.

ISAPALINILAPASI -- is a regular palindrome.

2A3MEAS -- is a mirrored string.

ATOYOTA -- is a mirrored palindrome.
```

【分析】

既然不包含空白字符，可以安全地使用 scanf 进行输入。回文串和镜像串的判断都不复杂，并且可以一起完成，详见下面的代码。使用常量数组，只用少量代码即可解决这个看上去有些复杂的题目[1]。

程序 3-7　回文词

```
#include<stdio.h>
#include<string.h>
#include<ctype.h>
const char* rev = "A   3  HIL JM O   2TUVWXY51SE Z  8 ";
const char* msg[] = {"not a palindrome", "a regular palindrome", "a mirrored string", "a mirrored palindrome"};

char r(char ch) {
  if(isalpha(ch)) return rev[ch - 'A'];
  return rev[ch - '0' + 25];
}

int main() {
  char s[30];
  while(scanf("%s", s) == 1) {
    int len = strlen(s);
    int p = 1, m = 1;
    for(int i = 0; i < (len+1)/2; i++) {
      if(s[i] != s[len-1-i]) p = 0; //不是回文串
      if(r(s[i]) != s[len-1-i]) m = 0; //不是镜像串
    }
    printf("%s -- is %s.\n\n", s, msg[m*2+p]);
  }
  return 0;
}
```

[1] 本题是《算法竞赛入门经典》第 1 版中的一道习题。在第 2 版写作之时，笔者在网上搜到了很多网友写的本题的题解，不少博主表示本题比较麻烦或者代码冗长，容易写错，故而将此题补充到第 2 版的例题当中。

本题使用了一个自定义函数 char r(char ch)，参数 ch 是一个字符，返回值是 ch 的镜像字符。这是因为该常量数组中前 26 项是各个大写字母的镜像，而后 10 个是数字 1~9 的镜像（数字 0 不会出现），所以需要判断 ch 是字母还是数字。函数在第 4 章中会详细讨论，如果现在理解有困难，可以等看完第 4 章后回顾此题。

本题用 isalpha 来判断字符是否为字母，类似的还有 idigit、isprint 等，在 ctype.h 中定义。由于 ASCII 码表中大写字母、小写字母和数字都是连续的，如果 ch 是大写字母，则 ch-'A' 就是它在字母表中的序号（A 的序号是 0，B 的序号是 1，依此类推）；类似地，如果 ch 是数字，则 ch-'0'就是这个数字的数值本身（例如'5'-'0'=5）。

另一个有趣的常量数组是 msg（事实上，这是一个字符串数组，即二维字符数组），请读者自行理解它的作用。

提示 3-20：头文件 ctype.h 中定义的 isalpha、isdigit、isprint 等工具可以用来判断字符的属性，而 toupper、tolower 等工具可以用来转换大小写。如果 ch 是大写字母，则 ch-'A'就是它在字母表中的序号（A 的序号是 0，B 的序号是 1，依此类推）；类似地，如果 ch 是数字，则 ch-'0'就是这个数字的数值本身。

例题 3-4　猜数字游戏的提示（Master-Mind Hints, UVa 340）

实现一个经典"猜数字"游戏。给定答案序列和用户猜的序列，统计有多少数字位置正确（A），有多少数字在两个序列都出现过但位置不对（B）。

输入包含多组数据。每组输入第一行为序列长度 *n*，第二行是答案序列，接下来是若干猜测序列。猜测序列全 0 时该组数据结束。*n*=0 时输入结束。

样例输入：

```
4
1 3 5 5
1 1 2 3
4 3 3 5
6 5 5 1
6 1 3 5
1 3 5 5
0 0 0 0
10
1 2 2 2 4 5 6 6 6 9
1 2 3 4 5 6 7 8 9 1
1 1 2 2 3 3 4 4 5 5
1 2 1 3 1 5 1 6 1 9
1 2 2 5 5 5 6 6 6 7
0 0 0 0 0 0 0 0 0 0
0
```

样例输出：

```
Game 1:
    (1,1)
```

```
    (2,0)
    (1,2)
    (1,2)
    (4,0)
Game 2:
    (2,4)
    (3,2)
    (5,0)
    (7,0)
```

【分析】

直接统计可得 A，为了求 B，对于每个数字（1~9），统计二者出现的次数 c1 和 c2，则 min(c1,c2)就是该数字对 B 的贡献。最后要减去 A 的部分。代码如下：

```
#include<stdio.h>
#define maxn 1010

int main() {
  int n, a[maxn], b[maxn];
  int kase = 0;
  while(scanf("%d", &n) == 1 && n) { //n=0 时输入结束
    printf("Game %d:\n", ++kase);
    for(int i = 0; i < n; i++) scanf("%d", &a[i]);
    for(;;) {
      int A = 0, B = 0;
      for(int i = 0; i < n; i++) {
        scanf("%d", &b[i]);
        if(a[i] == b[i]) A++;
      }
      if(b[0] == 0) break; //正常的猜测序列不会有 0，所以只判断第一个数是否为 0 即可
      for(int d = 1; d <= 9; d++) {
        int c1 = 0, c2 = 0; //统计数字 d 在答案序列和猜测序列中各出现多少次
        for(int i = 0; i < n; i++) {
          if(a[i] == d) c1++;
          if(b[i] == d) c2++;
        }
        if(c1 < c2) B += c1; else B += c2;
      }
      printf("    (%d,%d)\n", A, B-A);
    }
  }
  return 0;
}
```

例题 3-5 生成元（Digit Generator, ACM/ICPC Seoul 2005, UVa1583）

如果 x 加上 x 的各个数字之和得到 y，就说 x 是 y 的生成元。给出 n（$1 \leqslant n \leqslant 100000$），求最小生成元。无解输出 0。例如，$n$=216，121，2005 时的解分别为 198，0，1979。

【分析】

本题看起来是个数学题，实则不然。假设所求生成元为 m。不难发现 $m<n$。换句话说，只需枚举所有的 $m<n$，看看有没有哪个数是 n 的生成元。

可惜这样做的效率并不高，因为每次计算一个 n 的生成元都需要枚举 $n-1$ 个数。有没有更快的方法？聪明的读者也许已经想到了：只需一次性枚举 100000 内的所有正整数 m，标记“m 加上 m 的各个数字之和得到的数有一个生成元是 m”，最后查表即可。

```
#include<stdio.h>
#include<string.h>
#define maxn 100005
int ans[maxn];

int main() {
  int T, n;
  memset(ans, 0, sizeof(ans));
  for(int m = 1; m < maxn; m++) {
    int x = m, y = m;
    while(x > 0) { y += x % 10; x /= 10; }
    if(ans[y] == 0 || m < ans[y]) ans[y] = m;
  }
  scanf("%d", &T);
  while(T--) {
    scanf("%d", &n);
    printf("%d\n", ans[n]);
  }
  return 0;
}
```

例题 3-6 环状序列（Circular Sequence, ACM/ICPC Seoul 2004, UVa1584）

长度为 n 的环状串有 n 种表示法，分别为从某个位置开始顺时针得到。例如，图 3-4 的环状串有 10 种表示：CGAGTCAGCT，GAGTCAGCTC，AGTCAGCTCG 等。在这些表示法中，字典序最小的称为“最小表示”。

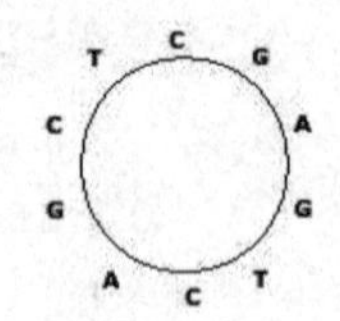

图 3-4 环状串

输入一个长度为 n（$n \leqslant 100$）的环状 DNA 串（只包含 A、C、G、T 这 4 种字符）的一种表示法，你的任务是输出该环状串的最小表示。例如，CTCC 的最小表示是 CCCT，CGAGTCAGCT 的最小表示为 AGCTCGAGTC。

【分析】

本题出现了一个新概念：字典序。所谓字典序，就是字符串在字典中的顺序。一般地，对于两个字符串，从第一个字符开始比较，当某一个位置的字符不同时，该位置字符较小的串，字典序较小（例如，abc 比 bcd 小）；如果其中一个字符串已经没有更多字符，但另一个字符串还没结束，则较短的字符串的字典序较小（例如，hi 比 history 小）。字典序的概念可以推广到任意序列，例如，序列 1, 2, 4, 7 比 1, 2, 5 小。

学会了字典序的概念之后，本题就不难解决了：就像“求 n 个元素中的最小值”一样，用变量 ans 表示目前为止，字典序最小串在输入串中的起始位置，然后不断更新 ans。

```
#include<stdio.h>
#include<string.h>
#define maxn 105

//环状串 s 的表示法 p 是否比表示法 q 的字典序小
int less(const char* s, int p, int q) {
  int n = strlen(s);
  for(int i = 0; i < n; i++)
    if(s[(p+i)%n] != s[(q+i)%n])
      return s[(p+i)%n] < s[(q+i)%n];
  return 0; //相等
}

int main() {
  int T;
  char s[maxn];
  scanf("%d", &T);
  while(T--) {
    scanf("%s", s);
    int ans = 0;
    int n = strlen(s);
    for(int i = 1; i < n; i++)
      if(less(s, i, ans)) ans = i;
    for(int i = 0; i < n; i++)
      putchar(s[(i+ans)%n]);
    putchar('\n');
  }
  return 0;
}
```

3.4　注解与习题

到目前为止，C 语言的核心内容已经全部讲完。理论上，运用前 3 章的知识足以编写大部分算法竞赛程序了。

3.4.1 进位制与整数表示

用ASCII编码表示字符。下面来探索一下字符在C语言中的表示。从正文中可知，有些特殊的字符需要转义才能表达，例如“\n”表示换行，“\\”表示反斜杠，“\"”表示引号，“\0”表示空字符，那还有哪些转义符呢？如果在网上搜索一下，或者翻阅任何一本C语言参考书，就会发现转义字符表中有如下说法。

提示3-21：字符还可以直接用ASCII码表示。如果用八进制，应该写成“\o”，“\oo”或“\ooo”（o为一个八进制数字）；如果用十六进制，应该写成“\xh”（h为十六进制数字串）。

什么是八进制和十六进制呢？我们平时使用的是“逢十进一”的进位制系统，称为十进制（Decimal System）。而在计算机内部，所有事物都是用“逢二进一”的二进制（Binary System）来表示。从表3-1很容易看出二者之间的关系。

表3-1 十进制和二进制的转换关系

十进制	0	1	2	3	4	5	6	7
二进制	0	1	10	11	100	101	110	111

类似地，可以定义八进制和十六进制（注意，在十六进制中，用字符A~F表示十进制中的10~15）。如果操作系统是Windows，打开“计算器”后，先切换成“科学型”，然后输入一个整数，例如123，再单击“二进制”按钮，就可以看到其二进制值1111011、八进制值173和十六进制值7B[①]。而语句“printf("%d %o %x\n", a)”将把整数a分别按照十进制、八进制和十六进制输出。

进制转换与移位运算符。如何把二进制转换为十进制？类似于123=((1*10)+2)*10+3，二进制转换为十进制也可以这样一次添加一位，每次乘以2：101_2=((1*2+0)*2+1=5。在C语言中，“乘以2”也可以写成“<<1”，意思是“左移一位”。类似地，左移4位就是乘以2^4。

在二进制中，8位最大整数就是8个1，即2^8-1，用C语言写出来就是(1<<8)-1。注意括号是必需的，因为“<<”运算符的优先级没有减法高。

补码表示法。计算机中的二进制是没有符号的。尽管123的二进制值是1111011，-123在计算机内并不表示为-1111011——这个“负号”也需要用二进制位来表示。

“正号和符号”只有两种情况，因此用一个二进制位就可以了。容易想到一个表示“带符号32位整数”的方法：用最高位表示符号（0：正数；1：负数），剩下31位表示数的绝对值。可惜，这并不是机器内部真正的实现方法。在笔者的机器上，语句“printf("%u\n",-1)”的输出是4294967295[②]。把-1换成-2、-3、-4……后，很容易总结出一个规律：-n的内部表示是$2^{32}-n$。这就是著名的“补码表示法”（Complement Representation）。

提示3-22：在多数计算机内部，整数采用的是补码表示法。

为什么计算机要用这样一个奇怪的表示方法呢？前面提到的“符号位+绝对值”的方法

---

① 遗憾的是，Linux下的GUI计算器xcalc无法进行进制转换。不过很多系统预装了bc程序，可以使用“echo 'obase=2; ibase=10; 123' | bc”把十进制123转换成二进制。

② 请记住这个整数，它等于$2^{32}-1$。

哪里不好了？答案是：运算不方便。试想，要计算 1 + (-1)的值（为了简单起见，假设两个数都是带符号 8 位整数）。如果用“符号位+绝对值”法，将要计算 00000001+10000001，而答案应该是 00000000。似乎想不到什么简单的方法进行这个“加法”。但如果采用补码表示，计算的是 00000001+11111111，只需要直接相加，并丢掉最高位的进位即可。“符号位+绝对值”还有一个好玩的 bug：存在两种不同的 0：一个是 00000000（正 0），一个是 10000000（负 0）。这个问题在补码表示法中不会出现（想一想，为什么）。

学到这里，你能解释“int 类型的最小、最大值”了吗？提示：在通常情况下，int 是 32 位的。

3.4.2　思考题

题目 1（必要的存储量）：数组可以用来保存很多数据，但在一些情况下，并不需要把数据保存下来。下面哪些题目可以不借助数组，哪些必须借助数组？请编程实现。假设输入只能读一遍。

- 输入一些数，统计个数。
- 输入一些数，求最大值、最小值和平均数。
- 输入一些数，哪两个数最接近。
- 输入一些数，求第二大的值。
- 输入一些数，求它们的方差。
- 输入一些数，统计不超过平均数的个数。

题目 2（统计字符 1 的个数）：下面的程序意图在于统计字符串中字符 1 的个数，可惜有瑕疵：

```
#include<stdio.h>
#define maxn 10000000 + 10
int main() {
  char s[maxn];
  scanf("%s", s);
  int tot = 0;
  for(int i = 0; i < strlen(s); i++)
    if(s[i] == 1) tot++;
  printf("%d\n", tot);
}
```

该程序至少有 3 个问题，其中一个导致程序无法运行，另一个导致结果不正确，还有一个导致效率低下。你能找到它们并改正吗？

3.4.3　黑盒测试和在线评测系统

黑盒测试。算法竞赛一般采取黑盒测试：事先准备好一些测试用例，然后用它们测试选手程序，根据运行结果评分。除了找不到程序（如程序名没有按照比赛规定取，或是放错位置）、编译错等连程序都没能运行的错误之外，一些典型的错误类型如下：

- 答案错（Wrong Answer，WA）。
- 输出格式错（Presentation Error，PE）。
- 超时（Time Limit Exceeded，TLE）。
- 运行错（Runtime Error，RE）。

在一些比较严格的比赛中，输出格式错被看成是答案错，而在另外一些比赛中，则会把二者区分开。在运行时，除了程序自身异常退出（例如，除0、栈溢出、非法访问内存、断言为假、main函数返回非0值）外，还可能是因为超过了评测系统的资源约束（如内存限制、最大输出限制）而被强制中止执行。有的评测系统会把这些情况和一般的运行错误区分开，但在多数情况下会统一归到“运行错”中。

需要注意的是，超时不一定是因为程序效率太低，也可能是其他原因造成的。例如，比赛规定程序应从文件读入数据，但所写程序却正在等待键盘输入。其他原因包括：特殊数据导致程序进入死循环、程序实际上已经崩溃却没异常退出等。

如果上述错误都没有，那么恭喜你，你的程序通过了测试。在ACM/ICPC中，这意味着你的程序被裁判接受（accepted，AC），而在分测试点的比赛中，这意味着你拿到了该测试点的分数。

需要注意的是，一些比赛的测试点可以给出“部分分”——如答案正确但不够优，或者题目中有两个任务，选手只成功完成了一个任务等。不管怎样，得分的前提是不超时、没有运行错。只有这样，程序输出才会参与评分。

在线评测系统（Online Judge，OJ）为平时练习和网上竞赛提供了一个很好的平台。事实上，本书中的练习大都通过OJ给出。

首先，要向读者介绍的是历史最悠久、最著名的OJ：西班牙Valladolid大学的UVaOJ，网址为http://uva.onlinejudge.org/[①]。除了收录了早期的ACM/ICPC区域比赛题目之外，这里还经常邀请世界顶尖的命题者共同组织网上竞赛，吸引了大量来自世界各地的高手同场竞技。

目前，UVaOJ网站的题库已经包含了一个特殊的分卷（Volume）——AOAPC II，把本书的配套习题按照易于查找和提交的方式集中在一起，并将逐步提供题目的中文翻译和算法提示。根据读者的反馈，网上题库可能在本书的基础上增加一些有价值的题目，并移除一些不太合适的题目，因此建议读者在做题时直接参考UVaOJ的AOAPC分卷。3.4.2节的题目中已经给出了UVa题目编号。例如，UVa272就代表UVa OJ中编号为272的题目。

其他著名的OJ包括国内的ZOJ（浙江大学），POJ（北京大学），HDOJ（电子科技大学）、俄罗斯的SGU、Timus、波兰的SPOJ等。

3.4.4 例题一览与习题

本章的5道例题全部是竞赛题目，在UVa上可以提交，如表3-2所示。

① 目前的UVaOJ网站与IE浏览器兼容性不好，推荐使用Firefox浏览器。

表 3-2　例题一览

类　别	题　号	题目名称（英文）	备　注
例题 3-1	UVa272	Tex Quotes	输入输出函数详解
例题 3-2	UVa10082	WERTYU	常量数组的妙用
例题 3-3	UVa401	Palindromes	字符函数；常量数组
例题 3-4	UVa340	Master-Mind Hints	用数组统计
例题 3-5	UVa1583	Digit Generator	预处理、查表
例题 3-6	UVa1584	Circular Sequence	字典序

从本章开始，习题全部通过 UVaOJ 给出。由于样例输入输出很占篇幅，这里通过文字的方式给出例子，详细的样例输入输出请读者参考原题。在下面的习题中，前一半的题目几乎只需要“按照题目说的做”，但后面的题目需要一些思考甚至灵感。

为了保证学习效果，请至少独立完成 8 道习题。需要特别注意的是，由于本书前 4 章中的 C 语言程序需要用 C99 编译器，而 UVa 中的“ANSI C”是指 C89 编译器，请在提交时选择 C++语言。**本书前 4 章中介绍的 C 语言全部和 C++兼容，所以源码可以不加修改地用 C++编译器编译通过。**

习题 3-1　得分（Score, ACM/ICPC Seoul 2005, UVa1585）

给出一个由 O 和 X 组成的串（长度为 1~80），统计得分。每个 O 的得分为目前连续出现的 O 的个数，X 的得分为 0。例如，OOXXOXXOOO 的得分为 1+2+0+0+1+0+0+1+2+3。

习题 3-2　分子量（Molar Mass, ACM/ICPC Seoul 2007, UVa1586）

给出一种物质的分子式（不带括号），求分子量。本题中的分子式只包含 4 种原子，分别为 C, H, O, N，原子量分别为 12.01, 1.008, 16.00, 14.01（单位：g/mol）。例如，C6H5OH 的分子量为 94.108g/mol。

习题 3-3　数数字（Digit Counting , ACM/ICPC Danang 2007, UVa1225）

把前 n（$n \leqslant 10000$）个整数顺次写在一起：123456789101112…数一数 0~9 各出现多少次（输出 10 个整数，分别是 0，1，…，9 出现的次数）。

习题 3-4　周期串（Periodic Strings, UVa455）

如果一个字符串可以由某个长度为 k 的字符串重复多次得到，则称该串以 k 为周期。例如，abcabcabcabc 以 3 为周期（注意，它也以 6 和 12 为周期）。

输入一个长度不超过 80 的字符串，输出其最小周期。

习题 3-5　谜题（Puzzle, ACM/ICPC World Finals 1993, UVa227）

有一个 5*5 的网格，其中恰好有一个格子是空的，其他格子各有一个字母。一共有 4 种指令：A, B, L, R，分别表示把空格上、下、左、右的相邻字母移到空格中。输入初始网格和指令序列（以数字 0 结束），输出指令执行完毕后的网格。如果有非法指令，应输出“This puzzle has no final configuration.”，例如，图 3-5 中执行 ARRBBL0 后，效果如图 3-6 所示。

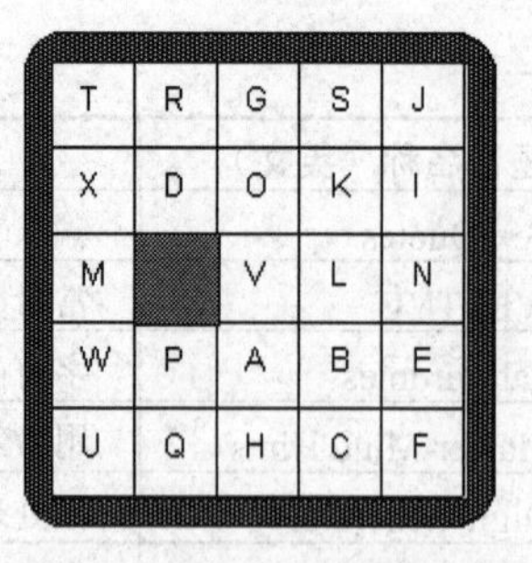

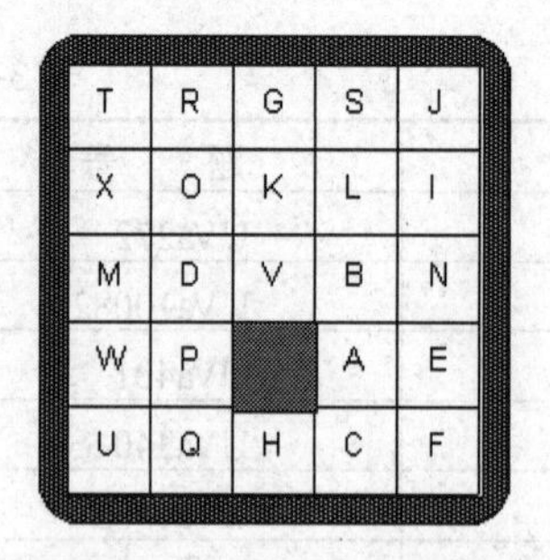

图 3-5 执行 ARRBBL0 前　　图 3-6 执行 ARRBBL0 后

习题 3-6 纵横字谜的答案（Crossword Answers, ACM/ICPC World Finals 1994, UVa232）

输入一个 r 行 c 列（$1 \leqslant r, c \leqslant 10$）的网格，黑格用“*”表示，每个白格都填有一个字母。如果一个白格的左边相邻位置或者上边相邻位置没有白格（可能是黑格，也可能出了网格边界），则称这个白格是一个起始格。

首先把所有起始格按照从上到下、从左到右的顺序编号为 1, 2, 3, …，如图 3-7 所示。

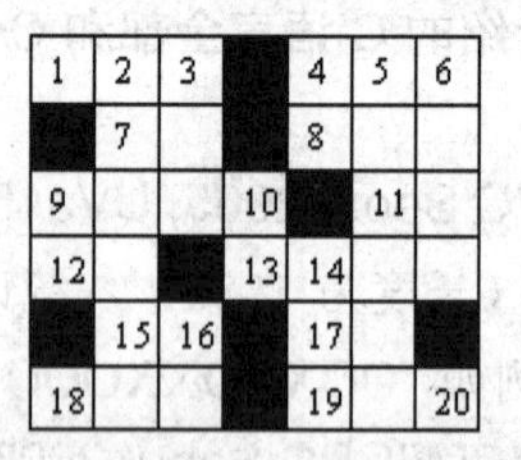

图 3-7 r 行 c 列网格

接下来要找出所有横向单词（Across）。这些单词必须从一个起始格开始，向右延伸到一个黑格的左边或者整个网格的最右列。最后找出所有竖向单词（Down）。这些单词必须从一个起始格开始，向下延伸到一个黑格的上边或者整个网格的最下行。输入输出格式和样例请参考原题。

习题 3-7 DNA 序列（DNA Consensus String, ACM/ICPC Seoul 2006, UVa1368）

输入 m 个长度均为 n 的 DNA 序列，求一个 DNA 序列，到所有序列的总 Hamming 距离尽量小。两个等长字符串的 Hamming 距离等于字符不同的位置个数，例如，ACGT 和 GCGA 的 Hamming 距离为 2（左数第 1, 4 个字符不同）。

输入整数 m 和 n（$4 \leqslant m \leqslant 50, 4 \leqslant n \leqslant 1000$），以及 m 个长度为 n 的 DNA 序列（只包含字母 A，C，G，T），输出到 m 个序列的 Hamming 距离和最小的 DNA 序列和对应的距离。如有多解，要求为字典序最小的解。例如，对于下面 5 个 DNA 序列，最优解为 TAAGATAC。

TATGATAC
TAAGCTAC
AAAGATCC
TGAGATAC
TAAGATGT

习题 3-8　循环小数（Repeating Decimals, ACM/ICPC World Finals 1990, UVa202）

输入整数 a 和 b（$0\leqslant a\leqslant 3000$，$1\leqslant b\leqslant 3000$），输出 a/b 的循环小数表示以及循环节长度。例如 $a=5$，$b=43$，小数表示为 0.(116279069767441860465)，循环节长度为 21。

习题 3-9　子序列（All in All, UVa 10340）

输入两个字符串 s 和 t，判断是否可以从 t 中删除 0 个或多个字符（其他字符顺序不变），得到字符串 s。例如，abcde 可以得到 bce，但无法得到 dc。

习题 3-10　盒子（Box, ACM/ICPC NEERC 2004, UVa1587）

给定 6 个矩形的长和宽 w_i 和 h_i（$1\leqslant w_i$，$h_i\leqslant 1000$），判断它们能否构成长方体的 6 个面。

习题 3-11　换低挡装置（Kickdown, ACM/ICPC NEERC 2006, UVa1588）

给出两个长度分别为 n_1，n_2（n_1，$n_2\leqslant 100$）且每列高度只为 1 或 2 的长条。需要将它们放入一个高度为 3 的容器（如图 3-8 所示），问能够容纳它们的最短容器长度。

图 3-8　高度为 3 的容器

习题 3-12　浮点数（Floating-Point Numbers, UVa11809）

计算机常用阶码-尾数的方法保存浮点数。如图 3-9 所示，如果阶码有 6 位，尾数有 8 位，可以表达的最大浮点数为 $0.111111111_2\times 2^{111111_2}$。注意小数点后第一位必须为 1，所以一共有 9 位小数。

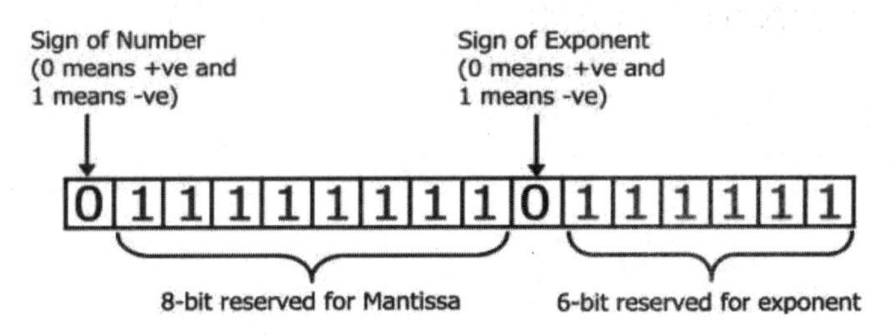

图 3-9　阶码-尾数保存浮点数

这个数换算成十进制之后就是 $0.998046875*2^{63}=9.205357638345294*10^{18}$。你的任务是根据这个最大浮点数，求出阶码的位数 E 和尾数的位数 M。输入格式为 AeB，表示最大浮点数为 $A*10^B$。$0<A<10$，并且恰好包含 15 位有效数字。输入结束标志为 0e0。对于每组数据，输出 M 和 E。输入保证有唯一解，且 $0\leqslant M\leqslant 9$，$1\leqslant E\leqslant 30$。在本题中，$M+E+2$ 不必为 8 的整数倍。

3.4.5　小结

本节介绍的语法和库函数都是很直观的，但是书中的程序理解起来比第 2 章复杂了很多，原因在于变量突然多了很多。每当用到 a[i]或者 s[i]这样的元素时，应该问自己："i 等于多少？它有什么实际含义吗？"作为数组下标，i 经常代表"当前考虑的位置"，或者与另一个下标 j 一起表示“当前考虑的子串的起点和终点”。

数组和字符串往往意味着大数据量，而处理大数据量时经常会遇到“访问非法内存”的错误。在语法上，C 语言并不禁止程序访问非法内存，但后果难料。这在理论上可以通过在访问数组前检查下标是否合法来缓解，但程序会比较累赘；另一种技巧是适当把数组空间定义得较大，特别是不清楚数组应该开多大时。只要内存够用，开大一点没关系。顺便说一句，数组的大小可以用 sizeof 在编译时获得（它不是一个函数），它经常被用在 memset、memcpy 等函数中。有的函数并没有做大小检查，因而存在缓冲区溢出漏洞。本章中只讲了 gets，但其实 strcpy 也有类似问题——如果源字符串并不是以“\0”结尾的，复制工作将可能覆盖到缓冲区之外的内存。这也提醒我们：如果按照自己的方式处理字符串，千万要保证它以“\0”结尾。

在数组和字符串处理程序中，下标的计算是极为重要的。为了方便，很多人喜欢用“++”等可以修改变量（有副作用）的运算符，但千万注意保持程序的可读性。一个保守的做法是如果使用这种运算符，被影响的变量在整个表达式中最多出现一次（例如，i= i++就是不允许的）。

理解字符编码对于正确地使用字符串是至关重要的。算法竞赛中涉及的字符一般是 ASCII 表中的可打印字符。对于中文的 GBK 编码，简单的实验将得出这样的结论：如果 char 值为正，则是西文字符；如果为负，则是汉字的前一半（这时需要再读一个 char）。这个结论并不是普遍成立的（在某些环境下，char 类型是非负的），但在大多数情况下，这样做是可行的。关于字符，另一个有意思的知识是转义序列——几乎所有编程语言都定义了自己的转义序列，但大都和 C 语言类似。

第 4 章　函数和递归

学习目标

- ☑ 掌握多参数、单返回值的数学函数的定义和使用方法
- ☑ 学会用 typedef 定义结构体
- ☑ 理解函数调用时用实参给形参赋值的过程
- ☑ 学会定义局部变量和全局变量
- ☑ 理解调用栈和栈帧，学会用 gdb 查看调用栈并选择栈帧
- ☑ 理解地址和指针
- ☑ 理解递归定义和递归函数
- ☑ 理解可执行文件中的正文段、数据段和 BSS 段
- ☑ 熟悉堆栈段，了解栈溢出的常见原因

运用前 3 章的知识尽管在理论上已经足以写出所有算法程序了，但实际上稍微复杂一点的程序往往由多个函数组成。函数是“过程式程序设计”的自然产物，但也产生了局部变量、参数传递方式、递归等诸多新的知识点。本章的主要目的在于理解这纷繁复杂的、最后的语法。同时，通过 gdb，可以从根本上帮助读者理解，看清事物的本质。最后，通过一些实际的竞赛题目帮助读者学习编写算法程序的一般方法和技巧。

4.1　自定义函数和结构体

我们已经用过了许多数学函数，如 cos、sqrt 等。能不能自己写一个呢？没问题。下面就编写一个计算两点欧几里德距离的函数：

```
double dist(double x1, double y1, double x2, double y2)
{
  return sqrt((x1-x2)*(x1-x2)+(y1-y2)*(y1-y2));
}
```

提示 4-1：C 语言中的数学函数可以定义成“返回类型 函数名(参数列表) { 函数体 }”，其中函数体的最后一条语句应该是“return 表达式;”。

这里，参数和返回值的类型一般是前面介绍过的“一等公民”，如 int 或者 double，也可以是 char。可不可以是数组呢？也不是不可以，但是比较麻烦，稍后再考虑。有时，函数并不需要返回任何值，例如，它只是用 printf 向屏幕输出一些内容。这时只需定义函数返回类型为 void，并且无须使用 return（除非希望在函数运行中退出函数）。

提示 4-2：函数的参数和返回值最好是“一等公民”，如 int、char 或者 double 等。其他“非一等公民”作为参数和返回值要复杂一些。如果函数不需要返回值，则返回类型应写成 void。

注意这里的 return 是一个动作，而不是描述。

提示 4-3：如果在执行函数的过程中碰到了 return 语句，将直接退出这个函数，不去执行后面的语句。相反，如果在执行过程中始终没有 return 语句，则会返回一个不确定的值。幸好，-Wall 可以捕捉到这一可疑情况并产生警告。

顺便说一句，main 函数也是有返回值的！到目前为止，我们总是让它返回 0，这个 0 是什么意思呢？尽管没有专门说明，读者应该已经发现了，main 函数是整个程序的入口。换句话说，有一个“其他的程序”来调用这个 main 函数——如操作系统、IDE、调试器，甚至自动评测系统。这个 0 代表“正常结束”，即返回给调用者。在算法竞赛中，除了有特殊规定之外，请总是让其返回 0，以免评测系统错误地认为程序异常退出了。

提示 4-4：在算法竞赛中，请总是让 main 函数返回 0。

函数不一定要一步得出结果。下面是上述函数的另一种写法：

```
double dist(double x1, double y1, double x2, double y2)
{
  double dx = x1-x2;
  double dy = y1-y2;
  return hypot(dx, dy);
}
```

这里用到了一个新的数学函数——hypot，相信读者能猜到它的意思[①]。这个例子也说明，一个函数也可以调用其他函数——在自定义函数中写代码和在 main 函数中写代码并没有什么区别，以前讲过的知识都适用。

下面来思考一个问题：这个函数是否好用？通常，x1 和 y1 在语义上属于一个整体(x1,y1)，而 x2 和 y2 属于另一个整体(x2,y2)，代表两个点的坐标。那么能否设计一个函数，其参数是明显的两个点，而不是 4 个 double 型的坐标值呢？

```
struct Point{ double x, y; };

double dist(struct Point a, struct Point b)
{
  return hypot(a.x-b.x, a.y-b.y);
}
```

这里出现了一个新内容。上述代码中定义了一个称为 Point 的结构体，包含两个域：double 型的 x 和 y。

提示 4-5：在 C 语言中，定义结构体的方法为“struct 结构体名称{ 域定义 };”，注意花括号的后面还有一个分号。

这样用起来有些不合习惯：所有用到 Point 的地方都得写一个 struct。有一个方法可以

[①] 注意：这个函数不是 ANSI C 的。

避开这些 struct，让结构体用起来和 int、double 这样的“原生”类型更接近：

```
typedef struct{ double x, y; }Point;

double dist(Point a, Point b)
{
  return hypot(a.x-b.x, a.y-b.y);
}
```

代码中虽然没少几个字符，但是看上去清爽多了！

提示 4-6：为了使用方便，往往用“typedef struct { 域定义; }类型名;”的方式定义一个新类型名。这样，就可以像原生数据类型一样使用这个自定义类型。

计算组合数。编写函数，参数是两个非负整数 n 和 m，返回组合数 $C_n^m = \dfrac{n!}{m!(n-m)!}$，其中 $m \leqslant n \leqslant 25$。例如，$n$=25，$m$=12 时答案为 5200300。

【分析】

既然题目中的公式多次出现 $n!$，将其作为一个函数编写是比较合理的：

程序 4-1　组合数（有问题）

```
long long factorial(int n){
  long long m = 1;
  for(int i = 1; i <= n; i++)
    m *= i;
  return m;
}

long long C(int n, int m)
{
  return factorial(n)/(factorial(m)*factorial(n-m));
}
```

由此可见，编写函数并不困难。写完之后的函数可以像 cos、sqrt 等库函数一样被调用。

“别忘了测试！”如果你这样说，请为自己鼓掌。还记得第 2 章那个“阶乘”之和的第一个程序吗？那个程序溢出了。那这个程序呢？很不幸：n=21，m=1 的返回值竟然是-1。手算不难得到：n=21，m=1 的正确结果是 21，显然结果不符。

提示 4-7：即使最终答案在所选择的数据类型范围之内，计算的中间结果仍然可能溢出。

这个题目还说明：即使认为题目在“暗示”你使用某种语言特性，也应该深入分析，不能贸然行事。如何避免中间结果溢出？办法是进行“约分”。一个简单的方法是利用 $n!/m!=(m+1)(m+2)\cdots(n-1)n$。虽然不能完全避免中间结果溢出，但是对于题目给出的范围已经可以保证得到正确的结果了。代码如下：

程序 4-2　组合数

```
long long C(int n, int m) {
  if(m < n-m) m = n-m;
  long long ans = 1;
  for(int i = m+1; i <= n; i++) ans *= i;
  for(int i = 1; i <= n-m; i++) ans /= i;
  return ans;
}
```

上述代码还有一个小技巧：当 m<n−m 时把 m 变成 n−m。请读者思考这样做的意图。另外，这个函数里笔者改变了参数 m 的值。这样做并不会影响到函数的调用者，具体原因会在 4.2 节详细讨论。

提示 4-8：对复杂的表达式进行化简有时不仅能减少计算量，还能减少甚至避免中间结果溢出。

素数判定。编写函数，参数是一个正整数 n，如果它是素数，返回 1，否则返回 0。

【分析】

根据定义，被 1 和它自身整除的、大于 1 的整数称为素数。这种“判断一个事物是否具有某一性质”的函数还有一个学术名称——谓词（predicate），下面程序中将写一个谓词。

程序 4-3　素数判定（有问题）

```
//n=1 或者 n 太大时请勿调用
int is_prime(int n)
{
  for(int i = 2; i*i <= n; i++)
    if(n % i == 0) return 0;
  return 1;
}
```

注意这里用到了两个小技巧。一是只判断不超过 sqrt(x)的整数 i（想一想，为什么）。二是及时退出：一旦发现 x 有一个大于 1 的因子，立刻返回 0（假），只有最后才返回 1（真）。函数名的选取是有章可循的，“is_prime”取自英文“is it a prime?”（它是素数吗？）。

提示 4-9：建议把谓词（用来判断某事物是否具有某种特性的函数）命名成“is_xxx”的形式，返回 int 值，非 0 表示真，0 表示假。

注意程序 4-2 中 is_prime 函数上方的注释：不要用在 n=1 或者 n 太大时调用。这是为什么呢？n 太小时不难解释：n=1 会被错误地判断为素数（因为确实没有其他因子）。n 太大时的理由则不明显：i*i 可能会溢出！如果 n 是一个接近 int 的最大值的素数，则当循环到 i=46340 时，i*i=2147395600<n；但 i=46341 时，i*i=2147488281，超过了 int 的最大值，溢出变成负数，仍然满足 i*i<n。若 n 不是太大，可能出现 101128442 溢出后等于 2147483280，终止循环；但如果 n= 2147483647，循环将一直进行下去。

提示 4-10：编写函数时，应尽量保证该函数能对任何合法参数得到正确的结果。如若不然，应在显著位置标明函数的缺陷，以避免误用。

下面是改进之后的版本：

程序 4-4　素数判定（2）

```
int is_prime(int n)
{
  if(n <= 1) return 0;
  int m = floor(sqrt(n) + 0.5);
  for(int i = 2; i <= m; i++)
    if(n % i == 0) return 0;
  return 1;
}
```

除了特判 n≤1 的情况外，程序中还使用了变量 m，一方面避免了每次重复计算 sqrt(n)，另一方面也通过四舍五入避免了浮点误差——正如前面所说，如果 sqrt 将某个本应是整数的值变成了 xxx.99999，也将被修正，但若直接写 m = sqrt(n)，“.99999”会被直接截掉。

为什么 is_prime 的参数不是 long long 型呢？因为当 n 很大时，上述函数并不能很快计算出结果。对此，在竞赛篇会有更详细的讨论。

4.2　函数调用与参数传递

4.1 节介绍的数学函数的特点是：做计算，然后返回一个值。但有时要做的并不是“计算”——如交换两个变量；而有时则需要返回两个甚至更多的值——如解一个二元一次方程组，函数仍然能满足需求，但是规则会更复杂。根据笔者的经验，这部分知识没搞清楚的初学者很容易在实战时出错，所以这里介绍一些原理性的知识，虽然有些枯燥，但能帮助读者更好地理解。

4.2.1　形参与实参

程序 4-5　用函数交换变量（错误）

```
#include<stdio.h>
void swap(int a, int b)
{
  int t = a; a = b; b = t;
}

int main()
{
  int a = 3, b = 4;
```

```
    swap(3, 4);
    printf("%d %d\n", a, b);
    return 0;
}
```

读者应当还记得，这就是三变量交换算法。下面测试一下这个函数是否好用。很不幸，输出是“3 4”，而不是“4 3”。事实上，a 和 b 并没有被交换。为什么会这样呢？为了理解这一问题，请回忆“赋值”这个重要概念的含义。“诡异”的赋值语句 a = a+1 是这样解释的：分为两步，首先计算赋值符号右边的 a+1，然后把它装入变量 a，覆盖原来的值。那函数调用的过程又是怎样的呢？

第 1 步，计算参数的值。在上面的例子中，因为 a=3，b=4，所以 swap(a,b)等价于 swap(3, 4)。这里的 3 和 4 被称为实际参数（简称实参）。

第 2 步，把实参赋值给函数声明中的 a 和 b。注意，这里的 a 和 b 与调用时的 a 和 b 是完全不同的。前面已经说过，实参最后将算出具体的值，swap 函数知道调用它的参数是 3 和 4，却不知道是怎么算出来的。函数声明中的 a 和 b 称为形式参数（简称形参）。

稍等一下，这里有个问题！这样一来，程序里有两个变量 a，一个在 main 函数里定义，一个是 swap 的形参，二者不会混淆吗？不会。函数（包括 main 函数）的形参和在该函数里定义的变量都被称为该函数的局部变量（local variable）。不同函数的局部变量相互独立，即无法访问其他函数的局部变量。需要注意的是，局部变量的存储空间是临时分配的，函数执行完毕时，局部变量的空间将被释放，其中的值无法保留到下次使用。与此对应的是全局变量（global variable）：此变量在函数外声明，可以在任何时候，由任何函数访问。需要注意的是，应该谨慎使用全局变量。

提示 4-11： *函数的形参和在函数内声明的变量都是该函数的局部变量。无法访问其他函数的局部变量。局部变量的存储空间是临时分配的，函数执行完毕时，局部变量的空间将被释放，其中的值无法保留到下次使用。在函数外声明的变量是全局变量，可以被任何函数使用。操作全局变量有风险，应谨慎使用。*

这样一来，函数的调用过程就可以简单理解成计算实参的值，赋值给对应的形参，然后把“当前代码行”转移到函数的首部。换句话说，在 swap 函数刚开始执行时，局部变量 a=3，b=4，二者的值是在函数调用时，由实参复制而来。

那么执行完毕后，函数又做了些什么呢？把返回值返回给调用它的函数，然后再次修改“当前代码行”，恢复到调用它的地方继续执行。等一下！函数是如何知道该返回到哪里继续执行的呢？为了解释这一问题，下面需要暂时把讨论变得学术一些——不要紧张，很快就会结束。

4.2.2 调用栈

还记得在讲解 for 循环时，笔者是如何建议的吗？多演示程序执行的过程，把注意力集中在“当前代码行”的转移和变量值的变化。这个建议同样适用于对函数的学习，只是要增加一项内容——调用栈（Call Stack）。

调用栈描述的是函数之间的调用关系。它由多个栈帧（Stack Frame）组成，每个栈帧对应着一个未运行完的函数。栈帧中保存了该函数的返回地址和局部变量，因而不仅能在执行完毕后找到正确的返回地址，还很自然地保证了不同函数间的局部变量互不相干——因为不同函数对应着不同的栈帧。

提示 4-12：C 语言用调用栈（Call Stack）来描述函数之间的调用关系。调用栈由栈帧（Stack Frame）组成，每个栈帧对应着一个未运行完的函数。在 gdb[①]中可以用 backtrace（简称 bt）命令打印所有栈帧信息。若要用 p 命令打印一个非当前栈帧的局部变量，可以用 frame 命令选择另一个栈帧。

在继续学习之前，建议读者试着调试一下刚才几个程序，除了关心“当前代码行”和变量的变化之外，再看看调用栈的变化。强烈建议读者在执行完 swap 函数的主体但还没有返回 main 函数之前，先看一下 swap 和 main 函数所对应的栈帧中 a 和 b 的值。如果受条件限制，在阅读到这里时没有办法完成这个实验，下面给出了用 gdb 完成上述操作的命令和结果。

第 1 步：编译程序。

```
gcc swap.c -std=c99 -g
```

生成可执行程序 a.exe（在 Linux 下是 a.out）。编译选项-g 告诉编译器生成调试信息。编译选项-std=c99 告诉编译器按照 C99 标准编译代码。

第 2 步：运行 gdb。

```
gdb a.exe
```

这样，gdb 在运行时会自动装入刚才生成的可执行程序。

第 3 步：查看源码。

```
(gdb) l
1       #include<stdio.h>
2       void swap(int a, int b){
3         int t = a; a = b; b = t;
4       }
5
6       int main(){
7         int a = 3, b = 4;
8         swap(3, 4);
9         printf("%d %d\n", a, b);
10        return 0;
```

这里(gdb)是 gdb 的提示符，字母 l 是输入的命令，为 list（列出程序清单）的缩写。正如代码所示，swap 函数的最后一行是第 4 行，当执行到这一行时，swap 函数的主体已经结

① gdb 是一个功能强大的源码级调试器，虽然是基于命令的文本界面，但运用熟练后非常方便。关于 gdb 更多的介绍请参见附录 A。

束，但函数还没有返回。

第4步：加断点并运行。

```
(gdb) b 4
Breakpoint 1 at 0x401308: file swap.c, line 4.
(gdb) r
Starting program: D:\a.exe

Breakpoint 1, swap (a=4, b=3) at swap.c:4
4       }
```

其中，b命令把断点设在了第4行，r命令运行程序，之后碰到了断点并停止。

第5步：查看调用栈。

```
 (gdb) bt
#0  swap (a=4, b=3) at swap.c:4
#1  0x00401356 in main () at swap.c:8
(gdb) p a
$1 = 4
(gdb) p b
$2 = 3
(gdb) up
#1  0x00401356 in main () at swap.c:8
8         swap(3, 4);
(gdb) p a
$3 = 3
(gdb) p b
$4 = 4
```

这一步是关键。根据bt命令，调用栈中包含两个栈帧：#0和#1，其中0号是当前栈帧——swap函数，1号是其“上一个”栈帧——main函数。这里甚至能看到swap函数的返回地址0x00401356，尽管不明确其具体含义。

使用p命令可以打印变量值。首先查看当前栈帧中a和b的值，分别等于4和3——这正是用三变量法交换后的结果。接下来用up命令选择上一个栈帧，再次使用p命令查看a和b的值，这次却得到3和4，为main函数中的a和b。前面讲过，在函数调用时，a、b只起到了“计算实参”的作用。但实参被赋值到形参之后，main函数中的a和b也完成了它们的使命。swap函数甚至无法知道main函数中也有着和形参同名的a和b变量，当然也就无法对其进行修改。最后要用q命令退出gdb。

用了这么多篇幅解释调用栈和栈帧，是因为无数的经验告诉笔者：理解它们对于今后的学习和编程是至关重要的，特别是递归——初学者学习语言的最大障碍之一，调用栈将有助于理解。

4.2.3　用指针作参数

在了解了刚才的 swap 函数不能奏效的原因后，应该如何编写 swap 函数呢？答案是用指针。

程序 4-6　用函数交换变量（正确）

```
#include<stdio.h>
void swap(int* a, int* b)
{
  int t = *a; *a = *b; *b = t;
}

int main()
{
  int a = 3, b = 4;
  swap(&a, &b);
  printf("%d %d\n", a, b);
  return 0;
}
```

怎么样，是不是觉得不太习惯，却又有点似曾相识呢？不太习惯的是 int 和 a 中间的乘号，而似曾相识的是 swap(&a, &b)这种变量名前面加“&”的用法——到目前为止，唯一采取这种用法的是 scanf 系列函数，而只有它改变了实参的值！

变量名前面加“&”得到的是该变量的地址。什么是“地址”呢？

提示 4-13： C 语言的变量都是放在内存中的，而内存中的每个字节都有一个称为地址（address）的编号。每个变量都占有一定数目的字节（可用 sizeof 运算符获得），其中第一个字节的地址称为变量的地址。

下面用 gdb 来调试上面的程序，看看它和程序 4-5 有什么不同。前 4 步是一样的，可直接看调用栈。

```
 (gdb) bt
#0  swap (a=0x22ff74, b=0x22ff70) at swap2.c:4
#1  0x0040135c in main() at swap2.c:8
(gdb) p a
$1 = (int *) 0x22ff74
(gdb) p b
$2 = (int *) 0x22ff70
(gdb) p *a
$3 = 4
(gdb) p *b
```

```
$4 = 3
(gdb) up
#1  0x0040135c in main() at swap2.c:8
8       swap(&a, &b);
(gdb) p a
$5 = 4
(gdb) p b
$6 = 3
(gdb) p &a
$7 = (int *) 0x22ff74
(gdb) p &b
$8 = (int *) 0x22ff70
```

在打印 a 和 b 的值时，得到了诡异的结果——(int *) 0x22ff74 和(int *) 0x22ff70。数值 0x22ff74 和 0x22ff70 是两个地址（以 0x 开头的整数以十六进制表示，在这里暂时不需了解细节），而前面的(int *)表明 a 和 b 是指向 int 类型的指针。

提示 4-14： 用 int* a 声明的变量 a 是指向 int 型变量的指针。赋值 a = &b 的含义是把变量 b 的地址存放在指针 a 中，表达式*a 代表 a 指向的变量，既可以放在赋值符号的左边（左值），也可以放在右边（右值）。

注意： *a 是指“a 指向的变量”，而不仅是“a 指向的变量所拥有的值”。理解这一点相当重要。例如，*a = *a + 1 就是让 a 指向的变量自增 1。甚至可以把它写成(*a)++。注意不要写成*a++，因为“++”运算符的优先级高于“取内容”运算符“*”，实际上会被解释成*(a++)。

有了指针，C 语言变得复杂了很多。一方面，需要了解更多底层的内容才能彻底解释一些问题，包括运行时的地址空间布局，以及操作系统的内存管理方式等。另一方面，指针的存在，使得 C 语言中变量的说明变得异常复杂——你能轻易地说出用 char * const *(*next)() 声明的 next 是什么类型的吗[①]？毫不夸张地说，指针是程序员（不仅是初学者）杀手。

既然如此，那应当如何使用指针呢？别忘了本书的背景——算法竞赛。算法竞赛的核心是算法，没有必要纠缠如此复杂的语言特性。了解底层的细节是有益的（事实上，前面已经介绍了一些底层细节），但在编程时应尽量避开，只遵守一些注意事项即可。

提示 4-15： 千万不要滥用指针，这不仅会把自己搞糊涂，还会让程序产生各种奇怪的错误。事实上，本书的程序会很少使用指针。

再次回到对正确 swap 程序的调试。在 swap 程序中，a 和 b 都是局部变量，在函数执行完毕以后就不复存在了，但是 a 和 b 里保存的地址却依然有效——它们是 main 函数中的局部变量 a 和 b 的地址。在 main 函数执行完毕之前，这两个地址将始终有效，并且分别指向 main 函数的局部变量 a 和 b。程序交换的是*a 和*b，也就是 main 函数中的局部变量 a 和 b。

[①] 这是一个指向函数的指针，该函数返回一个指针，该指针指向一个只读的指针，此指针指向一个字符变量。

4.2.4　初学者易犯的错误

这个 swap 函数看似简单，但初学者还是很容易写错。一种典型的错误写法是：

```
void swap(int* a, int* b)
{
  int *t = a; a = b; b = t;
}
```

此写法交换了 swap 函数的局部变量 a 和 b（辅助变量 t 必须是指针。int t = a 是错误的），但却始终没有修改它们指向的内容，因此 main 函数中的 a 和 b 不会改变。另一种错误写法是：

```
void swap(int* a, int* b)
{
  int *t;
  *t = *a; *a = *b; *b = *t;
}
```

这个程序错在哪里？t 是一个指向 int 型的指针，因此*t 是一个整数。用一个整数作为辅助变量去交换两个整数有何不妥？事实上，如果用这个函数去替换程序 4-6，很可能会得到“4 3”的正确结果。为什么笔者要坚持说它是错误的呢？

问题在于，t 存储的地址是什么？也就是说 t 指向哪里？因为 t 是一个变量（指针也是一个变量，只不过类型是“指针”），所以根据规则，它在赋值之前是不确定的。如果这个“不确定的值”所代表的内存单元恰好是能写入的，那么这段程序将正常工作；但如果它是只读的，程序可能会崩溃。读者可尝试赋初值 int *t = 0，看看内存地址“0”能不能写。

至此，终于初步理解了地址和指针。尽管只是初步理解，但是为将来的学习奠定了良好的基础。指针有很多巧妙但又令人困惑的用法。如果有一种语法，但在完整地学习了本书后始终没有看到此语法被使用，那么这通常意味着这个语法不必学（至少在算法竞赛中不必用到）。事实上，笔者在编写本书的例程时，首先考虑的是要通俗易懂，避开复杂的语言特性，其次才是简洁和效率。

4.2.5　数组作为参数和返回值

如何把数组作为参数传递给函数？先来看下面的例子。

程序 4-7　计算数组的元素和（错误）

```
int sum(int a[]) {
  int ans = 0;
  for(int i = 0; i < sizeof(a); i++)
    ans += a[i];
  return ans;
}
```

这个函数是错误的，因为 sizeof(a)无法得到数组的大小。为什么会这样？因为把数组作为参数传递给函数时，实际上只有数组的首地址作为指针传递给了函数。换句话说，在函数定义中的 int a[]等价于 int *a。在只有地址信息的情况下，是无法知道数组里有多少个元素的。

正确的做法是加一个参数，即数组的元素个数。

程序 4-8　计算数组的元素和（正确）

```
int sum(int* a, int n) {
  int ans = 0;
  for(int i = 0; i < n; i++)
    ans += a[i];
  return ans;
}
```

在上面的代码中，直接把参数 a 写成了 int* a，暗示 a 实际上是一个地址。在函数调用时 a 不一定非要传递一个数组，例如：

```
int main() {
  int a[] = {1, 2, 3, 4};
  printf("%d\n", sum(a+1, 3));
  return 0;
}
```

提示 4-16：*以数组为参数调用函数时，实际上只有数组首地址传递给了函数，需要另加一个参数表示元素个数。除了把数组首地址本身作为实参外，还可以利用指针加减法把其他元素的首地址传递给函数。*

指针 a+1 指向 a[1]，即 2 这个元素（数组元素从 0 开始编号）。因此函数 sum“看到”{2, 3, 4}这个数组，因此返回 9。一般地，若 p 是指针，k 是正整数，则 p+k 就是指针 p 后面第 k 个元素，p-k 是 p 前面的第 k 个元素，而如果 p1 和 p2 是类型相同的指针，则 p2-p1 是从 p1 到 p2 的元素个数（不含 p2）。下面是 sum 函数的另外两种写法。

程序 4-9　计算左闭右开区间内的元素和（两种写法）

写法一：

```
int sum(int* begin, int* end) {
  int n = end - begin;
  int ans = 0;
  for(int i = 0; i < n; i++)
    ans += begin[i];
  return ans;
}
```

写法二：

```
int sum(int* begin, int* end) {
  int *p = begin;
```

```
  int ans = 0;
  for(int *p = begin; p != end; p++)
    ans += *p;
  return ans;
}
```

其中写法一先进行了一次指针减法，算出了从 begin 到 end（不含 end）的元素个数 n，然后再像前面那样把 begin 作为“数组名”进行累加。写法二看起来更“高级”，事实上也更具一般性，用一个新指针 p 作为循环变量，同时累加其指向的值。这两个函数的调用方式与之前相似，例如，声明了一个长度为 10 的数组 a，则它的元素之和就是 sum(a, a+10)；若要计算 a[i], a[i+1], …, a[j]，则需要调用 sum(a+i, a+j+1)。

sum 的最后两种写法及其调用方式非常重要（将在第 5 章中继续讨论），请读者仔细体会。

把数组作为指针传递给函数时，数组内容是可以修改的。因此如果要写一个“返回数组”的函数，可以加一个数组参数，然后在函数内修改这个数组的内容。不过在算法竞赛中经常采取其他做法，原因在第 5 章会做进一步的说明。

4.2.6　把函数作为函数的参数

把函数作为函数的参数？看上去挺奇怪的，但实际上有一个非常典型的应用——排序。

例题 4-1　古老的密码（Ancient Cipher, NEERC 2004, UVa1339）

给定两个长度相同且不超过 100 的字符串，判断是否能把其中一个字符串的各个字母重排，然后对 26 个字母做一个一一映射，使得两个字符串相同。例如，JWPUDJSTVP 重排后可以得到 WJDUPSJPVT，然后把每个字母映射到它前一个字母（B->A, C->B, …, Z->Y, A->Z），得到 VICTORIOUS。输入两个字符串，输出 YES 或者 NO。

【分析】

既然字母可以重排，则每个字母的位置并不重要，重要的是每个字母出现的次数。这样可以先统计出两个字符串中各个字母出现的次数，得到两个数组 cnt1[26]和 cnt2[26]。下一步需要一点想象力：只要两个数组排序之后的结果相同，输入的两个串就可以通过重排和一一映射变得相同。这样，问题的核心就是排序。

C 语言的 stdlib.h 中有一个叫 qsort 的库函数，实现了著名的快速排序算法。它的声明是这样的：

```
void qsort ( void * base, size_t num, size_t size, int ( * comparator ) ( const void *, const void * ) );
```

前 3 个参数不难理解，分别是待排序的数组起始地址、元素个数和每个元素的大小。最后一个参数比较特别，是一个指向函数的指针，该函数应当具有这样的形式：

```
int cmp(const void *, const void *) { ... }
```

这里的新内容是指向常数的“万能”的指针：const void *，它可以通过强制类型转化变成任意类型的指针。对于本题来说，排序的对象是整型数组，因此要这样写：

```
int cmp ( const void *a , const void *b ) {
  return *(int *)a - *(int *)b;
}
```

一般地，需要先把参数 a 和 b 转化为真实的类型，然后让 cmp 函数当 a<b、a=b 和 a>b 时分别返回负数、0 和正数即可。学会排序之后，本题的主程序并不难编写，读者不妨一试。

是不是觉得上面那个 cmp 看起来非常别扭？的确如此。虽然 qsort 是 C 语言的标准库函数，但在算法竞赛中一般不使用它，而是使用 C++中的 sort 函数。此函数将在第 5 章中介绍。本节的主要目的是告诉读者，“将一个函数作为参数传递给另外一个函数”是很有用的。

4.3 递　归

终于到了本书 C 语言部分的最后一站——递归了。很多人都认为递归是语言中最难理解的内容之一，但也不要紧张：如果认真理解了 4.2 节中的指针、地址和调用栈，会发现递归其实是一个很自然的东西。

4.3.1 递归定义

递归的定义如下：

递归：

参见“递归”。

什么？这个定义什么也没有说啊！好吧，改一下：

递归：

如果还是没明白递归是什么意思，参见“递归”。

噢，也许这次你明白了，原来递归就是“自己用到自己”的意思。这个定义显然比上一个要好些，因为当你终于悟出其中的道理后，就不必继续“参见”下去了。事实上，递归的含义比这要广泛。

A 经理：“这事不归我管，去找 B 经理。”于是你去找 B 经理。

B 经理：“这事不归我管，去找 A 经理。”于是你又回到了 A 经理这儿。

接下来发生的事情就不难想到了。只要两个经理的说辞不变，你又始终听话，你将会永远往返于两个经理之间。这叫做无限递归（Infinite Recursion）。尽管在这里，A 经理并没有让你找他自己，但还是回到了他这里。换句话说，“间接地用到自己”也算递归。

回忆一下，正整数是如何定义的？正整数是 1,2,3,……这些数。这样的定义也许对于小学生来说是没有任何问题的，但当你开始觉得这个定义“不太严密”时，你或许会喜欢这样的定义：

（1）1 是正整数。

（2）如果 n 是正整数，n+1 也是正整数。

（3）只有通过（1）、（2）定义出来的才是正整数[①]。

这样的定义也是递归的：在“正整数”还没有定义完时，就用到了“正整数”的定义。这和前面的“参见递归”在本质上是相同的，只是没有它那么直接和明显。

同样地，可以递归定义“常量表达式”（以下简称表达式）：

（1）整数和浮点数都是表达式。

（2）如果 A 是表达式，则（A）是表达式。

（3）如果 A 和 B 都是表达式，则 A+B、A−B、A*B、A/B 都是表达式。

（4）只有通过（1）、（2）、（3）定义出来的才是表达式。

简洁而严密，这就是递归定义的优点。

4.3.2　递归函数

数学函数也可以递归定义。例如，阶乘函数 $f(n)=n!$ 可以定义为：

$$\begin{cases} f(0)=1 \\ f(n)=f(n-1)\times n \quad (n\geqslant 1) \end{cases}$$

对应的程序如下：

程序 4-10　用递归法计算阶乘

```
#include<stdio.h>
int f(int n)
{
  return n == 0 ? 1 : f(n-1)*n;
}
int main()
{
  printf("%d\n", f(3));
  return 0;
}
```

提示 4-17：C 语言支持递归，即函数可以直接或间接地调用自己。但要注意为递归函数编写终止条件，否则将产生无限递归。

4.3.3　C 语言对递归的支持

尽管从概念上可以理解阶乘的递归定义，但在 C 语言中函数为什么真的可以“自己调用自己”呢？下面再次借助 gdb 来调试这段程序。

首先用 b f 命令设置断点——除了可以按行号设置外，也可以直接给出函数名，断点将设置在函数的开头。下面用 r 命令运行程序，并在断点处停下来。接下来用 s 命令单步执行：

① 更严密的说法是：正整数集是满足（1）、（2）的最小集。这里牺牲一点严密性，换来的是更通俗易懂的表达方式。

```
(gdb) r
Starting program: C:\a.exe

Breakpoint 1, f (n=3) at factorial.c:3
3         return n == 0 ? 1 : f(n-1)*n;
(gdb) s

Breakpoint 1, f (n=2) at factorial.c:3
3         return n == 0 ? 1 : f(n-1)*n;
(gdb) s

Breakpoint 1, f (n=1) at factorial.c:3
3         return n == 0 ? 1 : f(n-1)*n;
(gdb) s

Breakpoint 1, f (n=0) at factorial.c:3
3         return n == 0 ? 1 : f(n-1)*n;
(gdb) s
4      }
```

看到了吗？在第一次断点处，n=3（3是main函数中的调用参数），接下来将调用f(3-1)，即f(2)，因此单步一次后显示n=2。由于n==0仍然不成立，继续递归调用，直到n=0。这时不再递归调用了，执行一次s命令以后会到达函数的结束位置。

接下来该做什么？没错！好好看看下面的调用栈吧！

```
(gdb) bt
#0  f (n=0) at factorial.c:4
#1  0x00401308 in f (n=1) at factorial.c:3
#2  0x00401308 in f (n=2) at factorial.c:3
#3  0x00401308 in f (n=3) at factorial.c:3
#4  0x00401359 in main () at factorial.c:6
(gdb) s
4      }
(gdb) bt
#0  f (n=1) at factorial.c:4
#1  0x00401308 in f (n=2) at factorial.c:3
#2  0x00401308 in f (n=3) at factorial.c:3
#3  0x00401359 in main () at factorial.c:6
(gdb) s
4      }
(gdb) bt
#0  f (n=2) at factorial.c:4
#1  0x00401308 in f (n=3) at factorial.c:3
```

```
#2  0x00401359 in main() at factorial.c:6
(gdb) s
4       }
(gdb) bt
#0  f (n=3) at factorial.c:4
#1  0x00401359 in main() at factorial.c:6
(gdb) s
6
main() at factorial.c:7
7         return 0;
(gdb) bt
#0  main() at factorial.c:7
```

每次执行完 s 指令，都会有一层递归调用终止，直到返回 main 函数。事实上，如果在递归调用初期查看调用栈，则会发现每次递归调用都会多一个栈帧——和普通的函数调用并没有什么不同。确实如此。由于使用了调用栈，C 语言自然支持了递归。在 C 语言的函数中，调用自己和调用其他函数并没有任何本质区别，都是建立新栈帧，传递参数并修改当前代码行。在函数体执行完毕后删除栈帧，处理返回值并修改当前代码行。

提示 4-18：由于使用了调用栈，C 语言支持递归。在 C 语言中，调用自己和调用其他函数并没有本质不同。

如果仍然无法理解上面的调用栈，可以作如下的比喻。

皇帝（拥有 main 函数的栈帧）：大臣，你给我算一下 f(3)。

大臣（拥有 f(3)的栈帧）：知府，你给我算一下 f(2)。

知府（拥有 f(2)的栈帧）：县令，你给我算一下 f(1)。

县令（拥有 f(1)的栈帧）：师爷，你给我算一下 f(0)。

师爷（拥有 f(0)的栈帧）：回老爷，f(0)=1。

县令：（心算 f(1)=f(0)*1=1）回知府大人，f(1)=1。

知府：（心算 f(2)=f(1)*2=2）回大人，f(2)=2。

大臣：（心算 f(3)=f(2)*3=6）回皇上，f(3)=6。

皇帝满意了。

虽然比喻不甚恰当，但也可以说明一些问题。递归调用时新建了一个栈帧，并且跳转到了函数开头处执行，就好比皇帝找大臣、大臣找知府这样的过程。尽管同一时刻可以有多个栈帧（皇帝、大臣、知府同时处于“等待下级回话”的状态），但“当前代码行”只有一个。

读者如果理解了这个比喻，但仍不理解调用栈，不必强求，知道递归为什么能正常工作即可。设计递归程序的重点在于给下级安排工作。

4.3.4　段错误与栈溢出

至此，对 C 语言的介绍已近尾声。别忘了，我们还没有测试 f 函数。也许你会说：不必了，我知道乘法会溢出——算阶乘时，乘法老是会溢出。可这次不一样了。把 main 函数的 f(3)换成 f(100000000)试试（别数了，有 8 个 0）。什么？没有输出？不对呀，即使溢出，也应该是个负数或者其他“显然不对”的值，不应该没有输出啊！

gdb 再次帮了我们的忙。用-g 编译后用 gdb 载入，二话不说就用 r 执行。结果发现 gdb 报错了！

```
 (gdb) r
Starting program: C:\a.exe

Program received signal SIGSEGV, Segmentation fault.
0x00401303 in f (n=99869708) at 4-6.c:3
3          return n == 0 ? 1 : f(n-1)*n;
```

gdb 中显示程序收到了 SIGSEGV 信号——段错误。这太让人沮丧了！眼看本章就要结束了，怎么又遇到一个段错误？别急，让我们慢慢分析。我保证，这是本章最后的难点。

你有没有想过，编译后产生的可执行文件里都保存着些什么内容？答案是和操作系统相关。例如，UNIX/Linux 用的 ELF 格式，DOS 下用的是 COFF 格式，而 Windows 用的是 PE 文件格式（由 COFF 扩充而来）。这些格式不尽相同，但都有一个共同的概念——段。

“段”（segmentation）是指二进制文件内的区域，所有某种特定类型信息被保存在里面。可以用 size 程序[①]得到可执行文件中各个段的大小。如刚才的 factorial.c，编译出 a.exe 以后执行 size 的结果是：

```
D:\>size a.exe
   text    data     bss     dec     hex filename
   2756     740     224    3720     e88 a.exe
```

此结果表示 a.exe 由正文段、数据段和 bss 段组成，总大小是 3720，用十六进制表示为 e88。这些段是什么意思呢？

提示 4-19：在可执行文件中，正文段（Text Segment）用于储存指令，数据段（Data Segment）用于储存已初始化的全局变量，BSS 段（BSS Segment）用于储存未赋值的全局变量所需的空间。

是不是少了点什么？调用栈在哪里？它并不储存在可执行文件中，而是在运行时创建。调用栈所在的段称为堆栈段（Stack Segment）。和其他段一样，堆栈段也有自己的大小，不能被越界访问，否则就会出现段错误（Segmentation Fault）。

这样，前面的错误就不难理解了：每次递归调用都需要往调用栈里增加一个栈帧，久而久之就越界了。这种情况叫做栈溢出（Stack Overflow）。

提示 4-20：在运行时，程序会动态创建一个堆栈段，里面存放着调用栈，因此保存着函数的调用关系和局部变量。

[①] Linux 和 Windows 下的 MinGW 中都有这个程序。

那么栈空间究竟有多大呢？这和操作系统相关。在 Linux 中，栈大小是由系统命令 ulimit 指定的，例如，ulimit -a 显示当前栈大小，而 ulimit -s 32768 将把栈大小指定为 32MB。但在 Windows 中，栈大小是储存在可执行文件中的。使用 gcc 可以这样指定可执行文件的栈大小：gcc -Wl,--stack=16777216[①]，这样栈大小就变为 16MB。

提示 4-21：在 Linux 中，栈大小并没有储存在可执行程序中，只能用 ulimit 命令修改；在 Windows 中，栈大小储存在可执行程序中，用 gcc 编译时可以通过-Wl,--stack=<byte count> 指定。

聪明的读者，现在你能理解为什么在介绍数组时，建议"把较大的数组放在 main 函数外"了吗？别忘了，局部变量也是放在堆栈段的。栈溢出不一定是递归调用太多，也可能是局部变量太大。只要总大小超过了允许的范围，就会产生栈溢出。

4.4　竞赛题目选讲

从技术上讲，不用函数和递归也可以写出所有程序[②]。但是从实用的角度来讲，函数和递归能帮我们大忙。人毕竟不是机器，代码的可读性和可维护性是相当重要的。很多初学者渴望学习到更好的调试技巧，但在此之前，笔者却总是建议他们先学习如何更好地写程序。如果方法得当，不仅能更快地写出更短的程序，而且调试起来也更轻松，隐含的错误也会更少。本节的题目并不涉及新的知识点，但在程序组织和调试技巧上会给读者一些新的启示。

例题 4-2　刽子手游戏（Hangman Judge, UVa 489）

剑子手游戏其实是一款猜单词游戏，如图 4-1 所示。游戏规则是这样的：计算机想一个单词让你猜，你每次可以猜一个字母。如果单词里有那个字母，所有该字母会显示出来；如果没有那个字母，则计算机会在一幅"刽子手"画上填一笔。这幅画一共需要 7 笔就能完成，因此你最多只能错 6 次。注意，猜一个已经猜过的字母也算错。

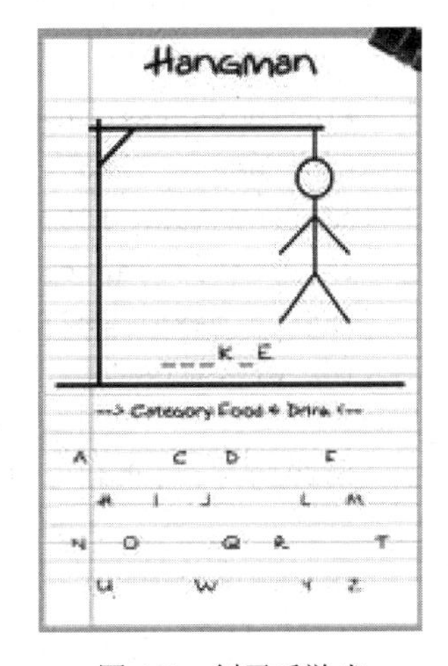

图 4-1　刽子手游戏

在本题中，你的任务是编写一个"裁判"程序，输入单词和玩家的猜测，判断玩家赢了（You win.）、输了（You lose.）还是放弃了（You chickened out.）。每组数据包含 3 行，第 1 行是游戏编号（-1 为输入结束标记），第 2 行是计算机想的单词，第 3 行是玩家的猜测。后两行保证只含小写字母。

样例输入：

```
1
cheese
```

① 实际上，栈大小是由连接程序 ld 指定的。gcc 编译参数-Wl 的作用正是把其后的参数（--stack=<size>）传递给 ld。
② 这里没有"几乎"二字。函数和递归均可以用其他内容替代。

```
chese
2
cheese
abcdefg
3
cheese
abcdefgij
-1
```

样例输出：

```
Round 1
You win.
Round 2
You chickened out.
Round 3
You lose.
```

【分析】

一般而言，程序不是直接从第一行开始写到最后一行结束，而是遵循两种常见的顺序之一：自顶向下和自底向上。什么叫自顶向下呢？简单地说，就是先写框架，再写细节。实际上，之前已经用过这个方法了，就是先写“伪代码”，然后转化成实际的代码。有了“函数”这个工具之后，可以更好地贯彻这个方法：先写主程序，包括对函数的调用，再实现函数本身。自底向上和这个顺序相反，是先写函数，再写主程序。对于编写复杂软件来说，自底向下的构建方式有它独特的优势[1]。但在算法竞赛中，这样做的选手并不多见[2]。

程序 4-11　刽子手游戏——程序框架

```
#include<stdio.h>
#include<string.h>
#define maxn 100
int left, chance;              //还需要猜 left 个位置，错 chance 次之后就会输
char s[maxn], s2[maxn];        //答案是字符串 s，玩家猜的字母序列是 s2
int win, lose;                 //win=1 表示已经赢了；lose=1 表示已经输了

void guess(char ch) { ... }

int main() {
  int rnd;
  while(scanf("%d%s%s", &rnd, s, s2) == 3 && rnd != -1) {
    printf("Round %d\n", rnd);
    win = lose = 0;                      //求解一组新数据之前要初始化
```

[1] 有兴趣的读者可以翻阅 Paul Graham 的经典著作《On Lisp》。

[2] 注意：这里讨论的是编写代码的顺序。在测试时，先测试工具函数的方式非常常用。

```
    left = strlen(s);
    chance = 7;
    for(int i = 0; i < strlen(s2); i++) {
      guess(s2[i]);                   //猜一个字母
      if(win || lose) break;          //检查状态
    }
    //根据结果进行输出
    if(win) printf("You win.\n");
    else if(lose) printf("You lose.\n");
    else printf("You chickened out.\n");
  }
  return 0;
}
```

有一些细节需要说明。

一是变量名的选取。那个 rnd 本应叫 round，但是有一个库函数也叫 round，所以改名叫 rnd 了。当然，改成 Round 也可以，因为 C 语言的标识符是区分大小写的。这里改成 rnd 只是个人习惯。毕竟这个代码很短，而且 rnd 这个变量的作用域很小，很容易搞清楚它的含义。在第 5 章学习完 STL 之后，这种“被用过的常用名字”还会增加，例如 count、min、max 等都是 STL 已经使用的名字，程序中最好避开它们。

二是变量的使用。全局变量本应该尽量少用，但是对于本题来说，需要维护的内容比较多，例如，是否赢了，是否输了，以及剩余的机会数等。如果不用全局变量，则它们都需要传递给函数 guess。更麻烦的是，其中有些参数还需要被 guess 修改，只能传指针，但这会让代码变“丑[①]”。所以笔者最终选择了使用全局变量。读者完全可以对此持不同看法，刚才的文字只是想说明：变量和函数调用方式的设计是一个需要思考的问题。如果设计出的方案还未写出便觉得别扭，恐怕写出来的程序会既不优美，也不好调试，甚至容易隐藏 bug。

下一步是实现 guess 函数。在编写这个函数时，可能会注意到一个问题：题目中说了猜过的字母再猜一次算错，可是似乎并没有保存哪些字母已经猜过。一个解决方案是在程序框架中增加一个字符数组 int guessed[256]，让 guessed[ch]标识字母 ch 是否已经猜过。但其实还有一个更简单的方法，就是将猜对的字符改成空格，像这样：

程序 4-12　刽子手游戏——guess 函数

```
void guess(char ch) {
  int bad = 1;
  for(int i = 0; i < strlen(s); i++)
    if(s[i] == ch) { left--; s[i] = ' '; bad = 0; }
  if(bad) --chance;
  if(!chance) lose = 1;
  if(!left) win = 1;
}
```

[①] 当然，这是笔者的主观看法。有些人觉得充满指针的代码很优美。

这样，程序就完整了。如何调试呢？每猜完一个字母之后打印出 s、left、chance 等重要变量的值，很容易就能发现程序出错的位置，读者不妨一试。另一方面，如果刚才加上了 guessed 数组，每次打印的调试信息就会多出这样一个庞大的数组，不仅数据多，而且不直观，会给调试带来麻烦。一般来说，减少变量的个数对于编程和调试都会有帮助。

例题 4-3　救济金发放（The Dole Queue, UVa 133）

$n(n<20)$个人站成一圈，逆时针编号为 1~n。有两个官员，A 从 1 开始逆时针数，B 从 n 开始顺时针数。在每一轮中，官员 A 数 k 个就停下来，官员 B 数 m 个就停下来（注意有可能两个官员停在同一个人上）。接下来被官员选中的人（1 个或者 2 个）离开队伍。

输入 n，k，m 输出每轮里被选中的人的编号（如果有两个人，先输出被 A 选中的）。例如，n=10，k=4，m=3，输出为 4 8, 9 5, 3 1, 2 6, 10, 7。注意：输出的每个数应当恰好占 3 列。

【分析】

仍然采用自顶向下的方法编写程序。用一个大小为 0 的数组表示人站成的圈。为了避免人走之后移动数组元素，用 0 表示离开队伍的人，数数时跳过即可。主程序如下：

```
#include<stdio.h>
#define maxn 25
int n, k, m, a[maxn];

//逆时针走 t 步，步长是 d（-1 表示顺时针走），返回新位置
int go(int p, int d, int t) { ... }

int main() {
  while(scanf("%d%d%d", &n, &k, &m) == 3 && n) {
    for(int i = 1; i <= n; i++) a[i] = i;
    int left = n; //还剩下的人数
    int p1 = n, p2 = 1;
    while(left) {
      p1 = go(p1, 1, k);
      p2 = go(p2, -1, m);
      printf("%3d", p1); left--;
      if(p2 != p1) { printf("%3d", p2); left--; }
      a[p1] = a[p2] = 0;
      if(left) printf(",");
    }
    printf("\n");
  }
  return 0;
}
```

注意 go 这个函数。当然也可以写两个函数：逆时针 go 和顺时针 go，但是仔细思考后发现这两个函数可以合并：逆时针和顺时针数数的唯一区别只是下标是加 1 还是减 1。把这

个+1/-1 抽象为“步长”参数，就可以把两个 go 统一了。代码如下：

```
int go(int p, int d, int t) {
  while(t--) {
    do { p = (p+d+n-1) % n + 1; } while(a[p] == 0); //走到下一个非 0 数字
  }
  return p;
}
```

例题 4-4　信息解码（Message Decoding, ACM/ICPC World Finals 1991, UVa 213）

考虑下面的 01 串序列：

0, 00, 01, 10, 000, 001, 010, 011, 100, 101, 110, 0000, 0001, …, 1101, 1110, 00000, …

首先是长度为 1 的串，然后是长度为 2 的串，依此类推。如果看成二进制，相同长度的后一个串等于前一个串加 1。注意上述序列中不存在全为 1 的串。

你的任务是编写一个解码程序。首先输入一个编码头（例如 AB#TANCnrtXc），则上述序列的每个串依次对应编码头的每个字符。例如，0 对应 A，00 对应 B，01 对应#，…，110 对应 X，0000 对应 c。接下来是编码文本（可能由多行组成，你应当把它们拼成一个长长的 01 串）。编码文本由多个小节组成，每个小节的前 3 个数字代表小节中每个编码的长度（用二进制表示，例如 010 代表长度为 2），然后是各个字符的编码，以全 1 结束（例如，编码长度为 2 的小节以 11 结束）。编码文本以编码长度为 000 的小节结束。

例如，编码头为$#**\，编码文本为 0100000101101100011100101000，应这样解码：010(编码长度为 2)00(#)00(#)10(*)11(小节结束)011(编码长度为 3)000(\)111(小节结束)001(编码长度为 1)0($)1(小节结束)000(编码结束)。

【分析】

还记得二进制吗？如果不记得，请重新翻阅第 3 章的最后部分。有了二进制，就不必以字符串的形式保存这一大串编码了，只需把编码理解成二进制，用(len, value)这个二元组来表示一个编码，其中 len 是编码长度，value 是编码对应的十进制值。如果用 codes[len][value]保存这个编码所对应的字符，则主程序看上去应该是这个样子的。

```
#include<stdio.h>
#include<string.h> //使用 memset
int readchar() { ... }
int readint(int c) { ... }

int code[8][1<<8];
int readcodes() { ... }

int main() {
  while(readcodes()) { //无法读取更多编码头时退出
//printcodes();
    for(;;) {
```

```
    int len = readint(3);
    if(len == 0) break;
//printf("len=%d\n", len);
    for(;;) {
      int v = readint(len);
//printf("v=%d\n", v);
      if(v == (1 << len)-1) break;
      putchar(code[len][v]);
    }
  }
  putchar('\n');
 }
 return 0;
}
```

主程序里接连使用了两个还没有介绍的函数：readcodes和readint。前者用来读取编码，后者读取c位二进制字符（即0和1），并转化为十进制整数。

本题的调试方法也很有代表性。上面的代码中已经包含了几条注释掉的printf语句，用于打印出一些关键变量的值。如果程序的输出不是想要的结果，题目中的举例就派上用场了：只需把举例中的解释和程序输出的中间结果一一对照，就能知道问题出在哪里。

编写readint时会遇到同一个问题：如何处理“编码文本可以由多行组成”这个问题？方法有很多种，笔者的方案是再编写一个“跨行读字符”的函数readchar。

```
int readchar() {
  for(;;) {
    int ch = getchar();
    if(ch != '\n' && ch != '\r') return ch; //一直读到非换行符为止
  }
}

int readint(int c) {
  int v = 0;
  while(c--) v = v * 2 + readchar() - '0';
  return v;
}
```

下面是函数readcodes。首先使用memset清空数组（这是个好习惯。还记得之前讲过的多数据题目的常见错误吗？），编码头自身占一行，所以应该用readchar读取第一个字符，而用普通的getchar读取剩下的字符，直到\n。这样做，代码比较简单，但有些读者可能会觉得有些别扭。没关系，你完全可以使用另外一套自己觉得更清晰的方法。

```
int readcodes() {
  memset(code, 0, sizeof(code)); //清空数组
```

```
  code[1][0] = readchar(); //直接调到下一行开始读取。如果输入已经结束，会读到 EOF
  for(int len = 2; len <= 7; len++) {
    for(int i = 0; i < (1<<len)-1; i++) {
      int ch = getchar();
      if(ch == EOF) return 0;
      if(ch == '\n' || ch == '\r') return 1;
      code[len][i] = ch;
    }
  }
  return 1;
}
```

最后是前面提到的 printcodes 函数。这个函数对于解题来说不是必需的，但对于调试却是有用的。

```
void printcodes() {
  for(int len = 1; len <= 7; len++)
    for(int i = 0; i < (1<<len)-1; i++) {
      if(code[len][i] == 0) return;
      printf("code[%d][%d] = %c\n", len, i, code[len][i]);
    }
}
```

由于每次读取编码头时把 codes 数组清空了，所以只要遇到字符为 0 的情况，就表示编码头已经结束。

例题 4-5　追踪电子表格中的单元格（Spreadsheet Tracking, ACM/ICPC World Finals 1997, UVa512）

有一个 r 行 c 列（$1 \leqslant r, c \leqslant 50$）的电子表格，行从上到下编号为 1~$r$，列从左到右编号为 1~$c$。如图 4-2（a）所示，如果先删除第 1、5 行，然后删除第 3, 6, 7, 9 列，结果如图 4-2（b）所示。

	A	B	C	D	E	F	G	H	I
1	22	55	66	77	88	99	10	12	14
2	2	24	6	8	22	12	14	16	18
3	18	19	20	21	22	23	24	25	26
4	24	25	26	67	22	69	70	71	77
5	68	78	79	80	22	25	28	29	30
6	16	12	11	10	22	56	57	58	59
7	33	34	35	36	22	38	39	40	41

（a）

	A	B	C	D	E
1	2	24	8	22	16
2	18	19	21	22	25
3	24	25	67	22	71
4	16	12	10	22	58
5	33	34	36	22	40

（b）

图 4-2　删除行、列

接下来在第 2、3、5 行前各插入一个空行，然后在第 3 列前插入一个空列，会得到如图 4-3 所示结果。

	A	B	C	D	E	F
1	2	24		8	22	16
2						
3	18	19		21	22	25
4						
5	24	25		67	22	71
6	16	12		10	22	58
7						
8	33	34		36	22	40

图 4-3　插入行、列

你的任务是模拟这样的 *n* 个操作。具体来说一共有 5 种操作：

- ❑ EX r1 c1 r2 c2 交换单元格(r1,c1),(r2,c2)。
- ❑ <command> A x_1 x_2 … x_A 插入或删除 A 行或列（DC-删除列，DR-删除行，IC-插入列，IR-插入行，1≤A≤10）。

在插入/删除指令后，各个 x 值不同，且顺序任意。接下来是 *q* 个查询，每个查询格式为“r c”，表示查询原始表格的单元格(*r*,*c*)。对于每个查询，输出操作执行完后该单元格的新位置。输入保证在任意时刻行列数均不超过 50。

【分析】

最直接的思路就是首先模拟操作，算出最后的电子表格，然后在每次查询时直接在电子表格中找到所求的单元格。为了锻炼读者的代码阅读能力，此处不对代码进行任何解释：

```
#include<stdio.h>
#include<string.h>
#define maxd 100
#define BIG 10000
int r, c, n, d[maxd][maxd], d2[maxd][maxd], ans[maxd][maxd], cols[maxd];

void copy(char type, int p, int q) {
  if(type == 'R') {
    for(int i = 1; i <= c; i++)
      d[p][i] = d2[q][i];
  } else {
    for(int i = 1; i <= r; i++)
      d[i][p] = d2[i][q];
  }
}

void del(char type) {
  memcpy(d2, d, sizeof(d));
  int cnt = type == 'R' ? r : c, cnt2 = 0;
  for(int i = 1; i <= cnt; i++) {
    if(!cols[i]) copy(type, ++cnt2, i);
  }
```

```
  if(type == 'R') r = cnt2; else c = cnt2;
}

void ins(char type) {
  memcpy(d2, d, sizeof(d));
  int cnt = type == 'R' ? r : c, cnt2 = 0;
  for(int i = 1; i <= cnt; i++) {
    if(cols[i]) copy(type, ++cnt2, 0);
    copy(type, ++cnt2, i);
  }
  if(type == 'R') r = cnt2; else c = cnt2;
}

int main() {
  int r1, c1, r2, c2, q, kase = 0;
  char cmd[10];
  memset(d, 0, sizeof(d));
  while(scanf("%d%d%d", &r, &c, &n) == 3 && r) {
    int r0 = r, c0 = c;
    for(int i = 1; i <= r; i++)
      for(int j = 1; j <= c; j++)
        d[i][j] = i*BIG + j;
    while(n--) {
      scanf("%s", cmd);
      if(cmd[0] == 'E') {
        scanf("%d%d%d%d", &r1, &c1, &r2, &c2);
        int t = d[r1][c1]; d[r1][c1] = d[r2][c2]; d[r2][c2] = t;
      } else {
        int a, x;
        scanf("%d", &a);
        memset(cols, 0, sizeof(cols));
        for(int i = 0; i < a; i++) { scanf("%d", &x); cols[x] = 1; }
        if(cmd[0] == 'D') del(cmd[1]); else ins(cmd[1]);
      }
    }
    memset(ans, 0, sizeof(ans));
    for(int i = 1; i <= r; i++)
      for(int j = 1; j <= c; j++) {
        ans[d[i][j]/BIG][d[i][j]%BIG] = i*BIG+j;
      }
    if(kase > 0) printf("\n");
    printf("Spreadsheet #%d\n", ++kase);
```

```
    scanf("%d", &q);
    while(q--) {
      scanf("%d%d", &r1, &c1);
      printf("Cell data in (%d,%d) ", r1, c1);
      if(ans[r1][c1] == 0) printf("GONE\n");
      else printf("moved to (%d,%d)\n", ans[r1][c1]/BIG, ans[r1][c1]%BIG);
    }
  }
  return 0;
}
```

另一个思路是将所有操作保存，然后对于每个查询重新执行每个操作，但不需要计算整个电子表格的变化，而只需关注所查询的单元格的位置变化。对于题目给定的规模来说，这个方法不仅更好写，而且效率更高。代码如下：

```
#include<stdio.h>
#include<string.h>
#define maxd 10000

struct Command {
  char c[5];
  int r1, c1, r2, c2;
  int a, x[20];
} cmd[maxd];
int r, c, n;

int simulate(int* r0, int* c0) {
  for(int i = 0; i < n; i++) {
    if(cmd[i].c[0] == 'E') {
      if(cmd[i].r1 == *r0 && cmd[i].c1 == *c0) { *r0 = cmd[i].r2; *c0 = cmd[i].c2; }
      else if(cmd[i].r2 == *r0 && cmd[i].c2 == *c0) { *r0 = cmd[i].r1; *c0 = cmd[i].c1; }
    } else {
      int dr = 0, dc = 0;
      for(int j = 0; j < cmd[i].a; j++) {
        int x = cmd[i].x[j];
        if(cmd[i].c[0] == 'I') {
          if(cmd[i].c[1] == 'R' && x <= *r0) dr++;
          if(cmd[i].c[1] == 'C' && x <= *c0) dc++;
        }
        else {
          if(cmd[i].c[1] == 'R' && x == *r0) return 0;
```

```
        if(cmd[i].c[1] == 'C' && x == *c0) return 0;
        if(cmd[i].c[1] == 'R' && x < *r0) dr--;
        if(cmd[i].c[1] == 'C' && x < *c0) dc--;
      }
    }
    *r0 += dr; *c0 += dc;
  }
 }
 return 1;
}

int main() {
 int r0, c0, q, kase = 0;
 while(scanf("%d%d%d", &r, &c, &n) == 3 && r) {
  for(int i = 0; i < n; i++) {
   scanf("%s", cmd[i].c);
   if(cmd[i].c[0] == 'E') {
    scanf("%d%d%d%d", &cmd[i].r1, &cmd[i].c1, &cmd[i].r2, &cmd[i].c2);
   } else {
    scanf("%d", &cmd[i].a);
    for(int j = 0; j < cmd[i].a; j++) scanf("%d", &cmd[i].x[j]);
   }
  }
  if(kase > 0) printf("\n");
  printf("Spreadsheet #%d\n", ++kase);

  scanf("%d", &q);
  while(q--) {
   scanf("%d%d", &r0, &c0);
   printf("Cell data in (%d,%d) ", r0, c0);
   if(!simulate(&r0, &c0)) printf("GONE\n");
   else printf("moved to (%d,%d)\n", r0, c0);
  }
 }
 return 0;
}
```

有没有觉得 simulate 函数不是特别自然？因为所有用到 r0 和 c0 的地方都要加上一个星号。幸运的是，C++语言中有另外一个语法，可以更自然地表达这种“需要被修改的参数”，详见第 5 章中的“引用”部分。

例题 4-6　师兄帮帮忙（A Typical Homework (a.k.a Shi Xiong Bang Bang Mang), Rujia Liu's Present 5, UVa 12412）

（题目背景略，有兴趣的读者请自行阅读原题）

编写一个成绩管理系统（SPMS）。最多有100个学生，每个学生有如下属性。

- SID：学生编号，包含10位数字。
- CID：班级编号，为不超过20的正整数。
- 姓名：不超过10的字母和数字组成，第一个字符为大写字母。名字中不能有空白字符。
- 4门课程（语文、数学、英语、编程）成绩，均为不超过100的非负整数。

进入SPMS后，应显示主菜单：

```
Welcome to Student Performance Management System (SPMS).

1 - Add
2 - Remove
3 - Query
4 - Show ranking
5 - Show Statistics
0 - Exit
```

选择1之后，会出现添加学生记录的提示信息：

```
Please enter the SID, CID, name and four scores. Enter 0 to finish.
```

然后等待输入。本题保证输入总是合法的（不会有非法的SID、CID，并且恰好有4个分数等），但可能会输入重复SID。在这种情况下，需要输出一行提示：

```
Duplicated SID.
```

不过名字是可以重复的。你的程序应当不停地打印前述提示信息，直到用户输入单个0。然后应当再次打印主菜单。

选择2之后，会出现如下提示信息：

```
Please enter SID or name. Enter 0 to finish.
```

然后等待输入，在数据库中删除能匹配上述SID或者名字的所有学生，并且打印如下信息（xx可以等于0）：

```
xx student(s) removed.
```

你的程序应当不停地打印前述提示信息，直到用户输入单个0，然后再次打印主菜单。

选择3之后，会出现如下提示信息：

```
Please enter SID or name. Enter 0 to finish.
```

然后等待输入。如果数据库中没有能匹配上述SID或者名字的学生，什么都不要做；否则输出所有满足条件的学生，按照进入数据库的顺序排列。输出格式和添加的格式相同，但增加3列：年级排名（第一列）、总分和平均分（最后两列）。所有班级中总分最高的学生获得第1名，如果有两个学生并列第2名，则下一个学生的排名为4（而非3）。你的程序应当不停地打印前述提示信息，直到用户输入单个 0。然后应当再次打印主菜单。

选择 4 之后，会出现如下提示信息：

```
Showing the ranklist hurts students' self-esteem. Don't do that.
```

然后自动返回主菜单。

选择 5 之后，会出现如下提示信息：

```
Please enter class ID, 0 for the whole statistics.
```

当用户输入班级 ID 之后（0 代表全年级），显示如下信息（注意，“及格”是指分数不小于 60 分）：

```
Chinese
Average Score: xx.xx
Number of passed students: xx
Number of failed students: xx

...（为了节约篇幅，此处省略了 Mathematics、English 和 Programming 的统计信息）

Overall:
Number of students who passed all subjects: xx
Number of students who passed 3 or more subjects: xx
Number of students who passed 2 or more subjects: xx
Number of students who passed 1 or more subjects: xx
Number of students who failed all subjects: xx
```

然后自动回到主菜单。

选择 0 之后，程序终止。注意，单科成绩和总分都应格式化为整数，但平均分应恰好保留两位小数。

提示：这个程序适合直接运行，用键盘与之交互，然后从屏幕中看到输出信息。但正因为如此，作为一道算法竞赛的题目，其输出看上去会比较乱。

【分析】

正如题目所说，这是一道很常见的“作业题”，在一些早期的大学编程教材中可以看到类似的问题（只是要求不一定有这么明确）。

因为要求比较多，可以沿用之前介绍过的“自顶向下，逐步求精”方法，先写出如下的框架：

```
int main() {
  for(;;) {
    int choice;
    print_menu();
    scanf("%d", &choice);
    if(choice == 0) break;
```

```
    if(choice == 1) add();
    if(choice == 2) DQ(0);
    if(choice == 3) DQ(1);
    if(choice == 4) printf("Showing the ranklist hurts students' self-esteem.
Don't do that.\n");
    if(choice == 5) stat();
  }
  return 0;
}
```

接下来就是分别实现各个函数了。注意上面把操作2（删除）和操作3（查询）合并在了一起，因为二者非常相似，代码如下（isq=1表示查询，isq=0表示删除）：

```
void DQ(int isq) {
  char s[maxl];
  for(;;) {
    printf("Please enter SID or name. Enter 0 to finish.\n");
    scanf("%s", s);
    if(strcmp(s, "0") == 0) break;
    int r = 0;
    for(int i = 0; i < n; i++) if(!removed[i]) {
      if(strcmp(sid[i], s) == 0 || strcmp(name[i], s) == 0) {
        if(isq) printf("%d %s %d %s %d %d %d %d %d %.2f\n", rank(i), sid[i],
cid[i], name[i], score[i][0], score[i][1], score[i][2], score[i][3], score[i][4],
score[i][4]/4.0+EPS);
        else { removed[i] = 1; r++; }
      }
    }
    if(!isq) printf("%d student(s) removed.\n", r);
  }
}
```

在编写上述函数的过程中，用到了尚未编写的rank函数，并且直接使用了还没有声明的数组removed、sid、cid、name和score。换句话说，**根据函数编写的需要定义了数据结构，而不是一开始就设计好数据结构**。程序的其他部分略为麻烦，但没有难点，建议初学者自主完成整个程序，作为C语言部分的结束。

顺便说一句，虽然在前面学习了排序，但rank函数的实现并不一定要对数据排序。另外，上述代码在输出实数时加了一个EPS，原因将在本章最后讨论。

4.5 注解与习题

到目前为止，本书要介绍的C语言知识已经全部讲完了（第5章将介绍C++）。本章

涉及了整个 C 语言中最难理解的两项内容：指针和递归。

4.5.1　头文件、副作用及其他

还记得第 1 章中给出的程序框架吗？是时候搞清楚所有细节了。读者现在已经知道 main 函数也是一个普通的函数（甚至可以递归调用），其返回值将告之操作系统，在算法竞赛中应当总是等于 0，唯一的谜团就是#include<stdio.h>了。

这是一个头文件。什么是头文件呢？实践者的理解方式就是——不加这一行时会出现什么错误，反过来就说明了这一行的作用。不加这一行的编译警告是：

```
warning: incompatible implicit declaration of built-in function 'printf'
[enabled by default]
```

也就是说，printf 函数的“隐式定义”出了问题，这个头文件和 printf 有关。还记得第一次介绍 math.h 是怎么讲的吗？如果要使用数学相关的函数，需要包含这个头文件。换句话说，头文件的作用就是：包含了一些函数，供主程序使用[①]。表 4-1 中列出了一些常用函数和对应的头文件。

表 4-1　常用函数及头文件

函　数	作　用	头　文　件
printf/scanf 及其“兄弟”	格式化输入输出	stdio.h
fopen，freopen，fclose	文件的打开与关闭	
getchar，fgets 等	字符/字符串输入输出	
sin/cos/pow 等	各种数学函数	math.h
strlen，strcat	字符串函数	string.h
memset，memcpy	内存清 0 与赋值	
isalpha，isdigit，toupper 等	字符分类与转换	ctype.h
clock	计时函数	time.h

在编写实用软件时，往往需要编写自己的头文件，但在大部分算法竞赛中，只是编写单个程序文件。在本书中，所有题目都由单个程序文件求解。

下面来看一个有意思的问题：是否可以编写一个函数 f()，使得依次执行 int a = f()和 int b = f()以后 a 和 b 的值不同？使用全局变量，这个问题不难解决：

```
#include<stdio.h>
int g = 0;
int f() { g++; return g; } //修改全局变量的函数

int main() {
  int a = f();
```

[①] 和本章开头的自定义函数不同，头文件里并没有 printf 的源代码，而只有它的声明。printf 属于 libc 的一部分，有兴趣的读者请自行查阅相关资料。

```
  int b = f();
  printf("%d %d\n", a, b);
  return 0;
}
```

不难写出一个更有意思的程序：写3个函数f()、g()和h()，使得“int a = (f()+g())+h()”和“int b=f()+(g()+h())”后，a和b的值不同。

加法明明满足结合律，居然有可能“(f()+g())+h()”不等于“f()+(g()+h())”！这个例子说明：C语言的函数并不都像数学函数那样“规矩”。或者说得学术一点：**C语言的函数可以有副作用，而不像数学函数那样“纯”**。本书无意深入介绍函数式编程，但时刻警惕并最小化“副作用”是一个良好的编程习惯。正因为如此，前面曾多次强调：全局变量要少用。

再来看一个小问题：函数可以返回指针吗？例如这样：

```
int* get_pointer() {
  int a = 3;
  return &a;
}
```

这个程序可以编译通过，不过有一个警告：

```
warning: function returns address of local variable [enabled by default]
```

意思是函数返回了一个局部变量的地址。为什么不能返回局部变量的地址呢？前面说过，局部变量是在栈中，函数执行完毕后，局部变量就失效了。严格地讲，指针里保存的地址仍然存在，但不再属于那个局部变量了。这时如果修改那个指针指向的内容，程序有可能会崩溃，也可能悄悄地修改了另外一个变量的值，使程序输出一个莫名其妙的结果。

那推荐的写法是怎样的？这取决于你想做什么。如果只是想得到一个指向内容为3的指针，可以把这个指针作为参数，然后在函数里修改它；如果坚持返回一个“新”的指针，可以使用malloc函数进行动态内存分配。笔者并不准备在这里叙述详细做法，因为在接下来的章节中会对动态内存分配进行深入讨论。在学习到那些知识之前，请尽量不要编写返回指针的函数。

最后一个话题是关于浮点误差的。例如：

```
#include<stdio.h>

int main() {
  double f;
  for(f = 2; f > 1; f -= 1e-6);
  printf("%.7f\n", f);
  printf("%.7f\n", f / 4);
  printf("%.1f\n", f / 4);
  return 0;
}
```

在笔者的机器上，输出如下：

```
0.9999990
0.2499998
0.2
```

换句话说，在不断减 1e-6 的过程中出现了误差，使得循环终止时 f 并不等于 1，而是比 1 小一点。在除以 4 保留 1 位小数时成了 0.2。如果不出现误差，正确答案应该是 0.25 四舍五入保留一位小数，即 0.3。**一道好的竞赛题目应避免这种情况出现**[①]，但作为竞赛选手来说，有一种方法可以缓解这种情况：加上一个 EPS 以后再输出。这里的 EPS 通常取一个比最低精度还要小几个数量级的小实数。例如，要求保留 3 位小数时取 EPS 为 1e-6。这只是个权宜之计，甚至有可能起到“反作用”（如正确答案真的是 0.499999），但在实践中很好用（毕竟正确答案是 0.499999 的情况比 0.5 要少很多）。

4.5.2　例题一览和习题

本章共有 6 道例题，如表 4-2 所示。除了最后两道题目比较复杂之外，**读者应熟练掌握前 4 道题目的程序写法**。当然，为了巩固基础，让后面的学习更加轻松，笔者强烈建议大家独立实现所有 6 道题目。

表 4-2　例题一览

类　别	题　号	题目名称（英文）	备　注
例题 4-1	UVa1339	Ancient Cipher	排序
例题 4-2	UVa489	Hangman Judge	自顶向下逐步求精法
例题 4-3	UVa133	The Dole Queue	子过程（函数）设计
例题 4-4	UVa213	Message Decoding	二进制；输入技巧；调试技巧
例题 4-5	UVa512	Spreadsheet Tracking	模拟；一题多解
例题 4-6	UVa12412	A Typical Homework （a.k.a Shi Xiong Bang Bang Mang）	综合练习

下面是一些习题。这些题目的综合性较强，部分题目还涉及一些专门知识（如中国象棋、莫尔斯电码、RAID），理解起来也需要一定时间。另外一些题目需要一些思考，否则无从入手编写程序。由于这些题目的挑战性，**在继续阅读之前只需完成其中的 3 道题目**。如果想达到更好的效果，最好是完成 3 道或更多的题目。

习题 4-1　象棋（Xiangqi, ACM/ICPC Fuzhou 2011, UVa1589）

考虑一个象棋残局，其中红方有 n（$2 \leqslant n \leqslant 7$）个棋子，黑方只有一个将。红方除了有一个帅（G）之外还有 3 种可能的棋子：车（R），马（H），炮（C），并且需要考虑“蹩马腿”（如图 4-4 所示）与将和帅不能照面（将、帅如果同在一条直线上，中间又不隔着任何棋子的情况下，走子的一方获胜）的规则。

输入所有棋子的位置，保证局面合法并且红方已经将军。你的任务是判断红方是否已

[①] 方法有两种：一是删除答案恰好处于“舍入交界口”的数据，二是允许选手输出和标准答案有少许出入。

经把黑方将死。关于中国象棋的相关规则请参见原题。

习题 4-2　正方形（Squares, ACM/ICPC World Finals 1990, UVa201）

有 n 行 n 列（$2 \leqslant n \leqslant 9$）的小黑点，还有 m 条线段连接其中的一些黑点。统计这些线段连成了多少个正方形（每种边长分别统计）。

行从上到下编号为 1~n，列从左到右编号为 1~n。边用 H i j 和 V i j 表示，分别代表边(i,j)-(i,j+1)和(i,j)-(i+1,j)。如图 4-5 所示最左边的线段用 V 1 1 表示。图中包含两个边长为 1 的正方形和一个边长为 2 的正方形。

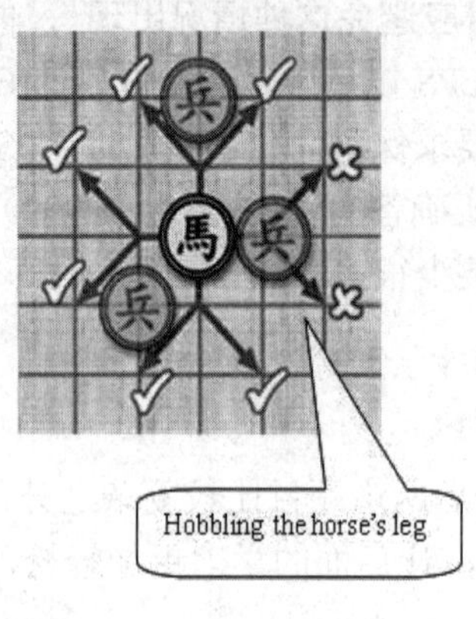

图 4-4　“蹩马腿”情况

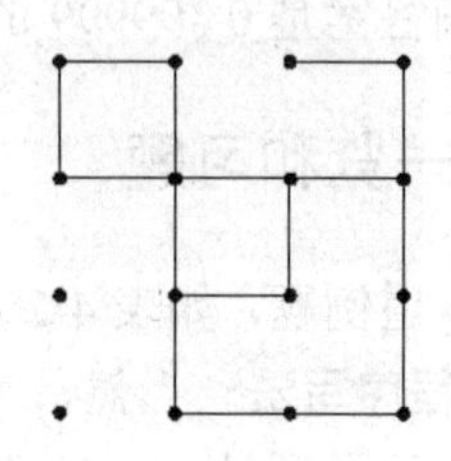

图 4-5　正方形

习题 4-3　黑白棋（Othello, ACM/ICPC World Finals 1992, UVa220）

你的任务是模拟黑白棋游戏的进程。黑白棋的规则为：黑白双方轮流放棋子，每次必须让新放的棋子“夹住”至少一枚对方棋子，然后把所有被新放棋子“夹住”的对方棋子替换成己方棋子。一段连续（横、竖或者斜向）的同色棋子被“夹住”的条件是两端都是对方棋子（不能是空位）。如图 4-6（a）所示，白棋有 6 个合法操作，分别为(2,3),(3,3),(3,5),(6,2),(7,3),(7,4)。选择在(7,3)放白棋后变成如图 4-6（b）所示效果（注意有竖向和斜向的共两枚黑棋变白）。注意(4,6)的黑色棋子虽然被夹住，但不是被新放的棋子夹住，因此不变白。

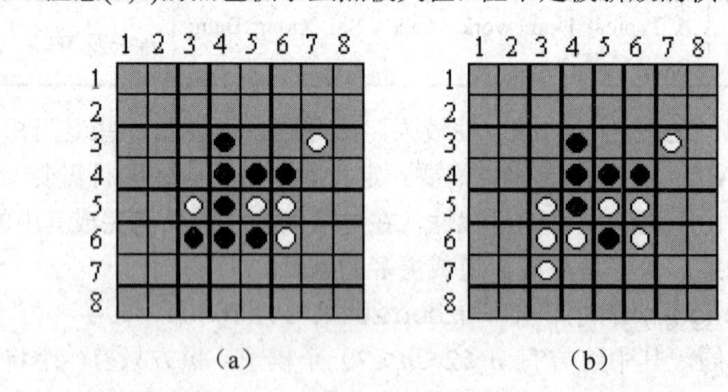

图 4-6　黑白棋

输入一个 8*8 的棋盘以及当前下一次操作的游戏者，处理 3 种指令：

- L 指令打印所有合法操作，按照从上到下，从左到右的顺序排列（没有合法操作时输出 No legal move）。
- Mrc 指令放一枚棋子在(r,c)。如果当前游戏者没有合法操作，则是先切换游戏者再

操作。输入保证这个操作是合法的。输出操作完毕后黑白方的棋子总数。

- Q 指令退出游戏，并打印当前棋盘（格式同输入）。

习题 4-4　骰子涂色（Cube painting, UVa 253）

输入两个骰子，判断二者是否等价。每个骰子用 6 个字母表示，如图 4-7 所示。

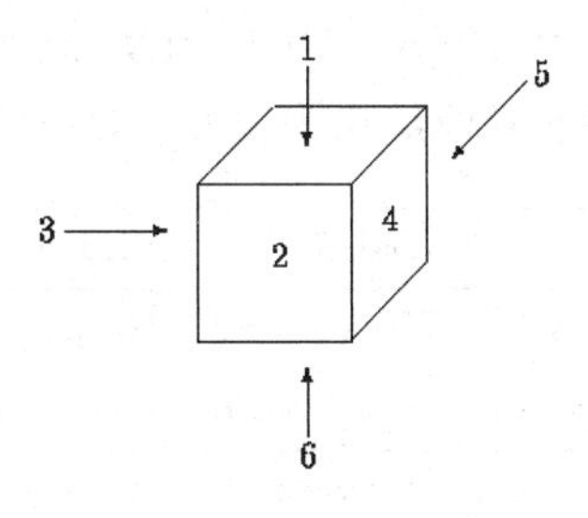

图 4-7　骰子涂色

例如 rbgggr 和 rggbgr 分别表示如图 4-8 所示的两个骰子。二者是等价的，因为图 4-8（a）所示的骰子沿着竖直轴旋转 90°之后就可以得到图 4-8（b）所示的骰子。

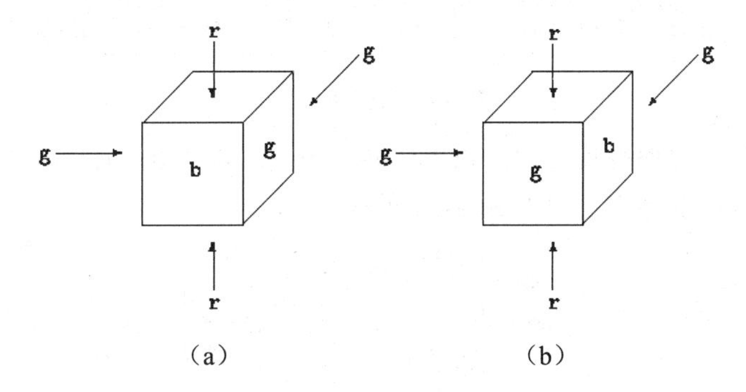

图 4-8　旋转前后的两个骰子

习题 4-5　IP 网络（IP Networks, ACM/ICPC NEERC 2005, UVa1590）

可以用一个网络地址和一个子网掩码描述一个子网（即连续的 IP 地址范围）。其中子网掩码包含 32 个二进制位，前 32-n 位为 1，后 n 位为 0，网络地址的前 32-n 位任意，后 n 位为 0。所有前 32-n 位和网络地址相同的 IP 都属于此网络。

例如，网络地址为 194.85.160.176（二进制为 11000010|01010101|10100000|10110000），子网掩码为 255.255.255.248（二进制为 11111111|11111111|11111111|11111000），则该子网的 IP 地址范围是 194.85.160.176~194.85.160.183。输入一些 IP 地址，求最小的网络（即包含 IP 地址最少的网络），包含所有这些输入地址。

例如，若输入 3 个 IP 地址：194.85.160.177、194.85.160.183 和 194.85.160.178，包含上述 3 个地址的最小网络的网络地址为 194.85.160.176，子网掩码为 255.255.255.248。

习题 4-6　莫尔斯电码（Morse Mismatches, ACM/ICPC World Finals 1997, UVa508）

输入每个字母的 Morse 编码，一个词典以及若干个编码。对于每个编码，判断它可能是哪个单词。如果有多个单词精确匹配，输出第一个匹配的单词并且后面加上“!”；如果无法精确匹配，可以在编码尾部增加或删除一些字符以后匹配某个单词（增加或删除的字符应尽量少）。如果只能非精确匹配，任选一个可能的匹配单词，后面加上“?”。

莫尔斯电码的细节参见原题。

习题 4-7 RAID 技术（RAID!, ACM/ICPC World Finals 1997, UVa509）

RAID 技术用多个磁盘保存数据。每份数据在不止一个磁盘上保存，因此在某个磁盘损坏时能通过其他磁盘恢复数据。本题讨论其中一种 RAID 技术。数据被划分成大小为 s（$1\leqslant s\leqslant 64$）比特的数据块保存在 d（$2\leqslant d\leqslant 6$）个磁盘上，如图 4-9 所示，每 d-1 个数据块都有一个校验块，使得每 d 个数据块的异或结果为全 0（偶校验）或者全 1（奇校验）。

Disk 1	Disk 2	Disk 3	Disk 4	Disk 5
Parity for 1-4	Data block 1	Data block 2	Data block 3	Data block 4
Data block 5	**Parity for 5-8**	Data block 6	Data block 7	Data block 8
Data block 9	Data block 10	**Parity for 9-12**	Data block 11	Data block 12
Data block 13	Data block 14	Data block 15	**Parity for 13-16**	Data block 16
Data block 17	Data block 18	Data block 19	Data block 20	**Parity for 17-20**
Parity for 21-24	Data block 21	Data block 22	Data block 23	Data block 24
Data block 25	**Parity for 25-28**	Data block 26	Data block 27	Data block 28

图 4-9 数据保存情况

例如，d=5，s=2，偶校验，数据 6C7A79EDFC（二进制 01101100 01111010 01111001 11101101 11111100）的保存方式如图 4-10 所示。

Disk 1	Disk 2	Disk 3	Disk 4	Disk 5
00	01	10	11	00
01	**10**	11	10	10
01	11	**01**	10	01
11	10	11	**11**	01
11	11	11	00	**11**

图 4-10 数据 6C7A79EDPC 的保存方式

其中加粗块是校验块。输入 d、s、b、校验的种类（E 表示偶校验，O 表示奇校验）以及 b（$1\leqslant b\leqslant 100$）个数据块（其中“?”表示损坏的数据），你的任务是恢复并输出完整的数据。如果校验错或者由于损坏数据过多无法恢复，应报告磁盘非法。

提示：本题是位运算的不错练习，但如果没有 RAID 的知识背景，上述简要翻译可能较难理解，细节建议参考原题。

习题 4-8 特别困的学生（Extraordinarily Tired Students, ACM/ICPC Xi'an 2006, UVa12108）

课堂上有 n 个学生（$n\leqslant 10$）。每个学生都有一个“睡眠-清醒”周期，其中第 i 个学生醒 A_i 分钟后睡 B_i 分钟，然后重复（$1\leqslant A_i, B_i\leqslant 5$），初始时第 i 个学生处在他的周期的第 C_i 分钟。每个学生在临睡前会察看全班睡觉人数是否严格大于清醒人数，只有这个条件满足时才睡觉，否则就坚持听课 A_i 分钟后再次检查这个条件。问经过多长时间后全班都清醒。

如果用(A,B,C)描述一些学生，则图 4-11 中描述了 3 个学生(2,4,1)、(1,5,2)和(1,4,3)在每个时刻的行为。

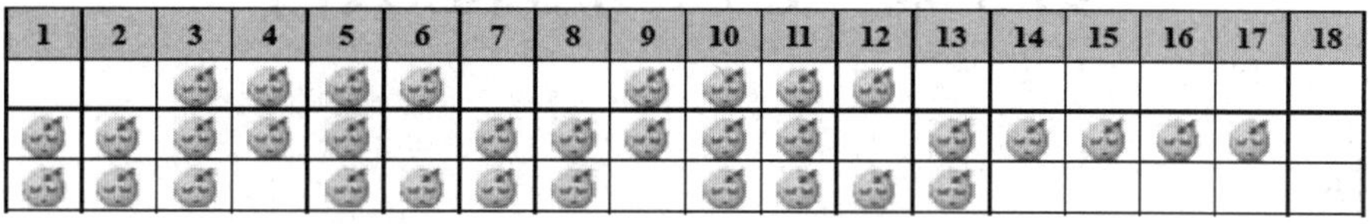

1	2	3	4	5	6	7	8	9	10	11	12	13	14	15	16	17	18

图 4-11　3 个学生每个时刻的行为

注意：有可能并不存在“全部都清醒”的时刻，此时应输出-1。

习题 4-9　数据挖掘（Data Mining, ACM/ICPC NEERC 2003, UVa1591）

有两个 n 元素数组 P 和 Q。P 数组每个元素占 S_P 个字节，Q 数组每个元素占 S_Q 个字节。有时需直接根据 P 数组中某个元素 $P(i)$的偏移量 $P_{ofs}(i)$算出对应的 $Q(i)$的偏移量 $Q_{ofs}(i)$。当两个数组的元素均为连续存储时 $Q_{ofs}(i)=P_{ofs}(i)/S_P*S_Q$，但因为除法慢，可以把式子改写成速度较快的 $Q_{ofs'}(i)=(P_{ofs}(i)+P_{ofs}(i)<<A)>>B$。为了让这个式子成立，在 P 数组仍然连续存储的前提下，Q 数组可以不连续存储（但不同数组元素的存储空间不能重叠）。这样做虽然会浪费一些空间，但是提升了速度，是一种用空间换时间的方法。

输入 n、S_P和 S_Q（$N\leqslant 2^{20}$，$1\leqslant S_P$，$S_Q\leqslant 2^{10}$），你的任务是找到最优的 A 和 B，使得占的空间 K 尽量小。输出 K、A、B 的值。多解时让 A 尽量小，如果仍多解则让 B 尽量小。

提示：本题有一定实际意义，不过描述比较抽象。如果对本题兴趣不大，可以先跳过。

习题 4-10　洪水！（Flooded! ACM/ICPC World Finals 1999, UVa815）

有一个 $n*m$（$1\leqslant m$，$n<30$）的网格，每个格子是边长 10 米的正方形，网格四周是无限大的墙壁。输入每个格子的海拔高度，以及网格内雨水的总体积，输出水位的海拔高度以及有多少百分比的区域有水（即高度严格小于水平面）。

本题有多种方法，能锻炼思维，建议读者一试。

4.5.3　小结

指针还有很多相关内容本书没有介绍，例如，指向 void 型的指针、指向函数的指针、指向常量的指针以及指针和数组之间的关系（注意，尽管在很多地方可以混用，但指针和数组不是一回事！《C 语言程序设计奥秘》用一章的篇幅来叙述二者的区别）。正如书中所说，本书将尽量回避指针，但尽管如此，调试并理解前面几个 swap 函数的工作方式对于理解计算机的工作原理大有好处。

递归需要从概念和语言两个方面理解。从概念上，递归就是“自己使用自己”的意思。递归调用就是自己调用自己，递归定义就是自己定义自己……当然，这里的“使用自己”可以是直接的，也可以是间接的。很多初学者在学习递归时专注于表象，从而未能透彻理解其“计算机”本质。由于我们的重点是设计算法和编写程序，理解递归函数的执行过程是非常重要的。因此，本章大量使用了 gdb 作为工具讲解内部机理，即使读者在平时编程时不用 gdb 调试，在学习初期用它帮助理解也是大有裨益的。关于 gdb 的更多介绍参见附录 A。

第 5 章　C++与 STL 入门

学习目标

☑ 熟悉 C++版算法竞赛程序框架
☑ 理解变量引用的原理
☑ 熟练掌握 string 与 stringstream
☑ 熟练掌握 C++结构体的定义和使用，包括构造函数和静态成员变量
☑ 了解常见的可重载运算符，包括四则运算、赋值、流式输入输出、()和[]
☑ 了解模板函数和模板类的概念
☑ 熟练掌握 STL 中排序和检索的相关函数
☑ 熟练掌握 STL 中 vector、set 和 map 这 3 个容器
☑ 了解 STL 中的集合相关函数
☑ 理解栈、队列和优先队列的概念，并能用 STL 实现它们
☑ 熟练掌握随机数生成方法，并能结合 assert 宏进行测试
☑ 能独立编写大整数类 BigInteger

在前 4 章中介绍了 C 语言的主要内容，已经足以应付许多算法竞赛的题目了。然而，“能写”并不代表“好写”，有些题目虽然可以用 C 语言写出来，但是用 C++写起来往往会更快，而且更不容易出错，所以在讨论算法之前，有必要对 C++进行一番讲解。

本章采用“实用主义”的写法，并不会对所有内容加以解释，但是这并不影响读者“依葫芦画瓢”。不过有时读者还是希望能更细致、准确地学习到相关知识。推荐读者在手边放一本 C++的参考读物，如 C++之父 Bjarne Stroustrup 的经典著作《C++程序设计语言》。尽管如此，本章的作用也不容忽视：C++是一门庞大的语言，大多数语言特性和库函数在算法竞赛中都是用不到（或者可以避开）的。而且算法竞赛有它自身的特点，即使对于资深 C++程序员来说，如果缺乏算法竞赛的经验，也很难总结出一套适用于算法竞赛的知识点和实践指南。因此，即使你已经很熟悉 C++语言，但笔者仍建议花一些时间浏览本章的内容，相信会有新的收获。

5.1　从 C 到 C++

C 语言是一门很有用的语言，但在算法竞赛中却不流行，原因在于它太底层，缺少一些“实用的东西”。例如，在 2013 年 ACM/ICPC 世界总决赛中，有 1347 份用 C++提交，323 份用 Java 提交，但一份用 C 提交的都没有。

既然如此，为什么还要花这么多篇幅介绍 C 语言呢？答案是 C++太复杂了。与其把 C++

学得一知半解，还不如先把 C 语言的基础打好。前面已经提到过，前 4 章的所有代码都可以直接作为 C++程序进行编译，所以请把前 4 章内容看作语言的核心部分，而把本章内容看作是可选的工具。如果某些工具难以掌握，索性避开就是了。

C++博大精深，但也有很多让人诟病的地方。好在算法竞赛中的大多数选手只会用到其中很少的特性，本章的任务就是把这些特性介绍给读者，以供选用。

提示 5-1：C++的精华与糟粕并存。本章介绍的 C++特性是算法竞赛中最常用的部分，虽然不是解题所必需的，但值得学习。

5.1.1　C++版框架

虽然前面介绍的内容都可以直接用在 C++程序里，但有些并不是 C++的推荐写法，只是为了更好地兼容 C 语言才如此编写的。下面是 C++版的“a+b 程序”：

```
#include<cstdio>
int main() {
  int a, b;
  while(scanf("%d%d", &a, &b) == 2) printf("%d\n", a+b);
  return 0;
}
```

和之前的 C 程序比较，唯一的区别是 stdio.h 变成了 cstdio。事实上，stdio.h 仍然存在，但是 C++中推荐的头文件是 cstdio。类似地，string.h 变成了 cstring，math.h 变成了 cmath，ctype.h 变成了 cctype。带.h 后缀的头文件依然存在，但并不被 C++所推荐使用。

提示 5-2：C++能编译大多数 C 语言程序。虽然 C 语言中大多数头文件在 C++中仍然可以使用，但推荐的方法是在 C 头文件之前加一个小写的 c 字母，然后去掉.h 后缀。

下面是一个稍微复杂一点的程序，它展示了更多的常用 C++特性。

```
#include<iostream>
#include<algorithm>
using namespace std;
const int maxn = 100 + 10;
int A[maxn];
int main() {
  long long a, b;
  while(cin >> a >> b) {
    cout << min(a,b) << "\n";
  }
  return 0;
}
```

这次的变化就大多了，新增的两个头文件不再是以字符 c 开头的。有人会猜这一定是 C++特有的头文件——的确如此。iostream 提供了输入输出流，而 algorithm 提供了一些常用算法，例如代码中的 min[1]。cin >> a 的含义是从标注输入中读取 a，它的返回值是一个“已经读取了 a 的新流”，然后从这个新流中继续读取 b。如果流已经读完，while 循环将退出。这种方式相比 scanf 的最大优势就是不再需要记忆%d、%s 等占位符，同时也避开了前面提到的“long long 类型的输入输出占位符不统一”的问题。当然，C++流也不是完美的，其最大缺点就是运行太慢，以至于很多竞赛题目会在题面中的显著位置注明：本题的输入量很大，请不要使用 C++的流输入[2]。

还有一个新内容：using namespace std。这是什么意思呢？C++中有一个“名称空间”（namespace）的概念，用来缓解复杂程序的组织问题。例如张三写了一个函数叫 my_good_function（意思是“我的优秀函数”），李四也写了这样一个函数，但作用和张三的不同。如果有一天需要把他们的程序合在一起用，就会出问题：函数不能重名。虽然后面会讲到 C++支持函数重载，但如果这两个函数的参数类型也完全相同，则是不能重载的。一个解决方案是分别把函数写在各自的名称空间里，然后就可以用 zhang3:my_good_function() 和 li4:my_good_function()这样的方式进行调用了。

基于这样的考虑，头文件 iostream 和 algorithm 里定义的内容放在 std 名称空间里。如果代码和该名称空间里的内容不重名，就可以用 using namespace std 的方法把 std 里的名字导入默认空间[3]。这样就可以用 cin 代替 std::cin, cout 代替 std::cout，min 代替 std::min 了。不信的话，你可以把这行语句注释掉，再编译一次试试。

提示 5-3：C++中可以使用流简化输入输出操作。标准输入输出流在头文件 iostream 中定义，存在于名称空间 std 中。如果使用了 using namespace std 语句，则可以直接使用。

最后还有一个细节：声明数组时，数组大小可以使用 const 声明的常数（这在 C99 中是不允许的）。在 C++中，这种写法更为推荐，因此本书后面的代码中一律采用这样的写法，而不是用#define 声明常数。

顺便一提，C++中的数据类型和 C 语言很接近，最显著的区别是多了一个 bool 来表示布尔值，然后用 true 和 false 分别表示真和假。虽然仍然可以用 int 来表示真假，但是用 bool 可以让程序更清晰。

5.1.2 引用

第 4 章中曾经介绍过交换两个变量的方法，最后给出的例子用到了指针，看上去不太自然。C++提供了“引用”，虽然在功能上比指针弱，但是减少了出错的可能，提高了代码的可读性。使用引用交换两个变量的方法如下：

```
#include<iostream>
using namespace std;

void swap2(int& a, int& b) {
```

[1] C 语言里连 min 函数都没有，可想而知还有多少常用的东西是无法直接用的。
[2] 不过流也可以加速，方法是关闭和 stdio 的同步，即调用 ios::sync_with_stdio(false)。
[3] 在工程上不推荐这样做，不过因为算法竞赛的程序通常很小（多数不到 200 行），所以这样做也无大碍。

```
  int t = a; a = b; b = t;
}

int main() {
  int a = 3, b = 4;
  swap2(a, b);
  cout << a << " " << b << "\n";
  return 0;
}
```

是不是很自然？如果在参数名之前加一个“&”符号，就表示这个参数按照传引用（by reference）的方式传递，而不是 C 语言里的传值（by value）方式传递。这样，在函数内改变参数的值，也会修改到函数的实参。按照第 4 章介绍的方法进行 gdb 调试，用 b swap2 加一个端点，然后用 r 命令执行，如下所示：

```
Breakpoint 1, swap2 (a=@0x22ff4c: 3, b=@0x22ff48: 4) at swap2.cpp:5
5         int t = a; a = b; b = t;
(gdb) bt
#0  swap2 (a=@0x22ff4c: 3, b=@0x22ff48: 4) at swap2.cpp:5
#1  0x004013e1 in main() at swap2.cpp:10
(gdb) up
#1  0x004013e1 in main() at swap2.cpp:10
10        swap2(a, b);
(gdb) print &a
$1 = (int *) 0x22ff4c
(gdb) print &b
$2 = (int *) 0x22ff48
```

看到了吗？main 函数里的变量 a、b 的地址和 swap2 执行时参数 a、b 引用的地址一样，实际上是“同一个东西”。

提示 5-4：C++中的引用就是变量的“别名”，它可以在一定程度上代替 C 中的指针。例如，可以用“传引用”的方式让函数内直接修改实参。

细心的读者可能注意到了，为什么函数叫 swap2 而不是 swap 呢？因为 algorithm 这个头文件里已经提供过了 swap，可以直接使用。这个 swap 比此处所写的 swap2 强大多了：它不仅同时支持 int、double 等所有内置类型，甚至还支持用户自己编写的结构体。它是怎么做到这一点的呢？我们很快就要学习到。

5.1.3　字符串

还记得前面所说的“数组不是一等公民”吗？C 语言中的字符串就是字符数组，所以也不是“一等公民”，处处受限。例如，如何编写一个函数，把两个字符串拼接成一个长字符串？这个任务看上去简单，实际上却暗藏陷阱：新字符串的存储空间从哪里来？从第 4 章最后的讨论中可以知道：不能在函数中定义一个数组然后返回它的地址，因为函数返回后其中局部变量的地址便失效了。因此“字符串拼接”函数必须申请新的内存空间以存放结果，用完之后还要将申请的空间“退回去”，这会很麻烦。另外，字符串数组本身并不保存字符串长度，每次需要时都要用 strlen 函数重算一次。如果字符串很长，则 strlen 函数的开销将不容忽视[①]。为了避免不必要的 strlen 调用，可以在某个变量中保存字符串的长度，但这样一来，程序会变得更加复杂，难以调试。总而言之，C 语言处理字符串并不方便。

C++提供了一个新的 string 类型，用来替代 C 语言中的字符数组。用户仍然可以继续用字符数组当字符串用，但是如果希望程序更加简单、自然，string 类型往往是更好的选择。例如，C++的 cin/cout 可以直接读写 string 类型，却不能读写字符数组；string 类型还可以像整数那样“相加”，而在 C 语言里只能使用 strcat 函数。

提示 5-5：C++在 string 头文件里定义了 string 类型，直接支持流式读写。string 有很多方便的函数和运算符，但速度有些慢。

考虑这样一个题目：输入数据的每行包含若干个（至少一个）以空格隔开的整数，输出每行中所有整数之和。如果只能使用字符与字符数组，一般有两种方案：一是使用 getchar()边读边算，代码较短，但容易写错，并且相对较难理解[②]；二是每次读取一行，然后再扫描该行的字符，同时计算结果。如果使用 C++，代码可以很简单。

```
#include<iostream>
#include<string>
#include<sstream>
using namespace std;

int main() {
  string line;
  while(getline(cin, line)) {
    int sum = 0, x;
    stringstream ss(line);
    while(ss >> x) sum += x;
    cout << sum << "\n";
  }
  return 0;
}
```

string 类在 string 头文件中，而 stringstream 在 sstream 头文件中。首先用 getline 函数读一行数据（相当于 C 语言中的 fgets，但由于使用 string 类，无须指定字符串的最大长度），然后用这一行创建一个“字符串流”——ss。接下来只需像读取 cin 那样读取 ss 即可。

[①] 如果已完成了第 3 章的思考题，相信对此深有感触。

[②] 有些选手非常习惯这种思维方式，但是根据笔者的经验，也有很多选手非常不习惯这种思维方式。

提示 5-6：可以把 string 作为流进行读写，定义在 sstream 头文件中。

虽然 string 和 sstream 都很方便，但 string 很慢，sstream 更慢，应谨慎使用[①]。

5.1.4 再谈结构体

C++除了支持结构体 struct 之外，还支持类 class。C++不再需要用 typedef 的方式定义一个 struct，而且在 struct 里除了可以有变量（称为成员变量）之外还可以有函数（称为成员函数）。在工程中，一般用 struct 定义“纯数据”的类型，只包含较少的辅助成员函数，而用 class 定义“拥有复杂行为”的类型，不过为了简单起见，**本书中只使用 struct 而不使用 class**。另外，“成员变量”、“成员函数”、“构造函数”等很多 C++ struct 里新加的概念同样适用于 class[②]，所以不用担心在本章中学到的内容为“非主流”。

提示 5-7：C++中的结构体除了可以拥有成员变量（用 a.x 的方式访问）之外，还可以拥有成员函数（用 a.add(1,2)的方式访问）。为了简单起见，本书中只使用 struct 而不使用 class，但 struct 的很多概念和写法同样适用于 class。

下面是一个例子：

```
#include<iostream>
using namespace std;

struct Point {
  int x, y;
  Point(int x=0, int y=0):x(x),y(y) {}
};

Point operator + (const Point& A, const Point& B) {
  return Point(A.x+B.x, A.y+B.y);
}

ostream& operator << (ostream &out, const Point& p) {
  out << "(" << p.x << "," << p.y << ")";
  return out;
}

int main() {
  Point a, b(1,2);
  a.x = 3;
  cout << a+b << "\n";
```

① 具体有多慢？试试就知道了。请读者自行编写程序测试。

② 事实上，在 C++中 struct 和 class 最主要的区别是默认访问权限和继承方式不同，而其他方面的差异很小。

```
  return 0;
}
```

上面的代码多数可以“望文知义”。结构体 Point 中定义了一个函数，函数名也叫 Point，但是没有返回值。这样的函数称为构造函数（ctor）。构造函数是在声明变量时调用的，例如，声明 Point a, b(1,2)时，分别调用了 Point()和 Point(1,2)。注意这个构造函数的两个参数后面都有“=0”字样，其中 0 为默认值。也就是说，如果没有指明这两个参数的值，就按 0 处理，因此 Point()相当于 Point(0,0)。“:x(x),y(y)”则是一个简单的写法，表示“把成员变量 x 初始化为参数 x，成员变量 y 初始化为参数 y”。也可以写成：

```
Point(int x=0, int y=0) { this->x = x; this->y = y; }
```

这里的“this”是指向当前对象的指针。this->x 的意思是“当前对象的成员变量 x”，即(*this).x。

提示 5-8：*C++中的结构体可以有一个或多个构造函数，在声明变量时调用。*

提示 5-9：*C++中的函数（不只是构造函数）参数可以拥有默认值。*

提示 5-10：*在 C++结构体的成员函数中，this 是指向当前对象的指针。*

接下来为这个结构体定义了“加法”，并且在实现中用到构造函数。这样，就可以用 a+b 的形式计算两个结构体 a 和 b 的“和”了。

最后，定义这个结构体的流输出方式，然后就可以用 cout << p 来输出一个 Point 结构体 p 了。

5.1.5 模板

回顾第 4 章中介绍过的 sum 函数：

```
int sum(int* begin, int* end) {
  int *p = begin;
  int ans = 0;
  for(int *p = begin; p != end; p++)
    ans += *p;
  return ans;
}
```

这个函数没有错误，但比较局限——只能求整数数组的和，不能求 double 数组的和，更不能求 Point 数组的和。没关系，可以把这个函数改一下。

```
template<typename T>
T sum(T* begin, T* end) {
  T *p = begin;
  T ans = 0;
  for(T *p = begin; p != end; p++)
    ans = ans + *p;
```

```
  return ans;
}
```

这样，就可以用 sum 函数给 double 数组和 Point 数组求和了。

```
int main() {
  double a[] = {1.1, 2.2, 3.3, 4.4};
  cout << sum(a, a+4) << "\n";
  Point b[] = { Point(1,2), Point(3,4), Point(5,6), Point(7,8) };
  cout << sum(b, b+4) << "\n";
  return 0;
}
```

细心的读者应该已发现了上述 sum 函数和第 4 章中写的有点不同：把“ans += *p”改成了“ans = ans + *p”。这样做的原因是 Point 结构体中只定义了“+”运算符，没有定义“+=”。

结构体和类（class）也可以是带模板的。例如，上述 Point 结构体中的 x 和 y 是 int 型的，但有时需要的是 double 型的 x 和 y，“+”和“<<”的逻辑不变。可以用类似的写法把 Point 变成模板。

```
template <typename T>
struct Point {
  T x, y;
  Point(T x=0, T y=0):x(x),y(y) {}
};
```

然后把“+”和“<<”的代码也稍加改变：

```
template <typename T>
Point<T> operator + (const Point<T>& A, const Point<T>& B) {
  return Point<T>(A.x+B.x, A.y+B.y);
}

template <typename T>
ostream& operator << (ostream &out, const Point<T>& p) {
  out << "(" << p.x << "," << p.y << ")";
  return out;
}
```

这样就可以同时使用 int 型和 double 型的 Point 了：

```
int main() {
  Point<int> a(1,2), b(3,4);
  Point<double> c(1.1,2.2), d(3.3,4.4);
  cout << a+b << " " << c+d << "\n";
  return 0;
}
```

虽然模板在工程中的应用范围很广，而且功能十分强大[①]，但选手们却很少会在算法竞赛中亲自编写模板。那为什么还要介绍模板呢？主要是因为模板有助于读者更好地理解 STL。

5.2 STL 初步

STL 是指 C++的标准模板库（Standard Template Library）。它很好用，但也很复杂。本节将介绍 STL 中的一些常用算法和容器，在后面的章节中还会继续介绍本节没有涉及的其他内容。

5.2.1 排序与检索

例题 5-1 大理石在哪儿（Where is the Marble?, UVa 10474）

现有 N 个大理石，每个大理石上写了一个非负整数。首先把各数从小到大排序，然后回答 Q 个问题。每个问题问是否有一个大理石写着某个整数 x，如果是，还要回答哪个大理石上写着 x。排序后的大理石从左到右编号为 1~N。（在样例中，为了节约篇幅，所有大理石上的数合并到一行，所有问题也合并到一行。）

样例输入：

```
4 1
2 3 5 1
5
5 2
1 3 3 3 1
2 3
```

样例输出：

```
CASE# 1:
5 found at 4
CASE# 2:
2 not found
3 found at 3
```

【分析】

题目意思已经很清楚了：先排序，再查找。使用 algorithm 头文件中的 sort 和 lower_bound 很容易完成这两项操作，代码如下：

```
#include<cstdio>
#include<algorithm>
using namespace std;
```

① 有兴趣的读者可以研究一下 C++的模板元编程（template metaprogramming）。在 boost 库中有很多模板元编程的优秀例子。

```
const int maxn = 10000;

int main() {
  int n, q, x, a[maxn], kase = 0;
  while(scanf("%d%d", &n, &q) == 2 && n) {
    printf("CASE# %d:\n", ++kase);
    for(int i = 0; i < n; i++) scanf("%d", &a[i]);
    sort(a, a+n); //排序
    while(q--) {
      scanf("%d", &x);
      int p = lower_bound(a, a+n, x) - a; //在已排序数组 a 中寻找 x
      if(a[p] == x) printf("%d found at %d\n", x, p+1);
      else printf("%d not found\n", x);
    }
  }
  return 0;
}
```

上面的代码比第 4 章中的排序代码简单很多，因为省略了一个 compare 函数——sort 使用数组元素默认的大小比较运算符进行排序，只有在需要按照特殊依据进行排序时才需要传入额外的比较函数。

另外，sort 可以对任意对象进行排序，不一定是内置类型。如果希望用 sort 排序，这个类型需要定义“小于”运算符，或者在排序时传入一个“小于”函数。排序对象可以存在于普通数组里，也可以存在于 vector 中（参见 5.2.2 节）。前者用 sort(a, a+n)的方式调用，后者用 sort(v.begin(), v.end())的方式调用。lower_bound 的作用是查找“大于或者等于 x 的第一个位置”。

为什么 sort 可以对任意对象进行排序呢？学习了前面内容，相信读者可以猜到，这是因为 sort 是一个模板函数。

提示 5-11：algorithm 头文件中的 sort 可以给任意对象排序，包括内置类型和自定义类型，前提是类型定义了“<”运算符。排序之后可以用 lower_bound 查找大于或等于 x 的第一个位置。待排序/查找的元素可以放在数组里，也可以放在 vector 里。

还有一个 unique 函数可以删除有序数组中的重复元素，后面的例题中将展示其用法。

5.2.2　不定长数组：vector

vector 就是一个不定长数组。不仅如此，它把一些常用操作“封装”在了 vector 类型内部。例如，若 a 是一个 vector，可以用 a.size()读取它的大小，a.resize()改变大小，a.push_back()向尾部添加元素，a.pop_back()删除最后一个元素。

vector 是一个模板类，所以需要用 vector<int> a 或者 vector<double> b 这样的方式来声明一个 vector。vector<int>是一个类似于 int a[]的整数数组，而 vector<string>就是一个类似

于 string a[]的字符串数组。vector 看上去像是“一等公民”，因为它们可以直接赋值，还可以作为函数的参数或者返回值，而无须像传递数组那样另外用一个变量指定元素个数。

例题 5-2　木块问题（The Blocks Problem, UVa 101）

从左到右有 n 个木块，编号为 0~n-1，要求模拟以下 4 种操作（下面的 a 和 b 都是木块编号）。

- move a onto b：把 a 和 b 上方的木块全部归位，然后把 a 摞在 b 上面。
- move a over b：把 a 上方的木块全部归位，然后把 a 放在 b 所在木块堆的顶部。
- pile a onto b：把 b 上方的木块全部归位，然后把 a 及上面的木块整体摞在 b 上面。
- pile a over b：把 a 及上面的木块整体摞在 b 所在木块堆的顶部。

遇到 quit 时终止一组数据。a 和 b 在同一堆的指令是非法指令，应当忽略。

所有操作结束后，输出每个位置的木块列表，按照从底部到顶部的顺序排列。

【分析】

每个木块堆的高度不确定，所以用 vector 来保存很合适；而木块堆的个数不超过 n，所以用一个数组来存就可以了。代码如下：

```
#include <cstdio>
#include <string>
#include <vector>
#include <iostream>
using namespace std;

const int maxn = 30;
int n;
vector<int> pile[maxn];      //每个pile[i]是一个vector

//找木块 a 所在的pile和height，以引用的形式返回调用者
void find_block(int a, int& p, int& h) {
  for(p = 0; p < n; p++)
    for(h = 0; h < pile[p].size(); h++)
      if(pile[p][h] == a) return;
}

//把第 p 堆高度为 h 的木块上方的所有木块移回原位
void clear_above(int p, int h) {
  for(int i = h+1; i < pile[p].size(); i++) {
    int b = pile[p][i];
```

```
    pile[b].push_back(b);     //把木块 b 放回原位
  }
  pile[p].resize(h+1);        //pile 只应保留下标 0~h 的元素
}

//把第 p 堆高度为 h 及其上方的木块整体移动到 p2 堆的顶部
void pile_onto(int p, int h, int p2) {
  for(int i = h; i < pile[p].size(); i++)
    pile[p2].push_back(pile[p][i]);
  pile[p].resize(h);
}

void print() {
  for(int i = 0; i < n; i++) {
    printf("%d:", i);
    for(int j = 0; j < pile[i].size(); j++) printf(" %d", pile[i][j]);
    printf("\n");
  }
}

int main() {
  int a, b;
  cin >> n;
  string s1, s2;
  for(int i = 0; i < n; i++) pile[i].push_back(i);
  while(cin >> s1 >> a >> s2 >> b) {
    int pa, pb, ha, hb;
    find_block(a, pa, ha);
    find_block(b, pb, hb);
    if(pa == pb) continue; //非法指令
    if(s2 == "onto") clear_above(pb, hb);
    if(s1 == "move") clear_above(pa, ha);
    pile_onto(pa, ha, pb);
  }
  print();
  return 0;
}
```

数据结构的核心是 vector<int> pile[maxn]，所有操作都是围绕它进行的。vector 就像一个二维数组，只是第一维的大小是固定的（不超过 maxn），但第二维的大小不固定。上述代码还有一个值得学习的技巧：输入一共有 4 种指令，但如果完全独立地处理各指令，代码就会变得冗长而且易错。更好的方法是提取出指令之间的共同点，编写函数以减少重复代码。

提示 5-12：vector 头文件中的 vector 是一个不定长数组，可以用 clear()清空，resize()改变大小，用 push_back()和 pop_back()在尾部添加和删除元素，用 empty()测试是否为空。vector 之间可以直接赋值或者作为函数的返回值，像是“一等公民”一样。

5.2.3 集合：set

集合与映射也是两个常用的容器。set 就是数学上的集合——每个元素最多只出现一次。和 sort 一样，自定义类型也可以构造 set，但同样必须定义“小于”运算符。

例题 5-3 安迪的第一个字典（Andy's First Dictionary, UVa 10815）

输入一个文本，找出所有不同的单词（连续的字母序列），按字典序从小到大输出。单词不区分大小写。

样例输入：

```
Adventures in Disneyland

Two blondes were going to Disneyland when they came to a fork in the
road. The sign read: "Disneyland Left."

So they went home.
```

样例输出（为了节约篇幅只保留前 5 行）：

```
a
adventures
blondes
came
disneyland
```

【分析】

本题没有太多的技巧，只是为了展示 set 的用法：由于 string 已经定义了“小于”运算符，直接使用 set 保存单词集合即可。注意，输入时把所有非字母的字符变成空格，然后利用 stringstream 得到各个单词。

```
#include<iostream>
#include<string>
#include<set>
#include<sstream>
using namespace std;

set<string> dict; //string 集合

int main() {
  string s, buf;
  while(cin >> s) {
```

```
    for(int i = 0; i < s.length(); i++)
      if(isalpha(s[i])) s[i] = tolower(s[i]); else s[i] = ' ';
    stringstream ss(s);
    while(ss >> buf) dict.insert(buf);
  }
  for(set<string>::iterator it = dict.begin(); it != dict.end(); ++it)
    cout << *it << "\n";
  return 0;
}
```

上面的代码用到了 set 中元素已从小到大排好序这一性质，用一个 for 循环即可从小到大遍历所有元素。

代码里的 set<string>::iterator 是什么？dict.begin()和 dict.end()又是什么？iterator 的意思是迭代器，是 STL 中的重要概念，类似于指针。和"vector 类似于数组"一样，这里的"类似"指的是用法类似。还记得第 4 章中的那个 sum 函数吗？

```
int sum(int* begin, int* end) {
  int *p = begin;
  int ans = 0;
  for(int *p = begin; p != end; p++)
    ans += *p;
  return ans;
}
```

这个 for 循环是不是和上面的代码很像？实际上，上面参数中的 begin 和 end 就是仿照 STL 中的迭代器命名的。

5.2.4　映射：map

map 就是从键（key）到值（value）的映射。因为重载了[]运算符，map 像是数组的"高级版"。例如可以用一个 map<string,int> month_name 来表示"月份名字到月份编号"的映射，然后用 month_name["July"] = 7 这样的方式来赋值。

例题 5-4　反片语（Ananagrams, UVa 156）

输入一些单词，找出所有满足如下条件的单词：该单词不能通过字母重排，得到输入文本中的另外一个单词。在判断是否满足条件时，字母不分大小写，但在输出时应保留输入中的大小写，按字典序进行排列（所有大写字母在所有小写字母的前面）。

样例输入：

```
ladder came tape soon leader acme RIDE lone Dreis peat
 ScAlE orb  eye  Rides dealer  NotE derail LaCeS  drIed
noel dire Disk mace Rob dries
#
```

样例输出：

```
Disk
NotE
derail
drIed
eye
ladder
soon
```

【分析】

把每个单词“标准化”，即全部转化为小写字母后再进行排序，然后再放到 map 中进行统计。代码如下：

```
#include<iostream>
#include<string>
#include<cctype>
#include<vector>
#include<map>
#include<algorithm>
using namespace std;

map<string,int> cnt;
vector<string> words;

//将单词 s 进行“标准化”
string repr(const string& s) {
  string ans = s;
  for(int i = 0; i < ans.length(); i++)
    ans[i] = tolower(ans[i]);
  sort(ans.begin(), ans.end());
  return ans;
}

int main() {
  int n = 0;
  string s;
  while(cin >> s) {
    if(s[0] == '#') break;
    words.push_back(s);
    string r = repr(s);
    if(!cnt.count(r)) cnt[r] = 0;
    cnt[r]++;
```

```
  }
  vector<string> ans;
  for(int i = 0; i < words.size(); i++)
    if(cnt[repr(words[i])] == 1) ans.push_back(words[i]);
  sort(ans.begin(), ans.end());
  for(int i = 0; i < ans.size(); i++)
    cout << ans[i] << "\n";
  return 0;
}
```

此例说明，如果没有良好的代码设计，是无法发挥 STL 的威力的。如果没有想到“标准化”这个思路，就很难用 map 简化代码。

提示 5-13: set 头文件中的 set 和 map 头文件中的 map 分别是集合与映射。二者都支持 insert、find、count 和 remove 操作，并且可以按照从小到大的顺序循环遍历其中的元素。map 还提供了“[]”运算符，使得 map 可以像数组一样使用。事实上，map 也称为“关联数组”。

5.2.5　栈、队列与优先队列

STL 还提供 3 种特殊的数据结构：栈、队列与优先队列。所谓栈，就是符合“后进先出”（Last In First Out，LIFO）规则的数据结构，有 PUSH 和 POP 两种操作，其中 PUSH 把元素压入“栈顶”，而 POP 从栈顶把元素“弹出”，如图 5-1 所示。

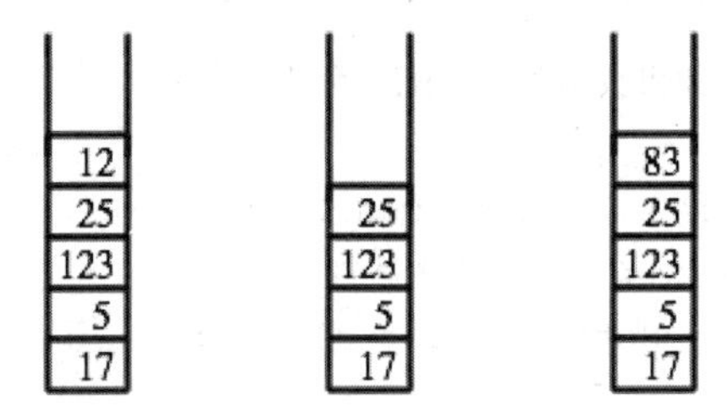

图 5-1　PUSH 和 POP 操作

讲一个有趣的笑话。如何判断一个人是不是程序员？答：问它 PUSH 的反义词是什么。回答 PULL 的是普通人，而回答 POP 的才是程序员[①]。这个笑话间接地说明了“栈”这个数据结构在计算机中的重要性。

STL 的栈定义在头文件<stack>中，可以用“stack<int> s”方式声明一个栈。

提示 5-14： STL 的 stack 头文件提供了栈，用“stack<int> s”方式定义，用 push()和 pop()实现元素的入栈和出栈操作，top()取栈顶元素（但不删除）。

例题 5-5　集合栈计算机（The SetStack Computer, ACM/ICPC NWERC 2006, UVa12096）

有一个专门为了集合运算而设计的“集合栈”计算机。该机器有一个初始为空的栈，

[①] 如果你想较真的话，这里有一个反例：经常使用 git 的程序员也有可能回答 pull。

并且支持以下操作。

- PUSH：空集“{}”入栈。
- DUP：把当前栈顶元素复制一份后再入栈。
- UNION：出栈两个集合，然后把二者的并集入栈。
- INTERSECT：出栈两个集合，然后把二者的交集入栈。
- ADD：出栈两个集合，然后把先出栈的集合加入到后出栈的集合中，把结果入栈。

每次操作后，输出栈顶集合的大小（即元素个数）。例如，栈顶元素是 A = { {}, {{}} }，下一个元素是 B = { {}, {{{}}} }，则：

- UNION 操作将得到{ {}, {{}}, {{{}}} }，输出 3。
- INTERSECT 操作将得到{ {} }，输出 1。
- ADD 操作将得到{ {}, {{{}}}, {{},{{}}} }，输出 3。

输入不超过 2000 个操作，并且保证操作均能顺利进行（不需要对空栈执行出栈操作）。

【分析】

本题的集合并不是简单的整数集合或者字符串集合，而是集合的集合。为了方便起见，此处为每个不同的集合分配一个唯一的 ID，则每个集合都可以表示成所包含元素的 ID 集合，这样就可以用 STL 的 set<int>来表示了，而整个栈则是一个 stack<int>。

```
typedef set<int> Set;
map<Set,int> IDcache;          //把集合映射成 ID
vector<Set> Setcache;          //根据 ID 取集合

//查找给定集合 x 的 ID。如果找不到，分配一个新 ID
int ID (Set x) {
  if (IDcache.count(x)) return IDcache[x];
  Setcache.push_back(x);    //添加新集合
  return IDcache[x] = Setcache.size() - 1;
}
```

对任意集合 s（类型是上面定义的 Set），IDcache[s]就是它的 ID，而 Setcache[IDcache[s]]就是 s 本身。下面的 ALL 和 INS 是两个宏[①]：

```
#define ALL(x) x.begin(),x.end()
#define INS(x) inserter(x,x.begin())
```

分别表示“所有的内容”以及“插入迭代器”，具体作用可以从代码中推断出来，有兴趣的读者可以查阅 STL 文档以了解更详细的信息。主程序如下，请读者注意 STL 内置的集合操作（如 set_union 和 set_intersection）。

```
stack<int> s;             //题目中的栈
int n;
cin >> n;
```

① 宏（macro）是一个很复杂的话题，这里读者暂时可以把带参数的宏理解为“类似于函数的东西”。

```
for(int i = 0; i < n; i++) {
  string op;
  cin >> op;
  if (op[0] == 'P') s.push(ID(Set()));
  else if (op[0] == 'D') s.push(s.top());
  else {
    Set x1 = Setcache[s.top()]; s.pop();
    Set x2 = Setcache[s.top()]; s.pop();
    Set x;
    if (op[0] == 'U') set_union (ALL(x1), ALL(x2), INS(x));
    if (op[0] == 'I') set_intersection (ALL(x1), ALL(x2), INS(x));
    if (op[0] == 'A') { x = x2; x.insert(ID(x1)); }
    s.push(ID(x));
  }
  cout << Setcache[s.top()].size() << endl;
}
```

本题极为重要，后面章节中有一些例题也使用了本题的解决方法，建议读者仔细体会。

队列是符合“先进先出”（First In First Out，FIFO）原则的“公平队列”，无须过多介绍，如图 5-2 所示。

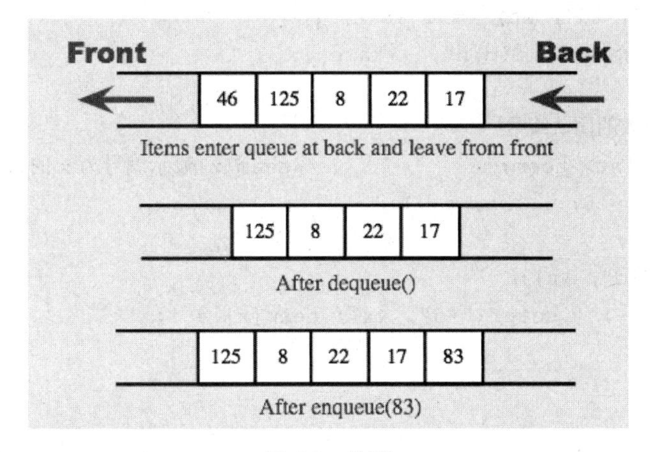

图 5-2　队列

STL 队列定义在头文件<queue>中，可以用“queue<int> s”方式声明一个队列。

提示 5-15： STL 的 queue 头文件提供了队列，用“queue<int> s”方式定义，用 push()和 pop()进行元素的入队和出队操作，front()取队首元素（但不删除）。

例题 5-6　团体队列（Team Queue, UVa 540）

有 t 个团队的人正在排一个长队。每次新来一个人时，如果他有队友在排队，那么这个新人会插队到最后一个队友的身后。如果没有任何一个队友排队，则他会排到长队的队尾。

输入每个团队中所有队员的编号，要求支持如下 3 种指令（前两种指令可以穿插进行）。

❑ ENQUEUE x：编号为 x 的人进入长队。

❑ DEQUEUE：长队的队首出队。

❑ STOP：停止模拟。

对于每个 DEQUEUE 指令，输出出队的人的编号。

【分析】

本题有两个队列：每个团队有一个队列，而团队整体又形成一个队列。例如，有 3 个团队 1, 2, 3，队员集合分别为{101, 102, 103, 104}、{201, 202}和{301, 302, 303}，当前长队为{301, 303, 103, 101, 102, 201}，则 3 个团队的队列分别为{103,101,102}、{201}和{301, 303}，团队整体的队列为{3, 1, 2}。代码如下：

```
#include<cstdio>
#include<queue>
#include<map>
using namespace std;

const int maxt = 1000 + 10;

int main() {
  int t, kase = 0;
  while(scanf("%d", &t) == 1 && t) {
    printf("Scenario #%d\n", ++kase);

    //记录所有人的团队编号
    map<int, int> team;              //team[x]表示编号为 x 的人所在的团队编号
    for(int i = 0; i < t; i++) {
      int n, x;
      scanf("%d", &n);
      while(n--) { scanf("%d", &x); team[x] = i; }
    }

    //模拟
    queue<int> q, q2[maxt];          //q 是团队的队列，而 q2[i]是团队 i 成员的队列
    for(;;) {
      int x;
      char cmd[10];
      scanf("%s", cmd);
      if(cmd[0] == 'S') break;
      else if(cmd[0] == 'D') {
        int t = q.front();
        printf("%d\n", q2[t].front()); q2[t].pop();
        if(q2[t].empty()) q.pop();  //团体 t 全体出队列
      }
```

```
      else if(cmd[0] == 'E') {
        scanf("%d", &x);
        int t = team[x];
        if(q2[t].empty()) q.push(t); //团队 t 进入队列
        q2[t].push(x);
      }
    }
    printf("\n");
  }

  return 0;
}
```

优先队列是一种抽象数据类型（Abstract Data Type，ADT），行为有些像队列，但先出队列的元素不是先进队列的元素，而是队列中优先级最高的元素，这样就可以允许类似于“急诊病人插队”这样的事情发生。

STL 的优先队列也定义在头文件<queue>里，用“priority_queue<int> pq”来声明。这个 pq 是一个“越小的整数优先级越低的优先队列”。由于出队元素并不是最先进队的元素，出队的方法由 queue 的 front()变为了 top()。

自定义类型也可以组成优先队列，但必须为每个元素定义一个优先级。这个优先级并不需要一个确定的数字，只需要能比较大小即可。看到这里，是不是想起了 sort？没错，只要元素定义了“小于”运算符，就可以使用优先队列。在一些特殊的情况下，需要使用自定义方式比较优先级，例如，要实现一个“个位数大的整数优先级反而小”的优先队列，可以定义一个结构体 cmp，重载“()”运算符，使其“看上去”像一个函数[①]，然后用“priority_queue<int, vector<int>, cmp> pq”的方式定义。下面是这个 cmp 的定义：

```
  struct cmp {
    bool operator() (const int a, const int b) const { //a 的优先级比 b 小时返回
true
      return a % 10 > b % 10;
    }
  };
```

对于一些常见的优先队列，STL 提供了更为简单的定义方法，例如，“越小的整数优先级越大的优先队列”可以写成“priority_queue<int, vector<int>, greater<int> > pq”。注意，最后两个“>”符号不要写在一起，否则会被很多（但不是所有）编译器误认为是“>>”运算符。

提示 5-16：STL 的 queue 头文件提供了优先队列，用“priority_queue<int> s”方式定义，用 push()和 pop()进行元素的入队和出队操作，top()取队首元素（但不删除）。

---

① 在 C++中，重载了“()”运算符的类或结构体叫做仿函数（functor）。

例题 5-7 丑数（Ugly Numbers, UVa 136）

丑数是指不能被 2, 3, 5 以外的其他素数整除的数。把丑数从小到大排列起来，结果如下：

1,2,3,4, 5, 6, 8, 9, 10, 12, 15, …

求第 1500 个丑数。

【分析】

本题的实现方法有很多种，这里仅提供一种，即从小到大生成各个丑数。最小的丑数是 1，而对于任意丑数 x，$2x$、$3x$ 和 $5x$ 也都是丑数。这样，就可以用一个优先队列保存所有已生成的丑数，每次取出最小的丑数，生成 3 个新的丑数。唯一需要注意的是，同一个丑数有多种生成方式，所以需要判断一个丑数是否已经生成过。代码如下：

```
#include<iostream>
#include<vector>
#include<queue>
#include<set>
using namespace std;
typedef long long LL;
const int coeff[3] = {2, 3, 5};

int main() {
  priority_queue<LL, vector<LL>, greater<LL> > pq;
  set<LL> s;
  pq.push(1);
  s.insert(1);
  for(int i = 1; ; i++) {
    LL x = pq.top(); pq.pop();
    if(i == 1500) {
      cout << "The 1500'th ugly number is " << x << ".\n";
      break;
    }
    for(int j = 0; j < 3; j++) {
      LL x2 = x * coeff[j];
      if(!s.count(x2)) { s.insert(x2); pq.push(x2); }
    }
  }
  return 0;
}
```

答案：859963392。

5.2.6 测试 STL

和自己写的代码一样，库也是需要测试的。一方面是因为库也是人写的，也有可能有

bug，另一方面是因为测试之后能更好地了解库的用法和优缺点。

提示 5-17：库不一定没有 bug，使用之前测试库是一个好习惯。

测试的方法大同小异，下面只以 sort 为例进行介绍。首先，写一个简单的测试程序：

```
int a[] = {3,2,4};
sort(a, a+3);
printf("%d %d %d\n", a[0], a[1], a[2]);
```

输出为 2 3 4，是一个令人满意的结果。但这样就够了吗？不！测试程序太简单，说明不了问题。应该写一个更加通用的程序，随机生成很多整数，然后排序。

为了随机生成整数，先来看看随机数发生器。核心函数是 cstdlib 中的 rand()，它生成一个闭区间[0,RAND_MAX]内的均匀随机整数（均匀的含义是：该区间内每个整数被随机获取的概率相同），其中 RAND_MAX 至少为 32767（$2^{15}-1$），在不同环境下的值可能不同。严格地说，这里的随机数是“伪随机数”，因为它也是由数学公式计算出来的，不过在算法领域，多数情况下可以把它当作真正的随机数。

如何产生[0,*n*]之间的整数呢？很多人喜欢用 rand()%n 产生区间[0,*n*−1]内的一个随机整数，姑且不论这样产生的整数是否仍然分布均匀，只要 *n* 大于 RAND_MAX，此法就不能得到期望的结果。由于 RAND_MAX 很有可能只有 32767 这么小，在使用此法时应当小心。另一个方法是执行 rand()之后先除以 RAND_MAX，得到[0,1]之间的随机实数，扩大 *n* 倍后四舍五入，得到[0,*n*]之间的均匀整数。这样，在 *n* 很大时“精度”不好（好比把小图放大后会看到“锯齿”），但对于普通的应用，这样做已经可以满足要求了[①]。

提示 5-18：cstdlib 中的 rand()可生成闭区间[0,RAND_MAX]内均匀分布的随机整数，其中 RAND_MAX 至少为 32767。如果要生成更大的随机整数，在精度要求不太高的情况下可以用 rand()的结果“放大”得到。

需要随机数的程序在最开始时一般会执行一次 srand(time(NULL))，目的是初始化“随机数种子”。简单地说，种子是伪随机数计算的依据。种子相同，计算出来的“随机数”序列总是相同。如果不调用 srand 而直接使用 rand()，相当于调用过一次 srand(1)，因此程序每次执行时，将得到同一套随机数。

不要在同一个程序每次生成随机数之前都重新调用一次 srand。有的初学者抱怨“rand()产生的随机数根本不随机，每次都相同”，就是因为误解了 srand 的作用。再次强调，请只在程序开头调用一次 srand，而不要在同一个程序中多次调用。

提示 5-19：可以用 cstdlib 中的 srand 函数初始化随机数种子。如果需要程序每次执行时使用一个不同的种子，可以用 ctime 中的 time(NULL)为参数调用 srand。一般来说，只在程序执行的开头调用一次 srand。

“同一套随机数”可能是好事也可能是坏事。例如，若要反复测试程序对不同随机数

---

① 如果坚持需要更高的精度，可以采取多次随机的方法。

据的响应，需要每次得到的随机数不同。一个简单的方法是使用当前时间 time(NULL)（在 ctime 中）作为参数调用 srand。由于时间是不断变化的，每次运行时，一般会得到一套不同的随机数。之所以说“一般会”，是因为 time 函数返回的是自 UTC 时间 1970 年 1 月 1 日 0 点以来经过的“秒数”，因此每秒才变化一次。如果你的程序是由操作系统自动批量执行的，可能因为每次运行的间隔时间过短，导致在相邻若干次执行时 time 的返回值全部相同。一个解决办法是在测试程序的主函数中设置一个循环，做足够多次测试后再退出[①]。

另一方面，如果发现某程序对于一组随机数据报错，就需要在调试时“重现”这组数据。这时，“每次相同的随机序列”就显得十分重要了。不同的编译器计算随机数的方法可能不同。如果是不同编译器编译出来的程序，即使是用相同的参数调用 srand()，也可能得到不同的随机序列。

讲了这么多，下面可以编写随机程序了：

```
void fill_random_int(vector<int>& v, int cnt) {
  v.clear();
  for(int i = 0; i < cnt; i++)
    v.push_back(rand());
}
```

注意 srand 函数是在主程序开始时调用，而不是每次测试时调用。参数是 vector<int>的引用。为什么不把这个 v 作为返回值，而要写到参数里呢？答案是：避免不必要的值被复制。如果这样写：

```
vector<int> fill_random_int(int cnt) {
  vector<int> v;
  for(int i = 0; i < cnt; i++)
    v.push_back(rand());
  return v;
}
```

实际上函数内的局部变量 v 中的元素需要逐个复制给调用者。而用传引用的方式调用，就避免了这些复制过程。

提示 5-20： 把 vector 作为参数或者返回值时，应尽量改成用引用方式传递参数，以避免不必要的值被复制。

这两个函数可以同时存在于一份代码中，因为 C++支持函数重载，即函数名相同但参数不同的两个函数可以同时存在。这样，编译器可以根据函数调用时参数类型的不同判断应该调用哪个函数。如果两个函数的参数相同[②]只是返回值不同，是不能重载的。

提示 5-21： C++支持函数重载，但函数的参数类型必须不同（不能只有返回值类型不同）。

[①] 还有一个更通用的方法将在附录 A 中说明。

[②] 准确地说，应该是参数类型相同，参数的名字是无关紧要的。

写完了随机数发生器之后，就可以正式测试 sort 函数了，程序如下：

```
void test_sort(vector<int>& v) {
  sort(v.begin(), v.end());
  for(int i = 0; i < v.size()-1; i++)
    assert(v[i] <= v[i+1]);
}
```

新内容是上面的 assert 宏，其用法是“assert(表达式)”，作用是：当表达式为真时无变化，但当表达式为假时强行终止程序，并且给出错误提示。当然，上述程序也可以写成“if(v[i] > v[i+1]) { printf("Error: v[i]>v[i+1]!\n"); abort(); }”，但 assert 更简洁，而且可以知道是由代码中的哪一行引起的，所以在测试时常常使用它。

提示 5-22： 测试时往往使用 assert。其用法是“assert(表达式)”，当表达式为假时强行终止程序，并给出错误提示。

和刚才一样，给参数 v 加上引用符的原因是为了避免 vector 复制，但函数执行完毕之后 v 会被 sort 改变。如果调用者不希望这个 v 被改变，就应该去掉“&”符号（即参数改成 vector<int> v），改回传值的方式。

下面是主程序，请注意 srand 函数的调用位置。顺便我们还测试了 sort 的时间效率，发现给 10^6 个整数排序几乎不需要时间。

```
int main() {
  vector<int> v;
  fill_random_int(v, 1000000);
  test_sort(v);
  return 0;
}
```

vector、set 和 map 都很快①，其中 vector 的速度接近数组（但仍有差距），而 set 和 map 的速度也远远超过了“用一个 vector 保存所有值，然后逐个元素进行查找”时的速度。set 和 map 每次插入、查找和删除时间和元素个数的对数呈线性关系，其具体含义将在第 8 章中详细讨论。尽管如此，在一些对时间要求非常高的题目中，STL 有时会成为性能瓶颈，请读者注意。

5.3　应用：大整数类

在介绍 C 语言时，大家已经看到了很多整数溢出的情形。如果运算结果真的很大，就需要用到所谓的高精度算法，即用数组来储存整数，并模拟手算的方法进行四则运算。这些算法并不难实现，但是还应考虑一个易用性问题——如果能像使用 int 一样方便地使用大

① 注意 vector 并不是所有操作都快。例如 vector 提供了 push_front 操作，但由于在 vector 首部插入元素会引起所有元素往后移动，实际上 push_front 是很慢的。

整数，那该有多好！相信读者已经想到解决方案了，那就是使用 struct。

5.3.1 大整数类 BigInteger

结构体 BigInteger 可用于储存高精度非负整数。

```
struct BigInteger {
  static const int BASE = 100000000;
  static const int WIDTH = 8;
  vector<int> s;

  BigInteger(long long num = 0) { *this = num; }  //构造函数
  BigInteger operator = (long long num) {          //赋值运算符
    s.clear();
    do {
      s.push_back(num % BASE);
      num /= BASE;
    } while(num > 0);
    return *this;
  }
  BigInteger operator = (const string& str) {      //赋值运算符
    s.clear();
    int x, len = (str.length() - 1) / WIDTH + 1;
    for(int i = 0; i < len; i++) {
      int end = str.length() - i*WIDTH;
      int start = max(0, end - WIDTH);
      sscanf(str.substr(start, end-start).c_str(), "%d", &x);
      s.push_back(x);
    }
    return *this;
  }
};
```

其中，s 用来保存大整数的各个数位。例如，若是要表示 1234，则 s={4,3,2,1}。用 vector 而非数组保存数字的好处显而易见：不用关心这个整数到底有多大，vector 会自动根据情况申请和释放内存。

上面的代码中还有赋值运算符，有了它就可以用 x = 123456789 或者 x = "1234567898765432123456789"这样的方式来给 x 赋值了。

提示 5-23： 可以给结构体重载赋值运算符，使得用起来更方便。

之前已经介绍过“<<”运算符，类似的还有“>>”运算符，代码一并给出。

```
ostream& operator << (ostream &out, const BigInteger& x) {
  out << x.s.back();
```

```
  for(int i = x.s.size()-2; i >= 0; i--) {
    char buf[20];
    sprintf(buf, "%08d", x.s[i]);
    for(int j = 0; j < strlen(buf); j++) out << buf[j];
  }
  return out;
}

istream& operator >> (istream &in, BigInteger& x) {
  string s;
  if(!(in >> s)) return in;
  x = s;
  return in;
}
```

这样，就可以用 cin>>x 和 cout << x 的方式来进行输入输出了。怎么样，很方便吧？不仅如此，stringstream 也“自动”支持了 BigInteger，这得益于 C++中的类继承机制。简单地说[①]，由于“>>”和“<<”运算符的参数是一般的 istream 和 ostream 类，作为“特殊情况”的 cin/cout 以及 stringstream 类型的流都能用上它。

上述代码中还有两点需要说明。一是 static const int BASE = 100000000，其作用是声明一个“属于 BigInteger”的常数。注意，这个常数不属于任何 BigInteger 类型的结构体变量，而是属于 BigInteger 这个“类型”的，因此称为静态成员变量，在声明时需要加 static 修饰符。在 BigInteger 的成员函数里可以直接使用这个常数（见上面的代码），但在其他地方使用时需要写成 BigInteger::BASE。

提示 5-24： 可以给结构体声明一些属于该结构体类型的静态成员变量，方法是加上 static 修饰符。静态成员变量在结构体外部使用时要写成“结构体名::静态成员变量名”。

5.3.2 四则运算

这部分内容和 C++本身关系不大，但是由于高精度类非常常见，这里仍然给出代码（定义在结构体内部）：

```
BigInteger operator + (const BigInteger& b) const {
  BigInteger c;
  c.s.clear();
  for(int i = 0, g = 0; ; i++) {
    if(g == 0 && i >= s.size() && i >= b.s.size()) break;
    int x = g;
    if(i < s.size()) x += s[i];
```

① 任何一本 C++语言教材都会介绍类继承，但它在算法竞赛中很少使用，所以这里略去细节。

```
    if(i < b.s.size()) x += b.s[i];
    c.s.push_back(x % BASE);
    g = x / BASE;
  }
  return c;
}
```

为了让使用更加简单（还记得之前为什么要修改sum函数吗？），还可以重新定义“+=”运算符（定义在结构体内部）：

```
BigInteger operator += (const BigInteger& b) {
  *this = *this + b; return *this;
}
```

减法、乘法和除法的原理类似，这里不再赘述，请读者参考代码仓库。

5.3.3 比较运算符

下面实现“比较”操作（定义在结构体内部）：

```
bool operator < (const BigInteger& b) const {
  if(s.size() != b.s.size()) return s.size() < b.s.size();
  for(int i = s.size()-1; i >= 0; i--)
    if(s[i] != b.s[i]) return s[i] < b.s[i];
  return false; //相等
}
```

一开始就比较两个BigInteger的位数，如果不相等则直接返回，否则直接从后往前比较（因为低位在vector的前面）。注意，这样做的前提是两个数都没有前导零，否则，很可能出现“运算结果都没问题，但一比较就出错”的情况。

只需定义“小于”这一个符号，即可用它定义其他所有比较运算符（当然，对于BigInteger这个例子来说，“==”可以直接定义为s == b.s，不过不具一般性）：

```
bool operator > (const BigInteger& b) const{ return b < *this; }
bool operator <= (const BigInteger& b) const{ return !(b < *this); }
bool operator >= (const BigInteger& b) const{ return !(*this < b); }
bool operator != (const BigInteger& b) const{ return b < *this || *this < b; }
bool operator == (const BigInteger& b) const{ return !(b < *this) && !(*this
< b); }
```

可以同时用“<”和“>”把“!=”和“==”定义得更加简单，读者可以自行尝试。

还记得sort、set和map都依赖于类型的“小于”运算符吗？现在它们是不是已经自动支持BigInteger了？赶紧试试吧！

5.4 竞赛题目举例

例题 5-8 Unix ls 命令（Unix ls, UVa 400）

输入正整数 n 以及 n 个文件名，排序后按列优先的方式左对齐输出。假设最长文件名有 M 字符，则最右列有 M 字符，其他列都是 M+2 字符。

样例输入（略，可以由样例输出推出）

样例输出：

```
------------------------------------------------------------
Alice       Chris       Jan         Marsha      Ruben
Bobby       Cindy       Jody        Mike        Shirley
Buffy       Danny       Keith       Mr._French  Sissy
Carol       Greg        Lori        Peter
```

【分析】

首先计算出 M 并算出行数，然后逐行逐列输出。代码如下：

```
#include<iostream>
#include<string>
#include<algorithm>
using namespace std;

const int maxcol = 60;
const int maxn = 100 + 5;
string filenames[maxn];

//输出字符串 s，长度不足 len 时补字符 extra
void print(const string& s, int len, char extra) {
  cout << s;
  for(int i = 0; i < len-s.length(); i++)
    cout << extra;
}

int main() {
  int n;
  while(cin >> n) {
    int M = 0;
    for(int i = 0; i < n; i++) {
      cin >> filenames[i];
      M = max(M, (int)filenames[i].length()); //STL 的 max
    }
    //计算列数 cols 和行数 rows
```

```
    int cols = (maxcol - M) / (M + 2) + 1, rows = (n - 1) / cols + 1;
    print("", 60, '-');
    cout << "\n";
    sort(filenames, filenames+n); //排序
    for(int r = 0; r < rows; r++) {
      for(int c = 0; c < cols; c++) {
        int idx = c * rows + r;
        if(idx < n) print(filenames[idx], c == cols-1 ? M : M+2, ' ');
      }
      cout << "\n";
    }
  }
  return 0;
}
```

例题 5-9　数据库（Database, ACM/ICPC NEERC 2009, UVa1592）

输入一个 n 行 m 列的数据库（$1\leqslant n\leqslant 10000$，$1\leqslant m\leqslant 10$），是否存在两个不同行 $r1, r2$ 和两个不同列 $c1, c2$，使得这两行和这两列相同（即$(r1,c1)$和$(r2,c1)$相同，$(r1,c2)$和$(r2,c2)$相同）。例如，对于如图 5-3 所示的数据库，第 2、3 行和第 2、3 列满足要求。

How to compete in ACM ICPC	Peter	peter@neerc.ifmo.ru
How to win ACM ICPC	Michael	michael@neerc.ifmo.ru
Notes from ACM ICPC champion	Michael	michael@neerc.ifmo.ru

图 5-3　数据库

【分析】

直接写一个四重循环枚举 $r1, r2, c1, c2$ 可以吗？理论上可以，实际上却行不通。枚举量太大，程序会执行相当长的时间，最终获得 TLE（超时）。

解决方法是只枚举 $c1$ 和 $c2$，然后从上到下扫描各行。每次碰到一个新的行 r，把 $c1, c2$ 两列的内容作为一个二元组存到一个 map 中。如果 map 的键值中已经存在这个二元组，该二元组映射到的就是所要求的 $r1$，而当前行就是 $r2$。

这里有一个细节问题：如何表示由 $c1, c2$ 两列组成的二元组？一种方法是直接用两个字符串拼成一个长字符串（中间用一个其他地方不可能出现的字符分隔），但是速度比较慢（因为在 map 中查找元素时需要进行字符串比较操作）。更值得推荐的方法是在主循环之前先做一个预处理——给所有字符串分配一个编号，则整个数据库中每个单元格都变成了整数，上述二元组就变成了两个整数。这个技巧已经在前面的例题“集合栈计算机”中用过，读者不妨再复习一下那道题目。

例题 5-10　PGA 巡回赛的奖金（PGA Tour Prize Money, ACM/ICPC World Finals 1990, UVa207）

你的任务是为 PGA（美国职业高尔夫球协会）巡回赛计算奖金。巡回赛分为 4 轮，其中所有选手都能打前两轮（除非中途取消资格），得分相加（越少越好），前 70 名（包括

并列）晋级（make the cut）。所有晋级选手再打两轮，前 70 名（包括并列）有奖金。组委会事先会公布每个名次能拿的奖金比例。例如，若冠军比例是 18%，总奖金是$1000000，则冠军奖金是$180000。

输入保证冠军不会并列。如果第 k 名有 n 人并列，则第 k~$n+k-1$ 名的奖金比例相加后平均分给这 n 个人。奖金四舍五入到美分。所有业余选手不得奖金。例如，若业余选手得了第 3 名，则第 4 名会拿第 3 名的奖金比例。如果没取消资格的非业余选手小于 70 名，则剩下的奖金就不发了。

输入第一行为数据组数。每组数据前有一个空行，然后分为两部分。第一部分有 71 行（各有一个实数），第一行为总奖金，第 n+1 行为第 i 名的奖金比例。比例均保留 4 位小数，且总和为 100%。第 72 行为选手数（最多 144），然后每行一个选手，格式为：

Player name RD1 RD2 RD3 RD4

业余选手名字后会有一个“*”。犯规选手在犯规的那一轮成绩为 DQ，并且后面不再有其他成绩。但是只要没犯规，即使没有晋级，也会给出 4 轮成绩（虽然在实际比赛中没晋级的选手只会有两个成绩）。输入保证至少有 70 个人晋级。

输入举例：

```
140
WALLY WEDGE           70  70  70  70
SANDY LIE             80  DQ
SID SHANKER*          90  99  62  61
...
JIMMY ABLE            69  73  80  DQ
```

输出应包含所有晋级到后半段（make the cut）的选手。输出信息包括：选手名字、排名、各轮得分、总得分以及奖金数。没有得奖则不输出，若有奖金，即使奖金是$0.00 也要输出，保留两位小数）。如果此名次至少有两个人获得奖金，应在名次后面加“T”。犯规选手列在最后，总得分为 DQ，名次为空。如果有并列，则先按轮数排序，然后按各轮得分之和排序，最后按名字排序。两组数据的输出之间用一个空格隔开。

输出举例：

```
Player Name         Place    RD1    RD2    RD3    RD4    TOTAL      Money Won
-----------------------------------------------------------------------------
WALLY WEDGE         1        70     70     70     70     280        $180000.00
HENRY HACKER        2T       77     70     70     70     287        $88000.00
TOMMY TWO IRON      2T       71     72     72     72     287        $88000.00
BEN BIRDIE          4        70     74     72     72     288        $48000.00
NORMAN NIBLICK*     4        72     72     72     72     288
...
LEE THREE WINES     71       99     99     99     98     395        $2000.00
JOHNY MELAVO        72       99     99     99     99     396
JIMMY ABLE                   69     73     80            DQ
EDDIE EAGLE                  71     71                   DQ
```

【分析】

不难发现，第一个步骤是选出晋级选手，这涉及对所有选手“前两轮总得分”进行排序。接下来计算4轮总分，然后再排序一次，最后对排序结果依次输出。

输出过程不能大意：犯规选手要单独处理；在输出一行之前要先看看有没有并列的情况，如有则要一并处理（包括计算奖金平分情况）。本题没有技术上的难度，但比较考验选手的代码组织能力和对细节的处理，推荐读者一试。

例题 5-11　邮件传输代理的交互（The Letter Carrier's Rounds, ACM/ICPC World Finals 1999, UVa814）

本题的任务为模拟发送邮件时 MTA（邮件传输代理）之间的交互。所谓 MTA，就是 email 地址格式 user@mtaname 的“后面部分”。当某人从 user1@mta1 发送给另一个人 user2@mta2 时，这两个 MTA 将会通信。如果两个收件人属于同一个 MTA，发送者的 MTA 只需与这个 MTA 通信一次就可以把邮件发送给这两个人。

输入每个 MTA 里的用户列表，对于每个发送请求（输入发送者和接收者列表），按顺序输出所有 MTA 之间的 SMTP（简单邮件协议）交互。协议细节参见原题。

发送人 MTA 连接收件人 MTA 的顺序应该与在输入中第一次出现的顺序一致。例如，若发件人是 Hamdy@Cairo，收件人列表为 Conrado@MexicoCity、Shariff@SanFrancisco、Lisa@MexicoCity，则 Cairo 应当依次连接 MexicoCity 和 SanFrancisco。

如果连接某个 MTA 之后发现所有收件人都不存在，则不应该发送 DATA。所有用户名均由不超过15个字母和数字组成。

【分析】

本题的关键是理清各个名词之间的逻辑关系以及把要做的事情分成几个步骤。首先是输入过程，把每个 MTA 里的用户列表保存下来。一种方法是用一个 map<string, vector<string> >，其中键是 MTA 名称，值是用户名列表。一个更简单的方法是用一个 set<string>，值就是邮件地址。

对于每个请求，首先读入发件人，分离出 MTA 和用户名，然后读入所有收件人，根据 MTA 出现的顺序进行保存，并且去掉重复。接下来读入邮件正文，最后按顺序依次连接每个 MTA，检查并输出每个收件人是否存在，如果至少有一个存在，则输出邮件正文。

本题的整个解决过程并不复杂，对于初学者来说是个不错的基础练习。参考代码如下：

```
#include<iostream>
#include<string>
#include<vector>
#include<set>
#include<map>
using namespace std;

void parse_address(const string& s, string& user, string& mta) {
  int k = s.find('@');
  user = s.substr(0, k);
  mta = s.substr(k+1);
}
```

```
int main() {
  int k;
  string s, t, user1, mta1, user2, mta2;
  set<string> addr;

  //输入所有 MTA，转化为地址列表
  while(cin >> s && s != "*") {
    cin >> s >> k;
    while(k--) { cin >> t; addr.insert(t + "@" + s); }
  }

  while(cin >> s && s != "*") {
    parse_address(s, user1, mta1);        //处理发件人地址

    vector<string> mta;                   //所有需要连接的 mta，按照输入顺序
    map<string, vector<string> > dest;    //每个 MTA 需要发送的用户
    set<string> vis;
    while(cin >> t && t != "*") {
      parse_address(t, user2, mta2);      //处理收件人地址
      if(vis.count(t)) continue;          //重复的收件人
      vis.insert(t);
      if(!dest.count(mta2)){mta.push_back(mta2);dest[mta2]=vector<string>();}
      dest[mta2].push_back(t);
    }
    getline(cin, t);                      //把"*"这一行的回车吃掉

    //输入邮件正文
    string data;
    while(getline(cin, t) && t[0] != '*') data += "     " + t + "\n";

    for(int i = 0; i < mta.size(); i++) {
      string mta2 = mta[i];
      vector<string> users = dest[mta2];
      cout << "Connection between " << mta1 << " and " << mta2 <<endl;
      cout << " HELO " << mta1 << "\n"; cout << " 250\n";
      cout << " MAIL FROM:<" << s << ">\n"; cout << " 250\n";
      bool ok = false;
      for(int i = 0; i < users.size(); i++) {
        cout << " RCPT TO:<" << users[i] << ">\n";
        if(addr.count(users[i])) { ok = true; cout << " 250\n"; }
        else cout << " 550\n";
      }
```

```
        if(ok) {
          cout << " DATA\n"; cout << " 354\n";
          cout << data;
          cout << ".\n"; cout << " 250\n";
        }
        cout << " QUIT\n"; cout << " 221\n";
      }
    }
    return 0;
  }
```

例题 5-12　城市正视图（Urban Elevations, ACM/ICPC World Finals 1992, UVa221）

如图 5-4 所示，有 n（$n\leqslant 100$）个建筑物。左侧是俯视图（左上角为建筑物编号，右下角为高度），右侧是从南向北看的正视图。

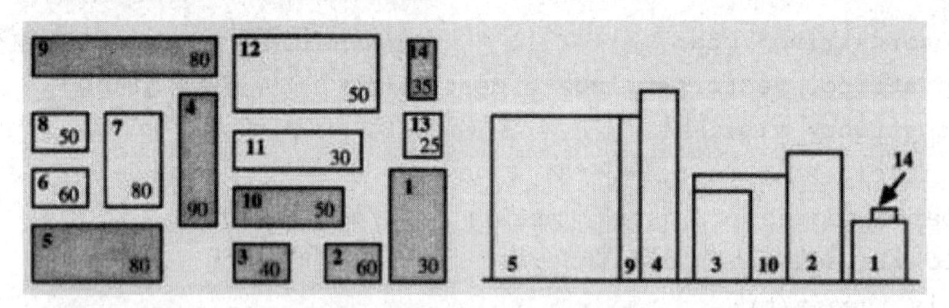

图 5-4　建筑俯视图与正视图

输入每个建筑物左下角坐标（即 x、y 坐标的最小值）、宽度（即 x 方向的长度）、深度（即 y 方向的长度）和高度（以上数据均为实数），输出正视图中能看到的所有建筑物，按照左下角 x 坐标从小到大进行排序。左下角 x 坐标相同时，按 y 坐标从小到大排序。

输入保证不同的 x 坐标不会很接近(即任意两个 x 坐标要么完全相同,要么差别足够大，不会引起精度问题）。

【分析】

注意到建筑物的可见性等价于南墙的可见性，可以在输入之后直接忽略“深度”这个参数。接下来把建筑物按照输出顺序排序，然后依次判断每个建筑物是否可见。

判断可见性看上去比较麻烦，因为一个建筑物可能只有部分可见，无法枚举所有 x 坐标，来查看这个建筑物在该处是否可见，因为 x 坐标有无穷多个。解决方法有很多种，最常见的是离散化，即把无穷变为有限。

具体方法是:把所有 x 坐标排序去重,则任意两个相邻 x 坐标形成的区间具有相同属性,一个区间要么完全可见，要么完全不可见。这样，只需在这个区间里任选一个点（例如中点），就能判断出一个建筑物是否在整个区间内可见。如何判断一个建筑物是否在某个 x 坐标处可见呢？首先，建筑物的坐标中必须包含这个 x 坐标，其次，建筑物南边不能有另外一个建筑物也包含这个 x 坐标，并且不比它矮。

```
#include<cstdio>
#include<algorithm>
```

```
using namespace std;

const int maxn = 100 + 5;

struct Building {
  int id;
  double x, y, w, d, h;
  bool operator < (const Building& rhs) const {
    return x < rhs.x || (x == rhs.x && y < rhs.y);
  }
} b[maxn];

int n;
double x[maxn*2];

bool cover(int i, double mx) {
  return b[i].x <= mx && b[i].x+b[i].w >= mx;
}

//判断建筑物i在x=mx处是否可见
bool visible(int i, double mx) {
  if(!cover(i, mx)) return false;
  for(int k = 0; k < n; k++)
    if(b[k].y < b[i].y && b[k].h >= b[i].h && cover(k, mx)) return false;
  return true;
}

int main() {
  int kase = 0;
  while(scanf("%d", &n) == 1 && n) {
    for(int i = 0; i < n; i++) {
      scanf("%lf%lf%lf%lf%lf", &b[i].x, &b[i].y, &b[i].w, &b[i].d, &b[i].h);
      x[i*2] = b[i].x; x[i*2+1] = b[i].x + b[i].w;
      b[i].id = i+1;
    }
    sort(b, b+n);
    sort(x, x+n*2);
    int m = unique(x, x+n*2) - x; //x坐标排序后去重，得到m个坐标

    if(kase++) printf("\n");
    printf("For map #%d, the visible buildings are numbered as follows:\n%d",
kase, b[0].id);
```

```
    for(int i = 1; i < n; i++) {
      bool vis = false;
      for(int j = 0; j < m-1; j++)
        if(visible(i, (x[j] + x[j+1]) / 2)) { vis = true; break; }
      if(vis) printf(" %d", b[i].id);
    }
    printf("\n");
  }
  return 0;
}
```

注意上述代码用到了前面提到的 unique。它必须在 sort 之后调用，而且 unique 本身不会删除元素，而只是把重复元素移到了后面。关于 unique 的详细用法请读者自行查阅资料。

5.5 习　　题

本章是语言篇的最后一章，介绍了很多可选但是有用的 C++语言特性和库函数。有些库函数实际上已经涉及后面要介绍的算法和数据结构，但是在学习原理之前，仍然可以先练习使用这些函数。

如表 5-1 所示是例题列表，**其中前 9 道题是必须掌握的**。后面 3 题虽然相对比较复杂，但是也强烈建议读者试一试，锻炼编程能力。

表 5-1　例题列表

类　　别	题　　号	题目名称（英文）	备　　注
例题 5-1	UVa10474	Where is the Marble?	排序和查找
例题 5-2	UVa101	The Blocks Problem	vector 的使用
例题 5-3	UVa10815	Andy's First Dictionary	set 的使用
例题 5-4	UVa156	Ananagrams	map 的使用
例题 5-5	UVa12096	The SetStack Computer	stack 与 STL 其他容器的综合运用
例题 5-6	UVa540	Team Queue	queue 与 STL 其他容器的综合运用
例题 5-7	UVa136	Ugly Numbers	priority_queue 的使用
例题 5-8	UVa400	Unix ls	排序和字符串处理
例题 5-9	UVa1592	Database	map 的妙用
例题 5-10	UVa207	PGA Tour Prize Money	排序和其他细节处理
例题 5-11	UVa814	The Letter Carrier's Rounds	字符串以及 STL 容器的综合运用
例题 5-12	UVa221	Urban Elevations	离散化

本章的习题主要是为了练习 C++语言以及 STL，程序本身并不一定很复杂。建议读者**至少完成 8 道习题**。如果想达到更好的效果，建议完成 12 题或更多。

习题 5-1　代码对齐（Alignment of Code, ACM/ICPC NEERC 2010, UVa1593）

输入若干行代码，要求各列单词的左边界对齐且尽量靠左。单词之间至少要空一格。每个单词不超过 80 个字符，每行不超过 180 个字符，一共最多 1000 行，样例输入与输出如图 5-5 所示。

样例输入	样例输出

`  start:  integer;    // begins here`
`stop: integer; //  ends here`
` s:  string;`
`c:   char; // temp`
	`start: integer; // begins here`
	`stop:  integer; // ends   here`
	`s:     string;`
	`c:     char;    // temp`

图 5-5　对齐代码的样例输入与输出

习题 5-2　Ducci 序列（Ducci Sequence, ACM/ICPC Seoul 2009, UVa1594）

对于一个 n 元组(a_1, a_2, …, a_n)，可以对于每个数求出它和下一个数的差的绝对值，得到一个新的 n 元组($|a_1-a_2|$, $|a_2-a_3|$, …, $|a_n-a_1|$)。重复这个过程，得到的序列称为 Ducci 序列，例如：

(8, 11, 2, 7) -> (3, 9, 5, 1) -> (6, 4, 4, 2) -> (2, 0, 2, 4) -> (2, 2, 2, 2) -> (0, 0, 0, 0).

也有的 Ducci 序列最终会循环。输入 n 元组（$3 \leqslant n \leqslant 15$），你的任务是判断它最终会变成 0 还是会循环。输入保证最多 1000 步就会变成 0 或者循环。

习题 5-3　卡片游戏（Throwing cards away I, UVa 10935）

桌上有 n（$n \leqslant 50$）张牌，从第一张牌（即位于顶面的牌）开始，从上往下依次编号为 1~n。当至少还剩下两张牌时进行以下操作：把第一张牌扔掉，然后把新的第一张牌放到整叠牌的最后。输入每行包含一个 n，输出每次扔掉的牌以及最后剩下的牌。

习题 5-4　交换学生（Foreign Exchange, UVa 10763）

有 n（$1 \leqslant n \leqslant 500000$）个学生想交换到其他学校学习。为了简单起见，规定每个想从 A 学校换到 B 学校的学生必须找一个想从 B 换到 A 的“搭档”。如果每个人都能找到搭档（一个人不能当多个人的搭档），学校就会同意他们交换。每个学生用两个整数 A、B 表示，你的任务是判断交换是否可以进行。

习题 5-5　复合词（Compound Words, UVa 10391）

给出一个词典，找出所有的复合词，即恰好有两个单词连接而成的单词。输入每行都是一个由小写字母组成的单词。输入已按照字典序从小到大排序，且不超过 120000 个单词。输出所有复合词，按照字典序从小到大排列。

习题 5-6　对称轴（Symmetry, ACM/ICPC Seoul 2004, UVa1595）

给出平面上 N（$N \leqslant 1000$）个点，问是否可以找到一条竖线，使得所有点左右对称。例如图 5-6 中，左边的图形有对称轴，右边没有。

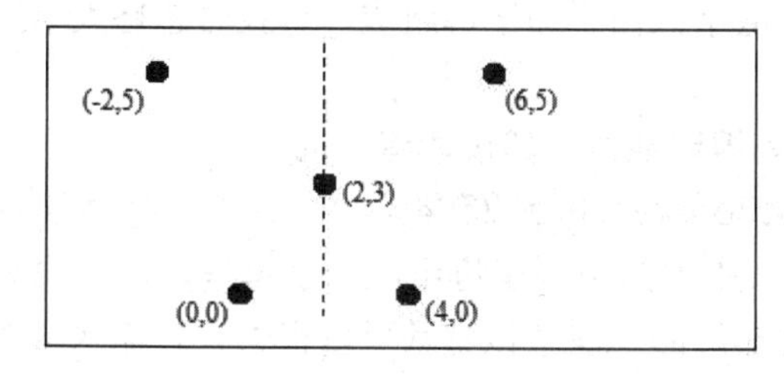

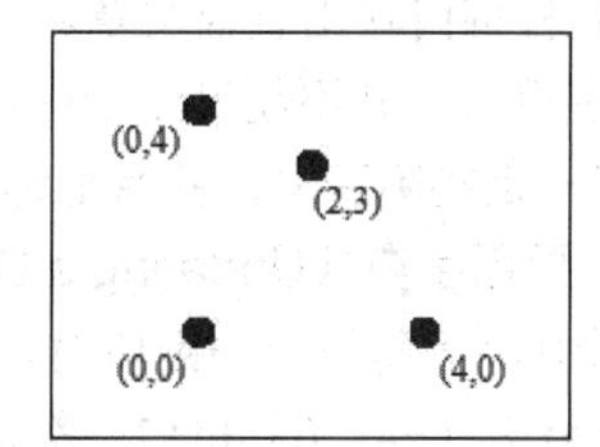

图 5-6　对称轴

习题 5-7 打印队列（Printer Queue, ACM/ICPC NWERC 2006, UVa12100）

学生会里只有一台打印机，但是有很多文件需要打印，因此打印任务不可避免地需要等待。有些打印任务比较急，有些不那么急，所以每个任务都有一个 1~9 间的优先级，优先级越高表示任务越急。

打印机的运作方式如下：首先从打印队列里取出一个任务 J，如果队列里有比 J 更急的任务，则直接把 J 放到打印队列尾部，否则打印任务 J（此时不会把它放回打印队列）。

输入打印队列中各个任务的优先级以及所关注的任务在队列中的位置（队首位置为 0），输出该任务完成的时刻。所有任务都需要 1 分钟打印。例如，打印队列为{1, 1, 9, 1, 1, 1}，目前处于队首的任务最终完成时刻为 5。

习题 5-8 图书管理系统（Borrowers, ACM/ICPC World Finals 1994, UVa230）

你的任务是模拟一个图书管理系统。首先输入若干图书的标题和作者（标题各不相同，以 END 结束），然后是若干指令：BORROW 指令表示借书，RETURN 指令表示还书，SHELVE 指令表示把所有已归还但还未上架的图书排序后依次插入书架并输出图书标题和插入位置（可能是第一本书或者某本书的后面）。

图书排序的方法是先按作者从小到大排，再按标题从小到大排。在处理第一条指令之前，你应当先将所有图书按照这种方式排序。

习题 5-9 找 bug（Bug Hunt, ACM/ICPC Tokyo 2007, UVa1596）

输入并模拟执行一段程序，输出第一个 bug 所在的行。每行程序有两种可能：

- 数组定义，格式为 arr[size]。例如 a[10]或者 b[5]，可用下标分别是 0~9 和 0~4。定义之后所有元素均为未初始化状态。
- 赋值语句，格式为 arr[index]=value。例如 a[0]=3 或者 a[a[0]]=a[1]。

赋值语句可能会出现两种 bug：下标 index 越界；使用未初始化的变量（index 和 value 都可能出现这种情况）。

程序不超过 1000 行，每行不超过 80 个字符且所有常数均为小于 2^{31} 的非负整数。

习题 5-10 在 Web 中搜索（Searching the Web, ACM/ICPC Beijing 2004, UVa1597）

输入 n 篇文章和 m 个请求（$n<100$，$m\leqslant 50000$），每个请求都是以下 4 种格式之一。

- A：查找包含关键字 A 的文章。
- A AND B：查找同时包含关键字 A 和 B 的文章。
- A OR B：查找包含关键字 A 或 B 的文章。
- NOT A：查找不包含关键字 A 的文章。

处理询问时，需要对于每篇文章输出证据。前 3 种询问输出所有至少包含一个关键字的行，第 4 种询问输出整篇文章。关键字只由小写字母组成，查找时忽略大小写。每行不超过 80 个字符，一共不超过 1500 行。

本题有一定实际意义，并且能锻炼编码能力，建议读者一试。

习题 5-11 更新字典（Updating a Dictionary, UVa12504）

在本题中，字典是若干键值对，其中键为小写字母组成的字符串，值为没有前导零或正号的非负整数（-4，03 和+77 都是非法的，注意该整数可以很大）。输入一个旧字典和一个新字典，计算二者的变化。输入的两个字典中键都是唯一的，但是排列顺序任意。具

体格式为（注意字典格式中不含任何空白字符）：

```
{key:value,key:value,…,key:value}
```

输入包含两行，各包含不超过 100 个字符，即旧字典和新字典。输出格式如下：

- 如果至少有一个新增键，打印一个“+”号，然后是所有新增键，按字典序从小到大排列。
- 如果至少有一个删除键，打印一个“-”号，然后是所有删除键，按字典序从小到大排列。
- 如果至少有一个修改键，打印一个“*”号，然后是所有修改键，按字典序从小到大排列。
- 如果没有任何修改，输出 No changes。

例如，若输入两行分别为{a:3,b:4,c:10,f:6}和{a:3,c:5,d:10,ee:4}，输出为以下 3 行：+d,ee；-b,f；*c。

习题 5-12　地图查询（Do You Know The Way to San Jose?, ACM/ICPC World Finals 1997, UVa511）

有 n 张地图（已知名称和某两个对角线端点的坐标）和 m 个地名（已知名称和坐标），还有 q 个查询。每张地图都是边平行于坐标轴的矩形，比例定义为高度除以宽度的值。每个查询包含一个地名和详细等级 i。面积相同的地图总是属于同一个详细等级。假定包含此地名的地图中一共有 k 种不同的面积，则合法的详细等级为 1~k（其中 1 最不详细，k 最详细，面积越小越详细）。如果详细等级 i 的地图不止一张，则输出地图中心和查询地名最接近的一张；如果还有并列的，地图长宽比应尽量接近 0.75（这是 Web 浏览器的比例）；如果还有并列，查询地名和地图右下角的坐标应最远（对应最少的滚动条移动）；如果还有并列，则输出 x 坐标最小的一个。如果查询的地名不存在或者没有地图包含它，或者包含它的地图总数超过 i，应报告查询非法（并输出包含它的最详细地图名称，如果存在）。

提示：本题的要求比较细致，如果打算编程实现，建议参考原题。

习题 5-13　客户中心模拟（Queue and A, ACM/ICPC World Finals 2000, UVa822）

你的任务是模拟一个客户中心运作情况。客服请求一共有 n（$1 \leqslant n \leqslant 20$）种主题，每种主题用 5 个整数描述：tid, num, t0, t, dt，其中 tid 为主题的唯一标识符，num 为该主题的请求个数，t0 为第一个请求的时刻，t 为处理一个请求的时间，dt 为相邻两个请求之间的间隔（为了简单情况，假定同一个主题的请求按照相同的间隔到达）。

客户中心有 m（$1 \leqslant m \leqslant 5$）个客服，每个客服用至少 3 个整数描述：pid, k, tid_1, tid_2, …, tid_k，表示一个标识符为 pid 的人可以处理 k 种主题的请求，按照优先级从大到小依次为 tid_1, tid_2, …, tid_k。当一个人有空时，他会按照优先级顺序找到第一个可以处理的请求。如果有多个人同时选中了某个请求，上次开始处理请求的时间早的人优先；如果有并列，id 小的优先。输出最后一个请求处理完毕的时刻。

习题 5-14　交易所（Exchange, ACM/ICPC NEERC 2006, UVa1598）

你的任务是为交易所设计一个订单处理系统。要求支持以下 3 种指令。

- BUY p q：有人想买，数量为p，价格为q。
- SELL p q：有人想卖，数量为p，价格为q。
- CANCEL i：取消第i条指令对应的订单（输入保证该指令是BUY或者SELL）。

交易规则如下：对于当前买订单，若当前最低卖价（ask price）低于当前出价，则发生交易；对于当前卖订单，若当前最高买价（bid price）高于当前价格，则发生交易。发生交易时，按供需物品个数的最小值交易。交易后，需修改订单的供需物品个数。当出价或价格相同时，按订单产生的先后顺序发生交易。输入输出细节请参考原题。

提示：本题是一个不错的优先队列练习题。

习题5-15 Fibonacci的复仇（Revenge of Fibonacci, ACM/ICPC Shanghai 2011, UVa12333）

Fibonacci 数的定义为：F(0)=F(1)=1，然后从 F(2)开始，F(i)=F(i-1)+F(i-2)。例如，前10项Fibonacci数分别为1, 1, 2, 3, 5, 8, 13, 21, 34, 55……

有一天晚上，你梦到了Fibonacci，它告诉你一个有趣的Fibonacci数。醒来以后，你只记得了它的开头几个数字。你的任务是找出以它开头的最小Fibonacci数的序号。例如以12开头的最小Fibonacci数是F(25)。输入不超过40个数字，输出满足条件的序号。

如果序号小于100000的Fibonacci数均不满足条件，输出-1。

提示：本题有一定效率要求。如果高精度代码比较慢，可能会超时。

习题5-16 医院设备利用（Use of Hospital Facilities, ACM/ICPC World Finals 1991, UVa212）

医院里有 n（$n \leqslant 10$）个手术室和 m（$m \leqslant 30$）个恢复室。每个病人首先会被分配到一个手术室，手术后会被分配到一个恢复室。从任意手术室到任意恢复室的时间均为 t_1，准备一个手术室和恢复室的时间分别为 t_2 和 t_3（一开始所有手术室和恢复室均准备好，只有接待完一个病人之后才需要为下一个病人准备）。

k 名（$k \leqslant 100$）病人按照花名册顺序排队，T 点钟准时开放手术室。每当有准备好的手术室时，队首病人进入其中编号最小的手术室。手术结束后，病人应立刻进入编号最小的恢复室。如果有多个病人同时结束手术，在编号较小的手术室做手术的病人优先进入编号较小的恢复室。输入保证病人无须排队等待恢复室。

输入 n、m、T、t_1、t_2、t_3、k 和 k 名病人的名字、手术时间和恢复时间，模拟这个过程。输入输出细节请参考原题。

提示：虽然是个模拟题，但是最好先理清思路，减少不必要的麻烦。本题是一个很好的编程练习，但难度也不小。

第2部分 基 础 篇

第6章 数据结构基础

学习目标

☑ 了解双端队列，能用栈进行简单的表达式解析
☑ 熟练掌握链表的数组实现及测试方法
☑ 掌握对比测试的方法
☑ 掌握完全二叉树的数组实现
☑ 掌握二叉树的链式表示法和数组表示法
☑ 了解动态内存分配和释放方法及其注意事项
☑ 理解内存池的作用以及一种简易实现方法
☑ 掌握二叉树的先序、后序、中序遍历和层次遍历
☑ 掌握图的 DFS 及连通块计数
☑ 掌握图的 BFS 及最短路的输出
☑ 掌握拓扑排序算法
☑ 掌握欧拉回路算法

本章介绍基础数据结构，包括线性表（包括栈、队列、链表）、二叉树和图。尽管这些内容本身并不算“高级”，但却是很多高级内容的基础。如果数据结构基础没有打好，很难设计出正确、高效的算法。

6.1 再谈栈和队列

例题 6-1 并行程序模拟（Concurrency Simulator, ACM/ICPC World Finals 1991, UVa210）

你的任务是模拟 n 个程序（按输入顺序编号为 1~n）的并行执行。每个程序包含不超过 25 条语句，格式一共有 5 种：var = constant（赋值）；print var（打印）；lock；unlock；end。

变量用单个小写字母表示，初始为 0，为所有程序公有（因此在一个程序里对某个变量赋值可能会影响另一个程序）。常数是小于 100 的非负整数。

每个时刻只能有一个程序处于运行态，其他程序均处于等待态。上述 5 种语句分别需要 $t1$、$t2$、$t3$、$t4$、$t5$ 单位时间。运行态的程序每次最多运行 Q 个单位时间（称为配额）。当一个程序的配额用完之后，把当前语句（如果存在）执行完之后该程序会被插入一个等待队列中，然后处理器从队首取出一个程序继续执行。初始等待队列包含按输入顺序排列

的各个程序，但由于lock/unlock语句的出现，这个顺序可能会改变。

lock的作用是申请对所有变量的独占访问。lock和unlock总是成对出现，并且不会嵌套。lock总是在unlock的前面。当一个程序成功执行完lock指令之后，其他程序一旦试图执行lock指令，就会马上被放到一个所谓的阻止队列的尾部（没有用完的配额就浪费了）。当unlock执行完毕后，阻止队列的第一个程序进入等待队列的首部。

输入 *n*, *t*1, *t*2, *t*3, *t*4, *t*5, Q 以及 *n* 个程序，按照时间顺序输出所有print语句的程序编号和结果。

【分析】

因为有“等待队列”和“阻止队列”的字眼，本题看上去是队列的一个简单应用，但请注意这句话：“阻止队列的第一个程序进入等待队列的首部”。这违反了队列的规则：新元素插入了队列首部而非尾部。

有两个方法可以解决这个问题：一是放弃STL队列，自己写一个支持“首部插入”的“队列”：用两个变量 front 和 rear 代表队列当前首尾下标，则传统的入队和出队分别是 q[++rear] = x 和 x=q[front++]，而“插入到队首”则是 q[--front] = x。细心的读者应该已经发现：如果 front=0，则“插入到队首”会产生越界错误。确实如此，不过好在本题不会出现这样的情况（想一想，为什么）。

第二种方法是使用STL中的“双端队列”deque。它可以支持快速地在首尾两端进行插入和删除，有兴趣的读者可以自行查阅STL文档或参考本书代码仓库。

提示 6-1：如果要在“队列”两端进行插入和删除，可以用STL中的双端队列deque。

例题 6-2　铁轨（Rails, ACM/ICPC CERC 1997, UVa 514）

某城市有一个火车站，铁轨铺设如图6-1所示。有 *n* 节车厢从A方向驶入车站，按进站顺序编号为1~*n*。你的任务是判断是否能让它们按照某种特定的顺序进入B方向的铁轨并驶出车站。例如，出栈顺序(5 4 1 2 3)是不可能的，但(5 4 3 2 1)是可能的。

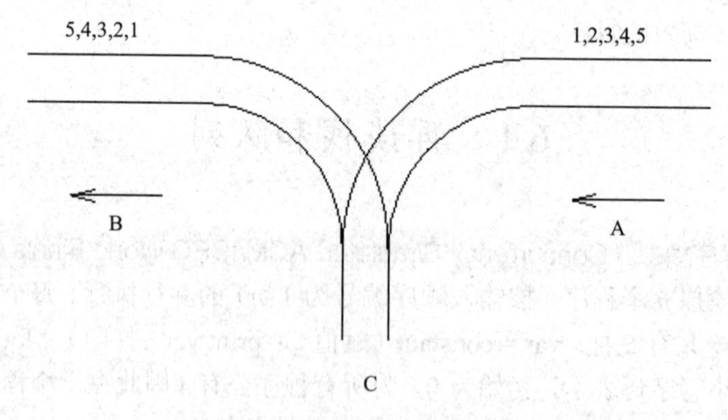

图6-1　铁轨

为了重组车厢，你可以借助中转站C。这是一个可以停放任意多节车厢的车站，但由于末端封顶，驶入C的车厢必须按照相反的顺序驶出C。对于每个车厢，一旦从A移入C，就不能再回到A了；一旦从C移入B，就不能回到C了。换句话说，在任意时刻，只有两种选择：A→C和C→B。

【分析】

在中转站 C 中，车厢符合后进先出的原则，因此是一个栈。代码如下：

```
#include<cstdio>
#include<stack>
using namespace std;
const int MAXN = 1000 + 10;

int n, target[MAXN];

int main(){
  while(scanf("%d", &n) == 1){
    stack<int> s;
    int A = 1, B = 1;
    for(int i = 1; i <= n; i++)
      scanf("%d", &target[i]);
    int ok = 1;
    while(B <= n){
      if(A == target[B]){ A++; B++; }
      else if(!s.empty() && s.top() == target[B]){ s.pop(); B++; }
      else if(A <= n) s.push(A++);
      else { ok = 0; break; }
    }
    printf("%s\n", ok ? "Yes" : "No");
  }
  return 0;
}
```

栈对于表达式求值有着特殊的作用。下面举一例。

例题 6-3　矩阵链乘（Matrix Chain Multiplication, UVa 442）

输入 n 个矩阵的维度和一些矩阵链乘表达式，输出乘法的次数。如果乘法无法进行，输出 error。假定 A 是 $m*n$ 矩阵，B 是 $n*p$ 矩阵，那么 AB 是 $m*p$ 矩阵，乘法次数为 $m*n*p$。如果 A 的列数不等于 B 的行数，则乘法无法进行。

例如，A 是 50*10 的，B 是 10*20 的，C 是 20*5 的，则(A(BC))的乘法次数为 10*20*5（BC 的乘法次数）+ 50*10*5（(A(BC))的乘法次数）= 3500。

【分析】

本题的关键是解析表达式。本题的表达式比较简单，可以用一个栈来完成：遇到字母时入栈，遇到右括号时出栈并计算，然后结果入栈。因为输入保证合法，括号无须入栈。

提示 6-2： *简单的表达式解析可以借助栈来完成。*

这里直接给出代码，其中的道理请读者细细体会。

```
#include<cstdio>
#include<stack>
#include<iostream>
#include<string>
using namespace std;

struct Matrix {
  int a, b;
  Matrix(int a=0, int b=0):a(a),b(b) {}
} m[26];

stack<Matrix> s;

int main() {
  int n;
  cin >> n;
  for(int i = 0; i < n; i++) {
    string name;
    cin >> name;
    int k = name[0] - 'A';
    cin >> m[k].a >> m[k].b;
  }
  string expr;
  while(cin >> expr) {
    int len = expr.length();
    bool error = false;
    int ans = 0;
    for(int i = 0; i < len; i++) {
      if(isalpha(expr[i])) s.push(m[expr[i] - 'A']);
      else if(expr[i] == ')') {
        Matrix m2 = s.top(); s.pop();
        Matrix m1 = s.top(); s.pop();
        if(m1.b != m2.a) { error = true; break; }
        ans += m1.a * m1.b * m2.b;
        s.push(Matrix(m1.a, m2.b));
      }
    }
    if(error) printf("error\n"); else printf("%d\n", ans);
  }
  return 0;
}
```

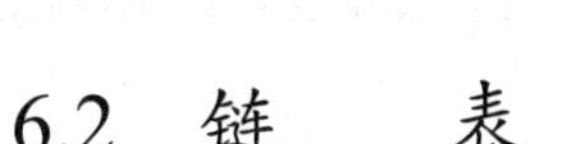

6.2 链　表

到目前为止，已经大量地使用过了数组及其不定长版本——vector，使用的方法大都是随机存取和往末尾添加/删除元素。但有时也需要向数组中插入元素，下面便是一例。

例题 6-4 破损的键盘（又名：悲剧文本）（Broken Keyboard（a.k.a. Beiju Text），UVa 11988）

你有一个破损的键盘。键盘上的所有键都可以正常工作，但有时 Home 键或者 End 键会自动按下。你并不知道键盘存在这一问题，而是专心地打稿子，甚至连显示器都没打开。当你打开显示器之后，展现在你面前的是一段悲剧的文本。你的任务是在打开显示器之前计算出这段悲剧文本。

输入包含多组数据。每组数据占一行，包含不超过 100000 个字母、下划线、字符“[”或者“]”。其中字符“[”表示 Home 键，“]”表示 End 键。输入结束标志为文件结束符（EOF）。输入文件不超过 5MB。对于每组数据，输出一行，即屏幕上的悲剧文本。

样例输入：

```
This_is_a_[Beiju]_text
[[]][][]Happy_Birthday_to_Tsinghua_University
```

样例输出：

```
BeijuThis_is_a__text
Happy_Birthday_to_Tsinghua_University
```

【分析】

最简单的想法便是用数组来保存这段文本，然后用一个变量 pos 保存“光标位置”。这样，输入一个字符相当于在数组中插入一个字符（需要先把后面的字符全部右移，给新字符腾出位置）。

很可惜，这样的代码会超时。为什么？因为每输入一个字符都可能会引起大量字符移动。在极端情况下，例如，2500000 个 a 和“[”交替出现，则一共需要 $0+1+2+\cdots+2499999=6*10^{12}$ 次字符移动。

解决方案是采用**链表**（linked list）。每输入一个字符就把它存起来，设输入字符串是 s[1~n]，则可以用 next[i]表示在当前显示屏中 s[i]右边的字符编号（即在 s 中的下标）[①]。

提示 6-3： *在数组中频繁移动元素是很低效的，如有可能，可以使用链表。*

为了方便起见，假设字符串 s 的最前面还有一个虚拟的 s[0]，则 next[0]就可以表示显示屏中最左边的字符。再用一个变量 cur 表示光标位置：即当前光标位于 s[cur]的右边。cur=0 说明光标位于“虚拟字符”s[0]的右边，即显示屏的最左边。

提示 6-4： *为了方便起见，常常在链表的第一个元素之前放一个虚拟结点。*

[①] 读者可能在其他数据结构书中见过基于指针的链表实现方式，但是链表并不一定要用指针。

为了移动光标，还需要用一个变量 last 表示显示屏的最后一个字符是 s[last]。代码如下：

```
#include<cstdio>
#include<cstring>
const int maxn = 100000 + 5;
int last, cur, next[maxn]; //光标位于 cur 号字符的后面
char s[maxn];

int main() {
  while(scanf("%s", s+1) == 1) {
    int n = strlen(s+1); //输入保存在 s[1], s[2]…中
    last = cur = 0;
    next[0] = 0;

    for(int i = 1; i <= n; i++) {
      char ch = s[i];
      if(ch == '[') cur = 0;
      else if(ch == ']') cur = last;
      else {
        next[i] = next[cur];
        next[cur] = i;
        if(cur == last) last = i; //更新“最后一个字符”编号
        cur = i; //移动光标
      }
    }
    for(int i = next[0]; i != 0; i = next[i])
      printf("%c", s[i]);
    printf("\n");
  }
  return 0;
}
```

例题 6-5 移动盒子（Boxes in a Line, UVa 12657）

你有一行盒子，从左到右依次编号为 1, 2, 3,⋯, n。可以执行以下 4 种指令：

- 1 X Y 表示把盒子 X 移动到盒子 Y 左边（如果 X 已经在 Y 的左边则忽略此指令）。
- 2 X Y 表示把盒子 X 移动到盒子 Y 右边（如果 X 已经在 Y 的右边则忽略此指令）。
- 3 X Y 表示交换盒子 X 和 Y 的位置。
- 4 表示反转整条链。

指令保证合法，即 X 不等于 Y。例如，当 n=6 时在初始状态下执行 1 1 4 后，盒子序列为 2 3 1 4 5 6。接下来执行 2 3 5，盒子序列变成 2 1 4 5 3 6。再执行 3 1 6，得到 2 6 4 5 3 1。最终执行 4，得到 1 3 5 4 6 2。

输入包含不超过 10 组数据，每组数据第一行为盒子个数 n 和指令条数 m（$1 \leqslant n,m \leqslant$

100000），以下 m 行每行包含一条指令。每组数据输出一行，即所有奇数位置的盒子编号之和。位置从左到右编号为 1~n。

样例输入：

```
6 4
1 1 4
2 3 5
3 1 6
4
6 3
1 1 4
2 3 5
3 1 6
100000 1
4
```

样例输出：

```
Case 1: 12
Case 2: 9
Case 3: 2500050000
```

【分析】

根据前面的经验，如果用数组来保存盒子，肯定会超时，但如果像例题 6-4 那样只保存一个 next 值，似乎又不够，怎么办？

解决方法是采用**双向链表**（doubly linked list）：用 left[i]和 right[i]分别表示编号为 i 的盒子左边和右边的盒子编号（如果是 0，表示不存在），则下面的过程可以让两个结点相互连接：

```
void link(int L, int R) {
  right[L] = R; left[R] = L;
}
```

提示 6-5： 在双向链表这样的复杂链式结构中，往往会编写一些辅助函数用来设置链接关系。

有了这个代码，可以先记录好操作之前 X 和 Y 两边的结点，然后用 link 函数按照某种顺序把它们连起来。操作 4 比较特殊，为了避免一次修改所有元素的指针，此处增加一个标记 inv，表示有没有执行过操作 4（如果 inv=1 时再执行一次操作 4，则 inv 变为 0）。这样，当 op 为 1 和 2 且 inv=1 时，只需把 op 变成 3-op（注意操作 3 不受 inv 影响）即可。最终输出时要根据 inv 的值进行不同处理。

提示 6-6： 如果数据结构上的某一个操作很耗时，有时可以用加标记的方式处理，而不需要真的执行那个操作。但同时，该数据结构的所有其他操作都要考虑这个标记。

下面的核心代码里还有一些可以借鉴的细节处理，请读者仔细阅读：

```
int main() {
  int m, kase = 0;
  while(scanf("%d%d", &n, &m) == 2) {
    for(int i = 1; i <= n; i++) {
      left[i] = i-1;
      right[i] = (i+1) % (n+1);
    }
    right[0] = 1; left[0] = n;
    int op, X, Y, inv = 0;

    while(m--) {
      scanf("%d", &op);
      if(op == 4) inv = !inv;
      else {
        scanf("%d%d", &X, &Y);
        if(op == 3 && right[Y] == X) swap(X, Y);
        if(op != 3 && inv) op = 3 - op;
        if(op == 1 && X == left[Y]) continue;
        if(op == 2 && X == right[Y]) continue;

        int LX = left[X], RX = right[X], LY = left[Y], RY = right[Y];
        if(op == 1) {
          link(LX, RX); link(LY, X); link(X, Y);
        }
        else if(op == 2) {
          link(LX, RX); link(Y, X); link(X, RY);
        }
        else if(op == 3) {
          if(right[X] == Y) { link(LX, Y); link(Y, X); link(X, RY); }
          else { link(LX, Y); link(Y, RX); link(LY, X); link(X, RY); }
        }
      }
    }

    int b = 0;
    long long ans = 0;
    for(int i = 1; i <= n; i++) {
      b = right[b];
      if(i % 2 == 1) ans += b;
    }
    if(inv && n % 2 == 0) ans = (long long)n*(n+1)/2 - ans;
    printf("Case %d: %lld\n", ++kase, ans);
```

```
    }
    return 0;
}
```

如果读者曾独立编写过上面的程序，可能会花费较长的时间进行调试。又或者，自以为正确的程序提交到 UVa 上之后却得到 WA 甚至 RE 或者 TLE。在链式结构中，这样的情况是时常发生的，我们需要具备一定的调试和测试能力。

提示 6-7：复杂的链式数据结构往往较容易写错。在包含多道题目的算法竞赛中，这一特点可以是选题的依据之一。

简单地说，测试的任务就是检查一份代码是否正确。如果找到了错误，最好还能提供一个让它错误的数据。有了错误数据之后，接下来的任务便是调试：看看程序为什么是错的。如果找到了错误，最好把它改对——至少对于刚才的错误数据能得到正确的结果。改对一组数据之后，可能还有其他错误，因此需要进一步测试；即使以前曾经正确的数据，也可能因为多次改动之后反而变错了，需要再次调试。总之，在编码结束后，为了确保程序的正确性，测试和调试往往要交替进行。

提示 6-8：测试的任务就是检查一份代码是否正确。如果找到了错误，最好还能提供一个让它出错的数据；调试的任务是找到错误原因并改正。改正一个错误之后有可能引入新的错误，因此调试和测试往往要交替进行。

如何测试上述代码的正确性呢？一个行之有效的方法是：再找一份完成同样功能的代码与之对比。对于本题来说，可以先写一个基于数组的版本。虽然这个版本会很慢，但正确性比较容易保证。接下来编写一个数据生成器（在第 5 章中曾介绍过这一技巧），并且反复执行下面的操作：生成随机数据，分别执行两个程序，比较它们的结果（俗称“对拍”）。合理地使用操作系统提供的脚本功能，可以自动完成对比测试，具体方法请读者参见附录 A。

提示 6-9：测试数据结构程序的常用方法是对拍：写一个功能相同但速度较慢的简易版本，再写一个数据生成器，不停对比快慢两个程序的输出。简易版本的代码越简单越好，因为重点不在效率，而在正确性。

如果发现让两个程序答案不一致的数据，最好别急着对它进行调试。可以尝试着减小数据生成器中的 n 和 m，试图找到一组尽量简单的错误数据。一般来说，数据越简单，越容易调试。如果发现只有很大的数据才会出错，通常意味着程序在处理极限数据方面有问题，例如，is_prime 中遇到了“过大的 n”，或者数组开得不够大等。这些都是很实用的技巧，建议读者多多积累。

提示 6-10：数据的复杂性会大大影响调试的难度，因此在找到让程序出错的数据之后最好别急着调试，而应尝试简化数据，或者直接用更小的参数调用数据生成器，以找到更简单的错误数据。

“对拍”也是命题者采用的常用技巧——为了保证官方测试数据的正确性，命题者通常会请几个“验题者”编写程序。这些验题者往往还会故意编写错误或者速度较慢的程序，以确保这些程序会得到错误的结果，或者超时。对于一道算法竞赛的题目，正确性只是测试数据的最低要求，一套优秀的测试数据还要能全面地测出选手程序在正确性和效率上的缺陷，否则对辛辛苦苦写出正确程序的选手不公平。

6.3 树和二叉树

二叉树（Binary Tree）的递归定义如下：二叉树要么为空，要么由根结点（root）、左子树（left subtree）和右子树（right subtree）组成，而左子树和右子树分别是一棵二叉树。注意，在计算机中，树一般是“倒置”的，即根在上，叶子在下。

树（tree）和二叉树类似，区别在于每个结点不一定只有两棵子树。本书就是树状结构，根结点有12棵子树：第1章、第2章、第3章、……、第12章，而第1章又有5棵子树：1.1、1.2、……、1.5。

不管是二叉树还是树，每个非根结点都有一个父亲（father），也称父结点。

6.3.1 二叉树的编号

例题6-6 小球下落（Dropping Balls, UVa 679）

有一棵二叉树，最大深度为 D，且所有叶子的深度都相同。所有结点从上到下从左到右编号为 $1, 2, 3,\cdots, 2^D-1$。在结点1处放一个小球，它会往下落。每个内结点上都有一个开关，初始全部关闭，当每次有小球落到一个开关上时，状态都会改变。当小球到达一个内结点时，如果该结点上的开关关闭，则往左走，否则往右走，直到走到叶子结点，如图6-2所示。

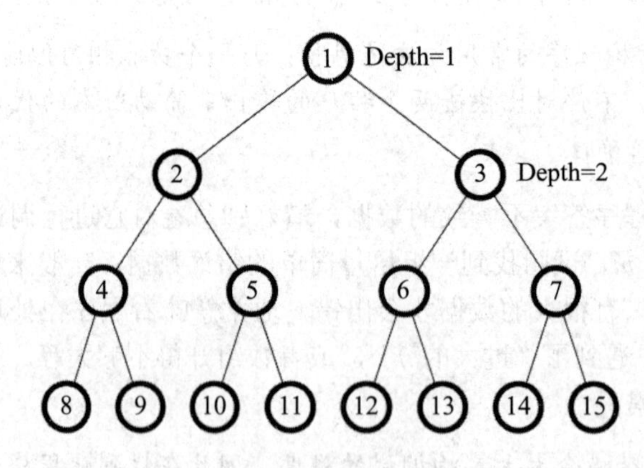

图6-2 所有叶子深度相同的二叉树

一些小球从结点1处依次开始下落，最后一个小球将会落到哪里呢？输入叶子深度 D 和小球个数 I，输出第 I 个小球最后所在的叶子编号。假设 I 不超过整棵树的叶子个数。$D\leqslant 20$。输入最多包含1000组数据。

样例输入：

```
4 2
3 4
10 1
2 2
8 128
16 12345
```

样例输出：

```
12
7
512
3
255
36358
```

【分析】

不难发现，对于一个结点 k，其左子结点、右子结点的编号分别是 $2k$ 和 $2k+1$。这个结论非常重要，请读者引起重视。

提示 6-11： 给定一棵包含 2^d 个结点（其中 d 为树的高度）的完全二叉树，如果把结点从上到下从左到右编号为 1,2,3……，则结点 k 的左右子结点编号分别为 $2k$ 和 $2k+1$。

这样，不难写出如下的模拟程序：

```
#include<cstdio>
#include<cstring>
const int maxd = 20;
int s[1<<maxd];                              //最大结点个数为 2^maxd-1
int main() {
  int D, I;
  while(scanf("%d%d", &D, &I) == 2) {
    memset(s, 0, sizeof(s));                 //开关
    int k, n = (1<<D)-1;                     //n 是最大结点编号
    for(int i = 0; i < I; i++){              //连续让 I 个小球下落
      k = 1;
      for(;;) {
        s[k] = !s[k];
        k = s[k] ? k*2 : k*2+1;              //根据开关状态选择下落方向
        if(k > n) break;                     //已经落“出界”了
      }
    }
    printf("%d\n", k/2);                     //“出界”之前的叶子编号
  }
```

```
  return 0;
}
```

尽管在本题中，每个小球都是严格下落 D−1 层，但用“if(k > n) break”的方法判断“出界”更具一般性，所以上面的代码采用了这种方法。

这个程序和前面用数组模拟盒子移动的程序有一个共同的缺点：运算量太大。由于 I 可以高达 2^D-1，每组测试数据下落总层数可能会高达 $2^{19}*19=9961472$，而一共可能有 10000 组数据……

每个小球都会落在根结点上，因此前两个小球必然是一个在左子树，一个在右子树。一般地，只需看小球编号的奇偶性，就能知道它是最终在哪棵子树中。对于那些落入根结点左子树的小球来说，只需知道该小球是第几个落在根的左子树里的，就可以知道它下一步往左还是往右了。依此类推，直到小球落到叶子上。

如果使用题目中给出的编号 I，则当 I 是奇数时，它是往左走的第$(I+1)/2$ 个小球；当 I 是偶数时，它是往右走的第 $I/2$ 个小球。这样，可以直接模拟最后一个小球的路线：

```
while(scanf("%d%d", &D, &I) == 2){
  int k = 1;
  for(int i = 0; i < D-1; i++)
    if(I%2) { k = k*2; I = (I+1)/2; }
    else { k = k*2+1; I /= 2; }
  printf("%d\n", k);
}
```

这样，程序的运算量就与小球编号无关了，而且节省了一个巨大的 s 数组。

6.3.2 二叉树的层次遍历

例题 6-7 树的层次遍历（Trees on the level, Duke 1993, UVa 122）

输入一棵二叉树，你的任务是按从上到下、从左到右的顺序输出各个结点的值。每个结点都按照从根结点到它的移动序列给出（L 表示左，R 表示右）。在输入中，每个结点的左括号和右括号之间没有空格，相邻结点之间用一个空格隔开。每棵树的输入用一对空括号“()”结束（这对括号本身不代表一个结点），如图 6-3 所示。

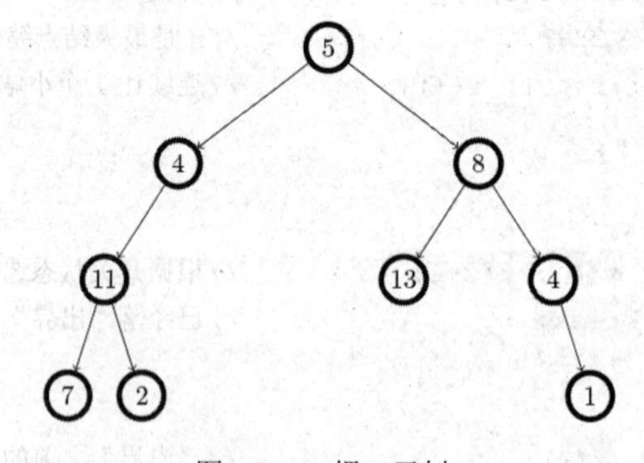

图 6-3 一棵二叉树

注意，如果从根到某个叶结点的路径上有的结点没有在输入中给出，或者给出超过一次，应当输出-1。结点个数不超过 256。

样例输入：

```
(11,LL) (7,LLL) (8,R) (5,) (4,L) (13,RL) (2,LLR) (1,RRR) (4,RR) ()
(3,L) (4,R) ()
```

样例输出：

```
5 4 8 11 13 4 7 2 1
-1
```

【分析】

受 6.3.1 节的启发，是否可以把树上的结点编号，然后把二叉树储存在数组中呢？很遗憾，这样的方法在本题中是行不通的。题目中已限制结点最多有 256 个。如果各个结点形成一条链，最后一个结点的编号将是巨大的！就算用高精度保存编号，数组也开不下。

看来，需要采用动态结构，根据需要建立新的结点，然后将其组织成一棵树。首先，编写输入部分和主程序：

```
char s[maxn];                                //保存读入结点
bool read_input(){
  failed = false;
  root = newnode();                          //创建根结点
  for(;;){
    if(scanf("%s", s) != 1) return false;    //整个输入结束
    if(!strcmp(s, "()")) break;              //读到结束标志，退出循环
    int v;
    sscanf(&s[1], "%d", &v);                 //读入结点值
    addnode(v, strchr(s, ',')+1);            //查找逗号，然后插入结点
  }
  return true;
}
```

程序不难理解：不停读入结点，如果在读到空括号之前文件结束，则返回 0（这样，在 main 函数里就能得知输入结束）。注意，这里两次用到了 C 语言中字符串的灵活性——可以把任意“指向字符的指针”看成是字符串，从该位置开始，直到字符“\0”。例如，若读到的结点是(11,LL)，则&s[1]所对应的字符串是“11,LL)”。函数 strchr(s, ',')返回字符串 s 中从左往右第一个字符“,”的指针，因此 strchr(s, ',')+1 所对应的字符串是“LL)”。这样，实际调用的是 addnode(11, "LL)")。

接下来是重头戏了：二叉树的结点定义和操作。首先，需要定义一个称为 Node 的结构体，并且对应整棵二叉树的树根 root：

```
//结点类型
struct Node{
  bool have_value;                                  //是否被赋值过
```

```
  int v;                                                   //结点值
  Node *left, *right;
  Node():have_value(false),left(NULL),right(NULL){} //构造函数
};

Node* root;                                                //二叉树的根结点
```

由于二叉树是递归定义的，其左右子结点类型都是“指向结点类型的指针”。换句话说，如果结点的类型为 Node，则左右子结点的类型都是 Node *。

提示 6-12：如果要定义一棵二叉树，一般是定义一个“结点”类型的 struct（如叫 Node），然后保存树根的指针（如 Node* root）。

每次需要一个新的 Node 时，都要用 new 运算符申请内存，并执行构造函数。下面把申请新结点的操作封装到 newnode 函数中：

```
Node* newnode() { return new Node(); }
```

提示 6-13：可以用 new 运算符申请空间并执行构造函数。如果返回值为 NULL，说明空间不足，申请失败。

接下来是在 read_input 中调用的 addnode 函数。它按照移动序列行走，目标不存在时调用 newnode 来创建新结点。

```
void addnode(int v, char* s){
  int n = strlen(s);
  Node* u = root;                                    //从根结点开始往下走
  for(int i = 0; i < n; i++)
    if(s[i] == 'L'){
      if(u->left == NULL) u->left = newnode();  //结点不存在，建立新结点
      u = u->left;                                   //往左走
    } else if(s[i] == 'R'){
      if(u->right == NULL) u->right = newnode();
      u = u->right;
    }                                          //忽略其他情况，即最后那个多余的右括号
  if(u->have_value) failed = true;       //已经赋过值，表明输入有误
  u->v = v;
  u->have_value = true;                            //别忘记做标记
}
```

这样一来，输入和建树部分已经结束，接下来需要按照层次顺序遍历这棵树。此处使用一个队列来完成这个任务，初始时只有一个根结点，然后每次取出一个结点，就把它的左右子结点（如果存在）放进队列。

```
bool bfs(vector<int>& ans){
  queue<Node*> q;
```

```
  ans.clear();
  q.push(root);                               //初始时只有一个根结点
  while(!q.empty()){
    Node* u = q.front(); q.pop();
    if(!u->have_value) return false;          //有结点没有被赋值过，表明输入有误
    ans.push_back(u->v);                      //增加到输出序列尾部
    if(u->left != NULL) q.push(u->left);      //把左子结点（如果有）放进队列
    if(u->right != NULL) q.push(u->right);    //把右子结点（如果有）放进队列
  }
  return true;                                //输入正确
}
```

这样遍历二叉树的方法称为宽度优先遍历（Breadth-First Search，BFS）。后面将看到，BFS 在显示图和隐式图算法中扮演着重要的角色。

提示 6-14：*可以用队列实现二叉树的层次遍历。这个方法还有一个名字，叫做宽度优先遍历（Breadth-First Search，BFS）。*

上面的程序在功能上是正确的，但有一个小小的技术问题：在输入一组新数据时，没有释放上一棵二叉树所申请的内存空间。一旦执行了 root = newnode()，就再也无法访问到那些内存了，尽管那些内存物理上仍然存在。

当然，从技术上说，还是可以访问到那些内存的，如果能"猜到"那些地址。之所以说"访问不到"，是因为丢失了指向这些内存的指针。如果读者觉得这难以理解，想象一下丢失电话号码以后的情形：理论上仍然可以像以前一样给朋友们打电话，只是没有了电话簿，查不到他们的号码了。

有一个专业术语用来描述这样的情况：内存泄漏（memory leak）——它意味着有些内存被白白浪费了。在实际运行的过程中，一般很难看出这个问题：在很多情况下，内存空间都不会很紧张，浪费一些空间后，程序还是可以正常运行；况且在整个程序结束后，该程序占用的空间会被操作系统全部回收，包括泄漏的那些。

提示 6-15：*如果程序动态申请内存，请注意内存泄漏。程序执行完毕后，操作系统会回收该程序申请的所有内存（包括泄漏的），所以在算法竞赛中内存泄漏往往不会造成什么影响。但是，从专业素养的角度考虑，请从现在开始养成好习惯，对内存泄漏保持警惕。*

下面是释放一棵二叉树的代码[①]，请在"root = newnode()"之前加一行"remove_tree(root)"：

```
void remove_tree(Node* u) {
  if(u == NULL) return;          //提前判断比较稳妥
  remove_tree(u->left);          //递归释放左子树的空间
  remove_tree(u->right);         //递归释放右子树的空间
  delete u;                      //调用 u 的析构函数并释放 u 结点本身的内存
}
```

① 这样做虽然不会出现内存泄漏，但可能会出现内存碎片（memory fragmentation）。

二叉树并不一定要用指针实现。接下来，把指针完全去掉。首先还是给每个结点编号，但不是按照从上到下从左到右的顺序，而是按照结点的生成顺序。用计数器cnt表示已存在的结点编号的最大值，因此newnode函数需要改成这样：

```
const int root = 1;
void newtree() { left[root] = right[root] = 0; have_value[root] = false; cnt = root; }
int newnode() { int u = ++cnt; left[u] = right[u] = 0; have_value[root] = false; return u; }
```

上面的newtree()是用来代替前面的“remove_tree(root)”和“root = newnode()”两条语句的：由于没有了动态内存的申请和释放，只需要重置结点计数器和根结点的左右子树了。

接下来，把所有的Node*类型改成int类型，然后把结点结构中的成员变量改成全局数组（例如，u->left和u->right分别改成left[u]和right[u]），除了char*外，整个程序就没有任何指针了。

提示 6-16： *可以用数组来实现二叉树，方法是用整数表示结点编号，left[u]和right[u]分别表示u的左右子结点的编号。*

虽然包括笔者在内的很多选手更喜欢用数组方式实现二叉树（因为编程简单，容易调试），但仍然需要具体问题具体分析。例如，用指针直接访问比“数组+下标”的方式略快，因此有的选手喜欢用“结构体+指针”的方式处理动态数据结构，但在申请结点时仍然用这里的“动态化静态”的思想，把newnode函数写成：

```
Node* newnode(){ Node* u = &node[++cnt]; u->left = u->right = NULL; u->have_value = false; return u;}
```

其中，node是静态申请的结构体数组。这样写的坏处在于“释放内存”很不方便（想一想，为什么）。如果反复执行新建结点和删除结点，cnt会一直增加，但是用完的内存却无法重用。在大多数算法竞赛题目中，这并不会引起问题，但也有一些对内存要求极高的题目，对内存的一点浪费就会引起“内存溢出”错误。常见的解决方案是写一个简单的内存池（memory pool），具体来说就是维护一个空闲列表（free list），初始时把上述node数组中所有元素的指针放到该列表中，如下所示：

```
queue<Node*> freenodes;
Node node[maxn];

void init() {
  for(int i = 0; i < maxn; i++)
    freenodes.push(&node[i]); //初始化内存池
}

Node* newnode() {
```

```
  Node* u = freenodes.front();
  u->left = u->right = NULL; u->have_value = false; //重新初始化该结点
  freenodes.pop();
  return u;
}

void deletenode(Node* u) {
  freenodes.push(u);
}
```

提示 6-17：可以用静态数组配合空闲列表来实现一个简单的内存池。虽然在大多数算法竞赛题目中用不上，但是内存池技术在高水平竞赛以及工程实践中都极为重要。

6.3.3　二叉树的递归遍历

对于二叉树 *T*，可以递归定义它的先序遍历、中序遍历和后序遍历，如下所示：

PreOrder(T)=T 的根结点+PreOrder(T 的左子树)+PreOrder(T 的右子树)

InOrder(T)=InOrder(T 的左子树)+T 的根结点+InOrder(T 的右子树)

PostOrder(T)=PostOrder(T 的左子树)+PostOrder(T 的右子树)+T 的根结点

其中，加号表示字符串连接运算。例如，对于如图 6-4 所示的二叉树，先序遍历为 DBACEGF，中序遍历为 ABCDEFG。

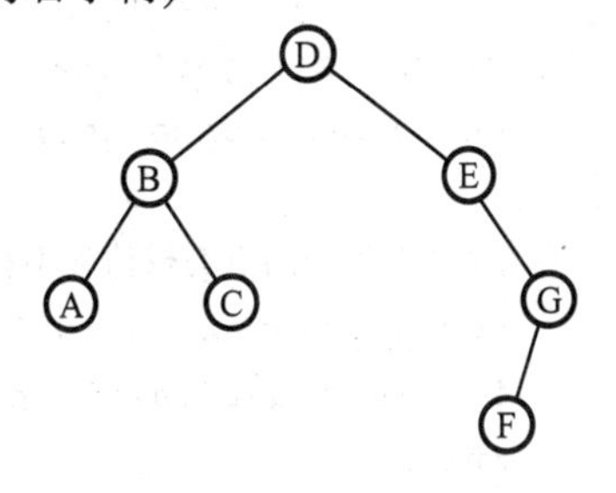

图 6-4　另一棵二叉树

这 3 种遍历都属于递归遍历，或者说深度优先遍历（Depth-First Search，DFS），因为它总是优先往深处访问。

提示 6-18：二叉树有 3 种深度优先遍历：先序遍历、中序遍历和后序遍历。

例题 6-8　树（Tree, UVa 548）

给一棵点带权（权值各不相同，都是小于 10000 的正整数）的二叉树的中序和后序遍历，找一个叶子使得它到根的路径上的权和最小。如果有多解，该叶子本身的权应尽量小。输入中每两行表示一棵树，其中第一行为中序遍历，第二行为后序遍历。

样例输入：

```
3 2 1 4 5 7 6
3 1 2 5 6 7 4
7 8 11 3 5 16 12 18
8 3 11 7 16 18 12 5
255
255
```

样例输出：

```
1
3
255
```

【分析】

后序遍历的第一个字符就是根，因此只需在中序遍历中找到它，就知道左右子树的中序和后序遍历了。这样可以先把二叉树构造出来，然后再执行一次递归遍历，找到最优解。

提示 6-19：给定二叉树的中序遍历和后序遍历，可以构造出这棵二叉树。方法是根据后序遍历找到树根，然后在中序遍历中找到树根，从而找出左右子树的结点列表，然后递归构造左右子树。

代码如下：（另外，也可以在递归的同时统计最优解，不过程序稍微复杂一点，留给读者练习。）

```
#include<iostream>
#include<string>
#include<sstream>
#include<algorithm>
using namespace std;

//因为各个结点的权值各不相同且都是正整数，直接用权值作为结点编号
const int maxv = 10000 + 10;
int in_order[maxv], post_order[maxv], lch[maxv], rch[maxv];
int n;

bool read_list(int* a) {
  string line;
  if(!getline(cin, line)) return false;
  stringstream ss(line);
  n = 0;
  int x;
  while(ss >> x) a[n++] = x;
  return n > 0;
}

//把in_order[L1..R1]和post_order[L2..R2]建成一棵二叉树，返回树根
int build(int L1, int R1, int L2, int R2) {
  if(L1 > R1) return 0; //空树
  int root = post_order[R2];
  int p = L1;
```

```
  while(in_order[p] != root) p++;
  int cnt = p-L1; //左子树的结点个数
  lch[root] = build(L1, p-1, L2, L2+cnt-1);
  rch[root] = build(p+1, R1, L2+cnt, R2-1);
  return root;
}

int best, best_sum; //目前为止的最优解和对应的权和

void dfs(int u, int sum) {
  sum += u;
  if(!lch[u] && !rch[u]) { //叶子
    if(sum < best_sum || (sum == best_sum && u < best)) { best = u; best_sum
= sum; }
  }
  if(lch[u]) dfs(lch[u], sum);
  if(rch[u]) dfs(rch[u], sum);
}

int main() {
  while(read_list(in_order)) {
    read_list(post_order);
    build(0, n-1, 0, n-1);
    best_sum = 1000000000;
    dfs(post_order[n-1], 0);
    cout << best << "\n";
  }
  return 0;
}
```

例题 6-9　天平（Not so Mobile, UVa 839）

输入一个树状天平，根据力矩相等原则判断是否平衡。如图 6-5 所示，所谓力矩相等，就是 $W_lD_l=W_rD_r$，其中 W_l 和 W_r 分别为左右两边砝码的重量，D 为距离。

采用递归（先序）方式输入：每个天平的格式为 W_l，D_l，W_r，D_r，当 W_l 或 W_r 为 0 时，表示该“砝码”实际是一个子天平，接下来会描述这个子天平。当 $W_l=W_r=0$ 时，会先描述左子天平，然后是右子天平。

样例输入：

```
1

0 2 0 4
0 3 0 1
```

```
1 1 1 1
2 4 4 2
1 6 3 2
```

其正确输出为YES，对应图6-6。

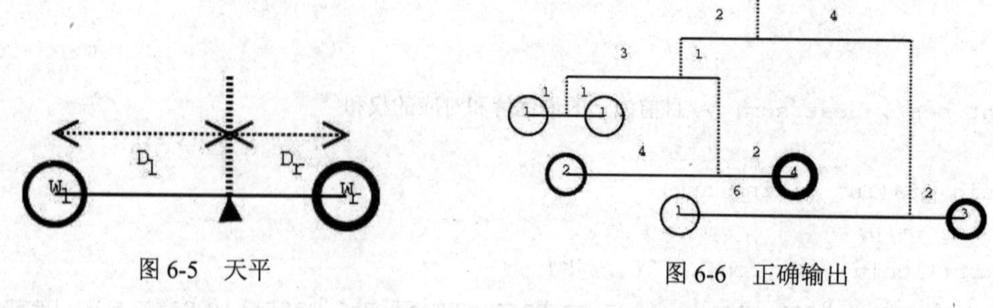

图6-5　天平　　　　图6-6　正确输出

【分析】

在解决这道题目之前，请先弄清楚题目的意思，尤其建议读者把样例输入画出来，以确保正确理解输入格式。

提示6-20：当题目比较复杂时，建议先手算样例或者至少把样例的图示画出来，以免误解题意。

这道题目的输入就采取了递归方式定义，因此编写一个递归过程进行输入比较自然。事实上，在输入过程中就能完成判断。由于使用引用传值，代码非常精简。

本题极为重要，请读者在继续阅读之前确保完全理解了下面的程序。

```
#include<iostream>
using namespace std;
//输入一个子天平，返回子天平是否平衡，参数W修改为子天平的总重量
bool solve(int& W) {
  int W1, D1, W2, D2;
  bool b1 = true, b2 = true;
  cin >> W1 >> D1 >> W2 >> D2;
  if(!W1) b1 = solve(W1);
  if(!W2) b2 = solve(W2);
  W = W1 + W2;
  return b1 && b2 && (W1 * D1 == W2 * D2);
}

int main() {
  int T, W;
  cin >> T;
  while(T--) {
    if(solve(W)) cout << "YES\n"; else cout << "NO\n";
    if(T) cout << "\n";
```

```
  }
  return 0;
}
```

例题 6-10　下落的树叶（The Falling Leaves, UVa 699）

给一棵二叉树，每个结点都有一个水平位置：左子结点在它左边 1 个单位，右子结点在右边 1 个单位。从左向右输出每个水平位置的所有结点的权值之和。如图 6-7 所示，从左到右的 3 个位置的权和分别为 7，11，3。按照递归（先序）方式输入，用-1 表示空树。

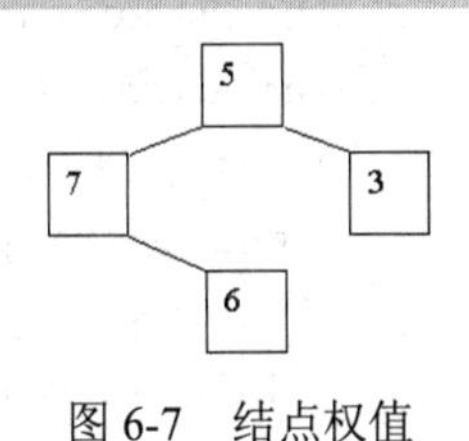

图 6-7　结点权值

样例输入：

```
5 7 -1 6 -1 -1 3 -1 -1
8 2 9 -1 -1 6 5 -1 -1 12 -1 -1 3 7 -1 -1 -1
-1
```

样例输出：

```
Case 1:
7 11 3

Case 2:
9 7 21 15
```

【分析】

本题和例题 6-9 很相似，但是实现细节比例题 6-9 略多，读者可以参考代码（这是一个不错的阅读练习）。为了节省篇幅，下面略去了唯一的全局变量 int sum[maxn]。

```
//输入并统计一棵子树，树根水平位置为 p
void build(int p) {
  int v; cin >> v;
  if(v == -1) return;                    //空树
  sum[p] += v;
  build(p - 1); build(p + 1);
}

//边读入边统计
bool init() {
  int v; cin >> v;
  if(v == -1) return false;
  memset(sum, 0, sizeof(sum));
  int pos = maxn/2;                      //树根的水平位置
  sum[pos] = v;
```

```
    build(pos - 1); build(pos + 1);
  }

  int main() {
    int kase = 0;
    while(init()) {
      int p = 0;
      while(sum[p] == 0) p++;                    //找最左边的叶子
      cout << "Case " << ++kase << ":\n" << sum[p++];//因为要避免行末多余空格
      while(sum[p] != 0) cout << " " << sum[p++];
      cout << "\n\n";
    }
    return 0;
  }
```

6.3.4 非二叉树

例题 6-11 四分树（Quadtrees, UVa 297）

如图 6-8 所示，可以用四分树来表示一个黑白图像，方法是用根结点表示整幅图像，然后把行列各分成两等分，按照图中的方式编号，从左到右对应 4 个子结点。如果某子结点对应的区域全黑或者全白，则直接用一个黑结点或者白结点表示；如果既有黑又有白，则用一个灰结点表示，并且为这个区域递归建树。

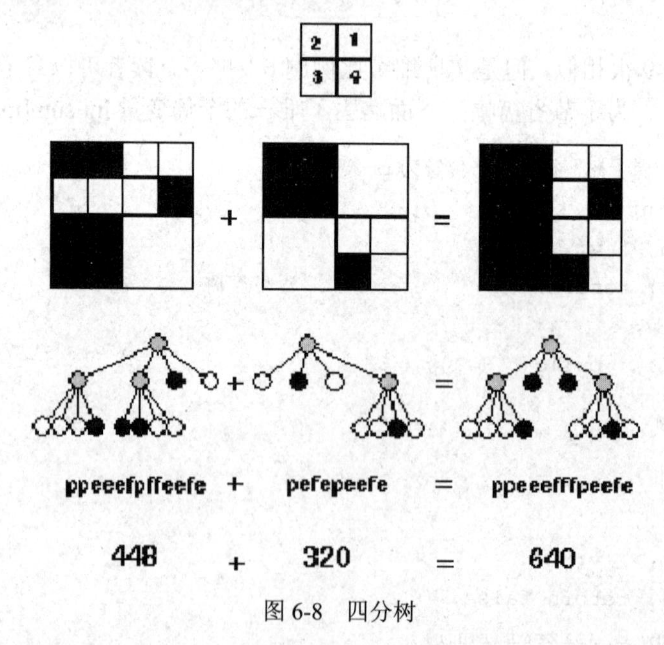

图 6-8 四分树

给出两棵四分树的先序遍历，求二者合并之后（黑色部分合并）黑色像素的个数。p 表示中间结点，f 表示黑色（full），e 表示白色（empty）。

样例输入：

```
3
ppeeefpffeefe
pefepeefe
peeef
peefe
peeef
peepefefe
```

样例输出：

```
There are 640 black pixels.
There are 512 black pixels.
There are 384 black pixels.
```

【分析】

由于四分树比较特殊，只需给出先序遍历就能确定整棵树（想一想，为什么）。只需要编写一个“画出来”的过程，边画边统计即可。

```
#include<cstdio>
#include<cstring>

const int len = 32;
const int maxn = 1024 + 10;
char s[maxn];
int buf[len][len], cnt;

//把字符串 s[p..]导出到以(r,c)为左上角，边长为 w 的缓冲区中
//2 1
//3 4
void draw(const char* s, int& p, int r, int c, int w) {
  char ch = s[p++];
  if(ch == 'p') {
    draw(s, p, r,     c+w/2, w/2); //1
    draw(s, p, r,     c    , w/2); //2
    draw(s, p, r+w/2, c    , w/2); //3
    draw(s, p, r+w/2, c+w/2, w/2); //4
  } else if(ch == 'f') { //画黑像素（白像素不画）
    for(int i = r; i < r+w; i++)
      for(int j = c; j < c+w; j++)
        if(buf[i][j] == 0) { buf[i][j] = 1; cnt++; }
  }
}
```

```
int main() {
  int T;
  scanf("%d", &T);
  while(T--) {
    memset(buf, 0, sizeof(buf));
    cnt = 0;
    for(int i = 0; i < 2; i++) {
      scanf("%s", s);
      int p = 0;
      draw(s, p, 0, 0, len);
    }
    printf("There are %d black pixels.\n", cnt);
  }
  return 0;
}
```

6.4 图

图（Graph）描述的是一些个体之间的关系。与线性表和二叉树不同的是：这些个体之间既不是前驱后继的顺序关系，也不是祖先后代的层次关系，而是错综复杂的网状关系。

6.4.1 用DFS求连通块

例题6-12 油田（Oil Deposits, UVa 572）

输入一个m行n列的字符矩阵，统计字符“@”组成多少个八连块。如果两个字符“@”所在的格子相邻（横、竖或者对角线方向），就说它们属于同一个八连块。例如，图6-9中有两个八连块。

```
****@
*@@*@
*@**@
@@@*@
@@**@
```

图6-9 八连块

【分析】

和前面的二叉树遍历类似，图也有DFS和BFS遍历。由于DFS更容易编写，一般用DFS找连通块：从每个“@”格子出发，递归遍历它周围的“@”格子。每次访问一个格子时就给它写上一个“连通分量编号”（即下面代码中的idx数组），这样就可以在访问之前检查它是否已经有了编号，从而避免同一个格子访问多次：

```
#include<cstdio>
#include<cstring>
const int maxn = 100 + 5;

char pic[maxn][maxn];
int m, n, idx[maxn][maxn];

void dfs(int r, int c, int id) {
  if(r < 0 || r >= m || c < 0 || c >= n) return; //“出界”的格子
  if(idx[r][c] > 0 || pic[r][c] != '@') return; //不是“@”或者已经访问过的格子
  idx[r][c] = id; //连通分量编号
  for(int dr = -1; dr <= 1; dr++)
    for(int dc = -1; dc <= 1; dc++)
      if(dr != 0 || dc != 0) dfs(r+dr, c+dc, id);
}

int main() {
  while(scanf("%d%d", &m, &n) == 2 && m && n) {
    for(int i = 0; i < m; i++) scanf("%s", pic[i]);
    memset(idx, 0, sizeof(idx));
    int cnt = 0;
    for(int i = 0; i < m; i++)
      for(int j = 0; j < n; j++)
        if(idx[i][j] == 0 && pic[i][j] == '@') dfs(i, j, ++cnt);
    printf("%d\n", cnt);
  }
  return 0;
}
```

上面的代码用一个二重循环来找到当前格子的相邻 8 个格子，也可以用常量数组或者写 8 条 DFS 调用，读者可以根据自己的喜好选用。这道题目的算法有个好听的名字：种子填充（floodfill）。有兴趣的读者还可以看看维基百科[①]中的动画，对 DFS 和 BFS 实现的种子填充有一个更直观的认识。

提示 6-21：图也有 DFS 遍历和 BFS 遍历，其中前者用递归实现，后者用队列实现。求多维数组连通块的过程也称为种子填充（floodfill）。

例题 6-13　古代象形符号（Ancient Messages, World Finals 2011, UVa 1103）

本题的目的是识别 3000 年前古埃及用到的 6 种象形文字，如图 6-10 所示。

[①] http://en.wikipedia.org/wiki/Floodfill。

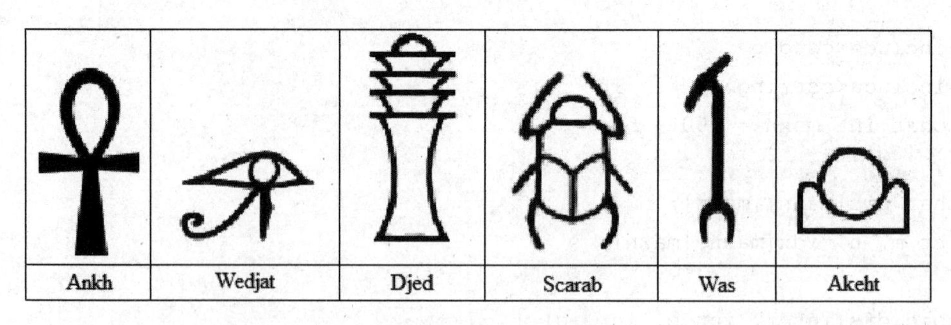

图6-10　古代象形符号

每组数据包含一个H行W列的字符矩阵（$H \leqslant 200$，$W \leqslant 50$），每个字符为4个相邻像素点的十六进制（例如，10011100对应的字符就是9c）。转化为二进制后1表示黑点，0表示白点。输入满足：

- 不会出现上述6种符号之外的其他符号。
- 输入至少包含一个符号，且每个黑像素都属于一个符号。
- 每个符号都是一个四连块，并且不同符号不会相互接触，也不会相互包含。
- 如果两个黑像素有公共顶点，则它们一定有一个相同的相邻黑像素（有公共边）。
- 符号的形状一定和表6-9中的图形拓扑等价（可以随意拉伸但不能拉断）。

要求按照字典序输出所有符号。例如，图6-11中的输出应为AKW。

图6-11　输出AKW

【分析】

“随意拉伸但不能拉断”是一个让人头疼的条件。怎么办呢？看来不能拘泥于细节，而要从全局考虑，找到一个易于计算，而且在“随意拉伸”时还不会改变的“特征量”，通过计算和比较“特征量”完成识别。题目说过，每个符号都是一个四连块，即所有黑点都连在一起，而中间有一些白色的“洞”。数一数就能发现，题目表中的6个符号从左到右依次有1，3，5，4，0，2个洞，各不相同。这样，只需要数一数输入的符号有几个“白洞”，就能准确地知道它是哪个符号了。

6.4.2　用BFS求最短路

假设有一个网格迷宫，由n行m列的单元格组成，每个单元格要么是空地（用1来表示），要么是障碍物（用0来表示）。如何找到从起点到终点的最短路径？

还记得二叉树的BFS吗？结点的访问顺序恰好是它们到根结点距离从小到大的顺序。类似地，也可以用BFS来按照到起点的距离顺序遍历迷宫图。

例如，假定起点在左上角，就从左上角开始用BFS遍历迷宫图，逐步计算出它到每个结点的最短路距离（如图6-12（a）所示），以及这些最短路径上每个结点的“前一个结点”

（如图 6-12（b）所示）。

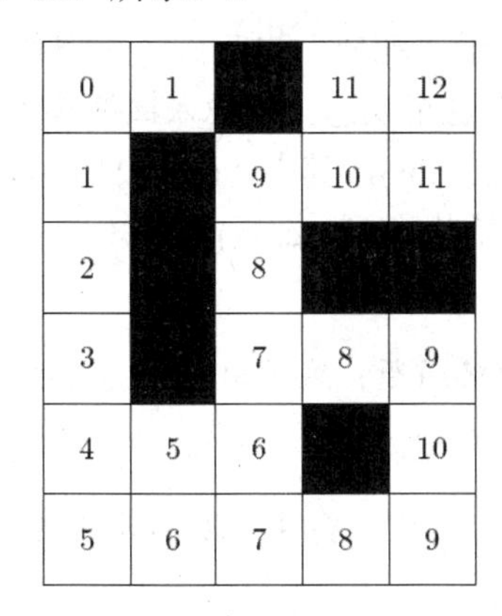

（a）从左上角出发到各个格子的最短距离

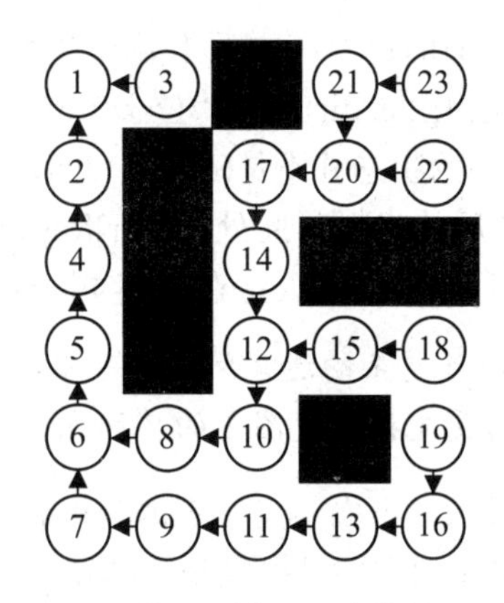

（b）扩展顺序和父亲指针

图 6-12　用 BFS 求迷宫中最短路

注意，如果把图 6-12（b）中的箭头理解成“指向父亲的指针”，那么迷宫中的格子就变成了一棵树——除了起点之外，每个结点恰好有一个父亲。如果看不出来，可以把这棵树画成如图 6-13 所示的样子。这棵树称为最短路树，或者 BFS 树。

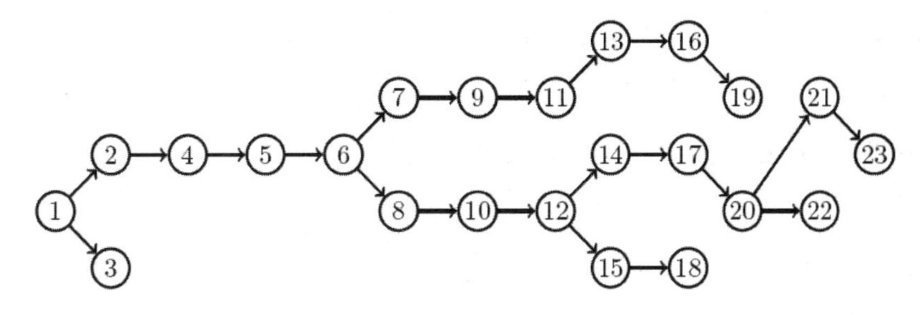

图 6-13　BFS 树的层次画法

例题 6-14　Abbott 的复仇（Abbott's Revenge, ACM/ICPC World Finals 2000, UVa 816）

有一个最多包含 9*9 个交叉点的迷宫。输入起点、离开起点时的朝向和终点，求一条最短路（多解时任意输出一个即可）。

这个迷宫的特殊之处在于：进入一个交叉点的方向（用 NEWS 这 4 个字母分别表示北东西南，即上右左下）不同，允许出去的方向也不同。例如，1 2 WLF NR ER *表示交叉点(1,2)（上数第 1 行，左数第 2 列）有 3 个路标（字符“*”只是结束标志），如果进入该交叉点时的朝向为 W（即朝左），则可以左转（L）或者直行（F）；如果进入时朝向为 N 或者 E 则只能右转（R），如图 6-14 所示。

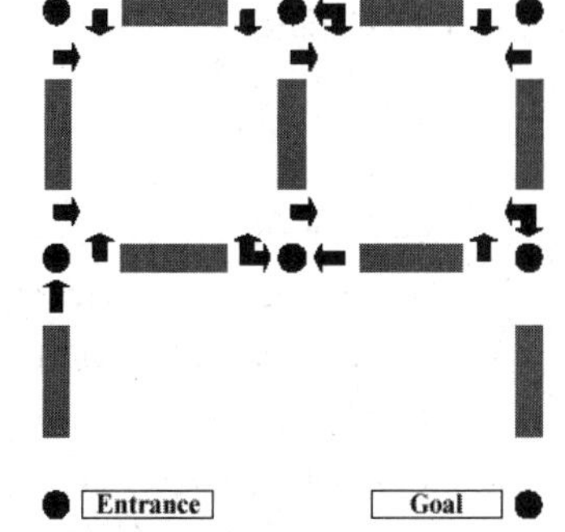

图 6-14　迷宫及走向

注意：初始状态是“刚刚离开入口”，所以即使出口和入口重合，最短路也不为空。例如，图 6-14 中的一条最短路为 (3,1) (2,1) (1,1) (1,2) (2,2) (2,3) (1,3) (1,2) (1,1) (2,1) (2,2) (1,2) (1,3) (2,3) (3,3)。

【分析】

本题和普通的迷宫在本质上是一样的，但是由于“朝向”也起到了关键作用，所以需要用一个三元组(r, c, dir)表示“位于(r,c)，面朝 dir”这个状态。假设入口位置为(r0, c0)，朝向为 dir，则初始状态并不是(r0, c0, dir)，而是(r1, c1, dir)，其中，(r1,c1)是(r0,c0)沿着方向 dir 走一步之后的坐标。此处用 d[r][c][dir]表示初始状态到(r,c,dir)的最短路长度，并且用 p[r][c][dir]保存了状态(r,c,dir)在 BFS 树中的父结点。

提示 6-22：很多复杂的迷宫问题都可以转化为最短路问题，然后用 BFS 求解。在套用 BFS 框架之前，需要先搞清楚图中的“结点”包含哪些内容。

代码比较长，下面一点一点地分析。首先是输入过程。将 4 个方向和 3 种“转弯方式”编号为 0~3 和 0~2，并且提供相应的转换函数：

```
const char* dirs = "NESW";              //顺时针旋转
const char* turns = "FLR";
int dir_id(char c) { return strchr(dirs, c) - dirs; }
int turn_id(char c) { return strchr(turns, c) - turns; }
```

接下来是“行走”函数，根据当前状态和转弯方式，计算出后继状态：

```
const int dr[] = {-1, 0, 1, 0};
const int dc[] = {0, 1, 0, -1};

Node walk(const Node& u, int turn) {
  int dir = u.dir;
  if(turn == 1) dir = (dir + 3) % 4;    //逆时针
  if(turn == 2) dir = (dir + 1) % 4;    //顺时针
  return Node(u.r + dr[dir], u.c + dc[dir], dir);
}
```

输入函数比较简单，作用就是读取 r0, c0, dir，并且计算出 r1, c1，然后读入 has_edge 数组，其中 has_edge[r][c][dir][turn]表示当前状态是(r,c,dir)，是否可以沿着转弯方向 turn 行走。下面是 BFS 主过程：

```
void solve() {
  queue<Node> q;
  memset(d, -1, sizeof(d));
  Node u(r1, c1, dir);
  d[u.r][u.c][u.dir] = 0;
  q.push(u);
  while(!q.empty()) {
    Node u = q.front(); q.pop();
    if(u.r == r2 && u.c == c2) { print_ans(u); return; }
    for(int i = 0; i < 3; i++) {
      Node v = walk(u, i);
```

```
      if(has_edge[u.r][u.c][u.dir][i] && inside(v.r, v.c)
&& d[v.r][v.c][v.dir] < 0) {
        d[v.r][v.c][v.dir] = d[u.r][u.c][u.dir] + 1;
        p[v.r][v.c][v.dir] = u;
        q.push(v);
      }
    }
  }
  printf("No Solution Possible\n");
}
```

最后是解的打印过程。它也可以写成递归函数，不过用 vector 保存结点可以避免递归时出现栈溢出，并且更加灵活。

提示 6-23：使用 BFS 求出图的最短路之后，可以用递归方式打印最短路的具体路径。如果最短路非常长，递归可能会引起栈溢出，此时可以改用循环，用 vector 保存路径。

```
void print_ans(Node u) {
  //从目标结点逆序追溯到初始结点
  vector<Node> nodes;
  for(;;) {
    nodes.push_back(u);
    if(d[u.r][u.c][u.dir] == 0) break;
    u = p[u.r][u.c][u.dir];
  }
  nodes.push_back(Node(r0, c0, dir));

  //打印解，每行 10 个
  int cnt = 0;
  for(int i = nodes.size()-1; i >= 0; i--) {
    if(cnt % 10 == 0) printf(" ");
    printf(" (%d,%d)", nodes[i].r, nodes[i].c);
    if(++cnt % 10 == 0) printf("\n");
  }
  if(nodes.size() % 10 != 0) printf("\n");
}
```

本题非常重要，强烈建议读者搞懂所有细节，并能独立编写程序。

6.4.3 拓扑排序

例题 6-15 给任务排序（Ordering Tasks, UVa 10305）

假设有 n 个变量，还有 m 个二元组(u, v)，分别表示变量 u 小于 v。那么，所有变量从小到大排列起来应该是什么样子的呢？例如，有 4 个变量 a, b, c, d，若已知 $a<b$，$c<b$，$d<c$，

则这4个变量的排序可能是 $a<d<c<b$。尽管还有其他可能（如 $d<a<c<b$），你只需找出其中一个即可。

【分析】

把每个变量看成一个点，“小于”关系看成有向边，则得到了一个有向图。这样，我们的任务实际上是把一个图的所有结点排序，使得每一条有向边 (u,v) 对应的 u 都排在 v 的前面。在图论中，这个问题称为拓扑排序（topological sort）。

不难发现：如果图中存在有向环，则不存在拓扑排序，反之则存在。不包含有向环的有向图称为有向无环图（Directed Acyclic Graph，DAG）。可以借助DFS完成拓扑排序：在访问完一个结点之后把它加到当前拓扑序的首部（想一想，为什么不是尾部）。

```
int c[maxn];
int topo[maxn], t;
bool dfs(int u){
  c[u] = -1; //访问标志
  for(int v = 0; v < n; v++) if(G[u][v]) {
    if(c[v]<0) return false; //存在有向环，失败退出
    else if(!c[v] && !dfs(v)) return false;
  }
  c[u] = 1; topo[--t]=u;
  return true;
}
bool toposort(){
  t = n;
  memset(c, 0, sizeof(c));
  for(int u = 0; u < n; u++) if(!c[u])
    if(!dfs(u)) return false;
  return true;
}
```

这里用到了一个c数组，c[u]=0表示从来没有访问过（从来没有调用过dfs(u)）；c[u]=1表示已经访问过，并且还递归访问过它的所有子孙（即dfs(u)曾被调用过，并已返回）；c[u]=−1表示正在访问（即递归调用dfs(u)正在栈帧中，尚未返回）。

提示6-24：可以用DFS求出有向无环图（DAG）的拓扑排序。如果排序失败，说明该有向图存在有向环，不是DAG。

6.4.4 欧拉回路

有一条名为Pregel的河流经过Konigsberg城。城中有7座桥，把河中的两个岛与河岸连接起来。当地居民热衷于一个难题：是否存在一条路线，可以不重复地走遍7座桥。这就是著名的七桥问题。它由大数学家欧拉首先提出，并给出了完美的解答，如图6-15所示。

欧拉首先把图6-15（a）中的七桥问题用图论的语言改写成图6-15（b），则问题变成

了：能否从无向图中的一个结点出发走出一条道路，每条边恰好经过一次。这样的路线称为欧拉道路（eulerian path），也可以形象地称为“一笔画”。

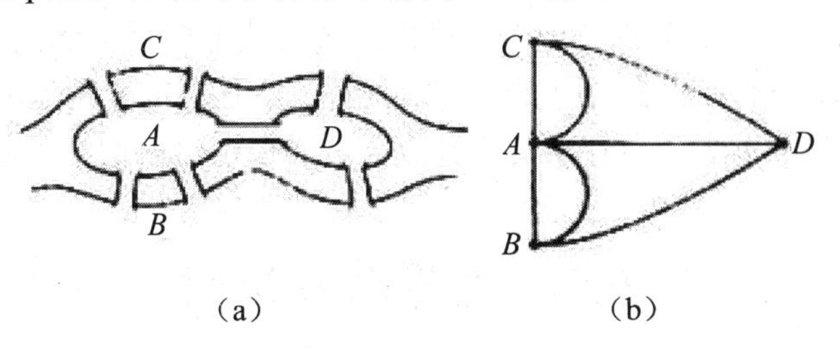

图 6-15　七桥问题

不难发现，在欧拉道路中，“进”和“出”是对应的——除了起点和终点外，其他点的“进出”次数应该相等。换句话说，除了起点和终点外，其他点的**度数**(degree)应该是偶数。很可惜，在七桥问题中，所有 4 个点的度数均是奇数（这样的点也称奇点），因此不可能存在欧拉道路。上述条件也是充分条件——如果一个无向图是连通的，且最多只有两个奇点，则一定存在欧拉道路。如果有两个奇点，则必须从其中一个奇点出发，另一个奇点终止；如果奇点不存在，则可以从任意点出发，最终一定会回到该点（称为欧拉回路）。

用类似的推理方式可以得到有向图的结论：最多只能有两个点的入度不等于出度，而且必须是其中一个点的出度恰好比入度大 1（把它作为起点），另一个的入度比出度大 1（把它作为终点）。当然，还有一个前提条件：在忽略边的方向后，图必须是连通的。

下面是程序，它同时适用于欧拉道路和回路。但如果需要打印的是欧拉道路，在主程序中调用时，参数必须是道路的起点。另外，打印的顺序是逆序的，因此在真正使用这份代码时，应当把 printf 语句替换成一条 push 语句，把边(u,v)压入一个栈内。

```
void euler(int u){
  for(int v = 0; v < n; v++) if(G[u][v] && !vis[u][v]) {
    vis[u][v] = vis[v][u] = 1;
    euler(v);
    printf("%d %d\n", u, v);
  }
}
```

尽管上面的代码只适用于无向图，但不难改成有向图：把 vis[u][v] = vis[v][u] = 1 改成 vis[u][v]即可。

提示 6-25：根据连通性和度数可以判断出无向图和有向图是否存在欧拉道路和欧拉回路。可以用 DFS 构造欧拉回路和欧拉道路。

例题 6-16　单词（Play On Words, UVa 10129）

输入 n（$n \leqslant 100000$）个单词，是否可以把所有这些单词排成一个序列，使得每个单词的第一个字母和上一个单词的最后一个字母相同（例如 acm、malform、mouse）。每个单词最多包含 1000 个小写字母。输入中可以有重复单词。

【分析】

把字母看作结点，单词看成有向边，则问题有解，当且仅当图中有欧拉路径。前面讲过，有向图存在欧拉道路的条件有两个：底图（忽略边方向后得到的无向图）连通，且度数满足上面讨论过的条件。判断连通的方法有两种，一是之前介绍过的DFS，二是第11章中将要介绍的并查集。读者可以在学习完并查集之后根据自己的喜好选用。

6.5 竞赛题目选讲

例题6-17 看图写树（Undraw the Trees, UVa 10562）

你的任务是将多叉树转化为括号表示法。如图6-16所示，每个结点用除了“-”、“|”和空格的其他字符表示，每个非叶结点的正下方总会有一个“|”字符，然后下方是一排“-”字符，恰好覆盖所有子结点的上方。单独的一行“#”为数据结束标记。

<table>
<tr><th>样例输入</th><th>样例输出</th></tr>
<tr><td><pre>
2
    A
    |

B C   D
   | |
 ----- -
 E   F G
#
e
|
----
f g
#
</pre></td><td><pre>
(A(B()C(E()F())D(G())))
(e(f()g()))
</pre></td></tr>
</table>

图6-16 样例输入与输出

【分析】

直接在二维字符数组里递归即可，无须建树。注意对空树的处理，以及结点标号可以是任意可打印字符。代码如下：

```
#include<cstdio>
#include<cctype>
#include<cstring>
using namespace std;

const int maxn = 200 + 10;
int n;
char buf[maxn][maxn];

//递归遍历并且输出以字符buf[r][c]为根的树
void dfs(int r, int c) {
  printf("%c(", buf[r][c]);
```

```
    if(r+1 < n && buf[r+1][c] == '|') { //有子树
      int i = c;
      while(i-1 >= 0 && buf[r+2][i-1] == '-') i--; //找“----”的左边界
      while(buf[r+2][i] == '-' && buf[r+3][i] != '\0') {
        if(!isspace(buf[r+3][i])) dfs(r+3, i); //fgets 读入的“\n”也满足 isspace()
        i++;
      }
    }
    printf(")");
  }

  void solve() {
    n = 0;
    for(;;) {
      fgets(buf[n], maxn, stdin);
      if(buf[n][0] == '#') break; else n++;
    }
    printf("(");
    if(n) {
      for(int i = 0; i < strlen(buf[0]); i++)
        if(buf[0][i] != ' ') { dfs(0, i); break; }
    }
    printf(")\n");
  }

  int main() {
    int T;
    fgets(buf[0], maxn, stdin);
    sscanf(buf[0], "%d", &T);
    while(T--) solve();
    return 0;
  }
```

例题 6-18　雕塑（Sculpture, ACM/ICPC NWERC 2008, UVa12171）

某雕塑由 n（$n \leqslant 50$）个边平行于坐标轴的长方体组成。每个长方体用 6 个整数 x_0，y_0，z_0，x，y，z 表示（均为 1~500 的整数），其中 x_0 为长方体的顶点中 x 坐标的最小值，x 表示长方体在 x 方向的总长度。其他 4 个值类似定义。你的任务是统计这个雕像的体积和表面积。注意，雕塑内部可能会有密闭的空间，其体积应计算在总体积中，但从“外部”看不见的面不应计入表面积。雕塑可能会由多个连通块组成。

【分析】

设想有一个三维坐标范围均为 1~500 个三维网格，如果一开始就把输入的 n 个长方体“画”到网格里，接下来就可以抛开那些长方体，只在网格中进行统计了。

还记得floodfill吗？它不仅能求出连通块的个数，还能准确地找出每个连通块各由哪些方格组成。虽然本题的研究对象是三维空间中的长方体，但丝毫不影响floodfill的作用，唯一的区别就是每个格子的相邻格子从二维情形的4个增加到了三维情形的6个。

本题的麻烦之处在于雕塑中间可能有封闭区域，甚至还有可能相互嵌套，看上去很复杂。但其实可以从反面思考：不考虑雕塑本身，而考虑“空气”。在网格周围加一圈“空气”（目的是为了让所有空气格子连通），然后做一次floodfill，就可以得到空气的“内表面积”和体积。这个表面积就是雕塑的外表面积，而雕塑体积等于总体积减去空气体积。

但还有一个大问题：空间占用。坐标为1~500的整数，一共需要500^3=1.25*10^8个单元。在第5章的例题“城市正视图”中介绍了离散化法，在这里它再次派上用场：每个维度最多只有$2n$≤100个不同的坐标，因此可以把500*500*500的网格离散化成100*100*100，单元格的数目降为原来的1/125。在floodfill时直接使用离散化后的新网格，但在统计表面积和体积时则需要使用原始坐标。

例题6-19　自组合（Self-Assembly, ACM/ICPC World Finals 2013, UVa 1572）

有n（n≤40000）种边上带标号的正方形。每条边上的标号要么为一个大写字母后面跟着一个加号或减号，要么为数字00。当且仅当两条边的字母相同且符号相反时，两条边能拼在一起（00不能和任何边拼在一起，包括另一条标号为00的边）。

假设输入的每种正方形都有无穷多种，而且可以旋转和翻转，你的任务是判断能否组成一个无限大的结构。每条边要么悬空（不和任何边相邻），要么和一个上述可拼接的边相邻。如图6-17（a）所示是3个正方形，图6-17（b）所示边是它们组成的一个合法结构（但大小有限）。

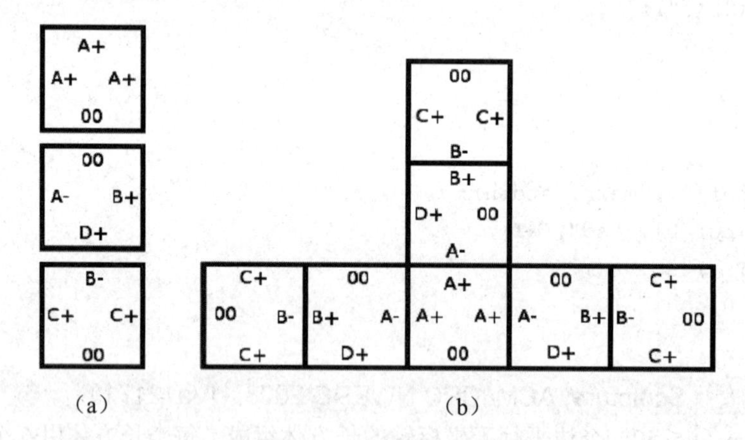

图6-17　自组合正方形

【分析】

本题看上去很难下手，但不难发现“可以旋转和翻转”是一个很有意思的条件，值得推敲。“无限大结构”并不一定能铺满整个平面，只需要能连出一条无限长的“通路”即可。借助于旋转和翻转，可以让这条“通路”总是往右和往下延伸，因此永远不会自交。这样一来，只需以某个正方形为起点开始“铺路”，一旦可以拼上一块和起点一样的正方形，无限重复下去就能得到一个无限大的结构。

可惜这样的分析仍然不够，因为正方形的数目 n 很大。进一步分析发现：实际上不需要正方形本身重复，而只需要边上的标号重复即可。这样问题就转化为：把标号看成点（一共只有 A+~Z+，A-~Z-这 52 种，因为 00 不能作为拼接点），正方形看作边，得到一个有向图。则当且仅当图中存在有向环时有解。只需要做一次拓扑排序即可。

例题 6-20　理想路径（Ideal Path, NEERC 2010, UVa1599）

给一个 n 个点 m 条边（$2 \leqslant n \leqslant 100000$，$1 \leqslant m \leqslant 200000$）的无向图，每条边上都涂有一种颜色。求从结点 1 到结点 n 的一条路径，使得经过的边数尽量少，在此前提下，经过边的颜色序列的字典序最小。一对结点间可能有多条边，一条边可能连接两个相同结点。输入保证结点 1 可以达到结点 n。颜色为 $1 \sim 10^9$ 的整数。

【分析】

首先回顾一下第 3 章中介绍的“字典序”。对于字符串来说，字典序就是在字典里的顺序。例如，ab 在 cd 的前面，cde 在 a 的后面，abcd 在 abcde 的前面。这个定义可以扩展到序列：序列(1, 2)在(3, 4, 5)的前面，(4, 5, 6)在(4, 5)的后面。

抛开字典序不谈，本题只是一个普通的最短路问题，可以用 BFS 解决。但是之前的“记录父结点”的方法已经不适用了，因为这样打印出来的路径并不能保证字典序最小。怎么办呢？

事实上，无须记录父结点也能得到最短路，方法是从终点开始“倒着”BFS，得到每个结点 i 到终点的最短距离 d[i]，然后直接从起点开始走，但是每次到达一个新结点时要保证 d 值恰好减少 1（如有多个选择则可以随便走），直到到达终点。可以证明（想一想，为什么）：这样走过的路径一定是一条最短路。

有了上述结论，本题就不难解决了：直接从起点开始按照上述规则走，如果有多种走法，选颜色字典序最小的走；如果有多条边的颜色字典序都是最小，则记录所有这些边的终点，走下一步时要考虑从所有这些点出发的边。聪明的读者应该已经看出来了：这实际上是又做了一次 BFS，因此时间复杂度仍为 $O(m)$。其实本题也可以只进行一次 BFS，不过要从终点开始逆向进行，有兴趣的读者可以自行研究。

本题非常重要，强烈建议读者编写程序。

例题 6-21　系统依赖（System Dependencies, ACM/ICPC World Finals 1997, UVa506）

软件组件之间可能会有依赖关系，例如，TELNET 和 FTP 都依赖于 TCP/IP。你的任务是模拟安装和卸载软件组件的过程。首先是一些 DEPEND 指令，说明软件之间的依赖关系（保证不存在循环依赖），然后是一些 INSTALL、REMOVE 和 LIST 指令，如表 6-1 所示。

表 6-1　指令说明

指　　令	说　　明
DEPEND item1 item2 [item3 ...]	item1 依赖组件 item2, item3, ...
INSTALL item1	安装 item1 和它的依赖（已安装过的不用重新安装）
REMOVE item1	卸载 item1 和它的依赖（如果某组件还被其他显式安装的组件所依赖，则不能卸载这个组件）
LIST	输出所有已安装组件

在INSTALL指令中提到的组件称为显式安装，这些组件必须用REMOVE指令显式删除。同样地，被这些显式安装组件所直接或间接依赖的其他组件也不能在REMOVE指令中删除。

每行指令包含不超过80个字符，所有组件名称都是大小写敏感的。指令名称均为大写字母。

【分析】

这道题目在概念上并没有什么难点，但是有一些细节问题容易写错。首先，维护一个组件名字列表，这样可以把输入中的组件名全部转化为整数编号。接下来用两个 vector 数组 depend[x]和 depend2[x]分别表示组件 x 所依赖的组件列表和依赖于 x 的组件列表（即当读到 DEPEND x y 时要把 y 加入 depend[x]，把 x 加入 depend2[y]），这样就可以方便地安装、删除组件，以及判断某个组件是否仍然需要了。

为了区分显式安装和隐式，需要一个数组 status[x]，0 表示组件 x 未安装，1 表示隐式显式安装，2 表示隐式安装，则安装组件的代码如下：

```
void install(int item, bool toplevel) {
  if(!status[item]) {
    for(int i = 0; i < depend[item].size(); i++)
      install(depend[item][i], false);
    cout << "   Installing " << name[item] << "\n";
    status[item] = toplevel ? 1 : 2;
    installed.push_back(item);
  }
}
```

删除的顺序相反：首先判断本组件是否能删除，如果可以删除，在删除之后再递归删除它所依赖的组件：

```
bool needed(int item) {
  for(int i = 0; i < depend2[item].size(); i++)
    if(status[depend2[item][i]]) return true;
  return false;
}

void remove(int item, bool toplevel) {
  if((toplevel || status[item] == 2) && !needed(item)) {
    status[item] = 0;
    installed.erase(remove(installed.begin(), installed.end(), item),
                    installed.end());
    cout << "   Removing " << name[item] << "\n";
    for(int i = 0; i < depend[item].size(); i++)
      remove(depend[item][i], false);
  }
}
```

例题 6-22　战场（Paintball, UVa 11853）

有一个 1000×1000 的正方形战场，战场西南角的坐标为(0,0)，西北角的坐标为(0,1000)。战场上有 n（0≤n≤1000）个敌人，第 i 个敌人的坐标为(x_i,y_i)，攻击范围为 r_i。为了避开敌人的攻击，在任意时刻，你与每个敌人的距离都必须严格大于它的攻击范围。你的任务是从战场的西边（x=0 的某个点）进入，东边（x=1000 的某个点）离开。如果有多个位置可以进/出，你应当求出最靠北的位置。输入每个敌人的 x_i、y_i、r_i，输出进入战场和离开战场的坐标。

【分析】

本题初看起来比较麻烦，不妨把它简化一下：先判断是否有解，再考虑如何求出最靠北的位置。首先，可以把每个敌人抽象成一个圆，圆心就是他所在位置，半径是攻击范围，则本题变成了：正方形内有 n 个圆形障碍物，是否能从左边界走到右边界？

下一步需要一点创造性思维：把正方形战场看成一个湖，障碍物看成踏脚石，如果可以从上边界“走”到下边界，沿途经过的障碍物就会把湖隔成左右两半，相互无法到达，即本题无解；另一方面，如果从上边界走不到下边界，虽然仍然可能会出现某些封闭区域（图 6-18 中灰色区域），但一定可以从左边界的某个地方到达右边界的某个地方，如图 6-18 所示。

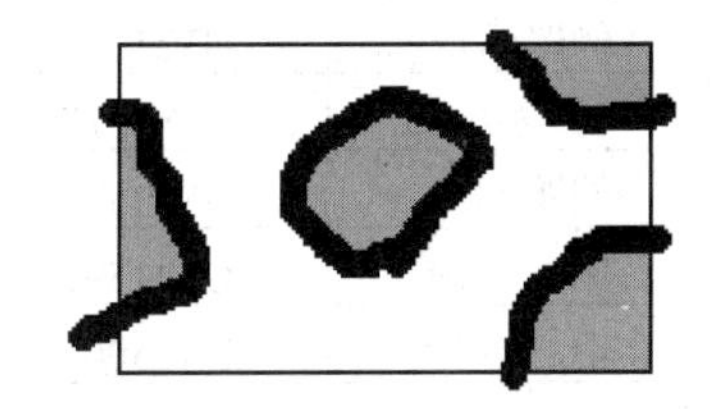

图 6-18　战场示意图

这样，解的存在性只需一次 DFS 或 BFS 判连通即可。如何求出最北的进/出位置呢？方法如下：从上边界开始遍历，沿途检查与边界相交的圆。这些圆和左边界的交点中最靠南边的一个就是所求的最北进入位置，和右边界的最南交点就是所求的最北离开位置。

6.6　训练参考

本章介绍形形色色的数据结构，包括线性表、树状结构和图。其中线性表的很多实现技巧已经在第 5 章中讨论过，但是树和图的内容是全新的。树及其遍历是初学者学习数据结构的一个门槛，所以本章展示了很多代码。本章中介绍的“图”仅是基本概念和最常用的算法，但仍有不少问题仅需要这些概念和基本算法就能解决，建议读者仔细体会本章的竞赛题目。

表 6-2 为例题列表，其中带星号的是难度较大的题目。

表 6-2　例题列表

类　别	题　号	题目名称（英文）	备　注
例题 6-1	UVa210	Concurrency Simulator	双端队列
例题 6-2	UVa514	Rails	栈
例题 6-3	UVa442	Matrix Chain Multiplication	用栈实现简单的表达式解析
例题 6-4	UVa11988	Broken Keyboard (a.k.a. Beiju Text)	链表
例题 6-5	UVa12657	Boxes in a Line	双向链表

续表

类　别	题　号	题目名称（英文）	备　注
例题 6-6	UVa679	Dropping Balls	完全二叉树编号
例题 6-7	UVa122	Trees on the level	二叉树的动态创建与 BFS
例题 6-8	UVa548	Tree	从中序和后序恢复二叉树
例题 6-9	UVa839	Not so Mobile	二叉树的 DFS
例题 6-10	UVa699	The Falling Leaves	二叉树的 DFS
例题 6-11	UVa297	Quadtrees	四分树
例题 6-12	UVa572	Oil Deposits	图的连通块（DFS）
例题 6-13	UVa1103	Ancient Messages	图的连通块的应用
例题 6-14	UVa816	Abbott's Revenge	图的最短路（BFS）
例题 6-15	UVa10305	Ordering Tasks	拓扑排序
例题 6-16	UVa10129	Play On Words	欧拉回路
例题 6-17	UVa10562	Undraw the Trees	多叉树的 DFS
*例题 6-18	UVa12171	Sculpture	离散化；floodfill
例题 6-19	UVa1572	Self-Assembly	图论模型
例题 6-20	UVa1599	Ideal Path	图的 BFS 树
例题 6-21	UVa506	System Dependencies	图的概念和拓扑序
*例题 6-22	UVa11853	Paintball	对偶图

接下来是习题。本章的习题大都很传统，但部分题目的意思比较复杂，需要认真理解。建议读者完成至少 8 道习题，最好是 10 道以上。

习题 6-1　平衡的括号（Parentheses Balance, UVa 673）

输入一个包含“()”和“[]”的括号序列，判断是否合法。具体规则如下：

- 空串合法。
- 如果 A 和 B 都合法，则 AB 合法。
- 如果 A 合法则(A)和[A]都合法。

习题 6-2　S 树（S-Trees, UVa 712）

给出一棵满二叉树，每一层代表一个 01 变量，取 0 时往左走，取 1 时往右走。例如，图 6-19（a）和图 6-19（b）都对应表达式 $x_1 \wedge (x_2 \vee x_3)$。

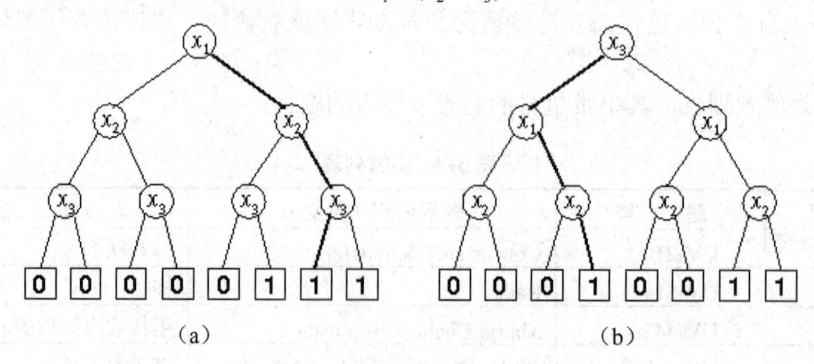

图 6-19　S 树

给出所有叶子的值以及一些查询（即每个变量 x_i 的取值），求每个查询到达的叶子的值。例如，有 4 个查询：000、010、111、110，则输出应为 0011。

习题 6-3　二叉树重建（Tree Recovery, ULM 1997, UVa 536）

输入一棵二叉树的先序遍历和中序遍历序列，输出后序遍历序列，如图 6-20 所示。

样例输入	样例输出
DBACEGF ABCDEFG	ACBFGED
BCAD CBAD	CDAB

图 6-20　二叉树重建

习题 6-4　骑士的移动（Knight Moves, UVa 439）

输入标准 8*8 国际象棋棋盘上的两个格子（列用 a~h 表示，行用 1~8 表示），求马最少需要多少步从起点跳到终点。例如从 a1 到 b2 需要 4 步。马的移动方式如图 6-21 所示。

习题 6-5　巡逻机器人（Patrol Robot, ACM/ICPC Hanoi 2006, UVa1600）

机器人要从一个 $m*n$（$1 \leqslant m, n \leqslant 20$）网格的左上角(1,1)走到右下角$(m,n)$。网格中的一些格子是空地（用 0 表示），其他格子是障碍（用 1 表示）。机器人每次可以往 4 个方向走一格，但不能连续地穿越 k（$0 \leqslant k \leqslant 20$）个障碍，求最短路长度。起点和终点保证是空地。例如，对于图 6-22（a）中的数据，图 6-22（b）中显示的是最优解，路径长度为 10。

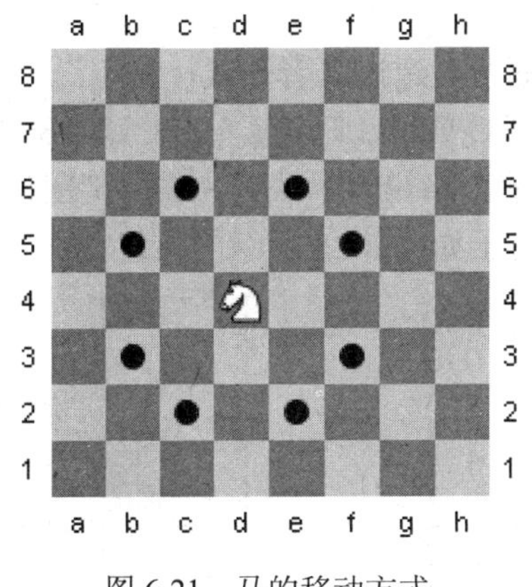

图 6-21　马的移动方式

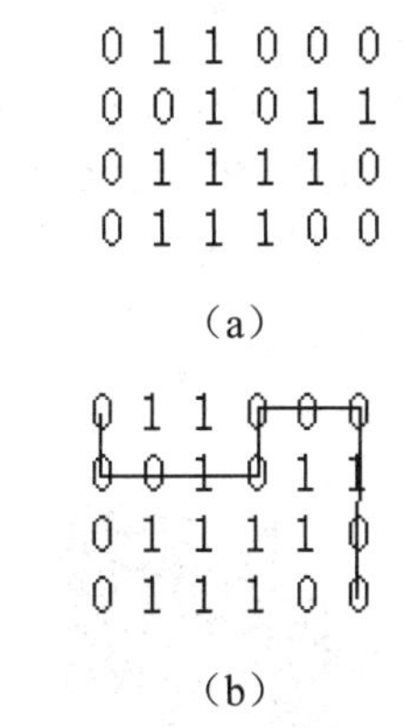

图 6-22　最短路径示例

习题 6-6　修改天平（Equilibrium Mobile, NWERC 2008, UVa12166）

给一个深度不超过 16 的二叉树，代表一个天平。每根杆都悬挂在中间，每个秤砣的重量已知。至少修改多少个秤砣的重量才能让天平平衡？如图 6-23 所示，把 7 改成 3 即可。

习题 6-7　Petri 网模拟（Petri Net Simulation, ACM/ICPC World Finals 1998, UVa804）

你的任务是模拟 Petri 网的变迁。Petri 网包含 NP 个库所（用 P1，P2…表示）和 NT 个变迁（用 T1，T2…表示）。0<NP, NT<100。当每个变迁的每个输入库所都至少有一个 token 时，变迁是允许的。变迁发生的结果是每个输入库所减少一个 token，每个输出库所增加一个 token。变迁的发生是原子性的，即所有 token 的增加和减少应同时进行。注意，一个变迁可能有多个相同的输入或者输出。如果一个库所在变迁的输入库所列表中出现了两次，

则 token 会减少两个。输出库所也是类似。如果有多个变迁是允许的，一次只能发生一个。

如图 6-24 所示，一开始只有 T1 是允许的，发生一次 T1 变迁之后有一个 token 会从 P1 移动到 P2，但仍然只有 T1 是允许的，因为 T2 要求 P2 有两个 token。再发生一次 T1 变迁之后 P1 中只剩一个 token，而 P2 中有两个，因为 T1 和 T2 都可以发生。假定 T2 发生，则 P2 中不再有 token，而 P3 中有一个 token，因此 T1 和 T3 都是允许的。

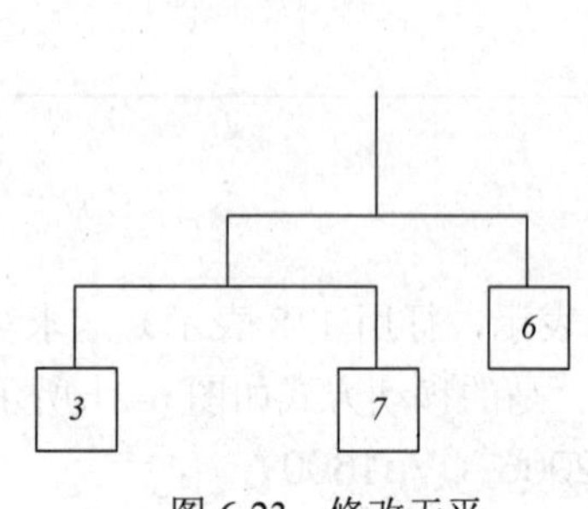

图 6-23　修改天平

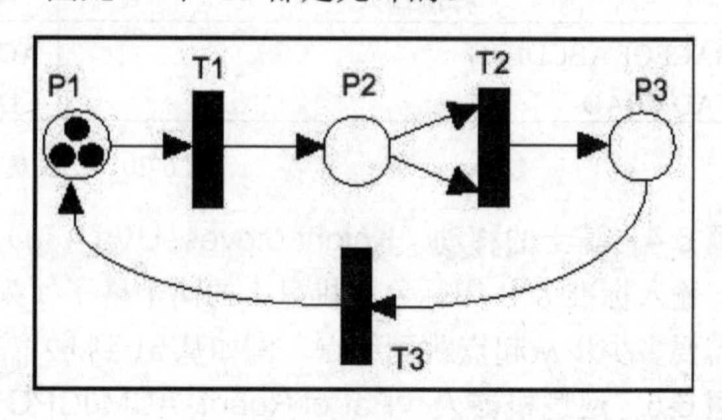

图 6-24　Petri 网模拟

输入一个 Petri 网络。初始时每个库所都有一个 token。每个变迁用一个整数序列表示，负数表示输入库所，正数表示输出库所。每个变迁至少包含一个输入和一个输出。最后输入一个整数 NF，表示要发生 NF 次变迁（同时有多个变迁允许时可以任选一个发生，输入保证这个选择不会影响最终结果）。

本题有一定实际意义，理解题意后编码并不复杂，建议读者一试。

习题 6-8　空间结构（Spatial Structures, ACM/ICPC World Finals 1998, UVa806）

黑白图像有两种表示法：点阵表示和路径表示。路径表示法首先需要把图像转化为四分树，然后记录所有黑结点到根的路径。例如，对于如图 6-25 所示的图像。

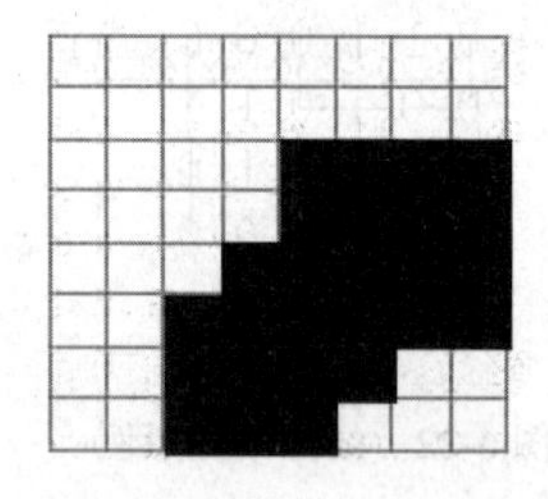

```
0 0 0 0 0 0 0 0
0 0 0 0 0 0 0 0
0 0 0 0 1 1 1 1
0 0 0 0 1 1 1 1
0 0 0 1 1 1 1 1
0 0 1 1 1 1 1 1
0 0 1 1 1 1 0 0
0 0 1 1 1 0 0 0
```

图 6-25　黑白图像

四分树如图 6-26 所示。

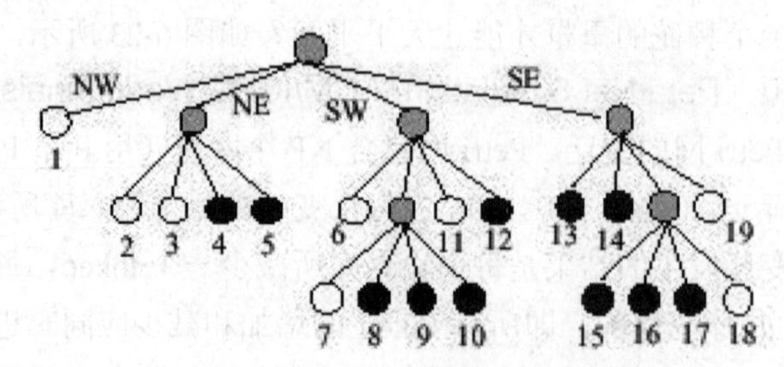

图 6-26　黑白图像四分树

NW、NE、SW、SE 分别用 1、2、3、4 表示。最后把得到的数字串看成是五进制的，转化为十进制后排序。例如上面的树在转化、排序后的结果是：9 14 17 22 23 44 63 69 88 94 113。

你的任务是在这两种表示法之间进行转换。在点阵表示法中，1 表示黑色，0 表示白色。图像总是正方形的，且长度 n 为 2 的整数幂，并满足 $n \leqslant 64$。输入输出细节请参见原题。

本题有一定实际意义，而且需要注意细节，建议读者一试。

习题 6-9　纸牌游戏（"Accordian" Patience, UVa 127）

把 52 张牌从左到右排好，每张牌自成一个牌堆（pile）。当某张牌与它左边那张牌或者左边第 3 张牌“match”（花色 suit 或者点数 rank 相同）时，就把这张牌移到那张牌上面。移动之后还要查看是否可以进行其他移动。只有位于牌堆顶部的牌才能移动或者参与 match。当牌堆之间出现空隙时要立刻把右边的所有牌堆左移一格来填补空隙。如果有多张牌可以移动，先移动最左边的那张牌；如果既可以移一格也可以移 3 格时，移 3 格。按顺序输入 52 张牌，输出最后的牌堆数以及各牌堆的牌数。

样例输入：

```
QD AD 8H 5S 3H 5H TC 4D JH KS 6H 8S JS AC AS 8D 2H QS TS 3S AH 4H TH TD
3C 6S
8C 7D 4C 4S 7S 9H 7C 5D 2S KD 2D QH JD 6D 9D JC 2C KH 3D QC 6C 9S KC 7H
9C 5C
AC 2C 3C 4C 5C 6C 7C 8C 9C TC JC QC KC AD 2D 3D 4D 5D 6D 7D 8D TD 9D JD
QD KD
AH 2H 3H 4H 5H 6H 7H 8H 9H KH 6S QH TH AS 2S 3S 4S 5S JH 7S 8S 9S TS JS
QS KS
#
```

样例输出：

```
6 piles remaining: 40 8 1 1 1 1
1 pile remaining: 52
```

习题 6-10　10-20-30 游戏（10-20-30, ACM/ICPC World Finals 1996, UVa246）

有一种纸牌游戏叫做 10-20-30。游戏使用除大王和小王之外的 52 张牌，J、Q、K 的面值是 10，A 的面值是 1，其他牌的面值等于它的点数。

把 52 张牌叠放在一起放在手里，然后从最上面开始依次拿出 7 张牌从左到右摆成一条直线放在桌子上，每一张牌代表一个牌堆。每次取出手中最上面的一张牌，从左至右依次放在各个牌堆的最下面。当往最右边的牌堆放了一张牌以后，重新往最左边的牌堆上放牌。

如果当某张牌放在某个牌堆上后，牌堆的最上面两张和最下面一张牌的和等于 10、20 或者 30，这 3 张牌将会从牌堆中拿走，然后按顺序放回手中并压在最下面。如果没有出现这种情况，将会检查最上面一张和最下面两张牌的和是否为 10、20 或者 30，解决方法类似。如果仍然没有出现这种情况，最后检查最下面的 3 张牌的和，并用类似的方法处理。例如，如果某一牌堆中的牌从上到下依次是 5、9、7、3，那么放上 6 以后的布局如图 6-27 所示。

original pile

after playing 6

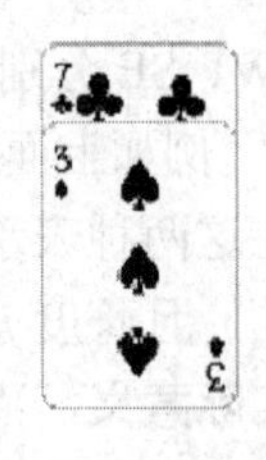
after picking up

图 6-27　放上 6 后布局

如果放的不是 6，而是 Q，对应的情况如图 6-28 所示。

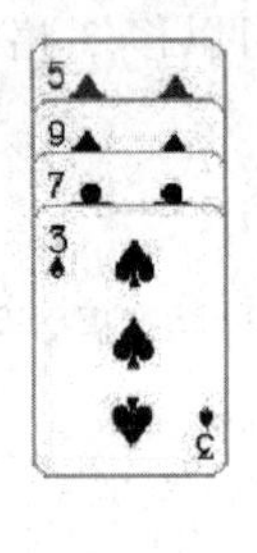
original pile

after playing queen

after picking up

图 6-28　放上 Q 后布局

如果某次操作后某牌堆中没有剩下一张牌，那么将该牌堆便永远地清除掉，并把它右边的所有牌堆顺次往左移。如果所有牌堆都清除了，游戏胜利结束；如果手里没有牌了，游戏以失败告终；有时游戏永远无法结束，这时则称游戏出现循环。给出 52 张牌最开始在手中的顺序，请模拟这个游戏并计算出游戏结果。

习题 6-11　树重建（Tree Reconstruction, UVa 10410）

输入一个 n（$n \leqslant 1000$）结点树的 BFS 序列和 DFS 序列，你的任务是输出每个结点的子结点列表。输入序列（不管是 BFS 还是 DFS）是这样生成的：当一个结点被扩展时，其所有子结点应该按照编号从小到大的顺序访问。

例如，若 BFS 序列为 4 3 5 1 2 8 7 6，DFS 序列为 4 3 1 7 2 6 5 8，则一棵满足条件的树如图 6-29 所示。

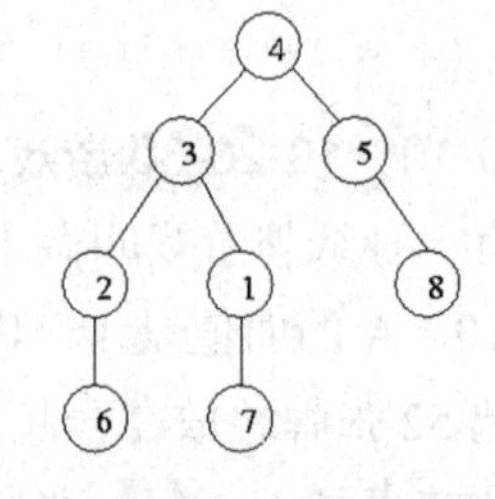

图 6-29　树重建

习题 6-12　筛子难题（A Dicey Problem, ACM/ICPC World Finals 1999, UVa810）

图 6-30（a）是一个迷宫，图 6-30（b）是一个筛子。你的任务是把筛子放在起点（筛子顶面和正面的数字由输入给定），经过若干次滚动以后回到起点。

每次到达一个新格子时，格子上的数字必须和与它接触的筛子上的数字相同，除非到达的格子上画着五星（此时，与它接触的筛子上的数字可以任意）。输入一个 R 和 C 行（$1 \leqslant R, C \leqslant 10$）的迷宫、起点坐标以及顶面、正面的数字，输出一条可行的路径。

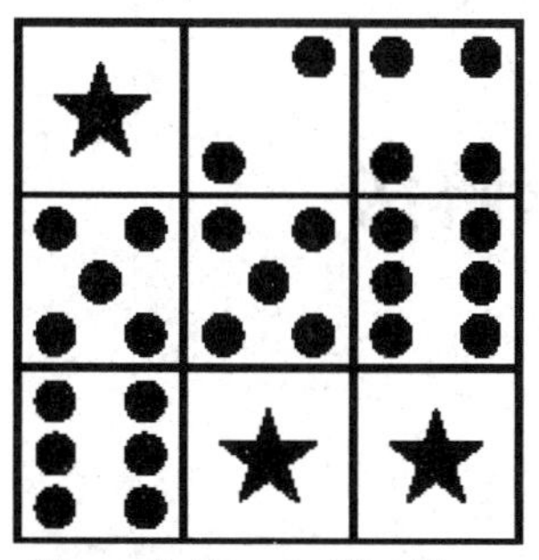

Figure 1: Sample Dice Maze

（a）

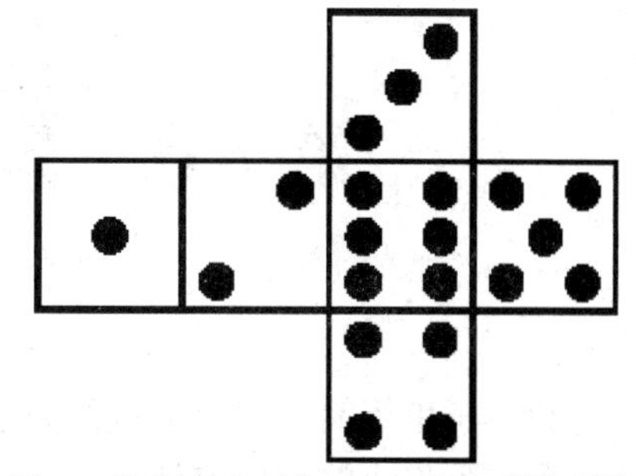

Figure 2: Standard Layout of Six-Sided Die

（b）

图 6-30　筛子难题

习题 6-13　电子表格计算器（Spreadsheet Calculator, ACM/ICPC World Finals 1992, UVa215）

在一个 R 行 C 列（$R\leqslant 20$，$C\leqslant 10$）的电子表格中，行编号为 A~T，列编号为 0~9。按照行优先顺序输入电子表格的各个单元格。每个单元格可能是整数（可能是负数）或者引用了其他单元格的表达式（只包含非负整数、单元格名称和加减号，没有括号）。表达式保证以单元格名称开头，内部不含空白字符，且最多包含 75 个字符。

尽量计算出所有表达式的值，然后输出各个单元格的值（计算结果保证为绝对值不超过 10000 的整数）。如果某些单元格循环引用，在表格之后输出（仍按行优先顺序），如图 6-31 所示。

样例输入	样例输出
2 2 A1+B1 5 3 B0-A1 3 2 A0 5 C1 7 A1+B1 B0+A1 0 0	0 1 A 3 5 B 3 -2 A0: A0 B0: C1 C1: B0+A1

图 6-31　电子表格计算器输入与输出

习题 6-14　检查员的难题（Inspector's Dilemma, ACM/ICPC Dhaka 2007, UVa12118）

某国家有 V（$V\leqslant 1000$）个城市，每两个城市之间都有一条双向道路直接相连，长度为 T。你的任务是找一条最短的道路（起点和终点任意），使得该道路经过 E 条指定的边。

例如，若 V=5，E=3，T=1，指定的 3 条边为 1-2、1-3 和 4-5，则最优道路为 3-1-2-4-5，长度为 4*1=4。

第7章 暴力求解法

学习目标

- ☑ 掌握整数、子串等简单对象的枚举方法
- ☑ 熟练掌握排列生成的递归方法
- ☑ 熟练掌握用“下一个排列”枚举全排列的方法
- ☑ 理解解答树，并能估算典型解答树的结点数
- ☑ 熟练掌握子集生成的增量法、位向量法和二进制法
- ☑ 熟练掌握回溯法框架，并能理解为什么它往往比生成-测试法高效
- ☑ 掌握回溯法的常见优化方法
- ☑ 熟练掌握八数码问题的BFS实现，包括结点查找表的哈希实现和STL集合实现
- ☑ 熟练掌握埃及分数问题的IDA*实现

很多问题都可以“暴力解决”——不用动太多脑筋，把所有可能性都列举出来，然后一一试验。尽管这样的方法显得很“笨”，但却常常是行之有效的。

7.1 简单枚举

在枚举复杂对象之前，先尝试着枚举一些相对简单的内容，如整数、子串等。尽管暴力枚举不用太动脑筋，但对问题进行一定的分析往往会让算法更加简洁、高效。

提示 7-1： 即使采用暴力法求解问题，对问题进行一定的分析往往会让算法更简洁、高效。

例题 7-1 除法（Division, UVa 725）

输入正整数 n，按从小到大的顺序输出所有形如 $abcde/fghij = n$ 的表达式，其中 a~j 恰好为数字 0~9 的一个排列（可以有前导 0），$2 \leqslant n \leqslant 79$。

样例输入：

```
62
```

样例输出：

```
79546 / 01283 = 62
94736 / 01528 = 62
```

【分析】

枚举 0~9 的所有排列？没这个必要。只需要枚举 *fghij* 就可以算出 *abcde*，然后判断是否所有数字都不相同即可。不仅程序简单，而且枚举量也从 10!=3628800 降低至不到 1 万，

而且当 abcde 和 fghij 加起来超过 10 位时可以终止枚举。由此可见，即使采用暴力枚举，也是需要认真分析问题的。

例题 7-2　最大乘积（Maximum Product, UVa 11059）

输入 n 个元素组成的序列 S，你需要找出一个乘积最大的连续子序列。如果这个最大的乘积不是正数，应输出 0（表示无解）。$1 \leqslant n \leqslant 18$，$-10 \leqslant S_i \leqslant 10$。

样例输入：

```
3
2 4-3
5
2 5 -1 2 -1
```

样例输出：

```
8
20
```

【分析】

连续子序列有两个要素：起点和终点，因此只需枚举起点和终点即可。由于每个元素的绝对值不超过 10 且不超过 18 个元素，最大可能的乘积不会超过 10^{18}，可以用 long long 存储。

例题 7-3　分数拆分（Fractions Again?!, UVa 10976）

输入正整数 k，找到所有的正整数 $x \geqslant y$，使得 $\frac{1}{k}=\frac{1}{x}+\frac{1}{y}$。

样例输入：

```
2
12
```

样例输出：

```
2
1/2 = 1/6 + 1/3
1/2 = 1/4 + 1/4
8
1/12 = 1/156 + 1/13
1/12 = 1/84 + 1/14
1/12 = 1/60 + 1/15
1/12 = 1/48 + 1/16
1/12 = 1/36 + 1/18
1/12 = 1/30 + 1/20
1/12 = 1/28 + 1/21
1/12 = 1/24 + 1/24
```

【分析】

既然要求找出所有的x、y，枚举对象自然就是x、y了。可问题在于，枚举的范围如何？从 1/12=1/156+1/13 可以看出，x可以比y大很多。难道要无休止地枚举下去？当然不是。由于$x \geqslant y$，有$\frac{1}{x} \leqslant \frac{1}{y}$，因此$\frac{1}{k}-\frac{1}{y} \leqslant \frac{1}{y}$，即$y \leqslant 2k$。这样，只需要在$2k$范围之内枚举$y$，然后根据$y$尝试计算出$x$即可。

7.2 枚举排列

有没有想过如何打印所有排列呢？输入整数 n，按字典序从小到大的顺序输出前 n 个数的所有排列。前面讲过，两个序列的字典序大小关系等价于从头开始第一个不相同位置处的大小关系。例如，(1,3,2) < (2,1,3)，字典序最小的排列是(1, 2, 3, 4,⋯, n)，最大的排列是(n, n−1, n−2,⋯, 1)。n=3 时，所有排列的排序结果是(1, 2, 3)、(1, 3, 2)、(2, 1, 3)、(2, 3, 1)、(3, 1, 2)、(3, 2, 1)。

7.2.1 生成 1~n 的排列

我们尝试用递归的思想解决：先输出所有以 1 开头的排列（这一步是递归调用），然后输出以 2 开头的排列（又是递归调用），接着是以 3 开头的排列……最后才是以 n 开头的排列。

以 1 开头的排列的特点是：第一位是 1，后面是 2~9 的排列。根据字典序的定义，这些 2~9 的排列也必须按照字典序排列。换句话说，需要“按照字典序输出 2~9 的排列”，不过需注意的是，在输出时，每个排列的最前面要加上“1”。这样一来，所设计的递归函数需要以下参数：

- ❑ 已经确定的“前缀”序列，以便输出。
- ❑ 需要进行全排列的元素集合，以便依次选做第一个元素。

这样可得到一个伪代码：

```
void print_permutation(序列A, 集合S)
{
    if(S为空) 输出序列A;
    else 按照从小到大的顺序依次考虑S的每个元素v
    {
        print_permutation(在A的末尾填加v后得到的新序列, S-{v});
    }
}
```

暂时不用考虑序列 A 和集合 S 如何表示，首先理解一下上面的伪代码。递归边界是 S 为空的情形，这很好理解：现在序列 A 就是一个完整的排列，直接输出即可。接下来按照从小到大的顺序考虑 S 中的每个元素，每次递归调用以 A 开头。

下面考虑程序实现。不难想到用数组表示序列 A，而集合 S 根本不用保存，因为它可以由序列 A 完全确定——A 中没有出现的元素都可以选。C 语言中的函数在接受数组参数时无法得知数组的元素个数，所以需要传一个已经填好的位置个数，或者当前需要确定的元素位置 cur，代码如下：

```
void print_permutation(int n, int* A, int cur) {
  if(cur == n) {                              //递归边界
    for(int i = 0; i < n; i++) printf("%d ", A[i]);
    printf("\n");
  }
  else for(int i = 1; i <= n; i++) {     //尝试在 A[cur]中填各种整数 i
    int ok = 1;
    for(int j = 0; j < cur; j++)
      if(A[j] == i) ok = 0;        //如果 i 已经在 A[0]~A[cur-1]出现过，则不能再选
    if(ok) {
      A[cur] = i;
      print_permutation(n, A, cur+1); //递归调用
    }
  }
}
```

循环变量 i 是当前考察的 A[cur]。为了检查元素 i 是否已经用过，上面的程序用到了一个标志变量 ok，初始值为 1（真），如果发现有某个 A[j]==i 时，则改为 0（假）。如果最终 ok 仍为 1，则说明 i 没有在序列中出现过，把它添加到序列末尾（A[cur]=i）后递归调用。

声明一个足够大的数组 A，然后调用 print_permutation(n, A, 0)，即可按字典序输出 1~n 的所有排列。

7.2.2 生成可重集的排列

如果把问题改成：输入数组 P，并按字典序输出数组 A 各元素的所有全排列，则需要对上述程序进行修改——把 P 加到 print_permutation 的参数列表中，然后把代码中的 if(A[j] == i) 和 A[cur] = i 分别改成 if(A[j] == P[i])和 A[cur] = P[i]。这样，只要把 P 的所有元素按从小到大的顺序排序，然后调用 print_permutation(n, P, A, 0)即可。

这个方法看上去不错，可惜有一个小问题：输入 1 1 1 后，程序什么也不输出（正确答案应该是唯一的全排列 1 1 1），原因在于，这样禁止 A 数组中出现重复，而在 P 中本来就有重复元素时，这个“禁令”是错误的。

一个解决方法是统计 A[0]~A[cur−1]中 P[i]的出现次数 c1，以及 P 数组中 P[i]的出现次数 c2。只要 c1<c2，就能递归调用。

```
else for(int i = 0; i < n; i++) {
  int c1 = 0, c2 = 0;
```

```
    for(int j = 0; j < cur; j++) if(A[j] == P[i]) c1++;
    for(int j = 0; j < n; j++) if(P[i] == P[j]) c2++;
    if(c1 < c2) {
     A[cur] = P[i];
     print_permutation(n, P, A, cur+1);
    }
  }
```

结果又如何呢？输入1 1 1，输出了27个1 1 1。遗漏没有了，但是出现了重复：先试着把第1个1作为开头，递归调用结束后再尝试用第2个1作为开头，递归调用结束后再尝试用第3个1作为开头，再一次递归调用。可实际上这3个1是相同的，应只递归1次，而不是3次。

换句话说，我们枚举的下标i应不重复、不遗漏地取遍所有P[i]值。由于P数组已经排过序，所以只需检查P的第一个元素和所有“与前一个元素不相同”的元素，即只需在“for(i = 0; i < n; i++)”和其后的花括号之前加上“if(!i || P[i] != P[i-1])”即可。

至此，结果终于正确了。

7.2.3 解答树

假设 n=4，序列为{1,2,3,4}，如图7-1所示的树显示出了递归函数的调用过程。其中，结点内部的序列表示A，位置cur用高亮表示，另外，由于从该处开始的元素和算法无关，因此用星号表示。

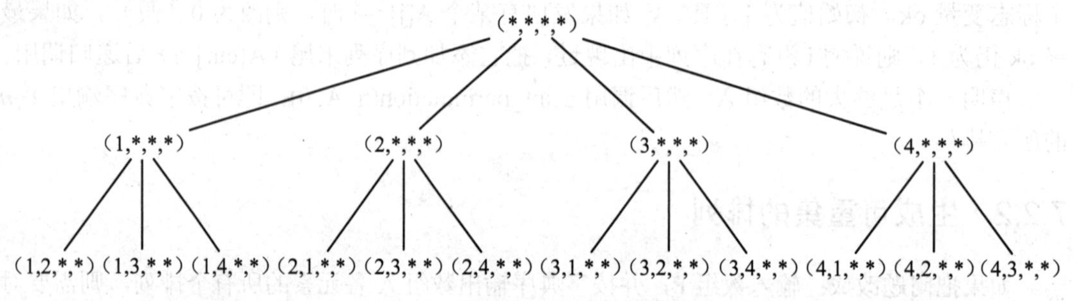

图7-1 排列生成算法的解答树

这棵树和前面介绍过的二叉树不同。第0层（根）结点有 n 个子结点，第1层结点各有 n-1个子结点，第2层结点各有 n-2个子结点，第3层结点各有 n-3个子结点，……，第 n 层结点都没有子结点（即都是叶子），而每个叶子对应于一个排列，共有 n!个叶子。由于这棵树展示的是从“什么都没做”逐步生成完整解的过程，因此将其称为解答树。

提示7-2：如果某问题的解可以由多个步骤得到，而每个步骤都有若干种选择（这些候选方案集可能会依赖于先前作出的选择），且可以用递归枚举法实现，则它的工作方式可以用解答树来描述。

这棵解答树一共有多少个结点呢？可以逐层查看：第0层有1个结点，第1层 n 个，第

2 层有 $n*(n-1)$个结点（因为第 1 层的每个结点都有 $n-1$ 个结点），第 3 层有 $n*(n-1)*(n-2)$个（因为第 2 层的每个结点都有 $n-2$ 个结点），……，第 n 层有 $n*(n-1)*(n-2)*\cdots*2*1=n!$个。

下面把它们加起来。为了推导方便，把 $n*(n-1)*(n-2)*\cdots*(n-k)$写成 $n!/(n-k-1)!$，则所有结点之和为：

$$T(n)=\sum_{k=0}^{n-1}\frac{n!}{(n-k-1)!}=n!\sum_{k=0}^{n-1}\frac{1}{(n-k-1)!}=n!\sum_{k=0}^{n-1}\frac{1}{k!}$$

根据高等数学中的泰勒展开公式，$\lim_{n\to\infty}\sum_{k=0}^{n-1}\frac{1}{k!}=\mathrm{e}$，因此 $T(n)<n!\ e=O(n!)$。由于叶子有 $n!$个，倒数第二层也有 $n!$个结点，因此上面的各层全部加起来也不到 $n!$。这是一个很重要的结论：在多数情况下，解答树上的结点几乎全部来源于最后一两层。和它们相比，上面的结点数可以忽略不计。

不熟悉泰勒展开公式也没有关系：可以写一个程序，输出 $\sum_{k=0}^{n-1}\frac{1}{k!}$ 随着 n 增大时的变化，并发现它能很快收敛。这就是计算机的优点之一——可以通过模拟避开数学推导。即使无法严密而精确地求解，也可以找到令人信服的实验数据。

7.2.4　下一个排列

枚举所有排列的另一个方法是从字典序最小排列开始，不停调用“求下一个排列”的过程。如何求下一个排列呢？C++的 STL 中提供了一个库函数 next_permutation。看看下面的代码片段，就会明白如何使用它了。

```
#include<cstdio>
#include<algorithm> //包含 next_permutation
using namespace std;
int main() {
  int n, p[10];
  scanf("%d", &n);
  for(int i = 0; i < n; i++) scanf("%d", &p[i]);
  sort(p, p+n);                                   //排序，得到 p 的最小排列
  do {
    for(int i = 0; i < n; i++) printf("%d ", p[i]); //输出排列 p
    printf("\n");
  } while(next_permutation(p, p+n));              //求下一个排列
  return 0;
}
```

需要注意的是，上述代码同样适用于可重集。

提示 7-3：枚举排列的常见方法有两种：一是递归枚举，二是用 STL 中的 next_permutation。

7.3 子 集 生 成

第 7.2 节中介绍了排列生成算法。本节介绍子集生成算法：给定一个集合，枚举所有可能的子集。为了简单起见，本节讨论的集合中没有重复元素。

7.3.1 增量构造法

第一种思路是一次选出一个元素放到集合中，程序如下：

```
void print_subset(int n, int* A, int cur) {
  for(int i = 0; i < cur; i++) printf("%d ", A[i]);      //打印当前集合
  printf("\n");
  int s = cur ? A[cur-1]+1 : 0;              //确定当前元素的最小可能值
  for(int i = s; i < n; i++) {
    A[cur] = i;
    print_subset(n, A, cur+1);               //递归构造子集
  }
}
```

和前面不同，由于 A 中的元素个数不确定，每次递归调用都要输出当前集合。另外，递归边界也不需要显式确定——如果无法继续添加元素，自然就不会再递归了。

上面的代码用到了定序的技巧：规定集合 A 中所有元素的编号从小到大排列，就不会把集合$\{1, 2\}$按照$\{1, 2\}$和$\{2, 1\}$输出两次了。

提示 7-4：*在枚举子集的增量法中，需要使用定序的技巧，避免同一个集合枚举两次。*

这棵解答树上有 1024 个结点。这不难理解：每个可能的 A 都对应一个结点，而 n 元素集合恰好有 2^n 个子集，2^{10}=1024。

7.3.2 位向量法

第二种思路是构造一个位向量 $B[i]$，而不是直接构造子集 A 本身，其中 $B[i]$=1，当且仅当 i 在子集 A 中。递归实现如下：

```
void print_subset(int n, int* B, int cur) {
  if(cur == n) {
    for(int i = 0; i < cur; i++)
      if(B[i]) printf("%d ", i);             //打印当前集合
    printf("\n");
    return;
  }
  B[cur] = 1;                                //选第 cur 个元素
```

```
  print_subset(n, B, cur+1);
  B[cur] = 0;                              //不选第 cur 个元素
  print_subset(n, B, cur+1);
}
```

必须当“所有元素是否选择”全部确定完毕后才是一个完整的子集，因此仍然像以前那样当 if(cur == n)成立时才输出。现在的解答树上有 2047 个结点，比刚才的方法略多。这个也不难理解：所有部分解（不完整的解）也对应着解答树上的结点。

提示 7-5： 在枚举子集的位向量法中，解答树的结点数略多，但在多数情况下仍然够快。

这是一棵 n+1 层的二叉树（cur 的范围从 0~n），第 0 层有 1 个结点，第 1 层有 2 个结点，第 2 层有 4 个结点，第 3 层有 8 个结点，……，第 i 层有 2^i 个结点，总数为 $1+2+4+8+\cdots+2^n=2^{n+1}-1$，和实验结果一致。如图 7-2 所示为这棵解答树。

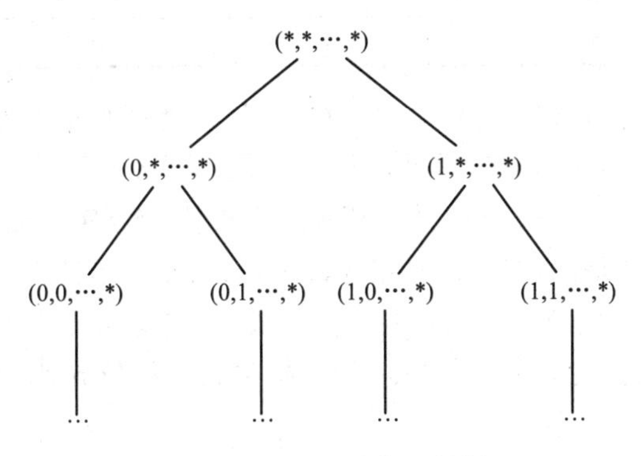

图 7-2　位向量法的解答树

这棵树依然符合前面的观察结果：最后几层结点数占整棵树的绝大多数。

7.3.3　二进制法

另外，还可以用二进制来表示{0, 1, 2,…,n−1}的子集 S：从右往左第 i 位（各位从 0 开始编号）表示元素 i 是否在集合 S 中。图 7-3 展示了二进制 0100011000110111 是如何表示集合{0, 1, 2, 4, 5, 9, 10, 14}的。

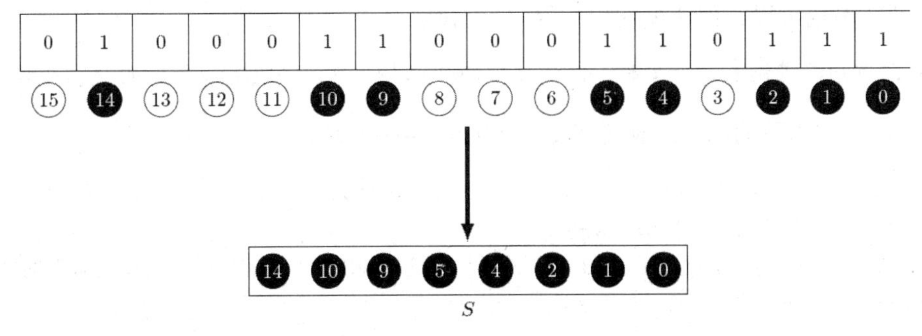

图 7-3　用二进制表示子集

注意：为了处理方便，最右边的位总是对应元素0，而不是元素1。

提示7-6：可以用二进制表示子集，其中从右往左第 i 位（从0开始编号）表示元素 i 是否在集合中（1表示“在”，0表示“不在”）。

此时仅表示出集合是不够的，还需要对集合进行操作。幸运的是，常见的集合运算都可以用位运算符简单实现。最常见的二元位运算是与（&）、或（|）、非（!），它们和对应的逻辑运算非常相似，如表7-1所示。

表7-1 C语言中的二元位运算

A	B	A & B	A | B	A ^ B
0	0	0	0	0
0	1	0	1	1
1	0	0	1	1
1	1	1	1	0

表7-1中包括了“异或（XOR）”运算符“^”，其规则是“如果A和B不相同，则A^B为1，否则为0”。异或运算最重要的性质就是“开关性”——异或两次以后相当于没有异或，即A^B^B=A。另外，与、或和异或都满足交换律：A&B=B&A，A|B=B|A，A^B=B^A。

与逻辑运算符不同的是，位运算符（bitwise operator）是逐位进行的——两个32位整数的“按位与”相当于32对0/1值之间的运算。表7-2中表示了二进制数10110（十进制为22）和01100（十进制为12）之间的按位与、按位或、按位异或的值，以及对应的集合运算的含义。

表7-2 位运算与集合运算

	A	B	A&B	A|B	A^B
二进制	10110	01100	00100	11110	11010
集合	{1,2,4}	{2,3}	{2}	{1,2,3,4}	{1,3,4}

不难看出，A&B、A|B和A^B分别对应集合的交、并和对称差。另外，空集为0，全集$\{0, 1, 2,\cdots, n-1\}$的二进制为 n 个1，即十进制的 2^n-1。为了方便，往往在程序中把全集定义为ALL_BITS= (1<<n)-1，则A的补集就是ALL_BITS^A。当然，直接用整数减法ALL_BITS -A也可以，但速度比位运算“^”慢。

提示7-7：当用二进制表示子集时，位运算中的按位与、或、异或对应集合的交、并和对称差。

这样，不难用下面的程序输出子集 S 对应的各个元素：

```
void print_subset(int n, int s) {  //打印{0, 1, 2,…, n-1}的子集S
  for(int i = 0; i < n; i++)
    if(s&(1<<i)) printf("%d ", i);  //这里利用了C语言“非0值都为真”的规定
  printf("\n");
}
```

而枚举子集和枚举整数一样简单：

```
for(int i = 0; i < (1<<n); i++)      //枚举各子集所对应的编码 0, 1, 2,…, 2^n-1
  print_subset(n, i);
```

提示 7-8： 从代码量看，枚举子集的最简单方法是二进制法。

7.4　回　溯　法

无论是排列生成还是子集枚举，前面都给出了两种思路：递归构造和直接枚举。直接枚举法的优点是思路和程序都很简单，缺点在于无法简便地减小枚举量——必须生成（generate）所有可能的解，然后一一检查（test）。

另一方面，在递归构造中，生成和检查过程可以有机结合起来，从而减少不必要的枚举。这就是本节的主题——回溯法（backtracking）。

回溯法的应用范围很广，只要能把待求解的问题分成不太多的步骤，每个步骤又只有不太多的选择，都可以考虑应用回溯法。为什么说“不太多”呢？想象一棵包含 L 层，每层的分支因子均为 b 的解答树，其结点数高达 $1+b+b^2+\cdots+b^{L-1}=\dfrac{b^L-1}{b-1}$。无论是 b 太大还是 L 太大，结点数都会是一个天文数字。

回溯法是初学者学习暴力法的第一个障碍，学习时间短则数天，长则数月甚至一年以上。为了减少不必要的困扰，在学习回溯法之前，请读者确保 7.2 节和 7.3 节的所有递归程序都可以熟练、准确地写出。

7.4.1　八皇后问题

在棋盘上放置 8 个皇后，使得它们互不攻击，此时每个皇后的攻击范围为同行同列和同对角线，要求找出所有解，如图 7-4 所示。

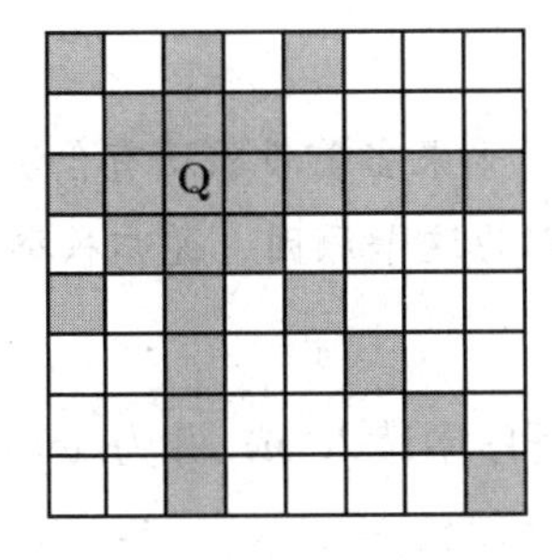

（a）皇后的攻击范围

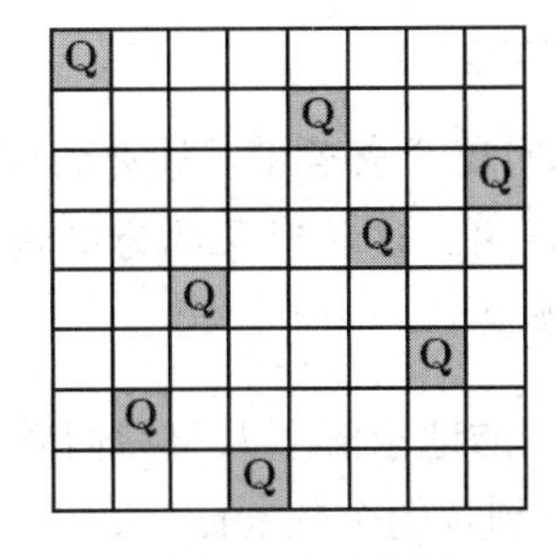

（b）一个可行解

图 7-4　八皇后问题

【分析】

最简单的思路是把问题转化为“从 64 个格子中选一个子集”，使得“子集中恰好有 8

个格子，且任意两个选出的格子都不在同一行、同一列或同一个对角线上”。这正是子集枚举问题。然而，64个格子的子集有2^{64}个，太大了，这并不是一个很好的模型。

第二个思路是把问题转化为“从64个格子中选8个格子”，这是组合生成问题。根据组合数学，有$C_{64}^{8}=4.426\times10^{9}$种方案，比第一种方案优秀，但仍然不够好。

经过思考，不难发现以下事实：恰好每行每列各放置一个皇后。如果用$C[x]$表示第x行皇后的列编号，则问题变成了全排列生成问题。而0~7的排列一共只有8!=40320个，枚举量不会超过它。

提示7-9： 在编写递归枚举程序之前，需要深入分析问题，对模型精雕细琢。一般还应对解答树的结点数有一个粗略的估计，作为评价模型的重要依据，如图7-5所示。

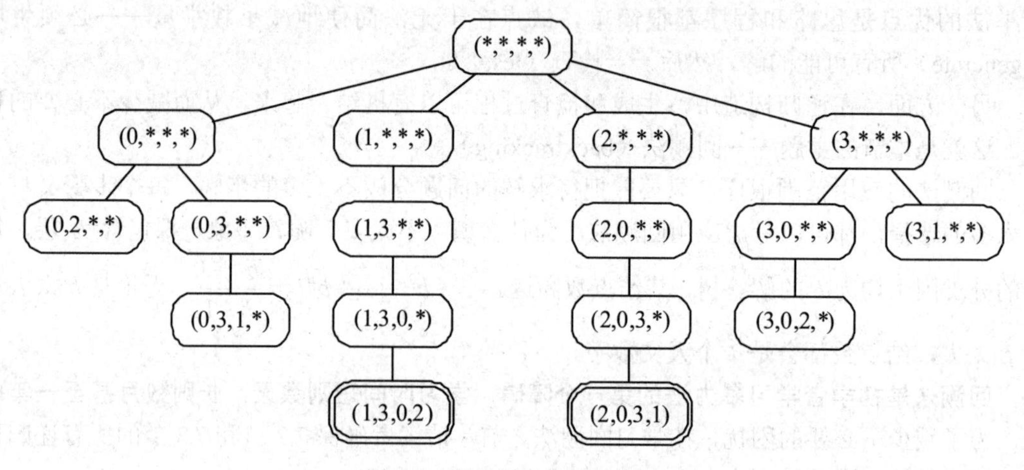

图7-5　四皇后问题的解答树

图7-5中给出了四皇后问题的完整解答树。它只有17个结点，比4!=24小。为什么会这样呢？这是因为有些结点无法继续扩展。例如，在(0,2,*,*)中，第2行无论将皇后放到哪里，都会和第0行和第1行中已放好的皇后发生冲突，其他还未放置的皇后更是如此。

在这种情况下，递归函数将不再递归调用它自身，而是返回上一层调用，这种现象称为回溯（backtracking）。

提示7-10： 当把问题分成若干步骤并递归求解时，如果当前步骤没有合法选择，则函数将返回上一级递归调用，这种现象称为回溯。正是因为这个原因，递归枚举算法常被称为回溯法，应用十分普遍。

下面的程序简洁地求解了八皇后问题。在主程序中读入n，并为tot清零，然后调用search(0)，即可得到解的个数tot。

```
void search(int cur) {
  if(cur == n) tot++;              //递归边界。只要走到了这里，所有皇后必然不冲突
  else for(int i = 0; i < n; i++) {
    int ok = 1;
```

```
    C[cur] = i;                  //尝试把第 cur 行的皇后放在第 i 列
    for(int j = 0; j < cur; j++) //检查是否和前面的皇后冲突
      if(C[cur] == C[j] || cur-C[cur] == j-C[j] || cur+C[cur] == j+C[j])
        { ok = 0; break; }
    if(ok) search(cur+1);        //如果合法，则继续递归
  }
}
```

注意：既然是逐行放置的，则皇后肯定不会横向攻击，因此只需检查是否纵向和斜向攻击即可。条件“cur−C[cur] == j−C[j] || cur+C[cur] == j+C[j]”用来判断皇后(cur,C[cur])和(j,C[j])是否在同一条对角线上。其原理可以用图 7-6 来说明。

0	1	2	3	4	5	6	7
-1	0	1	2	3	4	5	6
-2	-1	0	1	2	3	4	5
-3	-2	-1	0	1	2	3	4
-4	-3	-2	-1	0	1	2	3
-5	-4	-3	-2	-1	0	1	2
-6	-5	-4	-3	-2	-1	0	1
-7	-6	-5	-4	-3	-2	-1	0

（a）格子(x,y)的 $y-x$ 值标识了主对角线

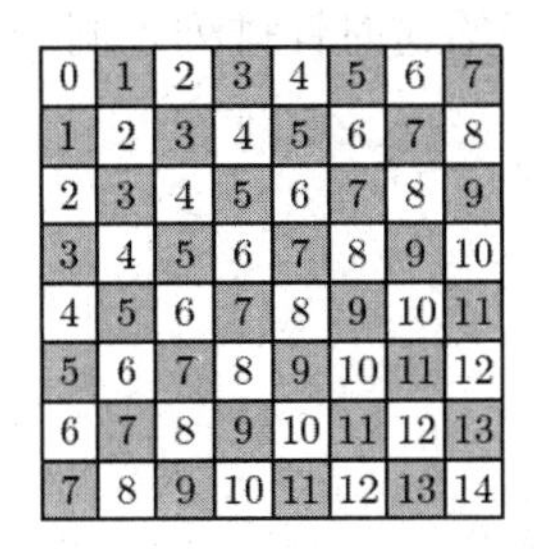

0	1	2	3	4	5	6	7
1	2	3	4	5	6	7	8
2	3	4	5	6	7	8	9
3	4	5	6	7	8	9	10
4	5	6	7	8	9	10	11
5	6	7	8	9	10	11	12
6	7	8	9	10	11	12	13
7	8	9	10	11	12	13	14

（b）格子(x,y)的 $x+y$ 值标识了副对角线

图 7-6　棋盘中的对角线标识

结点数似乎很难进一步减少了，但程序效率可以继续提高：利用二维数组 vis[2][]直接判断当前尝试的皇后所在的列和两个对角线是否已有其他皇后。注意到主对角线标识 $y-x$ 可能为负，存取时要加上 n。

```
void search(int cur) {
  if(cur == n) tot++;
  else for(int i = 0; i < n; i++) {
    if(!vis[0][i] && !vis[1][cur+i] && !vis[2][cur-i+n]) {
                                          //利用二维数组直接判断
      C[cur] = i;                         //如果不用打印解，整个 C 数组都可以省略
      vis[0][i] = vis[1][cur+i] = vis[2][cur-i+n] = 1;  //修改全局变量
      search(cur+1);
      vis[0][i] = vis[1][cur+i] = vis[2][cur-i+n] = 0;  //切记！一定要改回来
    }
  }
}
```

上面的程序有个极其关键的地方：vis 数组的使用。vis 数组的确切含义是什么？它表示已经放置的皇后占据了哪些列、主对角线和副对角线。将来放置的皇后不应该修改这些值——至少“看上去没有修改”。一般地，如果在回溯法中修改了辅助的全局变量，则一

定要及时把它们恢复原状（除非故意保留所做修改）。若不信，可以把“vis[0][i]= vis[1][cur+i] = vis[2][cur−i+n] = 0”注释掉，验证还能否正确求解八皇后问题。另外，在调用之前一定要把 vis 数组清空。

提示 7-11：如果在回溯法中使用了辅助的全局变量，则一定要及时把它们恢复原状。特别地，若函数有多个出口，则需在每个出口处恢复被修改的值。

7.4.2　其他应用举例

例题 7-4　素数环（Prime Ring Problem, UVa 524）

输入正整数 n，把整数 1, 2, 3,⋯, n 组成一个环，使得相邻两个整数之和均为素数。输出时从整数 1 开始逆时针排列。同一个环应恰好输出一次。$n \leqslant 16$。

样例输入：

```
6
```

样例输出：

```
1 4 3 2 5 6
1 6 5 2 3 4
```

【分析】

由模型不难得到：每个环对应于 1~n 的一个排列，但排列总数高达 $16! = 2*10^{13}$，生成-测试法会超时吗？下面进行实验：

```
for(int i = 2; i <= n*2; i++) isp[i] = is_prime(i);//生成素数表，加快后续判断
for(int i = 0; i < n; i++) A[i] = i+1;                  //第一个排列
do {
  int ok = 1;
  for(int i = 0; i < n; i++) if(!isp[A[i]+A[(i+1)%n]]) { ok = 0; break; }
                                                          //判断合法性
  if(ok){
    for(int i = 0; i < n; i++) printf("%d ", A[i]);      //输出序列
    printf("\n");
  }
}while(next_permutation(A+1, A+n));                       //1 的位置不变
```

运行后发现，当 n=12 时就已经很慢，而当 n=16 时无法运行出结果。下面试试回溯法：

```
void dfs(int cur){
  if(cur == n && isp[A[0]+A[n-1]]){ //递归边界。别忘了测试第一个数和最后一个数
    for(int i = 0; i < n; i++) printf("%d ", A[i]);     //打印方案
    printf("\n");
  }
```

```
   else for(int i = 2; i <= n; i++)  //尝试放置每个数 i
     if(!vis[i] && isp[i+A[cur-1]]){ //如果 i 没有用过，并且与前一个数之和为素数
       A[cur] = i;
       vis[i] = 1;                   //设置使用标志
       dfs(cur+1);
       vis[i] = 0;                   //清除标志
     }
}
```

回溯法比生成-测试法快了很多，即使 n=18 速度也不错。将上面的函数名设为 dfs 并不是巧合——从解答树的角度讲，回溯法正是按照深度优先的顺序在遍历解答树。在后面的内容中，还将学习更多遍历解答树的方法。

提示 7-12： 如果最坏情况下的枚举量很大，应该使用回溯法而不是生成-测试法。

例题 7-5　困难的串（Krypton Factor, UVa 129）

如果一个字符串包含两个相邻的重复子串，则称它是“容易的串”，其他串称为“困难的串”。例如，BB、ABCDACABCAB、ABCDABCD 都是容易的串，而 D、DC、ABDAB、CBABCBA 都是困难的串。

输入正整数 n 和 L，输出由前 L 个字符组成的、字典序第 k 小的困难的串。例如，当 L=3 时，前 7 个困难的串分别为 A、AB、ABA、ABAC、ABACA、ABACAB、ABACABA。输入保证答案不超过 80 个字符。

样例输入：

```
7 3
30 3
```

样例输出：

```
ABACABA
ABACABCACBABCABACABCACBACABA
```

【分析】

基本框架不难确定：从左到右依次考虑每个位置上的字符。因此，问题的关键在于如何判断当前字符串是否已经存在连续的重复子串。例如，如何判断 ABACABA 是否包含连续重复子串呢？一种方法是检查所有长度为偶数的子串，分别判断每个字串的前一半是否等于后一半。尽管是正确的，但这个方法做了很多无用功。还记得八皇后问题中是怎么判断合法性的吗？判断当前皇后是否和前面的皇后冲突，但并不判断以前的皇后是否相互冲突——那些皇后在以前已经判断过了。同样的道理，我们只需要判断当前串的后缀，而非所有子串。

提示 7-13： 在回溯法中，应注意避免不必要的判断，就像在八皇后问题中那样，只需判断新皇后和之前的皇后是否冲突，而不必判断以前的皇后是否相互冲突。

程序如下：

```
int dfs(int cur){                                    //返回 0 表示已经得到解，无须继续搜索
  if(cnt++ == n){
    for(int i = 0; i < cur; i++) printf("%c", 'A'+S[i]); //输出方案
    printf("\n");
    return 0;
  }
  for(int i = 0; i < L; i++){
    S[cur] = i;
    int ok = 1;
    for(int j = 1; j*2 <= cur+1; j++){  //尝试长度为 j*2 的后缀
      int equal = 1;
      for(int k = 0; k < j; k++)         //检查后一半是否等于前一半
        if(S[cur-k] != S[cur-k-j]) { equal = 0; break; }
      if(equal) { ok = 0; break; }       //后一半等于前一半，方案不合法
    }
    if(ok) if(!dfs(cur+1)) return 0;     //递归搜索。如果已经找到解，则直接退出
  }
  return 1;
}
```

有意思的是，$L=2$ 时一共只有 6 个串；当 $L\geqslant3$ 时就很少回溯了。事实上，当 $L=3$ 时，可以构造出无限长的串，不存在相邻重复子串。

例题 7-6 带宽（Bandwidth, UVa 140）

给出一个 n（$n\leqslant8$）个结点的图 G 和一个结点的排列，定义结点 i 的带宽 $b(i)$为 i 和相邻结点在排列中的最远距离，而所有 $b(i)$的最大值就是整个图的带宽。给定图 G，求出让带宽最小的结点排列，如图 7-7 所示。

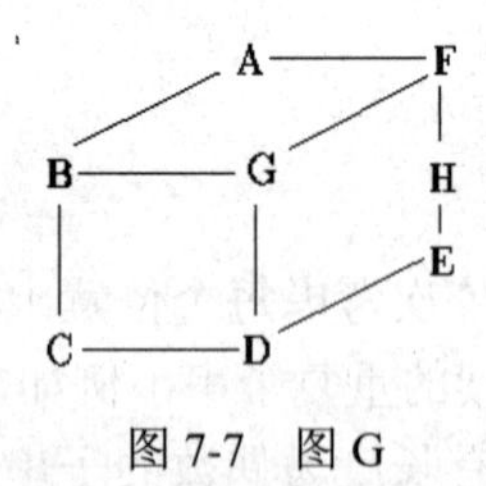

图 7-7　图 G

下面两个排列的带宽分别为 6 和 5。具体来说，图 7-8（a）中各个结点的带宽分别为 6, 6, 1, 4, 1, 1, 6, 6，图 7-8（b）中各个结点的带宽分别为 5, 3, 1, 4, 3, 5, 1, 4。

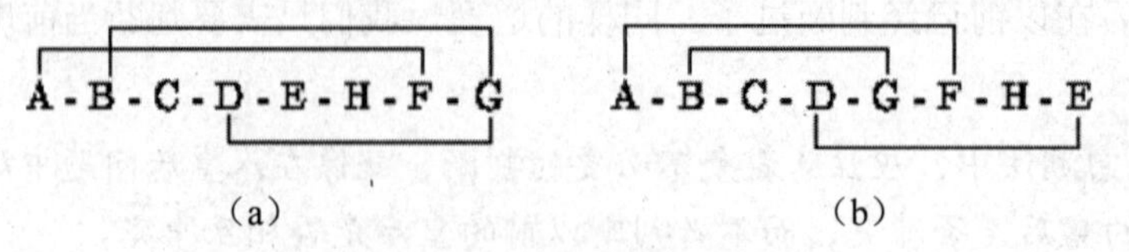

图 7-8　两个排列的带宽

【分析】

如果不考虑效率，本题可以递归枚举全排列，分别计算带宽，然后选取最小的一种方案。能否优化呢？和八皇后问题不同的是：八皇后问题有很多可行性约束（feasibility constraint），可以在得到完整解之前避免扩展那些不可行的结点，但本题并没有可行性约束——任何排列都是合法的。难道只能扩展所有结点吗？当然不是。

可以记录下目前已经找到的最小带宽 k。如果发现已经有某两个结点的距离大于或等于 k，再怎么扩展也不可能比当前解更优，应当强制把它“剪”掉，就像园丁在花园里为树修剪枝叶一样，也可以为解答树“剪枝（prune）”。

除此之外，还可以剪掉更多的枝叶。如果在搜索到结点 u 时，u 结点还有 m 个相邻点没有确定位置，那么对于结点 u 来说，最理想的情况就是这 m 个结点紧跟在 u 后面，这样的结点带宽为 m，而其他任何“非理想情况”的带宽至少为 $m+1$。这样，如果 $m \geqslant k$，即“在最理想的情况下都不能得到比当前最优解更好的方案”，则应当剪枝。

提示 7-14： 在求最优解的问题中，应尽量考虑最优性剪枝。这往往需要记录下当前最优解，并且想办法“预测”一下从当前结点出发是否可以扩展到更好的方案。具体来说，先计算一下最理想情况可以得到怎样的解，如果连理想情况都无法得到比当前最优解更好的方案，则剪枝。

例题 7-7　天平难题（Mobile Computing, ACM/ICPC Tokyo 2005, UVa1354）

给出房间的宽度 r 和 s 个挂坠的重量 w_i。设计一个尽量宽（但宽度不能超过房间宽度 r）的天平，挂着所有挂坠。

天平由一些长度为 1 的木棍组成。木棍的每一端要么挂一个挂坠，要么挂另外一个木棍。如图 7-9 所示，设 n 和 m 分别是两端挂的总重量，要让天平平衡，必须满足 $n*a=m*b$。

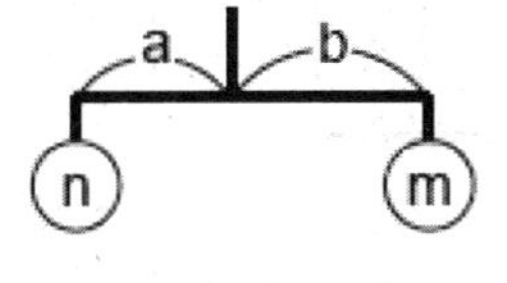

图 7-9　天平

例如，如果有 3 个重量分别为 1, 1, 2 的挂坠，有 3 种平衡的天平，如图 7-10 所示。

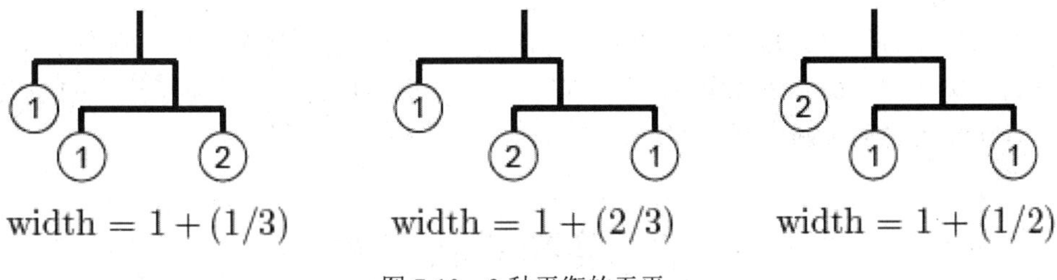

图 7-10　3 种平衡的天平

挂坠的宽度忽略不计，且不同的子天平可以相互重叠。如图 7-11 所示，宽度为 (1/3)+1+(1/4)。

输入第一行为数据组数。每组数据前两行为房间宽度 r 和挂坠数目 s（$0<r<10$，$1 \leqslant s \leqslant$

6）。以下 s 行每行为一个挂坠的重量 W_i（$1\leqslant w_i\leqslant 1000$）。输入保证不存在天平的宽度恰好在 $r-10^{-5}$ 和 $r+10^{-5}$ 之间（这样可以保证不会出现精度问题）。对于每组数据，输出最优天平的宽度。如果无解，输出-1。你的输出和标准答案的绝对误差不应超过 10^{-8}。

【分析】

如果把挂坠和木棍都作为结点，则一个天平对应一棵二叉树，如题目中给出的，挂坠为 1, 1, 2 的 3 个天平如图 7-12 所示。

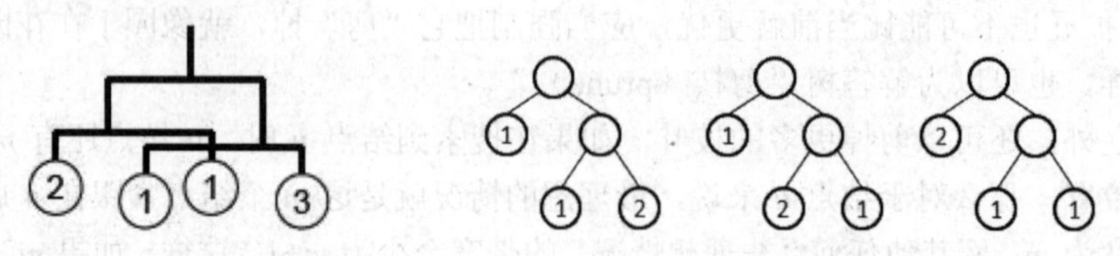

图 7-11　子天平相互重叠　　　　图 7-12　与天平对应的二叉树

对于一棵确定二叉树，可以计算出每个挂坠的确切位置，进而计算出整个天平的宽度，所以本题的核心任务是：枚举二叉树。

如何枚举二叉树呢？最直观的方法是沿用回溯法框架，每次选择两个结点组成一棵子树，递归 s-1 层即可。以 4 个挂坠 1, 1, 2, 3 为例，下面是解答树的一部分（每个结点的子树并没有全部画出），如图 7-13 所示。

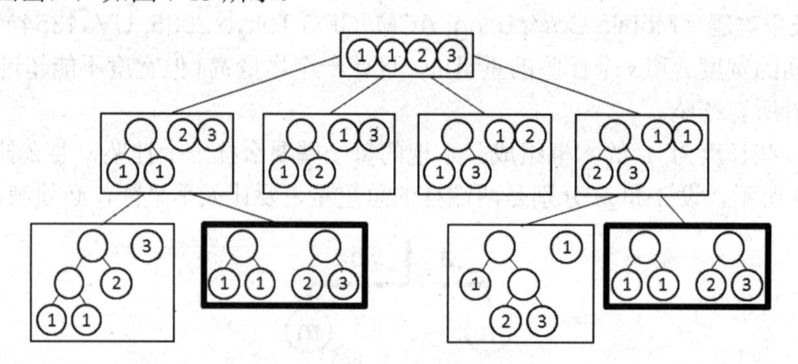

图 7-13　解答树

上面的方法已经足够解决本题，但还有优化的余地，因为有些二叉树被枚举了多次（如图 7-13 中的两个粗框结点）。

推荐的枚举方法是：自顶向下构造，每次枚举左子树用到哪个子集，则右子树就是使用剩下的子集（细节请参考代码仓库）。在第 9 章中会专门讨论“枚举子集”的高效算法，建议读者在学习之后重新实现本题。

7.5　路径寻找问题

在第 6 章中曾经介绍过图的遍历。很多问题都可以归结为图的遍历，但这些问题中的图却不是事先给定、从程序读入的，而是由程序动态生成的，称为**隐式图**。本节和前面介绍的回溯法不同：回溯法一般是要找到一个（或者所有）满足约束的解（或者某种意义下的最优解），而状态空间搜索一般是要找到一个从初始状态到终止状态的**路径**。

提示 7-15： 路径寻找问题可以归结为隐式图的遍历，它的任务是找到一条从初始状态到终止状态的最优路径，而不是像回溯法那样找到一个符合某些要求的解。

八数码问题。编号为 1~8 的 8 个正方形滑块被摆成 3 行 3 列（有一个格子留空），如图 7-14 所示。每次可以把与空格相邻的滑块（有公共边才算相邻）移到空格中，而它原来的位置就成为了新的空格。给定初始局面和目标局面（用 0 表示空格），你的任务是计算出最少的移动步数。如果无法到达目标局面，则输出-1。

2	6	4
1	3	7
	5	8

8	1	5
7	3	6
4		2

图 7-14　八数码问题举例

样例输入：

```
2 6 4 1 3 7 0 5 8
8 1 5 7 3 6 4 0 2
```

样例输出：

```
31
```

【分析】

不难把八数码问题归结为图上的最短路问题，图的“结点”就是 9 个格子中的滑块编号（从上到下、从左到右把它们放到一个包含 9 个元素的数组中）。根据第 6 章的讲解，无权图上的最短路问题可以用 BFS 求解，代码如下：

```
typedef int State[9];                        //定义“状态”类型
const int maxstate = 1000000;
State st[maxstate], goal;                    //状态数组。所有状态都保存在这里
int dist[maxstate];                          //距离数组
//如果需要打印方案，可以在这里加一个“父亲编号”数组 int fa[maxstate]

const int dx[] = {-1, 1, 0, 0};
const int dy[] = {0, 0, -1, 1};
//BFS，返回目标状态在 st 数组下标
int bfs() {
  init_lookup_table();                       //初始化查找表
  int front = 1, rear = 2;                   //不使用下标 0，因为 0 被看作“不存在”
  while(front < rear) {
    State& s = st[front];                               //用“引用”简化代码
```

```
    if(memcmp(goal, s, sizeof(s)) == 0) return front;//找到目标状态，成功返回
    int z;
    for(z = 0; z < 9; z++) if(!s[z]) break;          //找"0"的位置
    int x = z/3, y = z%3;                             //获取行列编号（0~2）
    for(int d = 0; d < 4; d++) {
      int newx = x + dx[d];
      int newy = y + dy[d];
      int newz = newx * 3 + newy;
      if(newx >= 0 && newx < 3 && newy >= 0 && newy < 3){   //如果移动合法
        State& t = st[rear];
        memcpy(&t, &s, sizeof(s));                   //扩展新结点
        t[newz] = s[z];
        t[z] = s[newz];
        dist[rear] = dist[front] + 1;                //更新新结点的距离值
        if(try_to_insert(rear)) rear++;              //如果成功插入查找表，修改队尾指针
      }
    }
    front++;                                         //扩展完毕后再修改队首指针
  }
  return 0;                                          //失败
}
```

注意，此处用到了cstring中的memcmp和memcpy完成整块内存的比较和复制，比用循环比较和循环赋值要快。主程序很容易实现：

```
int main(){
  for(int i = 0; i < 9; i++) scanf("%d", &st[1][i]);   //起始状态
  for(int i = 0; i < 9; i++) scanf("%d", &goal[i]);    //目标状态
  int ans = bfs();                                      //返回目标状态的下标
  if(ans > 0) printf("%d\n", dist[ans]);
  else printf("-1\n");
  return 0;
}
```

注意，应在调用bfs函数之前设置好st[1]和goal。上面的代码几乎是完整的，唯一没有涉及的是init_lookup_table()和try_to_insert(rear)的实现。为什么会有这两项呢？还记得BFS中的“判重”操作吗？在DFS中可以检查idx来判断结点是否已经访问过；在求最短路的BFS中用d值是否为-1来判断结点是否访问过，不管用哪种方法，作用是相同的：**避免同一个结点访问多次**。树的BFS不需要判重，因为根本不会重复；但对于图来说，如果不判重，时间和空间都将产生极大的浪费。

如何判重呢？难道要声明一个9维数组vis，然后执行if(vis[s[0]][s[1]][s[2]]…s[8]))？无论程序好不好看，9维数组的每维都要包含9个元素，一共有9^9=387420489项，太多了，数组开不下。实际的结点数并没有这么多（0~8的排列总共只有9!=362880个），为什么9

维数组开不下呢？原因在于，这样的用法存在大量的浪费——数组中有很多项都没有被用到，但却占据了空间。

下面通过讨论 3 种常见的方法来解决这个问题，同时将它们用到八数码问题中。

第 1 种方法是：把排列“变成”整数，然后只开一个一维数组。也就是说，设计一套排列的编码（encoding）和解码（decoding）函数，把 0~8 的全排列和 0~362879 的整数一一对应起来。第 10 章中将详细讨论编码和解码问题，这里先给出代码以便读者形成一个感性认识：

```
int vis[362880], fact[9];
void init_lookup_table(){
  fact[0] = 1;
  for(int i = 1; i < 9; i++) fact[i] = fact[i-1] * i;
}
int try_to_insert(int s){
  int code = 0; //把 st[s]映射到整数 code
  for(int i = 0; i < 9; i++){
    int cnt = 0;
    for(int j = i+1; j < 9; j++) if(st[s][j] < st[s][i]) cnt++;
    code += fact[8-i] * cnt;
  }
  if(vis[code]) return 0;
  return vis[code] = 1;
}
```

尽管原理巧妙，时间效率也非常高，但编码解码法的适用范围并不大：如果隐式图的总结点数非常大，编码也将会很大，数组还是开不下。

第 2 种方法是使用哈希（hash）技术。简单地说，就是要把结点“变成”整数，但不必是一一对应。换句话说，只需要设计一个所谓的哈希函数 $h(x)$，然后将任意结点 x 映射到某个给定范围$[0, M-1]$的整数即可，其中 M 是程序员根据可用内存大小**自选**的。在理想情况下，只需开一个大小为 M 的数组就能完成判重，但此时往往会有不同结点的哈希值相同，因此需要把哈希值相同的状态组织成链表，细节参见下面的代码：

```
const int hashsize = 1000003;
int head[hashsize], next[maxstate];
void init_lookup_table() { memset(head, 0, sizeof(head)); }
int hash(State& s){
  int v = 0;
  for(int i = 0; i < 9; i++) v = v * 10 + s[i];//把 9 个数字组合成 9 位数
  return v % hashsize;        //确保 hash 函数值是不超过 hash 表的大小的非负整数
}
int try_to_insert(int s){
  int h = hash(st[s]);
```

```
  int u = head[h];                                        //从表头开始查找链表
  while(u){
    if(memcmp(st[u],st[s], sizeof(st[s]))==0)return 0; //找到了，插入失败
    u = next[u];                                          //顺着链表继续找
  }
  next[s] = head[h];                                      //插入到链表中
  head[h] = s;
  return 1;
}
```

哈希表的执行效率高，适用范围也很广。除了 BFS 中的结点判重外，还可以用到其他需要快速查找的地方。不过需要注意的是：在哈希表中，对效率起到关键作用的是哈希函数。如果哈希函数选取得当，几乎不会有结点的哈希值相同，且此时链表查找的速度也较快；但如果冲突严重，整个哈希表会退化成少数几条长长的链表，查找速度将非常缓慢。有趣的是，**前面的编码函数可以看作是一个完美的哈希函数，不需要解决冲突**。不过，如果事先并不知道它是完美的，也就不敢像前面一样只开一个 vis 数组。哈希技术还有很多值得探讨的地方，建议读者在网上查找相关资料。

第 3 种方法是用 STL 集合 t。把状态转化成 9 位十进制整数，就可以用 set<int>判重了：

```
set<int> vis;
void init_lookup_table() { vis.clear(); }
int try_to_insert(int s){
  int v = 0;
  for(int i = 0; i < 9; i++) v = v * 10 + st[s][i];
  if(vis.count(v)) return 0;
  vis.insert(v);
  return 1;
}
```

在刚才的 3 种实现中，使用 STL 集合的代码最简单，但时间效率也最低（若此时不用-O2 优化则速度劣势更加明显）。建议读者在时间紧迫或对效率要求不太高的情况下使用，或者仅把它作为“跳板”——先写一个 STL 版的程序，确保主算法正确，然后把 set 替换成自己写的哈希表。

提示 7-16：隐式图遍历需要用一个结点查找表来判重。一般来说，使用 STL 集合实现的代码最简单，但效率也较低。如果题目对时间要求很高，可以先把 STL 集合版的程序调试通过，然后转化为哈希表甚至完美哈希表。

某些特定的 STL 实现中还有 hash_set，它正是基于前面的哈希表，但它并不是标准 C++ 的一部分，因此不是所有情况下都可用。

例题 7-8　倒水问题（Fill, UVa 10603）

有装满水的 6 升的杯子、空的 3 升杯子和 1 升杯子，3 个杯子中都没有刻度。在不使用其他道具的情况下，是否可以量出 4 升的水呢？

方法如图 7-15 所示。

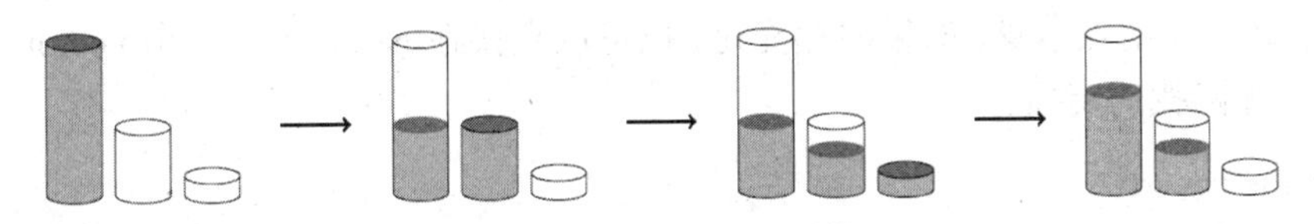

图 7-15　倒水问题：一种方法是(6,0,0)→(3,3,0)→(3,2,1)→(4,2,0)

注意：由于没有刻度，用杯子 x 给杯子 y 倒水时必须一直持续到把杯子 y 倒满或者把杯子 x 倒空，而不能中途停止。

你的任务是解决一般性的问题：设 3 个杯子的容量分别为 a, b, c，最初只有第 3 个杯子装满了 c 升水，其他两个杯子为空。最少需要倒多少升水才能让某一个杯子中的水有 d 升呢？如果无法做到恰好 d 升，就让某一个杯子里的水是 d'升，其中 $d'<d$ 并且尽量接近 d。（$1\leqslant a,b,c,d\leqslant 200$）。要求输出最少的倒水量和目标水量（$d$ 或者 d'）。

【分析】

假设在某一时刻，第 1 个杯子中有 v_0 升水，第 2 个杯子中有 v_1 升水，第 3 个杯子中有 v_2 升水，称当时的系统状态为(v_0,v_1,v_2)。这里再次提到了“状态”这个词，它是理解很多概念和算法的关键。简单地说，它就是“对系统当前状况的描述”。例如，在国际象棋中，当前游戏者和棋盘上的局面就是刻画游戏进程的状态。

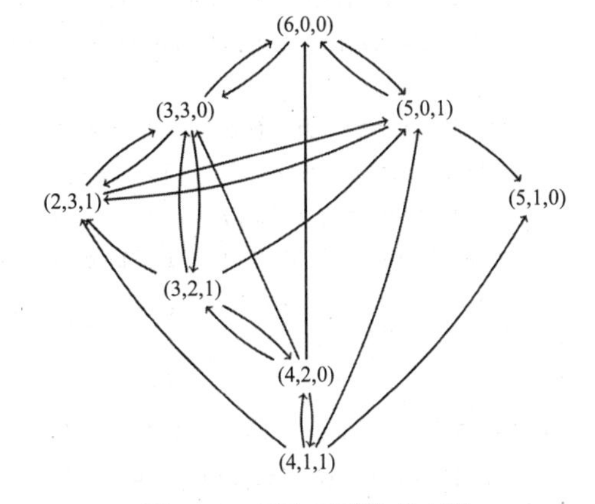

图 7-16　倒水问题的状态图

把“状态”想象成图中的结点，可以得到如图 7-16 所示的状态图（state graph）。

由于无论如何倒，杯子中的水量都是整数（按照倒水次数归纳即可），因此第 3 个杯子的水量最多只有 $0, 1, 2,\cdots, c$ 共 $c+1$ 种可能；同理，第 2 个杯子的水量一共只有 $b+1$ 种可能，第 1 个杯子一共只有 $a+1$ 种可能，因此理论上状态最多有$(a+1)(b+1)(c+1)=8120601$ 种可能性，有点大。幸运的是，上面的估计是不精确的。由于水的总量 x 永远不变，如果有两个状态的前两个杯子的水量都相同，则第 3 个杯子的水量也相同。换句话说，最多可能的状态数不会超过 $201^2=40401$。

注意：本题的目标是倒的水量最少，而不是步数最少。实际上，水量最少时步数不一定最少，例如 a=1, b=12, c=15, d=7，倒水量最少的方案是 C->A, A->B 重复 7 次，最后 C 里有 7 升水。一共 14 步，总水量也是 14。还有一种方法是 C->B，然后 B->A, A->C 重复 4 次，最后 C 里有 7 升水。一共只有 10 步，但总水量多达 20。

因此，需要改一下算法：不是每次取出步数最少的结点进行扩展，而是取出水量最少的结点进行扩展。这样的程序只需要把队列 queue 换成优先队列 priority_queue，其他部分的代码不变。下面的代码把状态（三元组）和 dist 合起来定义为了一个 Node 类型，是一种常见的写法。如果要打印路径，需要把访问过的所有结点放在一个 nodes 数组中，然后在

Node 中加一个变量 fa，表示父结点在 nodes 数组中的下标，而在队列中只存结点在 nodes 数组中的下标而非结点本身。如果内存充足，也可以直接在 Node 中用一个 vector 保存路径，省去顺着 fa 往回找的麻烦。

```
#include<cstdio>
#include<cstring>
#include<queue>
using namespace std;

struct Node {
  int v[3], dist;
  bool operator < (const Node& rhs) const {
    return dist > rhs.dist;
  }
};

const int maxn = 200 + 5;
int vis[maxn][maxn], cap[3], ans[maxn];

void update_ans(const Node& u) {
  for(int i = 0; i < 3; i++) {
    int d = u.v[i];
    if(ans[d] < 0 || u.dist < ans[d]) ans[d] = u.dist;
  }
}

void solve(int a, int b, int c, int d) {
  cap[0] = a; cap[1] = b; cap[2] = c;
  memset(vis, 0, sizeof(vis));
  memset(ans, -1, sizeof(ans));
  priority_queue<Node> q;

  Node start;
  start.dist = 0;
  start.v[0] = 0; start.v[1] = 0; start.v[2] = c;
  q.push(start);

  vis[0][0] = 1;
  while(!q.empty()) {
    Node u = q.top(); q.pop();
    update_ans(u);
    if(ans[d] >= 0) break;
    for(int i = 0; i < 3; i++)
      for(int j = 0; j < 3; j++) if(i != j) {
```

```
        if(u.v[i] == 0 || u.v[j] == cap[j]) continue;
        int amount = min(cap[j], u.v[i] + u.v[j]) - u.v[j];
        Node u2;
        memcpy(&u2, &u, sizeof(u));
        u2.dist = u.dist + amount;
        u2.v[i] -= amount;
        u2.v[j] += amount;
        if(!vis[u2.v[0]][u2.v[1]]) {
          vis[u2.v[0]][u2.v[1]] = 1;
          q.push(u2);
        }
      }
  }
  while(d >= 0) {
    if(ans[d] >= 0) {
      printf("%d %d\n", ans[d], d);
      return;
    }
    d--;
  }
}

int main() {
  int T, a, b, c, d;
  scanf("%d", &T);
  while(T--) {
    scanf("%d%d%d%d", &a, &b, &c, &d);
    solve(a, b, c, d);
  }
  return 0;
}
```

需要注意的是：**上述算法非常直观，正确性却不是显然的**。事实上，笔者目前没有找到反例，但也无法严格证明它是正确的[①]。幸运的是，上述算法稍加修改，就可以得到第11章中要介绍的Dijkstra算法，从而保证算法的正确性。等学完Dijkstra算法之后，读者不妨回来再看看这道题目，相信会有新的体会。希望读者能够通过这个例题看到搜索和图论这两个看似无关的主题之间的联系。

例题7-9　万圣节后的早晨（The Morning after Halloween, Japan 2007, UVa1601）

$w*h$（$w,h\leqslant 16$）网格上有 n（$n\leqslant 3$）个小写字母（代表鬼）。要求把它们分别移动到对应的大写字母里。每步可以有多个鬼同时移动（均为往上下左右4个方向之一移动），但每

① 如果有读者找到反例或者正确性证明，请联系笔者或者出版社，我们会在重印时更正。

步结束之后任何两个鬼不能占用同一个位置，也不能在一步之内交换位置。例如如图 7-17 所示的局面：一共有 4 种移动方式，如图 7-18 所示。

```
####
 ab#
#c##
####
```

图 7-17　题设局面

```
####   ####   ####   ####
 ab#   a b#   acb#   ab #
#c##   #c##   # ##   #c##
####   ####   ####   ####
```

图 7-18　4 种移动方式

输入保证所有空格连通，所有障碍格也连通，且任何一个 2*2 子网格中至少有一个障碍格。输出最少的步数。输入保证有解。

【分析】

以当前 3 个小写字母的位置为状态，则问题转化为图上的最短路问题。状态总数为 256^3，每次转移时需要 5^3 枚举每一个小写字母下一步的走法（上下左右加上“不动”）。可惜状态数已经很大了，转移代价又比较高，很容易超时，需要优化。

首先是优化转移代价。条件“任何一个 2*2 子网格中至少有一个障碍格”暗示着很多格子都是障碍，并且大部分空地都和障碍相邻，因此不是所有 4 个方向都能移动，因此可以把所有空格提出来建立一张图，而不是每次临时判断 5 种方案是否合法。加入这个优化以后 BFS 就可以通过本题的数据了，但还有改进的空间。

其次是换一个算法，例如双向广度优先搜索[①]。这种算法在前面并没有介绍，但是对于“暴力搜索”这样的非常规算法来说，并不一定要严格遵守所谓的“标准方法”。例如，提到“双向广度优先算法”，可以“想当然”地设计出这样的算法：正着搜索一层，反着搜索一层，然后继续这样交替下去，直到两层中出现相同的状态，读者不妨一试。

本题非常经典，强烈推荐读者编写程序。

7.6　迭代加深搜索

迭代加深搜索是一个应用范围很广的算法，不仅可以像回溯法那样找一个解，也可以像状态空间搜索那样找一条路径。下面先举一个经典的例子。

埃及分数问题。在古埃及，人们使用单位分数的和（即 $1/a$，a 是自然数）表示一切有理数。例如，2/3=1/2+1/6，但不允许 2/3=1/3+1/3，因为在加数中不允许有相同的。

对于一个分数 a/b，表示方法有很多种，其中加数少的比加数多的好，如果加数个数相同，则最小的分数越大越好。例如，19/45=1/5+1/6+1/18 是最优方案。

输入整数 a,b（$0<a<b<500$），试编程计算最佳表达式。

样例输入：

```
495 499
```

① 还有一个不错的候选算法是 A*，可惜超出了本书的范围，有兴趣的读者可以自行搜索相关资料。

样例输出：

```
Case 1: 495/499=1/2+1/5+1/6+1/8+1/3992+1/14970
```

【分析】

这道题目理论上可以用回溯法求解，但是解答树非常“恐怖”——不仅深度没有明显的上界，而且加数的选择在理论上也是无限的。换句话说，如果用宽度优先遍历，连一层都扩展不完（因为每一层都是无限大的）。

解决方案是采用迭代加深搜索（iterative deepening）：从小到大枚举深度上限 maxd，每次执行只考虑深度不超过 maxd 的结点。这样，只要解的深度有限，则一定可以在有限时间内枚举到。

提示 7-17：对于可以用回溯法求解但解答树的深度没有明显上限的题目，可以考虑使用迭代加深搜索（iterative deepening）。

深度上限 maxd 还可以用来“剪枝”。按照分母递增的顺序来进行扩展，如果扩展到 *i* 层时，前 *i* 个分数之和为 *c*/*d*，而第 *i* 个分数为 1/*e*，则接下来至少还需要(*a*/*b*−*c*/*d*)/(1/*e*)个分数，总和才能达到 *a*/*b*。例如，当前搜索到 19/45=1/5+1/100+…，则后面的分数每个最大为 1/101，至少需要(19/45−1/5) / (1/101) =23 项总和才能达到 19/45，因此前 22 次迭代是根本不会考虑这棵子树的。这里的关键在于：可以估计至少还要多少步才能出解。

注意，这里的估计都是乐观的，因为用了“至少”这个词。说得学术一点，设深度上限为 maxd，当前结点 *n* 的深度为 *g*(*n*)，乐观估价函数为 *h*(*n*)，则当 *g*(*n*)+*h*(*n*)>maxd 时应该剪枝。这样的算法就是 IDA*。当然，在实战中不需要严格地在代码里写出 *g*(*n*)和 *h*(*n*)，只需要像刚才那样设计出乐观估价函数，想清楚在什么情况下不可能在当前的深度限制下出解即可。

提示 7-18：如果可以设计出一个乐观估价函数，预测从当前结点至少还需要扩展几层结点才有可能得到解，则迭代加深搜索变成了 IDA*算法。

本题的主框架就是一个简单循环：

```
int ok = 0;
for(maxd = 1; ; maxd++) {
  memset(ans, -1, sizeof(ans));
  if(dfs(0, get_first(a, b), a, b)) { ok = 1; break; }
}
```

其中 get_first(a, b)是满足 1/c≤a/b 的最小 c。迭代加深搜索过程如下（约分的原理详见第 10 章）：

```
//如果当前解 v 比目前最优解 ans 更优，更新 ans
bool better(int d) {
  for(int i = d; i >= 0; i--) if(v[i] != ans[i]) {
    return ans[i] == -1 || v[i] < ans[i];
```

```
  }
  return false;
}

//当前深度为 d，分母不能小于 from，分数之和恰好为 aa/bb
bool dfs(int d, int from, LL aa, LL bb) {
  if(d == maxd) {
    if(bb % aa) return false; //aa/bb 必须是埃及分数
    v[d] = bb/aa;
    if(better(d)) memcpy(ans, v, sizeof(LL) * (d+1));
    return true;
  }
  bool ok = false;
  from = max(from, get_first(aa, bb)); //枚举的起点
  for(int i = from; ; i++) {
    //剪枝：如果剩下的 maxd+1-d 个分数全部都是 1/i，加起来仍然不超过 aa/bb，则无解
    if(bb * (maxd+1-d) <= i * aa) break;
    v[d] = i;
    //计算 aa/bb - 1/i，设结果为 a2/b2
    LL b2 = bb*i;
    LL a2 = aa*i - bb;
    LL g = gcd(a2, b2); //以便约分
    if(dfs(d+1, i+1, a2/g, b2/g)) ok = true;
  }
  return ok;
}
```

例题 7-10　编辑书稿（Editing a Book, UVa 11212）

你有一篇由 n（$2 \leqslant n \leqslant 9$）个自然段组成的文章，希望将它们排列成 1, 2,⋯, n。可以用 Ctrl+X（剪切）和 Ctrl+V（粘贴）快捷键来完成任务。每次可以剪切一段连续的自然段，粘贴时按照顺序粘贴。注意，剪贴板只有一个，所以不能连续剪切两次，只能剪切和粘贴交替。

例如，为了将{2,4,1,5,3,6}变为升序，可以剪切 1 将其放到 2 前，然后剪切 3 将其放到 4 前。再如，对于排列{3,4,5,1,2}，只需一次剪切和一次粘贴即可——将{3,4,5}放在{1,2}后，或者将{1,2}放在{3,4,5}前。

【分析】

本题是典型的状态空间搜索问题，“状态”就是 1~n 的排列，初始状态是输入，终止状态是 1, 2, 3,⋯, n。因为 $n \leqslant 9$，排列最多有 9!=362880 个。虽然这个数字不算大，但是每个状态的后继状态也比较多（有很多剪切和粘贴的方式），所以仍有超时的危险。比赛时很多选手使用了一些“加速策略”。

策略 1：每次只剪切一段连续的数字。例如，不要剪切 2 4 这样数字不连续的片段。

策略 2：假设剪切片段的第一个数字为 a，最后一个数字为 b，要么把这个片段粘贴到 $a-1$ 的下一个位置，要么粘贴到 $b+1$ 的前一个位置。

策略 3：永远不要“破坏”一个已经连续排列的数字片段。例如，不能把 1 2 3 4 中的 2 3 剪切出来。

3 种策略都能缩小状态空间，但它们并不都是正确的。很多程序都无法得到“5 4 3 2 1”的正确结果（答案是 3 步而不是 4 步：5 4 3 2 1→3 2 5 4 1→3 4 1 2 5→1 2 3 4 5），读者不妨自行验证上面的 3 种策略是否可以得到这组数据的正确答案。

本题可以用 IDA*算法求解。不难发现 $n\leqslant 9$ 时最多只需要 8 步，因此深度上限为 8。IDA*的关键在于启发函数。考虑后继不正确的数字个数 h，可以证明每次剪切时 h 最多减少 3，因此当 $3d+h>3\text{maxd}$ 时可以剪枝，其中 d 为当前深度，maxd 为深度限制[①]。

如何证明每次剪切时 h 最多减少 3 呢？如图 7-19 所示，因为最多只有 3 个数字的后继数字发生了改变（即图中的 a, b, c），h 自然最多减少 3。

图 7-19　h 最多减少 3

7.7　竞赛题目选讲

本章的篇幅不少，但实际上介绍的算法很有系统性，并不杂乱。这里先把这些算法和常见解决问题的思路总结一下，然后选讲一些例题，

直接枚举。例如，类似“1~n 的整数中有多少个满足……”，“输入一个长度为 n 的序列，有多少个连续子序列满足……”的问题都可以用直接枚举法。枚举法可以解决问题，但是效率不一定足够高。第 8 章中将详细讨论算法效率的分析方法。

枚举子集和排列。n 个元素的子集有 2^n 个，可以用递归的方法枚举（前面介绍的增量法和位向量法都属于递归枚举），也可以用二进制的方法枚举。递归法的优点在于效率高，方便剪枝，缺点在于代码比较长。一般来说，当 n 很小（如 $n\leqslant 15$）时，会使用二进制的方式枚举。

n 个不同元素的全排列有 $n!$个。除了用递归的方法枚举之外，还可以用 STL 的 next_permutation 来枚举，它也适用于有重复元素的情形。

回溯法。简单地说，回溯法几乎就是递归枚举，只是多了一条：违反题目要求时及时终止当前递归过程，即回溯（backtracking）。回溯法最经典的题目就是八皇后问题，这个问题也常常被作为“判断有没有学过回溯法”的依据。7.4 节的几个例题非常经典，覆盖了回溯法的几个常见话题：搜索对象的选取（天平难题）、最优性剪枝（带宽），以及减少

① 此处故意没有用前面介绍的 $h(s)$、$g(s)$等记号。事实上，经常采用这种直观的方式来思考，而不去理会那些记号。

无用功（困难的串）。

状态空间搜索。从本质上讲，状态空间搜索算法和图算法的相似度比较大，但是图往往是“隐式”给出，所以这些算法又称“隐式图搜索”或者“产生式系统”[①]。如果仔细品味前面《八数码问题》的解法，可以发现这个解法其实就是一个普通的BFS加上了“结点查找表”。前面介绍了3种方法实现结点查找表，各有用武之地。建议读者先熟练掌握后面两种（哈希表和STL集合），待学习完第10章后再尝试使用第一种方法（一一映射，或称“完美哈希”）。这些方法不仅能加快状态空间搜索的速度，还能给其他算法加速。第8章和第9章中将继续讨论这个问题。另外，双向广度优先搜索和A*等算法也有各自的用武之地，虽然限于篇幅未加介绍，但是笔者鼓励大家花一些时间搜索相关资料，并加以学习。例题中的“万圣节后的早晨”就是一处很好的“试验田”。

迭代加深搜索。本章最后介绍了迭代加深搜索。这是一个长期以来被“低估”了的算法，可以用来解决很多看起来更适合用BFS或者回溯法解决的问题，埃及分数问题就是一个绝好的例子，而例题“编辑书稿”也非常经典。

例题 7-11　宝箱（Zombie's Treasure Chest, Shanghai 2011, UVa12325）

你有一个体积为N的箱子和两种数量无限的宝物。宝物1的体积为$S1$，价值为$V1$；宝物2的体积为$S2$，价值为$V2$。输入均为32位带符号整数。你的任务是计算最多能装多大价值的宝物。例如，n=100，$S1$=$V1$=34，$S2$=5，$V2$=3，答案为86，方案是装两个宝物1，再装6个宝物2。每种宝物都必须拿非负整数个。

【分析】

最容易想到的方法是：枚举宝物1的个数，然后尽量多拿宝物2。这样做的时间复杂度为$O(N/S1)$，当N和$S1$相差非常悬殊时效率很低。当然，如果$N/S2$很小时可以改成枚举宝物2的个数，所以这个方法不奏效的条件是：$S1$和$S2$都很小，而N很大。

幸运的是，$S1$和$S2$都很小时，有另外一种枚举法B：$S2$个宝物1和$S1$个宝物2的体积相等，而价值分别为$S2*V1$和$S1*V2$。如果前者比较大，则宝物2最多只会拿$S1$-1个（否则可以把$S1$个宝物2换成$S2$个宝物1）；如果后者比较大，则宝物1最多只会拿$S2$-1个。不管是哪种情况，枚举量都只有$S1$或者$S2$。

这样，就得到了一个比较“另类”的分类枚举算法：

当$N/S1$比较小时枚举宝物1的个数，时间复杂度为$O(N/S1)$，否则，当$N/S2$比较小时枚举宝物2的个数，时间复杂度为$O(N/S2)$，否则说明$S1$和$S2$都比较小，执行枚举法B，时间复杂度为$O(\max\{S1, S2\})$。

例题 7-12　旋转游戏（The Rotation Game, Shanghai 2004, UVa1343）

如图7-20所示形状的棋盘上分别有8个1、2、3，要往A~H方向旋转棋盘，使中间8个方格数字相同。图7-20（a）进行A操作后变为图7-20（b），再进行C操作后变为图7-20（c），这正是一个目标状态（因为中间8个方格数字相同）。要求旋转次数最少。如果有多解，操作序列的字典序应尽量小。

[①] 这个术语多用在传统人工智能书籍中，虽有一些描述上的差别，但本质相同。

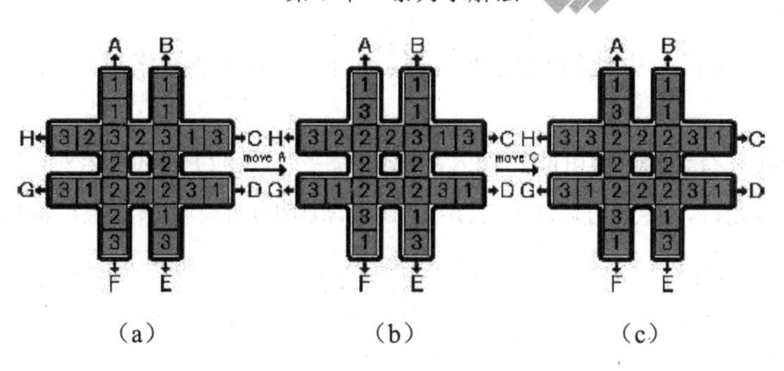

（a）　（b）　（c）

图 7-20　旋转游戏示意图

【分析】

本题是一个典型的状态空间搜索问题，可惜如果直接套用八数码问题的框架会超时。为什么？学完第 10 章的组合计数部分后会知道：8 个 1、8 个 2、8 个 3 的全排列个数为 24!/(8!*8!*8!)=9465511770。换句话说，最坏情况下最多要处理这么多结点！

解决方法很巧妙：本题要求的是中间 8 个数字相同，即 8 个 1 或者 8 个 2 或者 8 个 3。因此可以分 3 次求解。当目标是“中间 8 个数字都是 1”时，2 和 3 就没有区别了（都是“非 1”），因此状态总数变成了 8 个 1，16 个“非 1”的全排列个数，即 24!/(8!*16!)=735471，在可以接受的范围内了①。另外，除了 BFS 外还可以用 IDA*，代码更清晰易懂（详见代码仓库）。

例题 7-13　快速幂计算（Power Calculus, ACM/ICPC Yokohama 2006, UVa1374）

输入正整数 n（$1 \leqslant n \leqslant 1000$），问最少需要几次乘除法可以从 x 得到 x^n？例如，x^{31} 需要 6 次：$x^2=x*x$，$x^4=x^2*x^2$，$x^8=x^4*x^4$，$x^{16}=x^8*x^8$，$x^{32}=x^{16}*x^{16}$，$x^{31}=x^{32}/x$。计算过程中 x 的指数应当总是正整数（如 $x^{-3}=x/x^4$ 是不允许的）。

【分析】

这个题有一点“埃及分数”的味道，可以考虑迭代加深搜索。当前状态是已经得到的指数集合，操作是任选两个数进行加法和减法，并且不能产生重复的数，如图 7-21 所示。

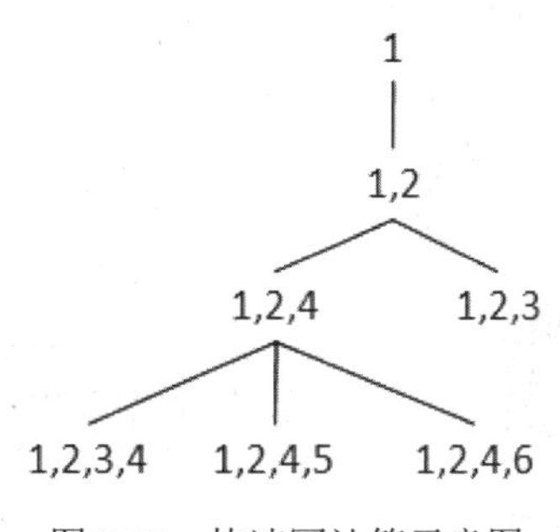

图 7-21　快速幂计算示意图

沿用之前的符号，d 表示当前深度，maxd 表示深度上限，则如果当前序列最大的数乘以 2^{maxd-d} 之后仍小于 n，则剪枝（想一想，为什么）。另外，为了尽快接近目标，不应该“任选”两个数，而应该先选较大的数，并且先试加法再试减法②。这样做可以在最后一次迭代

① 一般来说，状态总数不超过 10^6 时都在可接受范围内。不过这只是一般规律，还要具体问题具体分析。

② 这种技巧称为结点排序（node ordering）。

（即找到解的那次迭代）中比较快地找到解，从而终止整个搜索过程，而不需要等整个解答树扩展完毕。

因为题目一共只有 1000 种可能的输入，写完程序之后可以试试是否对所有输入都能足够快地出解。只要比赛允许，甚至可以预先把 n=1~1000 范围的所有解算出来，输出成如下源代码：

```
#include<cstdio>
int answer[] = {0, 0, 1, ...}; //answer[1]=0, answer[2]=1, ...
int main() {
  int n;
  while(scanf("%d", &n) == 1 && n) printf("%d\n", answer[n]);
  return 0;
}
```

这样的技巧俗称“打表”。本题还有一些常见的优化，例如，限制减法的次数（实际上大部分时候都是最大的数乘以 2），或者限制超过 n 的数的个数（事实上，可以证明最多有一个数需要超过 n），读者不妨一试。另外还有一个猜想：每次总是使用“刚刚得到”的那个数。限于水平，笔者无法证明这个猜想，但是 1000 以内没有找到反例。

例题 7-14　网格动物（Lattice Animals, ACM/ICPC NEERC 2004, UVa1602）

输入 n、w、h（$1 \leqslant n \leqslant 10$，$1 \leqslant w$，$h \leqslant n$），求能放在 $w*h$ 网格里的不同的 n 连块的个数（注意，平移、旋转、翻转后相同的算作同一种）。例如，2*4 里的 5 连块有 5 种（第一行），而 3*3 里的 8 连块有以下 3 种（第二行），如图 7-22 所示。

【分析】

本题看上去没有什么好办法，只能用回溯法求解。如何求解呢？首先需要确定搜索对象。因为要求各个格子连通，所以可以把“连通块”作为搜索对象，每次枚举一个位置，然后放一个新的块，最后判重，如图 7-23 所示。

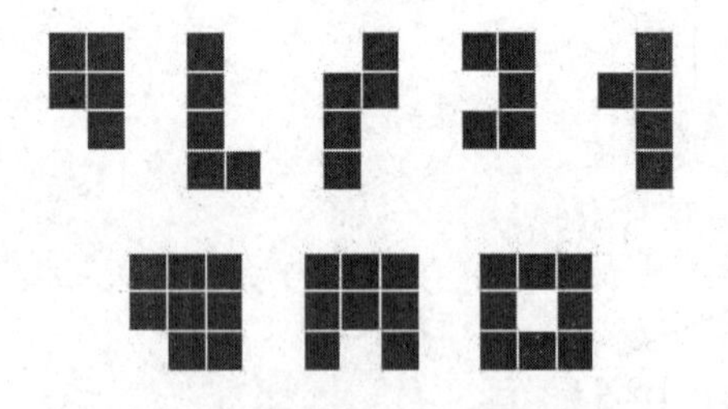

图 7-22　网格动物例题示意图

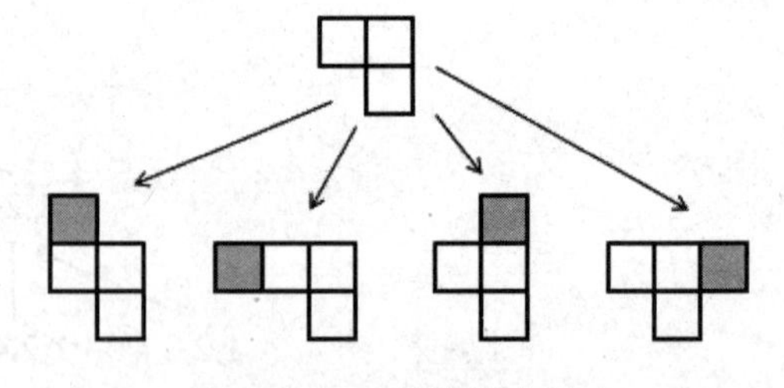

图 7-23　回溯法求解

需要注意的是，如果采用最简单的写法，每个 n 连块都会被重复枚举很多次（想一想，为什么）。也可以用前面介绍过的方法判重，但实际上有办法确保每个 n 连块恰好被枚举一次，由 Redelmeier 发现，有兴趣的读者可以自行研究[①]。

本题非常经典，强烈建议读者编写程序。

① 可以参考 en.wikipedia.org/wiki/Polyomino。

例题 7-15　破坏正方形（Square Destroyer, ACM/ICPC Taejon 2001, UVa1603）

有一个火柴棍组成的正方形网格，每条边有 n 根火柴，共 $2n(n+1)$根。从上到下、从左到右给各个火柴编号，如图 7-24（a）所示。现在拿走一些火柴，问在剩下的火柴中，至少还要拿走多少根火柴才能破坏所有正方形？例如，在图 7-24（b）中，拿掉 3 根火柴就可以破坏掉仅有的 5 个正方形。

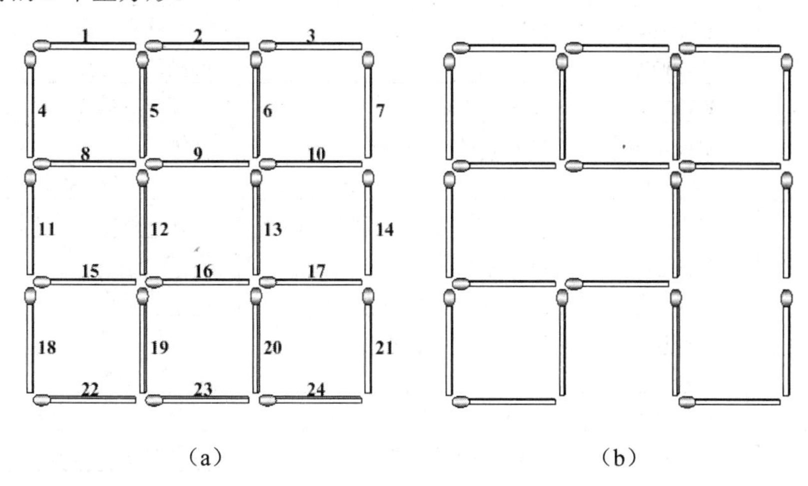

（a）　　　　（b）

图 7-24　破坏正方形示意图

【分析】

不难想到用迭代加深搜索作为主算法框架。搜索对象有两种：（1）每次考虑一个没有被破坏的正方形，在边界上找一根火柴拿掉；（2）每次找一个至少能破坏一个正方形的火柴，然后拿掉。两种方法各有不同的优化方法：

搜索对象是正方形。应先考虑小正方形，再考虑大正方形，因为破坏完小正方形之后，很多大正方形已经被破坏了，但是反过来却不一定。还可以加入最优性剪枝，即把每个正方形看成一个顶点，有公共火柴的正方形连一条边，则每个连通分量至少要拿走一根火柴。

搜索对象是火柴。应先搜索能破坏尽量多正方形的火柴。这需要计算出待考虑的每根火柴可以破坏掉多少个正方形，从大到小排序为 d[1], d[2], d[3],……当 d[1]=1 时即可停止搜索，因为此时可以直接计算出还需要的火柴个数（想一想，为什么）。这个 d 数组也可以用于最优性剪枝，找到最小的 i，使得 d[1]+d[2]+⋯+d[i]≥k（其中 k 为还剩的正方形个数），则至少还要 i 根火柴。

值得一提的是：本题还可以用经典的 DLX 算法解决。该算法超出了本章的范围，但在《算法竞赛入门经典——训练指南》中有详细叙述。

7.8　训 练 参 考

前面已经提到过，本章介绍的算法比较有系统性，因此也没有选择太多的例题。**建议读者独立完成所有例题**。本章例题列表及说明如表 7-3 所示。

表7-3 例题列表

类　别	题　号	题目名称（英文）	备　注
例题7-1	UVa725	Division	选择合适的枚举对象
例题7-2	UVa11059	Maximum Product	枚举连续子序列
例题7-3	UVa10976	Fractions Again?!	缩小枚举范围
例题7-4	UVa524	Prime Ring Problem	回溯法和生成-测试法的比较
例题7-5	UVa129	Krypton Factor	回溯法；避免无用判断
例题7-6	UVa140	Bandwidth	回溯法；最优性剪枝
例题7-7	UVa1354	Mobile Computing	回溯法；枚举二叉树
例题7-8	UVa10603	Fill	状态图，Dijkstra 算法
例题7-9	UVa1601	The Morning after Halloween	路径寻找问题的"试验田"
例题7-10	UVa11212	Editing a Book	IDA*
例题7-11	UVa12325	Zombie's Treasure Chest	两种枚举法
例题7-12	UVa1343	The Rotation Game	状态空间分析
例题7-13	UVa1374	Power Calculus	IDA*，各种优化
例题7-14	UVa1602	Lattice Animals	经典问题：生成n连块
例题7-15	UVa1603	Square Destroyer	搜索对象及优化

下面是本章的习题。这些题目大都具有一定的复杂性，**读者可以选择自己有兴趣的5道题目完成**。如果想达到更好的效果，建议完成至少10道题目。

习题7-1 消防车（Firetruck, ACM/ICPC World Finals 1991, UVa208）

输入一个 n（$n \leqslant 20$）个结点的无向图以及某个结点 k，按照字典序从小到大顺序输出从结点1到结点 k 的所有路径，要求结点不能重复经过。

提示：要事先判断结点1是否可以到达结点 k，否则会超时。

习题7-2 黄金图形（Golygons, ACM/ICPC World Finals 1993, UVa225）

平面上有 k 个障碍点。从(0,0)点出发，第一次走1个单位，第二次走2个单位，……，第 n 次走 n 个单位，恰好回到(0,0)。要求只能沿着东南西北方向走，且每次必须转弯90°（不能沿着同一个方向继续走，也不能后退）。走出的图形可以自交，但不能经过障碍点，如图7-25所示。

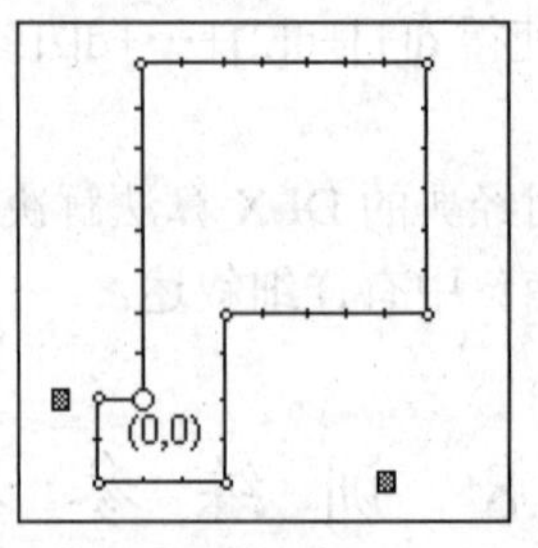

图7-25 黄金图形示意图

输入 n、k（$1 \leqslant n \leqslant 20$，$0 \leqslant k \leqslant 50$）和所有障碍点的坐标，输出所有满足要求的移动序列（用news表示北、东、西、南），按照字典序从小到大排列，最后输出移动序列的总数。

习题 7-3　多米诺效应（The Domino Effect, ACM/ICPC World Finals 1991, UVa211）

一副“双六”多米诺骨牌包含 28 张，编号如图 7-26 所示。

```
Bone #    Pips     Bone #    Pips     Bone #    Pips     Bone #    Pips

  1      0 | 0        8     1 | 1       15     2 | 3       22     3 | 6
  2      0 | 1        9     1 | 2       16     2 | 4       23     4 | 4
  3      0 | 2       10     1 | 3       17     2 | 5       24     4 | 5
  4      0 | 3       11     1 | 4       18     2 | 6       25     4 | 6
  5      0 | 4       12     1 | 5       19     3 | 3       26     5 | 5
  6      0 | 5       13     1 | 6       20     3 | 4       27     5 | 6
  7      0 | 6       14     2 | 2       21     3 | 5       28     6 | 6
```

图 7-26　多米诺骨牌编号

在 7*8 网格中每张牌各摆一张，如图 7-27 所示，左边是各个格子的点数，右边是各个格子所属的骨牌编号。

```
7 x 8 grid of pips              map of bone numbers

6  6  2  6  5  2  4  1          28 28 14  7 17 17 11 11
1  3  2  0  1  0  3  4          10 10 14  7  2  2 21 23
1  3  2  4  6  6  5  4           8  4 16 25 25 13 21 23
1  0  4  3  2  1  1  2           8  4 16 15 15 13  9  9
5  1  3  6  0  4  5  5          12 12 22 22  5  5 26 26
5  5  4  0  2  6  0  3          27 24 24  3  3 18  1 19
6  0  5  3  4  2  0  3          27  6  6 20 20 18  1 19
```

图 7-27　7*8 网格中骨牌摆放

输入左图，你的任务是输出所有可能的右图。

习题 7-4　切断圆环链（Cutting Chains, ACM/ICPC World Finals 2000, UVa818）

有 n（$n\leqslant 15$）个圆环，其中有一些已经扣在了一起。现在需要打开尽量少的圆环，使得所有圆环可以组成一条链（当然，所有打开的圆环最后都要再次闭合）。例如，有 5 个圆环，1-2, 2-3, 4-5，则需要打开一个圆环，如圆环 4，然后用它穿过圆环 3 和圆环 5 后再次闭合圆环 4，就可以形成一条链：1-2-3-4-5。

习题 7-5　流水线调度（Pipeline Scheduling, UVa690）

你有一台包含 5 个工作单元的计算机，还有 10 个完全相同的程序需要执行。每个程序需要 n（$n<20$）个时间片来执行，可以用一个 5 行 n 列的保留表（reservation table）来表示，其中每行代表一个工作单元（unit0~unit4），每列代表一个时间片，行 i 列 j 的字符为 X 表示“在程序执行的第 j 个时间片中需要工作单元 i”。例如，如图 7-28（a）所示就是一张保留表，其中程序在执行的第 0, 1, 2, ……个时间片中分别需要 unit0, unit1, unit2……

同一个工作单元不能同时执行多个程序，因此若两个程序分别从时间片 0 和 1 开始执行，则在时间片 5 时会发生冲突（两个程序都想使用 unit0），如图 7-28（b）所示。

输入一个 5 行 n（$n<20$）列的保留表，输出所有 10 个程序执行完毕所需的最少时间。例如，对于图 7-28（a）的保留表，执行完 10 个程序最少需要 34 个时间片。

clock	0	1	2	3	4	5	6
unit0	X	.	.	.	X	X	.
unit1	.	X	.	.	.	.	.
unit2	.	.	X	.	.	.	.
unit3	.	.	.	X	.	.	.
unit4	.	.	.	.	.	.	X

（a）

clock	0	1	2	3	4	5	6	7
unit0	0	1	.	.	0	C	1	.
unit1	.	0	1	.	.	.	.	.
unit2	.	.	0	1	.	.	.	.
unit3	.	.	.	0	1	.	.	.
unit4	.	.	.	.	.	.	0	1

（b）

图 7-28　流水线调度示意图

习题 7-6　重叠的正方形（Overlapping Squares, Xia'an 2006, UVa12113）

给定一个 4*4 的棋盘和棋盘上所呈现出来的纸张边缘，如图 7-29 所示，问用不超过 6 张 2*2 的纸能否摆出这样的形状。

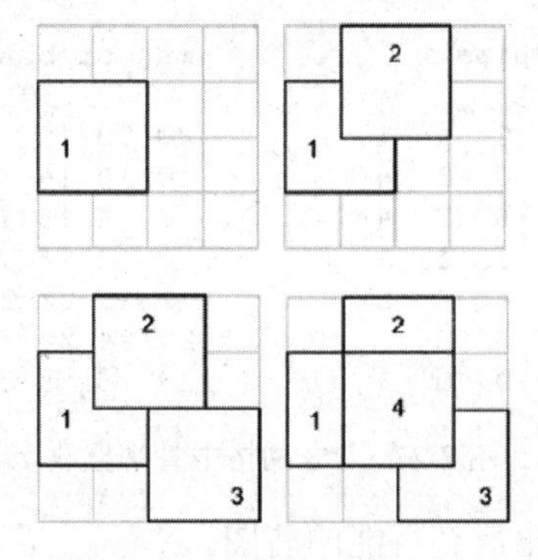

图 7-29　重叠正方形示意图

习题 7-7　埃及分数（Eg[y]ptian Fractions (HARD version), Rujia Liu's Present 6, UVa 12558）

把 a/b 写成不同的埃及分数之和，要求项数尽量小，在此前提下最小的分数尽量大，然后第二小的分数尽量大……另外有 k（$0 \leqslant k \leqslant 5$）个数不能用作分母。例如，$k$=0 时 5/121=1/33+1/121+1/363，不能使用 33 时最优解为 5/121=1/45+1/55+1/1089。

输入保证 $2 \leqslant a < b \leqslant 876$，gcd(a,b)=1，且会挑选比较容易求解的数据。

习题 7-8　数字谜（Digit Puzzle, ACM/ICPC Xi'an 2006,UVa12107）

给出一个数字谜，要求修改尽量少的数，使修改后的数字谜只有唯一解。例如，如图 7-30 所示的两个数字谜就有唯一解。

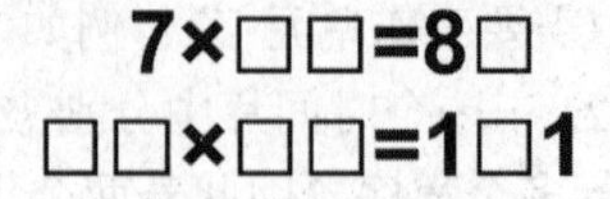

图 7-30　数字谜示意图

修改指的是空格和数字可以随意替换，但不能增删。即空格换数字、数字换空格或数字替换。数字谜中所有涉及的数必须是没有前导零的正数。输入数字谜一定形如 $a*b=c$，其中 a、b、c 分别最多有 2、2、4 位。

输入保证有解。如果有多种修改方案，则输出字典序最小的。字典序中空格小于数字。

习题 7-9　立体八数码问题（Cubic Eight-Puzzle , ACM/ICPC Japan 2006, UVa1604）

有 8 个立方体，按照相同方式着色（如图 7-31（a）所示，相对的面总是着相同颜色），然后以相同的朝向摆成一个 3*3 的方阵，空出一个位置（如图 7-31（b）所示，空位由输入决定）。

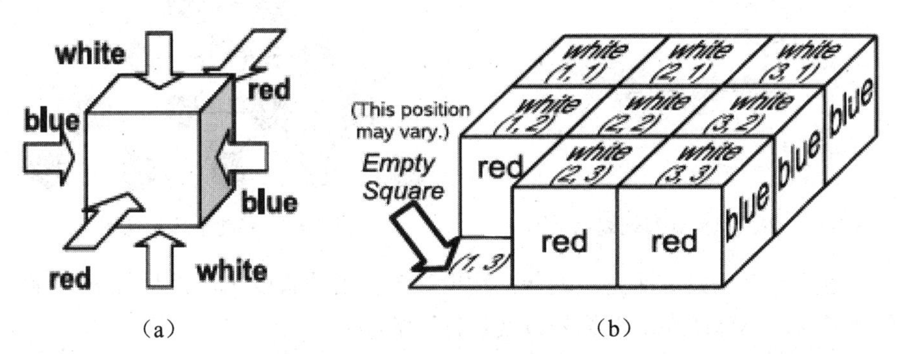

图 7-31　立体八数码问题示意图

每次可以把一个立方体“滚动”一格进入空位，使它原来的位置成为空位，如图 7-32 所示。

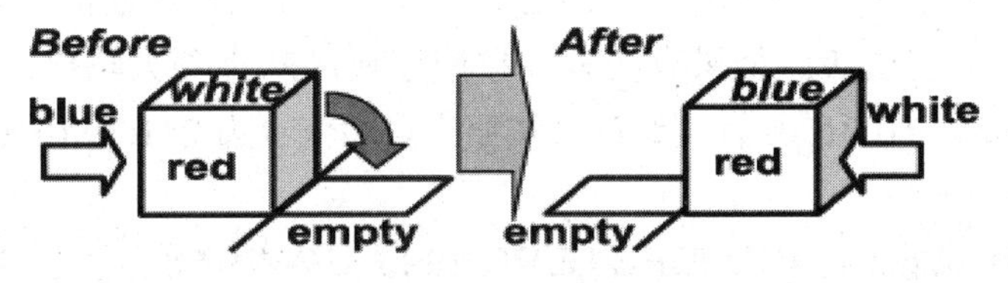

图 7-32　“滚动”后效果

你的任务是用最少的移动使得上表面呈现出指定的图案。输入空位的坐标和目标状态中上表面各个位置的颜色，输出最小移动步数。

习题 7-10　守卫棋盘（Guarding the Chessboard, UVa11214）

输入一个 $n*m$ 棋盘（$n,m<10$），某些格子有标记。用最少的皇后守卫（即占据或者攻击）所有带标记的格子。

习题 7-11　树上的机器人规划（简单版）（Planning mobile robot on Tree (EASY Version), UVa12569）

有一棵 n（$4 \leqslant n \leqslant 15$）个结点的树，其中一个结点有一个机器人，还有一些结点有石头。每步可以把一个机器人或者石头移到一个相邻结点。任何情况下一个结点里不能有两个东西（石头或者机器人）。输入每个石头的位置和机器人的起点和终点，求最小步数的方案。如果有多解，可以输出任意解。如图 7-33 所示，s=1，t=5 时，最少需要 16 步：机器人 1-6，石头 2-1-7，机器人 6-1-2-8，石头 3-2-1-6，石头 4-3-2-1，最后机器人 8-2-3-4-5。

习题 7-12　移动小球（Moving Pegs, ACM/ICPC Taejon 2000, UVa1533）

如图 7-34 所示，一共有 15 个洞，其中一个空着，剩下的洞里各有一个小球。每次可以让一个小球越过同一条直线上的一个或多个连续的小球，落到最近的空洞（不能越过空洞），然后拿走被跳过的小球。例如，让14跳到空洞5中，则洞9里的小球会被拿走，因此操作之后洞9和14会变空，而5里面会有一个小球。你的任务是用最少的步数让整个棋盘只剩下一个小球，并且位于初始时的那个空洞中。

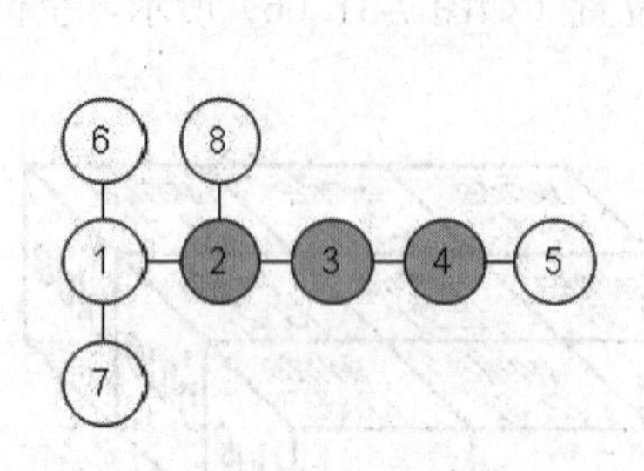

图7-33　树上的机器人规划示意图

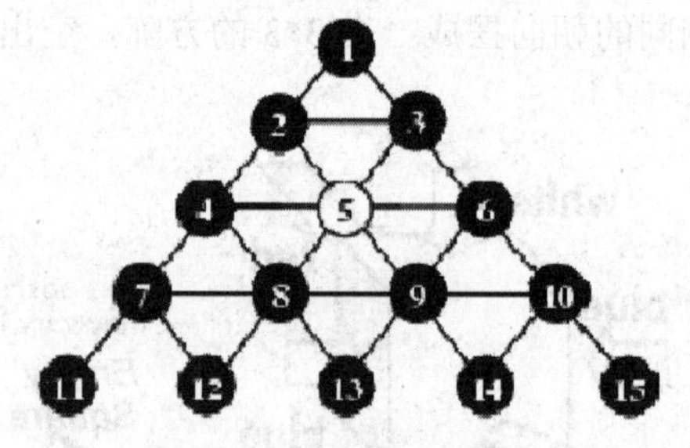

图7-34　移动小球示意图

输入仅包含一个整数，即空洞编号，输出最短序列的长度 *m*，然后是 *m* 个整数对，分别表示每次跳跃的小球所在的洞编号以及目标洞的编号。

习题7-13　数字表达式（According to Bartjens, ACM/ICPC World Finals 2000, UVa 817）

输入一个以等号结尾、前面只包含数字的表达式，插入一些加号、减号和乘号，使得运算结果等于2000。表达式里的整数不能有前导零（例如，0100或者000都是非法的），运算符都是二元的（例如，2*-100*-10+0=是非法的），并且符合通常的运算优先级法则。

输入数字个数不超过9。如果有多解，按照字典序从小到大输出；如果无解，输出IMPOSSIBLE。例如，2100100=有3组解，按照字典序依次为2*100*10+0=、2*100*10-0=和2100-100=。

习题7-14　小木棍（Sticks, ACM/ICPC CERC 1995, UVa 307）

乔治有一些同样长的小木棍，他把这些木棍随意地砍成几段，直到每段的长度都不超过50。现在，他想把小木棍拼接成原来的样子，但是却忘记了自己最开始时有多少根木棍和它们的分别长度。给出每段小木棍的长度，编程帮他找出原始木棍的最小可能长度。例如，若砍完后有4根，长度分别为1, 2, 3, 4，则原来可能是2根长度为5的木棍，也可能是1根长度为10的木棍，其中5是最小可能长度。另一个例子是：砍之后的木棍有9根，长度分别为5, 2, 1, 5, 2, 1, 5, 2, 1，则最小可能长度为6（5+1=5+1=5+1=2+2+2=6），而不是8（5+2+1=8）。

习题7-15　最大的数（Biggest Number, UVa11882）

在一个 *R* 行 *C* 列（2≤*R*，*C*≤15，*R***C*≤30）的矩阵里有障碍物和数字格（包含1~9的数字）。你可以从任意一个数字格出发，每次沿着上下左右之一的方向走一格，但不能走到障碍格中，也不能重复经过一个数字格，然后把沿途经过的所有数字连起来，如图7-35所示。

如图7-35可以得到9784、4832145等整数。问：能得到的最大整数是多少？

习题7-16　找座位（Finding Seats Again, UVa11846）

有一个 *n***n*（*n*<20）的座位矩阵里坐着 *k*（*k*≤26）个研究小组。每个小组的座位都是矩形形状。输入每个小组组长的位置和该组的成员个数，找到一种可能的座位方案。如图7-36所示是一组输入和对应的输出。

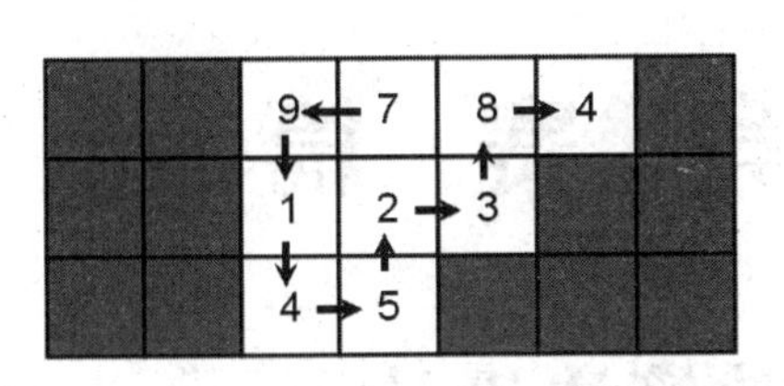

图 7-35　最大的数示意图

```
...4.2.    AAAABCC
...45..    DDDDBEF
222..3.    GHIIBEF
...2..3    GHJKBEF
.24...2    LLJKBMM
...2.3.    NOJPQQQ
22..3..    NOJPRRR
```

图 7-36　找座位问题示意图

习题 7-17　Gokigen Naname 谜题（Gokigen Naname, UVa11694）

在一个 $n*n$（$n\leqslant 7$）网格中，有些交叉点上有数字。你的任务是给每个格子画一条斜线（一共只有“\”和“/”两种），使得每个交叉点的数字等于和它相连的斜线条数，且这些斜线不会构成环，如图 7-37 所示。

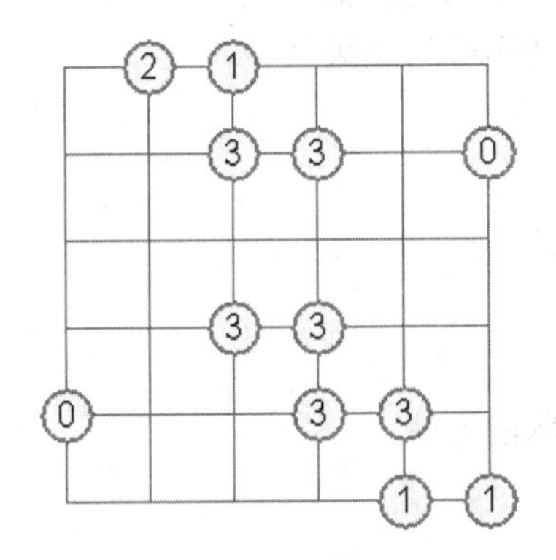

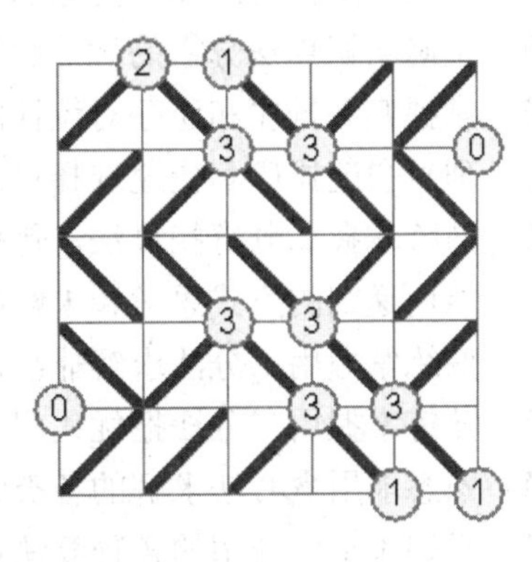

图 7-37　Gokigen Naname 谜题示意图

习题 7-18　推门游戏（The Wall Pusher, UVa10384）

如图 7-38 所示，从 S 处出发，每次可以往东、南、西、北 4 个方向之一前进。如果前方有墙壁，游戏者可以把墙壁往前推一格。如果有两堵或者多堵连续的墙，则不能推动。另外，游戏者也不能推动游戏区域边界上的墙。

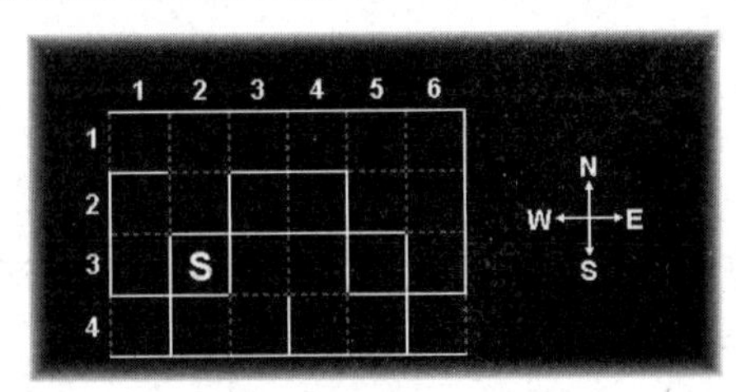

图 7-38　推门游戏示意图

用最少的步数走出迷宫（边界处没有墙的地方就是出口）。迷宫总是有 4 行 6 列，多解时任意输出一个移动序列即可（用 NEWS 这 4 字符表示移动方向）。

第3部分　竞　赛　篇

第8章　高效算法设计

学习目标

- ☑ 理解“基本操作”、渐进时间复杂度的概念和大O记号的含义
- ☑ 掌握“最大连续和”问题的各种算法及其时间复杂度分析
- ☑ 正确认识算法分析的优点和局限性，能正确使用分析结果
- ☑ 掌握归并排序和逆序对统计的分治算法
- ☑ 理解快速排序和快速选择算法
- ☑ 熟练掌握二分查找算法，包括找上下界的算法
- ☑ 能用递归的方式思考和求解问题
- ☑ 熟练掌握用二分法求解非线性方程的方法
- ☑ 熟练掌握用二分法把优化问题转化为判定问题的方法
- ☑ 熟悉能用贪心法求解的各类经典问题
- ☑ 掌握本章中介绍的各种算法设计思路与方法

尽管直观、适用范围广，但枚举、回溯等暴力方法常常无法走出“低效”的阴影。这并不难理解：越是通用的算法，越不能深入挖掘问题的特殊性。本章介绍一些经典问题的高效算法。由于是“量身定制”的，这些算法从概念、思路到程序实现都是千差万别的。从某种意义上说，从本章开始，读者才刚刚开始接触“严肃”的算法设计理论。

8.1　算法分析初步

编程者都希望自己的算法高效，但算法在写成程序之前是运行不了的。难道每设计出来一个算法都必须写出程序来才知道快不快吗？答案是否定的。本节介绍算法分析的基本概念和方法，力求在编程之前尽量准确地估计程序的时空开销，并作出决策——例如，如果算法又复杂速度又慢，就不要急着写出来了。

8.1.1　渐进时间复杂度

最大连续和问题。给出一个长度为 n 的序列 $A_1, A_2,\cdots, A_n$，求最大连续和。换句话说，要求找到 $1\leqslant i\leqslant j\leqslant n$，使得 $A_i+A_{i+1}+\cdots+A_j$ 尽量大。

【分析】

使用枚举，得出如下程序：

程序 8-1　最大连续和（1）

```
tot = 0;
best = A[1]; //初始最大值
for(int i = 1; i <= n; i++)
  for(int j = i; j <= n; j++){        //检查连续子序列 A[i],…, A[j]
    int sum = 0;
    for(int k = i; k <= j; k++) { sum += A[k]; tot++; } //累加元素和
    if(sum > best) best = sum;        //更新最大值
  }
```

注意 best 的初值是 A[1]，这是最保险的做法——不要写 best=0（想一想，为什么）。当 n=1000 时，输出 tot=167167000，这是加法运算的次数。当 n=50 时，输出 22100。

为什么要计算 tot 呢？因为它与机器的运行速度无关。不同机器的速度不一样，运行时间也会有所差异，但 tot 值一定相同。换句话说，它去掉了机器相关的因素，只衡量算法的“工作量”大小——具体来说，是“加法”操作的次数。

提示 8-1： 统计程序中“基本操作”的数量，可以排除机器速度的影响，衡量算法本身的优劣程度。

在本题中，将“加法操作”作为基本操作，类似地也可以把其他四则运算、比较运算作为基本操作。一般并不会严格定义基本操作的类型，而是根据不同情况灵活处理。

刚才是实验得出 tot 值的，其实它也可以用数学方法直接推导出。设输入规模为 n 时加法操作的次数为 $T(n)$，则：

$$T(n)=\sum_{i=1}^{n}\sum_{j=i}^{n} j-i+1=\sum_{i=1}^{n}\frac{(n-i+1)(n-i+2)}{2}=\frac{n(n+1)(n+2)}{6}$$

上面的公式是关于 n 的三次多项式，意味着当 n 很大时，平方项和一次项对整个多项式值的影响不大。可以用一个记号来表示：$T(n)=\Theta(n^3)$，或者说 $T(n)$和 n^3 同阶。

同阶是什么意思呢？简单地说，就是“增长情况相同”。前面说过，n 很大时，只有立方项起到决定作用，而立方项的系数对“增长”是不起作用的——n 扩大两倍时，n^3 和 $100n^3$ 都扩大 8 倍。这样一来，可以只保留“最大项”，并忽略其系数，得到的简单式子称为算法的渐进时间复杂度（asympotic time complexity）。

提示 8-2： 基本操作的数量往往可以写成关于“输入规模”的表达式，保留最大项并忽略系数后的简单表达式称为算法的渐进时间复杂度，用于衡量算法中基本操作数随规模的增长情况。

读者可以做个实验，看看 n 扩大两倍时运行时间是否近似扩大 8 倍。注意这里的“8 倍”是近似的，因为在 $T(n)$的表达式中，二次项、一次项和常数项都被忽略掉了；程序中的其他运算，如 if(sum > best)中的比较运算，甚至改变循环变量所需的“自增”都没有考虑在内。

尽管如此，算法分析的效果还是比较精确的，因为抓住了主要矛盾——执行得最多的运算是加法。

提示 8-3： 渐进时间复杂度忽略了很多因素，因而分析结果只能作为参考，并不是精确的。尽管如此，如果成功抓住了最主要的运算量所在，算法分析的结果常常十分有用。

8.1.2 上界分析

对于上面的方法，读者可能会有疑问：难道每次都要作一番复杂的数学推导才能得到渐进时间复杂度吗？当然不必。

下面是另外一种推导方法：算法包含 3 重循环，内层最坏情况下需要循环 n 次，中层循环最坏情况下也需要 n 次，外层循环最坏情况下仍然需要 n 次，因此总运算次数不超过 n^3。这里采用了“上界分析”，假定所有最坏情况同时取到，尽管这是不可能的。不难预料，这样的分析和实际情况肯定会有一定偏差——在 $T(n)$的表达式中，n^3 的系数是 1/6，小于 n^3，但数量级是正确的——仍然可以得到“n 扩大两倍时，运行时间近似扩大 8 倍”的结论。上界也有记号：$T(n)=O(n^3)$。

提示 8-4： 在算法设计中，常常不进行精确分析，而是假定各种最坏情况同时取到，得到上界。在很多情况下，这个上界和实际情况同阶（称为“紧”的上界），但也有可能会因为分析方法不够好，得到“松”的上界。

松的上界也是正确的上界，但可能让人过高估计程序运行的实际时间（从而不敢编写程序），而即使上界是紧的，过大（如 100）或过小（如 1/100）的最高项系数同样可能引起错误的估计。换句话说，算法分析不是万能，要谨慎对待分析结果。如果预感到上界不紧、系数过大或者过小，最好还是要编程实践。

下面试着优化一下这个算法。设 $S_i=A_1+A_2+\cdots+A_i$，则 $A_i+A_{i+1}+\cdots+A_j=S_j-S_{i-1}$。该式子的用途相当广泛，其直观含义是“连续子序列之和等于两个前缀和之差”。有了这个结论，最内层的循环就可以省略了。

程序 8-2 最大连续和（2）

```
S[0] = 0;
for(int i = 1; i <= n; i++) S[i] = S[i-1] + A[i];                    //递推前缀和 S
for(int i = 1; i <= n; i++)
  for(int j = i; j <= n; j++) best = max(best, S[j]-S[i-1]); //更新最大值
```

注意上面的程序用到了递推的思想：从小到大依次计算 S[1], S[2], S[3],…，每个只需要在前一个的基础上加上一个元素。换句话说，“计算 S”这个步骤的时间复杂度为 $O(n)$。接下来是一个二重循环，用类似的方法可以分析出：

$$T(n)=\sum_{i=1}^{n} n-i+1=\frac{n(n+1)}{2}$$

代入可得 $T(1000)=500500$，和运行结果一致。同样地，用上界分析可以更快地得到结

论：内层循环最坏情况下要执行 n 次，外层也是，因此时间复杂度为 $O(n^2)$。

8.1.3　分治法

本节使用分治法来解决这个问题。分治算法一般分为如下 3 个步骤。

划分问题：把问题的实例划分成子问题。

递归求解：递归解决子问题。

合并问题：合并子问题的解得到原问题的解。

在本例中，“划分”就是把序列分成元素个数尽量相等的两半；“递归求解”就是分别求出完全位于左半或者完全位于右半的最佳序列；“合并”就是求出起点位于左半、终点位于右半的最大连续和序列，并和子问题的最优解比较。

前两部分没有什么特别之处，关键在于“合并”步骤。既然起点位于左半，终点位于右半，则可以人为地把这样的序列分成两部分，然后独立求解：先寻找最佳起点，然后再寻找最佳终点。

程序 8-3　最大连续和（3）（如图 8-1 所示）

```
int maxsum(int* A, int x, int y){ //返回数组在左闭右开区间[x,y)中的最大连续和
  int v, L, R, maxs;
  if(y - x == 1) return A[x];                         //只有一个元素，直接返回
  int m = x + (y-x)/2;        //分治第一步：划分成[x, m)和[m, y)
  int maxs = max(maxsum(A, x, m),maxsum(A, m, y)); //分治第二步：递归求解
  int v, L, R;
  v = 0; L = A[m-1];          //分治第三步:合并(1)——从分界点开始往左的最大连续和L
  for(int i = m-1; i >= x; i--) L = max(L, v += A[i]);
  v = 0; R = A[m];            //分治第三步:合并(2)——从分界点开始往右的最大连续和R
  for(int i = m; i < y; i++) R = max(R, v += A[i]);
  return max(maxs, L+R);      //把子问题的解与L和R比较
}
```

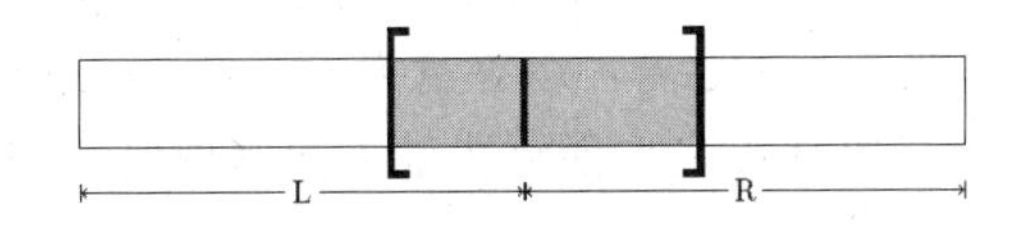

图 8-1　最大连续和的分治算法

上面的代码用到了“赋值运算本身具有返回值”的特点，在一定程度上简化了代码，但不会牺牲可读性。

在上面的程序中，L 和 R 分别为从分界线往左、往右能达到的最大连续和。对于 n=1000，tot 值仅为 9976，在前面的 $O(n^2)$算法基础上又有大幅度改进。

是否可以像前面那样，得到 tot 的数学表达式呢？注意求和技巧已经不再适用，需要用递归的思路进行分析：设序列长度为 n 时的 tot 值为 $T(n)$，则 $T(n)=2T(n/2)+n$，$T(1)=1$。其中 $2T(n/2)$是两次长度为 $n/2$ 的递归调用，而最后的 n 是合并的时间（整个序列恰好扫描一遍）。注意这个方程是近似的，因为当 n 为奇数时两次递归的序列长度分别为$(n-1)/2$ 和

$(n+1)/2$，而不是 $n/2$。幸运的是，这样的近似对于最终结果影响很小，在分析算法时总是可以忽略它。

提示 8-5： 在算法分析中，往往可以忽略"除法结果是否为整数"，而直接按照实数除法分析。这样的近似对最终结果影响很小，一般不会改变渐进时间复杂度。

解刚才的方程，可以得到 $T(n)=\Theta(n\log n)$。由于 $n\log n$ 增长很慢，当 n 扩大两倍时，运行时间的扩大倍数只是略大于 2。现在不必懂得解方程的方法，可以把它作为一个重要结论记下来（建议有兴趣的读者试着借助于解答树来证明这个结论，它并不复杂）。

提示 8-6： 递归方程 $T(n)=2T(n/2)+\Theta(n)$，$T(1)=1$ 的解为 $T(n)=\Theta(n\log n)$。

在结束对分治算法的讨论之前，有必要再谈谈上述程序中的两个细节。首先是范围表示。上面的程序用左闭右开区间来表示一个范围，好处是在处理"数组分割"时比较自然：区间 $[x, y)$ 被分成的是 $[x,m)$ 和 $[m,y)$，不需要在任何地方加减 1。另外，空区间表示为 $[x,x)$，比 $[x,x-1]$ 顺眼多了。

另一个细节是"分成元素个数尽量相等的两半"时分界点的计算。在数学上，分界点应当是 x 和 y 的平均数 $m=(x+y)/2$，此处用的却是 $x+(y-x)/2$。在数学上二者相等，但在计算机中却有差别。不知读者是否注意到，运算符"/"的"取整"是朝零方向（towards zero）的取整，而不是向下取整。换句话说，5/2 的值是 2，而-5/2 的值是-2。为了方便分析，此处用 $x+(y-x)/2$ 来确保分界点总是靠近区间起点。这在本题中并不是必要的，但在后面要介绍的二分查找中，却是相当重要的技巧。

8.1.4 正确对待算法分析结果

对于"最大连续和"问题，本书先后介绍了时间复杂度为 $O(n^3)$、$O(n^2)$、$O(n\log n)$ 的算法，每个新算法较前一个来说，都是重大的改进。尽管分治法看上去很巧妙，但并不是最高效的。把 $O(n^2)$ 算法稍作修改，便可以得到一个 $O(n)$ 算法：当 j 确定时，"S[j]−S[i−1]最大"相当于"S[i−1]最小"，因此只需要扫描一次数组，维护"目前遇到过的最小 S"即可。

假设机器速度是每秒 10^8 次基本运算，运算量为 n^3、n^2、$n\log_2 n$、n、2^n（如子集枚举）和 $n!$（如排列枚举）的算法，在 1 秒之内能解决最大问题规模 n，如表 8-1 所示。

表 8-1　运算量随着规模的变化

运算量	$n!$	2^n	n^3	n^2	$n\log_2 n$	n
最大规模	11	26	464	10000	$4.5*10^6$	100000000
速度扩大两倍后	11	27	584	14142	$8.6*10^6$	200000000

表 8-1 还给出了机器速度扩大两倍后，算法所能解决规模的对比。可以看出，$n!$ 和 2^n 不仅能解决的问题规模非常小，而且增长缓慢；最快的 $n\log_2 n$ 和 n 算法不仅解决问题的规模大，而且增长快。渐进时间复杂为多项式的算法称为多项式时间算法（polymonial-time algorithm），也称有效算法；而 $n!$ 或者 2^n 这样的低效的算法称为指数时间算法（exponential-time algorithm）。

不过需要注意的是，上界分析的结果在趋势上能反映算法的效率，但有两个不精确性：一是公式本身的不精确性。例如，“非主流”基本操作的影响、隐藏在大 O 记号后的低次项和最高项系数；二是对程序实现细节与计算机硬件的依赖性，例如，对复杂表达式的优化计算、把内存访问方式设计得更加“cache 友好”等。在不少情况下，算法实际能解决的问题规模与表 8-1 所示有着较大差异。

尽管如此，表 8-1 还是有一定借鉴意义的。考虑到目前主流机器的执行速度，多数算法竞赛题目所选取的数据规模基本符合此表。例如，一个指明 $n \leqslant 8$ 的题目，可能 $n!$ 的算法已经足够，$n \leqslant 20$ 的题目需要用到 2^n 的算法，而 $n \leqslant 300$ 的题目可能必须用至少 n^3 的多项式时间算法了。

8.2　再谈排序与检索

假设有 n 个整数，希望把它们按照从小到大的顺序排列，应该怎样做呢？也许你会说：调用 STL 中的 sort 或者 stable_sort 即可。可是读者们有没有想过：这些现成的排序函数是怎样工作的呢？

8.2.1　归并排序

第一种高效排序算法是归并排序。按照分治三步法，对归并排序算法介绍如下。

划分问题：把序列分成元素个数尽量相等的两半。

递归求解：把两半元素分别排序。

合并问题：把两个有序表合并成一个。

前两部分是很容易完成的，关键在于如何把两个有序表合成一个。图 8-2 演示了一个合并的过程。每次只需要把两个序列的最小元素加以比较，删除其中的较小元素并加入合并后的新表即可。由于需要一个新表来存放结果，所以附加空间为 n。

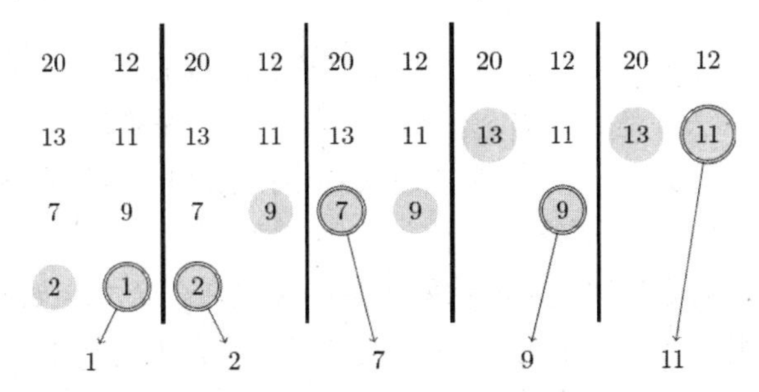

图 8-2　合并过程：时间是线性的，需要线性的辅助空间

这个过程极为重要，希望读者仔细体会。代码如下：

程序 8-4　归并排序（从小到大）

```
void merge_sort(int* A, int x, int y, int* T){
  if(y-x > 1){
```

```
    int m = x + (y-x)/2;                      //划分
    int p = x, q = m, i = x;
    merge_sort(A, x, m, T);                   //递归求解
    merge_sort(A, m, y, T);                   //递归求解
    while(p < m || q < y){
      if(q >= y || (p < m && A[p] <= A[q])) T[i++] = A[p++];
                                              //从左半数组复制到临时空间
      else T[i++] = A[q++];                   //从右半数组复制到临时空间
    }
    for(i = x; i < y; i++) A[i] = T[i];       //从辅助空间复制回 A 数组
  }
}
```

代码中的两个条件是关键。首先，只要有一个序列非空，就要继续合并（while(p<m|| q<y)），因此在比较时不能直接比较 A[p] 和 A[q]，因为可能其中一个序列为空，从而 A[p]或者 A[q]代表的是一个实际不存在的元素。正确的方式是：

- 如果第二个序列为空（此时第一个序列一定非空），复制 A[p]。
- 否则（第二个序列非空），当且仅当第一个序列也非空，且 A[p]≤A[q]时，才复制 A[p]。

上面的代码巧妙地利用短路运算符“||”把两个条件连接在了一起：如果条件 1 满足，就不会计算条件 2；如果条件 1 不满足，就一定会计算条件 2。这样的技巧很实用，请读者细心体会。另外，读者如果仍然不太习惯 T[i++]=A[p++]这种“复制后移动下标”的方式，是时候把它们弄懂、弄熟了。

不难看出，归并排序的时间复杂度和最大连续和的分治算法一样，都是 $O(n\log n)$的。

逆序对问题。给一列数 $a_1, a_2,\cdots, a_n$，求它的逆序对数，即有多少个有序对(i,j)，使得 $i<j$ 但 $a_i>a_j$。n 可以高达 10^6。

【分析】

n 这么大，$O(n^2)$的枚举将超时，因此需要寻找更高效的方法。受到归并排序的启发，下面来试试“分治三步法”是否适用。“划分问题”过程是把序列分成元素个数尽量相等的两半；“递归求解”是统计 i 和 j 均在左边或者均在右边的逆序对个数；“合并问题”则是统计 i 在左边，但 j 在右边的逆序对个数。

和归并排序一样，划分和递归求解都好理解，关键在于合并：如何求出 i 在左边，而 j 在右边的逆序对数目呢？统计的常见技巧是“分类”。下面按照 j 的不同把这些“跨越两边”的逆序对进行分类：只要对于右边的每个 j，统计左边比它大的元素个数 $f(j)$，则所有 $f(j)$之和便是答案。

幸运的是，归并排序可以“顺便”完成 $f(j)$的计算：由于合并操作是从小到大进行的，当右边的 A[j]复制到 T 中时，左边还没来得及复制到 T 的那些数就是左边所有比 A[j]大的数。此时在累加器中加上左边元素个数 $m-p$ 即可（左边所剩的元素在区间$[p,m)$中，因此元素个数为 $m-p$）。换句话说，在代码上的唯一修改就是把“else T[i++] = A[q++]; ”改成“else

{ T[i++] = A[q++]; cnt += m−p; }”。当然，在调用之前应给 cnt 清零。

提示 8-7：归并排序的时间复杂度为 $O(n\log n)$。对该算法稍加修改，可以统计序列中的逆序对的个数，时间复杂度不变。

8.2.2　快速排序

快速排序是最快的通用内部排序算法。它由 Hoare 于 1962 年提出，相对归并排序来说不仅速度更快，并且不需辅助空间（还记得那个 T 数组吗）。按照分治三步法，将快速排序算法作如下介绍。

划分问题：把数组的各个元素重排后分成左右两部分，使得左边的任意元素都小于或等于右边的任意元素。

递归求解：把左右两部分分别排序。

合并问题：不用合并，因为此时数组已经完全有序。

读者也许会觉得这样的描述太过笼统，但事实上，快速排序本来就不是只有一种实现方法。“划分过程”有多个不同的版本，导致快速排序也有不同版本。读者很容易在互联网上找到各种快速排序的版本，这里不再给出代码。

快速选择问题。输入 n 个整数和一个正整数 k（$1 \leqslant k \leqslant n$），输出这些整数从小到大排序后的第 k 个（例如，k=1 就是最小值）。$n \leqslant 10^7$。

【分析】

选择第 k 大的数，最容易想到的方法是先排序，然后直接输出下标为 k−1 的元素（别忘了 C 语言中数组下标从 0 开始），但 10^7 的规模即使对于 $O(n\log n)$的算法来说较大。有没有更快的方法呢？

答案是肯定的。假设在快速排序的“划分”结束后，数组 A[p…r]被分成了 A[p…q]和 A[q+1…r]，则可以根据左边的元素个数 $q-p+1$ 和 k 的大小关系只在左边或者右边递归求解。可以证明，在期望意义下，程序的时间复杂度为 $O(n)$。

提示 8-8：快速排序的时间复杂度为：最坏情况 $O(n^2)$，平均情况 $O(n\log n)$，但实践中几乎不可能达到最坏情况，效率非常高。根据快速排序思想，可以在平均 $O(n)$时间内选出数组中第 k 大的元素。

8.2.3　二分查找

排序的重要意义之一，就是为检索带来方便。试想有 10^6 个整数，希望确认其中是否包含 12345，最容易想到的方法就是把它们放到数组 A 中，然后依次检查这些整数是否等于 12345。这样的方式对于“单次询问”来说运行得很好，但如果需要找 10000 个数，就需要把整个数组 A 遍历 10000 次。而如果先将数组 A 排序，就可以查找得更快——好比在字典中查找单词不必一页一页翻一样。

在有序表中查找元素常常使用二分查找（Binary Search），有时也译为“折半查找”，基本思路就像是“猜数字游戏”：你在心里想一个不超过 1000 的正整数，我可以保证在 10

次之内猜到它——只要你每次告诉我猜的数比你想的大一些、小一些，或者正好猜中。

猜的方法就是“二分”。首先我猜 500，除了运气特别好正好猜中之外[①]，不管你说“太大”还是“太小”，我都能把可行范围缩小一半：如果“太大”，那么答案在 1~499 之间；如果“太小”，那么答案在 501~1000 之间。只要每次选择可行区间的中点去猜，每次都可以把范围缩小一半。由于 $\log_2 1000<10$，10 次一定能猜到。

这也是二分查找的基本思路。

提示 8-9：*逐步缩小范围法是一种常见的思维方法。二分查找便是基于这种思路，它遵循分治三步法，把原序列划分成元素个数尽量接近的两个子序列，然后递归查找。二分查找只适用于有序序列，时间复杂度为 $O(\log n)$。*

尽管可以用递归实现，但一般把二分查找写成非递归的：

程序 8-5　二分查找（迭代实现）

```
int bsearch(int* A, int x, int y, int v){
  int m;
  while(x < y) {
    m = x+(y-x)/2;
    if(A[m] == v) return m;
    else if(A[m] > v) y = m;
    else x = m+1;
  }
  return -1;
}
```

上述 while 循环常常直接写在程序中。二分查找常常用在一些抽象的场合，没有数组 A，也没有要查找的 v，但是二分的思想仍然适用。

提示 8-10：*二分查找一般写成非递归形式。*

下面提一个有趣的问题：如果数组中有多个元素都是 v，上面的函数返回的是哪一个的下标呢？第一个？最后一个？都不是。不难看出，如果所有元素都是要找的，它返回的是中间那一个。有时，这样的结果并不是很理想，能不能求出值等于 v 的完整区间呢（由于已经排好序，相等的值会排在一起）？

下面的程序，当 v 存在时返回它出现的第一个位置。如果不存在，返回这样一个下标 i：在此处插入 v（原来的元素 A[i], A[i+1],…全部往后移动一个位置）后序列仍然有序。

程序 8-6　二分查找求下界

```
int lower_bound(int* A, int x, int y, int v){
  int m;
  while(x < y){
```

① 如果没有公证人，你可以不动声色地换一个数。

```
    m = x+(y-x)/2;
    if(A[m]>=v) y=m;
    else x=m+1;
  }
  return x;
}
```

下面来分析一下这段程序。首先，最后的返回值不仅可能是 x, x+1, x+2,…, y-1，还可能是 y——如果 v 大于 A[y-1]，就只能插入这里了。这样，尽管查找区间是左闭右开区间[x,y)，返回值的候选区间却是闭区间[x,y]。A[m]和 v 的各种关系所带来的影响如下。

- A[m] = v：至少已经找到一个，而左边可能还有，因此区间变为[x,m]。
- A[m] > v：所求位置不可能在后面，但有可能是 m，因此区间变为[x,m]。
- A[m] < v：m 和前面都不可行，因此区间变为[m+1,y]。

合并一下，A[m]≥v 时新区间为[x,m]；A[m]<v 时新区间为[m+1,y]。这里有一个潜在的危险：如果[x,m]或者[m+1,y]和原区间[x,y]相同，将发生死循环！幸运的是，这样的情况并不会发生，原因留给读者思考。

类似地，可以写一个 upper_bound 程序，当 v 存在时返回它出现的最后一个位置的后面一个位置。如果不存在，返回这样一个下标 i：在此处插入 v（原来的元素 A[i], A[i+1],…全部往后移动一个位置）后序列仍然有序。不难得出，只需把“if(A[m]>=v) y=m; else x=m+1;”改成“if(A[m]<=v) x=m+1; else y=m;”即可。

这样，对二分查找的讨论就相对比较完整了：设 lower_bound 和 upper_bound 的返回值分别为 L 和 R，则 v 出现的子序列为[L,R)。这个结论当 v 不在时也成立：此时 L=R，区间为空。这里实现的 lower_bound 和 upper_bound 就是 STL 中的同名函数。

提示 8-11：用“上下界”函数求解范围统计问题的技巧非常有用，建议读者用心体会左闭右开区间的使用方法和上下界函数的实现细节。

8.3　递归与分治

除了排序与检索外，递归还有更广泛的应用。

棋盘覆盖问题。有一个 2^k*2^k 的方格棋盘，恰有一个方格是黑色的，其他为白色。你的任务是用包含 3 个方格的 L 型牌覆盖所有白色方格。黑色方格不能被覆盖，且任意一个白色方格不能同时被两个或更多牌覆盖。如图 8-3 所示为 L 型牌的 4 种旋转方式。

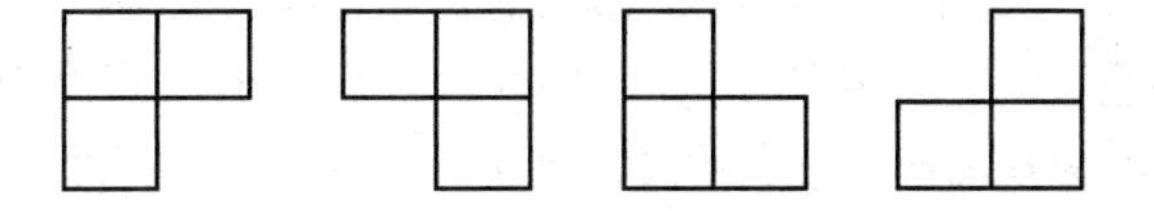

图 8-3　L 型牌

【分析】

本题的棋盘是 2^k*2^k 的，很容易想到分治：把棋盘切为 4 块，则每一块都是 $2^{k-1}*2^{k-1}$ 的。有黑格的那一块可以递归解决，但其他 3 块并没有黑格子，应该怎么办呢？可以构造出一个黑格子，如图 8-4 所示。递归边界也不难得出：k=1 时一块牌就够了。

循环日程表问题。$n=2^k$ 个运动员进行网球循环赛，需要设计比赛日程表。每个选手必须与其他 n−1 个选手各赛一次；每个选手一天只能赛一次；循环赛一共进行 n−1 天。按此要求设计一张比赛日程表，该表有 n 行和 n−1 列，第 i 行 j 列为第 i 个选手第 j 天遇到的选手。

【分析】

本题的方法有很多，递归是其中一种比较容易理解的方法。如图 8-5 所示是 k=3 时的一个可行解，它是 4 块拼起来的。左上角是 k=2 时的一组解，左下角是左上角每个数加 4 得到，而右上角、右下角分别由左下角、左上角复制得到。

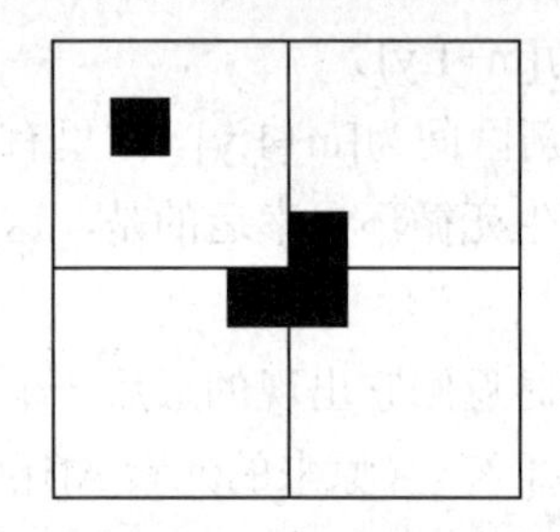

图 8-4　棋盘覆盖问题的递归解法

1	2	3	4	5	6	7	8
2	1	4	3	6	5	8	7
3	4	1	2	7	8	5	6
4	3	2	1	8	7	6	5
5	6	7	8	1	2	3	4
6	5	8	7	2	1	4	3
7	8	5	6	3	4	1	2
8	7	6	5	4	3	2	1

图 8-5　循环日程表问题 k=3 时的解

巨人与鬼。在平面上有 n 个巨人和 n 个鬼，没有三者在同一条直线上。每个巨人需要选择一个不同的鬼，向其发送质子流消灭它。质子流由巨人发射，沿直线行进，遇到鬼后消失。由于质子流交叉是很危险的，所有质子流经过的线段不能有交点。请设计一种给巨人和鬼配对的方法。

【分析】

由于只需要一种配对方法，从直观上来说本题一定是有解的。由于每一个巨人和鬼都需要找一个目标，不妨先给“最特殊”的巨人或鬼寻找“搭档”。

考虑 y 坐标最小的点（即最低点）。如果有多个这样的点，考虑最左边的点（即其中最左边的点），则所有点的极角在范围$[0,\pi)$内。不妨设它是一个巨人，然后把所有其他点按照极角从小到大的顺序排序后依次检查。

情况 1：第一个点是鬼，那么配对完成，剩下的巨人和鬼仍然是一样多，而且不会和这一条线段交叉，如图 8-6（a）所示。

情况 2：第一个点是巨人，那么继续检查，直到已检查的点中鬼和巨人一样多为止。找到了这个“鬼和巨人”配对区间后，只需要把此区间内的点配对，再把区域外的点配对即可，如图 8-6（b）所示。这个配对过程是递归的，好比棋盘覆盖中一样。会不会找不到这样的配对区间呢？不会的。因为检查完第一个点后鬼少一个，而检查完最后一个点时鬼多一个，而巨人和鬼的数量差每次只能改变 1，因此“从少到多”的过程中一定会有“一样多”的时候。

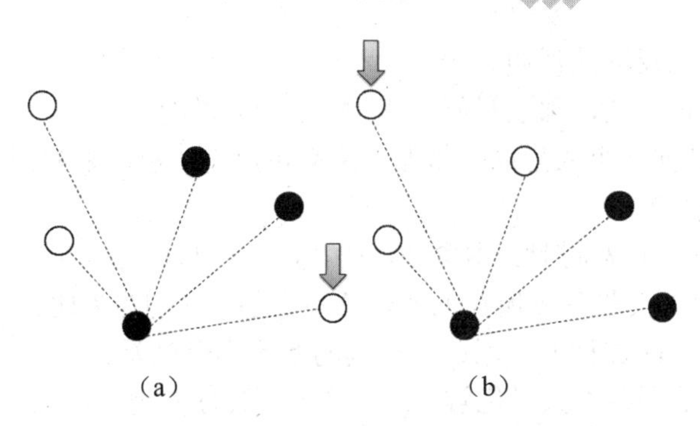

图 8-6　巨人与鬼问题

8.4　贪　心　法

贪心法是一种解决问题的策略。如果策略正确，那么贪心法往往是易于描述、易于实现的。本节介绍可以用贪心法解决的若干经典问题。

8.4.1　背包相关问题

最优装载问题。给出 n 个物体，第 i 个物体重量为 w_i。选择尽量多的物体，使得总重量不超过 C。

【分析】

由于只关心物体的数量，所以装重的没有装轻的划算。只需把所有物体按重量从小到大排序，依次选择每个物体，直到装不下为止。这是一种典型的贪心算法，它只顾眼前，但却能得到最优解。

部分背包问题。有 n 个物体，第 i 个物体的重量为 w_i，价值为 v_i。在总重量不超过 C 的情况下让总价值尽量高。每一个物体都可以只取走一部分，价值和重量按比例计算。

【分析】

本题在上一题的基础上增加了价值，所以不能简单地像上题那样先拿轻的（轻的可能价值也小），也不能先拿价值大的（可能它特别重），而应该综合考虑两个因素。一种直观的贪心策略是：优先拿“价值除以重量的值”最大的，直到重量和正好为 C。

注意：由于每个物体可以只拿一部分，因此一定可以让总重量恰好为 C（或者全部拿走重量也不足 C），而且除了最后一个以外，所有的物体要么不拿，要么拿走全部。

乘船问题。有 n 个人，第 i 个人重量为 w_i。每艘船的最大载重量均为 C，且最多只能乘两个人。用最少的船装载所有人。

【分析】

考虑最轻的人 i，他应该和谁一起坐呢？如果每个人都无法和他一起坐船，则唯一的方案就是每人坐一艘船（想一想，为什么）。否则，他应该选择能和他一起坐船的人中最重的一个 j。这样的方法是贪心的，因此它只是让“眼前”的浪费最少。幸运的是，这个贪心策略也是对的，可以用反证法说明。

假设这样做不是最好的，那么最好方案中 i 是什么样的呢？

情况 1：i 不和任何一个人坐同一艘船，那么可以把 j 拉过来和他一起坐，总船数不会增加（而且可能会减少）。

情况 2：i 和另外一人 k 同船。由贪心策略，j 是“可以和 i 一起坐船的人”中最重的，因此 k 比 j 轻。把 j 和 k 交换后 k 所在的船仍然不会超重（因为 k 比 j 轻），而 i 和 j 所在的船也不会超重（由贪心法过程），因此所得到的新解不会更差。

由此可见，贪心法不会丢失最优解。最后说一下程序实现。在刚才的分析中，比 j 更重的人只能每人坐一艘船。这样，只需用两个下标 i 和 j 分别表示当前考虑的最轻的人和最重的人，每次先将 j 往左移动，直到 i 和 j 可以共坐一艘船，然后将 i 加 1，j 减 1，并重复上述操作。不难看出，程序的时间复杂度仅为 $O(n)$，是最优算法（别忘了，读入数据也需要 $O(n)$时间，因此无法比这个更好了）。

8.4.2 区间相关问题

选择不相交区间。数轴上有 n 个开区间(a_i, b_i)。选择尽量多个区间，使得这些区间两两没有公共点。

【分析】

首先明确一个问题：假设有两个区间 x, y，区间 x 完全包含 y。那么，选 x 是不划算的，因为 x 和 y 最多只能选一个，选 x 还不如选 y，这样不仅区间数目不会减少，而且给其他区间留出了更多的位置。接下来，按照 b_i 从小到大的顺序给区间排序。贪心策略是：一定要选第一个区间。为什么？

现在区间已经排序成 $b_1 \leqslant b_2 \leqslant b_3 \cdots$了，考虑 a_1 和 a_2 的大小关系。

情况 1：$a_1>a_2$，如图 8-7（a）所示，区间 2 包含区间 1。前面已经讨论过，这种情况下一定不会选择区间 2。不仅区间 2 如此，以后所有区间中只要有一个 i 满足 $a_1>a_i$，i 都不要选。在今后的讨论中，将不考虑这些区间。

情况 2：排除了情况 1，一定有 $a_1 \leqslant a_2 \leqslant a_3 \leqslant \cdots$，如图 8-7（b）所示。如果区间 2 和区间 1 完全不相交，那么没有影响（因此一定要选区间 1），否则区间 1 和区间 2 最多只能选一个。如果不选区间 2，黑色部分其实是没有任何影响的（它不会挡住任何一个区间），区间 1 的有效部分其实变成了灰色部分，它被区间 2 所包含！由刚才的结论，区间 2 是不能选的。依此类推，不能因为选任何区间而放弃区间 1，因此选择区间 1 是明智的。

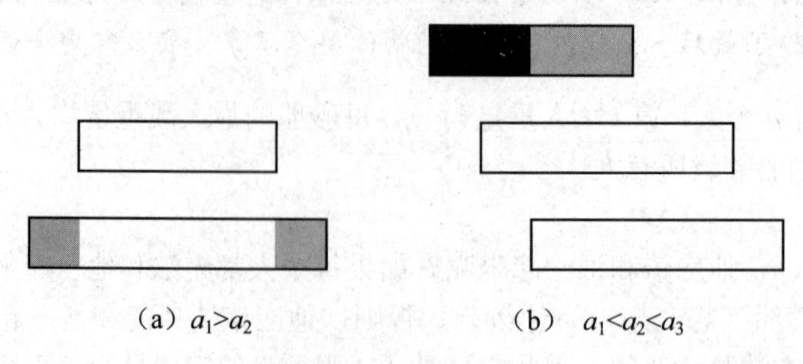

（a）$a_1>a_2$　　（b）$a_1<a_2<a_3$

图 8-7　贪心策略图示

选择了区间 1 以后，需要把所有和区间 1 相交的区间排除在外，需要记录上一个被选择的区间编号。这样，在排序后只需要扫描一次即可完成贪心过程，得到正确结果。

区间选点问题。数轴上有 n 个闭区间$[a_i, b_i]$。取尽量少的点，使得每个区间内都至少有一个点（不同区间内含的点可以是同一个）。

【分析】

如果区间 i 内已经有一个点被取到，则称此区间已经被满足。受上一题的启发，下面先讨论区间包含的情况。由于小区间被满足时大区间一定也被满足，所以在区间包含的情况下，大区间不需要考虑。

把所有区间按 b 从小到大排序（b 相同时 a 从大到小排序），则如果出现区间包含的情况，小区间一定排在前面。第一个区间应该取哪一个点呢？此处的贪心策略是：取最后一个点，如图 8-8 所示。

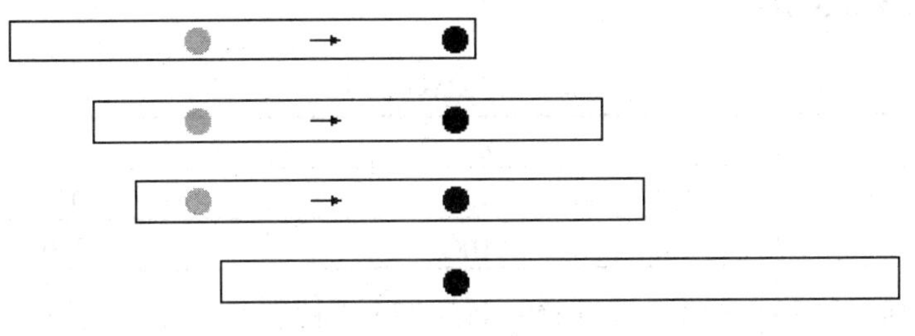

图 8-8　贪心策略

根据刚才的讨论，所有需要考虑的区间的 a 也是递增的，可以把它画成图 8-8 的形式。如果第一个区间不取最后一个，而是取中间的，如灰色点，那么把它移动到最后一个点后，被满足的区间增加了，而且原先被满足的区间现在一定被满足。不难看出，这样的贪心策略是正确的。

区间覆盖问题。数轴上有 n 个闭区间$[a_i, b_i]$，选择尽量少的区间覆盖一条指定线段 $[s, t]$。

【分析】

本题的突破口仍然是区间包含和排序扫描，不过先要进行一次预处理。每个区间在$[s, t]$外的部分都应该预先被切掉，因为它们的存在是毫无意义的。预处理后，在相互包含的情况下，小区间显然不应该考虑。

把各区间按照 a 从小到大排序。如果区间 1 的起点不是 s，无解（因为其他区间的起点更大，不可能覆盖到 s 点），否则选择起点在 s 的最长区间。选择此区间$[a_i, b_i]$ 后，新的起点应该设置为 b_i，并且忽略所有区间在 b_i 之前的部分，就像预处理一样。虽然贪心策略比上题复杂，但是仍然只需要一次扫描，如图 8-9 所示。s 为当前有效起点（此前部分已被覆盖），则应该选择区间 2。

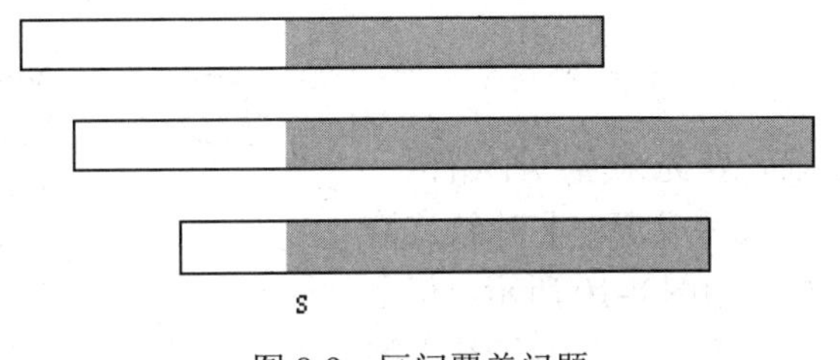

图 8-9　区间覆盖问题

8.4.3 Huffman 编码

假设某文件中只有6种字符：a, b, c, d, e, f，可以用3个二进制位来表示，如表8-2所示（表8-2~表8-4中，频率的单位均为“千次”）。

表8-2 各种字符的编码

字符	a	b	c	d	e	f
频率	45	13	12	16	9	5
编码	000	001	010	011	100	101

这样，一共需要(45+13+12+16+9+5)*3=300千比特（即二进制的位）。第二种方法是采用变长编码，如表8-3所示。

表8-3 变长码举例

字符	a	b	c	d	e	f
频率	45	13	12	16	9	5
编码	0	101	100	111	1101	1100

总长度为1*45+3*13+3*12+3*16+4*9+4*5=224千比特，比定长码短。读者可能会说：还可以更短，如表8-4所示。

表8-4 错误的变长码举例

字符	a	b	c	d	e	f
频率	45	13	12	16	9	5
编码	0	1	00	01	10	11

总长度只有1*(45+13)+2*(12+16+9+5)=142千比特，不是更短吗？可惜，这样的编码方案是有问题的。如果收到了001，那么究竟是aab、cb，还是ad？换句话说，这样的编码有歧义，因为其中一个字符的编码是另一个码的前缀（prefix）。表8-3所示的码没有这样的情况，任何一个编码都不是另一个的前缀。这里把满足这样性质的编码称为前缀码（Prefix Code）。下面正式叙述编码问题。

最优编码问题。给出 n 个字符的频率 c_i，给每个字符赋予一个01编码串，使得任意一个字符的编码不是另一个字符编码的前缀，而且编码后总长度（每个字符的频率与编码长度乘积的总和）尽量小。

【分析】

在解决这个问题之前，首先来看一个结论：任何一个前缀编码都可以表示成每个非叶结点恰好有两个子结点的二叉树。如图8-10所示，每个非叶结点与左子结点的边上写1，与右子结点的

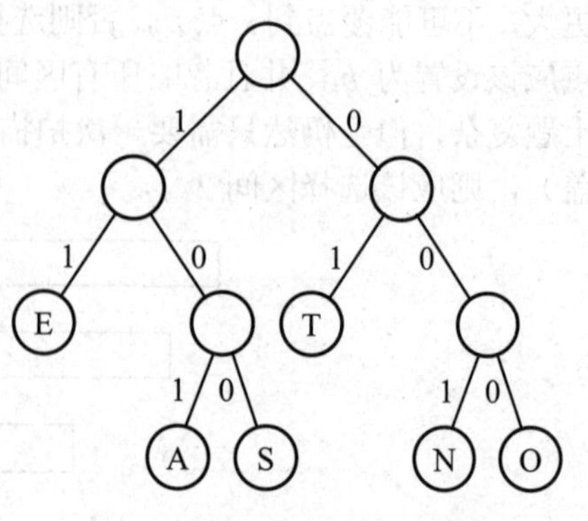

图8-10 前缀码的二叉树表示

边上写 0。

每个叶子对应一个字符，编码为从根到该叶子的路径上的 01 序列。在图 8-10 中，N 的编码为 001，而 E 的编码为 11。为了证明在一般情况下，都可以用这样的二叉树来表示最优前缀码，需要证明两个结论。

结论 1：n 个叶子的二叉树一定对应一个前缀码。如果编码 a 为编码 b 的前缀，则 a 所对应的结点一定为 b 所对应结点的祖先。而两个叶子不会有祖先后代的关系。

结论 2：最优前缀码一定可以写成二叉树。逐个字符构造即可。每拿到一个编码，都可以构造出从根到叶子的一条路径，沿着已有结点走，创建不存在的结点。这样得到的二叉树不可能有单子结点，因为如果存在，只要用这个子结点代替父结点，得到的仍然是前缀码，且总长度更短。

接下来的问题就变为：如何构造一棵最优的编码树。

Huffman 算法：把每个字符看作一个单结点子树放在一个树集合中，每棵子树的权值等于相应字符的频率。每次取权值最小的两棵子树合并成一棵新树，并重新放到集合中。新树的权值等于两棵子树权值之和。

下面分两步证明算法的正确性。

结论 1：设 x 和 y 是频率最小的两个字符，则存在前缀码使得 x 和 y 具有相同码长，且仅有最后一位编码不同。换句话说，**第一步贪心法选择保留最优解**。

证明：假设深度最大的结点为 a，则 a 一定有一个兄弟 b。不妨设 $f(x)\leqslant f(y)$，$f(a)\leqslant f(b)$，则 $f(x)\leqslant f(a)$，$f(y)\leqslant f(b)$。如果 x 不是 a，则交换 x 和 a；如果 y 不是 b，则交换 y 和 b。这样得到的新编码树不会比原来的差。

结论 2：设 T 是加权字符集 C 的最优编码树，x 和 y 是树 T 中两个叶子，且互为兄弟结点，z 是它们的父结点。若把 z 看成具有频率 $f(z)=f(x)+f(y)$的字符，则树 $T'=T-\{x,y\}$ 是字符集 $C'=C-\{x,y\}\cup\{z\}$ 的一棵最优编码树。换句话说，**原问题的最优解包含子问题的最优解**。

证明：设 T' 的编码长度为 L，其中字符 $\{x,y\}$ 的深度为 h，则把字符 $\{x,y\}$ 拆成两个后，长度变为 $L-(f(x)+f(y))\bullet h+(f(x)+f(y))\bullet(h+1)=L+f(x)+f(y)$。因此 T' 必须是 C' 的最优编码树，T 才是 C 的最优编码树。

结论 1 通常称为贪心选择性质，结论 2 通常称为最优子结构性质。根据这两个结论，Huffman 算法正确。在程序实现上，可以先按照频率把所有字符排序成表 P，然后创建一个新结点队列 Q，在每次合并两个结点后把新结点放到队列 Q 中。由于后合并的频率和一定比先合并的频率和大，因此 Q 内的元素是有序的。类似有序表的合并过程，每次只需要检查 P 和 Q 的首元素即可找到频率最小的元素，时间复杂度为 $O(n)$。算上排序，总时间复杂度为 $O(n\log n)$。

8.5　算法设计与优化策略

本节是本章的重点，也是“基础篇”中第一个贴近竞赛的小节。竞赛中常用的算法设计方法有很多，本节列举一些较为经典的专题，以供读者学习。

构造法。很多时候可以通过“直接构造解”的方法来解决问题。这是最没有规律可循的一种方法，也是最考验“真功夫”的一种方法。

例题 8-1　煎饼（Stacks of Flapjacks, UVa120）

有一叠煎饼正在锅里。煎饼共有 n（n≤30）张，每张都有一个数字，代表它的大小，如图 8-11 所示。厨师每次可以选择一个数 k，把从锅底开始数第 k 张上面的煎饼全部翻过来，即原来在上面的煎饼现在到了下面。例如，图 8-11（a），依次执行操作 3 次后得到图 8-11（c）的情况。

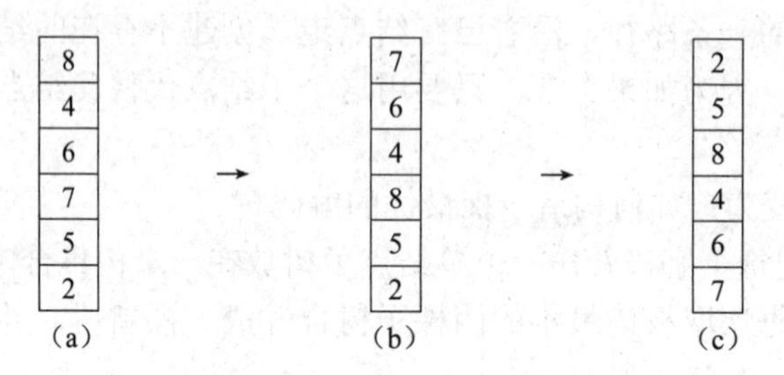

图 8-11　煎饼问题示意图

设计一种方法使得所有煎饼按照从小到大排序（最上面的煎饼最小）。输入时，各个煎饼按照从上到下的顺序给出。例如，上面的例子输入为 8, 4, 6, 7, 5, 2。

【分析】

这道题目要求排序，但是基本操作却是“颠倒一个连续子序列”。不过没有关系，我们还是可以按照选择排序的思想，以从大到小的顺序依次把每个数排到正确的位置。方法是先翻到最上面，然后翻到正确的位置。由于是按照从大到小的顺序处理，当处理第 i 大的煎饼时，是不会影响到第 1, 2, 3,…, i-1 大的煎饼的（它们已经正确地翻到了煎饼堆底部的 i-1 个位置上）。

例题 8-2　联合国大楼（Building for UN, ACM/ICPC NEERC 2007, UVa1605）

你的任务是设计一个包含若干层的联合国大楼，其中每层都是一个等大的网格。有若干国家需要在联合国大楼里办公，你需要把每个格子分配给一个国家，使得任意两个不同的国家都有一对相邻的格子（要么是同层中有公共边的格子，要么是相邻层的同一个格子）。你设计的大厦最多不能超过 1000000 个格子。

输入国家的个数 n（n≤50），输出大楼的层数 H、每层楼的行数 W 和列数 L，然后是每层楼的平面图。不同国家用不同的大小写字母表示。例如，n=4 的一组解是 H=W=L=2，第一层是
AB
CC，第二层是
ZZ
ZZ。

【分析】

本题的限制非常少，层数、行数和列数都可以任选。正因为如此，本题的解法非常多。其中有一种方法比较值得探讨：一共只有两层，每层都是 n*n 的，第一层第 i 行全是国家 i，第二层第 j 列全是国家 j。请读者自己验证它是如何满足题目要求的。

中途相遇法。这是一种特殊的算法，大体思路是从两个不同的方向来解决问题，最终“汇集”到一起。第 7 章中提到的“双向广度优先搜索”方法就有一点中途相遇法的味道。

下面再举一个更为直接的例子。

例题 8-3　和为 0 的 4 个值（4 Values Whose Sum is Zero, ACM/ICPC SWERC 2005, UVa 1152）

给定 4 个 n（$1\leqslant n\leqslant 4000$）元素集合 A, B, C, D，要求分别从中选取一个元素 a, b, c, d，使得 $a+b+c+d=0$。问：有多少种选法？

例如，$A=\{-45,-41,-36,26,-32\}$，$B=\{22,-27,53,30,-38,-54\}$，$C=\{42,56,-37,-75,-10,-6\}$，$D=\{-16,30,77,-46,62,45\}$，则有 5 种选法：(−45, −27, 42, 30), (26, 30, −10, −46), (−32, 22, 56, −46),(−32, 30, −75, 77), (−32, −54, 56, 30)。

【分析】

最容易想到的算法就是写一个四重循环枚举 a, b, c, d，看看加起来是否等于 0，时间复杂度为 $O(n^4)$，超时。一个稍好的方法是枚举 a, b, c，则只需要在集合 D 里找找是否有元素 $-a-b-c$，如果存在，则方案加 1。如果排序后使用二分查找，时间复杂度为 $O(n^3\log n)$。

把刚才的方法加以推广，就可以得到一个更快的算法：首先枚举 a 和 b，把所有 $a+b$ 记录下来放在一个有序数组或者 STL 的 map 里，然后枚举 c 和 d，查一查$-c-d$ 有多少种方法写成 $a+b$ 的形式。两个步骤都是 $O(n^2\log n)$，总时间复杂度也是 $O(n^2\log n)$。

需要注意的是：由于本题数据规模较大，有些时间复杂度为 $O(n^2\log n)$但常数较大的算法在 UVa 上会超时（例如使用 STL 中的 map 就很容易超时）。笔者推荐的高效实现方法是把所有 a+b 放到一个自己实现的哈希表中，但建议读者自行尝试不同算法以及实现方法，这样可以对它们的实际运行效率有一个更直观的认识。

问题分解。有时候可以把一个复杂的问题分解成若干个独立的简单问题，并加以求解。下面就是一个很好的例子。

例题 8-4　传说中的车（Fabled Rooks, UVa 11134）

你的任务是在 $n*n$ 的棋盘上放 n（$n\leqslant 5000$）个车，使得任意两个车不相互攻击，且第 i 个车在一个给定的矩形 R_i 之内。用 4 个整数 xl_i, yl_i, xr_i, yr_i（$1\leqslant xl_i\leqslant xr_i\leqslant n$，$1\leqslant yl_i\leqslant yr_i\leqslant n$）描述第 i 个矩形，其中(xl_i,yl_i)是左上角坐标，(xr_i,yr_i)是右下角坐标，则第 i 个车的位置(x,y)必须满足 $xl_i\leqslant x\leqslant xr_i$，$yl_i\leqslant y\leqslant yr_i$。如果无解，输出 IMPOSSIBLE；否则输出 n 行，依次为第 $1,2,\cdots,n$ 个车的坐标。

【分析】

两个车相互攻击的条件是处于同一行或者同一列，因此不相互攻击的条件就是不在同一行，也不在同一列。可以看出：**行和列是无关的，因此可以把原题分解成两个一维问题。**在区间$[1\sim n]$内选择 n 个不同的整数，使得第 i 个整数在闭区间$[n1_i, n2_i]$内。是不是很像前面讲过的贪心法题目？这也是一个不错的练习，具体解法留给读者思考。

等价转换。与其说这是一种算法设计方法，还不如说是一种思维方式，可以帮助选手理清思路，甚至直接得到问题的解决方案。

例题 8-5　Gergovia 的酒交易（Wine trading in Gergovia, UVa 11054）

直线上有 n（$2\leqslant n\leqslant 100000$）个等距的村庄，每个村庄要么买酒，要么卖酒。设第 i 个村庄对酒的需求为 a_i（$-1000\leqslant a_i\leqslant 1000$），其中 $a_i>0$ 表示买酒，$a_i<0$ 表示卖酒。所有村庄供需平衡，即所有 a_i 之和等于 0。

把 k 个单位的酒从一个村庄运到相邻村庄需要 k 个单位的劳动力。计算最少需要多少劳动力可以满足所有村庄的需求。输出保证在 64 位带符号整数的范围内。

【分析】

考虑最左边的村庄。如果需要买酒，即 $a_1>0$，则一定有劳动力从村庄 2 往左运给村庄 1，而不管这些酒是从哪里来的（可能就是村庄 2 产的，也可能是更右边的村庄运到村庄 2 的）。这样，问题就等价于只有村庄 2~n，且第 2 个村庄的需求为 a_1+a_2 的情形。不难发现，$a_i<0$ 时这个推理也成立（劳动力同样需要$|a_i|$个单位）。代码如下：

```
int main() {
  int n;
  while(cin >> n && n) {
    long long ans = 0, a, last = 0;
    for(int i = 0; i < n; i++) {
      cin >> a;
      ans += abs(last);
      last += a;
    }
    cout << ans << "\n";
  }
  return 0;
}
```

扫描法。扫描法类似于一种带有顺序的枚举法。例如，从左到右考虑数组的各个元素，也可以说从左到右“扫描”。它和普通枚举法的重要区别是：扫描法往往在枚举时维护一些重要的量，从而简化计算。

例题 8-6　两亲性分子（Amphiphilic Carbon Molecules, ACM/ICPC Shanghai 2004, UVa1606）

平面上有 n（$n\leqslant 1000$）个点，每个点为白点或者黑点。现在需放置一条隔板，使得隔板一侧的白点数加上另一侧的黑点数总数最大。隔板上的点可以看作是在任意一侧。

【分析】

不妨假设隔板一定经过至少两个点（否则可以移动隔板使其经过两个点，并且总数不会变小），则最简单的想法是：枚举两个点，然后输出两侧黑白点的个数。枚举量是 $O(n^2)$，再加上统计的 $O(n)$，总时间复杂度为 $O(n^3)$。

可以先枚举一个基准点，然后将一条直线绕这个点旋转。每当直线扫过一个点，就可以动态修改（这就是“维护”）两侧的点数。在直线旋转“一圈”的过程中，每个点至多被扫描到两次，如图 8-12 所示。因此这个过程的复杂度为 $O(n)$。由于扫描之前要将所有点按照相对基准点的极角排序，再加上基准点的 n 种取法，算法的总时间复杂度为 $O(n^2\log n)$。

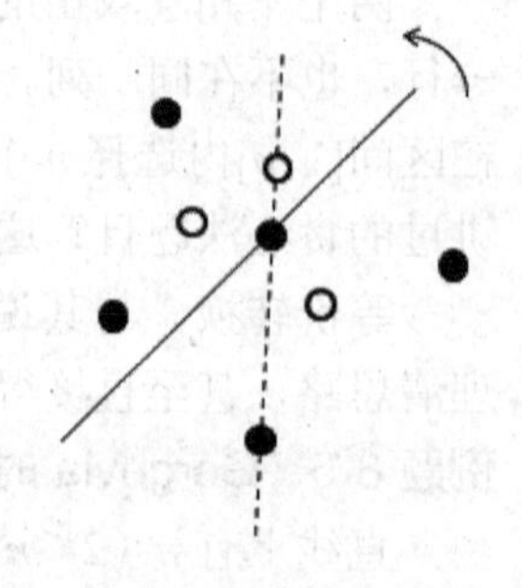
图 8-12　枚举基准点

需要注意的是，本题存在多点共线的情况，如果用反三角函数计算极角，然后判断极角是否相同的话，很容易产生精度误差。

应该把极角相等的条件进行化简（或者直接使用叉积），只使用整数运算进行判断[①]。

滑动窗口。滑动窗口非常有特色，下面的例子很好地说明了这一点。

例题 8-7　唯一的雪花（Unique snowflakes, UVa 11572）

输入一个长度为 n（$n \leqslant 10^6$）的序列 A，找到一个尽量长的连续子序列 $A_L \sim A_R$，使得该序列中没有相同的元素。

【分析】

假设序列元素从 0 开始编号，所求连续子序列的左端点为 L，右端点为 R。首先考虑起点 L=0 的情况。可以从 R=0 开始不断增加 R，相当于把所求序列的右端点往右延伸。当无法延伸（即 $A[R+1]$在子序列 $A[L \sim R]$中出现过）时，只需增大 L，并且继续延伸 R。既然当前的 $A[L \sim R]$是可行解，L 增大之后必然还是可行解，所以不必减少 R，继续增大即可。

不难发现这个算法是正确的，不过真正有意思的是算法的时间复杂度。暂时先不考虑“判断是否可以延伸”这个部分，每次要么把 R 加 1，要么把 L 加 1，而 L 和 R 最多从 0 增加到 n−1，所以指针增加的次数是 $O(n)$的。

最后考虑“判断是否可以延伸”这个部分。比较容易想到的方法是用一个 STL 的 set，保存 $A[L \sim R]$中元素的集合，当 R 增大时判断 $A[R+1]$是否在 set 中出现，而 R 加 1 时把 $A[R+1]$插入到 set 中，L+1 时把 $A[L]$从 set 中删除。因为 set 的插入删除和查找都是 $O(\log n)$的，所以这个算法的时间复杂度为 $O(n\log n)$。代码如下：

```
#include<cstdio>
#include<set>
#include<algorithm>
using namespace std;

const int maxn = 1000000 + 5;
int A[maxn];

int main() {
  int T, n;
  scanf("%d", &T);
  while(T--) {
    scanf("%d", &n);
    for(int i = 0; i < n; i++) scanf("%d", &A[i]);

    set<int> s;
    int L = 0, R = 0, ans = 0;
    while(R < n) {
      while(R < n && !s.count(A[R])) s.insert(A[R++]);
      ans = max(ans, R - L);
      s.erase(A[L++]);
    }
```

[①]另外，本题还有一些小技巧简化代码，建议读者参考代码仓库。

```
    printf("%d\n", ans);
  }
  return 0;
}
```

另一个方法是用一个map求出last[i]，即下标i的“上一个相同元素的下标”。例如，输入序列为3 2 4 1 3 2 3，当前区间是[1,3]（即元素2, 4, 1），是否可以延伸呢？下一个数是A[5]=3，它的“上一个相同位置”是下标0（A[0]=3），不在区间中，因此可以延伸。map的所有操作都是$O(\log n)$的，但后面所有操作的时间复杂度均为$O(1)$，总时间复杂度也是$O(n\log n)$。代码如下：

```
#include<cstdio>
#include<map>
using namespace std;

const int maxn = 1000000 + 5;
int A[maxn], last[maxn];
map<int, int> cur;

int main() {
  int T, n;
  scanf("%d", &T);
  while(T--) {
    scanf("%d", &n);
    cur.clear();
    for(int i = 0; i < n; i++) {
      scanf("%d", &A[i]);
      if(!cur.count(A[i])) last[i] = -1;
      else last[i] = cur[A[i]];
      cur[A[i]] = i;
    }

    int L = 0, R = 0, ans = 0;
    while(R < n) {
      while(R < n && last[R] < L) R++;
      ans = max(ans, R - L);
      L++;
    }
    printf("%d\n", ans);
  }
  return 0;
}
```

本题非常经典，请读者仔细品味。

使用数据结构。数据结构往往可以在不改变主算法的前提下提高运行效率，具体做法可能千差万别，但思路却是有规律可循的。下面先介绍一个经典问题。

输入正整数 k 和一个长度为 n 的整数序列 $A_1, A_2, A_3,\cdots, A_n$。定义 $f(i)$表示从元素 i 开始的连续 k 个元素的最小值，即 $f(i)=\min\{A_i, A_{i+1},\cdots, A_{i+k-1}\}$。要求计算 $f(1),f(2),f(3),\cdots,f(n-k+1)$。例如，对于序列 5, 2, 6, 8, 10, 7, 4，k=4，则 $f(1)$=2, $f(2)$=2, $f(3)$=6, $f(4)$=4。

【分析】

如果使用定义，每个 $f(i)$都需要 $O(k)$时间计算，总时间复杂度为$((n-k)k)$，太大了。那么换一个思路：计算 $f(1)$时，需要求 k 个元素的最小值——这是一个“窗口”。计算 $f(2)$时，这个窗口向右滑动了一个位置，计算 $f(3)$和 $f(4)$时，窗口各滑动了一个位置，如图 8-13 所示。

[5, 2, 6, 8,] 10, 7, 4　　　5, [2, 6, 8, 10,] 7, 4　　　5, 2, [6, 8, 10, 7,] 4　　　5, 2, 6, [8, 10, 7, 4]

图 8-13　窗口滑动

因此，这个问题称为**滑动窗口的最小值**问题。窗口在滑动的过程中，窗口中的元素“出去”了一个，又“进来”了一个。借用数据结构中的术语，窗口往右滑动时需要删除一个元素，然后插入一个元素，还需要取最小值。这不就是优先队列吗？第 5 章中曾经介绍过用 STL 集合实现一个支持删除任意元素的优先队列。因为窗口中总是有 k 个元素，插入、删除、取最小值的时间复杂度均为 $O(\log k)$。这样，每次把窗口滑动时都需要 $O(\log k)$的时间，一共滑动 $n-k$ 次，因此总时间复杂度为 $O((n-k)\log k)$。

其实还可以做得更好。假设窗口中有两个元素 1 和 2，且 1 在 2 的右边，会怎样？这意味着 2 在离开窗口之前永远不可能成为最小值。换句话说，这个 2 是无用的，应当及时删除。当删除无用元素之后，滑动窗口中的有用元素从左到右是递增的。为了叙述方便，习惯上称其为**单调队列**。在单调队列中求最小值很容易：队首元素就是最小值。

当窗口滑动时，首先要删除滑动前窗口的最左边元素（如果是有用元素），然后把新元素加入单调队列。注意，比新元素大的元素都变得无用了，应当从右往左删除。如图 8-14 所示是滑动窗口的 4 个位置所对应的单调队列。

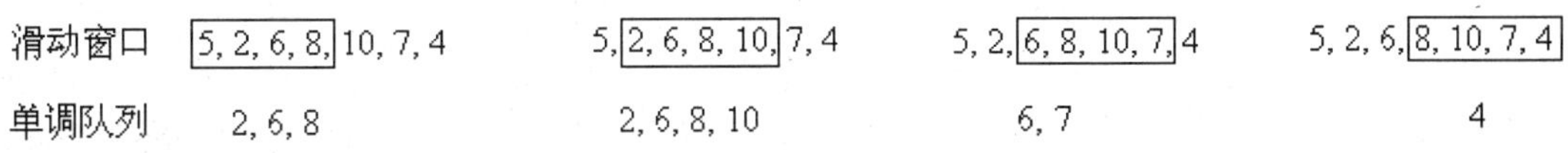

滑动窗口	[5, 2, 6, 8,] 10, 7, 4	5, [2, 6, 8, 10,] 7, 4	5, 2, [6, 8, 10, 7,] 4	5, 2, 6, [8, 10, 7, 4]
单调队列	2, 6, 8	2, 6, 8, 10	6, 7	4

图 8-14　滑动窗口对应的单调队列

单调队列和普通队列有些不同，因为右端既可以插入又可以删除，因此在代码中通常用一个数组和 front、rear 两个指针来实现，而不是用 STL 中的 queue。如果一定要用 STL，则需要用双端队列（即两端都可以插入和删除），即 deque。

尽管插入元素时可能会删除多个元素，但因为每个元素最多被删除一次，所以总的时间复杂度仍为 $O(n)$，达到了理论下界（因为至少需要 $O(n)$的时间来检查每个元素）。

下面这道例题更加复杂，但思路是一样的：先排除一些干扰元素（无用元素），然后把有用的元素组织成易于操作的数据结构。

例题 8-8　防线（Defense Lines, ACM/ICPC CERC 2010, UVa1471）

给一个长度为 n（$n \leqslant 200000$）的序列，你的任务是删除一个连续子序列，使得剩下的序列中有一个长度最大的连续递增子序列。例如，将序列{5, 3, 4, 9, 2, 8, 6, 7, 1}中的{9, 2, 8}删除，得到的序列{5, 3, 4, 6, 7, 1}中包含一个长度为4的连续递增子序列{3,4,6,7}。序列中每个数均为不超过 10^9 的正整数。

【分析】

为了方便叙述，下面用 L 序列表示“连续递增子序列”。删除一个子序列之后，得到的最长 L 序列应该是由两个序列拼起来的，如图 8-15 所示。

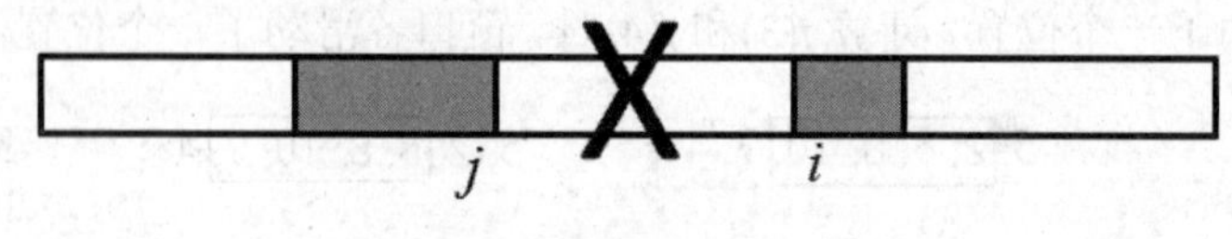

图 8-15　最长序列 L

最容易想到的算法是枚举 j 和 i（前提是 $A[j]<A[i]$，否则拼不起来），然后分别往左和往右数一数最远能延伸到哪里。枚举量为 $O(n^2)$，而“数一数”的时间复杂度为 $O(n)$，因此总时间复杂度为 $O(n^3)$。

加上一个预处理，就能避免“数一数”这个过程，从而把时间复杂度降为 $O(n^2)$。设 $f(i)$ 为以第 i 个元素开头的最长 L 序列长度，$g(i)$为以第 i 个元素结尾的最长 L 序列长度，则不难在 $O(n)$时间内求出 $f(i)$和 $g(i)$，然后枚举完 j 和 i 之后，最长 L 序列的长度就是 $g(j)+f(i)$。

还可以做得更好：只枚举 i，不枚举 j，而是用其他方法快速找一个 $j<i$，使得 $A[j]<A[i]$，且 $g(j)$尽量大。如何快速找到呢？首先要排除一些肯定不是最优值的 j。例如，若有 j'满足 $A[j']<=A[j]$且 $g(j')>g(j)$，则 j 肯定不满足条件，因为 j'不仅是一个更长的 L 序列的末尾，而且它更容易拼成。

这样，把所有“有保留价值”的 j 按照 $A[j]$从小到大排成一个有序表（根据刚才的结论，$A[j]$相同的 j 只保留一个），则 g 也会是从小到大排列。那么用二分查找找到满足 $A[j]<A[i]$ 的最大的 $A[j]$，则它对应的 $g(j)$也是最大的。

不过这个方法只有当 i 固定时才有效。实际上每次计算完一个 $g(i)$之后，还要把这个 $A[i]$ 加到上述有序表中，并且删除不可能是最优的 $A[j]$。因为这个有序表会动态变化，无法使用排序加二分查找的办法，而只能使用特殊的数据结构来满足要求。幸运的是，STL 中的 set 就满足这个要求——set 中的元素可以看成是排好序的，而且自带 lower_bound 和 upper_bound 函数，作用和之前讨论过的一样。

为了方便起见，此处用二元组($A[j]$,$g(j)$)表示这些“有保留价值”的东西，如(10,4), (20,8), (30,15), (40,18), (50,30)，并且以 $A[j]$为关键字放在一个 STL 集合中。对于固定的 i，不难用 lower_bound 找到满足 $A[j]<A[i]$的最大 $A[j]$，以及对应的 $g(j)$，真正复杂的是这个集合本身的更新，即前面提到的“每次计算完一个 $g(i)$之后”需要做的事情。

假设已经计算出一个 $g(i)$=6，且 $A[i]$=25，接下来会发生什么事情？首先把(25,6)插入集合中，然后检查它的前一个元素(20,8)。由于 20<25，8>6，(25,6)是不应该保留的。但如果插入的是(25,20)，情况就完全不同了：不仅(25,20)需要保留，而且还要删除(30,15)和(40,18)。一般地，插入任何一个二元组时首先应找到其插入位置，根据它前一个元素判断是否需要

保留。如果需要保留，再往后遍历，删除所有不再需要保留的元素。因为所有元素至多被删除一次，而查找、插入和删除的时间复杂度均为 $O(\log n)$，所以消耗在 STL 集合上的总时间复杂度为 $O(n\log n)$[①]。本题比较抽象，建议读者参考代码仓库，弄懂所有细节。

数形结合。数形结合是一种相对高级的算法设计策略，虽有一定规律可循，但仍然灵活多变。通过下面的例题，读者可对其中的奥妙了解一二。

例题 8-9　平均值（Average, Seoul 2009, UVa1451）

给定一个长度为 n 的 01 串，选一个长度至少为 L 的连续子串，使得子串中数字的平均值最大。如果有多解，子串长度应尽量小；如果仍有多解，起点编号尽量小。序列中的字符编号为 1~n，因此[1,n]就是完整的字符串。$1\leqslant n\leqslant 100000$，$1\leqslant L\leqslant 1000$。

例如，对于如下长度为 17 的序列 00101011011011010，如果 L=7，最大平均值为 6/8（子序列为[7,14]，其长度为 8）；如果 L=5，子序列[7,11]的平均值最大，为 4/5。

【分析】

先求前缀和 $S_i=A_1+A_2+\cdots+A_i$（规定 $S_0=0$），然后令点 $P_i=(i, S_i)$，则子序列 i~j 的平均值为 $(S_j-S_{i-1})/(j-i+1)$，也就是直线 $P_{i-1}P_j$ 的斜率。这样可得到主算法：从小到大枚举 t，快速找到 $t'\leqslant t-L$，使得 $P_{t'}P_t$ 斜率最大。注意题目中的 A_i 都是 0 或 1，因此每个 P_i 和上一个 P_{i-1} 相比，都是 x 加 1，y 不变或者加 1。

对于给定的 t，要找的点 $P_{t'}$ 在 P_t 的左边。假设有 3 个候选点 P_i、P_j、P_k，下标满足 $i<j<k<t$，并且 3 个点成上凸形状（P_j 为上凸点）。假设 P_t 的 x 坐标为 x_0，根据定义，P_t 的 y 坐标一定不小于 P_k 的 y 坐标，因此 P_t 一定位于 A、B、C 3 条线段/射线之一，如图 8-16 所示。

- 当 P_t 在射线 A 上时，P_k 比 P_j 好（即 P_kP_t 的斜率比 P_jP_t 的斜率大，后同）。
- 当 P_t 在线段 B 上时，P_i 比 P_j 好。
- 当 P_t 在线段 C 上时，P_i 和 P_k 都比 P_j 好。

换句话说，只要出现上凸的情况，上凸点一定可以忽略。

假设已经有了一些下凸点，现在又加入了一个点，可能会使一些已有的点变为上凸点，这时就应当将这些上凸点删除。由于被删除的点总是原来的下凸点中最右边的若干个连续点，所以可以用栈来实现，如图 8-17 所示。

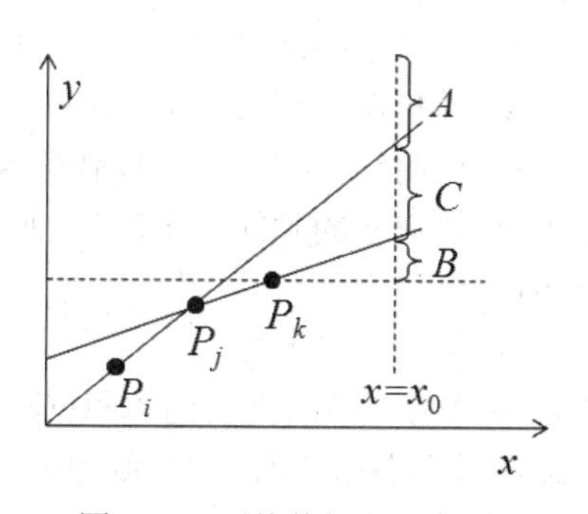

图 8-16　平均值问题示意图

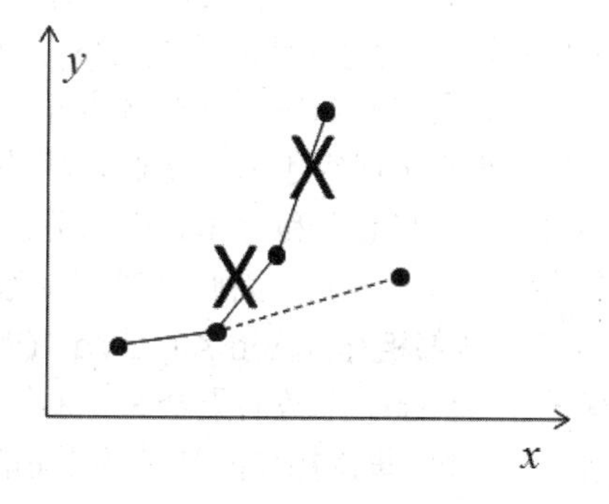

图 8-17　下凸点

① 有一个办法可以避开 STL 集合：用一个数组保存每个 $g(j)$对应的最小的 $A[j]$。细节请参考《算法竞赛入门经典——训练指南》第 1 章中介绍的 LIS 的 $O(n\log n)$算法。

得到下凸线之后，对于任何一个点 P_t 来说，最优点 P_t 都在切点，如图 8-18 所示。

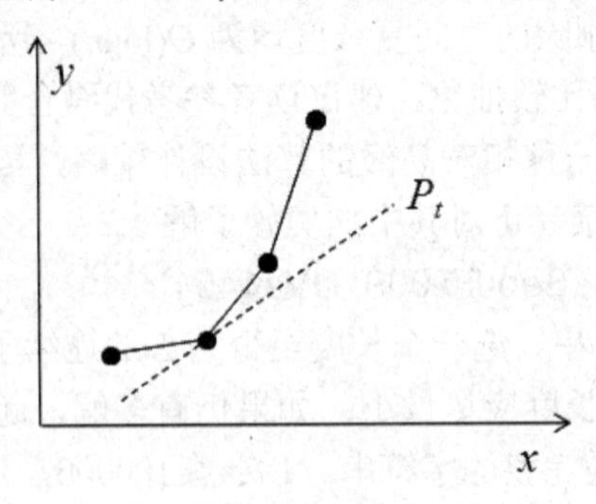

图 8-18　最优点 P_t

如何求切点呢？随着 t 的增大，斜率也是越来越大，所以每次求出的 t' 只会增大，不会减小。因此每次增加到斜率变小时停下来即可。时间复杂度为 $O(n)$。细节请参考代码仓库。

8.6　竞赛题目选讲

例题 8-10　抄书（Copying Books, UVa 714）

把一个包含 m 个正整数的序列划分成 k 个（$1\leqslant k\leqslant m\leqslant 500$）非空的连续子序列，使得每个正整数恰好属于一个序列。设第 i 个序列的各数之和为 $S(i)$，你的任务是让所有 $S(i)$ 的最大值尽量小。例如，序列 1 2 3 2 5 4 划分成 3 个序列的最优方案为 1 2 3 | 2 5 | 4，其中 $S(1)$、$S(2)$、$S(3)$ 分别为 6、7、4，最大值为 7；如果划分成 1 2 | 3 2 | 5 4，则最大值为 9，不如刚才的好。每个整数不超过 10^7。如果有多解，$S(1)$ 应尽量小。如果仍然有多解，$S(2)$ 应尽量小，依此类推。

【分析】

"最大值尽量小"是一种很常见的优化目标。下面考虑一个新的问题：能否把输入序列划分成 m 个连续的子序列，使得所有 $S(i)$ 均不超过 x？将这个问题的答案用谓词 $P(x)$ 表示，则让 $P(x)$ 为真的最小 x 就是原题的答案。$P(x)$ 并不难计算，每次尽量往右划分即可（想一想，为什么）。

接下来又可以猜数字了——随便猜一个 x_0，如果 $P(x_0)$ 为假，那么答案比 x_0 大；如果 $P(x_0)$ 为真，则答案小于或等于 x_0。至此，解法已经得出：二分最小值 x，把优化问题转化为判定问题 $P(x)$。设所有数之和为 M，则二分次数为 $O(\log M)$，计算 $P(x)$ 的时间复杂度为 $O(n)$（从左到右扫描一次即可），因此总时间复杂度为 $O(n\log M)$[①]。

例题 8-11　全部相加（Add All, UVa 10954）

有 n（$n\leqslant 5000$）个数的集合 S，每次可以从 S 中删除两个数，然后把它们的和放回集合，直到剩下一个数。每次操作的开销等于删除的两个数之和，求最小总开销。所有数均小于 10^5。

【分析】

这不就是 Huffman 编码的建立过程吗？因为 n 比较小，还可以采用一种更容易写的方

[①] 因为要求字典序最小解，输出时还有一个贪心过程，详见代码仓库。

法——使用一个优先队列。

```
#include<cstdio>
#include<queue>
using namespace std;

int main() {
  int n, x;
  while(scanf("%d", &n) == 1 && n) {
    priority_queue<int, vector<int>, greater<int> > q;
    for(int i = 0; i < n; i++) { scanf("%d", &x); q.push(x); }
    int ans = 0;
    for(int i = 0; i < n-1; i++) {
      int a = q.top(); q.pop();
      int b = q.top(); q.pop();
      ans += a+b;
      q.push(a+b);
    }
    printf("%d\n", ans);
  }
  return 0;
}
```

例题 8-12　奇怪的气球膨胀（Erratic Expansion, UVa12627）

一开始有一个红气球。每小时后，一个红气球会变成 3 个红气球和一个蓝气球，而一个蓝气球会变成 4 个蓝气球，如图 8-19 所示分别是经过 0, 1, 2, 3 小时后的情况。经过 k 小时后，第 A~B 行一共有多少个红气球？例如，k=3，A=3，B=7，答案为 14。

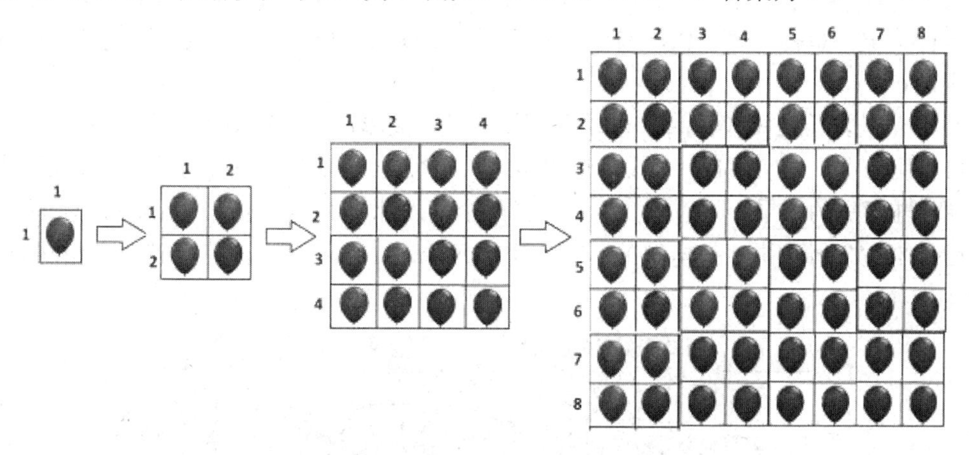

图 8-19　奇怪的气球膨胀示意图

【分析】

如图 8-20 所示，k 小时的情况由 4 个 k−1 小时的情况拼成，其中右下角全是蓝气球，不用考虑。剩下的 3 个部分有一个共同点：都是前 k−1 小时后“最下面若干行”或者“最上面若干行”的红气球总数。

具体来说，设 $f(k, i)$表示 k 小时之后最上面 i 行的红气球总数（规定 $i \leqslant 0$ 时，$f(k,i)=0$），则所求答案为 $f(k,b)-f(k, a-1)$。

如何计算 $f(k,i)$呢？下面分两种情况进行讨论，如图 8-21 所示。

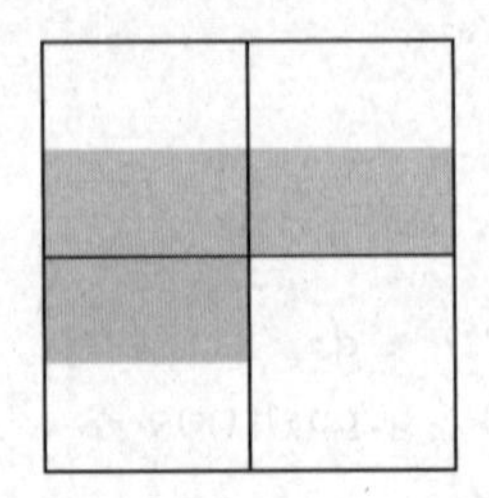

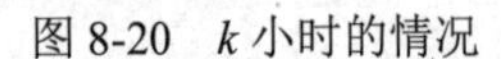
图 8-20　k 小时的情况

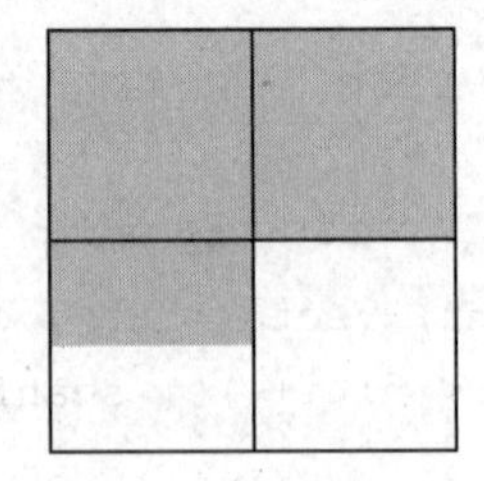

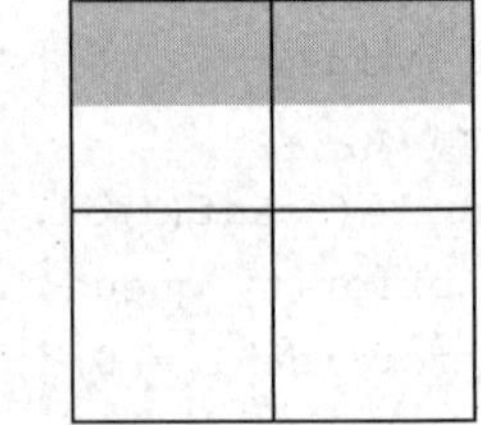

图 8-21　计算 $f(k,i)$

当 $i \geqslant 2^{k-1}$ 时，$f(k)=f(k-1, i-2^{k-1})+c(k-1)*2$，否则 $f(k)=2*f(k-1, i)$。其中，$c(k)$表示 k 小时后红气球的总数，满足递推式 $c(k)=3c(k-1)$，而 $c(0)=1$，因此 $c(k)=3^k$。

不管是哪种情况，$f(k,i)$都可以直接转化为 $k-1$ 的情况，因此 $f(k,i)$的计算时间为 $O(k)$，本题的总时间复杂度为 $O(k)$。

例题 8-13　环形跑道（Just Finish it up, UVa 11093）

环形跑道上有 n（$n \leqslant 100000$）个加油站，编号为 1~n。第 i 个加油站可以加油 p_i 加仑。从加油站 i 开到下一站需要 q_i 加仑汽油。你可以选择一个加油站作为起点，初始油箱为空（但可以立即加油）。你的任务是选择一个起点，使得可以走完一圈后回到起点。假定油箱中的油量没有上限。如果无解，输出 Not possible，否则输出可以作为起点的最小加油站编号。

【分析】

考虑 1 号加油站，直接模拟判断它是否为解。如果是，直接输出；如果不是，说明在模拟的过程中遇到了某个加油站 p，在从它开到加油站 $p+1$ 时油没了。这样，以 2, 3,⋯, p 为起点也一定不是解（想一想，为什么）。这样，使用简单的枚举法便解决了问题，时间复杂度为 $O(n)$。

例题 8-14　与非门电路（Gates, ACM/ICPC CERC 2001, UVa1607）

可以用与非门（NAND）来设计逻辑电路。每个 NAND 门有两个输入端，输出为两个输入端与非运算的结果。即输出 0 当且仅当两个输入都是 1。给出一个由 m（$m \leqslant 200000$）个 NAND 组成的无环电路，电路的所有 n 个输入（$n \leqslant 100000$）全部连接到一个相同的输入 x，如图 8-22 所示。

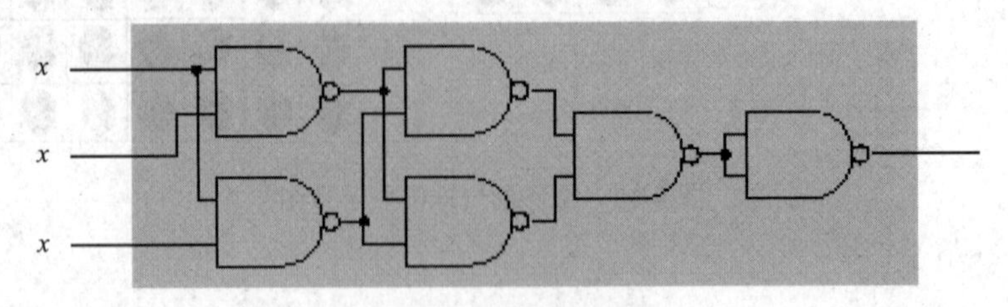

图 8-22　与非门输入电路

请把其中一些输入设置为常数，用最少的 x 完成相同功能。输出任意方案即可。如图 8-23 所示是一个只用一个 x 输入但是可以得到同样结果的电路。

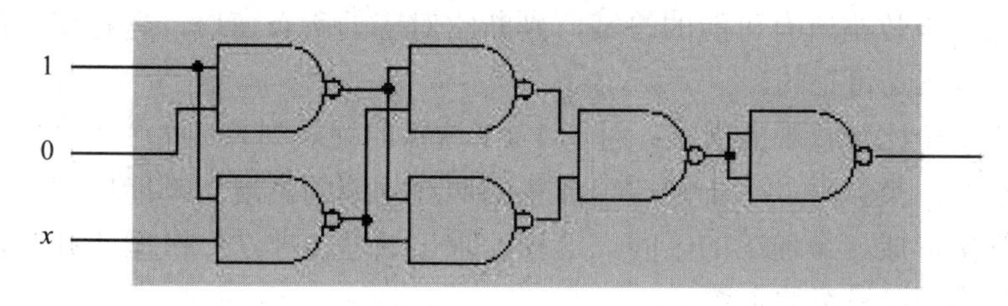

图 8-23　只用一个 x 输入

【分析】

因为只有一个输入 x，所以整个电路的功能不外乎 4 种：常数 0、常数 1、x 及非 x。先把 x 设为 0，再把 x 设为 1，如果二者的输出相同，整个电路肯定是常数，任意输出一种方案即可。

如果 x=0 和 x=1 的输出不同，说明电路的功能是 x 或者非 x，解至少等于 1。不妨设 x=0 时输出 0，x=1 时输出 1。现在把第一个输入改成 1，其他仍设为 0（记这样的输入为 1000…0），如果输出是 1，则得到了一个解 x000…0。

如果 1000…0 的输出也是 0，再把输入改成 1100…0，如果输出是 1，则又得到了一个解 1x00…0。如果输出还是 0，再尝试 1110…0，如此等等。由于输入全 1 时输出为 1，这个算法一定会成功。

问题在于 m 太大，而每次“给定输入计算输出”都需要 $O(m)$时间，逐个尝试会很慢。好在已经学习了二分查找：只需二分 1 的个数，即可在 $O(\log m)$次计算之内得到结果，总时间复杂度为 $O(m\log m)$。

例题 8-15　Shuffle 的播放记录（Shuffle, ACM/ICPC NWERC 2008, UVa 12174）

你正在使用的音乐播放器有一个所谓的乱序功能，即随机打乱歌曲的播放顺序。假设一共有 s 首歌，则一开始会给这 s 首歌随机排序，全部播放完毕后再重新随机排序、继续播放，依此类推。注意，当 s 首歌播放完毕之前不会重新排序。这样，播放记录里的每 s 首歌都是 1~s 的一个排列。

给出一个长度为 n（$1 \leqslant s, n \leqslant 100000$）的播放记录（不一定是从最开始记录的）$x_i$（$1 \leqslant x_i \leqslant s$），你的任务是统计下次随机排序所发生的时间有多少种可能性。

例如，s=4，播放记录是 3, 4, 4, 1, 3, 2, 1, 2, 3, 4，不难发现只有一种可能性：前两首是一个段的最后两首歌，后面是两个完整的段，因此答案是 1；当 s=3 时，播放记录 1, 2, 1 有两种可能：第一首是一个段，后两首是另一段；前两首是一段，最后一首是另一段。答案为 2。

【分析】

“连续的 s 个数”让你联想到了什么？没错，滑动窗口！这次的窗口大小是“基本”固定的（因为还需要考虑不完整的段），因此只需要一个指针；而且所有数都是 1~s 的整数，也不需要 STL 的 set，只需要一个数组即可保存每个数在窗口中出现的次数。再用一个变量记录在窗口中恰好出现一次的数的个数，则可以在 $O(n)$时间内判断出每个窗口是否满足要求（每个整数最多出现一次）。

这样，就可以枚举所有可能的答案，判断它对应的所有窗口，当且仅当所有窗口均满足要求时这个答案是可行的。

本题还有一个比较直观的做法：对于 1 2 1 这样的播放列表，两个 1 之间必然存在一个窗口的交界位置。类似地，对于同一个数字的两次相邻的出现，都能排除一些答案，而且排除的那些答案形成一个连续的区间。这样，求出这些“非法”区间的并集，然后求出总长度，就能得到合法答案的个数了。

例题 8-16　不无聊的序列（Non-boring sequences, CERC 2012, UVa1608）

如果一个序列的任意连续子序列中至少有一个只出现一次的元素，则称这个序列是不无聊（non-boring）的。输入一个 n（$n \leqslant 200000$）个元素的序列 A（各个元素均为 10^9 以内的非负整数），判断它是不是不无聊的。

【分析】

不难想到整体思路：在整个序列中找一个只出现一次的元素，如果不存在，则这个序列不是不无聊的；如果找到一个只出现一次的元素 $A[p]$，则只需检查 $A[1 \cdots p-1]$[①]和 $A[p+1 \cdots n]$是否满足条件（想一想，为什么）。设长度为 n 的序列需要 $T(n)$时间，则有 $T(n) = \max\{T(k-1) + T(n-k) +$ 找到唯一元素 k 的时间$\}$。这里取 max 是因为要看最坏情况。

如何找唯一元素？如果事先算出每个元素左边和右边最近的相同元素（还记得《唯一的雪花》吗？），则可以在 $O(1)$时间内判断在任意一个连续子序列中，某个元素是否唯一。如果从左边找，最坏情况下唯一元素是最后一个元素，因此

$$T(n) = T(n-1) + O(n) \geqslant T(n) = O(n^2)$$

从右往左找也一样，只不过最坏情况变成了“唯一元素是第一个元素”，但时间复杂度不变。那么，从两边往中间找会怎样？此时 $T(n) = \max\{T(k) + T(n-k) + \min(k,n-k)\}$，刚才的最坏情况（即第一个元素或最后一个元素是唯一元素）变成了 $T(n)=T(n-1)+O(1)$（因为一下子就找到唯一元素了），即 $T(n)=O(n)$。而此时的最坏情况是唯一元素在中间的情况，它满足经典递推式 $T(n) = 2T(n/2) + O(n)$，即 $T(n)=O(n\log n)$。

例题 8-17　不公平竞赛（Foul Play, ACM/ICPC NWERC 2012, UVa1609）

n 支队伍（$2 \leqslant n \leqslant 1024$，且 n 是 2 的整数幂）打淘汰赛，每轮都是两两配对，胜者进入下一轮，如图 8-24 所示。

每支队伍的实力固定，并且已知每两支队伍之间的一场比赛结果（“实力固定”是指，例如，队伍 1 曾经胜过队伍 2，则二者在今后的交锋中队伍 1 总会获胜）。你喜欢 1 号队。虽然它不一定是最强的，但是它可以直接打败其他队伍中的至少一半，并且对于每支 1 号队不能直接打败的队伍 t，总是存在一支 1 号队能直接打败的队伍 t'使得 t'能直接打败 t。问：是否存在一种比赛安排，使得 1 号队夺冠？

【分析】

首先从简单情况分析。n=2 时，只有 1 号队伍和另外一支队伍。1 号队伍肯定能打败对

---

① $A[1 \cdots P-1]$表示子序列 $A[1]$，$A[2]$，…，$A[P-1]$。

手，因为 1 号队伍能打败至少一半的队伍，此时“一半的队伍”就是这个唯一的对手。

注意到 n 是 2 的整数幂，所以每次都会恰好淘汰一半的队伍。如果能设计一轮赛程，使得比赛之后所有队伍的情况仍然满足题目的两个条件，则 $\log_2 n$ 次之后 1 号队伍夺冠。由于这两个条件非常重要，下面给它们编号。

条件 1：1 号队能直接打败一半的队伍。

条件 2：对于不能直接打败的队伍 t，存在队伍 t'使得 1 号队能打败 t'，且 t'能打败 t。

用黑色代表强队（即 1 号队不能直接打败的队伍），再用灰色代表“有用的队”，即能打败某个黑色队但不能打败 1 号队的队伍（说它们有用是因为可以间接打败黑色队），最后用问号代表 1 号队能打败的队伍（可能是灰色也可能不是，但一定不是黑色）。将赛程安排分为 4 个阶段，如图 8-25 所示。

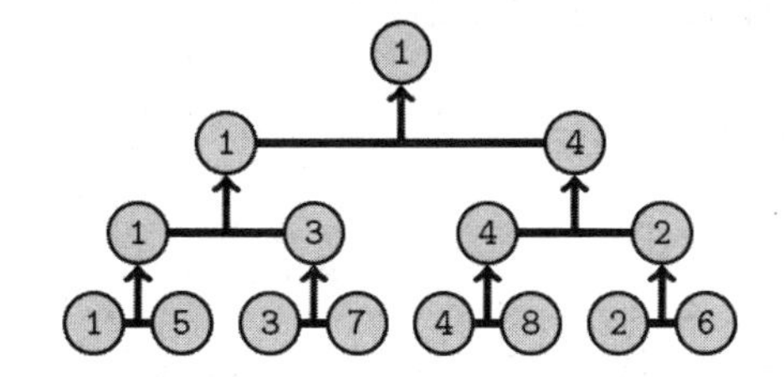

图 8-24　不公平竞赛示意图

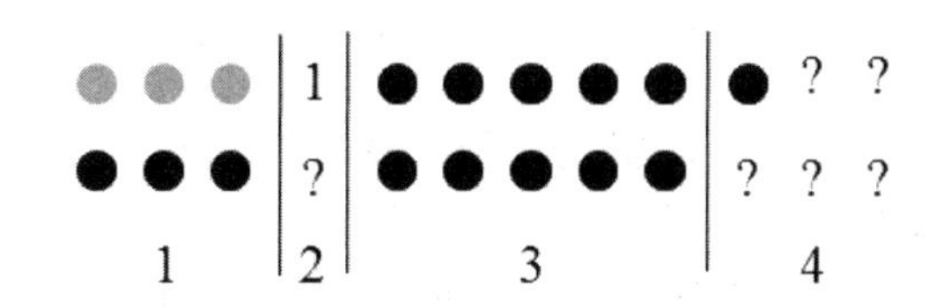

图 8-25　赛程安排的 4 个阶段

阶段 1：首先需要尽量“消灭”黑色队，即依次考虑每一个黑色队，选一个能打败且还没安排对手（称为“配对”）的灰色队。这个阶段结束后，灰色队和黑色队都可能有一些没配对，但有一点是肯定的：已配对的灰色队足以打败现在的所有黑色队。也就是说，对于任意黑色队（不管有没有配对），都至少会输给一支已配对的灰色队。

阶段 2：接下来给 1 号队任选一个能打败的。这个选择一定可以成功，否则说明 1 号队能打败的队伍不到一半，和假设矛盾。

阶段 3：把剩下的黑色队伍任意配对，任它们“自相残杀”，不管谁赢都无所谓。注意，如果前两个阶段结束后没有配对的黑色队伍有奇数个，阶段 3 之后会有一支黑色队留到第 4 阶段。

阶段 4：剩下的队伍（可能需要加上阶段 3 后剩下的一支黑色队）任意配对。

下面看这一轮结束后，题目中的各个条件是否依然满足。

条件 1：粗略地说，阶段 1 中的黑色队全军覆没，且阶段 3 中会消灭一半黑色队，所以总共至少消灭了一半的黑色队。一轮比赛之后，队伍总数减半，而黑色队数目也减半，因此条件 1 仍满足。细心的读者可能会说：如果阶段 4 中有一支黑色队，而阶段 1 完全不存在，则消灭的黑色队不到一半。幸运的是，这样的情况并不存在，因为根据条件 2，灰色队伍至少有一支（但有可能只有一支——即这只强大的灰色队可以消灭所有黑色队）。

条件 2：此条件之前已经证明过了，阶段 1 中灰色队伍联合起来可以打败所有黑色队伍，而这些灰色队伍全都晋级到下一轮。

这样就成功解决了本题。

例题 8-18　洞穴（Cave, ACM/ICPC CERC 2009, UVa1442）

一个洞穴的宽度为 n（$n \leqslant 10^6$）个片段组成。已知位置$[i,i+1]$处的地面高度 p_i 和顶的高

度 s_i（$0 \leqslant p_i < s_i \leqslant 1000$），要求在这个洞穴里储存尽量多的燃料，使得在任何位置燃料都不会碰到顶（但是可以无限接近），如图 8-26 所示。

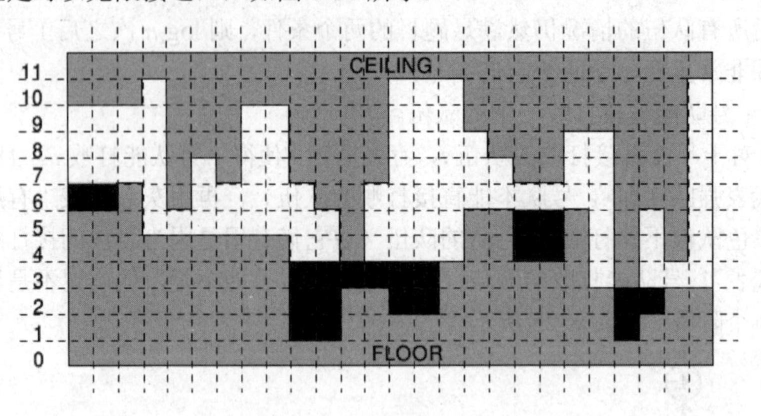

图 8-26　洞穴问题示意图

对于图 8-26 的例子，最多可以储存 21 单位的燃料。

【分析】

为了方便起见，下面用“水”来代替题目中的燃料。根据物理定律，每一段有水的连续区间，水位高度必须相等，且水位必须小于等于区间内的最低天花板高度，因此位置[i,i+1]处的水位满足 $h \leqslant s_i$，且从(i,h)出发往左右延伸出的两条射线均不会碰到天花板（即两条射线将一直延伸到洞穴之外或先碰到地板之间的“墙壁”）的最大 h。如果这样的 h 不存在，则规定 $h=p_i$（也就是“没水”）。

这样，可以先求出“往左延伸不会碰到天花板”的最大值 $h_1(i)$，再求“往右延伸不会碰到天花板”的最大值 $h_2(i)$，则 $h_i=\min\{h_1(i), h_2(i)\}$。根据对称性，只考虑 $h_1(i)$的计算。

从左到右扫描。初始时设水位 level=s_0，然后依次判断各个位置[i,i+1]处的高度。

- 如果 $p[i] >$ level，说明水被“隔断”了，需要把 level 提升到 p_i。
- 如果 $s[i] <$ level，说明水位太高，碰到了天花板，需要把 level 下降到 s_i。
- 位置[i,i+1]处的水位就是扫描到位置 i 时的 level。

不难发现，两次扫描的时间复杂度均为 $O(n)$，总时间复杂度为 $O(n)$。

例题 8-19　贩卖土地（Selling Land, ACM/ICPC NWERC 2010, UVa 12265）

输入一个 $n*m$（$1 \leqslant n, m \leqslant 1000$）矩阵，每个格子可能是空地，也可能是沼泽。对于每个空地格子，求出以它为右下角的空矩形的最大周长，然后统计每个周长出现了多少次。图 8-27 中标注了 3 个位置的最大空矩形，其周长分别是 6，10，12。如果统计完所有 20 个空地，答案是 6*4（表示周长为 4 的矩形有 6 个）、5*6、5*8、3*10、1*12。

【分析】

按照从上到下的顺序处理每一行，在每一行中从左到右处理每个格子（以下称为“当前格”），找出以该格子为右下角的最大周长矩形（以下简称最优矩形）。只要找到了以每个格子为右下角的最优矩形，本题就可以得到解决。

如图 8-28 所示，**当前行是图的最下行，当前列是图的最右列（后同）**。假定“当前格”已经固定，则只需要再确定一个左上角，就可以得到一个矩形。例如，把格子 A 作为左上角，会得到一个矩形（以下简称矩形 A），用粗线标出。黑色长条表示题目中的沼泽，它们上面的格子不影响答案，因此没有画出。阴影格子表示该区域无法和当前格构成矩形（更无法构成最优矩形），因此可以等同于沼泽处理。换句话说，可以用数组 height 来描述图 8-28 中的图形，其中 height[i]表示第 i 列的空地高度。每次“当前行”往下移时，可以用 $O(m)$ 时间更新 height 数组。

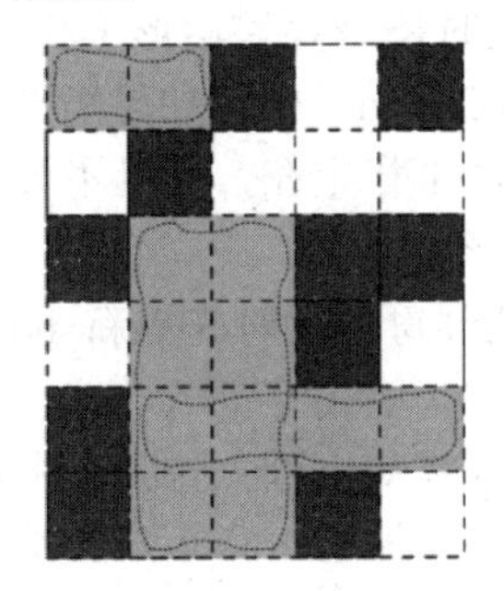

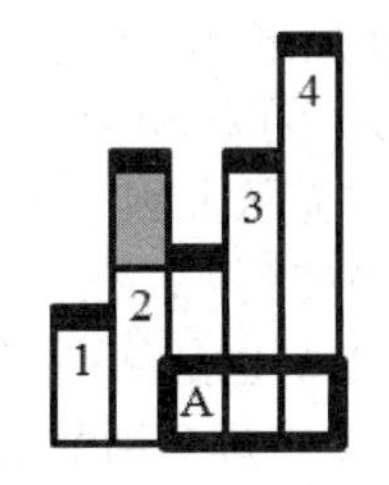

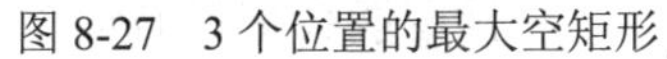

图 8-27　3 个位置的最大空矩形　　　　图 8-28　当前行与当前列

下面考虑图 8-28 中的最优矩形。最优矩形有可能是矩形 A 吗？不可能，因为矩形 2 肯定比矩形 A 优（想一想，为什么）。矩形 1、2、3、4 哪个最大呢？在不标明尺寸的情况下无法知道，需要算一算。不难发现，在不标明尺寸的情况下，最优矩形只可能是矩形 1、2、3、4 四者之一。

现在假定“当前行”固定，而“当前列”往右移动（最左列编号为 1）。如图 8-29 所示，最优矩形左上角可能的位置会发生变化。

在图 8-29（a）中，最优矩形有 4 种可能，用 1~4 标记。当前列往右移动一列时，矩形 4 消失了，而矩形 3 的高度也变小了（如图 8-29（b）所示）。而当前列再移动一格时，矩形 2 和矩形 3 都消失了，矩形 1 也变矮了（如图 8-29（c）所示）。

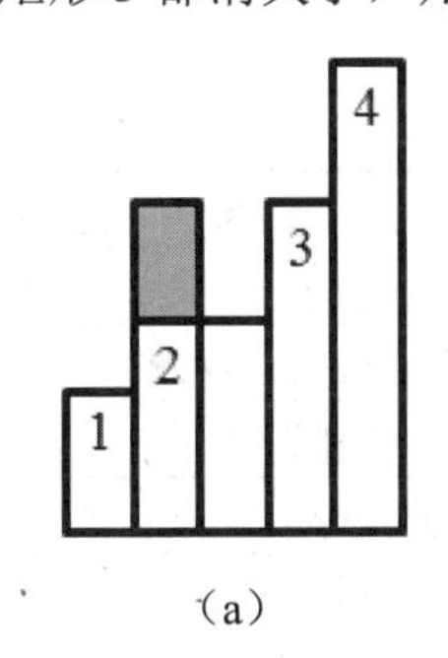

（a）

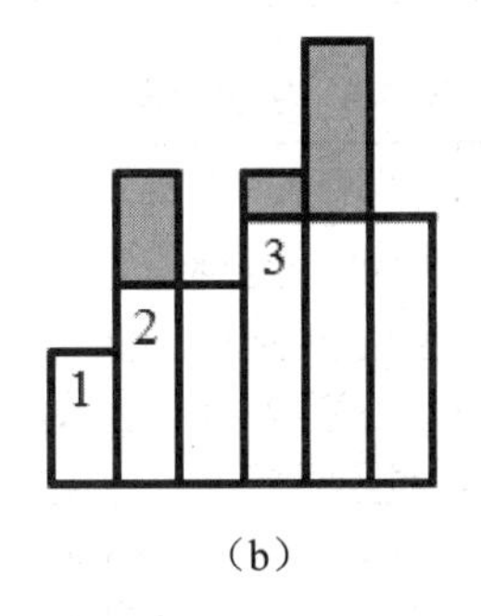

（b）

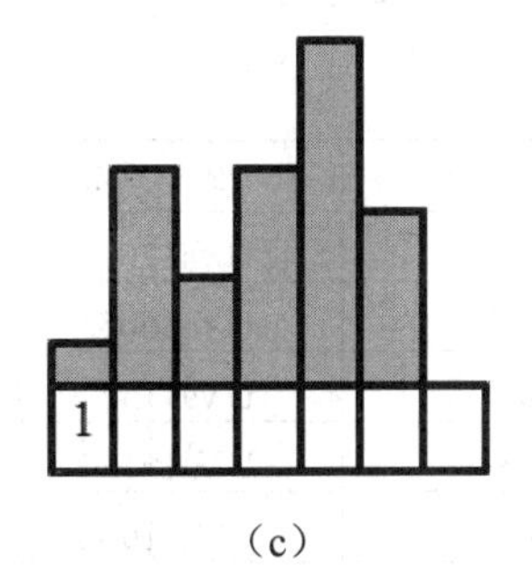

（c）

图 8-29　移动当前列

这就提示要保留最优矩形左上角可能出现的所有位置，每个位置记为(c,h)，表示最左列为 c，高度为 h。不难发现，当 c 从小到大排列时，h 也是从小到大排列的。是不是似曾相识？

没错，这个“双重有序”的结构和例题“防线”是完全一样的，不过其他部分有些差别。在例题“防线”中，需要用二分查找来找到想要的元素，不过在本题中，不是要找一个元素，而是要找所有元素的最大值。这里的“最大”是指以(c,h)为左上角、当前格子为右下角的矩形周长最大。格子(c, h)所对应的矩形周长为 $2(c_0-c+1+h)$，其中 c_0 是当前列。不难发现，周长最大意味着 $h-c$ 最大，与 c_0 无关。

既然与 c_0 无关，那么任意两个矩形的大小关系永远都不会改变。这岂不是说明只需要保存一个让 $h-c$ 最大的(c,h)？并非如此。在图 8-29（a）中，最优矩形可能是矩形 4，但“当前列”右移一格后，矩形 4 消失了！如果没有保存矩形 1，2，3，一旦矩形 4 消失，就什么也求不出了。类似地，如果图 8-29（a）中的最优矩形是矩形 3，虽然“当前列”右移之后没有消失，但却变矮了，可能不再是最优矩形了。这时还是要靠矩形 1 和矩形 2。

但也不是所有矩形都得保存下来。例如，在图 8-29（a）中，如果矩形 1 的 $h-c$ 比矩形 2 大，则不用保存矩形 2，因为只要矩形 2 还在，矩形 1 肯定在，而且不会变矮。所以矩形 2“永远活在矩形 1 的阴影中”，不可能成为最优矩形。

总结一下。首先从上到下枚举“当前行”，在处理每一行时先更新 height 数组，然后从左到右枚举“当前列”。在移动“当前列”的过程中，保存若干个(c,h)，按照 c 从小到大排列成有序表，则 h 也是从小到大排列，并且 $h-c$ 也是从小到大排列。根据上述分析，可以在 $O(1)$时间内求出每个当前格对应的最优矩形（因为最后一个矩形就是最优的），然后根据需要从右到左删除一些矩形（也可能不删除），并且可能会把最右边的矩形变矮。然后，当且仅当新矩形的 $h-c$ 比它左边的矩形大时，加到表的最右边。由于添加和删除都在表的最右端，用一个栈来实现即可。值得一提的是：本题还有另外一个解法，不需要及时排除所有“不可能最优”的矩形，详见代码仓库。

8.7 训练参考

本章是竞赛篇中的第一章节，例题难度和前 7 章相比有较大幅度的提升。如果希望在高水平算法竞赛中取得好成绩，本章中的所有例题（见表 8-5）都是必须掌握的。另一方面，在初学阶段，不必强求掌握表 8-5 中带星号的例题，只需要尽量掌握未带星号的例题。

表 8-5 例题列表

类 别	题 号	题目名称（英文）	备 注
例题 8-1	UVa120	Stacks of Flapjacks	构造法；选择排序的思想
例题 8-2	UVa1605	Building for UN	构造法；多种解法
例题 8-3	UVa1152	4 Values Whose Sum is Zero	中途相遇法
*例题 8-4	UVa11134	Fabled Rooks	问题分解
例题 8-5	UVa11054	Wine trading in Gergovia	等价转换
*例题 8-6	UVa1606	Amphiphilic Carbon Molecules	极角扫描法
例题 8-7	UVa11572	Unique snowflakes	滑动窗口
**例题 8-8	UVa1471	Defense Lines	使用数据结构加速算法
**例题 8-9	UVa1451	Average	数形结合
例题 8-10	UVa714	Copying Books	二分法
例题 8-11	UVa10954	Add All	Huffman 编码
例题 8-12	UVa12627	Erratic Expansion	递归
例题 8-13	UVa11093	Just Finish it up	模拟法

续表

类　别	题　号	题目名称（英文）	备　注
*例题 8-14	UVa1607	Gates	二分法
例题 8-15	UVa12174	Shuffle	滑动窗口或问题转换
*例题 8-16	UVa1608	Non-boring sequences	分治法；中途相遇法的思路
*例题 8-17	UVa1609	Foul Play	递归；构造法
*例题 8-18	UVa1442	Cave	扫描法
**例题 8-19	UVa12265	Selling Land	扫描法；状态组织；单调栈

算法设计方法和技巧五花八门，因此本章的习题也比前 7 章更多。**建议读者阅读所有题目，选择自己有思路的题目深入思考并编程实现。**排列在前面的习题总体上会更简单一些，但也有一些例外。这些习题的整体难度比前 7 章大，读者需要做好花费更多时间的心理准备。

习题 8-1　装箱（Bin Packing, SWERC 2005, UVa1149）

给定 N（$N \leqslant 10^5$）个物品的重量 L_i，背包的容量 M，同时要求每个背包最多装两个物品。求至少要多少个背包才能装下所有的物品。

习题 8-2　聚会游戏（Party Games, Mid-Atlantic 2012, UVa1610）

输入一个 n（$2 \leqslant n \leqslant 1000$，$n$ 是偶数）个字符串的集合 D，找一个长度最短的字符串（不一定在 D 中出现）S，使得 D 中恰好一半串小于等于 S，另一半串大于 S。如果有多解，输出字典序最小的解。例如，对于{JOSEPHINE, JERRY}，输出 JF；对于{FRED, FREDDIE}，输出 FRED。提示：本题看似简单，实际上暗藏陷阱，需要考虑细致、周全。

本题容易想复杂，或者把细节想错，强烈建议读者编程实现。

习题 8-3　比特变换器（Bits Equalizer, SWERC 2012, UVa12545）

输入两个等长（长度不超过 100）的串 S 和 T，其中 S 包含字符 0, 1, ?，但 T 只包含 0 和 1。你的任务是用尽量少的步数把 S 变成 T。每步有 3 种操作：把 S 中的 0 变成 1；把 S 中的“?”变成 0 或者 1；交换 S 中任意两个字符。例如，01??00 经过 3 步可以变成 001010（方法是先把两个问号变成 1 和 0，再交换两个字符）。

习题 8-4　奖品的价值（Erasing and Winning, UVa11491）

你是一个电视节目的获奖嘉宾。主持人在黑板上写出一个 n 位整数（不以 0 开头），邀请你删除其中的 d 个数字，剩下的整数便是你所得到的奖品的价值。当然，你希望这个奖品价值尽量大。$1 \leqslant d < n \leqslant 10^5$。

习题 8-5　折纸痕（Paper Folding, UVa177）

你喜欢折纸吗？给你一张很大的纸，对折以后再对折，再对折……每次对折都是从右往左折，因此在折了很多次以后，原先的大纸会变成一个窄窄的纸条。现在把这个纸条沿着折纸的痕迹打开，每次都只打开“一半”，即把每个痕迹做成一个直角，那么从纸的一端沿着和纸面平行的方向看过去，会看到一个美妙的曲线。

例如，如果对折了 4 次，那么打开以后将看到如图 8-30 所示的曲线。注意，该曲线是不自交的，虽然有两个转折点重合。给出对折的次数，请编程绘出打开后生成的曲线。

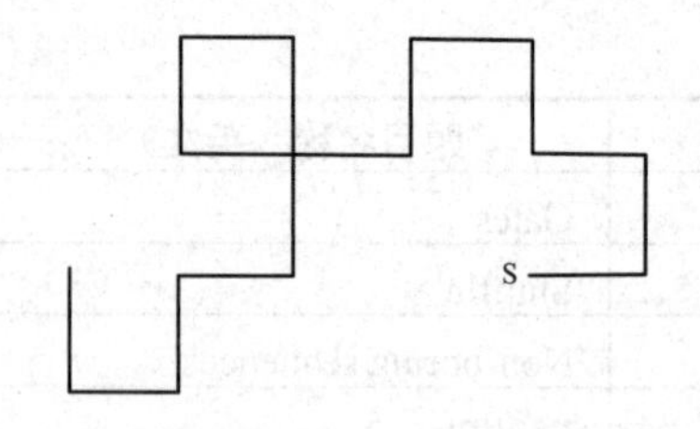

图 8-30　直角折痕

习题 8-6　起重机（Crane, ACM/ICPC CERC 2013, UVa1611）

输入一个 1~n（1≤n≤10000）的排列，用不超过 9^6 次操作把它变成升序。每次操作都可以选一个长度为偶数的连续区间，交换前一半和后一半。例如，输入 5, 4, 6, 3, 2, 1，可以执行 1, 2 先变成 4, 5, 6, 3, 2, 1，然后执行 4, 5 变成 4, 5, 6, 2, 3, 1，然后执行 5, 6 变成 4, 5, 6, 2, 1, 3，然后执行 4, 5 变成 4, 5, 6, 1, 2, 3，最后执行操作 1,6 即可。

提示：$2n$ 次操作就足够了。

习题 8-7　生成排列（Generating Permutations, UVa11925）

输入一个 1~n（1≤n≤300）的排列，用不超过 $2n^2$ 次操作把它变成升序。操作只有两种：交换前两个元素（操作 1）；把第一个元素移动到最后（操作 2）。

例如，输入排列为 4, 2, 3, 1，一个合法操作序列为 12122，具体步骤是：4231->2431->4312->3412->4123->1234。

习题 8-8　猜名次（Guess, ACM/ICPC Beijing 2006, UVa1612）

有 n（n≤16384）位选手参加编程比赛。比赛有 3 道题目，每个选手的每道题目都有一个评测之前的预得分（这个分数和选手提交程序的时间相关，提交得越早，预得分越大）。接下来是系统测试。如果某道题目未通过测试，则该题的实际得分为 0 分，否则得分等于预得分。得分相同的选手，ID 小的排在前面。

问是否能给出所有 $3n$ 个得分以及最后的实际名次。如果可能，输出最后一名的最高可能得分。每个预得分均为小于 1000 的非负整数，最多保留两位小数。

习题 8-9　K 度图的着色（K-Graph Oddity, ACM/ICPC NEERC 2010, UVa1613）

输入一个 n（3≤n≤9999）个点 m 条边（2≤m≤100000）的连通图，n 保证为奇数。设 k 为最小的奇数，使得每个点的度数不超过 k，你的任务是把图中的结点涂上颜色 1~k，使得相邻结点的颜色不同。多解时输出任意解。输入保证有解。如图 8-31 所示，k=3。

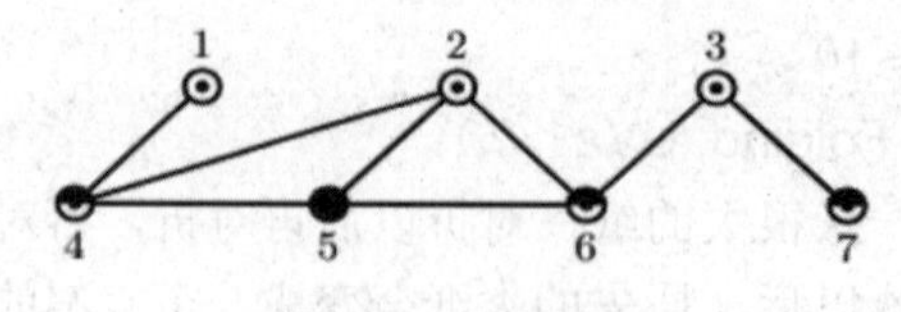

图 8-31　连通图

习题 8-10　奇怪的股市（Hell on the Markets,ACM/ICPC NEERC 2008, UVa1614）

输入一个长度为 n（n≤100000）的序列 a，满足 1≤a_i≤i，要求确定每个数的正负号，使得所有数的总和为 0。例如 a={1, 2, 3, 4}，则设 4 个数的符号分别是 1, −1, −1, 1 即可（1−2−3+4=0），但如果 a={1, 2, 3, 3}，则无解（输出 No）。

习题 8-11　高速公路（Highway, ACM/ICPC SEERC 2005, UVa1615）

给定平面上 n（$n \leqslant 10^5$）个点和一个值 D，要求在 x 轴上选出尽量少的点，使得对于给定的每个点，都有一个选出的点离它的欧几里德距离不超过 D。

习题 8-12　顾客是上帝（Keep the Customer Satisfied, ACM/ICPC SWERC 2005, UVa1153）

有 n（$n \leqslant 800000$）个工作，已知每个工作需要的时间 q_i 和截止时间 d_i（必须在此之前完成），最多能完成多少个工作？工作只能串行完成。第一项任务开始的时间不早于时刻 0。

习题 8-13　外星人聚会（Meeting with Aliens, UVa10570）

输入 1~n 的一个排列（$3 \leqslant n \leqslant 500$），每次可以交换两个整数。用最少的交换次数把排列变成 1~n 的一个环状排列。

习题 8-14　商队抢劫者（Caravan Robbers, ACM/ICPC NEERC 2012, UVa1616）

输入 n 条线段，把每条线段变成原线段的一条子线段，使得改变之后所有线段等长且不相交（但是端点可以重合）。输出最大长度（用分数表示）。例如，有 3 条线段[2,6]，[1,4]，[8,12]，则最优方案是分别变成[3.5,6]，[1,3.5]，[8,10.5]，输出 5/2。

习题 8-15　笔记本（Laptop, ACM/ICPC Daejeon 2012, UVa1617）

有 n（$1 \leqslant n \leqslant 100000$）条长度为 1 的线段，确定它们的起点（必须是整数），使得第 i 条线段在$[r_i,d_i]$之间（$0 \leqslant r_i \leqslant d_i \leqslant 1000000$）。输入保证 $r_i \leqslant r_j$，当且仅当 $d_i \leqslant d_j$，且保证有解。输出“空隙”数目的最小值。如图 8-32 所示，5 条线段的范围分别为[4,8]，[1,3]，[8,10]，[0,3]，[6,8]，一组解如图 8-32 所示，空隙有 3 个。

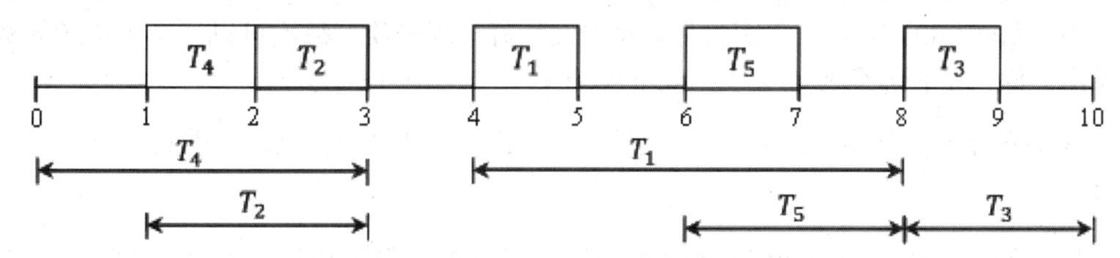

图 8-32　5 条线段范围

最优解如图 8-33 所示，空隙数目仅为 1（T_2 和 T_5 之间）。

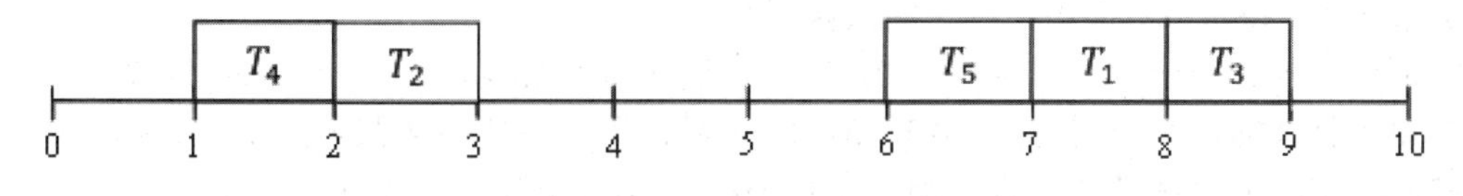

图 8-33　最优解

习题 8-16　弱键（Weak Key, ACM/ICPC Seoul 2004, UVa1618）

给出 k（$4 \leqslant k \leqslant 5000$）个互不相同的整数组成的序列 N_i，判断是否存在 4 个整数 N_p、N_q、N_r 和 N_s（$1 \leqslant p<q<r<s \leqslant k$），使得 $N_q>N_s>N_p>N_r$ 或者 $N_q<N_s<N_p<N_r$。

习题 8-17　最短子序列（Smallest Sub-Array, UVa11536）

有 n（$n \leqslant 10^6$）个 0~m−1（$m \leqslant 1000$）的整数组成一个序列。输入 k（$k \leqslant 100$），你的任务是找一个尽量短的连续子序列($x_a, x_{a+1}, x_{a+2},\cdots, x_{b-1}, x_b$)，使得该子序列包含 1~$k$ 的所有整数。

例如，n=20，m=12，k=4，序列为 1 (2 3 7 1 12 9 11 9 6 3 7 5 4) 5 3 1 10 3 3，括号内部

分是最优解。如果不存在满足条件的连续子序列，输出 sequence nai。

习题 8-18　感觉不错（Feel Good, ACM/ICPC NEERC 2005, UVa1619）

给出一个长度为 n（$n \leqslant 100000$）的正整数序列 a_i，求出一段连续子序列 $a_l,\cdots,a_r$，使得 $(a_l+\cdots+a_r)*\min\{a_l,\cdots,a_r\}$ 尽量大。

习题 8-19　球场（Cricket Field, ACM/ICPC NEERC 2002, UVa 1312）

一个 $W*H$（$1 \leqslant W,\ H \leqslant 10000$）网格里有 n（$0 \leqslant n \leqslant 100$）棵树，如图 8-34 所示，要求找一个最大空正方形。

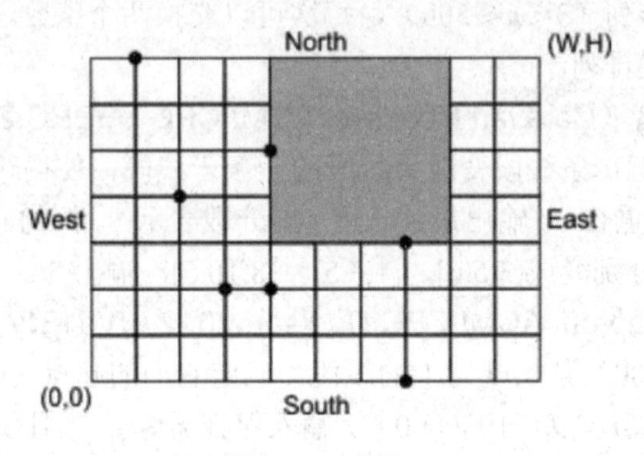

图 8-34　球场

习题 8-20　懒惰的苏珊（Lazy Susan, ACM/ICPC Danang 2007, UVa1620）

把 1~n（$n \leqslant 500$）放到一个圆盘里，每个数恰好出现一次。每次可以选 4 个连续的数字翻转顺序。问：是否能变成 1, 2, 3,⋯, n 的顺序？

提示：需要先奇偶分析排除无解的情况，然后写程序、找规律，或者手算得出有解时的构造算法。

习题 8-21　跳来跳去（Jumping Around, ACM/ICPC NEERC 2012, UVa1621）

你的任务是数轴上的 0 点出发，访问 0, 1, 2,⋯, n 各一次，在任意点终止。需要用票才能从一个点到达另一个点。有 3 种票，跳跃长度为 1, 2, 3，分别有 a, b, c 张（$3 \leqslant a,b,c \leqslant 5000$），且 $n=a+b+c$。每张票只能用一次。输入保证有解。

例如，a=3，b=4，c=3，则 n=10，一种可能解为 0->3->1->2->5->4->6->9->7->8->10，其中第 1 种票的 3 张分别用在 1->2，5->4，7->8；第 2 种票的 4 张分别用在 3->1，4->6，9->7，8->10；第 3 种票的 3 张分别用在 0->3，2->5，6->9。

习题 8-22　机器人（Robot, ACM/ICPC Beijing 2006, UVa1622）

有一个 $n*m$（$1 \leqslant n,\ m \leqslant 10^5$）的网格，每个格子里都有一个机器人。每次可以发出如下 4 种指令之一：NORTH、SOUTH、EAST、WEST，作用是让所有机器人往相应方向走一格。如果一个机器人在执行某一命令后走出了网格，则它会立即炸毁。

给出 4 种指令的总条数（$0 \leqslant C_N,C_S,C_W,C_E \leqslant 10^5$），求一种指令顺序使得所有机器人执行的命令条数之和最大。炸毁的机器人不再执行命令。

习题 8-23　神龙喝水（Enter the Dragon, ACM/ICPC CERC 2010, UVa1623）

某城市里有 n 个湖，每个湖都装满了水。天气预报显示不久的将来会有暴雨。具体来

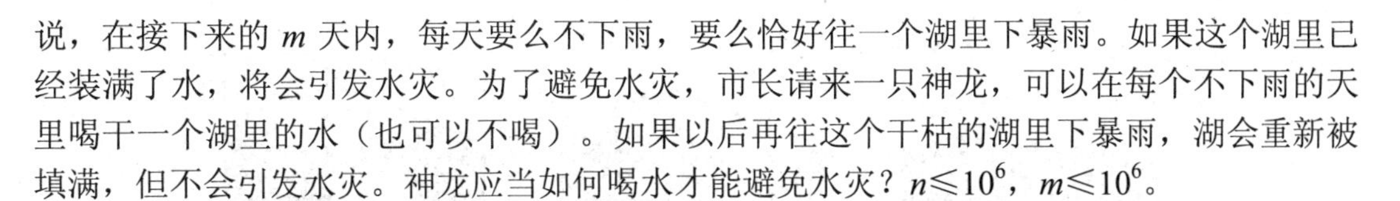

说，在接下来的 m 天内，每天要么不下雨，要么恰好往一个湖里下暴雨。如果这个湖里已经装满了水，将会引发水灾。为了避免水灾，市长请来一只神龙，可以在每个不下雨的天里喝干一个湖里的水（也可以不喝）。如果以后再往这个干枯的湖里下暴雨，湖会重新被填满，但不会引发水灾。神龙应当如何喝水才能避免水灾？$n \leqslant 10^6$，$m \leqslant 10^6$。

提示：需要优化算法的时间复杂度。

习题 8-24　龙头滴水（Faucet Flow, UVa10366）

x=0 的正上方有一个水龙头，以每秒 1 单位体积的速度往下滴水。x=−1, −3,⋯, left$x$ 和 x=1, 3, 5,⋯, right$x$ 处各有一个挡板，高度已知。求经过多长时间以后水会流出最左边的挡板或者最右边的挡板。如图 8-35 所示，left$x$=−3，right$x$=3，4 个挡板高度分别为 4, 3, 2, 1，则 6 秒钟之后水会从最右边的挡板溢出。

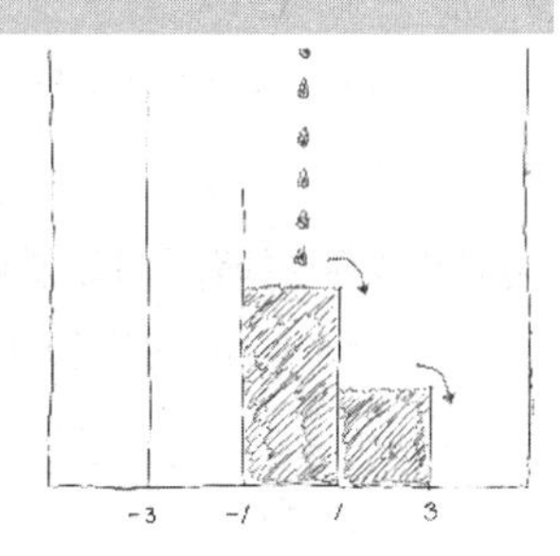

图 8-35　龙头滴水示意图

输入第一行为两个奇数 left$x$，right$x$（left$x \leqslant -1$，right$x \geqslant 1$），接下来的各个正整数表示从左到右各个挡板的高度。挡板个数不超过 1000。

习题 8-25　有向图 D 和 E（From D to E and back, UVa11175）

给一个 n 个结点的有向图 D，可以构造一个图 E：D 的每条边对应 E 的一个结点（例如，若 D 有一条边 uv，则 E 有个结点的名字叫 uv），对于 D 的两条边 uv 和 vw，E 中的两个结点 uv 和 vw 之间连一条有向边。E 中不包含其他边。

输入一个 m 个结点 k 条边的图 E（$0 \leqslant m \leqslant 300$），判断是否存在对应的图 D。E 中各个结点的编号为 0~m−1。

提示：虽然题目中 $m \leqslant 300$，实际上可以解决的规模远超过这个限制的问题。

习题 8-26　找黑圆（Finding [B]lack Circles, Rujia Liu's Present 6, UVa12559）

输入一个 h*w 的黑白图像（$30 \leqslant w$，$h \leqslant 100$），你的任务是找出图像中的圆。每个像素都是 1*1 的正方形，左上角像素的中心坐标为(0,0)，右下角像素的中心坐标为(w−1,h−1)。对于一个圆，它的圆周穿过（只是接触到像素边界不算）的像素都会被涂黑（用 1 表示）。没有被任何圆穿过的像素仍然是白色（用 0 表示）。圆心保证在整点处，半径保证是 1~5 之间的整数。最多有 2%的黑点会变成白点。

提示：方法有多种，尽情发挥创造力吧。

习题 8-27　海盗的宝箱（Pirate Chest, ACM/ICPC World Finals 2013, UVa1580）

有一个顶面为 m*n 的池塘，已知每个格子(i,j)的水深 $d(i,j)$（$1 \leqslant i \leqslant m$，$1 \leqslant j \leqslant n$，$0 \leqslant d(i,j) \leqslant 10^9$）。要求放一个长和宽分别不超过 a 和 b（但长宽可以交换，高度任意）、体积尽量大的长方体，使得长方体的顶面严格位于水平面之下。注意，池塘里放入长方体后，水面会上升（即使长方体紧紧贴住墙壁）。池塘四周是足够高的墙壁。

如图 8-36（b）中放了一个底面为 1*3，高度为 1 的长方体，体积为 3；图 8-36（c）中放了一个 1*2*2 的长方体，体积为 4。输入保证 a*b 不足以覆盖整个池塘。$1 \leqslant a,b,m,n \leqslant 500$。

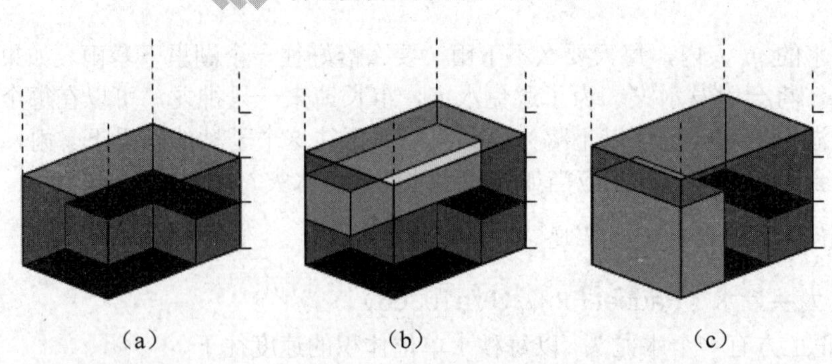

（a）　　（b）　　（c）

图 8-36　水池示意图

习题 8-28　打结（Knots, ACM/ICPC ACM/ICPC Jakarta 2012, UVa1624）

有一个圆形的橡皮圈，可以对它进行 Self loop 和 Passing 两种操作，如图 8-37 所示。

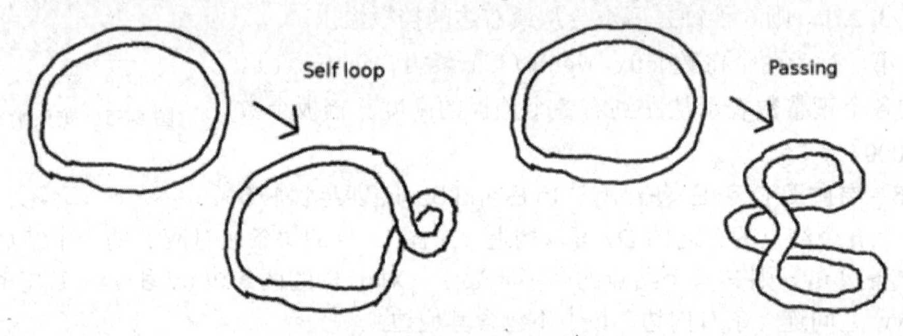

图 8-37　Self loop 和 Passing 操作

输入一个橡皮圈，判断是否可以由原始的圆形橡皮圈经过重复的两种操作得到。橡皮圈的描述方法如下：首先是两个正整数 L 和 P（$L\leqslant10^6$，$P\leqslant5000$），然后把橡皮圈上的 L 个位置按顺序编号为 0~L−1，接下来是 P（$1\leqslant P\leqslant5000$）个整数对$(A_i,B_i)$，表示从上往下俯视时位置 A_i 挡住位置 B_i（$0\leqslant A_i,B_i<L$）。输入保证 0~L−1 中的每个位置最多在一个数对中出现。

如图 8-38 所示，图 8-38（a）和图 8-38（b）都可以由原始橡皮圈得到，但图 8-38（c）不可以。其中图 8-38（a）的 L=20，P=5，5 个数对分别是(0,8)，(2,10)，(4,12)，(15,5)，(18,7)。

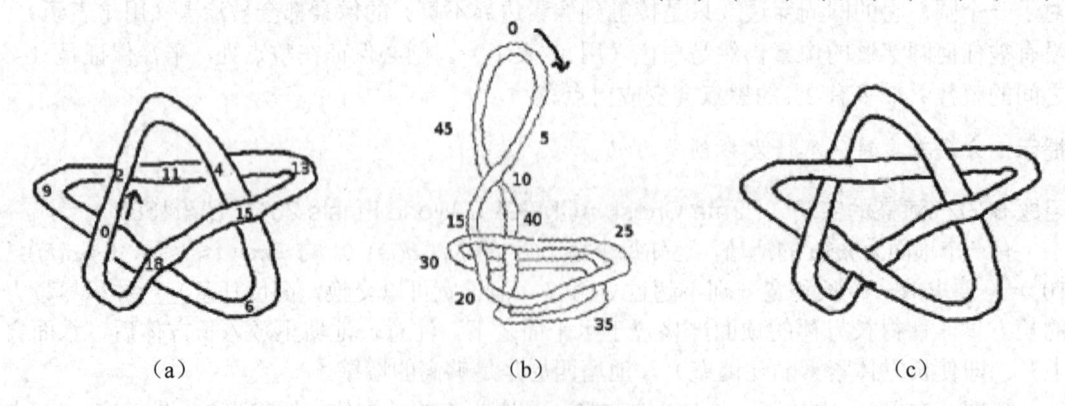

（a）　　（b）　　（c）

图 8-38　橡皮圈效果

提示： 本题不需要特别的数学知识或算法知识，但需要仔细思考。

第 9 章　动态规划初步

学习目标

☑　理解状态和状态转移方程
☑　理解最优子结构和重叠子问题
☑　熟练运用递推法和记忆化搜索求解数字三角形问题
☑　熟悉 DAG 上动态规划的常见思路、两种状态定义方法和刷表法
☑　掌握记忆化搜索在实现方面的注意事项
☑　掌握记忆化搜索和递推中输出方案的方法
☑　掌握递推中滚动数组的使用方法
☑　熟练解决经典动态规划问题

动态规划的理论性和实践性都比较强，一方面需要理解“状态”、“状态转移”、“最优子结构”、“重叠子问题”等概念，另一方面又需要根据题目的条件灵活设计算法。可以这样说，对动态规划的掌握情况在很大程度上能直接影响一个选手的分析和建模能力。

9.1　数字三角形

动态规划是一种用途很广的问题求解方法，它本身并不是一个特定的算法，而是一种思想，一种手段。下面通过一个题目阐述动态规划的基本思路和特点。

9.1.1　问题描述与状态定义

数字三角形问题。有一个由非负整数组成的三角形，第一行只有一个数，除了最下行之外每个数的左下方和右下方各有一个数，如图 9-1 所示。

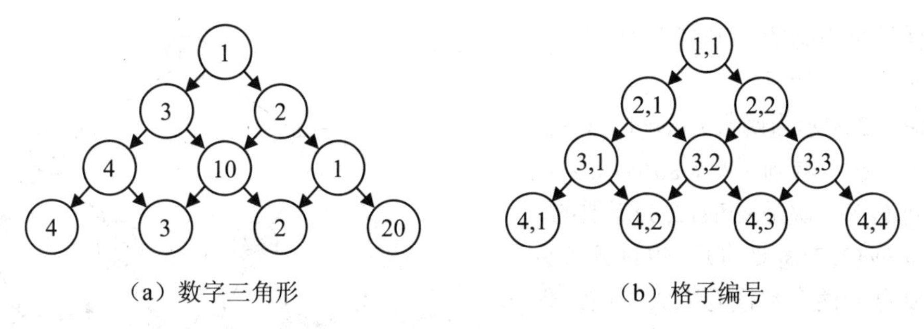

图 9-1　数字三角形问题

从第一行的数开始，每次可以往左下或右下走一格，直到走到最下行，把沿途经过的

数全部加起来。如何走才能使得这个和尽量大？

【分析】

如果熟悉回溯法，可能会立刻发现这是一个动态的决策问题：每次有两种选择——左下或右下。如果用回溯法求出所有可能的路线，就可以从中选出最优路线。但和往常一样，回溯法的效率太低：一个 n 层数字三角形的完整路线有 2^{n-1} 条，当 n 很大时回溯法的速度将让人无法忍受。

为了得到高效的算法，需要用抽象的方法思考问题：把当前的位置 (i, j) 看成一个状态（还记得吗？），然后定义状态 (i, j) 的指标函数 $d(i, j)$ 为从格子 (i, j) 出发时能得到的最大和（包括格子 (i, j) 本身的值）。在这个状态定义下，原问题的解是 $d(1, 1)$。

下面看看不同状态之间是如何转移的。从格子 (i, j) 出发有两种决策。如果往左走，则走到 $(i+1, j)$ 后需要求"从 $(i+1, j)$ 出发后能得到的最大和"这一问题，即 $d(i+1, j)$。类似地，往右走之后需要求解 $d(i+1, j+1)$。由于可以在这两个决策中自由选择，所以应选择 $d(i+1,j)$ 和 $d(i+1,j+1)$ 中较大的一个。换句话说，得到了所谓的状态转移方程：

$$d(i, j) = a(i, j) + \max\{d(i+1, j), d(i+1, j+1)\}$$

如果往左走，那么最好情况等于 (i, j) 格子里的值 $a(i, j)$ 与"从 $(i+1, j)$ 出发的最大总和"之和，此时需注意这里的"最大"二字。如果连"从 $(i+1,j)$ 出发走到底部"这部分的和都不是最大的，加上 $a(i, j)$ 之后肯定也不是最大的。这个性质称为最优子结构（optimal substructure），也可以描述成"全局最优解包含局部最优解"。不管怎样，状态和状态转移方程一起完整地描述了具体的算法。

提示 9-1：动态规划的核心是状态和状态转移方程。

9.1.2 记忆化搜索与递推

有了状态转移方程之后，应怎样计算呢？

方法 1：递归计算。程序如下（需注意边界处理）：

```
int solve(int i, int j){
   return a[i][j] + (i == n ? 0 : max(solve(i+1,j),solve(i+1,j+1)));
}
```

这样做是正确的，但时间效率太低，其原因在于重复计算。

如图 9-2 所示为函数 $solve(1, 1)$ 对应的调用关系树。看到了吗？$solve(3, 2)$ 被计算了两次（一次是 $solve(2, 1)$ 需要的，一次是 $solve(2, 2)$ 需要的）。也许读者会认为重复算一两个数没有太大影响，但事实是：这样的重复不是单个结点，而是一棵子树。如果原来的三角形有 n 层，则调用关系树也会有 n 层，一共有 2^n-1

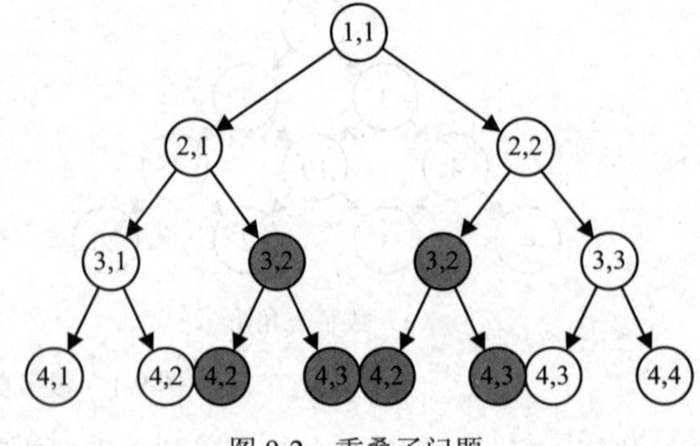

图 9-2　重叠子问题

个结点。

提示 9-2：用直接递归的方法计算状态转移方程，效率往往十分低下。其原因是相同的子问题被重复计算了多次。

方法 2：递推计算。程序如下（需再次注意边界处理）：

```
int i, j;
for(j = 1; j <= n; j++) d[n][j] = a[n][j];
for(i = n-1; i >= 1; i--)
  for(j = 1; j <= i; j++)
    d[i][j] = a[i][j] + max(d[i+1][j],d[i+1][j+1]);
```

程序的时间复杂度显然是 $O(n^2)$，但为什么可以这样计算呢？原因在于：i 是**逆序**枚举的，因此在计算 d[i][j]前，它所需要的 d[i+1][j]和 d[i+1][j+1]一定已经计算出来了。

提示 9-3：可以用递推法计算状态转移方程。递推的关键是边界和计算顺序。在多数情况下，递推法的时间复杂度是：状态总数×每个状态的决策个数×决策时间。如果不同状态的决策个数不同，需具体问题具体分析。

方法 3：记忆化搜索。程序分成两部分。首先用“memset(d,-1,sizeof(d));”把 d 全部初始化为-1，然后编写递归函数[①]：

```
int solve(int i, int j){
   if(d[i][j] >= 0) return d[i][j];
   return d[i][j] = a[i][j] + (i == n ? 0 : max(solve(i+1,j),solve(i+1,j+1)));
}
```

上述程序依然是递归的，但同时也把计算结果保存在数组 d 中。题目中说各个数都是非负的，因此如果已经计算过某个 d[i][j]，则它应是非负的。这样，只需把所有 d 初始化为-1，即可通过判断是否 d[i][j]≥0 得知它是否已经被计算过。

最后，千万不要忘记在计算之后把它保存在 d[i][j]中。根据 C 语言“赋值语句本身有返回值”的规定，可以把保存 d[i][j]的工作合并到函数的返回语句中。

上述程序的方法称为记忆化（memoization），它虽然不像递推法那样显式地指明了计算顺序，但仍然可以保证每个结点只访问一次，如图 9-3 所示。

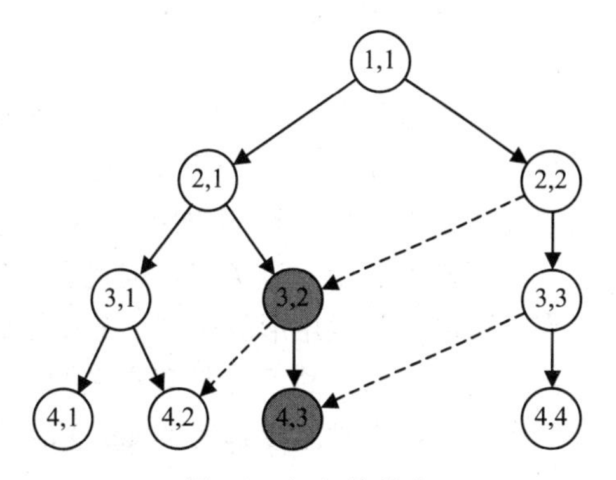

图 9-3　记忆化搜索

由于 i 和 j 都在 1~n 之间，所有不相同的结点一共只有 $O(n^2)$个。无论以怎样的顺序访问，时

[①] 注意这个函数的工作方式并不像它表面显示的那样——如果把-1 改成-2，并不是在把所有 d 值都初始化为-2！请只用 0 和-1 作为“批量赋值”的参数。

间复杂度均为 $O(n^2)$。从 $2^n \sim n^2$ 是一个巨大的优化，这正是利用了数字三角形具有大量重叠子问题的特点。

提示 9-4：可以用记忆化搜索的方法计算状态转移方程。当采用记忆化搜索时，不必事先确定各状态的计算顺序，但需要记录每个状态“是否已经计算过”。

9.2 DAG 上的动态规划

有向无环图上的动态规划是学习动态规划的基础。很多问题都可以转化为DAG上的最长路、最短路或路径计数问题。

9.2.1 DAG 模型

嵌套矩形问题。有 n 个矩形，每个矩形可以用两个整数 a、b 描述，表示它的长和宽。矩形 $X(a,b)$ 可以嵌套在矩形 $Y(c, d)$ 中，当且仅当 $a<c$，$b<d$，或者 $b<c$，$a<d$（相当于把矩形 X 旋转 90°）。例如，(1, 5)可以嵌套在(6, 2)内，但不能嵌套在(3, 4)内。你的任务是选出尽量多的矩形排成一行，使得除了最后一个之外，每一个矩形都可以嵌套在下一个矩形内。如果有多解，矩形编号的字典序应尽量小。

【分析】

矩形之间的“可嵌套”关系是一个典型的二元关系，二元关系可以用图来建模。如果矩形 X 可以嵌套在矩形 Y 里，就从 X 到 Y 连一条有向边。这个有向图是无环的，因为一个矩形无法直接或间接地嵌套在自己内部。换句话说，它是一个DAG。这样，所要求的便是DAG上的最长路径。

硬币问题。有 n 种硬币，面值分别为 $V_1, V_2, \cdots, V_n$，每种都有无限多。给定非负整数 S，可以选用多少个硬币，使得面值之和恰好为 S？输出硬币数目的最小值和最大值。$1 \leqslant n \leqslant 100$，$0 \leqslant S \leqslant 10000$，$1 \leqslant V_i \leqslant S$。

【分析】

此问题尽管看上去和嵌套矩形问题很不一样，但本题的本质也是DAG上的路径问题。将每种面值看作一个点，表示“还需要凑足的面值”，则初始状态为 S，目标状态为 0。若当前在状态 i，每使用一个硬币 j，状态便转移到 $i-V_j$。

这个模型和上一题类似，但也有一些明显的不同之处：上题并没有确定路径的起点和终点（可以把任意矩形放在第一个和最后一个），而本题的起点必须为 S，终点必须为 0；点固定之后“最短路”才是有意义的。在上题中，最短序列显然是空（如果不允许空，就是单个矩形，不管怎样都是平凡的），而本题的最短路却不容易确定。

9.2.2 最长路及其字典序

首先思考“嵌套矩形”。如何求DAG中不固定起点的最长路径呢？仿照数字三角形的做法，设 $d(i)$ 表示从结点 i 出发的最长路长度，应该如何写状态转移方程呢？第一步只能走到它的相邻点，因此：

$$d(i) = \max\{d(j)+1 \mid (i,j) \in E\}$$

其中，E 为边集。最终答案是所有 $d(i)$ 中的最大值。根据前面的介绍，可以尝试按照递推或记忆化搜索的方式计算上式。不管怎样，都需要先把图建立出来，假设用邻接矩阵保存在矩阵 G 中（在编写主程序之前需测试和调试程序，以确保建图过程正确无误）。接下来编写记忆化搜索程序（调用前需初始化 d 数组的所有值为 0）：

```
int dp(int i) {
  int& ans = d[i];
  if(ans > 0) return ans;
  ans = 1;
  for(int j = 1; j <= n; j++)
      if(G[i][j]) ans = max(ans, dp(j)+1);
  return ans;
}
```

这里用到了一个技巧：为表项 d[i]声明一个引用 ans。这样，任何对 ans 的读写实际上都是在对 d[i]进行。当 d[i]换成 d[i][j][k][l][m][n]这样很长的名字时，该技巧的优势就会很明显。

提示 9-5： 在记忆化搜索中，可以为正在处理的表项声明一个引用，简化对它的读写操作。

原题还有一个要求：如果有多个最优解，矩形编号的字典序应最小。还记得第 6 章中的例题“理想路径”吗？方法与其类似。将所有 d 值计算出来以后，选择最大 d[i]所对应的 i。如果有多个 i，则选择最小的 i，这样才能保证字典序最小。接下来可以选择 $d(i)=d(j)+1$ 且 $(i,j) \in E$ 的任何一个 j。为了让方案的字典序最小，应选择其中最小的 j。程序如下[①]：

```
void print_ans(int i) {
  printf("%d ", i);
  for(int j = 1; j <= n; j++) if(G[i][j] && d[i] == d[j]+1){
    print_ans(j);
    break;
  }
}
```

提示 9-6： 根据各个状态的指标值可以依次确定各个最优决策，从而构造出完整方案。由于决策是依次确定的，所以很容易按照字典序打印出所有方案。

注意，当找到一个满足 d[i]==d[j]+1 的结点 j 后就应立刻递归打印从 j 开始的路径，并在递归返回后退出循环。如果要打印所有方案，只把 break 语句删除是不够的（想一想，为什么）。正确的方法是记录路径上的所有点，在递归结束时才一次性输出整条路径。程序

[①] 输出的最后会有一个多余空格，并且没有回车符。在使用时，应在主程序调用 print_ans 后加一个回车符。如果比赛明确规定行末不允许有多余空格，则可以像前面介绍的那样加一个变量 first 来帮助判断。

留给读者编写。

有趣的是，如果把状态定义成"$d(i)$表示以结点 i 为终点的最长路径长度"，也能顺利求出最优值，却难以打印出字典序最小的方案。想一想，为什么？你能总结出一些规律吗？

9.2.3 固定终点的最长路和最短路

接下来考虑"硬币问题"。最长路和最短路的求法是类似的，下面只考虑最长路。由于终点固定，$d(i)$的确切含义变为"从结点 i 出发到结点 0 的最长路径长度"。下面是求最长路的代码：

```
int dp(int S) {
  int& ans = d[S];
  if(ans >= 0) return ans;
  ans = 0;
  for(int i = 1; i <= n; i++) if(S >= V[i]) ans = max(ans, dp(S-V[i])+1);
  return ans;
}
```

注意到区别了吗？由于在本题中，路径长度是可以为 0 的（S 本身可以是 0），所以不能再用 d=0 表示"这个 d 值还没有算过"。相应地，初始化时也不能再把 d 全设为 0，而要设置为一个负值——在正常情况下是取不到的。常见的方法是用-1 来表示"没有算过"，则初始化时只需用 memset(d,-1, sizeof(d))即可。至此，已完整解释了上面的代码为什么把 if(ans>0)改成了 if(ans>=0)。

提示 9-7：当程序中需要用到特殊值时，应确保该值在正常情况下不会被取到。这不仅意味着特殊值不能有"正常的理解方式"，而且也不能在正常运算中"意外得到"。

不知读者有没有看出，上述代码有一个致命的错误，即由于结点 S 不一定真的能到达结点 0，所以需要用特殊的 d[S]值表示"无法到达"，但在上述代码中，如果 S 根本无法继续往前走，返回值是 0，将被误以为是"不用走，已经到达终点"的意思。如果把 ans 初始化为-1 呢？别忘了-1 代表"还没算过"，所以返回-1 相当于放弃了自己的劳动成果。如果把 ans 初始化为一个很大的整数，例如 2^{30} 呢？如果一开始就这么大，ans = max(ans, dp(i)+1)还能把 ans 变回"正常值"吗？如果改成很小的整数，例如-2^{30}呢？从目前来看，它也会被认为是"还没算过"，但至少可以和所有 d 的初值分开——只需把代码中 if(ans>=0)改为 if(ans!=-1)即可，如下所示：

```
int dp(int S){
  int& ans = d[S];
  if(ans != -1) return ans;
  ans = -(1<<30);
  for(int i = 1; i <= n; i++) if(S >= V[i]) ans = max(ans, dp(S-V[i])+1);
  return ans;
}
```

提示 9-8： 在记忆化搜索中，如果用特殊值表示“还没算过”，则必须将其和其他特殊值（如无解）区分开。

上述错误都是很常见的，甚至“顶尖高手”有时也会一时糊涂，掉入陷阱。意识到这些问题，寻求解决方案是不难的，但就怕调试很久以后仍然没有发现是哪里出了问题。另一个解决方法是不用特殊值表示“还没算过”，而用另外一个数组 vis[i]表示状态 i 是否被访问过，如下所示：

```
int dp(int S){
  if(vis[S]) return d[S];
  vis[S] = 1;
  int& ans = d[S];
  ans = -(1<<30);
  for(int i = 1; i <= n; i++) if(S >= V[i]) ans = max(ans, dp(S-V[i])+1);
  return ans;
}
```

尽管多了一个数组，但可读性增强了许多：再也不用担心特殊值之间的冲突了，在任何情况下，记忆化搜索的初始化都可以用 memset(vis, 0, sizeof(vis))[①]实现。

提示 9-9： 在记忆化搜索中，可以用 vis 数组记录每个状态是否计算过，以占用一些内存为代价增强程序的可读性，同时减少出错的可能。

本题要求最小、最大两个值，记忆化搜索就必须写两个。在这种情况下，用递推更加方便（此时需注意递推的顺序）：

```
minv[0] = maxv[0] = 0;
for(int i = 1; i <= S; i++){
  minv[i] = INF; maxv[i] = -INF;
}
for(int i = 1; i <= S; i++)
  for(int j = 1; j <= n; j++)
    if(i >= V[j]){
      minv[i] = min(minv[i], minv[i-V[j]] + 1);
      maxv[i] = max(maxv[i], maxv[i-V[j]] + 1);
    }
printf("%d %d\n", minv[S], maxv[S]);
```

如何输出字典序最小的方案呢？刚刚介绍的方法仍然适用，如下所示：

```
void print_ans(int* d, int S){
  for(int i = 1; i <= n; i++)
    if(S>=V[i] && d[S]==d[S-V[i]]+1){
```

① 如果状态比较复杂，推荐用 STL 中的 map 而不是普通数组保存状态值。这样，判断状态 S 是否算过只需用 if(d.count(S))即可。

```
      printf("%d ", i);
      print_ans(d, S-V[i]);
      break;
    }
}
```

然后分别调用 print_ans(min, S)(注意在后面要加一个回车符)和 print_ans(max, S)即可。输出路径部分和上题的区别是，上题打印的是路径上的点，而这里打印的是路径上的边。还记得数组可以作为指针传递吗？这里需要强调的一点是：数组作为指针传递时，不会复制数组中的数据，因此不必担心这样会带来不必要的时间开销。

提示 9-10： 当用递推法计算出各个状态的指标之后，可以用与记忆化搜索完全相同的方式打印方案。

很多用户喜欢另外一种打印路径的方法：递推时直接用 min_coin[S]记录满足 min[S] == min[S−V[i]]+1 的最小的 *i*，则打印路径时可以省去 print_ans 函数中的循环，并可以方便地把递归改成迭代（原来的也可以改成迭代，但不那么自然）。具体来说，需要把递推过程改成以下形式：

```
for(int i = 1; i <= S; i++)
  for(int j = 1; j <= n; j++)
    if(i >= V[j]){
      if(min[i] > min[i-V[j]] + 1){
        min[i] = min[i-V[j]] + 1;
        min_coin[i] = j;
      }
      if(max[i] < max[i-V[j]] + 1){
        max[i] = max[i-V[j]] + 1;
        max_coin[i] = j;
      }
    }
```

注意，判断中用的是“>”和“<”，而不是“>=”和“<=”，原因在于“字典序最小解”要求当 min/max 值相同时取最小的 *i* 值。反过来，如果 *j* 是从大到小枚举的，就需要把“>”和“<”改成“>=”和“<=”才能求出字典序最小解。

在求出 min_coin 和 max_coin 之后，只需调用 print_ans(min_coin, S)和 print_ans(max_coin, S)即可。

```
void print_ans(int* d, int S){
  while(S){
    printf("%d ", d[S]);
    S -= V[d[S]];
  }
}
```

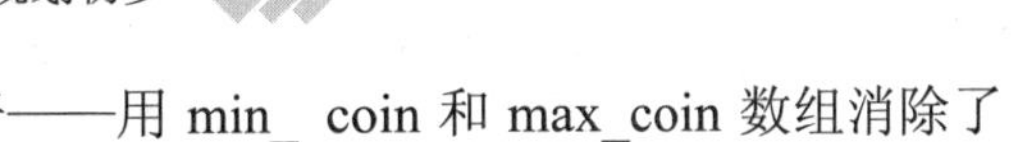

该方法是一个“用空间换时间”的经典例子——用 min_ coin 和 max_coin 数组消除了原来 print_ans 中的循环。

提示 9-11： 无论是用记忆化搜索还是递推，如果在计算最优值的同时“顺便”算出各个状态下的第一次最优决策，则往往能让打印方案的过程更加简单、高效。这是一个典型的“用空间换时间”的例子。

9.2.4　小结与应用举例

本节介绍了动态规划的经典应用：DAG 中的最长路和最短路。和 9.1 节中的数字三角形问题一样，DAG 的最长路和最短路都可以用记忆化搜索和递推两种实现方式。打印解时既可以根据 d 值重新计算出每一步的最优决策，也可以在动态规划时“顺便”记录下每步的最优决策。

由于 DAG 最长（短）路的特殊性，有两种“对称”的状态定义方式。

状态 1：设 $d(i)$为从 i 出发的最长路，则 $d(i)=\max\{d(j)+1\,|\,(i,j)\in E\}$。

状态 2：设 $d(i)$为以 i 结束的最长路，则 $d(i)=\max\{d(j)+1\,|\,(j,i)\in E\}$。

如果使用状态 2，“硬币问题”就变得和“嵌套矩形问题”几乎一样了（唯一的区别是：“嵌套矩形问题”还需要取所有 $d(i)$的最大值）！9.2.3 节中有意介绍了比较麻烦的状态 1，主要是为了展示一些常见技巧和陷阱，**实际比赛中不推荐使用**。

使用状态 2 时，有时还会遇到一个问题：状态转移方程可能不好计算，因为在很多时候，可以方便地枚举从某个结点 i 出发的所有边(i,j)，却不方便“反着”枚举(j,i)。特别是在有些题目中，这些边具有明显的实际背景，对应的过程不可逆。

这时需要用“刷表法”。什么是“刷表法”呢？传统的递推法可以表示成“对于每个状态 i，计算 $f(i)$”，或者称为“填表法”。这需要对于每个状态 i，找到 $f(i)$依赖的所有状态，在某些情况下并不方便。另一种方法是“对于每个状态 i，更新 $f(i)$所影响到的状态”，或者称为“刷表法”。对应到 DAG 最长路的问题中，就相当于按照拓扑序枚举 i，对于每个 i，枚举边(i,j)，然后更新 $d[j] = \max(d[j], d[i]+1)$。注意，一般不把这个式子叫做“状态转移方程”，因为它不是一个可以直接计算 $d[j]$的方程，而只是一个更新公式。

提示 9-12： 传统的递推法可以表示成“对于每个状态 i，计算 $f(i)$”，或者称为“填表法”。这需要对于每个状态 i，找到 $f(i)$依赖的所有状态，在某些时候并不方便。另一种方法是“对于每个状态 i，更新 $f(i)$所影响到的状态”，或者称为“刷表法”，有时比填表法方便。但需要注意的是，只有当每个状态所依赖的状态对它的影响相互独立时才能用刷表法。

例题 9-1　城市里的间谍（A Spy in the Metro, ACM/ICPC World Finals 2003, UVa1025）

某城市的地铁是线性的，有 n（$2\leqslant n\leqslant 50$）个车站，从左到右编号为 1~n。有 M1 辆列车从第 1 站开始往右开，还有 M2 辆列车从第 n 站开始往左开。在时刻 0，Mario 从第 1 站出发，目的是在时刻 T（$0\leqslant T\leqslant 200$）会见车站 n 的一个间谍。在车站等车时容易被抓，所以她决定尽量躲在开动的火车上，让在车站等待的总时间尽量短。列车靠站停车时间忽略不计，且 Mario 身手敏捷，即使两辆方向不同的列车在同一时间靠站，Mario 也能完成换乘。

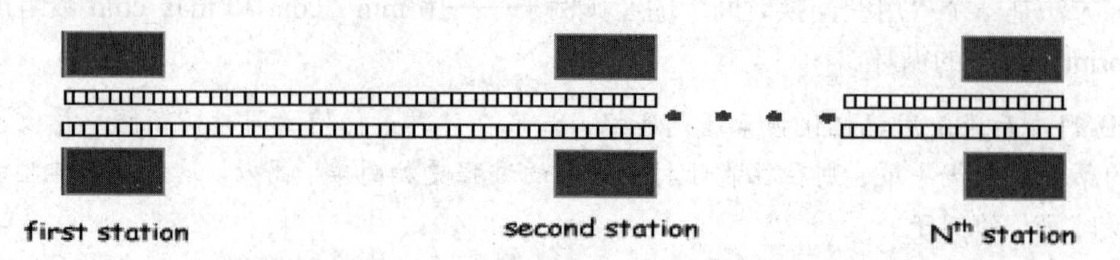

输入第1行为n，第2行为T，第3行有n−1个整数$t_1, t_2,\cdots, t_{n-1}$（$1 \leqslant t_i \leqslant 70$），其中$t_i$表示地铁从车站$i$到$i$+1的行驶时间（两个方向一样）。第4行为$M1$（$1 \leqslant M1 \leqslant 50$），即从第1站出发向右开的列车数目。第5行包含$M1$个整数$d_1, d_2,\cdots, d_{M1}$（$0 \leqslant d_i \leqslant 250, d_i < d_{i+1}$），即各列车的出发时间。第6、7行描述从第$n$站出发向左开的列车，格式同第4、5行。输出仅包含一行，即最少等待时间。无解输出impossible。

【分析】

时间是单向流逝的，是一个天然的“序”。影响到决策的只有当前时间和所处的车站，所以可以用$d(i,j)$表示时刻i，你在车站j（编号为1~n），最少还需要等待多长时间。边界条件是$d(T,n)$=0，其他$d(T,i)$（i不等于n）为正无穷。有如下3种决策。

决策1：等1分钟。

决策2：搭乘往右开的车（如果有）。

决策3：搭乘往左开的车（如果有）。

主过程的代码如下：

```
for(int i = 1; i <= n-1; i++) dp[T][i] = INF;
dp[T][n] = 0;

for(int i = T-1; i >= 0; i--)
  for(int j = 1; j <= n; j++) {
    dp[i][j] = dp[i+1][j] + 1; //等待一个单位
    if(j < n && has_train[i][j][0] && i+t[j] <= T)
      dp[i][j] = min(dp[i][j], dp[i+t[j]][j+1]); //右
    if(j > 1 && has_train[i][j][1] && i+t[j-1] <= T)
      dp[i][j] = min(dp[i][j], dp[i+t[j-1]][j-1]); //左
  }

//输出
cout << "Case Number " << ++kase << ": ";
if(dp[0][1] >= INF) cout << "impossible\n";
else cout << dp[0][1] << "\n";
```

上面的代码中有一个has_train数组，其中has_train[t][i][0]表示时刻t，在车站i是否有往右开的火车，has_train[t][i][1]类似，不过记录的是往左开的火车。这个数组不难在输入时计算处理，细节留给读者思考。

状态有$O(nT)$个，每个状态最多只有3个决策，因此总时间复杂度为$O(nT)$。

例题 9-2　巴比伦塔（The Tower of Babylon, UVa 437）

有 n（$n \leqslant 30$）种立方体，每种都有无穷多个。要求选一些立方体摞成一根尽量高的柱子（可以自行选择哪一条边作为高），使得每个立方体的底面长宽分别严格小于它下方立方体的底面长宽。

【分析】

在任何时候，只有顶面的尺寸会影响到后续决策，因此可以用二元组(a,b)来表示“顶面尺寸为 $a*b$”这个状态。因为每次增加一个立方体以后顶面的长和宽都会严格减小，所以这个图是 DAG，可以套用前面学过的 DAG 最长路算法。

这个算法没问题，不过落实到程序上时会遇到一个问题：不能直接用 $d(a,b)$表示状态值，因为 a 和 b 可能会很大。怎么办呢？可以用(idx, k)这个二元组来“间接”表达这个状态，其中 idx 为顶面立方体的序号，k 是高的序号（假设输入时把每个立方体的 3 个维度从小到大排序，编号为 0~2）。例如，若立方体 3 的大小为 $a*b*c$（其中 $a \leqslant b \leqslant c$），则状态(3,1)就是指这个立方体在顶面，且高是 b（因此顶面大小为 $a*c$）。因为 idx 是 $0 \sim n-1$ 的整数，k 是 0~2 的整数，所以可以很方便地用二维数组来存取。状态总数是 $O(n)$的，每个状态的决策有 $O(n)$个，时间复杂度为 $O(n^2)$。

例题 9-3　旅行（Tour, ACM/ICPC SEERC 2005, UVa1347）

给定平面上 n（$n \leqslant 1000$）个点的坐标（按照 x 递增的顺序给出。各点 x 坐标不同，且均为正整数），你的任务是设计一条路线，从最左边的点出发，走到最右边的点后再返回，要求除了最左点和最右点之外每个点恰好经过一次，且路径总长度最短。两点间的长度为它们的欧几里德距离，如图 9-4 所示。

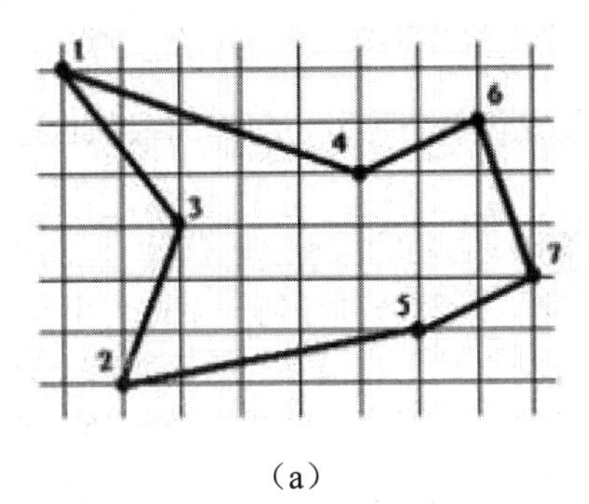

（a）

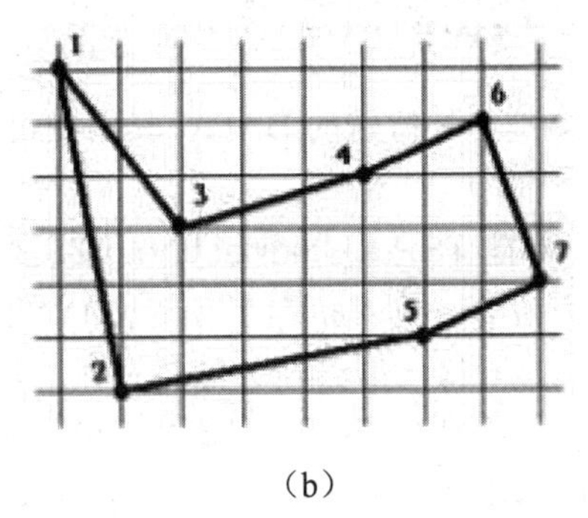

（b）

图 9-4　旅行路线示意图

【分析】

“从左到右再回来”不太方便思考，可以改成：两个人同时从最左点出发，沿着两条不同的路径走，最后都走到最右点，且除了起点和终点外其余每个点恰好被一个人经过。这样，就可以用 $d(i,j)$表示第一个人走到 i，第二个人走到 j，还需要走多长的距离。

状态如何转移呢？仔细思考后会发现：好像很难保证两个人不会走到相同的点。例如，计算状态 $d(i,j)$时，能不能让 i 走到 $i+1$ 呢？不知道，因为从状态里看不出来 $i+1$ 有没有被 j 走过。换句话说，状态定义得不好，导致转移困难。

下面修改一下：$d(i,j)$表示 $1 \sim \max(i,j)$全部走过，且两个人的当前位置分别是 i 和 j，还需要走多长的距离。不难发现 $d(i,j)=d(j,i)$，因此从现在开始规定在状态中 $i>j$。这样，不管是哪个人，下一步只能走到 $i+1, i+2,\cdots$这些点。可是，如果走到 $i+2$，情况变成了“1~i 和 $i+2$，但是 $i+1$ 没走过”，无法表示成状态！怎么办？禁止这样的决策！也就是说，只允许其中一个人走到 $i+1$，而不能走到 $i+2, i+3,\cdots$。换句话说，状态 $d(i,j)$只能转移到 $d(i+1,j)$和 $d(i+1,i)$[①]。

可是这样做产生了一个问题：上述“霸道”的规定是否可能导致漏解呢？不会。因为如果第一个人直接走到了 $i+2$，那么它再也无法走到 $i+1$ 了，只能靠第二个人走到 $i+1$。既然如此，现在就让第二个人走到 $i+1$，并不会丢失解。

边界是 $d(n-1,j)=\text{dist}(n-1,n)+\text{dist}(j,n)$，其中 $\text{dist}(a,b)$表示点 a 和 b 之间的距离。因为根据定义，所有点都走过了，两个人只需直接走到终点。所求结果是 $\text{dist}(1,2)+d(2,1)$，因为第一步一定是某个人走到了第二个点，根据定义，这就是 $d(2,1)$。

状态总数有 $O(n^2)$个，每个状态的决策只有两个，因此总时间复杂度为 $O(n^2)$。

9.3 多阶段决策问题

还记得“多阶段决策问题”吗？在回溯法中曾提到过该问题。简单地说，每做一次决策就可以得到解的一部分，当所有决策做完之后，完整的解就“浮出水面”了。在回溯法中，每次决策对应于给一个结点产生新的子树，而解的生成过程对应一棵解答树，结点的层数就是“下一个待填充位置”cur。

9.3.1 多段图的最短路

多段图是一种特殊的 DAG，其结点可以划分成若干个阶段，每个阶段只由上一个阶段所决定。下面举一个例子：

例题 9-4 单向 TSP（Unidirectional TSP, UVa 116）

给一个 m 行 n 列（$m\leqslant 10$，$n\leqslant 100$）的整数矩阵，从第一列任何一个位置出发每次往右、右上或右下走一格，最终到达最后一列。要求经过的整数之和最小。整个矩阵是环形的，即第一行的上一行是最后一行，最后一行的下一行是第一行。输出路径上每列的行号。多解时输出字典序最小的。图 9-5 中是两个矩阵和对应的最优路线（唯一的区别是最后一行）。

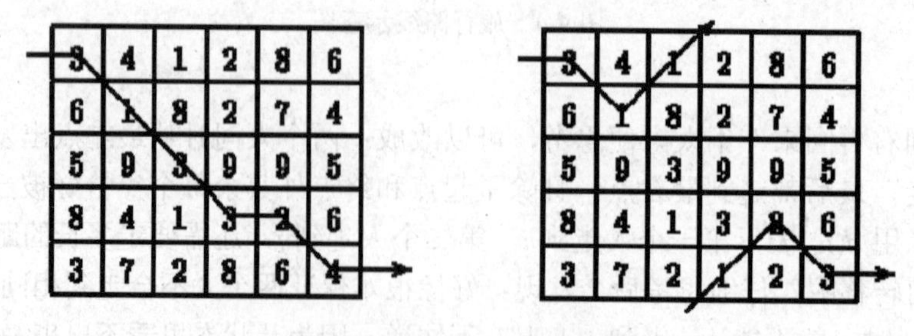

图 9-5 矩阵对应的最优路线

① 第二个人走到 $i+1$ 时本应转移到 $d(i,i+1)$，但是根据此处规定，必须写成 $d(i+1,i)$。

【分析】

在这个题目中，每一列就是一个阶段，每个阶段都有 3 种决策：直行、右上和右下。

提示 9-13：多阶段决策的最优化问题往往可以用动态规划解决，其中，状态及其转移类似于回溯法中的解答树。解答树中的“层数”，也就是递归函数中的“当前填充位置”cur，描述的是即将完成的决策序号，在动态规划中被称为“阶段”。

有了前面的经验，不难设计出状态：设 $d(i,j)$为从格子(i,j)出发到最后一列的最小开销。但是本题不仅要输出解，还要求字典序最小，这就需要在计算 $d(i,j)$的同时记录“下一列的行号”的最小值（当然是在满足最优性的前提下），细节参见代码：

```
    int ans = INF, first = 0;
    for(int j = n-1; j >= 0; j--) {       //逆推
      for(int i = 0; i < m; i++) {
        if(j == n-1) d[i][j] = a[i][j]; //边界
        else {
          int rows[3] = {i, i-1, i+1};
          if(i == 0) rows[1] = m-1;        //第 0 行“上面”是第 m-1 行
          if(i == m-1) rows[2] = 0;        //第 m-1 行“下面”是第 0 行
          sort(rows, rows+3);              //重新排序，以便找到字典序最小的
          d[i][j] = INF;
          for(int k = 0; k < 3; k++) {
            int v = d[rows[k]][j+1] + a[i][j];
            if(v < d[i][j]) { d[i][j] = v; next[i][j] = rows[k]; }
          }
        }
        if(j == 0 && d[i][j] < ans) { ans = d[i][j]; first = i; }
      }
    }
    printf("%d", first+1);                 //输出第 1 列
    for(int i = next[first][0], j = 1; j < n; i = next[i][j], j++)
        printf(" %d", i+1);                //输出其他列
    printf("\n%d\n", ans);
  }
  return 0;
}
```

9.3.2　0-1 背包问题

0-1 背包问题是最广为人知的动态规划问题之一，拥有很多变形。尽管在理解之后并不难写出程序，但初学者往往需要较多的时间才能掌握它。在介绍 0-1 背包问题之前，先来看一个引例。

物品无限的背包问题。有 n 种物品，每种均有无穷多个。第 i 种物品的体积为 V_i，重量

为 W_i。选一些物品装到一个容量为 C 的背包中，使得背包内物品在总体积不超过 C 的前提下重量尽量大。$1 \leqslant n \leqslant 100$，$1 \leqslant V_i \leqslant C \leqslant 10000$，$1 \leqslant W_i \leqslant 10^6$。

【分析】

很眼熟是吗？没错，它很像 9.2 节中的硬币问题，只不过“面值之和恰好为 S”改成了“体积之和不超过 C”，另外增加了一个新的属性——重量，相当于把原来的无权图改成了带权图（weighted graph）。这样，问题就变为了求以 C 为起点（终点任意）的、边权之和最大的路径。

与前面相比，DAG 从“无权”变成了“带权”，但这并没有带来任何困难，此时只需将某处代码从“+1”变成“+W[i]”即可。你能找到吗？

提示 9-14：*动态规划的适用性很广。不少可以用动态规划解决的题目，在条件稍微变化后只需对状态转移方程做少量修改即可解决新问题。*

0-1 背包问题。有 n 种物品，每种只有一个。第 i 种物品的体积为 V_i，重量为 W_i。选一些物品装到一个容量为 C 的背包，使得背包内物品在总体积不超过 C 的前提下重量尽量大。$1 \leqslant n \leqslant 100$，$1 \leqslant V_i \leqslant C \leqslant 10000$，$1 \leqslant W_i \leqslant 10^6$。

【分析】

不知读者有没有发现，刚才的方法已经不适用了：只凭“剩余体积”这个状态，无法得知每个物品是否已经用过。换句话说，原来的状态转移太乱了，任何时候都允许使用任何一种物品，难以控制。为了消除这种混乱，需要让状态转移（也就是决策）有序化。

引入“阶段”之后，算法便不难设计了：用 $d(i,j)$表示当前在第 i 层，背包剩余容量为 j 时接下来的最大重量和，则 $d(i, j) = \max\{d(i+1, j), d(i+1, j-V[i]) + W[i]\}$，边界是 $i>n$ 时 $d(i, j)=0$，$j<0$ 时为负无穷（一般不会初始化这个边界，而是只当 $j \geqslant V[i]$时才计算第二项）。

说得更通俗一点，$d(i,j)$表示“把第 $i, i+1, i+2, \cdots, n$ 个物品装到容量为 j 的背包中的最大总重量”。事实上，这个说法更加常用——“阶段”只是辅助思考的，在动态规划的状态描述中最好避免“阶段”、“层”这样的术语。很多教材和资料直接给出了这样的状态描述，而本书中则是花费了大量的篇幅叙述为什么会想到要划分阶段以及和回溯法的内在联系——如果对此理解不够深入，很容易出现“每次碰到新题自己都想不出来，但一看题解就懂”的尴尬情况。

提示 9-15：*学习动态规划的题解，除了要理解状态表示及其转移方程外，最好思考一下为什么会想到这样的状态表示。*

和往常一样，在得到状态转移方程之后，还需思考如何编写程序。尽管在很多情况下，记忆化搜索程序更直观、易懂，但在 0-1 背包问题中，递推法更加理想。为什么呢？因为当有了“阶段”定义后，计算顺序变得非常明显。

提示 9-16：*在多阶段决策问题中，阶段定义了天然的计算顺序。*

下面是代码，答案是 d[1][C]:

```
for(int i = n; i >= 1; i--)
  for(int j = 0; j <= C; j++){
```

```
        d[i][j] = (i==n ? 0 : d[i+1][j]);
        if(j >= V[i]) d[i][j] max(d[i][j],d[i+1][j-V[i]]+W[i]);
    }
```

前面说过，i 必须逆序枚举，但 j 的循环次序是无关紧要的。

规划方向。聪明的读者也许看出来了，还有另外一种“对称”的状态定义：用 $f(i,j)$表示“把前 i 个物品装到容量为 j 的背包中的最大总重量”，其状态转移方程也不难得出：

$$f(i,j) = \max\{f(i-1,j), f(i-1,j-V[i]) + W[i]\}$$

边界是类似的：i=0 时为 0，j<0 时为负无穷，最终答案为 $f(n,C)$。代码也是类似的：

```
for(int i = 1; i <= n; i++)
    for(int j = 0; j <= C; j++){
      f[i][j] = (i==1 ? 0 : f[i-1][j]);
      if(j >= V[i]) f[i][j] = max(f[i][j], f[i-1][j-V[i]]+W[i]);
    }
```

看上去这两种方式是完全对称的，但其实存在细微区别：新的状态定义 $f(i, j)$允许边读入边计算，而不必把 V 和 W 保存下来。

```
for(int i = 1; i <= n; i++){
    scanf("%d%d", &V, &W);
    for(int j = 0; j <= C; j++){
      f[i][j] = (i==1 ? 0 : f[i-1][j]);
      if(j >= V) f[i][j] = max(f[i][j],f[i-1][j-V]+W);
    }
}
```

滚动数组。更奇妙的是，还可以把数组 f 变成一维的：

```
memset(f, 0, sizeof(f));
for(int i = 1; i <= n; i++){
  scanf("%d%d", &V, &W);
  for(int j = C; j >= 0; j--)
  if(j >= V) f[j] = max(f[j], = f[j-V]+W);
}
```

为什么这样做是正确的呢？下面来看一下 $f(i,j)$的计算过程，如图 9-6 所示。

f 数组是从上到下、从右往左计算的。在计算 $f(i, j)$之前，$f[j]$里保存的就是 $f(i-1, j)$的值，而 $f[j-W]$里保存的是 $f(i-1, j-W)$而不是 $f(i, j-W)$——别忘了 j 是逆序枚举的，此时 $f(i, j-W)$还没有算出来。这样，$f[j]$ =(max[j], $f[j-V]$+W)实际上是把 $\max\{f(i-1,j), f(i-1,j-V)\}$ 保存在 $f[j]$中，覆盖掉 $f[j]$原来的 $f(i-1,j)$。

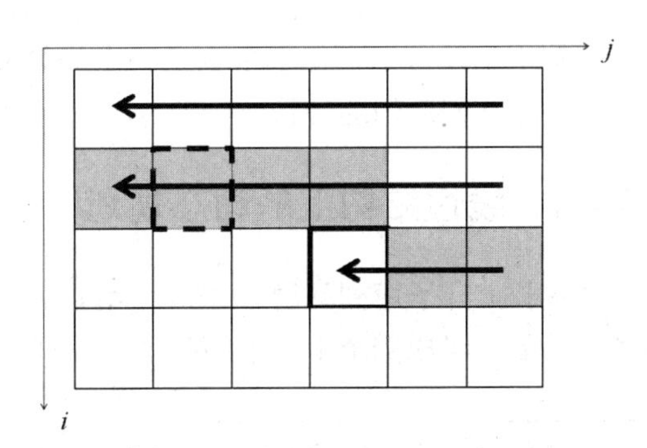

图 9-6　0-1 背包问题的计算顺序

提示 9-17：*在递推法中，如果计算顺序很特殊，而且计算新状态所用到的原状态不多，可以尝试用滚动数组减少内存开销。*

滚动数组虽好，但也存在一些不尽如人意的地方，例如，打印方案较困难。当动态规划结束之后，只有最后一个阶段的状态值，而没有前面的值。不过这也不能完全归咎于滚动数组，规划方向也有一定责任——即使用二维数组，打印方案也不是特别方便。事实上，对于“前 i 个物品”这样的规划方向，只能用逆向的打印方案，而且还不能保证它的字典序最小（字典序比较是从前往后的）。

提示 9-18：*在使用滚动数组后，解的打印变得困难了，所以在需要打印方案甚至要求字典序最小方案的场合，应慎用滚动数组。*

例题 9-5　劲歌金曲（Jin Ge Jin Qu [h]ao, Rujia Liu's Present 6, UVa 12563）

如果问一个麦霸：“你在KTV里必唱的曲目有哪些？”得到的答案通常都会包含一首“神曲”：古巨基的《劲歌金曲》。为什么呢？一般来说，KTV不会在“时间到”的时候鲁莽地把正在唱的歌切掉，而是会等它放完。例如，在还有15秒时再唱一首2分钟的歌，则实际上多唱了105秒。但是融合了37首歌曲的《劲歌金曲》长达11分18秒[①]，如果唱这首，相当于多唱了663秒！

假定你正在唱KTV，还剩 t 秒时间。你决定接下来只唱你最爱的 n 首歌（不含《劲歌金曲》）中的一些，在时间结束之前再唱一个《劲歌金曲》，使得唱的总曲目尽量多（包含《劲歌金曲》），在此前提下尽量晚的离开KTV。

输入 n（$n \leqslant 50$），t（$t \leqslant 10^9$）和每首歌的长度（保证不超过3分钟[②]），输出唱的总曲目以及时间总长度。输入保证所有 n+1 首曲子的总长度严格大于 t。

【分析】

虽说 $t \leqslant 10^9$，但由于所有 n+1 首曲子的总长度严格大于 t，实际上 t 不会超过 $180n$+678。这样就可以转化为0-1背包问题了。细节留给读者思考。

9.4　更多经典模型

本节介绍一些常见结构中的动态规划，序列、表达式、凸多边形和树。尽管它们的形式和解法千差万别，但都用到了动态规划的思想：从复杂的题目背景中抽象出状态表示，然后设计它们之间的转移。

9.4.1　线性结构上的动态规划

最长上升子序列问题（LIS）。给定 n 个整数 $A_1, A_2, \cdots, A_n$，按从左到右的顺序选出尽量多的整数，组成一个上升子序列（子序列可以理解为：删除0个或多个数，其他数的顺序

① 还有《劲歌金曲2》和《劲歌金曲3》，但本题不予考虑。

② 显然大多数歌的长度都大于3分钟，但是KTV可以“切歌”，因此这里的“长度”实际上是指“想唱的时间长度”。

不变）。例如序列 1, 6, 2, 3, 7, 5，可以选出上升子序列 1, 2, 3, 5，也可以选出 1, 6, 7，但前者更长。选出的上升子序列中相邻元素不能相等。

【分析】

设 $d(i)$为以 i 结尾的最长上升子序列的长度，则 $d(i)=\max\{0,d(j)|j<i, A_j<A_i\}+1$，最终答案是 $\max\{d(i)\}$。如果 LIS 中的相邻元素可以相等，把小于号改成小于等于号即可。上述算法的时间复杂度为 $O(n^2)$。《算法竞赛入门经典》中介绍了一种方法把它优化到 $O(n\log n)$，有兴趣的读者可以自行阅读。

最长公共子序列问题（LCS）。给两个子序列 A 和 B，如图 9-7 所示。求长度最大的公共子序列。例如 1, 5, 2, 6, 8, 7 和 2, 3, 5, 6, 9, 8, 4 的最长公共子序列为 5, 6, 8（另一个解是 2, 6, 8）。

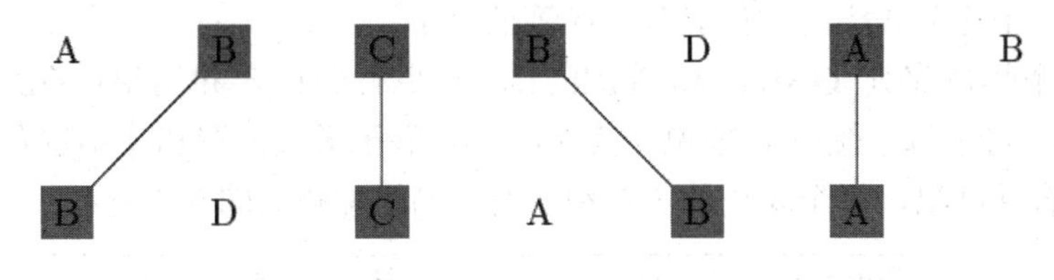

图 9-7　子序列 A 和 B

【分析】

设 $d(i,j)$为 $A_1,A_2,\cdots,A_i$ 和 $B_1,B_2,\cdots,B_j$ 的 LCS 长度，则当 $A[i]=A[j]$时 $d(i,j)=d(i-1,j-1)+1$，否则 $d(i,j)=\max\{d(i-1,j),d(i,j-1)\}$，时间复杂度为 $O(nm)$，其中 n 和 m 分别是序列 A 和 B 的长度。

例题 9-6　照明系统设计（Lighting System Design, UVa 11400）

你的任务是设计一个照明系统。一共有 n（$n\leqslant 1000$）种灯泡可供选择，不同种类的灯泡必须用不同的电源，但同一种灯泡可以共用一个电源。每种灯泡用 4 个数值表示：电压值 V（$V\leqslant 132000$），电源费用 K（$K\leqslant 1000$），每个灯泡的费用 C（$C\leqslant 10$）和所需灯泡的数量 L（$1\leqslant L\leqslant 100$）。

假定通过所有灯泡的电流都相同，因此电压高的灯泡功率也更大。为了省钱，可以把一些灯泡换成电压更高的另一种灯泡以节省电源的钱（但不能换成电压更低的灯泡）。你的任务是计算出最优方案的费用。

【分析】

首先可以得到一个结论：每种电压的灯泡要么全换，要么全不换。因为如果只换部分灯泡，如 V=100 有两个灯泡，把其中一个换成 V=200 的，另一个不变，则 V=100 和 V=200 两种电源都需要，不划算（若一个都不换则只需要 V=100 一种电源）。

先把灯泡按照电压从小到大排序。设 $s[i]$为前 i 种灯泡的总数量（即 L 值之和），$d[i]$为灯泡 $1\sim i$ 的最小开销，则 $d[i] = \min\{d[j] + (s[i]-s[j])*c[i] + k[i])\}$，表示前 j 个先用最优方案买，然后第 $j+1\sim i$ 个都用第 i 号的电源。答案为 $d[n]$。

例题 9-7　划分成回文串（Partitioning by Palindromes, UVa 11584）

输入一个由小写字母组成的字符串，你的任务是把它划分成尽量少的回文串。例如，racecar 本身就是回文串；fastcar 只能分成 7 个单字母的回文串，aaadbccb 最少分成 3 个回文串：aaa, d, bccb。字符串长度不超过1000。

【分析】

$d[i]$为字符0~i划分成的最小回文串的个数，则$d[i] = \min\{d[j] + 1 \mid s[j+1\sim i]$是回文串$\}$。注意频繁的要判断回文串。状态$O(n)$个，决策$O(n)$个，如果每次转移都需要$O(n)$时间判断，总时间复杂度会达到$O(n^3)$。

可以先用$O(n^2)$时间预处理$s[i..j]$是否为回文串。方法是枚举中心，然后不断向左右延伸并且标记当前子串是回文串，直到延伸的左右字符不同为止[①]。这样一来，每次转移的时间降为了$O(1)$，总时间复杂度为$O(n^2)$。

例题9-8　颜色的长度（Color Length, ACM/ICPC Daejeon 2011, UVa1625）

输入两个长度分别为n和m（$n,m \leqslant 5000$）的颜色序列，要求按顺序合并成同一个序列，即每次可以把一个序列开头的颜色放到新序列的尾部。

例如，两个颜色序列GBBY和YRRGB，至少有两种合并结果：GBYBRYRGB和YRRGGBBYB。对于每个颜色c来说，其跨度$L(c)$等于最大位置和最小位置之差。例如，对于上面两种合并结果，每个颜色的$L(c)$和所有$L(c)$的总和如图9-8所示。

Color	G	Y	B	R	Sum
L(c): Scenario 1	7	3	7	2	19
L(c): Scenario 2	1	7	3	1	12

图9-8　每个颜色的$L(c)$和$L(c)$的总和

你的任务是找一种合并方式，使得所有$L(c)$的总和最小[②]。

【分析】

根据前面的经验，可以设$d(i,j)$表示两个序列已经分别移走了i和j个元素，还需要多少费用。等一下！什么叫“还需要多少费用”呢？本题的指标函数（即需要最小化的函数）比较复杂。当某颜色第一次出现在最终序列中时，并不知道它什么时候会结束；而某个颜色的最后一个元素已经移到最终序列里时，又“忘记”了它是什么时候第一次出现的。

怎么办呢？如果记录每个颜色的第一次出现位置，状态会变得很复杂，时间也无法承受，所以只能把在指标函数的“计算方式”上想办法：不是等到一个颜色全部移完之后再算，而是每次累加。换句话说，当把一个颜色移到最终序列前，需要把所有“已经出现但还没结束”的颜色的$L(c)$值加1。更进一步地，因为并不关心每个颜色的$L(c)$，所以只需要知道有多少种颜色已经开始但尚未结束。

例如，序列GBBY和YRRGB，分别已经移走了1个和3个元素（例如，已经合并成了YRRG）。下次再从序列2移走一个元素（即G）时，Y和G需要加1。下次再从序列1移走一个元素（它是B）时，只有Y需要加1（因为G已经结束）。

这样，可以事先算出每个颜色在两个序列中的开始和结束位置，就可以在动态规划时在$O(1)$时间内计算出状态$d(i,j)$中“有多少个颜色已经出现但尚未结束”，从而在$O(1)$时间内完成状态转移。状态总是为$O(nm)$个，总时间复杂度也是$O(nm)$。

[①]判断回文也可以用动态规划，读者不妨一试。

[②]虽然思路很清晰，但具体实现还需要斟酌，建议读者独立完成。

最优矩阵链乘。一个 $n \times m$ 矩阵由 n 行 m 列共 $n \times m$ 个数排列而成。两个矩阵 $\boldsymbol{A}$ 和 $\boldsymbol{B}$ 可以相乘当且仅当 $\boldsymbol{A}$ 的列数等于 $\boldsymbol{B}$ 的行数。一个 $n \times m$ 的矩阵乘以一个 $m \times p$ 的矩阵等于一个 $n \times p$ 的矩阵，运算量为 mnp。

矩阵乘法不满足分配律，但满足结合律，因此 $\boldsymbol{A} \times \boldsymbol{B} \times \boldsymbol{C}$ 既可以按顺序 $(\boldsymbol{A} \times \boldsymbol{B}) \times \boldsymbol{C}$ 进行，也可以按 $\boldsymbol{A} \times (\boldsymbol{B} \times \boldsymbol{C})$ 进行。假设 $\boldsymbol{A}$、$\boldsymbol{B}$、$\boldsymbol{C}$ 分别是 2×3，3×4 和 4×5 的，则 $(\boldsymbol{A} \times \boldsymbol{B}) \times \boldsymbol{C}$ 的运算量为 $2 \times 3 \times 4 + 2 \times 4 \times 5 = 64$，$\boldsymbol{A} \times (\boldsymbol{B} \times \boldsymbol{C})$ 的运算量为 $3 \times 4 \times 5 + 2 \times 3 \times 5 = 90$。显然第一种顺序节省运算量。

给出 n 个矩阵组成的序列，设计一种方法把它们依次乘起来，使得总的运算量尽量小。假设第 i 个矩阵 $\boldsymbol{A}_i$ 是 $p_{i-1} \times p_i$ 的。

【分析】

本题任务是设计一个表达式。在整个表达式中，一定有一个“最后一次乘法”。假设它是第 k 个乘号，则在此之前已经算出了 $P = \boldsymbol{A}_1 \times \boldsymbol{A}_2 \times \cdots \times \boldsymbol{A}_k$ 和 $Q = \boldsymbol{A}_{k+1} \times \boldsymbol{A}_{k+2} \times \cdots \times \boldsymbol{A}_n$。由于 P 和 Q 的计算过程互不相干，而且无论按照怎样的顺序，P 和 Q 的值都不会发生改变，因此只需分别让 P 和 Q 按照最优方案计算（最优子结构！）即可。为了计算 P 的最优方案，还需要继续枚举 $P = \boldsymbol{A}_1 \times \boldsymbol{A}_2 \times \cdots \times \boldsymbol{A}_k$ 的“最后一次乘法”，把它分成两部分。不难发现，无论怎么分，在任意时候，需要处理的子问题都形如“把 $\boldsymbol{A}_i$，$\boldsymbol{A}_{i+1}$，…，$\boldsymbol{A}_j$ 乘起来需要多少次乘法？”如果用状态 $f(i,j)$ 表示这个子问题的值，不难列出如下的状态转移方程：

$$f(i,j) = \min\{f(i,k) + f(k+1,j) + p_{i-1}p_k p_j\}$$

边界为 $f(i,i)=0$。上述方程有些特殊：记忆化搜索固然没问题，但如果要写成递推，无论按照 i 还是 j 的递增或递减顺序均不正确。正确的方法是按照 $j-i$ 递增的顺序递推，因为长区间的值依赖于短区间的值。

最优三角剖分。对于一个 n 个顶点的凸多边形，有很多种方法可以对它进行三角剖分（triangulation），即用 $n-3$ 条互不相交的对角线把凸多边形分成 $n-2$ 个三角形。为每个三角形规定一个权函数 $w(i,j,k)$（如三角形的周长或 3 个顶点的权和），求让所有三角形权和最大的方案。

【分析】

本题和最优矩阵链乘问题十分相似，但存在一个显著不同：链乘表达式反映了决策过程，而剖分不反映决策过程。举例来说，在链乘问题中，方案 $((A_1A_2)(A_3(A_4A_5)))$ 只能是先把序列分成 A_1A_2 和 $A_3A_4A_5$ 两部分，而对于一个三角剖分，“第一刀”可以是任何一条对角线，如图 9-9 所示。

如果允许随意切割，则“半成品”多边形的各个顶点是可以在原多边形中随意选取的，很难简洁定义成状态，而“矩阵链乘”就不存在这个问题——无论怎样决策，面临的子问题一定可以用区间表示。在这样的情况下，有必要把决策的顺序规范化，使得在规范的决策顺序下，任意状态都能用区间表示。

定义 $d(i,j)$ 为子多边形 $i, i+1, \cdots, j-1, j$（$i<j$）的最优值，则边 $i-j$ 在最优解中一定对应一个三角形 $i-j-k$（$i<k<j$），如图 9-10 所示（注意顶点是按照逆时针编号的）。

因此，状态转移方程为：

$$d(i,j) = \max\{d(i,k) + d(k,j) + w(i,j,k) \mid i < k < j\}$$

时间复杂度为 $O(n^3)$，边界为 $d(i,i+1)=0$，原问题的解为 $d(0,n-1)$。

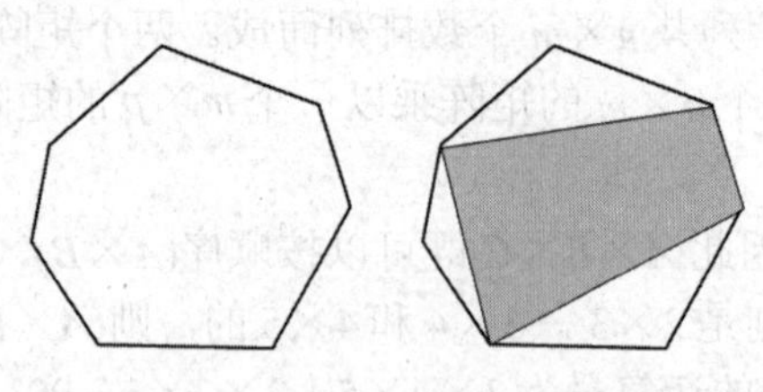

图 9-9　难以简洁表示的状态

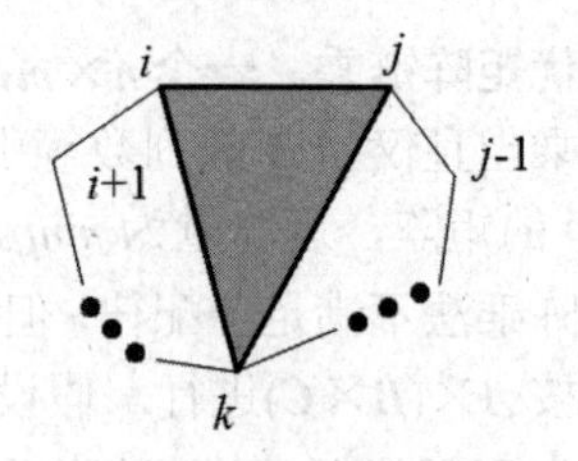

图 9-10　定义的子多边形

例题 9-9　切木棍（Cutting Sticks, UVa 10003）

有一根长度为 L（$L<1000$）的棍子，还有 n（$n<50$）个切割点的位置（按照从小到大排列）。你的任务是在这些切割点的位置处把棍子切成 $n+1$ 部分，使得总切割费用最小。每次切割的费用等于被切割的木棍长度。例如，$L=10$，切割点为 2, 4, 7。如果按照 2, 4, 7 的顺序，费用为 10+8+6=24，如果按照 4, 2, 7 的顺序，费用为 10+4+6=20。

【分析】

设 $d(i,j)$为切割小木棍 $i\sim j$ 的最优费用，则 $d(i,j)=\min\{d(i,k)+d(k,j) \mid i<k<j\}+a[j]-a[i]$，其中最后一项 $a[j]-a[i]$代表第一刀的费用。切完之后，小木棍变成 $i\sim k$ 和 $k\sim j$ 两部分，状态转移方程由此可得。把切割点编号为 $1\sim n$，左边界编号为 0，右边界编号为 $n+1$，则答案为 $d(0,n+1)$。

状态有 $O(n^2)$个，每个状态的决策有 $O(n)$个，时间复杂度为 $O(n^3)$。值得一提的是，本题可以用四边形不等式优化到 $O(n^2)$，有兴趣的读者请参见本书的配套《算法竞赛入门经典——训练指南》或其他参考资料。

例题 9-10　括号序列（Brackets Sequence, NEERC 2001, UVa1626）

定义如下正规括号序列（字符串）：

- ❑ 空序列是正规括号序列。
- ❑ 如果 S 是正规括号序列，那么(S)和[S]也是正规括号序列。
- ❑ 如果 A 和 B 都是正规括号序列，那么 AB 也是正规括号序列。

例如，下面的字符串都是正规括号序列：()，[]，(())，([])，()[]，()[()]，而如下字符串则不是正规括号序列：(，[，]，)(，([()。

输入一个长度不超过 100 的，由“(”、“)”、“[”、“]”构成的序列，添加尽量少的括号，得到一个规则序列。如有多解，输出任意一个序列即可。

【分析】

设串 S 至少需要增加 $d(S)$个括号，转移如下：

- ❑ 如果 S 形如(S')或者[S']，转移到 $d(S')$。
- ❑ 如果 S 至少有两个字符，则可以分成 AB，转移到 $d(A)+d(B)$。

边界是：S 为空时 $d(S)=0$，S 为单字符时 $d(S)=1$。注意(S', [S',)S'之类全部属于第二种转移，不需要单独处理。

注意：不管 S 是否满足第一条，都要尝试第二种转移，否则“[][]”会转移到“][”，然后就只能加两个括号了。

当然，上述“方程”只是概念上的，落实到程序时要改成子串在原串中的起始点下标，即用 $d(i,j)$表示子串 $S[i\sim j]$至少需要添加几个括号。下面是递推写法，比记忆化写法要快好几

倍，而且代码更短。请读者注意状态的枚举顺序：

```
void dp() {
  for(int i = 0; i < n; i++) {
    d[i+1][i] = 0;
    d[i][i] = 1;
  }
  for(int i = n-2; i >= 0; i--)
    for(int j = i+1; j < n; j++) {
      d[i][j] = n;
      if(match(S[i], S[j])) d[i][j] = min(d[i][j], d[i+1][j-1]);
      for(int k = i; k < j; k++)
        d[i][j] = min(d[i][j], d[i][k] + d[k+1][j]);
    }
}
```

本题需要打印解，但是上面的代码只计算了 d 数组，如何打印解呢？可以在打印时重新检查一下哪个决策最好。这样做的好处是节约空间，坏处是打印时代码较复杂，速度稍慢，但是基本上可以忽略不计（因为只有少数状态需要打印）。

```
void print(int i, int j) {
  if(i > j) return ;
  if(i == j) {
    if(S[i] == '(' || S[i] == ')') printf("()");
    else printf("[]");
    return;
  }
  int ans = d[i][j];
  if(match(S[i], S[j]) && ans == d[i+1][j-1]) {
    printf("%c", S[i]); print(i+1, j-1); printf("%c", S[j]);
    return;
  }
  for(int k = i; k < j; k++)
    if(ans == d[i][k] + d[k+1][j]) {
      print(i, k); print(k+1, j);
      return;
    }
}
```

本题唯一的陷阱是：输入串可能是空串，因此不能用 scanf("%s", s)的方式输入，只能用 getchar、fgets 或者 getline。

例题 9-11　最大面积最小的三角剖分（Minimax Triangulation, ACM/ICPC NWERC 2004, UVa1331）

三角剖分是指用不相交的对角线把一个多边形分成若干个三角形。如图 9-11 所示是一个六边形的几种不同的三角剖分。

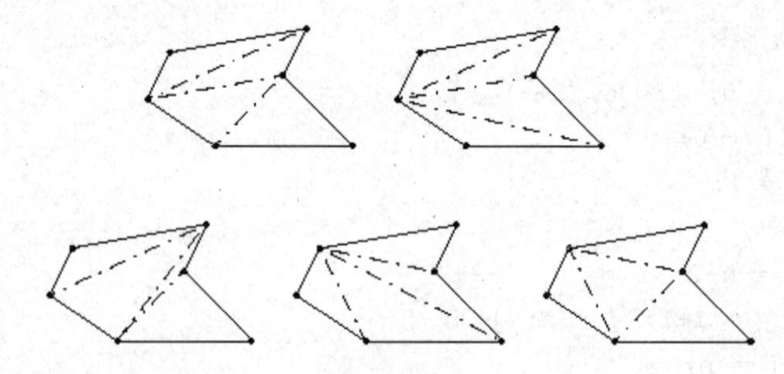

图 9-11　六边形的不同三角部分

输入一个简单 m（$2<m<50$）边形，找一个最大三角形面积最小的三角剖分。输出最大三角形的面积。在图 9-11 的 5 个方案中，最左边（即左下角）的方案最优。

【分析】

本题的程序实现要用到一些计算几何的知识，不过基本思想是清晰的：首先考虑凸多边形的简单情况。和“最优三角剖分”一样，设 $d(i,j)$为子多边形 $i,i+1,\cdots,j-1,j$（$i<j$）的最优解，则状态转移方程为 $d(i,j)=\min\{S(i,j,k), d(i,k), d(k,j) \mid i<k<j\}$，其中 $S(i,j,k)$为三角形 i–j–k 的面积。

回到原题。需要保证边 i–j 是对角线[①]（唯一的例外是 $i=0$ 且 $j=n-1$），具体方法是当边 i–j 不满足条件时直接设 $d(i,j)$为无穷大，其他部分和凸多边形的情形完全一样。

9.4.2　树上的动态规划

树的最大独立集。对于一棵 n 个结点的无根树，选出尽量多的结点，使得任何两个结点均不相邻（称为最大独立集），然后输入 $n-1$ 条无向边，输出一个最大独立集（如果有多解，则任意输出一组）。

【分析】

用 $d(i)$表示以 i 为根结点的子树的最大独立集大小。此时需要注意的是，本题的树是无根的：没有所谓的“父子”关系，而只有一些无向边。没关系，只要任选一个根 r，无根树就变成了有根树，上述状态定义也就有意义了。

结点 i 只有两种决策：选和不选。如果不选 i，则问题转化为了求出 i 的所有儿子的 d 值再相加；如果选 i，则它的儿子全部不能选，问题转化为了求出 i 的所有孙子的 d 值之和。换句话说，状态转移方程为：

$$d(i)=\max\{1+\sum_{j\in gs(i)} d(j), \sum_{j\in s(i)} d(j)\}$$

其中，$gs(i)$和 $s(i)$分别为 i 的孙子集合与儿子集合，如图 9-12 所示。

代码应如何编写呢？上面的方程涉及“枚举结点 i 的所有儿子和所有孙子”，颇为不便。其实可以换一个角度来看：不从 i 找 $s(i)$和 $gs(i)$的元素，而从 $s(i)$和 $gs(i)$的元素找 i。换句话说，当计算出一个 $d(i)$后，用它去更新 i 的父亲和祖父结点的累加值 $\sum_{j\in gs(i)} d(j)$ 和 $\sum_{j\in s(i)} d(j)$ 。

---

① 如何判断 i-j 是否为多边形的对角线？限于篇幅，本书没有对计算几何进行专门讨论，请读者参考《算法竞赛入门经典——训练指南》的几何部分。

这样一来，每个结点甚至不必记录其子结点有哪些，只需记录父结点即可。这就是前面提过的“刷表法”。不过这个问题还有另外一种解法，在实践中更加常用，将在例题部分介绍。

树的重心（质心）。对于一棵 n 个结点的无根树，找到一个点，使得把树变成以该点为根的有根树时，最大子树的结点数最小。换句话说，删除这个点后最大连通块（一定是树）的结点数最小。

【分析】

和树的最大独立集问题类似，先任选一个结点作为根，把无根树变成有根树，然后设 $d(i)$表示以 i 为根的子树的结点个数。不难发现 $d(i)=\sum_{j\in s(i)} d(j)+1$。程序实现也很简单：只需要一次 DFS，在无根树转有根树的同时计算即可，连记忆化都不需要——因为本来就没有重复计算。

那么，删除结点 i 后，最大的连通块有多少个结点呢？结点 i 的子树中最大的有 $\max\{d(j)\}$ 个结点，i 的“上方子树”中有 $n-d(i)$个结点，如图 9-13 所示。这样，在动态规划的过程中就可以顺便找出树的重心了。

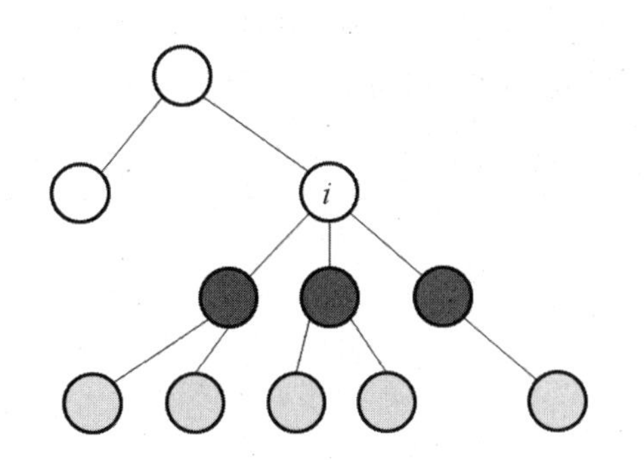

图 9-12　结点 i 的 $gs(i)$（浅灰色）和 $s(i)$（深灰色）

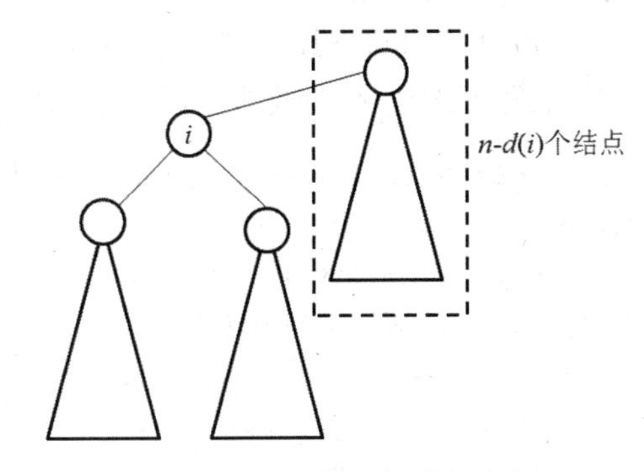

图 9-13　树中的结点分布

树的最长路径（最远点对）。对于一棵 n 个结点的无根树，找到一条最长路径。换句话说，要找到两个点，使得它们的距离最远。

【分析】

和树的重心问题一样，先把无根树转成有根树。对于任意结点 i，经过 i 的最长路就是连接 i 的两棵不同子树 u 和 v 的最深叶子的路径，如图 9-14 所示。

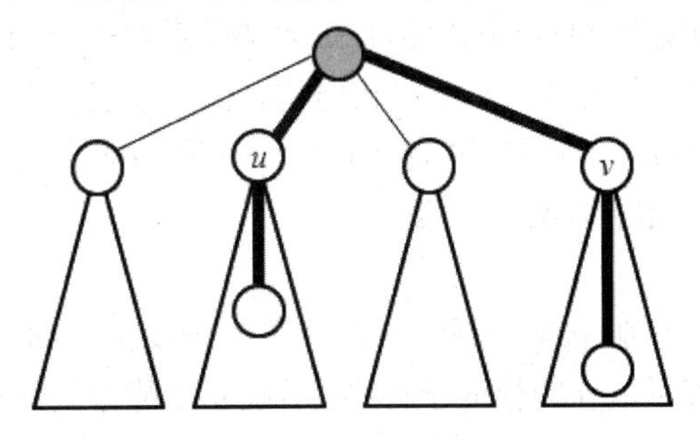

图 9-14　子树 u 和 v 的最深叶子路径

设 $d(i)$表示根为结点 i 的子树中根到叶子的最大距离，不难写出状态转移方程：

$d(i)=\max\{d(j)\}+1$。对于每个结点 i，把所有子结点的 $d(j)$都求出来之后，设 d 值前两大的结点为 u 和 v，则 $d(u)+d(v)+2$ 就是所求。

本题还有一个不用动态规划的解法：随便找一个结点 u，用 DFS 求出 u 的最远结点 v，然后再用一次 DFS 求出 v 的最远结点 w，则 v-w 就是最长路径。

结合上述两个问题的解法，可以解决下面的问题：对于一棵 n 个结点的无根树，求出每个结点的最远点，要求时间复杂度为 $O(n)$。这个问题留给读者思考。

例题 9-12 工人的请愿书（Another Crisis, UVa 12186）

某公司里有一个老板和 n（$n\leqslant 10^5$）个员工组成树状结构，除了老板之外每个员工都有唯一的直属上司。老板的编号为 0，员工编号为 1~n。工人们（即没有直接下属的员工）打算签署一项请愿书递给老板，但是不能跨级递，只能递给直属上司。当一个中级员工（不是工人的员工）的直属下属中不小于 T%的人签字时，他也会签字并且递给他的直属上司。问：要让公司老板收到请愿书，至少需要多少个工人签字？

【分析】

设 $d(u)$表示让 u 给上级发信最少需要多少个工人。假设 u 有 k 个子结点，则至少需要 $c=(kT-1)/100+1$ 个直接下属发信才行。把所有子结点的 d 值从小到大排序，前 c 个加起来即可。最终答案是 $d(0)$。因为要排序，算法的时间复杂度为 $O(n\log n)$。动态规划部分代码如下：

```
vector<int> sons[maxn]; //sons[i]为结点 i 的子列表
int dp(int u) {
  if(sons[u].empty()) return 1;
  int k = sons[u].size();
  vector<int> d;
  for(int i = 0; i < k; i++)
    d.push_back(dp(sons[u][i]));
  sort(d.begin(), d.end());
  int c = (k*T - 1) / 100 + 1;
  int ans = 0;
  for(int i = 0; i < c; i++) ans += d[i];
  return ans;
}
```

例题 9-13 Hali-Bula 的晚会（Party at Hali-Bula, ACM/ICPC Tehran 2006, UVa1220）

公司里有 n（$n\leqslant 200$）个人形成一个树状结构，即除了老板之外每个员工都有唯一的直属上司。要求选尽量多的人，但不能同时选择一个人和他的直属上司。问：最多能选多少人，以及在人数最多的前提下方案是否唯一。

【分析】

本题几乎就是树的最大独立集问题，不过多了一个要求：判断唯一性。设：

- ❑ $d(u,0)$和 $f(u,0)$表示以 u 为根的子树中，不选 u 点能得到的最大人数以及方案唯一性（$f(u,0)=1$ 表示唯一，0 表示不唯一）。
- ❑ $d(u,1)$和 $f(u,1)$表示以 u 为根的子树中，选 u 点能得到的最大人数以及方案唯一性。

相应地，状态转移方程也有两套。

- $d(u,1)$的计算：因为选了 u，所以 u 的子结点都不能选，因此 $d(u,1) = \text{sum}\{d(v,0) \mid v$ 是 u 的子结点$\}$。当且仅当所有 $f(v,0)=1$ 时 $f(u,1)$才是 1。
- $d(u,0)$的计算：因为 u 没有选，所以每个子结点 v 可选可不选，即 $d(u,0) = \text{sum}\{\max(d(v,0), d(v,1))\}$。什么情况下方案是唯一的呢？首先，如果某个 $d(v,0)$ 和 $d(v,1)$相等，则不唯一；其次，如果 max 取到的那个值对应的 f=0，方案也不唯一（如 $d(v,0) > d(v,1)$且 $f(v,0)$=0，则 $f(u,0)$=0）。

例题 9-14　完美的服务（Perfect Service, ACM/ICPC Kaoshiung 2006, UVa1218）

有 n（$n \leqslant 10000$）台机器形成树状结构。要求在其中一些机器上安装服务器，使得每台不是服务器的计算机恰好和一台服务器计算机相邻。求服务器的最少数量。如图 9-15 所示，图 9-15（a）是非法的，因为 4 同时和两台服务器相邻，而 6 不与任何一台服务器相邻。而图 9-15（b）是合法的。

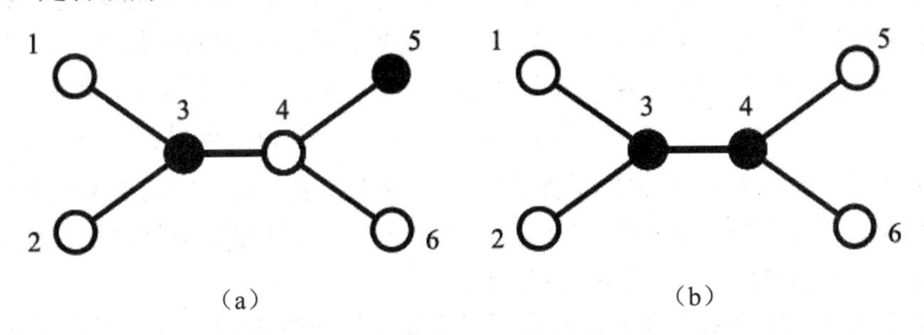

图 9-15　非法与合法的树状结构

【分析】

有了前面的经验，这次仍然按照每个结点的情况进行分类。

- $d(u,0)$：u 是服务器，则每个子结点可以是服务器也可以不是。
- $d(u,1)$：u 不是服务器，但 u 的父亲是服务器，这意味着 u 的所有子结点都不是服务器。
- $d(u,2)$：u 和 u 的父亲都不是服务器。这意味着 u 恰好有一个儿子是服务器。

状态转移比前面复杂一些，但也不困难。首先可以写出：

$$d(u,0) = \text{sum}\{\min(d(v,0), d(v,1))\} + 1$$

$$d(u,1) = \text{sum}(d(v,2))$$

而 $d(u,2)$稍微复杂一点，需要枚举当服务器的子结点编号 v，然后把其他所有子结点 v' 的 $d(v',2)$加起来，再和 $d(v,0)$相加。不过如果这样做，每次枚举 v 都需要 $O(k)$时间（其中 k 是 u 的子结点数目），而 v 本身要枚举 k 次，因此计算 $d(u,2)$需要花 $O(k^2)$时间。

刚才的做法有很多重复计算，其实可以利用已经算出的 $d(u,1)$写出一个新的状态转移方程：

$$d(u,2) = \min(d(u,1) - d(v,2) + d(v,0))$$

这样一来，计算 $d(u,2)$的时间复杂度变为了 $O(k)$。因为每个结点只有在计算父亲时被用了 3 次，总时间复杂度为 $O(n)$。

9.4.3 复杂状态的动态规划

最优配对问题。空间里有 n 个点 $P_0, P_1,\cdots, P_{n-1}$，你的任务是把它们配成 $n/2$ 对（n 是偶数），使得每个点恰好在一个点对中。所有点对中两点的距离之和应尽量小。$n \leqslant 20$, $|x_i|,|y_i|,|z_i| \leqslant 10000$。

【分析】

既然每个点都要配对，很容易把问题看成如下的多阶段决策过程：先确定 P_0 和谁配对，然后是 P_1， 接下来是 P_2，……，最后是 P_{n-1}。按照前面的思路，设 $d(i)$表示把前 i 个点两两配对的最小距离和，然后考虑第 i 个点的决策——它和谁配对呢？假设它和点 j 配对（$j<i$），那么接下来的问题应是“把前 i-1 个点中除了 j 之外的其他点两两配对”，它显然无法用任何一个 d 值来刻画——此处的状态定义无法体现出“除了一些点之外”这样的限制。

当发现状态无法转移后，常见的方法是增加维度，即增加新的因素，更细致地描述状态。既然刚才提到了“除了某些元素之外”，不妨把它作为状态的一部分，设 $d(i,S)$表示把前 i 个点中，位于集合 S 中的元素两两配对的最小距离和，则状态转移方程为：

$$d(i,S)=\min\{|P_iP_j|+d(i-1,S-\{i\}-\{j\}) \mid j\in S\}$$

其中，$|P_iP_j|$表示点 P_i 和 P_j 之间的距离。方程看上去很不错，但实现起来有问题：如何表示集合 S 呢？由于它要作为数组 d 中的第二维下标，所以需要用整数来表示集合，确切地说，是$\{0, 1, 2,\cdots,n-1\}$的任意子集（subset）。

在第 7 章的“子集枚举”部分，曾介绍过子集的二进制表示，现在再次用到此知识：

```
for(int i = 0; i < n; i++)
  for(int S = 0; S < (1<<n); S++) {
    d[i][S] = INF;
    for(int j = 0; j < i; j++) if(S & (1<<j))
      d[i][S] = max(d[i][S], dist(i, j) + d[i-1][S^(1<<i)^(1<<j)]);
}
```

上述程序中故意用了很多括号，传达给读者的信息是：位运算的优先级低，初学者很容易弄错。例如，“1<<n-1”的正确解释是“1<<(n-1)”，因为减法的优先级比左移要高。为了保险起见，应多用括号。另一个技巧是利用 C 语言中“0 为假，非 0 为真”的规定简化表达式：“if(S & (1<<j))”的实际含义是“if((S & (1<<j)) != 0)”。

提示 9-19：位运算的优先级往往比较低。如果不确定表达式的计算顺序，应多用括号。

由于大量使用了形如 1<<n 的表达式，此类表达式中，左移运算符“<<”的含义是“把各个位往左移动，右边补 0”。根据二进制运算法则，每次左移一位就相当于乘以 2，因此 a<<b 相当于 $a*2^b$，而在集合表示法中，1<<i 代表单元素集合$\{i\}$。由于 0 表示空集，“S & (1<<j)”不等于 0 就意味着“S 和$\{j\}$的交集不为空”。

上面的方程可以进一步简化。事实上，阶段 i 根本不用保存，它已经隐含在 S 中了——S 中的最大元素就是 i。这样，可直接用 $d(S)$表示“把 S 中的元素两两配对的最小距离和”，则状态转移方程为：

$$d(S)=\min\{|P_iP_j|+d(S-\{i\}-\{j\})\,|\,j\in S,i=\max\{S\}\}$$

状态有 2^n 个，每个状态有 $O(n)$种转移方式，总时间复杂度为 $O(n2^n)$。

提示 9-20：如果用二进制表示子集并进行动态规划，集合中的元素就隐含了阶段信息。例如，可以把集合中的最大元素想象成“阶段”。

值得一提的是，不少用户一直在用这样的状态转移方程：

$$d(S)=\min\{|P_iP_j|+d(S-\{i\}-\{j\})\,|\,i,j\in S\}$$

它和刚才的方程很类似，唯一的不同是：i 和 j 都是需要枚举的。这样做虽然也没错，但每个状态的转移次数高达 $O(n^2)$，总时间复杂度为 $O(n^22^n)$，比刚才的方法慢。这个例子再次说明：即使用相同的状态描述，减少决策也是很重要的。

提示 9-21：即使状态定义相同，过多地考虑不必要的决策仍可能会导致时间复杂度上升。

接下来出现了一个新问题：如何求出 S 中的最大元素呢？用一个循环判断即可。当 S 取遍$\{0, 1, 2,\cdots, n-1\}$的所有子集时，平均判断次数仅为 2（想一想，为什么）。

```
for(int S = 0; S < (1<<n); S++) {
  int i, j;
  d[S] = INF;
  for(i = 0; i < n; i++)
      if(S & (1<<i)) break;
  for(j = i+1; j < n; j++)
      if(S & (1<<j)) d[S] = max(d[S], dist(i, j) + d[S^(1<<i)^(1<<j)]);
}
```

注意，在上述的程序中求出的 i 是 S 中的最小元素，而不是最大元素，但这并不影响答案。另外，j 的枚举只需从 i+1 开始——既然 i 是 S 中的最小元素，则说明其他元素自然均比 i 大。最后需要说明的是 S 的枚举顺序。不难发现：如果 S'是 S 的真子集，则一定有 $S'<S$，因此若以 S 递增的顺序计算，需要用到某个 d 值时，它一定已经计算出来了。

提示 9-22：如果 S'是 S 的真子集，则一定有 $S'<S$。在用递推法实现子集的动态规划时，该规则往往可以确定计算顺序。

货郎担问题（TSP）。有 n 个城市，两两之间均有道路直接相连。给出每两个城市 i 和 j 之间的道路长度 $L_{i,j}$，求一条经过每个城市一次且仅一次，最后回到起点的路线，使得经过的道路总长度最短。$N\leqslant 15$，城市编号为 $0\sim n-1$。

【分析】

TSP 是一道经典的 NPC 难题[1]，不过因为本题规模小，可以用动态规划求解。首先注意到可以直接规定起点和终点为城市 0（想一想，为什么），然后设 $d(i,S)$表示当前在城市

[1] 所谓 NPC，即 NP-完全问题（NP-Complete Problem），是指一类目前还没有找到多项式算法的问题。它的确切定义超出了本书的范围。

i，还需访问集合 S 中的城市各一次后回到城市 0 的最短长度，则

$$d(i,S)=\min\{d(j,S-\{j\})+dist(i,j)\mid j\in S\}$$

边界为 $d(i,\{\})$=dist(0,i)。最终答案是 $d(0,\{1,2,3,\cdots,n-1\})$，时间复杂度为 $O(n^2 2^n)$。

图的色数。图论有一个经典问题是这样的：给一个无向图 G，把图中的结点染成尽量少的颜色，使得相邻结点颜色不同。

【分析】

设 $d(S)$表示把结点集 S 染色，所需要颜色数的最小值，则 $d(S)=d(S-S')+1$，其中 S'是 S 的子集，并且内部没有边（即不存在 S'内的两个结点 u 和 v 使得 u 和 v 相邻）。换句话说，S'是一个“可以染成同一种颜色”的结点集。

首先通过预处理保存每个结点集是否可以染成同一种颜色（即“内部没有边”），则算法的主要时间取决于“高效的枚举一个集合 S 的所有子集”。

如何枚举 S 的子集呢？详见下面的代码（代码中的 S0 就是上面的 S'）：

```
d[0] = 0;
for(int S = 1; S < (1<<n); S++) {
  d[S] = INF;
  for(int S0 = S; S0; S0 = (S0-1)&S)
    if(no_edges_inside[S0]) d[S] = min(d[S], d[S-S0]+1);
}
```

如何分析上述算法的时间复杂度？它等于全集$\{1, 2,\cdots, n\}$的所有子集的“子集个数”之和。如果不好理解，可以令 $c(S)$表示集 S 的子集的个数（它等于 $2^{|S|}$），则本题的时间复杂度为 sum$\{c(S_0)\mid S_0$是$\{1,2,3,\ldots,n\}$的子集$\}$。元素个数相同的集合，其子集个数也相同，可以按照元素个数“合并同类项”。元素个数为 k 的集合有 $C(n,k)$个，其中每个集合有 2^k 个子集，因此本题的时间复杂度为 sum$\{C(n,k)2^k\}=(2+1)^n=3^n$，其中第一个等号用到了第 10 章即将学到的二项式定理（不过是“反着”用的）。

提示 9-23：枚举 1~n 的每个集合 S 的所有子集的总时间复杂度为 $O(3^n)$。

例题 9-15　校长的烦恼（Headmaster's Headache, UVa 10817）

某校有 m 个教师和 n 个求职者，需讲授 s 个课程（$1\leqslant s\leqslant 8$，$1\leqslant m\leqslant 20$，$1\leqslant n\leqslant 100$）。已知每人的工资 c（$10000\leqslant c\leqslant 50000$）和能教的课程集合，要求支付最少的工资使得每门课都至少有两名教师能教。在职教师不能辞退。

【分析】

本题的做法有很多。一种相对容易实现的方法是：用两个集合 $s1$ 表示恰好有一个人教的科目集合，$s2$ 表示至少有两个人教的科目集合，而 $d(i,s1,s2)$表示已经考虑了前 i 个人时的最小花费。注意，把所有人一起从 0 编号，则编号 0~$m-1$ 是在职教师，m~$n+m-1$ 是应聘者。状态转移方程为 $d(i,s1,s2)=\min\{d(i+1, s1', s2')+c[i], d(i+1, s1, s2)\}$，其中第一项表示“聘用”，第二项表示“不聘用”。当 $i\geqslant m$ 时状态转移方程才出现第二项。这里 $s1'$和 $s2'$分别表示“招聘第 i 个人之后 $s1$ 和 $s2$ 的新值”，具体计算方法见代码。

下面代码中的 $st[i]$表示第 i 个人能教的科目集合（注意输入中科目从 1 开始编号，而代

码的其他部分中科目从 0 开始编号，因此输入时要转换一下）。下面的代码用到了一个技巧：记忆化搜索中有一个参数 $s0$，表示没有任何人能教的科目集合。这个参数并不需要记忆（因为有了 $s1$ 和 $s2$ 就能算出 $s0$），仅是为了编程的方便（详见 $s1'$和 $s2'$的计算方式）。最终结果是 dp(0, (1<<s)−1, 0, 0)，因为初始时所有科目都没有人教。

```
int m, n, s, c[maxn], st[maxn], d[maxn][1<<maxs][1<<maxs];

int dp(int i, int s0, int s1, int s2) {
  if(i == m+n) return s2 == (1<<s) - 1 ? 0 : INF;
  int& ans = d[i][s1][s2];
  if(ans >= 0) return ans;
  ans = INF;
  if(i >= m) ans = dp(i+1, s0, s1, s2); //不选
  int m0 = st[i] & s0, m1 = st[i] & s1;
  s0 ^= m0; s1 = (s1 ^ m1) | m0; s2 |= m1;
  ans = min(ans, c[i] + dp(i+1, s0, s1, s2)); //选
  return ans;
}
```

本题还有其他解法，例如，分别用 0，1，2 表示每个科目是没人教、恰好一个人教和至少两个人教，这样就可以用一个三进制数来保存状态，而不是两个集合。不过这样做编程稍微麻烦一些，而且时间效率差不多（在上面的代码中，虽然 d 数组有 4^s 个元素，但因为记忆化的关系，只用到了 3^s 个）。

例题 9-16　20 个问题（Twenty Questions, ACM/ICPC Tokyo 2009, UVa1252）

有 n（n≤128）个物体，m（m≤11）个特征。每个物体用一个 m 位 01 串表示，表示每个特征是具备还是不具备。我在心里想一个物体（一定是这 n 个物体之一），由你来猜。

你每次可以询问一个特征，然后我会告诉你：我心里的物体是否具备这个特征。当你确定答案之后，就把答案告诉我（告知答案不算“询问”）。如果你采用最优策略，最少需要询问几次能保证猜到？

例如，有两个物体：1100 和 0110，只要询问特征 1 或者特征 3，就能保证猜到。

【分析】

为了叙述方便，设“心里想的物体”为 W。首先在读入时把每个物体转化为一个二进制整数。不难发现，同一个特征不需要问两遍，所以可以用一个集合 s 表示已经询问的特征集。在这个集合 s 中，有些特征是 W 所具备的，剩下的特征是 W 不具备的。用集合 a 来表示“已确认物体 W 具备的特征集”，则 a 一定是 s 的子集。

设 $d(s,a)$表示已经问了特征集 s，其中已确认 W 所具备的特征集为 a 时，还需要询问的最小次数。如果下一次提问的对象是特征 k（这就是“决策”），则询问次数为：

$$\max\{d(s+\{k\},a+\{k\}),d(s+\{k\}, a)\}+1$$

考虑所有的 k，取最小值即可。边界条件为：如果只有一个物体满足“具备集合 a 中的所有特征，但不具备集合 s-a 中的所有特征”这一条件，则 $d(s,a)$=0，因为无须进一步询问，

已经可以得到答案。

因为 a 为 s 的子集，所以状态总数为 3^m，时间复杂度为 $O(m*3^m)$。对于每个 s 和 a，可以先把满足该条件的物体个数统计出来，保存在 cnt[s][a]，避免状态转移的时候重复计算。统计 cnt[s][a]的方法是枚举 s 和物体，时间复杂度为 $O(n*2^m)$，所以总时间复杂度为 $O(n*2^m + m*3^m)$。对于本题的规模来说 $O(n*2^m)$可以忽略不计。

例题 9-17　基金管理（Fund Management, ACM/ICPC NEERC 2007, UVa1412）

你有 c（$0.01 \leqslant c \leqslant 10^8$）美元现金，但没有股票。给你 m（$1 \leqslant m \leqslant 100$）天时间和 n（$1 \leqslant n \leqslant 8$）支股票供你买卖，要求最后一天结束后不持有任何股票，且剩余的钱最多。买股票不能赊账，只能用现金买。

已知每只股票每天的价格（0.01~999.99。单位是美元/股）与参数 s_i 和 k_i，表示一手股票是 s_i（$1 \leqslant s_i \leqslant 10^6$）股，且每天持有的手数不能超过 k_i（$1 \leqslant k_i \leqslant k$），其中 k 为每天持有的总手数上限。每天要么不操作，要么选一只股票，买或卖它的一手股票。c 和股价均最多包含两位小数（即美分）。最优解保证不超过 10^9。要求输出每一天的决策（HOLD 表示不变，SELL 表示卖，BUY 表示买）。

【分析】

根据前面的经验，可以用 $d(i,p)$表示经过 i 天之后，资产组合为 p 时的现金的最大值。其中 p 是一个 n 元组，$p_i \leqslant k_i$ 表示第 i 只股票有 p_i 手。根据题目规定，$p_1+\cdots+p_n \leqslant k$。因为 $0 \leqslant p_i \leqslant 8$，理论上最多只有 $9^8<5*10^7$ 种可能，所以可以用一个九进制整数来表示 p。

一共有 3 种决策：HOLD、BUY 和 SELL，分别进行转移即可。注意在考虑购买股票时不要忘记判断当前拥有的现金是否足够。细心的读者可能已经发现：正因为如此，本题并不是一个标准的 DAG 最长/短路问题，因为某些边 u->v 的存在性依赖于起点到 u 的最短路值。也就是说，本题的状态不能像之前的 DAG 问题一样“反着定义”：如果用 $d(i,p)$表示资产组合为 p，从第 i 天开始到最后能拥有的现金的最大值，就没法转移了（想一想，为什么）。

这样的做法虽然不错[①]，但是效率却不够高，因为九进制整数无法直接进行“买卖股票”的操作，需要解码成 n 元组才行。因为几乎每次状态转移都会涉及编码、解码操作，状态转移的时间大幅度提升，最终导致超时。

解决方法是事先计算出所有可能的状态并且编号（还记得第 5 章中的“集合栈计算机”吗？），代码如下：

```
vector<vector<int> > states;
map<vector<int>, int> ID;

void dfs(int stock, vector<int>& lots, int totlot) {
  if(stock == n) {
    ID[lots] = states.size();
    states.push_back(lots);
  }
  else for(int i = 0; i <= k[stock] && totlot + i <= kk; i++) {
```

① 完整实现见代码仓库。

```
    lots[stock] = i;
    dfs(stock+1, lots, totlot + i);
  }
}
```

然后构造一个状态转移表，用 buy_next[s][i]和 sell_next[s][i]分别表示状态 s 进行“买股票 i”和“卖股票 i”之后转移到的状态编号，代码如下：

```
int buy_next[maxstate][maxn], sell_next[maxstate][maxn];

void init() {
  vector<int> lots(n);
  states.clear();
  ID.clear();
  dfs(0, lots, 0);
  for(int s = 0; s < states.size(); s++) {
    int totlot = 0;
    for(int i = 0; i < n; i++) totlot += states[s][i];
    for(int i = 0; i < n; i++) {
      buy_next[s][i] = sell_next[s][i] = -1;
      if(states[s][i] < k[i] && totlot < kk) {
        vector<int> newstate = states[s];
        newstate[i]++;
        buy_next[s][i] = ID[newstate];
      }
      if(states[s][i] > 0) {
        vector<int> newstate = states[s];
        newstate[i]--;
        sell_next[s][i] = ID[newstate];
      }
    }
  }
}
```

动态规划主程序采用刷表法（读者也可以试着改成倒推的填表法），为了方便起见，另外编写了“更新状态”的函数 update，读者可以自行体会它的好处。为了打印解，在更新解 d 时还要更新最优策略 opt 和“上一个状态”prev。注意下面的 price[i][day]表示第 day 天时一手股票 i 的价格，而不是输入中的“每股价格”。

```
double d[maxm][maxstate];
int opt[maxm][maxstate], prev[maxm][maxstate];

void update(int day, int s, int s2, double v, int o) {
  if(v > d[day+1][s2]) {
```

```
    d[day+1][s2] = v;
    opt[day+1][s2] = o;
    prev[day+1][s2] = s;
  }
}

double dp() {
  for(int day = 0; day <= m; day++)
    for(int s = 0; s < states.size(); s++) d[day][s] = -INF;
  d[0][0] = c;
  for(int day = 0; day < m; day++)
    for(int s = 0; s < states.size(); s++) {
      double v = d[day][s];
      if(v < -1) continue;
      update(day, s, s, v, 0); //HOLD
      for(int i = 0; i < n; i++) {
        if(buy_next[s][i] >= 0 && v >= price[i][day] - 1e-3)
          update(day, s, buy_next[s][i], v - price[i][day], i+1); //BUY
        if(sell_next[s][i] >= 0)
          update(day, s, sell_next[s][i], v + price[i][day], -i-1); //SELL
      }
    }
  return d[m][0];
}
```

最后是打印解的部分。因为状态从前到后定义，因此打印解时需要从后到前打印，用递归比较方便。

```
void print_ans(int day, int s) {
  if(day == 0) return;
  print_ans(day-1, prev[day][s]);
  if(opt[day][s] == 0) printf("HOLD\n");
  else if(opt[day][s] > 0) printf("BUY %s\n", name[opt[day][s]-1]);
  else printf("SELL %s\n", name[-opt[day][s]-1]);
}
```

9.5 竞赛题目选讲

例题 9-18 跳舞机（Tango Tango Insurrection, UVa 10618）

你想学着玩跳舞机。跳舞机的踏板上有 4 个箭头：上、下、下、右。当舞曲开始时，屏幕上会有一些箭头往上移动。当向上移动箭头与顶部的箭头模板重合时，你需要用脚踩

一下踏板上的相同箭头。不需要踩箭头时，踩箭头并不会受到惩罚，但当需要踩箭头时，必须踩一下，哪怕已经有一只脚放在了该箭头上。很多舞曲的速度快，需要来回倒腾步子，所以最好写一个程序来帮助你选择一个轻松的踩踏方式，使得能量消耗最少。

为了简单起见，将一个八分音符作为一个基本时间单位，每个时间单位要么需要踩一个箭头（不会同时需要踩两个箭头），要么什么都不需要踩。在任意时刻，你的左右脚应放在不同的两个箭头上，且每个时间单位内只有一只脚能动（移动和/或踩箭头），不能跳跃。另外，你必须面朝前方以看到屏幕（即：你不能把左脚放到右箭头上，并且右脚放到左箭头上）。

当你执行一个动作（移动和/或踩）时，消耗的能量这样计算：

- 如果这只脚上个时间单位没有任何动作，消耗 1 单位能量。
- 如果这只脚上个时间单位没有移动，消耗 3 单位能量。
- 如果这只脚上个时间单位移动到相邻箭头，消耗 5 单位能量。
- 如果这只脚上个时间单位移动到相对箭头（上到下，或者左到右），消耗 7 单位能量。

正常情况下，你的左脚不能放到右箭头上（或者反之），但有一种情况例外：如果你的左脚在上箭头或者下箭头，你可以临时扭着身子用右脚踩左箭头，但是在你的右脚移出左箭头之前，你的左脚都不能移到另一个箭头上。类似地，右脚在上箭头或者下箭头时，你也可以临时用左脚踩右箭头。一开始，你的左脚在左箭头上，右脚在右箭头上。

输入包含最多 100 组数据，每组数据包含一个长度不超过 70 的字符串，即各个时间单位需要踩的箭头。L 和 R 分别表示左右箭头，“.”表示不需要踩箭头。输出应是一个长度和输入相同的字符串，表示每个时间单位执行动作的脚。L 和 R 分别是左右脚，“.”表示不踩。比如，.RDLU 的最优解是 RLRLR，第一次是把右脚放在下箭头上。

【分析】

虽然本题的条件比较杂乱，但总的来说不难发现：可以按“箭头”划分阶段，再记录一下左右脚的位置以及上次左脚有没有踩，就可以顺利地动态规划了。

具体来说，用 $d(i,a,b,s)$表示已经踩了 i 个箭头（$i \geqslant 0$），左右脚分别在箭头 a 和 b 上，且上一个周期移动的脚的集合为 s（s=0 表示没有脚移动，s=1 表示左脚移动，s=2 表示右脚移动），则最终答案为 $d(0,1,2,0)$。4 个箭头的编号为 0-上，1-左，2-右，3-下。

如果下一步是“.”，有 3 种决策：左脚移动到另一个箭头；右脚移动到另一个箭头；不动。注意，虽然这次移动什么箭头都不会踩到，但还是要输出移动的脚。

如果下一步是 4 个箭头之一，有两种决策：左脚移动到该箭头；右脚移动到该箭头。注意不要枚举不符合题目要求的移动方式。

例题 9-19　团队分组（Team them up!, ACM/ICPC NEERC 2001, UVa1627）

有 n（$n \leqslant 100$）个人，把他们分成非空的两组，使得每个人都被分到一组，且同组中的人相互认识。要求两组的成员人数尽量接近。多解时输出任意方案，无解时输出 No Solution。

例如，1 认识 2, 3, 5；2 认识 1, 3, 4, 5；3 认识 1, 2, 5，4 认识 1, 2, 3，5 认识 1, 2, 3, 4（注意 4 认识 1 但 1 不认识 4），则可以分两组：{1,3,5}和{2,4}。

【分析】

设两个组的编号为 0 和 1。因为同组中的人相互认识，所以如果有两个人 a 和 b 不是相互认识，那么 a 和 b 只能分到两个不同的组。这样，如果已知某个人是第 0 组，那么不认识它的所有人都应该是第1组。而不认识这些人的所有人都应该是0组，依此类推。这样，如果把“不相互认识”关系看成一个图，则每个连通分量都可以独立推导（推导过程中可能遇到矛盾，此时原问题无解）。例如，上面的样例对应图9-16（注意a认识b，但b不认识a，也应该连一条边）。

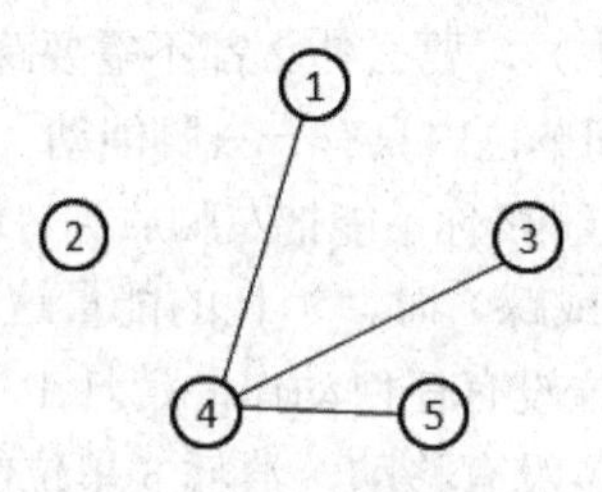

图9-16　团队分组样例示意图

对于连通分量{1,3,4,5}，假设1在组0，可以推导出3,4,5都在组1；反过来，如果1在组1，可以推导出3,4,5都在组0。设组0比组1的人数多d个，可以总结出如表9-1所示。

表9-1　组0和组1人数分布

	情况1	情况2
连通分量1	组0：{2}；组1：{} (d加1)	组0：{}；组1：{2}（d减1）
连通分量2	组0：{4}；组1：{1,3,5}（d减2）	组0：{1,3,5}；组1：{4}（d加2）

可以看到，每个连通分量的两种情况分别对应于d加一个值或者减一个值，最终目标是d的绝对值尽量少。想到了什么？没错！是0-1背包问题，只是没有“体积”，而“重量”有正有负，最后也不是要“重量”最大，而是最接近0。

例题9-20　装满水的气球（Dropping water balloons, UVa 10934）

一年一度的新生周活动开始了，你们做好了大量的装满水的气球，准备拿来恶搞那些可怜的新生。活动开始之前，你们突然发现一个问题：这些气球实在是太硬了，很难把它们打破（如果打不破，它们就没有任何意义了）。甚至从好几层高的楼顶上把它们扔到地面，也打不破。你的任务是借助一个n层的高楼确定气球的硬度（所有气球硬度相同）。

实验过程是这样的：每次你拿着一个气球爬到第f层楼，将它摔到地面。如果气球破了，说明它的硬度不超过f；如果没破，说明硬度至少为f。注意，气球不会被实验所“磨损”。换句话说，如果在某层楼上往下摔，气球没破，那么在同一层楼不管再摔多少次它也不会破。

给你k个气球用来实验（可以打破它们）。你的任务是求出至少需要多少次实验，才能确定气球的硬度（或者得出结论：站在最高层也摔不破）。

输入每行包含两个整数k, n（$1 \leqslant k \leqslant 100$，$1 \leqslant n < 2^{64}$），输出最少需要的实验次数。如果63次不够，输出“More than 63 trials needed”。

【分析】

用状态$d(i,j)$表示用i个球实验j次所能测试的楼的最高层数。根据动态规划的常见思路，我们考虑第一次决策，设测试楼层为k。

如果气球破了，说明前$k-1$层必须能用$i-1$个球实验$j-1$次测出来，也就是说，取$k=d(i-1,j-1)+1$是最优的。

如果气球没有破，则相当于把第 k+1 层楼看作 1 楼以后继续。因此在第 k 层楼之上还可以测 $d(i,j-1)$层楼，即 $d(i,j) = k+d(i,j-1) = d(i-1,j-1) + 1 + d(i,j-1)$。

例题 9-21　修缮长城（Fixing the Great Wall, ACM/ICPC CERC 2004, UVa1336）

长城被看作一条直线段，有 n（$1 \leqslant n \leqslant 1000$）个损坏点需要用机器人 GWARR 修缮。可以用三元组(x_i,c_i,d_i)描述第 i 个损坏点的参数，其中 x_i 是位置，c_i 是立刻修缮（即时刻=0 时开始修缮）的费用，d_i 是单位时间增加的修缮费用。换句话说，如果在时刻 t_i 开始修缮第 i 个损坏点，费用为 $c_i+t_id_i$。上述参数满足 $1 \leqslant x_i \leqslant 500000$，$0 \leqslant c_i \leqslant 50000$，$1 \leqslant d_i \leqslant 50000$。

修缮的时间忽略不计，GWARR 的速度恒定为 v（$1 \leqslant v \leqslant 100$），因此从修缮点 i 走到修缮点 j 需要$|x_i-x_j|/v$ 单位的时间。初始坐标为 x（$1 \leqslant x \leqslant 500000$）。输入保证损坏点的位置各不相同，且 GWARR 的初始位置不与任何一个损坏点重合。

你的任务是找到修缮所有点的最小费用（用截尾法保留整数部分）。输入保证最小费用不超过 10^9。

【分析】

首先将所有修缮点按照坐标从小到大排序，不难发现在任意时候，已修复的点一定是一个连续的区间，因此可以考虑用 $d(i,j,k)$表示修复完(i,j)，且当前位置为 k（k=0 表示在左端点 i，k=1 表示在右端点 j）时已经发生的总费用。

但是这样会带来一个问题：今后的费用无法计算，因为不知道当前时间。不过没关系，谁说必须当费用发生以后才能计算？可以事先把还没有发生但是肯定会发生的费用累加到答案中，然后“时钟归零”。事实上，在前面已经用过一次这种技巧了，那就是例题“颜色的长度”。

设 $d(i,j,k)$表示修复完(i,j)，且当前位置为 k（含义同上）时，已经发生的总费用与所有“肯定会发生的未来费用”之和，使用刷表法，则一共只有两个决策。

决策 1：往左走，修理点 $i-1$，转移到 $d(i-1,j,0)$。假设当前点为 p（k=0 时 $p=i$，否则 $p=j$），则到达点 $i-1$ 的时间为 $t=|X_{i-1}-X_p|/v$。在这段时间里，所有未修理点（即点 $1\sim i-1$ 和 $j+1\sim n$）的费用都增加了 t，需要把这些点的总费用(sum_$d(1,i-1)$+sum_$d(j+1,n)$)*t 累加到状态值中，然后点 $i-1$ 的修理费用就只有 c_{i-1} 了。即用 $d(i,j,k)$+(sum_$d(1,i-1)$+sum_$d(j+1,n)$)*t+c_{i-1} 来更新 $d(i-1,j,0)$。其中 sum_$d(i,j)$表示点 $i\sim j$ 的所有 d 值之和。

决策 2：往右走，修理点 j+1，转移到 $d(i,j+1,1)$。和决策 1 很类似，方程略。

状态有 $O(n^2)$个，每个状态只有两个决策，因此时间复杂度为 $O(n^2)$。

例题 9-22　越大越好（Bigger is Better, ACM/ICPC Xi'an 2006, UVa12105）

你的任务是用不超过 n（$n \leqslant 100$）根火柴摆一个尽量大的，能被 m（$m \leqslant 3000$）整除的正整数。例如，n=6 和 m=3，解为 666。无解输出-1，如图 9-17 所示。

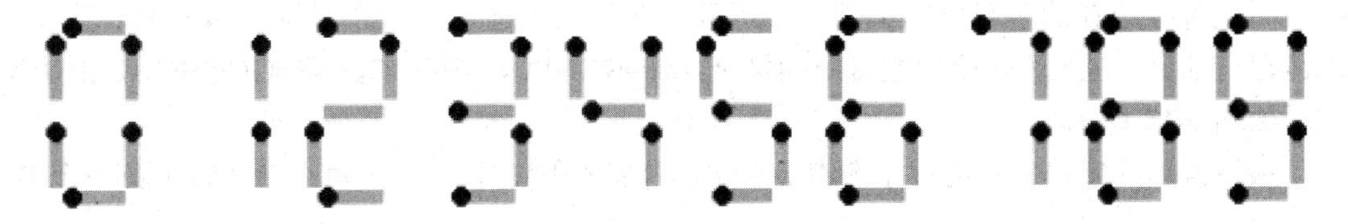

图 9-17　火柴数字

【分析】

一般来说，整数是从左往右一位一位写的，因此不难想到这样的动态规划算法：用 $d(i,j)$ 表示用 i 根火柴能拼出的“除以 m 余数为 j”的最大数，然后用刷表法，枚举在最右边添加的数字 k，用 $d(i,j)*10+k$ 更新 $d(i+c(k), (j*10+k)\%m)$，其中 $c(k)$表示数字 k 需要的火柴数。状态有 $O(nm)$个，每个状态只有“在右边添加数字 0~9”这 10 个决策，看上去不错。可惜这个算法有个缺点：状态值是高精度整数，因此实际计算量比较大。

还有一个算法，虽然有些难想，但是效率很高：用 $d(i,j)$表示拼出一个“除以 m 余数为 j 的 i 位数”至少需要多少火柴（若无解，$d(i,j)$为正无穷）。状态转移方程和上面类似，留给读者思考。因为此处只关心位数，这个算法并不涉及高精度整数。

如何根据 $d(i,j)$计算出题目要求的答案呢？首先确定最大的位数 w（即让 $d(i,0)$不是正无穷的最大 i），因为位数越大，整数就越大（不允许有前导 0，因为不划算）。接下来从左到右依次确定各个数字。

例如，假定 m=7，并且已经确定最大的整数是 3 位数。首先试着让最高位为 9。如果可以摆出形如 9ab 的整数，它一定是最大的。是否可以摆出 9ab 呢？因为 900 除以 7 的余数为 4，后两位"ab"除以 7 的余数应为 3。如果 $d(2,3)+c(9)\leqslant n$，说明火柴足够摆出 9ab，否则说明最高位不能是 9。重复这个过程，直到所有数字都被确定为止。这个过程需要快速算出形如 x000…的整数除以 m 的余数，可以通过一个预处理完成，留给读者思考[①]。

例题 9-23　有趣的游戏（Fun Game, ACM/ICPC Beijing 2004, UVa1204）

一些小孩（至少有两个）围成一圈做游戏。每一轮从某个小孩开始往他左边或右边传手帕。一个小孩拿到手帕后（包括第一个小孩）在手帕上写下自己的性别，男孩写 B，女孩写 G，然后按相同方向传给下一个小孩，每一轮可能在任何一个小孩写完后停止。现在游戏已经进行了 n 轮，已知 n 轮中每轮手帕上留下的字，求最少可能有几个小孩。$2\leqslant n\leqslant 16$。每轮手帕上的字数不超过 100。

例如，若 3 轮的手帕上分别留下 BGGB，BGBGG，GGGBGB，则至少有 9 个小孩。一种可能性是 GGGBGBGGB。

【分析】

首先可以看出，如果有一个字符串完全包含于其他某个字符串，那么这个字符串将对结果没有影响，所以先预处理去掉这些字符串。后面将看到这会给动态规划带来方便。

在解决原题之前，先看一个简化版：小孩排成一行（而不是一圈），且传递手帕总是从左到右的。那么问题就等价于：找一个最短的字符串，使得输入的 n 个字符串都是它的连续子串。

可以把这个问题转化为一个多阶段决策过程：每次选择一个字符串“粘”在当前最后一个字符串的“尾巴”上（重叠部分必须相等）。因为之前已经排除了“相互包含”的情况，所以每次选择的字符串的头部一定可以“粘”在当前最后一个字符串的内部，并且可以露出一部分“尾巴”。例如题目中的例子，s1=BGGB, s2=BGBGG, s3=GGGBGB，则决策过程如图 9-18 所示。

最终得到的字符串长度等于所有 n 个字符串的长度之和，减去每个串（除了第一个串）

[①]其实还有一个更简单的做法，既不需要高精度，也不需要“反着想”，参见代码仓库。

与前一个串的最大重叠长度。对于上面的例子，s1, s2, s3 的长度之和为 15，s2 和 s3 的最大重叠长度为 3，s1 和 s2 的最大重叠长度为 3，因此最终得到的字符串长度为 15–3–3=9。注意上述“最大重叠长度”不是对称的，例如，若 s2 在右边，s2 和 s3 可以重叠 3 个字符，但如果 s2 在左边，则只能重叠 2 个字符。

这个过程启发我们使用动态规划。用 $d(i,j)$来表示已经选过的字符串集合为 i，最后一个串为 j 时，可以减去的重叠部分总长。如图 9-19 所示，假设已经选择了字符串 1, 6, 4，其中最后一个字符串为 4，即状态 d({1,4,6}, 4)。假设接下来选择字符串 3，并且已经得到了 3 粘在 4 尾巴上时的最大重叠长度为 5，则可以用 d({1,4,6},4)+5 来更新 d({1,3,4,6},3)。

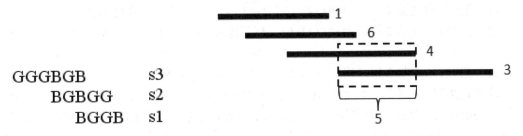

图 9-18　决策过程　　图 9-19　已选字符串 1,6,4 的情况

现在已经解决了简化版问题，原题只有两点不同：

（1）原题中，手帕有两种不同的方向，因此选择每个串之后，还要确定是把它直接粘上呢，还是反过来粘，因此状态 $d(i,j)$中的 j 有 $2n$ 种可能，每次的决策也变成 $2n$ 个，时间复杂度不变，只是常数略有增加。

（2）原题中，所有小孩组成一个圈，因此需要考虑如何把链变成圈。一种方法是在状态中增加一维，用来记录第一个串是哪个，这样就可以在最后一次决策时计算最后一个串和第一个串的公共部分。这样做并没有错，但是因为状态多了一维，时间复杂度也将变大。其实，不需要给状态增加一维，而只需规定第一个串的正向串放在最前面，在动态规划结束之后检查所有 i 为全集的状态，考虑第一个串和最后一个串的重叠部分即可，细节请参考代码仓库。另外还有一个地方要注意：输入字符串不一定是圈的一部分，它可能绕了好几圈（想一想，上述算法是否能正确处理这种情况）。本题还有一个小陷阱：题目明确说明至少有两个小孩，所以如果算出的结果为 1，应输出 2。

这样，即把简化版问题的解扩展成了原题的解法，时间复杂度仍是 $O(n^2*2^n)$。

例题 9-24　书架（Bookcase, ACM/ICPC NWERC 2006, UVa12099）

有 n（$3\leqslant n\leqslant 70$）本书，每本书有一个高度 H_i 和宽度 W_i（$150\leqslant H_i\leqslant 300$，$5\leqslant W_i\leqslant 30$）。现在要构建一个三层的书架，你可以选择将 n 本书放在书架的哪一层。设三层高度（该层书的最大高度）之和为 h，书架总宽度（即每层总宽度的最大值）为 w，则要求 $h*w$ 尽量小。

【分析】

如果所有书的高度都相等，本题就是“分成 3 个子集，使得元素和的最大值尽量小”，而这是 0-1 背包类型的问题。这提示我们需要把宽度写到状态里。

首先将所有的书按照高度从大到小排序。不妨设高度最大的书安排在第 1 层，且第 2 层的高度大于等于第 3 层的高度，然后设状态 $d(i,j,k)$表示安排完前 i 本书，第 2 层书的宽度之和为j，第3层书的宽度之和为k时，第2层高度和第3层高度和的最小值。

为什么不记录第1层的高度？因为最高的书在第1层，意味着这一层永远都不会比它更高了；为什么不记录第1层的宽度？因为目前3层的总宽度等于前i本书的总宽度，只要知道了第2、3层的宽度，就能算出第1层的宽度。另外，因为这些书已经按照高度从大到小排序了，一旦3层都放了书，3层的高度都不会变了，因此：

- 如果只有前两层放了书，当且仅当往第3层放书i时，第3层高度会从0变到H_i。
- 如果只有第1层放了书，当且仅当往第2层放书i时，第2层高度会从0变到H_i。

用刷表法，每个状态$d(i,j,k)$有3种方式更新其他状态：

- 把书i放在第1层，用$d(i,j,k)$更新$d(i+1,j,k)$，因为第1层高度不变。
- 把书i放在第2层，用$d(i,j,k)+f(j, H_i)$更新$d(i+1,j+W_i,k)$，其中$f(0, h)=h$，其他f值为0。
- 把书i放在第3层，用$d(i,j,k)+f(k, H_i)$更新$d(i+1,j,k+W_i)$，f函数的定义同上。

这个算法看上去不错，但是仔细一算，状态总数为70 * 2100 * 2100，太大了——就算作用时间能接受，所占用的空间也无法接受，因此无法使用记忆化搜索，而只能用递推，配合滚动数组（由于是0-1背包式的递推，i那一维可以完全省略）。

如何优化呢？出乎大多数选手的意料[①]，本题的"标准优化"并没有降低理论时间复杂度，只是让程序的实际运行效率高了很多。优化有两种：

- $j+k$不应该超过前i本书的宽度之和，因此有用的状态比70*2100*2100少得多。
- 假设第i层书的总宽度为ww_i，如果$ww_2>ww_1+30$（30是一本书的宽度上限），那么可以把第2层的一本书放到第1层来，则前两层高度之和不会变大，书架宽度（即两层总宽度的最大值）也不会变大。因此，只需要计算满足$ww_2 \leqslant ww_1+30$且$ww_3 \leqslant ww_2+30$的状态，因此$j \leqslant (2100+30)/2 = 1065$，$k \leqslant (2100+60)/3 = 720$。

强烈建议读者实现优化前后的两个版本，比较二者的效果。

例题9-25 轻松爬山（Easy Climb, NWERC 2008, UVa12170）

输入正整数d和n个正整数$h_1, h_2,\cdots, h_n$，可以修改除了h_1和h_n的其他数，要求修改后相邻两个数之差的绝对值不超过d，且修改费用最小。设h_i修改之后的值为h'_i，则修改费用为$|h_1-h'_1|+|h_2-h'_2|+\cdots+|h_n-h'_n|$。无解输出−1。$N \leqslant 100$，$d \leqslant 10^9$。

【分析】

本题是一个多阶段决策过程：依次确定每个h_i修改成什么数。可惜d的范围太大，如果用$f(i, x)$表示已经修改i个数，其中第i个数改成x时还需要的最小费用，则状态总数高达$O(nd)$。

为了更好地分析问题，先来看看简化版：n=3时，只有h_2是可以修改的，而且修改之后必须同时在$[h_1-d, h_1+d]$和$[h_3-d, h_3+d]$内，即$[\max(h_1,h_3)-d, \min(h_1,h_3)+d]$。如果这个区间是空的，说明无解；否则$h_2$要么不变，要么改成$\max(h_1,h_3)-d$或者$\min(h_1,h_3)+d$。

这个例子至少说明了：修改后的值并不是随便选的，至少在n=3时，修改后的值只有3种选择：h_2, $\max(h_1,h_3)-d$和$\min(h_1,h_3)+d$。

---

① 本题的解法看上去比较常规，但是在NWERC这样较高水平的比赛中，却没有队伍做出来。

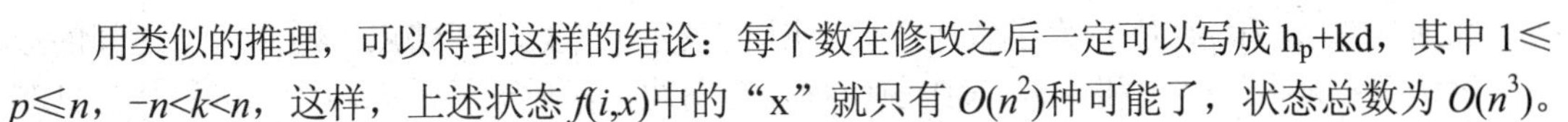

用类似的推理，可以得到这样的结论：每个数在修改之后一定可以写成 h_p+kd，其中 1≤p≤n，$-n<k<n$，这样，上述状态 $f(i,x)$中的“x”就只有 $O(n^2)$种可能了，状态总数为 $O(n^3)$。

不难写出状态转移方程：$f(i,x) = |h_i-x|+\min\{f(i-1, y) \mid x-d \leqslant y \leqslant x+d\}$。如果按照 x 从小到大的顺序计算，满足 $x-d \leqslant y \leqslant x+d$ 的 $f(i-1, y)$就是 i-1 阶段状态值序列的一个滑动窗口。使用前面介绍过的单调队列，可以在平摊 $O(1)$的时间复杂度内计算出 $f(i,x)$，因此本题的总时间复杂度为 $O(n^3)$。

例题 9-26　一个调度问题（A Scheduling Problem, ACM/ICPC Kaoshiung 2006, UVa1380）

有 n（n≤200）个恰好需要一天完成的任务，要求用最少的时间完成所有任务。任务可以并行完成，但必须满足一些约束。约束分有向和无向两种，其中 A→B 表示 A 必须在 B 之前完成，A-B 表示 A 和 B 不能在同一天完成。输入保证约束图是将一棵 n（n≤200）个结点的树的某些边定向后得到的。例如，图 9-20 表示 1 和 2 不能在同一天完成，1 必须在 3 之前，3 必须在 5 之前，2 必须在 4 之前，4 必须在 6 之前。

可以使用如下定理：忽略无向边之后，设图上的最长链（即包含点数最多的路径）包含 k 个点，则答案为 k 或者 k+1。对于上面的例子，忽略无向边后的最长链是 2->4->6，包含 3 个结点。

【分析】

如果树中所有边都为有向边，那么答案就是最长链上的点数：先将度为 0 的点全部安排在第一天，将这些点删去，然后将新的度为 0 的点安排在第二天，这样就可以在 k 天内安排完。这样，原问题转化为：将树中的所有无向边定向，使得树中的最长链最短。

根据题目中的定理，设原图中有向边组成的最长链上有 k 个点，那么最终的答案不是 k 就是 k+1，接下来只需要判断是否可以通过无向边定向使得最长链的点数为 k。即使没有题目中的那个定理，也可以二分答案 x，然后判断是否能让最长链的点数不超过 x。不管是哪种情况，问题的关键就是：**给定一个 x，判断是否可以给无向边定向，使得最长链点数不超过 x。**

设 $f(i)$表示以 i 为根的子树内的边全部定向后，最长链点数不超过 x 的前提下，形如“后代到 i”（如图 9-21 中的 u'->u->i）的最长链的最小值，同理可以定义 $g(i)$表示形如“i 到后代”（如图 9-21 中的 i->v->v'）的最长链的最小值。达不到的状态（即“最长链点数不超过 x”这个前提无法满足）定义为正无穷。

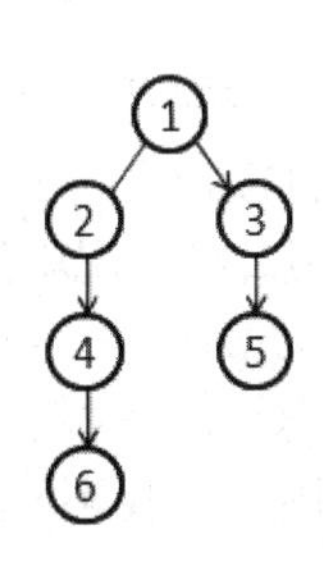

图 9-20　调度问题示意图

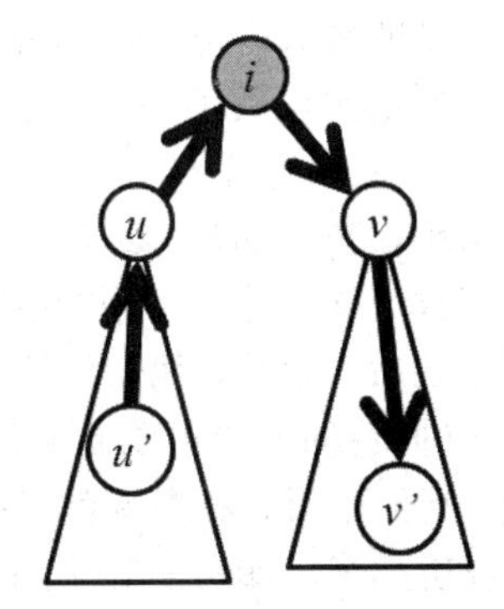

图 9-21　最长链

如何计算$f(i)$和$g(i)$呢？为了叙述方便，用w表示i的某个子结点，则w和i之间的边有3种情况：w->i，i->w和i-w，其中前两种是有向边，最后一种是无向边。按照从易到难的顺序，分两种情况讨论。

情况1：如果i与w的所有边都是有向边，直接计算即可。令$f'(i)$等于形如w->i的w的$f(w)$的最大值加1，$g'(i)$等于形如i->w的w的$g(w)$的最大值加1，则以i为根的子树内，经过i的最长链点数等于$f'(i)+g'(i)$。如果这个值大于x，则$f(i)$和$g(i)$为正无穷，否则$f(i)=f'(i)$，$g(i)=g'(i)$。

情况2：如果i与某些w之间存在无向边，则需要确定每条i-w定向成w->i还是i->w。由于定向完成之后，仍需要按照情况1的方法计算，所以问题的关键是分析“定向”操作会如何影响$f'(i)$和$g'(i)$。

求$f(i)$时，目标是$f'(i)+g'(i)\leqslant x$的前提下$f'(i)$最小。首先把所有没定向的$f(w)$从小到大排序。假定把f值第p小的w定向为w->i，那么最好“顺便”把前p小的全部变成w->i的，因为这样做不会让$f'(i)$变大，但有可能让$g'(i)$变小，百利而无一害。所以只需要枚举p，把f值前p小的w都定向为w->i，其他定向为i->w，然后计算$f(i)$。用相同的方法可以计算$g(i)$。最后判断根结点的f值是否无穷大即可。

值得一提的是：因为本题规模较小，还有一个更为简单的动态规划算法，不用关心有向链，而是直接设状态表示$d(i,j)$能否给根节点为i的子树安排时间，使得根节点i恰好在第j天完成，状态转移方程留给读者思考。

例题9-27　方块消除（Blocks, UVa10559）

有n（$n\leqslant 200$）个带颜色方格排成一列，相同颜色的方块连成一个区域。游戏时，可以任选一个区域消去。设这个区域包含的方块数为x，则将得到x^2个分值，然后右边所有方块就会向左移一格。如图9-22所示是一个游戏局面和最优消除方式。

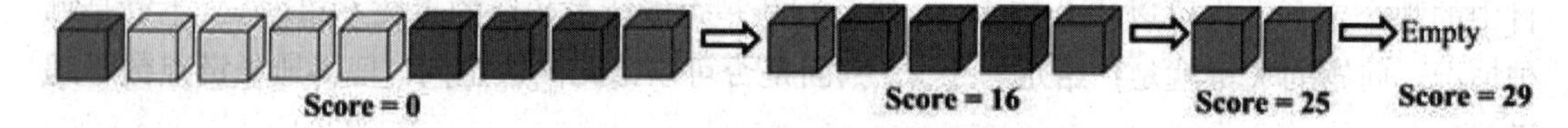

图9-22　游戏局面和最优消除方式

你的任务是求出最高可能的得分。

【分析】

为了叙述方便，设左数第i个方块的颜色为$A[i]$。按照线性结构动态规划的常见思路，设$d(i,j)$表示子序列i~j的最大得分，但是似乎无法用$d(i,k)$和$d(k,j)$来计算$d(i,j)$，因为可能i~k和k~j各剩下一些，拼起来以后消除。如XAXBXCXDXEX，实际上是把A和E全部单个消除以后再消除X的。怎么办呢？

在最优矩阵链乘中，枚举的是“最后一次乘法”的位置。本题是不是也可以枚举“最后一个方块什么时候消掉”呢？这个问题的答案有两种可能：直接把它所在的一段消掉；把它和左边的某段拼起来以后一起消。第一种情况容易处理，但第二种情况就没那么简单了。

具体来说，设与j同色的方块可以向左延伸到p（即$A[p]=A[p+1]=\cdots=A[j]$），且$A[q]=A[j]$，$A[q]$不等于$A[q+1]$，则上述第二种情况就是指先把$q+1$~$p-1$这一段消掉，把p~j这一段和以q为右端点的那一段拼起来，如图9-23所示。注意i~j全部同色时找不到这样的q，但此时可以直接计算出结果。下面忽略这种情况。

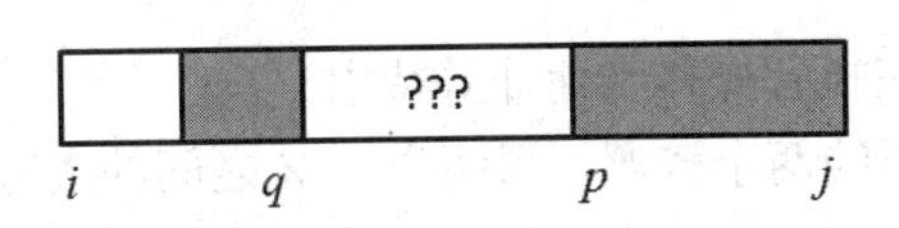

图 9-23　消掉与拼接方块

不过，把这两段拼起来以后仍然不一定立刻消除，还可能要和更左边的另一段拼起来……是不是很复杂？但有一点是可以肯定的，那就是 $q+1$~$p-1$ 这一段肯定可以先消掉（拖到后面再消也得不到什么好处）。那么现在就把它消掉（得分是 $d(q+1,p-1)$），得到一个“子序列 i~q 的右边再拼上 $j-p+1$ 个与 $A[q]$同色的方块”的奇怪状态，如图 9-24 所示。

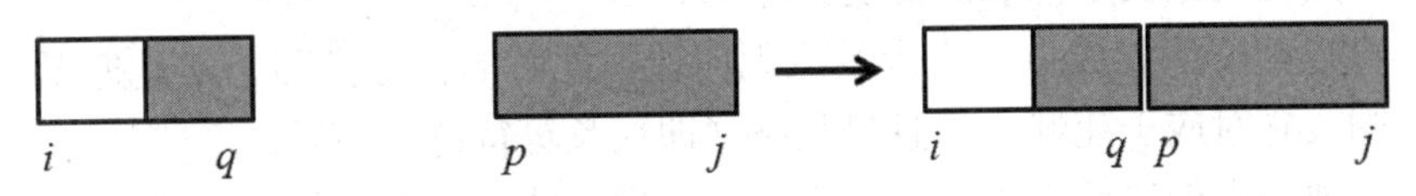

图 9-24　消掉后的奇怪状态

由此可知，在状态中增加一维，来表达“右边拼上一些方块”，即用 $d(i,j,k)$表示“原序列中的方块 i~j 右边再拼上 k 个颜色等于 $A[j]$的方块所得到的新序列”的最大得分，则决策有两种。

决策 1：直接消去方块 j，转移到 $d(i,p-1,0)+(j-p+k+1)^2$。

决策 2：枚举 $q<p$ 使得 $A[q]=A[j]$且 $A[q]$不等于 $A[q+1]$，转移到 $d(q+1,p-1,0)+d(i,q,j-p+k+1)$。

状态有 $O(n^3)$个，决策有 $O(n)$个，时间复杂度为 $O(n^4)$。如果采用记忆化搜索，很多状态都达不到，而且 q 的取值范围往往很小，所以对于大部分数据，这个算法的的运行效率都很高。

例题 9-28　独占访问 2（Exclusive Access 2, ACM/ICPC NEERC 2009, UVa1439）

在一个庞大的系统里运行着 n（$1 \leqslant n \leqslant 100$）个守护进程。每个进程恰好用到两个资源。这些资源不支持并发访问，所以这些进程通过锁来保证互斥访问。每个进程的主循环如下：

```
loop forever
  DoSomeNonCriticalWork()
  P.lock()
  Q.lock()
  WorkWithResourcesPandQ()
  Q.unlock()
  P.unlock()
end loop
```

注意，P 和 Q 的顺序是至关重要的。如果某进程用到了消息队列和数据库，“先获取数据库的锁”与“先获取消息队列的锁”可能会产生截然不同的效果。给定每个进程所需要的两种资源，你的任务是确定每个进程获取锁的顺序，使得进程永远不会死锁，且最坏情况下，等待链的最大长度最短。

在本题中，一个长度为 n 的等待链是一个不同资源和不同进程的交替序列：$R_0\ c_0\ R_1\ c_1 \cdots R_n\ c_n\ R_{n+1}$，其中进程 c_i 已经获取 R_i 的锁，正在等待 R_{i+1} 的锁。当 $R_0=R_{n+1}$ 时死锁，否则说明

已获取 R_{n+1} 的锁的进程正在执行操作（而非等待中）。

输入 n 和每个进程需要的两个资源，用两个 L~Z 之间的大写字符表示（因此一共有 15 种资源）。输出包含两行，第一行为最坏情况下等待链的最大长度 m，以下 n 行每行输出两个字符，表示该进程获取锁的顺序（先获取第一个字符对应资源的锁）。

【分析】

本题初看起来毫无头绪，甚至连数学模型都难以建立。注意，每个进程恰好需要两个资源，而等待链的定义是资源和进程的交替序列，可以联想到图论中的概念：每条边恰好连接两个点，路径的定义是点和边的交替序列。

因此，可以把资源看成点，进程看成无向边，此时的任务实际上就是把无向边定向，使得不存在圈（它对应于死锁），且最长路（即最长等待链）最短。

接下来需要一点创造性思维：把结点分成 p 层，从左到右编号为 0, 1, 2,…，使得同层结点之间没有边。对于任意一条边 u-v，把它定向成“从层编号小的点指向层编号大的点”。例如，若 u 在第 5 层，v 在第 2 层，则定向为 v->u。定向之后的有向图肯定没有圈，且最长路包含的点数不超过 p（想一想，为什么），所以直观上，p 应该是越小越好。

事实上，可以证明[①]当 p 取最小值时，最长路恰好包含 p 个结点，而且这个结果是所有定向方案中最优的。这样，就成功地把问题转化为了“结点分层”问题，而这个“结点分层”问题实际上就是之前学过的色数问题：把图中的结点染成尽量少的颜色，使得相邻结点颜色不同。套用前面学过的动态规划算法，在 $O(3^k)$时间内即解决了问题，其中 $k \leqslant 15$，为资源的最大数目。

本题是关于“建模与问题转换”的一道经典问题，请读者仔细体会。

例题 9-29　整数传输（Integer Transmission, ACM/ICPC Beijing 2007, UVa1228）

你要在一个仿真网络中传输一个 n 比特的非负整数 k。各比特从左到右传输，第 i 个比特的发送时刻为 i。每个比特的网络延迟总是为 0~d 之间的实数（因此从左到右第 i 个比特的到达时刻为 i~$i+d$ 之间）。若同时有多个比特到达，实际收到的顺序任意。求实际收到的整数有多少种，以及它们的最小值和最大值。例如，n=3，d=1，k=2（二进制为 010）时实际收到的整数的二进制可能是 001(1)、010(2)和 100(4)。$1 \leqslant n \leqslant 64$，$0 \leqslant d \leqslant n$，$0 \leqslant k < 2^n$。

【分析】

为了简化问题，首先可以规定：所有 0 按照原来的顺序依次收到，所有的 1 也按照原来的顺序依次收到，只是 0 和 1 可能交错。这个规定非常重要，请读者仔细体会。

最小值和最大值可以用贪心法得到（留给读者思考），关键在于统计可能收到的整数数目。给定一个整数 P，如何判断它是否可能被收到呢？来看一个例子。

例如，k=11001010，d=3，需要判断 P=00111001 是否可以得到。一共有 8 个比特，则发送时刻为 1~8，接收时刻是 1~12。不难发现，接收时刻可以限制为 1~8，因为同一时刻接收的比特可以任意排列，所以把一个比特延迟到时刻 9~12 不会有任何好处。可以手算出一种方案，如图 9-25 所示。

① 证明思路是从定向方案构造分层图。先把所有路径的起点作为第 0 层。

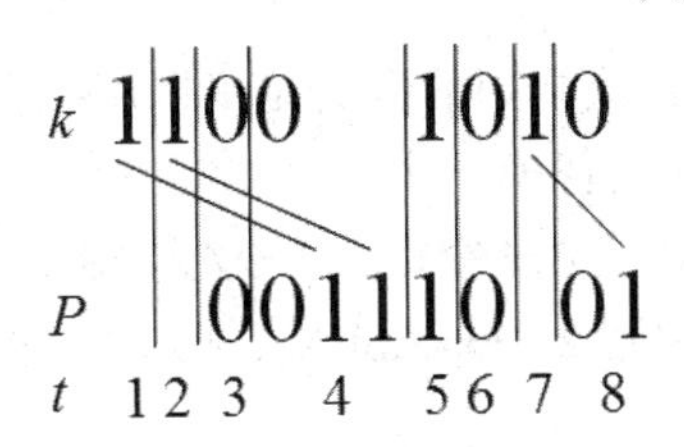

图 9-25　手算方案

上图的意思是：k 的比特 1 和比特 2 均延迟到时刻 4，比特 7 延迟到时刻 8。不难发现，对于任意给定的 P，都可以用贪心法求解：从左到右依次考虑 P 的每一个比特。如果是 0，则接收 k 中没有收到的最左边的 0；如果是 1，则接收 k 中没有收到的最左边的 1。

仔细推敲这个过程，可以得到一个结论：在任意时刻，k 中已收到的比特中最右边的那个比特一定没有延迟（理论上可以延迟，但不会得到更优的解）。如图 9-26 所示，k=111011001110，框中的比特是已收到的比特，则最右边那个已收到比特（即左数第 3 个 0）无延迟，即接收时刻和发送时刻均为 8。

这样就可以动态规划了①：用 $d(i,j)$表示 k 的前 i 个 0 和前 j 个 1 收到以后可能形成的整数个数，则只有两种转移方式：

如果下一个收到的比特可以是 0，则 $d(i+1,j)$需要加上 $d(i,j)$。

如果下一个收到的比特可以是 1，则 $d(i,j+1)$需要加上 $d(i,j)$。

所以问题的关键就是：如何判断下一个收到的比特是否可以为 0 或者 1？还是刚才那个例子，因为已经收到了 3 个 0 和 4 个 1，所以状态是 $d(3,4)$。假设下一个收到的比特是 0，则左数第 5 个 1（发送时刻为 6）至少得延迟到第 4 个 0 的发送时刻（即时刻 12），如图 9-27 所示。如果 d<12−6=6，说明假设不成立。

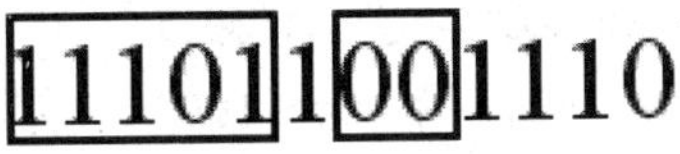

111011001110

图 9-26　已收到的比特

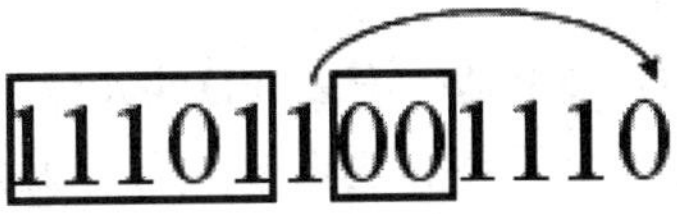

111011001110

图 9-27　判断收到的比特

一般地，设第 i（$i \geqslant 0$）个 0 的发送时刻为 Z_i，第 i 个 1 的发送时刻为 O_i，则当且仅当 $O_j+d \geqslant Z_i$ 时 $d(i,j)$可以转移到 $d(i+1,j)$，即下一个收到的比特为 0。同理，当且仅当 $Z_i+d \geqslant O_j$ 时，$d(i,j)$可以转移到 $d(i,j+1)$。另外，使用上述公式时别忘了判断 1 和 0 是否已经全部收完。

状态有 $O(n^2)$个，每个状态只有两个决策，因此总时间复杂度为 $O(n^2)$。

例题 9-30　给孩子起名（The Best Name for Your Baby, ACM/ICPC Yokohama 2006, UVa1375）

给一个包含 n 条规则的上下文无关文法和长度 l（$1 \leqslant n \leqslant 50$，$0 \leqslant l \leqslant 20$），求出满足该文法的串中，长度恰好为 l 的字典序最小串。如果不存在，输出单个字符“-”。

“满足文法”是指可以不断使用规则，把单个大写字母 S 变成这个串。每条规则形如 A→a，其中 A 是一个大写字母（表示非终结符），a 是一个由大小写字母组成的字符串（长

① 准确地说这不是动态规划，而是组合数学中的递推，因为本题不是最优化问题，而是计数问题。不过解决两个问题的思路是相同的，所以很多人把组合数学中的递推也算作动态规划。

度不超过10，且可以为空串）。该规则的含义是可以用字符串a来替换当前字符串中的大写字母A（如果有多个A，每次只替换一个）。

例如，有4条规则：S→aAB，A→空串，A→Aa，B→AbbA，那么aabb满足该文法，因为S→aAB（规则1）→aB（规则2）→aAbbA（规则4）→aAabbA（规则3）→aAabb（规则2）→aabb（规则2）。

【分析】

题目中的文法比较复杂，首先把它们简化一下。例如S->ABaA拆成3个：$S\text{->}AP_1$，$P_1\text{->}BP_2$，$P_2\text{->}aA$。这样，所有规则都变成了A->BC的形式，规则总数不超过50*10=500。为了叙述方便，文法拆分后的所有大小字母和小写字母统称为符号。

接下来试着动态规划：$d(i,L)$表示符号i能变成的、长度为L且字典序最小的串。如果符号i不能变成长度为L的串，则$d(i,L)$无定义。例如，符号i是小写字母且L不等于1时，$d(i,L)$无定义。是不是可以这样转移呢：

$$d(i,L) = \min\{d(j,p) + d(k,L-p) \mid \text{存在规则 } i\text{->}jk, 0 \leqslant p \leqslant L\}$$

逻辑上没问题，但是如果直接写一个记忆化搜索，程序可能会无限递归：如果有两个规则A->BC，B->AC，则$d(A,L)$的计算需要调用$d(B,L)$，而计算$d(B,L)$时又会调用$d(A,L)$……

怎么办呢？注意到上述情况只有p=0或者p=L时才会出现，大多数情况下还是可以按照L从小到大的顺序计算的。所以可以特殊处理L相同时的所谓“同层状态转移”。

具体做法如下：首先从小到大枚举L。对于给定的L，先只考虑$0<p<L$，计算出所有$d(i,L)$的中间结果，然后把所有有定义的$d(i,L)$放到一个优先队列中，按照从小到大的顺序处理。处理$d(i,L)$时，看看是否有符号j满足：$d(j,0)$为空串，并且存在规则t->ij或者t->ji。如果存在，把$d(t,L)$赋值为$d(i,L)$并加入优先队列中。这个过程类似第11章中将要介绍的Dijkstra，请读者仔细体会[①]。

例题9-31　送匹萨（Pizza Delivery, ACM/ICPC Daejeon 2012, UVa1628）

你是一个匹萨店的老板，有一天突然收到了n个客户的订单（$n \leqslant 100$）。你所在的小镇只有一条笔直的大街，其中位置0是你的匹萨店，第i个客户的家在位置p_i。如果你选择给第i个客户送餐，他将会支付你e_i-t_i元，其中t_i是你到达他家的时刻。当然，如果你到的太晚，使得$e_i-t_i<0$，你可以路过他家但是不进去给他送餐，免得他反过来找你要钱。

你只有一个送餐车，因此只能往返地送餐，如图9-28所示就是一个路线。图中的第一行是位置，第二行是e_i。图上的路线对应的总收益为12（c_4付3元，c_2付3元，c_5付5元，c_1付1元）。

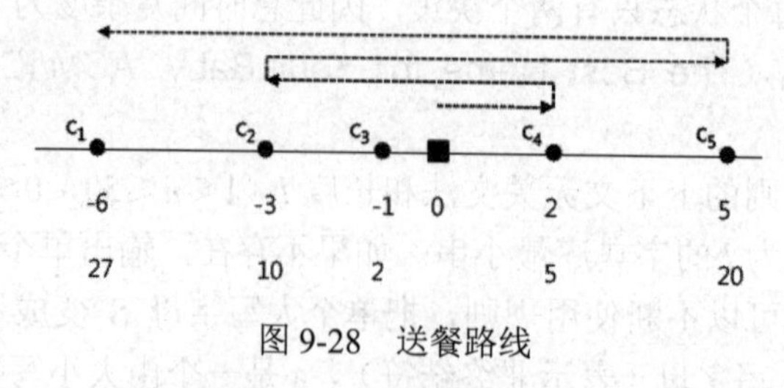

图9-28　送餐路线

不过图9-28所示路线并不是最优的。最优路线是0->c_3->c_2->c_1->c_5，总收益是32。你

①本题在实现上有一些细节需要注意，建议参考代码仓库。

的任务是求出最大收益。

【分析】

本题是不是似曾相识？没错，本节开头的“修缮长城”一题和本题很像，但是有一个重大的不同：在本题中，可以“放弃”一些订单，所以无法像“修缮长城”那样规定“路过的点总是顺便修好”，也无法“准确地提前累加未来的费用”。如果要准确地判断每个客户是否有“未来费用”，必须记录当前时间，因为无法“提前知道”某个客户是否要送餐，只有等到达一个客户时发现收益变“负”，才会决定放弃它。

看上去很麻烦对吗？其实也不必过于沮丧。本题并不是纯粹的“加强版”，也有条件在本题中被弱化了。例如，所有客户的“单位时间罚款”是一样的，所以并不需要知道具体还有哪些客户没有到达，而只需要知道有多少客户没有到达。另一个弱化条件是：n 的范围变小，所以时间复杂度可以略有提高。如果本题的解法仍是动态规划，这就意味着每个状态的决策数可以增加，或者维数可以增加。

上述分析方式其实与动态规划本身并没有什么关系，但却是一种非常重要的思维过程，值得读者仔细体会。下面是本题的解法，建议读者自行思考片刻以后再看。

设 $d(i,j,k,p)$表示不考虑 i~j 的客户（已经送过餐或者已经决定放弃），目前位置是 p（p=0 表示在 i，p=1 表示在 j），还要给 k 个人送餐的最大收益。第一个送餐的人 i 以及送餐总人数 k 都需要枚举，最终答案是 $\max\{d(i,i,k-1,0)+(e_i-|p_i|)*k \mid 1\leqslant k\leqslant n\}$，这里的$(e_i-|p_i|)*k$ 就是指从 0 到 p_i 的过程中，所有 k 个送餐客户的罚款总和。状态转移方程留给读者思考——对于已经阅读到这里的读者，相信这不难做到的。

9.6　训练参考

动态规划是算法竞赛的宠儿——几乎所有算法竞赛中都会出现动态规划的题目。本章虽然也包含一些知识点和理论讲解，但重中之重是那些经典题目（例如，LIS、LCS、最优矩阵链乘、树的重心和 TSP 等）和例题。本章的例题数量是本书目前为止最多的，难度也是最大的。建议读者先掌握不带星号的例题，然后逐步学习带一个星号的例题和两个星号的例题。有些例题比较复杂，甚至需要反复理解才能掌握。例题列表如表 9-2 所示。

表 9-2　例题列表

类　别	题　号	题目名称（英文）	备　注
例题 9-1	UVa1025	A Spy in the Metro	DAG 的动态规划
例题 9-2	UVa437	The Tower of Babylon	DAG 的动态规划
例题 9-3	UVa1347	Tour	经典问题
例题 9-4	UVa116	Unidirectional TSP	多段图的最短路；字典序最小解
例题 9-5	UVa12563	Jin Ge Jin Qu [h]ao	0-1 背包问题
例题 9-6	UVa11400	Lighting System Design	线性结构上的动态规划
例题 9-7	UVa11584	Partitioning by Palindromes	线性结构上的动态规划；优化
例题 9-8	UVa1625	Color Length	类似于 LCS 的动态规划；指标函数的分解

续表

类别	题号	题目名称（英文）	备注
例题 9-9	UVa10003	Cutting Sticks	类似于最优矩阵链乘的动态规划
例题 9-10	UVa1626	Brackets Sequence	递归结构的动态规划
*例题 9-11	UVa1331	Minimax Triangulation	类似于最优三角剖分的动态规划
例题 9-12	UVa12186	Another Crisis	树形动态规划
例题 9-13	UVa1220	Party at Hali-Bula	树形动态规划；解的唯一性
例题 9-14	UVa1218	Perfect Service	树形动态规划；状态转移方程的优化
例题 9-15	UVa10817	Headmaster's Headache	集合的动态规划；位运算
例题 9-16	UVa1252	Twenty Questions	集合的动态规划；时间优化
*例题 9-17	UVa1412	Fund Management	复杂状态的动态规划；和指标函数值有关的状态转移
例题 9-18	UVa10618	Tango Tango Insurrection	多阶段决策问题
例题 9-19	UVa1627	Team them up!	图论模型；0-1 背包
例题 9-20	UVa10934	Dropping water balloons	经典问题
例题 9-21	UVa1336	Fixing the Great Wall	动态规划中“未来费用”的计算
例题 9-22	UVa12105	Bigger is Better	用动态规划辅助其他算法
*例题 9-23	UVa1204	Fun Game	字符串集合的动态规划
*例题 9-24	UVa12099	Bookcase	类似 0-1 背包问题的动态规划；状态优化
*例题 9-25	UVa12170	Easy Climb	最优解的特征分析；用单调队列优化动态规划
*例题 9-26	UVa1380	A Scheduling Problem	树的动态规划（复杂）
**例题 9-27	UVa10559	Blocks	给状态增加维度
*例题 9-28	UVa1439	Exclusive Access 2	图论模型；Dilworth 定理
**例题 9-29	UVa1228	Integer Transmission	深入分析问题
**例题 9-30	UVa1375	The Best Name for Your Baby	上下文无关文法；有“环”的动态规划
**例题 9-31	UVa1628	Pizza Delivery	深入分析问题

下面是一些形形色色的动态规划问题，难度各异。**建议读者阅读所有题目，然后认真思考每一道题**。对于能写出状态转移方程的题目，尽量编程提交。

习题 9-1 最长的滑雪路径（Longest Run on a Snowboard, UVa 10285）

在一个 $R*C$（$R,C\leqslant 100$）的整数矩阵上找一条高度严格递减的最长路。起点任意，但每次只能沿着上下左右 4 个方向之一走一格，并且不能走出矩阵外。如图 9-29 所示，最长路就是按照高度 25, 24, 23,…, 2, 1 这样走，长度为 25。矩阵中的数均为 0~100。

```
 1  2  3  4  5
16 17 18 19  6
15 24 25 20  7
14 23 22 21  8
13 12 11 10  9
```

图 9-29 最长路径示例

习题 9-2 免费糖果（Free Candies, UVa 10118）

桌上有 4 堆糖果，每堆有 N（$N\leqslant 40$）颗。佳佳有一个最多可以装 5 颗糖的小篮子。他每次选择一堆糖果，把最顶上的一颗拿到篮子里。如果篮子里有两颗颜色相同的糖果，佳佳就把它们从篮子里拿出来放到自己的口袋里。如果篮子满了而里面又没有相同颜色的糖果，游戏结束，口袋里的糖果就归他了。当然，如果佳佳足够聪明，他有可能把堆里的所有糖果都拿走。为了拿到尽量多的糖果，佳佳该怎么做呢？

习题 9-3　切蛋糕（Cake Slicing, ACM/ICPC Nanjing 2007, UVa1629）

有一个 n 行 m 列（$1 \leqslant n, m \leqslant 20$）的网格蛋糕上有一些樱桃。每次可以用一刀沿着网格线把蛋糕切成两块，并且只能够直切不能拐弯。要求最后每一块蛋糕上恰好有一个樱桃，且切割线总长度最小。如图 9-30 所示是一种切割方法。

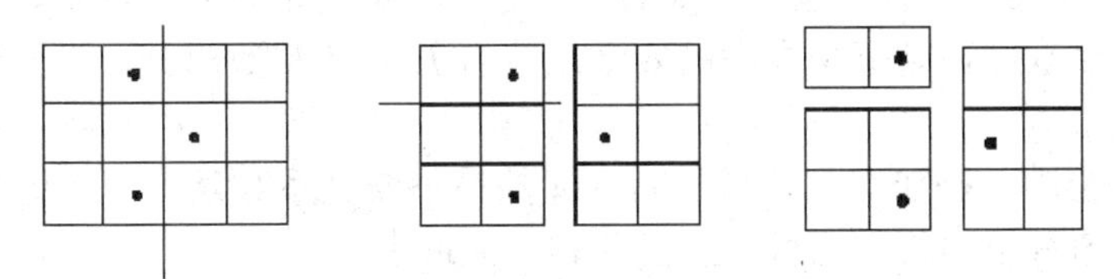

图 9-30　蛋糕切法示例

习题 9-4　串折叠（Folding, ACM/ICPC NEERC 2002, UVa1630）

给出一个由大写字母组成的长度为 n（$1 \leqslant n \leqslant 100$）的串，“折叠”成一个尽量短的串。例如，AAAAAAAAAABABABCCD 折叠成 9(A)3(AB)CCD。折叠是可以嵌套的，例如，NEERCYESYESYESNEERCYESYESYES 可以折叠成 2(NEERC3(YES))。多解时可以输出任意解。

习题 9-5　邮票和信封（Stamps and Envelope Size, ACM/ICPC World Finals 1995, UVa242）

假定一张信封最多贴 5 张邮票，如果只能贴 1 分和 3 分的邮票，可以组成面值 1~13 以及 15，但不能组成面值 14。我们说：对于邮票组合{1,3}以及数量上限 S=5，最大连续邮资为 13。1~13 和 15 的组成方法如表 9-3 所示。

表 9-3　1~3 和 15 的组成方法

1=1	2=1+1	3=3	4=1+3	5=1+1+3
6=3+3	7=1+3+3	8=1+1+3+3	9=3+3+3	10=1+3+3+3
11=1+1+3+3+3	12=3+3+3+3	13=1+3+3+3+3	14 无法表示	15=3+3+3+3+3

输入 S（$S \leqslant 10$）和若干邮票组合（邮票面值不超过 100），选出最大连续邮资最大的一个组合。如果有多个并列，邮票组合中邮票的张数应最多。如果还有并列，邮票从大到小排序后字典序应最大。

习题 9-6　电子人的基因（Cyborg Genes, UVa 10723）

输入两个 A~Z 组成的字符串（长度均不超过 30），找一个最短的串，使得输入的两个串均是它的子序列（不一定连续出现）。你的程序还应统计长度最短的串的个数。例如，ABAAXGF 和 AABXFGA 的最优解之一为 AABAAXGFGA，一共有 9 个解。

习题 9-7　密码锁（Locker, Tianjin 2012, UVa1631）

有一个 n（$n \leqslant 1000$）位密码锁，每位都是 0~9，可以循环旋转。每次可以让 1~3 个相邻数字同时往上或者往下转一格。例如，567890->567901（最后3位向上转）。输入初始状态和终止状态（长度不超过1000），问最少要转几次。例如，111111到222222至少转2次，由896521到183995则要转12次。

习题 9-8　阿里巴巴（Alibaba, ACM/ICPC SEERC 2004, UVa1632）

直线上有n($n \leqslant 10000$)个点，其中第i个点的坐标是x_i，且它会在d_i秒之后消失。Alibaba可以从任意位置出发，求访问完所有点的最短时间。无解输出No solution。

习题 9-9　仓库守卫（Storage Keepers, UVa10163）

你有n（$n \leqslant 100$）个相同的仓库。有m（$m \leqslant 30$）个人应聘守卫，第i个应聘者的能力值为P_i（$1 \leqslant P_i \leqslant 1000$）。每个仓库只能有一个守卫，但一个守卫可以看守多个仓库。如果应聘者i看守k个仓库，则每个仓库的安全系数为P_i/K的整数部分。没人看守的仓库安全系数为0。

你的任务是招聘一些守卫，使得所有仓库的最小安全系数最大，在此前提下守卫的能力值总和（这个值等于你所需支付的工资总和）应最小。

习题 9-10　照亮体育馆（Barisal Stadium, UVa10641）

输入一个凸n（$3 \leqslant n \leqslant 30$）边形体育馆和多边形外的$m$（$1 \leqslant m \leqslant 1000$）个点光源，每个点光源都有一个费用值。选择一组点光源，照亮整个多边形，使得费用值总和尽量小。如图9-31所示，多边形ABCDEF可以被两组光源{1,2,3}和{4,5,6}照亮。光源的费用决定了哪组解更优。

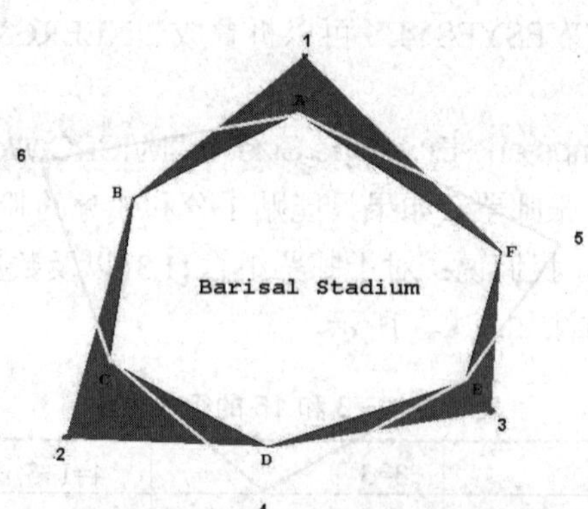

图9-31　被点光源照亮的多边形

习题 9-11　禁止的回文子串（Dyslexic Gollum, ACM/ICPC Amritapuri 2012, UVa1633）

输入正整数n和k（$1 \leqslant n \leqslant 400$，$1 \leqslant k \leqslant 10$），求长度为$n$的01串中有多少个不含长度至少为$k$的回文连续子串。例如，$n=k=3$时只有4个串满足条件：001, 011, 100, 110。

习题 9-12　保卫Zonk（Protecting Zonk, ACM/ICPC Dhaka 2006, UVa12093）

给定一个有n（$n \leqslant 10000$）个结点的无根树。有两种装置A和B，每种都有无限多个。

- 在某个结点X使用A装置需要C1（C1≤1000）的花费，并且此时与结点X相连的边都被覆盖。
- 在某个结点X使用B装置需要C2（C2≤1000）的花费，并且此时与结点X相连的边以及与结点X相连的点相连的边都被覆盖。

求覆盖所有边的最小花费。

习题 9-13　叠盘子（Stacking Plates, ACM/ICPC World Finals 2012, UVa1289）

有 n（$1 \leq n \leq 50$）堆盘子，第 i 堆盘子有 h_i 个盘子（$1 \leq h_i \leq 50$），从上到下直径不减。所有盘子的直径均不超过 10000。有如下两种操作。

- split：把一堆盘子从某个位置处分成上下两堆。
- join：把一堆盘子 a 放到另一堆盘子 b 的顶端，要求是 a 底部盘子的直径不超过 b 顶端盘子的直径。

你的任务是用最少的操作把所有盘子叠成一堆。

习题 9-14　圆和多边形（Telescope, ACM/ICPC Tsukuba 2000, UVa1543）

给你一个圆和圆周上的 n（$3 \leq n \leq 40$）个不同点。请选择其中的 m（$3 \leq m \leq n$）个，按照在圆周上的顺序连成一个 m 边形，使得它的面积最大。例如，在图 9-32 中，右上方的多边形最大。

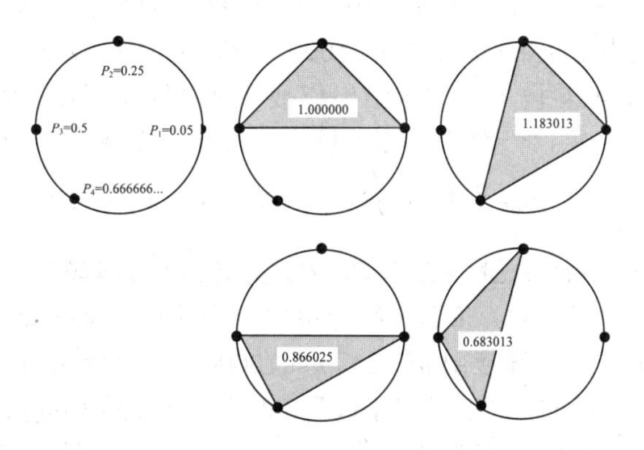

图 9-32　圆和多边形问题示意图

习题 9-15　学习向量（Learning Vector, ACM/ICPC Dhaka 2012, UVa12589）

输入 n 个向量(x,y)（$0 \leq x$，$y \leq 50$），要求选出 k 个，从(0,0)开始画，使得画出来的折线与 x 轴围成的图形面积最大。例如，4 个向量是(3,5), (0,2), (2,2), (3,0)，可以依次画(2,2), (3,0), (3,5)，围成的面积是 21.5，如图 9-33 所示。输出最大面积的两倍。$1 \leq k \leq n \leq 50$。

习题 9-16　野餐（The Picnic, ACM/ICPC NWERC 2002, UVa1634）

输入 m（$m \leq 100$）个点，选出其中若干个点，以这些点为顶点组成一个面积最大的凸多边形，使得内部没有输入点（边界上可以有）。输入点的坐标各不相同，且至少有 3 个点不共线，如图 9-34 所示。

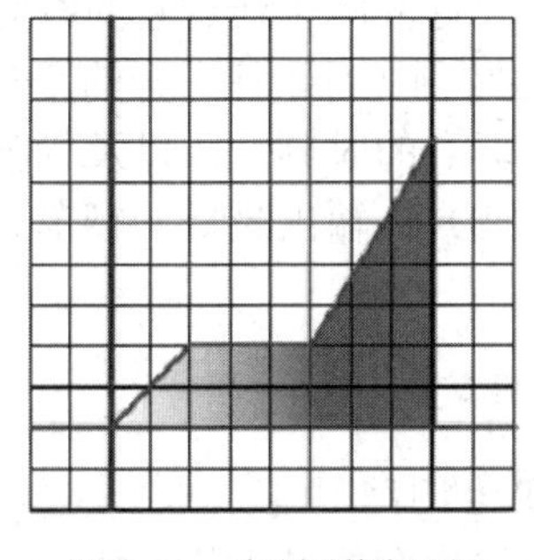

图 9-33　向量所围面积

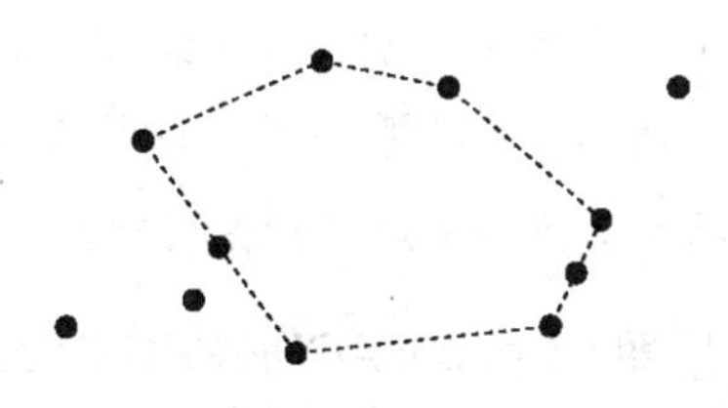

图 9-34　输入点

习题 9-17　佳佳的筷子（Chopsticks, UVa 10271）

中国人吃饭喜欢用筷子。佳佳与常人不同，他的一套筷子有 3 只，两根短筷子和一只比较长的（一般用来穿香肠之类的食物）。两只较短的筷子的长度应该尽可能接近，但是最长那只的长度无须考虑。如果一套筷子的长度分别是 A，B，C（$A \leqslant B \leqslant C$），则用$(A-B)^2$的值表示这套筷子的质量，这个值越小，这套筷子的质量越高。

佳佳请朋友吃饭，并准备为每人准备一套这种特殊的筷子。佳佳有 N（$N \leqslant 1000$）只筷子，他希望找到一种办法搭配好 $K+8$ 套筷子，使得这些筷子的质量值和最小。保证筷子足够，即 $3K+24 \leqslant N$。

提示：需要证明一个猜想。

习题 9-18　棒球投手（Pitcher Rotation, ACM/ICPC Kaosiung 2006, UVa1379）

你经营着一支棒球队。在接下来的 $g+10$ 天中会有 g（$3 \leqslant g \leqslant 200$）场比赛，其中每天最多一场比赛。你已经分析出你的 n（$5 \leqslant n \leqslant 100$）个投手中每个人对阵所有 m（$3 \leqslant m \leqslant 30$）个对手的胜率（一个 $n*m$ 矩阵），要求给出作战计划（即每天使用哪个投手），使得总获胜场数的期望值最大。注意，一个投手在上场一次后至少要休息 4 天。

提示：如果直接记录前 4 天中每天上场的投手编号 1~n，时间和空间都无法承受。

习题 9-19　花环（Garlands, ACM/ICPC CERC 2009, UVa1443）

你的任务是用 n（$n \leqslant 40000$）条等长细绳组成一个花环。每条细绳上都有一颗珍珠，重量为 w_i（$1 \leqslant w_i \leqslant 10000$）。花环应由 m（$2 \leqslant m \leqslant 10000$）个片段组成，每个片段必须包含连续的偶数条细绳。每个片段的一半称为“半段”（两个半段包含相同数量的细绳），每个“半段”最多能有 d（$1 \leqslant d \leqslant 10000$）条细绳。你的任务是让最重的半段尽量轻。如图 9-35 所示，12 条细绳的最优解是如下的 3 个片段，最重的半段的重量为 6（左数第 1, 4, 6 个半段）。

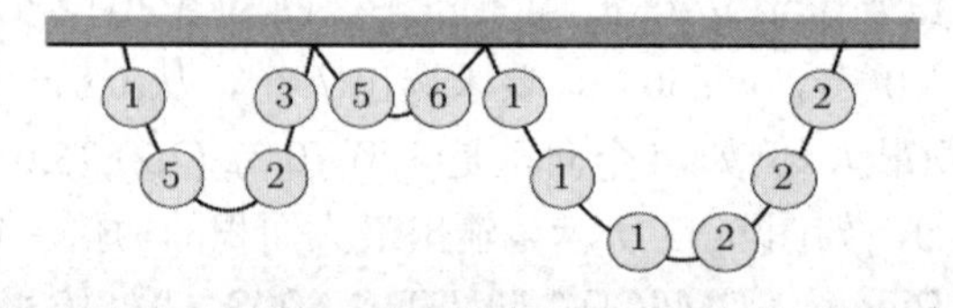

图 9-35　12 条细绳的最优解

习题 9-20　山路（Mountain Road, NWERC 2009, UVa12222）

有一条狭窄的山路只有一个车道，因此不能有两辆相反方向的车同时驶入。另外，为了确保安全，对于山路上的任意一点，相邻的两辆同向行驶的车通过它的时间间隔不能少于 10 秒。给定 n（$1 \leqslant n \leqslant 200$）辆车的行驶方向、到达时刻（对于往右开的车来说是到达山路左端点的时刻，而对于往左开的车来说是指到达右端点的时刻），以及行驶完山路的最短时间（为了保证安全，实际行驶时间可以高于这个值），输出最后一辆车离开山路的最早时刻。输入保证任意两辆车的到达时刻均不相同。

提示：本题的主算法并不难，但是实现细节需要仔细推敲。

习题 9-21　周期（Period, ACM/ICPC Seoul 2006, UVa1371）

两个串的编辑距离为进行的修改、删除和插入操作次数的最小值（每次一个字符）。

如图 9-36 所示，A=abcdefg 和 B=ahcefig 的编辑距离为 3。

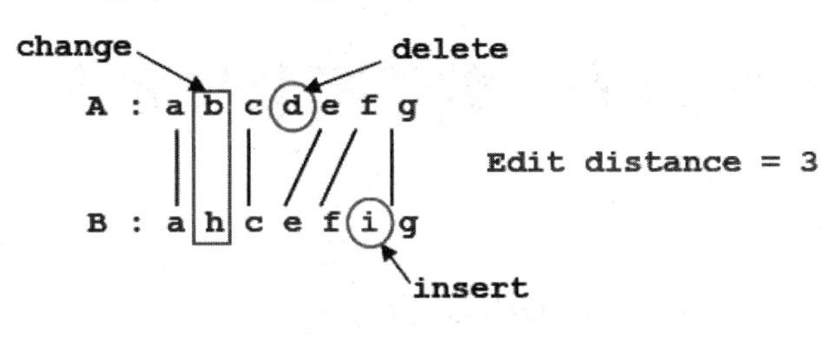

图 9-36　编辑距离

如果 x 可以分成若干部分，使得每部分和 y 的编辑距离都不超过 k，则 y 是 x 的 k-近似周期。例如，x=abcdabcabb，y=abc，x 可以分解为 abcd+abc+abb，3 部分和 y 的编辑距离分别为 1, 0, 1，因此 y 是 x 的 1-近似周期。

输入由小写字母组成的 x 和 y，求最小的 k 使得 y 是 x 的 k-近似周期。$|y|\leqslant 50$，$|x|\leqslant 5000$。

提示：直接想出的动态规划算法很可能太慢，要想办法降低时间复杂度。

习题 9-22　俄罗斯套娃（Matryoshka, ACM/ICPC World Finals 2013, UVa 1579）

桌上有 n（$n\leqslant 500$）个套娃排成一行，你的任务是把它们套成若干个套娃组，使得每个套娃组内的套娃编号恰好是从 1 开始的连续编号。操作规则如下：

- 只能把小的套在大的里面，大小相等的套娃相互不能套。
- 每次只能把两个相邻的套娃组合并成一个套娃组。
- 一旦有两个套娃属于同一个组，它们永远都属于同一个组（只有与相邻组合并的过程中会临时拆散）。

执行合并操作的前后，所有套娃都是关闭的。为了合并两个套娃组，你需要交替地把一些套娃打开、重新套起来、关闭。例如，为了合并[1, 2, 6]和[4]，需要打开套娃 6 和 4；为了合并[1, 2, 5]和[3, 4]，需要打开套娃 5, 4, 3（只有先打开 4 才能打开 3）。要求打开/关闭的总次数最少。无解输出 impossible。例如，“1 2 3 2 4 1 3”需要打开 7 次，如表 9-4 所示。

表 9-4　“1 2 3 2 4 1 3”需打开 7 次

操　作　前	操　作　后	打开的套娃
1 2 3 2 4 1 3	[1 2] 3 2 4 1 3	2
[1 2] 3 2 4 1 3	[1 2 3] 2 4 1 3	3
[1 2 3] 2 4 1 3	[1 2 3] [2 4] 1 3	4
[1 2 3] [2 4] 1 3	[1 2 3] [2 4 1] 3	4, 2
[1 2 3] [2 4 1] 3	[1 2 3] [2 4 1 3]	4, 3

习题 9-23　优化最大值电路（Minimizing Maximizer, ACM/ICPC CERC 2003, UVa1322）

所谓 Maximizer，就是一个 n 输入 1 输出的硬件电路，它可以用若干个串行 Sorter 来实现，其中每个 Sorter(i,j)表示把第 i~j 个输入从小到大排序。最后一个 Sorter 的第 n 个输出就是整个 Maximizer 的输出。输入一个由 m 个 Sorter 组成的 Maximizer，保留尽量少的 Sorter（顺序不变），使得 Maximizer 仍能正常工作。$n\leqslant 50000$，$m\leqslant 500000$。

第 10 章　数学概念与方法

学习目标

- ☑ 熟练掌握扩展欧几里德算法和它的时间复杂度
- ☑ 熟练掌握用筛法构造素数表，了解素数定理
- ☑ 学会求二元线性不定方程的整数解
- ☑ 熟练掌握模运算规则、快速幂取模算法和模线性方程的解法
- ☑ 熟悉杨辉三角、二项式定理和组合数的基本性质
- ☑ 学会推导约数个数公式和欧拉函数公式
- ☑ 熟练掌握可重集全排列的编码和解码算法
- ☑ 理解样本空间、事件和概率，学会用组合计数的方法计算离散概率
- ☑ 理解条件概率的概念和计算方法
- ☑ 理解连续概率和数学期望的概念和计算方法
- ☑ 熟悉常见计数序列，如 Fibonacci 数列、Catalan 数列等
- ☑ 熟悉建立递推关系的基本方法、常见错误和实现技巧

没有数学就没有算法；没有好的数学基础，也很难在算法上有所成就。本章介绍算法竞赛中涉及的常见数学概念和方法，包括数论、排列组合、递推关系和离散概率等。

10.1　数 论 初 步

数论被“数学王子”高斯誉为整个数学王国的皇后。在算法竞赛中，数论常常以各种面貌出现，但万变不离其宗，大部分数论题目并不涉及多少特殊的知识，但对数学思维和能力要求较高。本节介绍几个最为常用的算法，并通过例题展示一些常用的思维方式。

10.1.1　欧几里德算法和唯一分解定理

除法表达式。给出一个这样的除法表达式：$X_1 / X_2 / X_3 / \cdots / X_k$，其中 X_i 是正整数。除法表达式应当按照从左到右的顺序求和，例如，表达式 1/2/1/2 的值为 1/4。但可以在表达式中嵌入括号以改变计算顺序，例如，表达式(1/2)/(1/2)的值为 1。

输入 $X_1, X_2, \cdots, X_k$，判断是否可以通过添加括号，使表达式的值为整数。$K \leqslant 10000$，$X_i \leqslant 10^9$。

【分析】

表达式的值一定可以写成 A/B 的形式：A 是其中一些 X_i 的乘积，而 B 是其他数的乘积。

不难发现，X_2 必须放在分母位置，那其他数呢？

幸运的是，其他数都可以在分子位置：

$$E = X_1 / (X_2 / X_3 / \cdots X_k) = \frac{X_1 X_3 X_4 \cdots X_k}{X_2}$$

接下来的问题就变成了：判断 E 是否为整数。

第 1 种方法是利用前面介绍的高精度运算：k 次乘法加一次除法。显然，这个方法是正确的，但却比较麻烦。

第 2 种方法是利用唯一分解定理，把 X_2 写成若干素数相乘的形式：

$$X_2 = p_1^{a_1} p_2^{a_2} p_3^{a_3} \cdots$$

然后依次判断每个 $p_i^{a_i}$ 是否是 $X_1 X_3 X_4 \cdots X_k$ 的约数。这次不用高精度乘法了，只需把所有 X_i 中 p_i 的指数加起来。如果结果比 a_i 小，说明还会有 p_i 约不掉，因此 E 不是整数。这种方法在第 5 章中已经用过，这里不再赘述。

第 3 种方法是直接约分：每次约掉 X_i 和 X_2 的最大公约数 $\gcd(X_i, X_2)$，则当且仅当约分结束后 X_2=1 时 E 为整数，程序如下：

```
int judge(int* X) {
    X[2] /= gcd(X[2], X[1]);
    for(int i = 3; i <= k; i++) X[2] /= gcd(X[i], X[2]);
    return X[2] == 1;
}
```

整个算法的时间效率取决于这里的 gcd 算法。尽管依次试除也能得到正确的结果，但还有一个简单、高效，而且相当优美的算法——辗转相除法。它也许是最广为人知的数论算法。

辗转相除法的关键在于如下恒等式：$\gcd(a,b) = \gcd(b, a \bmod b)$。它和边界条件 $\gcd(a, 0)=a$ 一起构成了下面的程序：

```
int gcd(int a, int b) {
   return b == 0 ? a : gcd(b, a%b);
}
```

这个算法称为欧几里德算法（Euclid algorithm）。既然是递归，那么免不了问一句：会栈溢出吗？答案是不会。可以证明，gcd 函数的递归层数不超过 $4.785\lg N + 1.6723$，其中 $N=\max\{a,b\}$。值得一提的是，让 gcd 递归层数最多的是 $\gcd(F_n,F_{n-1})$，其中 F_n 是后文要介绍的 Fibonacci 数。

利用 gcd 还可以求出两个整数 a 和 b 的最小公倍数 $\mathrm{lcm}(a,b)$。这个结论很容易由唯一分解定理得到。设

$$a = p_1^{e_1} p_2^{e_2} \cdots p_r^{e_r}$$
$$b = p_1^{f_1} p_2^{f_2} \cdots p_r^{f_r}$$

则

$$\gcd(a,b) = p_1^{\min\{e_1,f_1\}} p_2^{\min\{e_2,f_2\}} \cdots p_r^{\min\{e_r,f_r\}}$$
$$\mathrm{lcm}(a,b) = p_1^{\max\{e_1,f_1\}} p_2^{\max\{e_2,f_2\}} \cdots p_r^{\max\{e_r,f_r\}}$$

由此不难验证 $\gcd(a,b)*\text{lcm}(a,b)=a*b$。不过即使有了公式也不要大意。如果把 lcm 写成 a * b/gcd(a,b)，可能会因此丢掉不少分数——a*b 可能会溢出！正确的写法是先除后乘，即 a/gcd(a,b) * b。这样一来，只要题面上保证最终结果在 int 范围之内，这个函数就不会出错。但前一份代码却不是这样：即使最终答案在 int 范围之内，也有可能中间过程越界。注意这样的细节，毕竟算法竞赛不是数学竞赛。

10.1.2 Eratosthenes 筛法

无平方因子的数。给出正整数 n 和 m，区间$[n, m]$内的“无平方因子”的数有多少个？整数 p 无平方因子，当且仅当不存在 $k>1$，使得 p 是 k^2 的倍数。$1\leqslant n\leqslant m\leqslant 10^{12}$，$m-n\leqslant 10^7$。

【分析】

对于这样的限制，直接枚举判断会超时：需要判断 10^7 个整数，而每个整数还需要花费一定的时间判断是否没有平方因子。怎么办呢？在介绍具体算法之前，需要学会用 Eratosthenes 筛法构造 1~n 的素数表。

筛法的思想特别简单：对于不超过 n 的每个非负整数 p，删除 $2p, 3p, 4p,\cdots$，当处理完所有数之后，还没有被删除的就是素数。如果用 vis[i]表示 i 已经被删除，筛法的代码可以写成：

```
memset(vis, 0, sizeof(vis));
for(int i = 2; i <= n; i++)
  for(int j = i*2; j <= n; j+=i) vis[j] = 1;
```

尽管可以继续改进，但这份代码已经相当高效了。为什么呢？给定外层循环变量 i，内层循环的次数是 $\left\lfloor \frac{n}{i} \right\rfloor -1<\frac{n}{i}$。这样，循环的总次数小于 $\frac{n}{2}+\frac{n}{3}+\cdots+\frac{n}{n}=O(n\log n)$。这个结论来源于欧拉在 1734 年得到的结果：$1+\frac{1}{2}+\frac{1}{3}+\cdots+\frac{1}{n}=\ln(n+1)+\gamma$，其中欧拉常数 $\gamma\approx 0.577218$。这样低的时间复杂度允许在很短的时间内得到 10^6 以内的所有素数。

下面来改进这份代码。首先，在“对于不超过 n 的每个非负整数 p”中，p 可以限定为素数——只需在第二重循环前加一个判断 if(!vis[i])即可。另外，内层循环也不必从 i*2 开始——它已经在 i=2 时被筛掉了。改进后的代码如下：

```
int m = sqrt(n+0.5);
memset(vis, 0, sizeof(vis));
for(int i = 2; i <= m; i++) if(!vis[i])
  for(int j = i*i; j <= n; j+=i) vis[j] = 1;
```

这里有一个有意思的问题：给定的 n，c 的值是多少呢？换句话说，不超过 n 的正整数中，有多少个是素数呢？

素数定理：$\pi(x)\sim\frac{x}{\ln x}$。

其中，$\pi(x)$ 表示不超过 x 的素数的个数。上述定理的直观含义是：它和 $x/\ln x$ 比较接近——对于算法入门来说，这已足够。表 10-1 给出了一些值来加深读者的印象。

表 10-1　素数定理的直观验证

N	10^2	10^3	10^4	10^5	10^6	10^7	10^8
$\pi(n)$	25	168	1229	9592	78498	664579	5761455
$n/\ln n$	22	145	1086	8686	72382	620421	5428681

最后回到原题：如何求出区间内无平方因子的数？方法和筛素数是类似的：对于不超过 $\sqrt{m}$ 的所有素数 p，筛掉区间 $[n, m]$ 内 p^2 的所有倍数。

10.1.3　扩展欧几里德算法

直线上的点。求直线 $ax+by+c=0$ 上有多少个整点 (x,y) 满足 $x\in[x_1,x_2]$，$y\in[y_1,y_2]$。

【分析】

在解决这个问题之前，首先学习扩展欧几里德算法——找出一对整数 (x,y)，使得 $ax+by=\gcd(a,b)$。注意，这里的 x 和 y 不一定是正数，也可能是负数或者 0。例如，$\gcd(6,15)=3$，$6*3-15*1=3$，其中 $x=3$，$y=-1$。这个方程还有其他解，如 $x=-2$，$y=1$。

下面是扩展欧几里德算法的程序：

```
void gcd(int a, int b, int& d, int& x, int& y) {
  if(!b){ d = a; x = 1; y = 0; }
  else{ gcd(b, a%b, d, y, x); y -= x*(a/b); }
}
```

用数学归纳法并不难证明算法的正确性，此处略去。注意在递归调用时，x 和 y 的顺序变了，而边界也是不难得出的：$\gcd(a,0)=1*a-0*0=a$。这样，唯一需要记忆的是 $y-=x*(a/b)$，哪怕暂时不懂得其中的原因也不要紧。

上面求出了 $ax+by=\gcd(a,b)$ 的一组解 (x_1,y_1)，那么其他解呢？任取另外一组解 (x_2,y_2)，则 $ax_1+by_1=ax_2+by_2$（它们都等于 $\gcd(a,b)$），变形得 $a(x_1-x_2)=b(y_2-y_1)$。假设 $\gcd(a,b)=g$，方程左右两边同时除以 g[①]，得 $a'(x_1-x_2)=b'(y_2-y_1)$，其中 $a'=a/g$，$b'=b/g$。注意，此时 a' 和 b' 互素，因此 x_1-x_2 一定是 b' 的整数倍。设它为 kb'，计算得 $y_2-y_1=ka'$。注意，上面的推导过程并没有用到“$ax+by$ 的右边是什么”，因此得出如下结论。

提示 10-1： *设 a, b, c 为任意整数。若方程 $ax+by=c$ 的一组整数解为 (x_0,y_0)，则它的任意整数解都可以写成 (x_0+kb', y_0-ka')，其中 $a'=a/\gcd(a,b)$，$b'=b/\gcd(a,b)$，k 取任意整数。*

有了这个结论，移项得 $ax+by=-c$，然后求出一组解即可。例如：

例 1： $6x+15y=9$。根据欧几里德算法，已经得到了 $6\times(-2)+15\times1=3$，两边同时乘以 3 得 $6\times(-6)+15\times3=9$，即 $x=-6$，$y=3$ 时 $6x+15y=9$。

例 2： $6x+15=8$，两边除以 3 得 $2x+5=8/3$。左边是整数，右边不是整数，显然无解。综合起来，有下面的结论。

① 如果 $g=0$，意味着 a 或 b 等于 0，可以特殊判断。

提示 10-2： 设 a, b, c 为任意整数，$g=\gcd(a,b)$，方程 $ax+by=g$ 的一组解是 (x_0,y_0)，则当 c 是 g 的倍数时 $ax+by=c$ 的一组解是 $(x_0c/g, y_0c/g)$；当 c 不是 g 的倍数时无整数解。

这样，即完整地解决了本问题。顺便说一句，本题的名称为什么叫“直线上的点”呢？这是因为在平面坐标系下，$ax+by+c=0$ 是一条直线的方程。

10.1.4 同余与模算术

你需要花多少时间做下面这道题目呢？

123456789*987654321=（　　）

A. 121932631112635266　　B. 121932631112635267

C. 121932631112635268　　D. 121932631112635269

既然是选择题，不必费力把答案完整地计算出来——4 个选项的个位数都不相同，因此只需要计算出答案的最后一位即可。不难得出，它等于 1*9=9。把刚才的解题过程抽象出来就是下面的式子：

$$123456789*987654321 \bmod 10 = ((123456789 \bmod 10)*(987654321 \bmod 10)) \bmod 10$$

其中 $a \bmod b$ 表示 a 除以 b 的余数，C 语言表达式是 a % b。在本章中，b 一定是正整数，尽管 $b<0$ 时表达式 a % b 也是合法的（但 $b=0$ 时会出现除零错）。

不难得到下面的公式：

$$(a+b) \bmod n = ((a \bmod n)+(b \bmod n)) \bmod n$$
$$(a-b) \bmod n = ((a \bmod n)-(b \bmod n)+n) \bmod n$$
$$ab \bmod n = (a \bmod n)(b \bmod n) \bmod n$$

注意在减法中，由于 $a \bmod n$ 可能小于 $b \bmod n$，需要在结果加上 n，而在乘法中，需要注意 $a \bmod n$ 和 $b \bmod n$ 相乘是否会溢出。例如，当 $n=10^9$ 时，$ab \bmod n$ 一定在 int 范围内，但 $a \bmod n$ 和 $b \bmod n$ 的乘积可能会超过 int。需要用 long long 保存中间结果，例如：

```
int mul_mod(int a, int b, int n) {
  a %= n; b %= n;
  return (int)((long long)a * b % n);
}
```

当然，如果 n 本身超过 int 但又在 long long 范围内，上述方法就不适用了。在这种情况下，建议初学者使用高精度乘法——尽管有办法可以避免，但技巧性很强，不推荐初学者学习。

大整数取模。 输入正整数 n 和 m，输出 $n \bmod m$ 的值。$n \leqslant 10^{100}$，$m \leqslant 10^9$。

【分析】

首先，把大整数写成“自左向右”的形式：1234= ((1*10+2)*10+3)*10+4，然后用前面的公式，每步取模，例如：

```
scanf("%s%d", n, &m);
int len = strlen(n);
int ans = 0;
```

```
for(int i = 0; i < len; i++)
    ans = (int)(((long long)ans*10 + n[i] - '0') % m);
printf("%d\n",ans);
```

当然，也可以把 ans 声明成 long long 类型的，然后在输出时临时转换为 int，但要注意乘法溢出的问题。

幂取模。输入正整数 a、 n 和 m，输出 $a^n \bmod m$ 的值。$a, n, m \leqslant 10^9$。

【分析】

很容易写出下面的代码：

```
int pow_mod(int a, int n, int m) {
  int ans = 1;
  for(int i = 0; i < n; i++) ans = (int)((long long)ans * n % m);
}
```

这个函数的时间复杂度为 $O(n)$，当 n 很大时速度很不理想。有没有办法算得更快呢？可以利用分治法：

```
int pow_mod(int a, int n, int m) {
  if(n == 0) return 1;
  int x = pow_mod(a, n/2, m);
  long long ans = (long long)x * x % m;
  if (n%2 == 1) ans = ans * a % m;
  return (int)ans;
}
```

例如，$a^{29}=(a^{14})^2*a$，而 $a^{14}=(a^7)^2$，$a^7=(a^3)^2*a$，$a^3=a^2*a$，一共只做了 7 次乘法。不知读者有没有发现，上述递归方式和二分查找很类似——每次规模近似减小一半。因此，时间复杂度为 $O(\log n)$，比 $O(n)$好了很多。

模线性方程组。输入正整数 a, b, n，解方程 $ax \equiv b \pmod n$ 。$a, b, n \leqslant 10^9$。

【分析】

本题中出现了一个新记号：同余。$a \equiv b \pmod n$ 的含义是"a 和 b 关于模 n 同余"，即 $a \bmod n = b \bmod n$。不难得出，$a \equiv b \pmod n$ 的充要条件是：$a-b$ 是 n 的整数倍。

提示 10-3：$a \equiv b \pmod n$ 的含义是"a 和 b 除以 n 的余数相同"，其充要条件是"$a-b$ 是 n 的整数倍"。

这样，原来的方程就可以理解成：$ax-b$ 是 n 的正整数倍。设这个"倍数"为 y，则 $ax-b=ny$，移项得 $ax-ny=b$，这恰好就是 10.1.3 节介绍的不定方程（a, n, b 是已知量，x 和 y 是未知数）！接下来的步骤不再介绍。唯一需要说明的是，如果 x 是方程的解，满足 $x \equiv y \pmod n$ 的其他整数 y 也是方程的解。因此，当谈到同余方程的一个解时，其实指的是一个同余等价类。

尽管算法已无须继续讨论，有一个特殊情况需要引起读者重视。$b=1$ 时，$ax \equiv 1 \pmod n$ 的解称为 a 关于模 n 的逆（inverse），它类似于实数运算中"倒数"的概念。什么时候 a 的逆存在呢？根据上面的讨论，方程 $ax-ny=1$ 要有解。这样，1 必须是 $\gcd(a,n)$的倍数，因

此 a 和 n 必须互素（即 $\gcd(a,n)=1$）。在满足这个条件的前提下，$ax\equiv 1(\bmod n)$ 只有唯一解。注意，同余方程的解是指一个等价类。

提示 10-4：方程 $ax\equiv 1(\bmod n)$ 的解称为 a 关于模 n 的逆。当 $\gcd(a,n)=1$ 时，该方程有唯一解；否则，该方程无解。

10.1.5 应用举例

例题 10-1 巨大的斐波那契数！（Colossal Fibonacci Numbers!, UVa11582）

输入两个非负整数 a、b 和正整数 n（$0\leqslant a,b<2^{64}$，$1\leqslant n\leqslant 1000$），你的任务是计算 $f(a^b)$ 除以 n 的余数。其中 $f(0)=f(1)=1$，且对于所有非负整数 i，$f(i+2)=f(i+1)+f(i)$。

【分析】

所有计算都是对 n 取模的，不妨设 $F(i)=f(i) \bmod n$。不难发现，当二元组$(F(i), F(i+1))$出现重复时，整个序列就开始重复。例如，$n=3$，序列 $F(i)$的前 10 项为 1,1,2,0,2,2,1,0,1,1，第 9、10 项和前两项完全一样。根据递推公式，第 11 项会等于第 3 项，第 12 项等于第 4 项……

多久会出现重复呢？因为余数最多 n 种，所以最多 n^2 项就会出现重复。设周期为 M，则只需计算出 $F(0)$~$F(n^2)$，然后算出 $F(a^b)$等于其中的哪一项即可。

例题 10-2 不爽的裁判（Disgruntled Judge, NWERC 2008, UVa12169）

有个裁判出的题太难，总是没人做，所以他很不爽。有一次他终于忍不住了，心想：“反正我的题没人做，我干嘛要费那么多心思出题？不如就输入一个随机数，输出一个随机数吧。”

于是他找了 3 个整数 x_1、a 和 b，然后按照递推公式 $x_i=(ax_{i-1}+b) \bmod 10001$ 计算出了一个长度为 $2T$ 的数列，其中 T 是测试数据的组数。然后，他把 T 和 $x_1, x_3,\cdots, x_{2T-1}$ 写到输入文件中，$x_2, x_4,\cdots, x_{2T}$ 写到了输出文件中。

你的任务就是解决这个疯狂的题目：输入 $T, x_1, x_3,\cdots, x_{2T-1}$，输出 $x_2, x_4,\cdots, x_{2T}$。输入保证 $T\leqslant 100$，且输入的所有 x 值为 0~10000 的整数。如果有多种可能的输出，任意输出一个即可。

【分析】

如果知道了 a，就可以计算出 x_2，进而根据 $x_3=(ax_2+b) \bmod 10001$ 算出 b。有了 x_1、a 和 b，就可以在 $O(T)$时间内计算出整个序列了。如果在计算过程中发现和输入矛盾，则这个 a 是非法的。由于 a 是 0~10000 的整数（因为递推公式对 10001 取模），即使枚举所有的 a，时间效率也足够高。

例题 10-3 选择与除法（Choose and Divide, UVa10375）

已知 $C(m,n) = m!/(n!(m-n)!)$，输入整数 p, q, r, s（$p\geqslant q$，$r\geqslant s$，$p,q,r,s\leqslant 10000$），计算 $C(p,q)/C(r,s)$。输出保证不超过 10^8，保留 5 位小数。

【分析】

本题正是唯一分解定理的用武之地。组合数 $C(m,n)$的性质将在 10.2.1 节中介绍，本题只需要用到它的定义。

首先，求出 10000 以内的所有素数 primes，然后用数组 ***e*** 表示当前结果的唯一分解式中各个素数的指数。例如，***e***={1,0,2,0,0,0,…}表示 $2^1*5^2=50$。主程序如下：

```
while(cin >> p >> q >> r >> s) {
  memset(e, 0, sizeof(e));
  add_factorial(p, 1);
  add_factorial(q, -1);
  add_factorial(p-q, -1);
  add_factorial(r, -1);
  add_factorial(s, 1);
  add_factorial(r-s, 1);
  double ans = 1;
  for(int i = 0; i < primes.size(); i++)
    ans *= pow(primes[i], e[i]);
  printf("%.5lf\n", ans);
}
```

其中 add_factorial(n,d)表示把结果乘以$(n!)^d$，它的实现如下：

```
//乘以或除以 n. d=0 表示乘，d=-1 表示除
void add_integer(int n, int d) {
  for(int i = 0; i < primes.size(); i++) {
    while(n % primes[i] == 0) {
      n /= primes[i];
      e[i] += d;
    }
    if(n == 1) break; //提前终止循环，节约时间
  }
}

void add_factorial(int n, int d) {
  for(int i = 1; i <= n; i++)
    add_integer(i, d);
}
```

例题 10-4　最小公倍数的最小和（Minimum Sum LCM, UVa10791）

输入整数 n（$1 \leqslant n < 2^{31}$），求至少两个正整数，使得它们的最小公倍数为 n，且这些整数的和最小。输出最小的和。

【分析】

本题再次用到了唯一分解定理。设唯一分解式 $n=a_1^{p1}*a_2^{p2}\cdots$，不难发现每个 a_i^{pi} 作为一个单独的整数时最优。

如果就这样匆匆编写程序，可能会掉入陷阱。本题有好几个特殊情况要处理：n=1 时答案为 1+1=2；n 只有一种因子时需要加个 1，还要注意 $n=2^{31}-1$ 时不要溢出。

例题 10-5　GCD 等于 XOR（GCD XOR, ACM/ICPC Dhaka 2013, UVa12716）

输入整数 n（$1 \leqslant n \leqslant 30000000$），有多少对整数$(a,b)$满足：$1 \leqslant b \leqslant a \leqslant n$，且 $\gcd(a,b)=a$ XOR b。例如 $n=7$ 时，有 4 对：(3,2), (5,4), (6,4), (7,6)。

【分析】

本题看上去很难找到简洁的数学公式，因为 gcd 和 xor 看上去似乎毫不相干。不过 xor 的好处是：a xor $b = c$，则 a xor $c = b$，所以可以枚举 a 和 c，然后算出 $b=a$ xor c，最后验证一下是否有 $\gcd(a,b)=c$。时间复杂度如何？因为 c 是 a 的约数，所以和素数筛法类似，时间复杂度为 $n/1+n/2+\cdots+n/n=O(n\log n)$。再加上 gcd 的时间复杂度为 $O(\log n)$，所以总的时间复杂度为 $O(n(\log n)^2)$。

我们还可以做得更好。上述程序写出来之后，可以打印一些满足 $\gcd(a,b)=a$ xor $b=c$ 的三元组(a,b,c)，然后很容易发现一个现象：$c=a-b$。

证明如下：不难发现 $a-b \leqslant a$ xor b，且 $a-b \geqslant c$。假设存在 c 使得 $a-b>c$，则 $c<a-b \leqslant a$ xor b，与 $c=a$ xor b 矛盾。

有了这个结论，还是沿用上述算法，枚举 a 和 c，计算 $b=a-c$，则 $\gcd(a,b)=\gcd(a,a-c)=c$，因此只需验证是否有 $c = a$ xor b，时间复杂度降为了 $O(n\log n)$。

10.2　计数与概率基础

排列与组合是最基本的计数技巧。本节介绍一些基本的相关知识和方法，供读者参考。

加法原理。做一件事情有 n 个办法，第 i 个办法有 p_i 种方案，则一共有 $p_1+p_2+\cdots+p_n$ 种方案。

乘法原理。做一件事情有 n 个步骤，第 i 个步骤有 p_i 种方案，则一共有 $p_1p_2\cdots p_n$ 种方案。

乘法原理是加法原理的特殊情况（按照第一步骤进行分类），二者都可用于递推。注意应用加法原理的关键是分类：各类别之间必须没有重复、没有遗漏。如果有重复，可以使用容斥原理。

容斥原理。假设班里有 10 个学生喜欢数学，15 个学生喜欢语文，21 个学生喜欢编程，一共有多少个学生呢？是 10+15+21=46 个吗？不是的，因为有些学生可能同时喜欢数学和语文，或者语文和编程，甚至还可能有三者都喜欢的。为了叙述方便，将喜欢语文、数学、编程的学生集合分别用 A, B, C 表示，则学生总数等于$|A \cup B \cup C|$。刚才已经说了，如果把这 3 个集合的元素个数$|A|$、$|B|$、$|C|$直接加起来，会有一些元素重复统计了，因此需要扣掉$|A \cap B|$、$|B \cap C|$、$|C \cap A|$，但这样一来，又有一小部分多扣了，需要加回来：$|A \cap B \cap C|$。这样，就得到了一个公式：

$$|A \cup B \cup C|=|A|+|B|+|C|-|A \cap B|-|B \cap C|-|C \cap A|+|A \cap B \cap C|$$

一般地，对于任意多个集合，都可以列出这样一个等式，其中左边是所有集合的并的元素个数，右边是这些集合的“各种搭配”。每个“搭配”都是若干个集合的交集，且每一项前面的正负号取决于集合的个数——奇数个集合为正，偶数个集合为负。

有重复元素的全排列。有 k 个元素，其中第 i 个元素有 n_i 个，求全排列个数。

【分析】

令所有 n_i 之和为 n，再设答案为 x。首先做全排列，然后把所有元素编号，其中第 s 种元素编号为 1~n_s（例如，有 3 个 a，两个 b，先排列成 aabba，然后可以编号为 $a_1a_3b_2b_1a_2$）。这样做以后，由于编号后所有元素均不相同，方案总数为 n 的全排列数 $n!$。根据乘法原理，得到了一个方程：$n_1!n_2!n_3!\cdots n_k!x = n!$，移项即可。

可重复选择的组合。有 n 个不同元素，每个元素可以选多次，一共选 k 个元素，有多少种方法？例如，n=3，k=2 时有 6 种：(1,1),(1,2),(1,3),(2,2),(2,3),(3,3)。

【分析】

设第 i 个元素选 x_i 个，问题转化为求方程 $x_1+x_2+\cdots+x_n=k$ 的非负整数解的个数。令 $y_i=x_i+1$，则答案为 $y_1+y_2+\cdots+y_n=k+n$ 的正整数解的个数。想象有 $k+n$ 个数字“1”排成一排，则问题等价于：把这些“1”分成 n 个部分，有多少种方法？这相当于在 $k+n-1$ 个“候选分隔线”中选 $n-1$ 个，即 $C(k+n-1,n-1)=C(n+k-1,k)$。

10.2.1　杨辉三角与二项式定理

组合数 C_n^m 在组合数学中占有重要地位。与组合数相关的最重要的两个内容是杨辉三角和二项式定理。如图 10-1 所示就是一个杨辉三角。

1

1　1

1　2　1

1　3　3　1

1　4　6　4　1

1　5　10　10　5　1

1　6　15　20　15　6　1

图 10-1　杨辉三角

另一方面，把$(a+b)^n$展开，将得到一个关于 x 的多项式：

$$(a+b)^0 = 1$$

$$(a+b)^1 = a+b$$

$$(a+b)^2 = a^2+2ab+b^2$$

$$(a+b)^3 = a^3+3a^2b+3ab^3+b^3$$

$$(a+b)^4 = a^4+4a^3b+6a^2b^2+4ab^3+b^4$$

系数正好和杨辉三角一致。一般地，有二项式定理：

$$(a+b)^n = \sum_{k=0}^{n} C_n^k a^{n-k} b^k$$

这不难理解：$(a+b)^n$ 是 n 个括号连乘，每个括号里任选一项乘起来都会对最后的结果有一个贡献。如果选了k个a，就一定会选$n-k$个b，最后的项自然就是$a^{n-k}b^k$。而从n个a里选k个（同时也相当于n个b里选$n-k$个）有C_n^k种方法，这也是组合数的定义。

给定n，如何求出$(a+b)^n$中所有项的系数呢？一个方法是用递推，根据杨辉三角中不难发现的规律，可以写出如下程序：

```
memset(C, 0, sizeof(C));
for(int i = 0; i <= n; i++) {
  C[i][0] = 1;
  for(int j = 1; j <= i; j++) C[i][j] = C[i-1][j-1] + C[i-1][j];
}
```

但遗憾的是，这个算法的时间复杂度是$O(n^2)$——尽管只用了杨辉三角的第n行的$n+1$个元素，却把全部n行的$O(n^2)$个元素都计算了一遍。

另一个方法是利用等式$C_n^k=\dfrac{n-k+1}{k}C_n^{k-1}$，从$C_n^0=1$开始从左到右递推，例如：

```
C[0] = 1;
for(int i = 1; i <= n; i++) C[i] = C[i-1]*(n-i+1)/i;
```

注意，应该先乘后除，因为 C[i-1]/i 可能不是整数。但这样一来增加了溢出的可能性——即使最后结果在int或long long范围之内，乘法也可能溢出。如果担心这样的情况出现，可以先约分，不过一般来说是不必要的。

尽管等式$C_n^k=\dfrac{n-k+1}{k}C_n^{k-1}$的“实际意义”不是很明显，却很容易用组合数公式$C_n^k=\dfrac{n!}{k!(n-k)!}$证明，读者不妨一试。

例题10-6　无关的元素（Irrelevant Elements, ACM/ICPC NEERC 2004, UVa1635）

对于给定的n个数$a_1, a_2,\cdots, a_n$，依次求出相邻两数之和，将得到一个新数列。重复上述操作，最后结果将变成一个数。问这个数除以m的余数与哪些数无关？例如$n=3$，$m=2$时，第一次求和得到a_1+a_2，a_2+a_3，再求和得到$a_1+2a_2+a_3$，它除以2的余数和a_2无关。$1\leqslant n\leqslant 10^5$，$2\leqslant m\leqslant 10^9$。

【分析】

显然最后的求和式是$a_1,a_2,\cdots, a_n$的线性组合。设a_i的系数为$f(i)$，则和式除以m的余数与a_i无关，当且仅当$f(i)$是i的倍数。不妨看一个简单的例子：

$$
\begin{array}{ccccc}
a_1 & a_2 & a_3 & a_4 & a_5 \\
a_1+a_2 & a_2+a_3 & a_3+a_4 & a_4+a_5 & \\
a_1+2a_2+a_3 & a_2+2a_3+a_4 & a_3+2a_4+a_5 & & \\
a_1+3a_2+3a_3+a_4 & a_2+3a_3+3a_4+a_5 & & & \\
a_1+4a_2+6a_3+4a_4+a_5 & & & &
\end{array}
$$

看到最后的结果，你想到了什么？没错，“1 4 6 4 1”正是杨辉三角的第5行！不难证明，在一般情况下，最后a_i的系数是C_{n-1}^{i-1}。这样，问题就变成了C_{n-1}^0，C_{n-1}^1，…，C_{n-1}^{n-1}中有

哪些是 m 的倍数。

还记得二项式展开的方法吗？理论上，利用此方法可以递推出所有 C_{n-1}^{i-1}，但它们太大了，必须用高精度才能存得下。但此问题中所关心的只是“哪些是 m 的倍数”，受到数论部分中的启发，只需要依次计算 m 的唯一分解式中各个素因子在 C_{n-1}^{i-1} 中的指数即可完成判断。这些指数仍然可以用 $C_n^k = \dfrac{n-k+1}{k} C_n^{k-1}$ 递推，并且不会涉及高精度。有的读者可能会尝试直接递推每个系数除以 m 的余数，但遗憾的是，递推式中有除法，而模 m 意义下的逆并不一定存在。

10.2.2　数论中的计数问题

约数的个数。给出正整数 n 的唯一分解式 $n = p_1^{a_1} p_2^{a_2} p_3^{a_3} \cdots p_k^{a_k}$，求 n 的正约数的个数。

【分析】

不难看出，n 的任意正约数也只能包含 p_1, p_2, p_3 等素因子，而不能有新的素因子出现。对于 n 的某个素因子 p_i，它在所求约数中的指数可以是 $0, 1, 2, \cdots, a_i$ 共 a_i+1 种情况，而且不同的素因子之间相互独立。根据乘法原理，n 的正约数个数为：

$$\prod_{i=1}^{k}(a_i+1) = (a_1+1)(a_2+1)\cdots(a_k+1)$$

小于 n 且与 n 互素的整数个数。给出正整数 n 的唯一分解式 $n = p_1^{a_1} p_2^{a_2} p_3^{a_3} \cdots p_k^{a_k}$，求 $1, 2, 3, \cdots, n$ 中与 n 互素的数的个数。

【分析】

用容斥原理。首先从总数 n 中分别减去是 $p_1, p_2, \cdots, p_k$ 的倍数的个数（对于素数 p 来说，“与 p 互素”和“不是 p 的倍数”等价），即 $n - \dfrac{n}{p_1} - \dfrac{n}{p_2} - \cdots - \dfrac{n}{p_k}$，然后加上“同时是两个素因子的倍数”的个数 $\dfrac{n}{p_1 p_2} + \dfrac{n}{p_1 p_3} + \cdots + \dfrac{n}{p_{k-1} p_k}$，再减去“同时是 3 个素因子的倍数”——写成一个“学术味比较浓”的公式就是：

$$\varphi(n) = \sum_{S \subseteq \{p_1, p_2, \ldots, p_k\}} (-1)^{|S|} \frac{n}{\prod_{p_i \in S} p_i}$$

这里引入的新记号 $\varphi(n)$ 就是题目中所求的结果，称为欧拉函数。强烈建议初学者花一些时间理解这个公式。对于$\{p_1, p_2, \cdots, p_k\}$的任意子集 S，“不与其中任何一个互素”的元素个数是 $\dfrac{n}{\prod_{p_i \in S} p_i}$。不过这一项的前面是加号还是减号呢？这取决于 S 中的元素个数——奇数个就是“减号”，偶数个就是“加号”。

公式已得出，可计算起来很不方便。如果直接根据公式，需要计算多达 2^k 项的代数和，甚至可能比“暴力枚举（依次判断 1~n 中每个数是否与 n 互素）”还要慢。

下一步并不显然。上述公式可以变形成如下的形式：

$$\varphi(n) = n(1-\frac{1}{p_1})(1-\frac{1}{p_2})\cdots(1-\frac{1}{p_k})$$

从而只需要$O(k)$的计算时间，在刚才的基础上大大提高了效率。为什么这个式子和上一个等价呢？直接考虑新公式的“展开方式”即可。展开式的每一项是从每个括号各选一个（选1或者$-\frac{1}{p_i}$），全部乘起来以后再乘以n得到。这不正是最初的推导过程吗？

如果没有给出唯一分解式，需要用试除法依次判断$\sqrt{n}$内的所有素数是否是n的因子。这样，则需要先生成$\sqrt{n}$内的素数表。但其实并不用这么麻烦：只需要每次找到一个素因子之后把它“除干净”，即可保证找到的因子都是素数（想一想，为什么）。

```
int euler_phi(int n) {
  int m = (int)sqrt(n+0.5);
  int ans = n;
  for(int i = 2; i <= m; i++) if(n % i == 0) {
    ans = ans / i * (i-1);
    while(n % i == 0) n /= I;
  }
  if(n > 1) ans = ans / n * (n-1);
}
```

1~*n*中所有数的欧拉phi函数值。并不需要依次计算。可以用与筛法求素数非常类似的方法，在$O(n\log\log n)$时间内计算完毕，例如（原理请读者体会）：

```
void phi_table(int n, int* phi) {
  for(int i = 2; i <= n; i++) phi[i] = 0;
  phi[1] = 1;
  for(int i = 2; i <= n; i++) if(!phi[i])
   for(int j = i; j <= n; j += i) {
    if(!phi[j]) phi[j] = j;
    phi[j] = phi[j] / i * (i-1);
   }
}
```

例题10-7 交表（Send a Table, UVa10820）

有一道比赛题目，输入两个整数x、y（$1\leqslant x,y\leqslant n$），输出某个函数$f(x,y)$。有位选手想交表（即事先计算出所有的$f(x,y)$，写在源代码里），但是表太大了，源代码超过了比赛的限制，需要精简。

好在那道题目有一个性质，使得很容易根据$f(x,y)$算出$f(x*k, y*k)$（其中k是任意正整数），这样有一些$f(x,y)$就不需要存在表里了。

输入n（$n\leqslant 50000$），你的任务是统计最简的表里有多少个元素。例如，$n=2$时有3个：(1,1), (1,2), (2,1)。

【分析】

本题的本质是：输入n，有多少个二元组(x,y)满足：$1\leqslant x,y\leqslant n$，且$x$和$y$互素。不难发现除了(1,1)之外，其他二元组$(x,y)$中的$x$和$y$都不相等。设满足$x<y$的二元组有$f(n)$个，那

么答案就是 $2f(n)+1$。

对照欧拉函数的定义，可以得到 $f(n)$=phi(2)+phi(3)+…+phi(n)，时间复杂度为 $O(n\log\log n)$。

10.2.3　编码与解码

两个 a、一个 b 和一个 c 组成的所有串可以按照字典序编号为：

$$aabc(1)、aacb(2)、abac(3)、\cdots、cbaa(12)$$

任给一个字符串，能否方便地求出它的编号呢？例如，输入 *acab*，则应输出 5。

下面直接求解一般情况的问题（并不限定字母的种类和个数）。设输入串为 S，记 $d(S)$ 为 S 的各个排列中，字典序比 S 小的串的个数，则可以用递推法求解 $d(S)$，如图 10-2 所示。

其中边上的字母表示“下一个字母”，$f(x)$表示多重集 x 的全排列个数。例如，根据第一个字母，可以把字典序小于 *caba* 的字符串分为 3 种：以 a 开头的，以 b 开头的，以 c 开头的，分别对应 $d(caba)$的 3 棵子树。以 a 开头的所有串的字典序都小于 *caba*，所以剩下的字符可以任意排列，个数为 $f(cba)$；同理，以 b 开头的所有串的字典序也都小于 *caba*，个数为 $f(caa)$；以 c 开头的串字典序不一定小于 *caba*，关键要看后 3 个字符，因此这部分的个数为 $d(aba)$，还需要继续往下分。

至于 f 函数的求解，大部分组合数学书籍中均有介绍：设字符一共有 k 类，个数分别为 $n_1, n_2,\cdots, n_k$，则这个多重集的全排列个数为 $\dfrac{(n_1+n_2+\cdots+n_k)!}{n_1!n_2!\cdots n_k!}$。

不难算出，$f(caa)=\dfrac{(1+2)!}{1!2!}=\dfrac{6}{2}=3$，其他 f 值分别为 $f(cba)=6$，$f(b)=1$，故 $d(caba)=f(cba)+f(caa)+f(b)=3+6+1=10$。既然“比它小”的个数是 10，序号自然就是 11 了。

“给物体一个编号”称为编码，同理也有“解码”，即根据序号构造出这个物体。这个过程和刚才的很接近：依次确定各个位置上的字母即可。例如，要求出序号为 8（因此有 7 个比它小）的字符串，推理过程如图 10-3 所示。

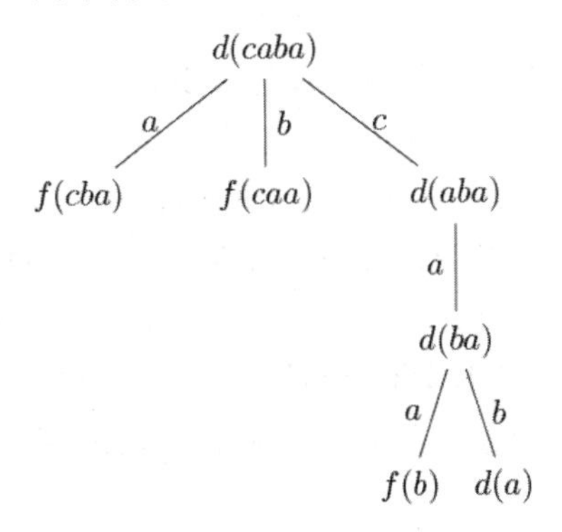

图 10-2　字符串编码的递推过程

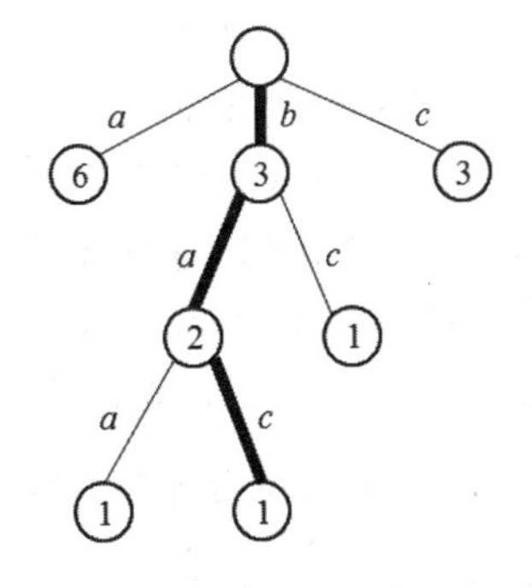

图 10-3　字符串解码的递推过程

例题 10-8　密码（Password, ACM/ICPC Daejon 2010, UVa1262）

给两个 6 行 5 列的字母矩阵，找出满足如下条件的“密码”：密码中的每个字母在两个矩阵的对应列中均出现。例如，左数第 2 个字母必须在两个矩阵中的左数第 2 列中均出现。例如，图 10-4 中，COMPU 和 DPMAG 都满足条件。

A	Y	G	S	U
D	O	M	R	A
C	P	F	A	S
X	B	O	D	G
W	D	Y	P	K
P	R	X	W	O

C	B	O	P	T
D	O	S	B	G
G	T	R	A	R
A	P	M	M	S
W	S	X	N	U
E	F	G	H	I

图 10-4　满足条件的密码

字典序最小的5个满足条件的密码分别是：ABGAG、ABGAS、ABGAU、ABGPG和ABGPS。给定 k（$1 \leqslant k \leqslant 7777$），你的任务是找出字典序第 k 小的密码。如果不存在，输出 NO。

【分析】

本题是一个经典的解码问题。首先把不可能出现在答案中的字母排除。例如在上面的例子中，第 1 个字母只能是{A,C,D,W}，第 2 个字母只能是{B,O,P}，第 3 个字母只能是{G,M,O,X}，第 4 个字母只能是{A,P}，第 5 个字母只能是{G,S,U}。

不管第 1 个字母是多少，后 4 个字母都有 3*4*2*3=72 种可能，因此当 k≤72 时，第 1 个字母是 A，当 72<k≤144 时第 1 个字母是 C，如此等等。再用同样的方法确定第 2，3，4，5 个字母即可。

由于 k≤7777，本题还有一个取巧的方法：直接按照字典序从小到大的顺序递归一个一个的枚举。虽然代码比递推法要长，但是由于思维难度小，往往能在更短的时间内写完、写对。

10.2.4　离散概率初步

关于概率有一套很深的理论，不过很多和概率相关的问题并不需要特别的知识，熟悉排列组合就够了。

第 1 个例子是：连续抛 3 次硬币，恰好有两次正面的概率是多少？用 H 和 T 来表示正面和背面（取自英文单词 head 和 tail），则一共有 8 种可能的情况：HHH、HHT、HTH、HTT、THH、THT、TTH、TTT。根据我们对硬币的认识，这 8 种情况出现的可能性相同，概率各为 1/8。用概率论的专业术语说，这里的{HHH、HHT、HTH、HTT、THH、THT、TTH、TTT}称为样本空间（Sample Space）。所求的是“恰好有两次正面”这个事件（Event）的概率。借助于集合的记号，这个事件可以表示为{HHT, HTH, THH}，其概率为 3/8。

提示 10-5：如果样本空间由有限个等概率的简单事件组成，事件 E 的概率可以用组合计数的方法得到：$P(E)=\dfrac{|E|}{|S|}$。

第 2 个例子是：如果一间屋子里有 23 个人，那么“至少有两个人的生日相同”的概率超过 50%。为了简单起见，假定已知每个人的生日都不是 2 月 29 日。

尽管看上去复杂了许多，其实这个例子和抛硬币是类似的。每个人的生日是 365 天中

等概率随机选择的，因此样本空间大小$|S|=365^{23}$。接下来需要计算“至少有两个人生日相同”的情况有多少种。这个数目不太好直接统计，所以统计“任何两个人的生日都不相同”的数目，然后用总数减去它即可。公式不难得到：

$$P(E)=\frac{|E|}{|S|}=\frac{|S|-|\bar{E}|}{|S|}=1-\frac{P_{365}^{23}}{365^{23}}$$

不管是P_{365}^{23}还是365^{23}都无法储存在 int 或者 long long 中，但概率是实数，并且此处并不需要太高的精度，所以可以直接计算，例如：

```
double P(int n, int m) {
  double ans = 1.0;
  for(int i = 0; i < m; i++) ans *= (n-i);
  return ans;
}

double birthday(int n, int m) {
  double ans = P(n, m);
  for(int i = 0; i < m; i++) ans /= n;
  return 1 - ans;
}
```

函数 birthday(365,23)的返回值为 0.5073，即 50.73%。别高兴得太早，我们来算一算 birthday(365,365)。直观上，365 个人中几乎肯定会有两个人的生日相同，因此 birthday(365,365)应该返回一个很接近 1 的值。可结果呢？很不幸，返回值为-1.#INF0000——连 double 都溢出了。

解决方案是边乘边除，而不是连着乘 m 次，然后再连着除 m 次。例如：

```
double birthday(int n, int m) {
  double ans = 1.0;
  for(int i = 0; i < m; i++) ans *= (double)(n-i) / n;
  return 1 - ans;
}
```

本例说明：正如数论和组合计数中要注意 int 和 long long 溢出一样，在概率计算中要注意 double 溢出。顺便说一句，这个“改进版”程序其实有个直接的概率意义：

$$P(E)=1-P(\bar{E})=1-P(E_1)P(E_2)P(E_3)\cdots P(E_m)=1-\frac{n}{n}\times\frac{n-1}{n}\times\frac{n-2}{n}\cdots\frac{n-(m-1)}{n}$$

其中，E_i表示“第 i 个人的生日不和前面的人重复”这个事件。上面的公式用到了这样一个结论：如果有 n 个相互独立的事件，则它们同时发生的概率是每个事件单独发生的概率的乘积，像计数中的乘法原理一样。看上去很直观吧？但严格的定义需要用到“条件概率”的知识。

条件概率。在概率计算中，条件概率扮演了重要的作用。公式如下：

$$P(A|B)=P(AB)\mid P(B)$$

这里，$P(A|B)$是指，在事件 B 发生的前提下，事件 A 发生的概率，而 $P(AB)$是指两个事件 A 和 B 同时发生的概率。前面所说的两个事件 AB 独立就是指 $P(AB)=P(A)P(B)$。

条件概率中还有一个重要的公式，即贝叶斯公式：$P(A|B)=P(B|A) * P(A)/P(B)$

全概率公式。计算概率的一种常用方法是：样本空间 S 分成若干个不相交的部分 $B_1, B_2,\cdots, B_n$，则 $P(A)=P(A|B_1)*P(B_1) + P(A|B_2)*P(B_2)+\cdots+P(A|B_n)*P(B_n)$。

公式看上去复杂，但其实思路很简单。例如，参加比赛，得一等奖、二等奖、三等奖和优胜奖的概率分别为 0.1、0.2、0.3 和 0.4，这 4 种情况下，你会被妈妈表扬的概率分别为 1.0、0.8、0.5、0.1，则你被妈妈表扬的总概率为 0.1*1.0+0.2*0.8+0.3*0.5+0.4*0.1=0.45。使用全概率公式的关键是“划分样本空间”，只有把所有可能情况不重复、不遗漏地进行分类，并算出每个分类下事件发生的概率，才能得出该事件发生的总概率。

例题 10-9　决斗（Headshot, ACM/ICPC NEERC 2009, UVa1636）

首先在手枪里随机装一些子弹，然后抠了一枪，发现没有子弹。你希望下一枪也没有子弹，是应该直接再抠一枪（输出 SHOOT）呢，还是随机转一下再抠（输出 ROTATE）？如果两种策略下没有子弹的概率相等，输出 EQUAL。

手枪里的子弹可以看成一个环形序列，开枪一次以后对准下一个位置。例如，子弹序列为 0011 时，第一次开枪前一定在位置 1 或 2（因为第一枪没有子弹），因此开枪之后位于位置 2 或 3。如果此时开枪，有一半的概率没有子弹。序列长度为 2~100。

【分析】

直接抠一枪没子弹的概率是一个条件概率，等于子串 00 的个数除以 00 和 01 总数（也就是 0 的个数）。转一下再抠没子弹的概率等于 0 的比率。

设子串 00 的个数为 a，0 的个数为 b，则两个概率分别是 a/b 和 b/n。问题就是比较 an 和 b^2。前者大就是 SHOOT，后者大就是 ROTATE。

例题 10-10　奶牛和轿车（Cows and Cars, UVa10491）

有这么一个电视节目：你的面前有 3 个门，其中两扇门里是奶牛，另外一扇门里则藏着奖品——一辆豪华小轿车。在你选择一扇门之后，门并不会立即打开。这时，主持人会给你个提示，具体方法是打开其中一扇有奶牛的门（不会打开你已经选择的那个门，即使里面是牛）。接下来你有两种可能的决策：保持先前的选择，或者换成另外一扇未开的门。当然，你最终选择打开的那扇门后面的东西就归你了。

在这个例子里面，你能得到轿车的概率是 2/3（难以置信吧！），方法是总是改变自己的选择。2/3 这个数是这样得到的：如果选择了两个牛之一，你肯定能换到车前面的门，因为主持人已经让你看了另外一个牛；而如果你开始选择的就是车，就会换成剩下的牛并且输掉奖品。由于你的最初选择是任意的，因此选错的概率是 2/3。也正是这 2/3 的情况让你能换到那辆车（另外 1/3 的情况你会从车切换到牛）。

现在把问题推广一下，假设有 a 头牛，b 辆车（门的总数为 $a+b$），在最终选择前主持人会替你打开 c 个有牛的门（$1\leqslant a\leqslant 10000$，$1\leqslant b\leqslant 10000$，$0\leqslant c<a$），输出“总是换门”的策略下，赢得车的概率。

【分析】

使用全概率公式。打开 c 个牛门后，还剩 $a-c$ 头牛，未开的门总数是 $a+b-c$，其中有

$a+b-c-1$ 个门可以换（称为“可选门”），换到门的概率就是“可选门”的总数除以“可选门中车门的个数”。

情况 1：一开始选了牛（概率 $a/(a+b)$），则可选门中车门有 b 个。这种情况的总概率为 $a/(a+b) * b/(a+b-c-1)$。

情况 2：一开始选了车（概率为 $b/(a+b)$），则可选门中车门只有 $b-1$ 个，概率为 $b/(a+b) * (b-1)/(a+b-c-1)$。

加起来得 $(ab+b(b-1)) / ((a+b)(a+b-c-1))$。

例题 10-11　条件概率（Probability|Given, UVa11181）

有 n 个人准备去超市逛，其中第 i 个人买东西的概率是 P_i。逛完以后你得知有 r 个人买了东西。根据这一信息，请计算每个人实际买了东西的概率。输入 n（$1 \leqslant n \leqslant 20$）和 r（$0 \leqslant r \leqslant n$），输出每个人实际买了东西的概率。

【分析】

“r 个人买了东西”这个事件叫 E，“第 i 个人买东西”这个事件为 E_i，则要求的是条件概率 $P(E_i|E)$。根据条件概率公式，$P(E_i|E) = P(E_iE) / P(E)$。

$P(E)$依然可以用全概率公式。例如，n=4，r=2，有 6 种可能：1100, 1010, 1001, 0110, 0101, 0011，其中 1100 的概率为 $P_1*P_2*(1-P_3)*(1-P_4)$，其他类似，设置 $A[k]$表示第 k 个人是否买东西（1 表示买，0 表示不买），则可以用递归的方法枚举恰好有 r 个 $A[k]$=1 的情况。

如何计算 $P(E_iE)$呢？方法一样，只是枚举的时候要保证第 $A[i]$=1。不难发现，其实可以用一次枚举就计算出所有的值。用 tot 表示上述概率之和，sum[i]表示 $A[i]$=1 的概率之和，则答案为 $P(E_i)/P(E)$=sum[i]/tot。

例题 10-12　纸牌游戏（Double Patience, NEERC 2005, UVa1637）

36 张牌分成 9 堆，每堆 4 张牌。每次可以拿走某两堆顶部的牌，但需要点数相同。如果有多种拿法则等概率的随机拿。例如，9 堆顶部的牌分别为 KS, KH, KD, 9H, 8S, 8D, 7C, 7D, 6H，则有 5 种拿法(KS,KH), (KS,KD), (KH,KD), (8S,8D), (7C,7D)，每种拿法的概率均为 1/5。如果最后拿完所有牌则游戏成功。按顺序给出每堆牌的 4 张牌，求成功概率。

【分析】

用 9 元组表示当前状态，即每堆牌剩的张数，状态总数为 5^9=1953125。设 $d[i]$表示状态 i 对应的成功概率，则根据全概率公式，$d[i]$为后继状态的成功概率的平均值，按照动态规划的写法计算即可。

10.3　其他数学专题

10.3.1　递推

汉诺塔问题。假设有 A、B、C 3 个轴，有 n 个直径各不相同、从小到大依次编号为 1, 2, 3,⋯,n 的圆盘按照上小下大的顺序叠放在 A 轴上。现要求将这 n 个圆盘移至 B 轴上并仍按同样顺序叠放，但圆盘移动时必须遵循下列规则：

- 每次只能移动一个圆盘，它必须位于某个轴的顶部。
- 圆盘可以插在 A、B、C 中的任一轴上。
- 任何时刻都不能将一个较大的圆盘压在较小的圆盘之上。

【分析】

这个问题看上去很容易，但当 n 稍大一点时，手工移动就开始变得困难起来。下面直接给出递归解法：首先，把前 $n-1$ 个圆盘放到 C 轴；接下来把 n 号圆盘放到 B 轴；最后，再把前 $n-1$ 个盘子放到 B 轴，如图 10-5 所示。

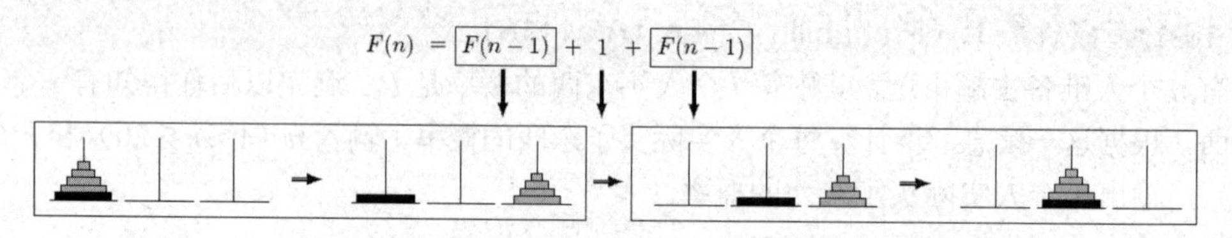

图 10-5　根据递归解法建立汉诺塔的递推关系

图 10-4 中还给出了 n 个圆盘所需步数 $f(n)$的递推式：$f(n)=2f(n-1)+1$。如果把 $f(n)$的值从小到大列出来，即 1,3,7,15,31,63,127,255…，你会发现其实有一个简单的表达式：$f(n)=2^n-1$。

用数学归纳法不难证明：$f(1)=1$ 满足等式。假设 $n=k$ 满足等式，即 $f(k)=2^k-1$，则 $n=k+1$ 时，$f(k+1)=2f(k)+1=2(2^k-1)+1=2^{k+1}-2+1=2^{k+1}-1$。因此 $n=k+1$ 也满足等式。由数学归纳法可知，n 取任意正整数均成立。

如果还不熟悉数学归纳法，其实从上面的证明过程已经能看出来其基本原理——其实它正是一种递归证明。只要边界处理好（$f(1)=1$ 满足），递归时缩小规模（用 k 来证明 $k+1$），然后在“相信递归”（假设 $n=k$ 成立）的前提下证明即可。

提示 10-6：*数学归纳法是一种利用递归的思想证明的方法。如果要讨论的对象具有某种递归性质（如正整数），可以考虑用数学归纳法。*

Fibonacci 数列。先来考虑一个简单的问题：楼梯有 n 个台阶，上楼可以一步上一阶，也可以一步上两阶。一共有多少种上楼的方法？

这是一道计数问题。在没有思路时，不妨试着找规律。$n=5$ 时，一共有 8 种方法：

```
5=1+1+1+1+1
5=2+1+1+1
5=1+2+1+1
5=1+1+2+1
5=1+1+1+2
5=2+2+1
5=2+1+2
5=1+2+2
```

其中有 5 种方法第 1 步走了 1 阶（灰色），3 种方法第 1 步走了 2 阶。没有其他可能了。假设 $f(n)$为 n 个台阶的走法总数，把 n 个台阶的走法分成两类。

第 1 类：第 1 步走 1 阶。剩下还有 $n-1$ 阶要走，有 $f(n-1)$种方法。

第 2 类：第 1 步走 2 阶。剩下还有 $n-2$ 阶要走，有 $f(n-2)$种方法。

这样，就得到了递推式：$f(n)=f(n-1)+f(n-2)$。不要忘记边界情况：$f(1)=1$，$f(2)=2$。当然，也可以认为边界是 $f(0)=f(1)=1$。把 $f(n)$的前几项列出：1, 1, 2, 3, 5, 8,…。

再例如，把雌雄各一的一对新兔子放入养殖场中。每只雌兔从第 2 个月开始每月产雌雄各一的一对新兔子。试问第 n 个月后养殖场中共有多少对兔子？

还是先找找规律。

第 1 个月：一对新兔子 r_1。用小写字母表示新兔子。

第 2 个月：还是一对新兔子，不过已经长大，具备生育能力了，用大写字母 R_1 表示。

第 3 个月：R_1 生了一对新兔子 r_2，一共两对。

第 4 个月：R_1 又生一对 r_3，一共 3 对。另外，r_2 长大了，变成 R_2。

第 5 个月：R_1 和 R_2 各生一对，记为 r_4 和 r_5，共 5 对。此外，r_3 长成 R_3。

第 6 个月：R_1、R_2 和 R_3 各生一对，记为 r_6~r_8，共 8 对，同时 r_4 到 r_5 长大。

……

把这些数排列起来：1, 1, 2, 3, 5, 8, …，和刚才的一模一样！事实上，可以直接推导出递推关系 $f(n)=f(n-1)+f(n-2)$：第 n 个月的兔子由两部分组成，一部分是上个月就有的老兔子，一部分是上个月出生的新兔子。前一部分等于 $f(n-1)$，后一部分等于 $f(n-2)$（第 $n-1$ 个月时具有生育能力的兔子数就等于第 $n-2$ 个月的兔子总数）。根据加法原理，$f(n)=f(n-1)+f(n-2)$。

提示 10-7：*满足 $F_1=F_2=1$，$F_n=F_{n-1}+F_{n-2}$ 的数列称为 Fibonacci 数列，它的前若干项是 1, 1, 2, 3, 5, 8, 13, 21, 34, 55,…。*

再例如，有 2 行 n 列的长方形方格，要求用 n 个 1*2 的骨牌铺满。有多少种铺法？

考虑最左边一列的铺法。如果用一个骨牌直接覆盖，则剩下的 2*($n-1$)方格有 $f(n-1)$种铺法；如果是用两个横向骨牌覆盖，则剩下的 2*($n-2$)方格有 $f(n-2)$种方法，如图 10-6 所示。不难发现：第一列没有其他铺法，因此 $f(n)=f(n-1)+f(n-2)$。边界 $f(0)=1$, $f(1)=1$，恰好是 Fibonacci 数列。

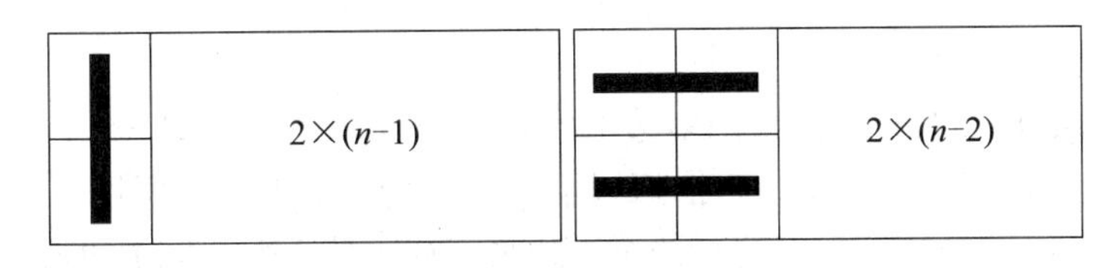

图 10-6　骨牌覆盖问题

这就是多数课本上讲解这道题目的方法，无须多说，因为重点并不在此。笔者曾想到过另一个解法，与各位读者分享：设第 i 列是纵向骨牌，则左边 $i-1$ 列和右边 $n-i$ 列各有 $f(i-1)$和 $f(n-i)$种铺法。根据乘法原理，一共有 $f(i-1)f(n-i)$种铺法。然后把 i=1,2,3,…,n 的情形全部加起来，根据加法原理，有：

$$f(n)=f(0)f(n-1)+f(1)f(n-2)+\cdots+f(n-1)f(0)$$

这个递推式对不对呢？聪明的读者也许已经看出，这个解法存在两个问题：

（1）有遗漏。只考虑了第 1,2,3,…,n 列是纵向骨牌的情形，但实际上可能所有的骨牌都是横向的。当且仅当n为偶数时，恰好有一种这样的方案。

（2）有重复。根据“第i列有骨牌”对所有方案进行了分类，但其实这些方案是有重叠的。例如，第1列和第2列完全可以同时有骨牌。这些方案在递推式中被重复计算了。

既然如此，这个思路是不是走入死胡同了呢？不是的！只要把刚才的推理变得严密起来，同样可以得到一个正确的递推式：根据从左到右第一条纵向骨牌的列编号分类。如果不存在，当且仅当n为偶数时有一种方案；当第一条纵向骨牌的列编号为i时，意味着左边i-1列必须全部是横向骨牌——当i为奇数时恰好有一个方案。而右边$n-i$列则可以用任意铺法，共$f(n-i)$种。换句话说：

n为偶数时，$f(n)=f(n-1)+f(n-3)+f(n-5)+\cdots+f(1)+1$（最后加上的就是“没有纵向骨牌”的情形）。

n为奇数时，$f(n)=f(n-1)+f(n-3)+f(n-5)+\cdots+f(2)+f(0)$。

边界是$f(0)=f(1)=1$。我们已经知道，问题的答案应该是Fibonacci数列，自然会对这个复杂的递推式产生怀疑：它真的是正确的吗？

带着这个疑问，笔者写了一个程序。结果出乎意料：居然和Fibonacci数列一样！事实上，它确实是Fibonacci数列。Fibonacci数列拥有很多有趣的性质，有兴趣的读者可以在网上搜索更多相关资料。不管怎样，这个“旧题新解”至少说明了两点：

（1）一个数列可能有多个看上去完全不同的递推式。

（2）即使是漏洞百出的解法也有可能通过“打补丁”的方式修改正确。

Catalan数。给一个凸n边形，用$n-3$条不相交的对角线把它分成$n-2$个三角形，求不同的方法数目。例如，$n=5$时，有5种剖分方法，如图10-7所示。

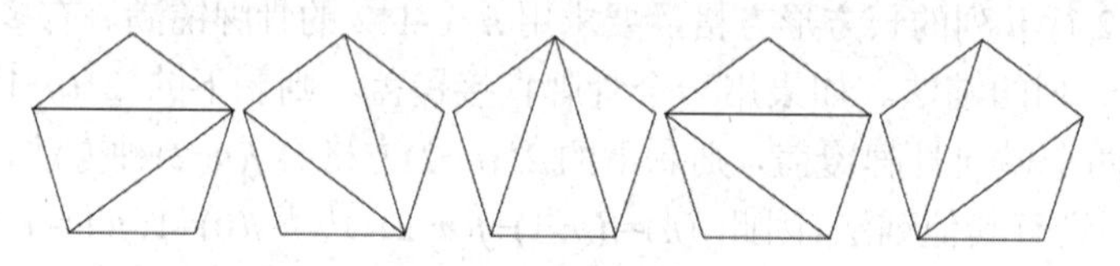

图10-7　凸五边形的5种三角剖分

【分析】

设答案为$f(n)$。按照某种顺序给凸多边形的各个顶点编号为$V_1,V_2,\cdots,V_n$。既然分成的是三角形，边V_1V_n在最终的剖分中一定恰好属于某个三角形$V_1V_nV_k$，所以可以根据k进行分类。不难看出，三角形$V_1V_nV_k$的左边是一个k边形，右边是一个$n-k+1$边形（如图10-8（a）所示）。根据乘法原理，包含三角形$V_1V_nV_k$的方案数为$f(k)f(n-k+1)$；根据加法原理有：

$$f(n)=f(2)f(n-1)+f(3)f(n-2)+\cdots+f(n-1)f(2)$$

边界是$f(2)=f(3)=1$。不难算出从$f(3)$开始的前几项f值依次为：1、2、5、14、42、132、429、1430、4862、16796。

提示10-8： *在建立递推式时，经常会用到乘法原理，其核心是分步计数。如果可以把计数分成独立的两个步骤，则总数量等于两步计数之乘积。*

另一种思路是考虑V_1连出的对角线。对角线V_1V_k把凸n边形分成两部分，一部分是k边形，另一部分是$n-k+2$边形（如图10-8（b）所示）。根据乘法原理，包含对角线V_1V_k

的凸多边形有 $f(k)f(n-k+2)$个。根据对称性，考虑从 V_2、V_3、…、V_n 出发的对角线也会有同样的结果，因此一共有 $n(f(3)f(n-1)+f(4)f(n-2)+\cdots+f(n-1)f(3))$个部分。

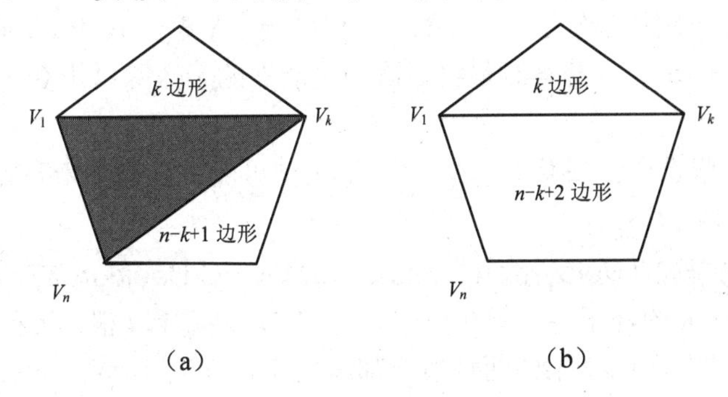

图 10-8　凸多边形三角剖分数目的两种递推方法

但这并不是正确答案，因为同一个剖分被重复计算了多次！不过这次不必去消除重复了，因为这些重复很有规律：每个方案恰好被计算了 $2n-6$ 次——有 $n-3$ 条对角线，而考虑每条对角线的每个端点时均计算了一次。这样，得到了 $f(n)$的第 2 个递推式：

$$f(n) = (f(3)(n-1)+f(4)f(n-2)+\cdots+f(n-1)f(3))\times n/(2n-6)$$

它和第一个递推式有几分相似，但又不同。把 $n+1$ 代入第 1 个递推式后得到：

$$f(n+1)=f(2)f(n) + f(3)f(n-1) + f(4)f(n-2) +\cdots+ f(n-1)f(3) + f(n)f(2)$$

灰色部分是相同的！根据第 2 个递推式，它等于 $f(n)\bullet(2n-6)/n$ ，把它和 $f(2)=1$ 一起代入上式得：

$$f(n+1) = f(n) + f(n)\bullet(2n-6)/n + f(n) = \frac{4n-6}{n}f(n)$$

这个递推式和前两个相比就简单多了。这个数列称为 Catalan 数，也是常见的计数数列。

例题 10-13　危险的组合（Critical Mass, UVa580）

有一些装有铀（用 U 表示）和铅（用 L 表示）的盒子，数量均足够多。要求把 n（$n\leqslant 30$）个盒子放成一行，但至少有 3 个 U 放在一起，有多少种放法？例如，n=4, 5, 30 时答案分别为 3, 8 和 974791728。

【分析】

设答案为 $f(n)$。既然有 3 个 U 放在一起，可以根据这 3 个 U 的位置分类——对，根据前面的经验，要根据“最左边的 3 个 U”的位置分类。假定是 i、i+1 和 i+2 这 3 个盒子，则前 $i-1$ 个盒子不能有 3 个 U 放在一起的情况。设 n 个盒子“没有 3 个 U 放在一起”的方案数为 $g(n)=2^n-f(n)$，则前 $i-1$ 个盒子的方案有 $g(i-1)$种。后面的 $n-i-2$ 个盒子可以随便选择，有 2^{n-i-2} 种。根据乘法原理和加法原理，$f(n)=\sum_{i=1}^{n-2}g(i-1)2^{n-i-2}$ 。

遗憾的是，这个推理是有瑕疵的。即使前 $i-1$ 个盒子内部不出现 3 个 U，仍然可能和 i、i+1 和 i+2 组成 3 个 U。正确的方法是强制让第 $i-1$ 个盒子（如果存在）放 L，则前 $i-2$ 个盒子内部不能出现连续的 3 个 U。因此 $f(n)=2^{n-3}+\sum_{i=2}^{n-2}g(i-2)2^{n-i-2}$ ，边界是 $f(0)=f(1)=f(2)=0$。

$g(0)=1$，$g(1)=2$，$g(2)=4$。注意上式中的 2^{n-3} 对应于 $i=1$ 的情况。

例题 10-14　比赛名次（Race, UVa12034）

A、B 两人赛马，最终名次有 3 种可能：并列第一；A 第一 B 第二；B 第一 A 第二。输入 n（$1 \leqslant n \leqslant 1000$），求 n 人赛马时最终名次的可能性的个数除以 10056 的余数。

【分析】

设答案为 $f(n)$。假设第一名有 i 个人，有 $C(n,i)$ 种可能性，接下来有 $f(n-i)$ 种可能性，因此答案为 $\sum C(n,i)f(n-i)$。

例题 10-15　杆子的排列（Pole Arrangement, ACM/ICPC Daejeon 2012, UVa1638）

有高为 $1, 2, 3, \cdots, n$ 的杆子各一根排成一行。从左边能看到 l 根，从右边能看到 r 根，求有多少种可能。例如，图 10-9 中的两种情况都满足 $l=1$，$r=2$（$1 \leqslant l$，$r \leqslant n \leqslant 20$）。

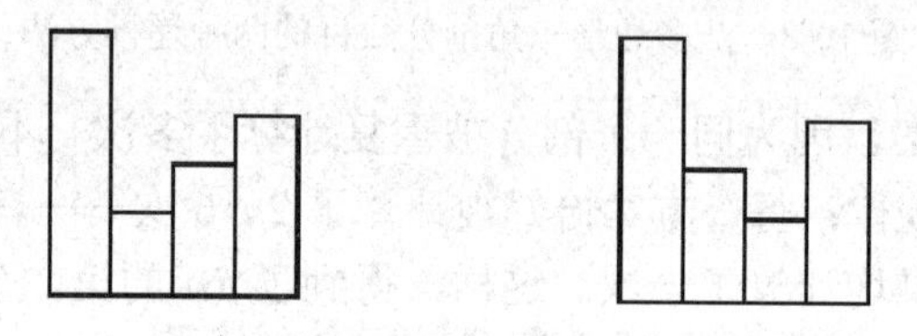

图 10-9　杆子的排列

【分析】

设 $d(i,j,k)$ 表示让高度为 $1\sim i$ 根杆子排成一行，从左边能看到 j 根，从右边能看到 k 根的方案数。为了方便起见，假定 $i \geqslant 2$。如何进行递推呢？首先尝试按照从小到大的顺序按照各个杆子。假设已经安排完高度为 $1\sim i-1$ 的杆子，那么高度为 i 的杆子可能会挡住很多其他杆子，看上去很难写出递推式。

那么换一个思路：按照从大到小的顺序安排各个杆子。假设已经安排完高度为 $2\sim i$ 的杆子，那么高度为 1 的杆子不管放哪里都不会挡住任何一根杆子。有如下 3 种情况。

情况 1：插到最左边，则从左边能看到它，从右边看不见（因为 $i \geqslant 2$）。

情况 2：如果插到最右边，则从右边能看到它，从左边看不见。

情况 3（有 $i-2$ 个插入位置）：插到中间，则不管从左边还是右边都看不见它。

在第一种情况下，高度为 $2\sim i$ 的那些杆子必须满足：从左边能看到 $j-1$ 根，从右边能看到 k 根，因为只有这样，加上高度为 1 的杆子之后才是“从左边能看到 j 根，从右边能看到 k 根”。虽然状态 $d(i,j,k)$ 表示的是“让高度为 $1\sim i$ 的杆子……”，而现在需要把高度为 $2\sim i+1$ 的杆子排成一行，但是不难发现：其实杆子的具体高度不会影响到结果，只要有 i 根高度各不相同的杆子，从左从右看分别能看到 j 根和 k 根，方案数就是 $d(i,j,k)$。换句话说，情况 1 对应的方案数是 $d(i-1,j-1,k)$。类似地，情况 2 对应的方案数是 $d(i-1,j,k-1)$，而情况 3 对应的方案数是 $d(i-1,j,k)*(i-2)$。这样，就得到了如下递推式：

$$d(i,j,k) = d(i-1,j-1,k) + d(i-1,j,k-1) + d(i-1,j,k)*(i-2)$$

10.3.2　数学期望

数学期望。简单地说，随机变量 X 的数学期望 EX 就是所有可能值按照概率加权的和。

例如，一个随机变量有 1/2 的概率等于 1，1/3 的概率等于 2，1/6 的概率等于 3，则这个随机变量的数学期望为 1*1/2+2*1/3+3*1/6=5/3。在非正式场合中，可以说这个随机变量“在平均情况下”等于 5/3。在解决和数学期望相关的题目时，可以先考虑直接使用数学期望的定义求解：计算出所有可能取值，以及对应的概率，最后求加权和，如果遇到困难，则可以考虑使用下面两个工具：

期望的线性性质。有限个随机变量之和的数学期望等于每个随机变量的数学期望之和。例如，对于两个随机变量 X 和 Y，$E(X+Y)=EX+EY$。

全期望公式。类似全概率公式，把所有情况不重复、不遗漏地分成若干类，每类计算数学期望，然后把这些数学期望按照每类的概率加权求和。

例题 10-16 过河（Crossing Rivers, ACM/ICPC Wuhan 2009, UVa12230）

你住在村庄 A，每天需要过很多条河到另一个村庄 B 上班。B 在 A 的右边，所有的河都在中间。幸运的是，每条河上都有匀速移动的自动船，因此每当到达一条河的左岸时，只需等船过来，载着你过河，然后在右岸下船。你很瘦，因此上船之后船速不变。

日复一日，年复一年，你问自己：从 A 到 B，平均情况下需要多长时间？假设在出门时所有船的位置都是均匀随机分布。如果位置不是在河的端点处，则朝向也是均匀随机。在陆地上行走的速度为 1。

输入 A 和 B 之间河的个数 n、长度 D（$0 \leqslant n \leqslant 10$，$1 \leqslant D \leqslant 1000$），以及每条河的左端点坐标离 A 的距离 p，长度 L 和移动速度 v（$0 \leqslant p < D$，$0 < L \leqslant D$，$1 \leqslant v \leqslant 100$），输出 A 到 B 时间的数学期望。输入保证每条河都在 A 和 B 之间，并且相互不会重叠。

【分析】

用数学期望的线性。过每条河的时间为 L/v 到 $3L/v$ 的均匀分布，因此期望过河时间为 $2L/v$。把所有 $2L/v$ 加起来，再加上 D−sum(L)即可。

例题 10-17 糖果（Candy, ACM/ICPC Chengdu 2012, UVa1639）

有两个盒子各有 n（$n \leqslant 2*10^5$）个糖，每天随机选一个（概率分别为 p，$1-p$），然后吃一颗糖。直到有一天，打开盒子一看，没糖了！输入 n, p，求此时另一个盒子里糖的个数的数学期望。

【分析】

根据期望的定义，不妨设最后打开第 1 个盒子，此时第 2 个盒子有 i 颗，则这之前打开过 $n+(n-i)$次盒子，其中有 n 次取的是盒子 1，其余 $n-i$ 次取的盒子 2，概率为 $C(2n-i, n)p^{n+1}(1-p)^{n-i}$。注意 p 的指数是 $n+1$，因为除了前面打开过 n 次盒子 1 之外，最后又打开了一次。

这个概率表达式在数学上是正确的，但是用计算机计算时需要小心：n 可能高达 20 万，因此 $C(2n-i, n)$可能非常大，而 p^{n+1} 和$(1-p)^{n-i}$ 却非常接近 0。如果分别计算这 3 项再乘起来，会损失很多精度。一种处理方式是利用对数，设 $\mathrm{v1}(i) = \ln(C(2n-i, n)) + (n+1)\ln(p) + (n-i)\ln(1-p)$，则“最后打开第 1 个盒子”对应的数学期望为 $e^{\mathrm{v1}(i)}$。

同理，当最后打开的是第 2 个盒子，对数为 $\mathrm{v2}(i) = \ln(C(2n-i, n)) + (n+1)\ln(1-p) + (n-i)\ln(p)$，概率为 $e^{\mathrm{v2}(i)}$。根据数学期望的定义，最终答案为 $\mathrm{sum}\{i(e^{\mathrm{v1}(i)}+e^{\mathrm{v2}(i)})\}$。

例题 10-18 优惠券（Coupons, UVa10288）

大街上到处在卖彩票，一元钱一张。购买撕开它上面的锡箔，你会看到一个漂亮的图案。图案有 n 种，如果你收集到所有 n（$n\leqslant 33$）种彩票，就可以得大奖。请问，在平均情况下，需要买多少张彩票才能得到大奖呢？如 n=5 时答案为 137/12。

【分析】

已有 k 个图案, 令 $s=k/n$, 拿一个新的需要 t 次的概率：$s^{t-1}(1-s)$; 因此平均需要的次数为 $(1-s)(1+2s+3s^2+4s^3+\cdots)=(1-s)E$，而 $sE=s+2s^2+3s^3+\cdots=E-(1+s+s^2+\cdots)$，移项得

$$(1-s)E=1+s+s^2+\cdots=1/(1-s)=n/(n-k)$$

换句话说，已有 k 个图案：平均拿 $n/(n-k)$次就可多搜集一个, 所以总次数为：

$$n(1/n+1/(n-1)+1/(n-2)+\cdots+1/2+1/1)$$

10.3.3　连续概率

连续概率。简单地说，随机变量 X 的数学期望 EX 就是所有可能值按照概率加权的和。例如，一个随机变量有 1/2 的概率等于 1，1/3 的概率等于 2，1/6 的概率等于 3，则比变量随机。

例题 10-19　概率（Probability, UVa11346）

在$[-a,a]*[-b,b]$区域内随机取一个点 P，求以(0,0)和 P 为对角线的长方形面积大于 S 的概率（$a,b>0$，$S\geqslant 0$）。例如 a=10，b=5，S=20，答案为 23.35%。

【分析】

根据对称性，只需要考虑$[0,a]*[0,b]$区域取点即可。面积大于 S，即 $xy>S$。$xy=S$ 是一条双曲线，所求概率就是$[0,a]*[0,b]$中处于双曲线上面的部分。为了方便，还是求曲线下面的面积，然后用总面积来减，如图 10-10 所示。

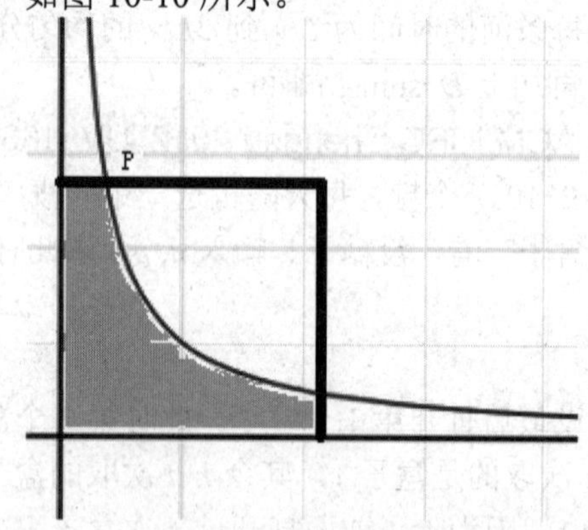

图 10-10　双曲线所围面积

设双曲线和区域$[0,a]*[0,b]$左边的交点 P 是$(S/b, b)$，因此积分就是：

$$S+S\int_{S/b}^{a}\frac{1}{x}\mathrm{d}x$$

查得 $1/S$ 的原函数是 $\ln(S)$，因此积分部分就是 $\ln(a)-\ln(S/b)=\ln(ab/S)$。设面积为 m，则答案为$(m-s-s*\ln(m/s))/m$。

注意这样做有个前提，就是双曲线和所求区域相交。如果 $s>ab$，则概率应为 0；而如果 s 太接近 0，概率应直接返回 1，否则计算 $\ln(m/s)$时可能会出错。

例题 10-20　你想当 2^n 元富翁吗？（So you want to be a 2^n-aire?, UVa10900）

在一个电视娱乐节目中，你一开始有 1 元钱。主持人会问你 n 个问题，每次你听到问题后有两个选择：一是放弃回答该问题，退出游戏，拿走奖金；二是回答问题。如果回答正确，奖金加倍；如果回答错误，游戏结束，你一分钱也拿不到。如果正确地回答完所有 n 个问题，你将拿走所有的 2^n 元钱，成为 2^n 元富翁。

当然，回答问题是有风险的。每次听到问题后，你可以立刻估计出答对的概率。由于主持人会随机问问题，你可以认为每个问题的答对概率在 t 和 1 之间均匀分布。输入整数 n 和实数 t（$1 \leqslant n \leqslant 30$，$0 \leqslant t \leqslant 1$），你的任务是求出在最优策略下，拿走的奖金金额的期望值。这里的最优策略是指让奖金的期望值尽量大。

【分析】

假设你刚开始游戏，如果直接放弃，奖金为 1；如果回答，期望奖金是多少呢？不仅和第 1 题的答对概率 p 相关，而且和答后面的题的情况相关。即：

选择“回答第 1 题”后的期望奖金 $= p *$ 答对 1 题后的最大期望奖金

注意，上式中“答对 1 题后的最大期望奖金”和这次的 p 无关，这提示我们用递推的思想，用 $d[i]$表示“答对 i 题后的最大期望奖金”，再加上“不回答”时的情况，可以得到：若第 1 题答对概率为 p，期望奖金的最大值 $= \max\{2^0, p*d[1]\}$

这里故意写成 2^0，强调这是“答对 0 题后放弃”所得到的最终奖金。

上述分析可以推广到一般情况，但是要注意一点：到目前为止，一直假定 p 是已知的，而 p 实际上并不固定，而是在 t~1 内均匀分布。根据连续概率的定义，$d[i]$在概念上等于 $\max\{2^i, p*d[i+1]\}$在 $p=t$~1 上的积分。不要害怕“积分”二字，因为虽然在概念上这是一个积分，但是落实到具体的解法上，仍然只需要基础知识。

因为有 max 函数的存在，需要分两种情况讨论，即 $p*d[i+1]<2^i$ 和 $p*d[i+1] \geqslant 2^i$ 两种情况。令 $p_0=\max\{t, 2^i/d[i+1]\}$（加了一个 max 是因为根据题目，$p \geqslant t$），则：

- ❑ $p<p0$ 时，$p*d[i+1]<2^i$，因此“不回答”比较好，期望奖金等于 2^i。
- ❑ $p \geqslant p0$ 时，“回答”比较好，期望奖金等于 $d[i]$乘以 p 的平均值（$d[i]$作为常数被“提出来”了），即$(1+p0)/2 * d[i+1]$。

在第一种情况中，p 的实际范围是$[t,p0)$，因此概率为 $p1=(p0-t)/(1-t)$。根据全期望公式，$d[i] = 2^i * p1 + (1+p0)/2 * d[i+1] * (1-p1)$。

边界是 $d[n] = 2^n$，逆向递推出 $d[0]$就是本题的答案。

例题 10-21　多边形（Polygon, UVa11971）

有一根长度为 n 的木条，随机选 k 个位置把它们切成 $k+1$ 段小木条。求这些小木条能组成一个多边形的概率。

【分析】

不难发现本题的答案与 n 无关。在一条直线上切似乎难以处理，可以把直线接成一个圆，多切一下，即在圆上随机选 $k+1$ 个点，把圆周切成 $k+1$ 段。根据对称性，两个问题的答案相同。

新问题就要容易处理得多了：“组不成多边形”的概率就是其中一个小木条至少跨越了半个圆周的概率。设这个最长的小木条从点 i 开始逆时针跨越了至少半个圆周，则其他所有点都在这半个圆周之外，如图 10-11 所示的灰色部分。

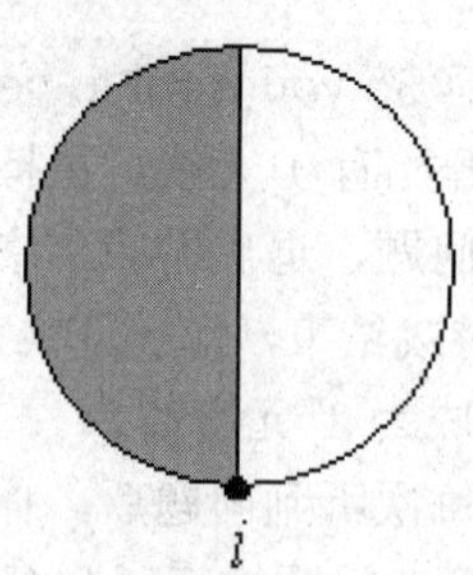

图 10-11　木条逆时针跨越所成形状

除了点 i 之外其他每个点位于灰色部分的概率均为1/2，因此总概率为 $1/2^k$。点 i 的取法有 k+1种，因此“组不成多边形”的概率为 $(k+1)/2^k$，能组成多边形的概率为 $1-(k+1)/2^k$。

10.4　竞赛题目选讲

例题 10-22　统计问题（The Counting Problem, ACM/ICPC Shanghai 2004, UVa1640）

给出整数 a、b，统计 a 和 b（包含 a 和 b）之间的整数中，数字0,1,2,3,4,5,6,7,8,9分别出现了多少次。$1 \leqslant a,b \leqslant 10^8$。注意，$a$ 有可能大于 b。

【分析】

解决这类题目的第一步一般都是：令 $f_d(n)$ 表示 $0\sim n-1$ 中数字 d 出现的次数，则所求的就是 $f_d(b+1)-f_d(a)$。例如，要统计0~234中4的个数，可以分成几个区间，如表10-2所示。

表 10-2　0~234 所划区间

范　围	模　板　集
0~9	*
10~99	**
100~199	1**
200~229	20*, 21*, 22*
230~234	230, 231, 232, 233, 234

表10-2中的“模板”指的是一些整数的集合，其中字符“*”表示“任意字符”。例如，1**表示以1开头的任意3位数。因为后两个数字完全任意，所以“个位和十位”中每个数字出现的次数是均等的。换句话说，在模板1**所对应的100个整数的200个“个位和十位”数字中，0~9各有20个。而这些数的百位总是1，因此得到：模板1**对应的100个整数包含数字0，2~9各20个，数字1有120个。

这样，只需把 $0\sim n$ 分成若干个区间，算出每个区间中各个模板所对应的整数包含每个数字各多少次，就能解决原问题了，细节留给读者思考。

例题 10-23　多少块土地（How Many Pieces of Land?, UVa10213）

有一块椭圆形的地。在边界上选 n（$0 \leqslant n < 2^{31}$）个点并两两连接得到 $n(n-1)/2$ 条线段。它们最多能把地分成多少个部分？如图10-12所示，n=6时最多能分成31份。

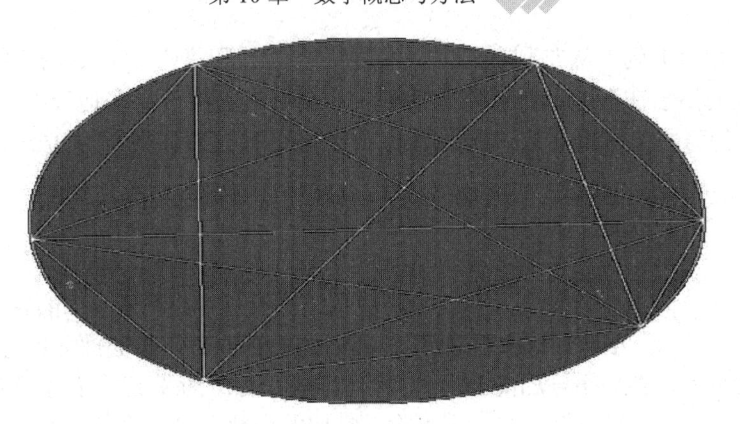

图 10-12　n=6 时所划分的土地

【分析】

本题需要用到欧拉公式：在平面图中，$V-E+F=2$，其中 V 是顶点数，E 是边数，F 是面数。因此，只需要计算 V 和 E 即可（注意还要减去外面的“无限面”）。

不管是顶点还是边，计算时都要枚举一条从固定点出发（所以最后要乘以 n）的对角线，它的左边有 i 个点，右边有 $n-2-i$ 个点。左右点的连线在这条对角线上形成 $i(n-2-i)$个交点，得到 $i(n-2-i)+1$ 条线段。每个交点被重复计算了 4 次，每条线段被重复计算了 2 次。

$$V = n + \frac{n}{4} \bullet \sum_{i=1}^{n-3} i \bullet (n-2-i)$$

$$E = n + \frac{n}{2} \bullet \sum_{i=1}^{n-3} (i \bullet (n-2-i) + 1)$$

本题还有一个有趣之处：n=1~n=6 时答案分别为 1、2、4、8、16、31。如果根据前 5 项“找规律”得到“公式”2^{n-1}，即就错了。

例题 10-24　ASCII 面积（ASCII Area, NEERC 2011, UVa1641）

在一个 $h*w$（$2 \leqslant h, w \leqslant 100$）的字符矩阵里用“.”、“\”和“/”画出一个多边形，计算面积。如图 10-13 所示，面积为 8。

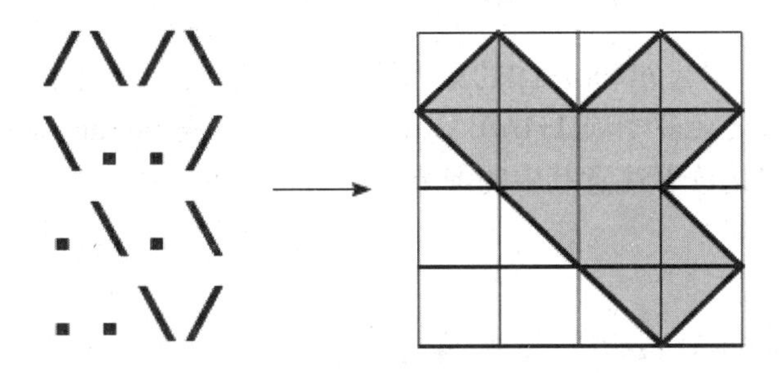

图 10-13　ASCII 面积

【分析】

这是一道和几何相关的题目，不过不需要高深的几何知识。每个格子要么全白，要么全黑，要么半白半黑，只要能准确地判断出来即可。字符“\”和“/”都是半白半黑，问题在于“.”到底是全白还是全黑。

解决方法是从上到下从左到右处理，沿途统计“/”和“\”。当这两个字符出现偶数次时说明接下来的格子在多边形外；奇数次则说明接下来的格子在多边形内。

例题 10-25　约瑟夫的数论问题（Joseph's Problem, NEERC 2005, UVa1363）

输入正整数 n 和 k（$1\leqslant n$，$k\leqslant 10^9$），计算 $\sum_{i=1}^{n} k \bmod i$。

【分析】

被除数固定，除数逐次加 1，直观上余数也应该有规律。假设 k/i 的整数部分等于 p，则 $k \bmod i = k-i*p$。因为 $k/(i+1)$和 k/i 差别不大，如果 $k/(i+1)$的整数部分也等于 p，则 $k \bmod (i+1) = k-(i+1)*p = k-i*p - p = k \bmod i - p$。换句话说，如果对于某一个区间 $i, i+1, i+2,\cdots, j$，k 除以它们的商的整数部分都相同，则 k 除以它们的余数会是一个等差数列。

这样，可以在枚举 i 时把它所在的等差数列之和累加到答案中。这需要计算满足$[k/j]=[k/i]=p$ 的最大 j。

- 当 $p=0$ 时这样的 j 不存在，所以等差序列一直延续到序列的最后。
- 当 $p>0$ 时 j 为满足 $k/j\geqslant p$ 的最大 j，即 $j\leqslant k/p$。除了首项之外的项数 $j-i\leqslant(k-i*p)/p = q/p$。

例题 10-26　帮帮 Tomisu（Help Mr. Tomisu, UVa11440）

给定正整数 N 和 M，统计 2 和 $N!$之间有多少个整数 x 满足：x 的所有素因子都大于 M（$2\leqslant N\leqslant 10^7$，$1\leqslant M\leqslant N$，$N-M\leqslant 10^5$）。输出答案除以 100000007 的余数。例如，N=100，M=10 时答案为 43274465。

【分析】

因为 $M\leqslant N$，所以 $N!$是 $M!$的整数倍。“所有素因子都大于 M”等价于和 $M!$互素。另外，根据最大公约数的性质，对于 $k>M!$，k 与 $M!$互素当且仅当 $k \bmod M!$与 $M!$互素。这样，只需要求出“不超过 $M!$且与 $M!$互素的正整数个数”，再乘以 $N!/M!$即可。这样，问题的关键就是求出 phi($M!$)。因为有多组数据，考虑用递推的方法求出所有的 phifac(n)=phi($n!$)。由 phi 函数的公式：

$$\varphi(n) = n(1-\frac{1}{p_1})(1-\frac{1}{p_2})\cdots(1-\frac{1}{p_k})$$

如果 n 不是素数，那么 $n!$和$(n-1)!$的素因子集合完全相同，因此 phifac(n)=phifac($n-1$)*n；如果 n 是素数，那么还会多一项$(1-1/n)$，即$(n-1)/n$，约分得 phifac(n)=phifac($n-1$)*($n-1$)。

核心代码如下（请读者注意其中的细节，如 m=1 的情况）：

```
int main() {
  int n, m;
  sieve(10000000); //筛法求素数
  phifac[1] = phifac[2] = 1; //请读者思考，为什么 phifac[1]等于 1 而不是 0
  for(int i = 3; i <= 10000000; i++) //递推 phifac[i]=phi(i!)%MOD
  phifac[i] = (long long)phifac[i-1] * (vis[i] ? i : i-1) % MOD; //vis[i]
为真⇔i 不是素数

  while(scanf("%d%d", &n, &m) == 2 && n) {
```

```
    int ans = phifac[m];
    for(int i = m+1; i <= n; i++) ans = (long long)ans * i % MOD;
    printf("%d\n", (ans-1+MOD)%MOD); //注意这里要减 1，因为题目从 2 开始统计
  }
  return 0;
}
```

例题 10-27　树林里的树（Trees in a Wood, UVa10214）

在满足$|x|\leqslant a$，$|y|\leqslant b$（$a\leqslant 2000$，$b\leqslant 2000000$）的网格中，除了原点之外的整点（即 x,y 坐标均为整数的点）各种着一棵树。树的半径可以忽略不计，但是可以相互遮挡。求从原点能看到多少棵树。设这个值为 K，要求输出 K/N，其中 N 为网格中树的总数。如图 10-14 所示，只有黑色的树可见。

【分析】

显然 4 个坐标轴上各只能看见一棵树，所以可以只数第一象限（即 $x>0$，$y>0$），答案乘以 4 后加 4。第一象限的所有 x, y 都是正整数，能看到(x,y)，当且仅当 $\gcd(x,y)=1$。

由于 a 范围比较小，b 范围比较大，一列一列统计比较快。第 x 列能看到的树的个数等于 $0<y\leqslant$b 的数中满足 $\gcd(x,y)=1$ 的 y 的个数。可以分区间计算。

- ❑ $1\leqslant y\leqslant x$：有 phi(x)个，这是欧拉函数的定义。
- ❑ $x+1\leqslant$y$\leqslant 2x$：也有 phi(x)个，因为 $\gcd(x+i,x)=\gcd(x,i)$。
- ❑ $2x+1\leqslant y\leqslant 3x$：也有 phi($x$)个，因为 $\gcd(2x+i,x)=\gcd(x,i)$。
- ❑ ……
- ❑ $kx+1\leqslant y\leqslant$b：直接统计，需要 $O(x)$时间。

换句话说，每次需要计算 phi(x)和进行 $O(x)$次直接判断，计算 phi(x)需要 $O(x^{1/2})$时间，而直接判断只需要 $O(1)$时间。再加上枚举 x 的所有 a 种可能，总时间为 $O(a^2)$。

例题 10-28　（问题抽象）高速公路（Highway, ACM/ICPC CERC 2006, UVa1393）

有一个 n 行 m 列（$1\leqslant n,m\leqslant 300$）的点阵，问：一共有多少条非水平非竖直的直线至少穿过其中两个点？如图 10-15 所示，n=2，m=4 时答案为 12，n=m=3 时答案为 14。

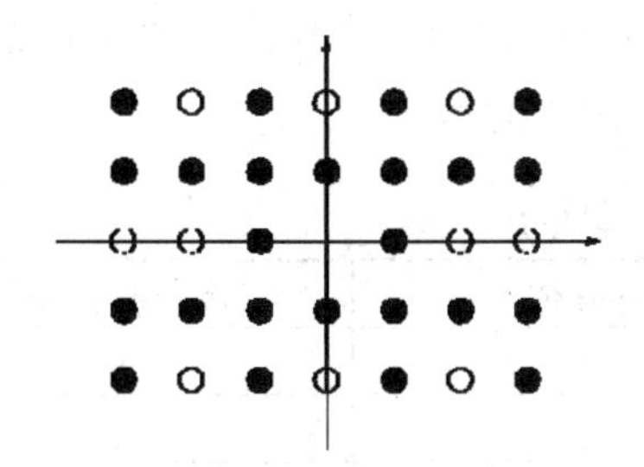

图 10-14　树林里的树

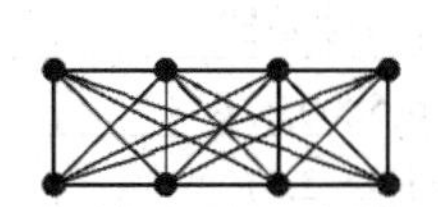

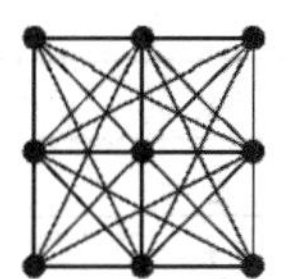

图 10-15　n 行 m 列点阵

【分析】

不难发现两个方向是对称的，所以只统计“\”型的，然后乘以 2。方法是枚举直线的包围盒大小 $a*b$，然后计算出包围盒可以放的位置。首先，当 $\gcd(a,b)>1$ 时肯定重复了，如图 10-16（a）所示，大包围盒 $a*b$ 满足 $\gcd(a,b)>1$，在它的对角线和 $a'*b'$的对角线是同一条

直线（其中 $a'=a/\gcd(a,b)$，$b'=b/\gcd(a,b)$）。

其次，如果放置位置不够靠左，也不够靠上，则它和它“左上方”的包围盒也重复了，如图 10-16（b）所示。

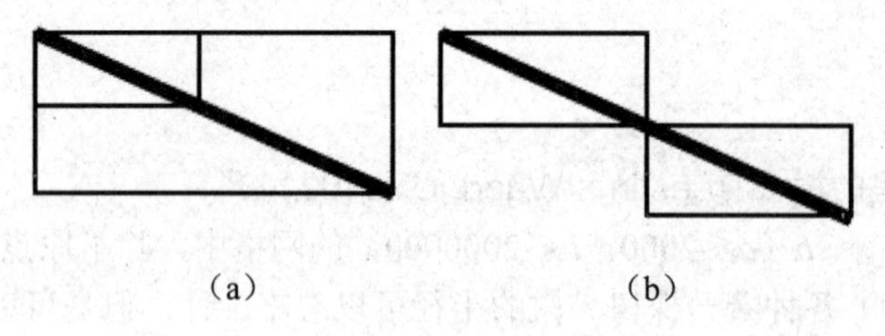

图 10-16　gcd(a,b)>1 时示意图

假定左上角坐标为(0,0)，则对于左上角在(x,y)的包围盒，其“左上方”的包围盒的左上角为$(x-a,y-b)$。这个“左上角”合法的条件是 $x-a\geqslant 0$ 且 $y-b\geqslant 0$。

包围盒本身不出界的条件是 $x+a\leqslant m-1, y+b\leqslant n-1$，一共有$(m-a)(n-b)$个，而“左上方”有包围盒的情况，即 $a\leqslant x\leqslant m-a-1$ 且 $b\leqslant y\leqslant n-b-1$，有 $c = \max(0, m-2a) * \max(0, n-2b)$种放法。相减得到：$a*b$ 的包围盒有$(m-a)(n-b)-c$ 种放法。

另外要注意应预处理保存所有 gcd，而不是边枚举边算，否则会超时。

例题 10-29　魔法 GCD（Magical GCD, ACM/ICPC CERC 2013, UVa1642）

输入一个 n（$n\leqslant 100000$）个元素的正整数序列 $a_1, a_2,\cdots, a_n$（$1\leqslant a_i\leqslant 10^{12}$），求一个连续子序列，使得该序列中所有元素的最大公约数与序列长度的乘积最大。例如，5 个元素的序列 30, 60, 20, 20, 20 的最优解为{60, 20, 20, 20}，乘积为 gcd(60,20,20,20)*4=80。

【分析】

本题看上去和第 8 章介绍的一些“传统算法题”很像，所以可试着沿用这样一个常见的框架：从左到右枚举序列的右边界 j，然后快速求出左边界 $i\leqslant j$，使得 MGCD(i,j)最大，其中 MGCD(i,j)定义为 $\gcd(a_i,a_{i+1},\cdots,a_j)*(j-i+1)$。

如何快速求出 i 呢？好像那些“传统方法”（单调队列等）都用不上，因为 gcd 函数并没有很多“好用”的代数性质。怎么办？还是从数论的角度入手吧。考虑序列 5, 8, 6, 2, 6, 8，当 j=5 时需要比较 i=1, 2, 3, 4, 5 时的 MGCD(i,j)，如表 10-3 所示。

表 10-3　j=5 时比较 i 的 MGCD(i,j)

i	gcd 表达式	gcd 值	序列长度
1	gcd(5,8,6,2,6)	1	5
2	gcd(8,6,2,6)	2	4
3	gcd(6,2,6)	2	3
4	gcd(2,6)	2	2
5	gcd(6)	6	1

从下往上看，gcd 表达式里每次多一个元素，有时 gcd 不变，有时会变小，而且每次变小时一定是变成了它的某个约数（想一想，为什么）。换句话说，不同的 gcd 值最多只有

$\log_2 j$ 种！当 gcd 值相同时，序列长度越大越好，所以可以把表 10-3 简化成表 10-4 中的形式。

表 10-4 简化表 10-3

gcd 值	1	2	6
i	1	2	5

因为表里只有 $\log_2 j$ 个元素，所以可以依次比较每一个 i 对应的 MGCD(i,j)，时间复杂度为 $O(\log j)$。下面考虑 j 从 5 变成 6 时，这个表会发生怎样的变化。首先，上述所有 gcd 值都要再和 a_6=8 取 gcd，即表 10-4 中第一行的 1, 2, 6 分别变成 gcd(1,8)=1，gcd(2,8)=2，gcd(6,8)=2。然后要加入 i=6 的序列，gcd 值为 8。由于相同的 gcd 值只需要保留 i 的最小值，所以 i=5 被删除，最终得到如表 10-5 所示结果。

表 10-5 i=5 被删除后的结果

gcd 值	1	2	6
i	1	2	8

上述过程需要删除 gcd 相同的重复元素，但因为元素个数只有 $O(\log j)$个，即使用二重循环比较，时间效率也是很高的，每次修改表 10-5 的时间复杂度为 $O((\log j)^2)$，总时间复杂度为 $O(n(\log n)^2)$。但因为很难构造出每次表里都有接近 $\log_2 j$ 个元素的数据，实际运行时间和时间复杂度为 $O(n\log n)$的算法相当。

10.5 训练参考

数学题目的特点是：思维难度往往远大于编程难度。尽管如此，也有一些程序实现细节不容忽视，例如，整数溢出和精度误差。本章的例题很多，不过多数题目的难度不大，重点在于帮助读者巩固相关的知识点。建议读者先学会所有不加星号的例题，然后逐步弄懂有星号的例题。本章例题列表如表 10-6 所示。

表 10-6 例题列表

类 别	题 号	题目名称（英文）	备 注
例题 10-1	UVa11582	Colossal Fibonacci Numbers!	模算术
例题 10-2	UVa12169	Disgruntled Judge	模算术
例题 10-3	UVa10375	Choose and Divide	唯一分解定理
例题 10-4	UVa10791	Minimum Sum LCM	唯一分解定理
例题 10-5	UVa12716	GCD XOR	数论
例题 10-6	UVa1635	Irrelevant Elements	组合数
例题 10-7	UVa10820	Send a Table	欧拉 phi 函数
例题 10-8	UVa1262	Password	编码解码问题
例题 10-9	UVa1636	Headshot	离散概率
例题 10-10	UVa10491	Cows and Cars	离散概率

续表

类　别	题　号	题目名称（英文）	备　注
例题 10-11	UVa11181	Probability|Given	离散条件概率
例题 10-12	UVa1637	Double Patience	离散概率
例题 10-13	UVa580	Critical Mass	递推
例题 10-14	UVa12034	Race	递推
*例题 10-15	UVa1638	Pole Arrangement	递推
例题 10-16	UVa12230	Crossing Rivers	数学期望
例题 10-17	UVa1639	Candy	数学期望
例题 10-18	UVa10288	Coupons	数学期望
*例题 10-19	UVa11346	Probability	连续概率
*例题 10-20	UVa10900	So you want to be a 2^n-aire?	连续概率，数学期望
*例题 10-21	UVa11971	Polygon	连续概率
例题 10-22	UVa1640	The Counting Problem	数位统计
例题 10-23	UVa10213	How Many Pieces of Land?	欧拉公式、计数
例题 10-24	UVa1641	ASCII Area	多边形面积
例题 10-25	UVa1363	Joseph's Problem	数论，数列求和
*例题 10-26	UVa11440	Help Mr. Tomisu	欧拉 phi 函数
例题 10-27	UVa10214	Trees in a Wood	欧拉 phi 函数
例题 10-28	UVa1393	Highway	分类统计
例题 10-29	UVa1642	Magical GCD	综合题

本章的习题是本书中数量最多的，不过多数习题的难度不大，主要目的是巩固知识。因为大多数题目的描述比较简单，建议读者阅读所有题目，并选择感兴趣的题目思考。

习题 10-1　砌砖（Add Bricks in the Wall, UVa11040）

45 块石头按照如图 10-17 所示的方式排列，每块石头上有一个整数。

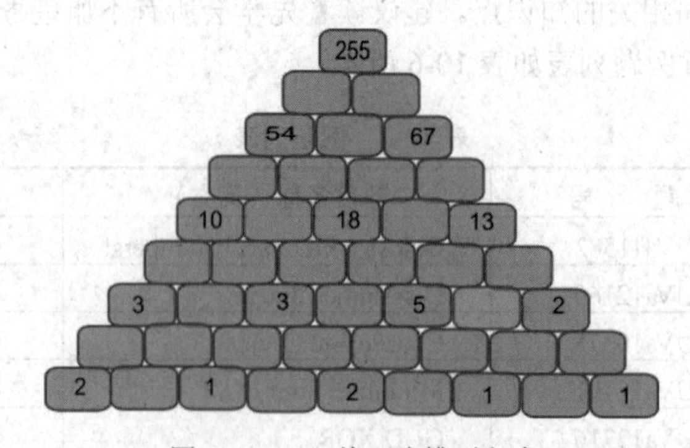

图 10-17　45 块石头排列方式

除了最后一行外，每个石头上的整数等于支撑它的两个石头上的整数之和。目前只有奇数行的左数奇数个位置上的数已知，你的任务是求出其余所有整数。输入保证有唯一解。

习题 10-2　勤劳的蜜蜂（Bee Breeding, ACM/ICPC World Finals 1999, UVa808）

如图 10-18 所示，输入两个格子的编号 a 和 b（$a,b \leqslant 10000$），求最短距离。例如，19

和 30 的距离为 5（一条最短路是 19-7-6-5-15-30）。

习题 10-3　角度和正方形（Angles and Squares, ACM/ICPC Beijing 2005, UVa1643）

如图 10-19 所示，第一象限里有一个角，把 n（$n \leqslant 10$）个给定边长的正方形摆在这个角里（角度任意），使得阴影部分面积尽量大。

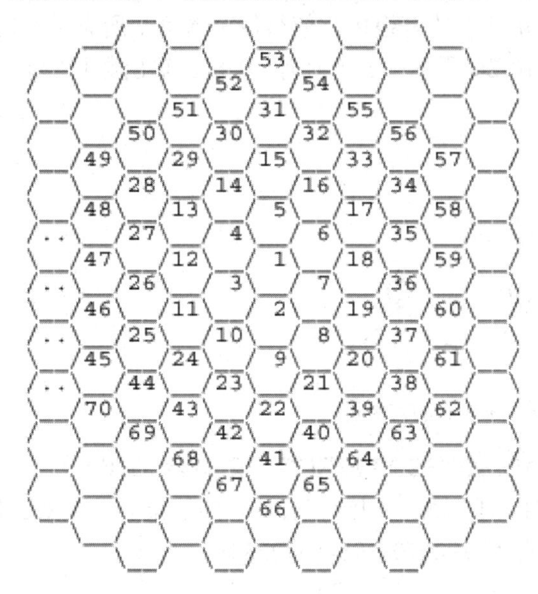

图 10-18　勤劳的蜜蜂问题示意图

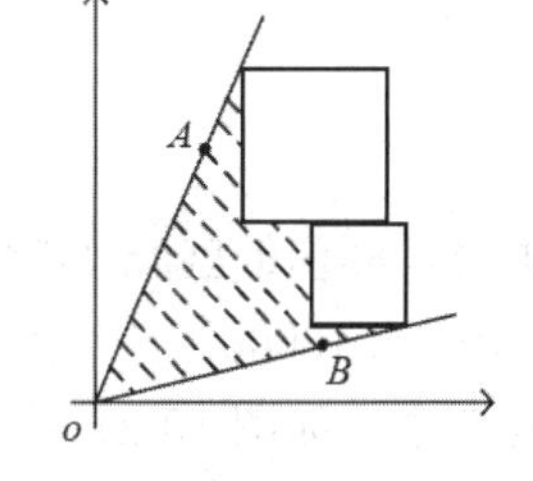

图 10-19　角度和正方形问题示意图

习题 10-4　素数间隔（Prime Gap, ACM/ICPC Japan 2007, UVa1644）

输入一个整数 n，求它后一个素数和前一个素数的差值。输入是素数时输出 0。n 不超过 1299709（第 100000 个素数）。例如，n=27 时输出 29−23=6。

习题 10-5　不同素数之和（Sum of Different Primes, ACM/ICPC Yokohama 2006, UVa1213）

选择 K 个质数，使它们的和等于 N。给出 N 和 K（$N \leqslant 1120$，$K \leqslant 14$），问有多少种满足条件的方案？例如，n=24，k=2 时有 3 种方案：5+19=7+17=11+13=24。注意，1 不是素数，因此 n=k=1 时答案为 0。

习题 10-6　连续素数之和（Sum of Consecutive Prime Numbers, ACM/ICPC Japan 2005, UVa1210）

输入整数 n（$2 \leqslant n \leqslant 10000$），有多少种方案可以把 n 写成若干个连续素数之和？例如，41 可由 3 种方案：2+3+5+7+11+13，11+13+17 和 41 写成。

习题 10-7　几乎是素数（Almost Prime Numbers, UVa10539）

输入两个正整数 L、U（$L \leqslant U < 10^{12}$），统计区间[L,U]的整数中有多少个数满足：它本身不是素数，但只有一个素因子。例如，4、27 都满足条件。

习题 10-8　完全 P 次方数（Perfect Pth Powers, UVa10622）

对于整数 x，如果存在整数 b 使得 $x=b^p$，则说 x 是一个完全 p 次方数。输入整数 n，求出最大的整数 p，使得 n 是完全 p 次方数。n 的绝对值不小于 2，且 n 在 32 位带符号整数范围内。例如，n=17，p=1；n=1073741824，p=30；n=25，p=2。

习题 10-9　约数（Divisors, UVa294）

输入两个整数 L、U（$1 \leqslant L \leqslant U \leqslant 10^9$，$U-L \leqslant 10000$），统计区间[$L,U$]的整数中哪一个的正约数最多。如果有多个，输出最小值。

习题 10-10　统计有根树（Count, Chengdu 2012, UVa1645）

输入 n（$n \leqslant 1000$），统计有多少个 n 结点的有根树，使得每个深度中所有结点的子结点数相同。例如，n=4 时有 3 棵，如图 10-20 所示；n=7 时有 10 棵。输出数目除以 10^9+7 的余数。

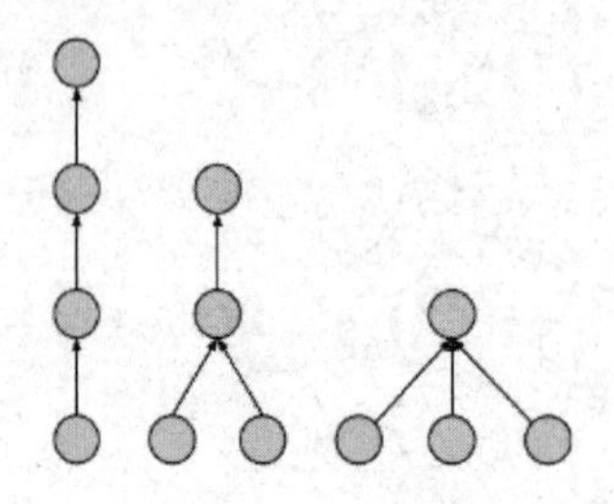

图 10-20　n=4 时的有根树

习题 10-11　圈图的匹配（Edge Case, ACM/ICPC NWERC 2012, UVa1646）

n（$3 \leqslant n \leqslant 10000$）个结点组成一个圈，求匹配（即没有公共点的边集）的个数。例如，n=4 时有 7 个，如图 10-21 所示，n=100 时有 792070839848372253127 个。

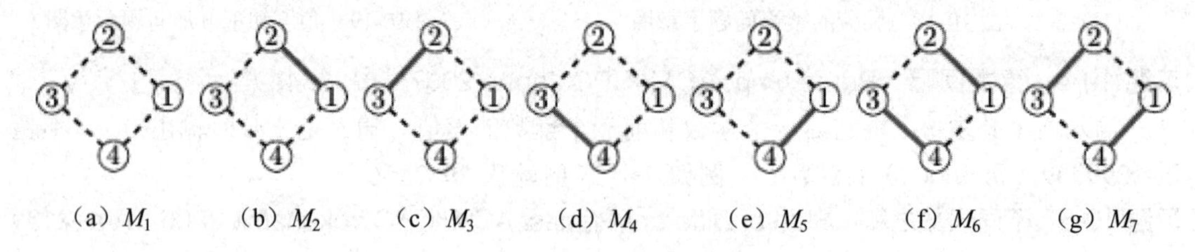

图 10-21　n=4 时匹配的个数

习题 10-12　汉堡（Burger, UVa557）

有 n 个牛肉堡和 n 个鸡肉堡给 $2n$ 个孩子吃。每个孩子在吃之前都要抛硬币，正面吃牛肉煲，反面吃鸡肉煲。如果剩下的所有汉堡都一样，则不用抛硬币。求最后两个孩子吃到相同汉堡的概率。

习题 10-13　H(n)（H(n), UVa11526）

输入 n（在 32 位带符号整数范围内），计算下面 C++函数的返回值：

```
long long H(int n){
    long long res = 0;
    for( int i = 1; i <= n; i=i+1 ){
        res = (res + n/i);
    }
    return res;
}
```

例如，n=5、10 时答案分别为 10 和 27。

习题 10-14　标准差（Standard Deviation, UVa10886）

下面是一个随机数发生器。输入 seed 的初始值，你的任务是求出它得到的前 n 个随机数标准差，保留小数点后 5 位（$1 \le n \le 10000000$，$0 \le seed < 2^{64}$）。

```
unsigned long long seed;
long double gen()
{
    static const long double Z = ( long double )1.0 / (1LL<<32);
    seed >>= 16;
    seed &= ( 1ULL << 32 ) - 1;
    seed *= seed;
    return seed * Z;
}
```

习题 10-15　零和一（Zeros and Ones, ACM/ICPC Dhaka 2004, UVa12063）

给出 n、k（$n \le 64$，$k \le 100$），有多少个 n 位（无前导 0）二进制数的 1 和 0 一样多，且值为 k 的倍数？

习题 10-16　计算机变换（Computer Transformations, ACM/ICPC SEERC 2005, UVa1647）

初始串为一个 1，每一步会将每个 0 改成 10，每个 1 改成 01，因此 1 会依次变成 01, 1001, 01101001,…输入 n（$n \le 1000$），统计 n 步之后得到的串中，"00"这样的连续两个 0 出现了多少次。

习题 10-17　H-半素数（Semi-prime H-numbers, UVa11105）

所有形如 $4n+1$（n 为非负整数）的数叫 H 数。定义 1 是唯一的单位 H 数，H 素数是指本身不是 1，且不能写成两个不是 1 的 H 数的乘积。H-半素数是指能写成两个 H 素数的乘积的 H 数（这两个数可以相同也可以不同）。例如，25 是 H-半素数，但 125 不是。

输入一个 H 数 h（$h \le 1000001$），输出 1~h 之间有多少个 H-半素数。

习题 10-18　一个研究课题（A Research Problem, UVa10837）

输入正整数 m（$m \le 10^8$），求最小的正整数 n，使得 $\varphi(n)=m$。输入保证 n 小于 200000000。

习题 10-19　蹦极（Bungee Jumping, UVa10868）

James Bond 为了摆脱敌人的追击，逃到了一座桥前。桥上正好有一条蹦极绳，于是他打算把它拴到腿上，纵身跳下桥，落地后切断绳子，继续逃生。已知绳子的正常长度为 l，Bond 的体重为 w，桥的高度为 s，你的任务是替 James Bond 判断能否用这种方法逃生。

当从桥上跳下后，绳子绷紧前 Bond 将做自由落体运动（重力按 9.81w 计），而绷紧后绳子会有向上的拉力，大小为 $k*\Delta l$，其中 Δl 为绳子当前长度和正常长度之差。当且仅当 Bond 可以到达地面，且落地速度不超过 10 米/秒时，才认为他安全着落。

输入每组数据包含 4 个非负整数 k, l, s, w（$s<200$）。对于每组数据，如果可以安全着地，输出"James Bond survices."，如果到不了地面，输出"Stuck in the air."，如果到达地面速度太快，输出"Killed by the impact."

习题 10-20 商业中心（Business Center, NEERC 2009, UVa1648）

商业中心是一幢无限高的大楼。在一楼有 m 座电梯，每座电梯只有两个键：上、下。对于第 i 座电梯，每按一次“上”会往上走 u_i 层楼，每按一次“下”会往下走 d_i 层楼。你的任务是从一楼开始选一个电梯，恰好按 n 次按钮，到达一个尽量低（一楼除外）的楼层。中途不能换乘电梯。$1 \leqslant n \leqslant 1000000$, $1 \leqslant m \leqslant 2000$，$1 \leqslant u_i, d_i \leqslant 1000$。

习题 10-21 二项式系数（Binomial coefficients, ACM/ICPC NWERC 2011, UVa1649）

输入 m（$2 \leqslant m \leqslant 10^{15}$），求所有的$(n,k)$使得 $C(n,k)=m$。输出按照 n 升序排列，当 n 相同时 k 按升序排列。

习题 10-22 飞机环球（Planes Around the World, UVa10640）

有一种飞机，加满油能环游地球 a/b 圈。如果要使得一架飞机能够环游地球一圈，那么必须要使用其他若干架同种飞机，在某处为它空中加油。

假设 $a=1$，$b=2$，5 架飞机可以环游。

首先 3 架飞机一起从 A 走到 C，飞机 3 给另外两架加满油，然后开始返程。当飞机 1 和 2 到达 D 的同时飞机 3 回到 A。然后飞机 2 给飞机 1 加满油，回到 A 点。

接下来，飞机 4 和 5 逆时针出发，其中飞机 4 在 F 处等待，飞机 5 在 E 处等待，直到飞机 1 到达 E。然后飞机 5 给飞机 1 加油，使得二者都能恰好飞到 F。然后飞机 4 给飞机 1 和飞机 5 加油，三者都恰好飞回 A，如图 10-22 所示。

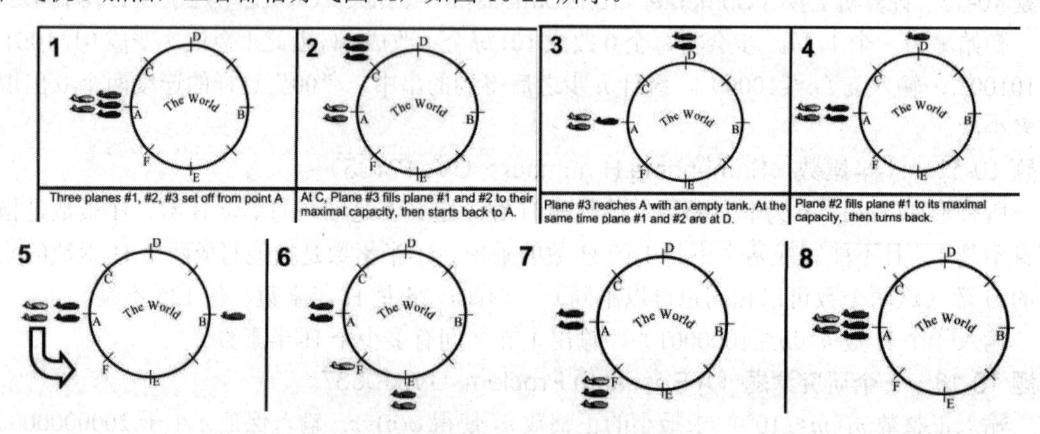

图 10-22 飞机环球问题示意图

假设：

- 只有飞机 1 环游地球。
- 有 A 架飞机和飞机 1 同时出发，同向飞行，称为正向飞机。每艘正向飞机都在某个位置处为其他飞机加油，然后折返。
- 有 B 架飞机于不同时间反向出发，称为反向飞机。每架反向飞机会停在一个地方等待飞机 1（及其他同行飞机）。等到之后为其他飞机加油，然后折返。
- 除了飞机 1 之外的其他飞机恰好为其他飞机加一次油，使得每个其他飞机得到相同多的油量。

输入 a、b，输出最少需要时用多少架飞机才能完成环游地球。例如 $a=1$，$b=2$ 时需要

5 架。无解输出-1。

习题 10-23　Hendrie 序列（Hendrie Sequence, UVa10479）

Hendrie 序列是一个自描述序列，定义如下：

- ❑ H(1)=0。
- ❑ 如果把 H 中的每个整数 x 变成 x 个 0 后面跟着 $x+1$，则得到的序列仍然是 H（只是少了第一个元素）。

因此，H 序列的前几项为：0,1,0,2,1,0,0,3,0,2,1,1,0,0,0,4,1,0,0,3,0,⋯⋯输入正整数 n（$n<2^{63}$），求 H(n)。

习题 10-24　幂之和（Sum of Powers, UVa766）

对于正整数 k，可以定义 k 次方和：

$$S_k(n)=\sum_{i=1}^{n} i^k$$

可以把它写成下面的形式。当 M 取最小可能的正整数时，所有系数 a_i 都是确定的。

$$S_k(n)=\frac{1}{M}(a_{k+1}n^{k+1}+a_k n^k+\cdots+a_1 n+a_0)$$

输入 k（$0\leqslant k\leqslant 20$），输出 $M, a_{k+1}, a_k,\cdots, a_1, a_0$。例如，$k$=2，输出 6, 2, 3, 1, 0。

习题 10-25　因子（Factors, ACM/ICPC World Finals 2013, UVa1575）

算术基本定理：每一个大于 1 的正整数都有唯一的方式写成若干个素数的乘积。不过如果允许把这些素数重排，就有多种表示方式：

$$10 = 2 * 5 = 5 * 2, 20 = 2 * 2 * 5 = 2 * 5 * 2 = 5 * 2 * 2$$

令 $f(k)$为正整数 k 的写法个数，如 $f(10)$=2，$f(20)$=3。对于正整数 n，可以证明一定有整数 k 使得 $f(k)=n$。你的任务是求出最小的 k。$n<2^{63}$。

习题 10-26　方形花园（Square Garden, UVa12520）

在 $L*L$（$L\leqslant 10^6$）网格里涂色 n（$n\leqslant L^2$）个格子，要求涂色格子的轮廓线周长尽量大。例如，图 10-22 中为 L=3，n=8 的两组解，图 10-23（a）的周长为 16，图 10-23（b）的周长为 12。

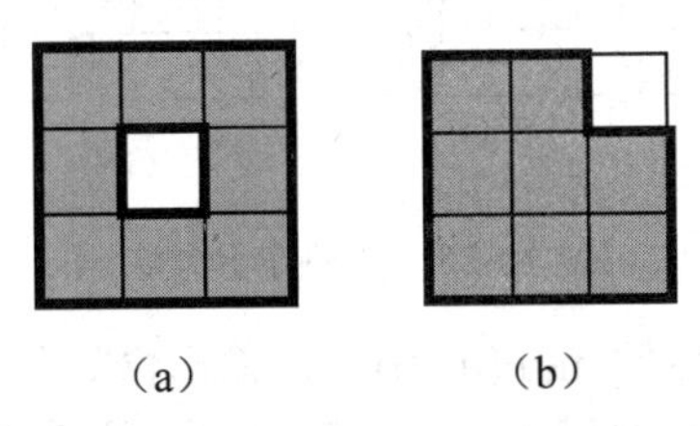

（a）　　　　　（b）

图 10-23　L=3，n=8 的两组解

习题 10-27　互联（Interconnect, ACM/ICPC NEERC 2006, UVa1390）

输入 n 个点 m 条边的无向图 G（$n\leqslant 30$，$m\leqslant 1000$）。每次随机加一条非自环的边(u, v)（加完后可以出现重边）。添加每条边的概率是相等的，求使 G 连通的期望操作次数。

习题 10-28　数字串（Number String, ACM/ICPC Changchun 2011, UVa1650）

每个排列都可以算出一个特征，即从第二个数开始每个数和前面一个数相比是增加(I)

还是减少(D)。例如，{3,1,2,7,4,6,5}的特征是DIIDID。输入一个长度为n-1（2≤n≤1001）的字符串（包含字符I, D和?），统计1~n有多少个排列的特征和它匹配（其中?表示I和D都符合）。输出答案除以1000000007的余数。

习题10-29 名次表的变化（Fantasy Cricket, UVa11982）

如图10-24所示为一个足球比赛的名次表，给出了每个队伍相对上一轮的排名变化。例如：

Rank		Manager
1	▲	A
2	▼	B
3	▲	C
4	▼	D

图10-24 足球比赛名次表

这代表队伍A的名次提高了，B降低了，C提高了，D降低了。用U表示排名上升，D表示降低，E表示不变，则上表可以用UDUD表示。经过计算可知，上一轮的名次表有两种可能：BADC和BDAC（假定本轮和上一轮的名次都没有并列）。

输入这样一个UDE组成的序列（长度不超过1000），求上一轮名次有多少种可能。输出答案除以10^9+7的余数。

习题10-30 守卫（Guard, ACM/ICPC Dhaka 2011, UVa12371）

在n*n棋盘上放2n个守卫，使得每行每列均恰好有两个守卫，且一个格子里最多只有一个守卫。如图10-25所示是两种方法，其中图10-25（a）的守卫形成一个大圈，图10-25（b）中形成两个小圈。

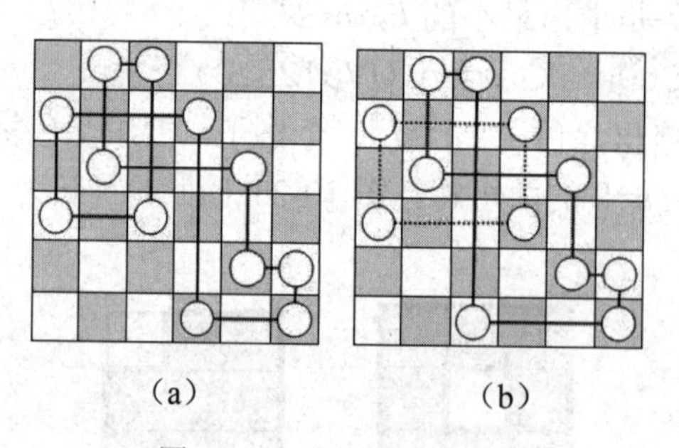

（a）　（b）

图10-25 两种守卫方法

输入n、k（2≤n≤10^5，1≤k≤min(n,50)），输出恰好包含k个圈的方案总数。例如，n=2，k=1答案为1；n=3，k=1，答案为6；n=4，k=1，答案为72；n=4，k=2，答案为18。

习题10-31 守卫II（Guards II, ACM/ICPC Dhaka 2012, UVa12590）

在n行m列的棋盘里放k个车，使得边界格子都被攻击到。输出方案总数除以10^9+7的余数。n,m,k≤100。输入最多包含20000组数据。

习题10-32 汉诺塔（Hanoi Towers, ACM/ICPC NEERC 2007, UVa1414）

Hanoi塔问题有一种构造解法：把6种移动（AB,AC,BA,BC,CA,CB）排序后选择第一个能用的操作，前提是不能连续移动同一个盘子。给出n（n≤30）和6种移动的顺序，求解 Hanoi 问题的步数。最终所有盘子可以都在 B 也可以都在 C。例如，对于 n=2，排序为 AB, BA, CA, BC, CB, AC，一共需要 5 步。

习题 10-33　二元运算（Binary Operation, ACM/ICPC NEERC 2010, UVa1651）

给定正整数 $a \leqslant b$，你的任务是计算 $a\otimes(a+1)\otimes(a+2)\otimes\cdots\otimes(b-1)$ op b 的值，其中 $a\otimes b$ 的计算方法是这样的：首先，如果 a 和 b 的位数不同，位数较少的一个前面补 0；然后逐位执行⊙操作。例如，当⊙表示“加起来模 10”时，5566⊗239 的计算方法如下：

$$\otimes\begin{array}{r}5566\\239\\\hline ????\end{array}\longrightarrow\otimes\begin{array}{r}5566\\0239\\\hline ????\end{array}\longrightarrow\odot\begin{array}{c}5\\0\\\hline 0\end{array}\odot\begin{array}{c}5\\2\\\hline 0\end{array}\odot\begin{array}{c}6\\3\\\hline 8\end{array}\odot\begin{array}{c}6\\9\\\hline 4\end{array}\longrightarrow\otimes\begin{array}{r}5566\\0239\\\hline 0084\end{array}\longrightarrow\otimes\begin{array}{r}5566\\239\\\hline 84\end{array}$$

操作符⊗是左结合的，因此 $a\otimes(a+1)\otimes(a+2)\otimes\cdots\otimes(b-1)\otimes b$ 从左到右计算即可。

输入⊙的运算表（一个 10*10 矩阵，表示 0⊙0, 0⊙1,⋯, 9⊙9 的结果，其中 0⊙0 保证为 0）和 a, b（$0 \leqslant a \leqslant b \leqslant 10^{18}$）的值，输出所求结果。

习题 10-34　记住密码（Password Remembering, ACM/ICPC Dhaka 2009, UVa12212）

输入正整数 A、B（$A \leqslant B < 2^{64}$），求有多少个整数 n 满足：n 在 A 和 B 之间（即 $A \leqslant n \leqslant B$），且 n 翻转之后也在 A 和 B 之间。1203 翻转以后为 3021，1050 翻转以后是 501。

习题 10-35　Fibonacci 单词（Fibonacci Word, ACM/ICPC World Finals 2012, UVa1282）

$$F(n)=\begin{cases}0 & \text{if } n=0\\ 1 & \text{if } n=1\\ F(n-1)+F(n-2) & \text{if } n \geqslant 2\end{cases}$$

输入非空 01 串 p 和 n（$0 \leqslant n \leqslant 100$），求 p 在 $F(n)$中出现几次。p 的长度不超过 100000。

习题 10-36　Fibonacci 进制（Fibonacci System, ACM/ICPC NEERC 2008, UVa1652）

每个正整数都可以写成 $N=a_nF_n+a_{n-1}F_{n-1}+\cdots+a_1F_1$，其中 a_n=1，F_i 就是第 i 个 Fibonacci 数（$F_0=F_1=1$，$F_i=F_{i-1}+F_{i-2}$），然后用 $a_na_{n-1}\cdots a_2a_1$ 作为 N 的 Fibonacci 进制表示。规定不能出现两个连续的 1。例如，1~7 的 Fibonacci 进制表示分别为：1, 10, 100, 101, 1000, 1001, 1010。

把所有自然数的 Fibonacci 进制表示拼起来，会得到一个长长的串 110100101100010011010⋯。输入 n n（$n \leqslant 10^{15}$），统计前 n 位有多少个 1。

习题 10-37　倍数问题（Yet Another Multiple Problem, Chengdu 2012, UVa1653）

输入一个整数 n（$1 \leqslant n \leqslant 10000$）和 m 个十进制数字，找 n 的最小倍数，其十进制表示中不含这 m 个数字中的任何一个。

提示：需要建一张图，结点 i 代表除以 n 的余数等于 i。巧妙地利用第 6 章学过的 BFS 树可以简洁地解决这个问题。

习题 10-38　正多边形（Regular Polygon, UVa10824）

给出圆周上的 n（$n \leqslant 2000$）个点，选出其中的若干个组成一个正多形，有多少种方法？输出每行包含两个整数 S 和 F，表示有 F 种选法得到正 S 边形。各行应按 S 从小到大排序。

习题 10-39　圆周上的三角形（Circum Triangle, UVa11186）

在一个圆周上有 n（$n \leqslant 500$）个点。不难证明，其中任意 3 个点都不共线，因此都可以组成一个三角形。求这些三角形的面积之和。

习题 10-40　实验法计算概率（Probability Through Experiments, ACM/ICPC Hatyai 2012, UVa12535）

输入圆的半径和圆上 n（$n \leqslant 20000$）个点的极角，任选 3 点能组成多少个锐角三角形？

习题 10-41　整数序列（A Sequence of Numbers, ACM/ICPC Chengdu 2007, UVa1406）

输入 n 个整数，执行 Q 个操作（$n \leqslant 10^5$，$Q \leqslant 200000$）。有两种操作：

- ADD d：把所有数加上一个定值 d。
- QUERY i：统计有多少个数的二进制表示法中第 i 位上是 1，并输出。

习题 10-42　网格中的三角形（Triangles in the Grid, UVa12508）

一个 n 行 m 列的网格有 n+1 条横线和 m+1 条竖线。任选 3 个点，可以组成很多三角形。其中有多少个三角形的面积位于闭区间$[A,B]$内？$1 \leqslant n,m \leqslant 200$，$0 \leqslant A<B \leqslant nm$。

习题 10-43　整数对（Pair of Integers, ACM/ICPC NEERC 2001, UVa1654）

考虑一个不含前导 0 的正整数 X，把它去掉一个数字以后得到另外一个数 Y。输入 $X+Y$ 的值 N($1 \leqslant N \leqslant 10^9$)，输出所有可能的等式 $X+Y=N$。例如，N=34 有两个解：31+3=34；27+7=34。

习题 10-44　选整数（K-Multiple Free Set, UVa11246）

给定正整数 k，从 1~n 的整数中选出尽量多的整数，使得没有一个整数是另一个整数的 k 倍。例如，n=10，k=2，最多可以选 6 个：1,3,4,5,7,9。$1 \leqslant n \leqslant 10^9$，$2 \leqslant k \leqslant 100$。

习题 10-45　带符号二进制（Power Signs, UVa11166）

每个整数都可以写成二进制。现将二进制变一下：每个数位上可以是 0 和 1，还可以是 −1。例如，13 可以写成$(1,0,0,-1,-1)=2^4-2^1-2^0$。在这种进位制下，正整数的表示方法不唯一，例如，7 可以写成(1,1,1)或者(1,0,0,−1)。你的任务是找一种非 0 数字最少的表示法。

输入每组数据第一行为用二进制表示的正整数 n（$n \leqslant 2^{5000}$），保证不含前导 0。对于每组数据，输出非 0 数字最小的表示法（0 表示 0，+表示 1，-表示-1）。如果有多解，输出字典序最小的。

习题 10-46　抽奖（Honorary Tickets, UVa11895）

在一次抽奖活动中，有 n（$1 \leqslant n \leqslant 10^5$）个抽奖箱，其中第 i 个箱子里有 t_i（t_i>0）个信封，其中 l_i 个里面有奖。所有人依次抽奖（即自主选择一个抽奖箱，然后随机抽一个信封），每次抽完后的空信封放回去。假设每个人都知道上述数据，并且足够聪明，求第 k 个人抽到奖的概率（用最简分数表示，保证分子和分母都在 32 位带符号整数范围内）。注意，每个人抽到奖之后只会默默地将它拿出，其他人并不会知道，因此不会改变既定的策略。

习题 10-47　随机数（Randomness, UVa11429）

你有一个随机数发生器（RNG），可以得到 1~R（$2 \leqslant R \leqslant 1000$）之间的随机整数（每个整数的概率均为 $1/R$）。现在你希望用它在 N（$2 \leqslant N \leqslant 1000$）个事件中随机选择一个，使得事件 i 的概率 P_i 等于给定的有理数 a_i/b_i（$1 \leqslant a_i<b_i \leqslant 1000$）。你的任务是设计一个 RNG 使用算法，使得对 RNG 的调用次数的数学期望尽量小。可以多次使用这个 RNG。

例如，当 R=2，N=4，$P_1=P_2=P_3=P_4=1/4$ 时，则只需调用两次 RNG，一共有 4 种可能的结果，分别对应一个事件。

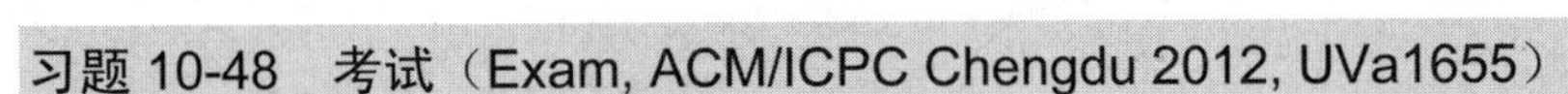

习题 10-48 考试（Exam, ACM/ICPC Chengdu 2012, UVa1655）

设 $f(x)$为满足 $ab|x$ 的(a,b)个数。输入 n（$1 \leqslant n \leqslant 10^{11}$），求 $f(1)+f(2)+\cdots+f(n)$。例如，$f(1)=1$，$f(2)=3$，$f(3)=3$，$f(4)=6$，$f(5)=3$，$f(6)=9$（即(1,1),(1,2),(2,1),(1,3),(3,1),(1,6),(6,1),(2,3),(3,2)），因此 $n=6$ 时输出 25。

习题 10-49 指数塔（Exponential Towers, ACM/ICPC NWERC 2013, UVa1656）

用“^”来表示指数运算，即 a^$b=a^b$，例如，256=2^2^3=4^2^2（注意“^”是右结合的，即 2^2^3 表示 2^(2^3)）。定义 a_1^a_2^a_3^…^a_k 这样的表达式为“高度为 k 的指数塔”，其中 $k>1$，且所有整数 $a_i>1$。输入一个高度为 3 的指数塔 a^b^c（$1 \leqslant a,b,c \leqslant 9585$），统计有多少个高度至少为 3 的指数塔的值等于 a^b^c。注意，9585 这个常数可以保证输出小于 2^{63}。

习题 10-50 排列（Permutation, UVa11303）

输入一个长度为 m 的序列，每个元素均为 1~n 的正整数，并且不含相同元素。找出 1~n 的排列中有哪些排列包含输入子序列（不一定连续出现），求出字典序第 k 小的。例如，若输入子序列为 1, 3, 2, $n=4$，则一共有 4 个排列：1,3,2,4；1,3,4,2；1,4,3,2；4,1,3,2，它们的字典序分别为第 1，2，3，4 小。$1 \leqslant n \leqslant 250$，$1 \leqslant m \leqslant n$。

习题 10-51 游戏（Game, ACM/ICPC ACM/ICPC NEERC 2003, UVa1657）

有这样一个游戏：裁判先公布一个正整数 n（$2 \leqslant n \leqslant 200$），然后在 1~$n$ 中选两个不同的整数 x 和 y（$x<y$），把 $x+y$ 告诉 S 先生，把 $x*y$ 告诉 P 先生，然后依次循环 S 先生和 P 先生是否知道这两个数是几（总是先问 S 先生）。例如：

裁判：$n=10$（然后悄悄告诉 S：$x+y=9, x*y=18$）。

S 先生：不知道 x 和 y 是多少。

P 先生：不知道 x 和 y 是多少。

S 先生：不知道 x 和 y 是多少。

P 先生：不知道 x 和 y 是多少。

S 先生：知道了。$x=3$，$y=6$。

两人一共说了 m 次“不知道”后，下一个人算出了答案。已知 S 和 P 都非常聪明且精于心算，你的任务是根据 n 和 m（$0 \leqslant m \leqslant 100$）计算出所有可能的$(x,y)$。

例如，$n=10$，$m=4$ 时有 3 个解：(2,5), (3,6), (3,10)。

第 11 章　图论模型与算法

学习目标

☑　掌握无根树的常用存储法和转化为有根树的方法
☑　掌握由表达式构造表达式树的算法
☑　掌握 Kruskal 算法及其正确性证明，并用并查集实现
☑　掌握基于优先队列的 Dijkstra 算法实现
☑　掌握基于 FIFO 队列的 Bellman-Ford 算法实现
☑　掌握 Floyd 算法和传递闭包的求法
☑　理解最大流问题的概念、流量的 3 个条件、残量网络的概念和求法
☑　理解增广路定理与最小割最大流定理的证明方法，会实现 Edmonds-Karp 算法
☑　理解最小费用最大流问题的概念，以及平行边和反向弧可能造成的问题
☑　会实现基于 Bellman-Ford 的最小费用路算法
☑　学会用网络流算法求解二分图最大基数匹配和最大权完美匹配
☑　学会最小费用循环流的消圈算法

本章介绍一些常见的图论模型和算法，包括最小生成树、单源最短路、每对结点的最短路、最大流、最小费用最大流等。限于篇幅，很多算法都没有给出完整的正确性证明（很容易在其他参考资料中找到相关内容），但给出了简单、易懂的完整代码，方便读者参考。

11.1　再　谈　树

在第 6 章中，我们第一次接触到二叉树；后来，又接触到了其他树状结构，如解答树、BFS 树。本节将继续讨论“树”这一话题。

有 n 个顶点的树具有以下 3 个特点：连通、不含圈、恰好包含 n-1 条边。有意思的是，具备上述 3 个特点中的任意两个，就可以推导出第 3 个，有兴趣的读者不妨试着证明一下。

11.1.1　无根树转有根树

输入一个 n 个结点的无根树的各条边，并指定一个根结点，要求把该树转化为有根树，输出各个结点的父结点编号。$n \leqslant 10^6$，如图 11-1 所示。

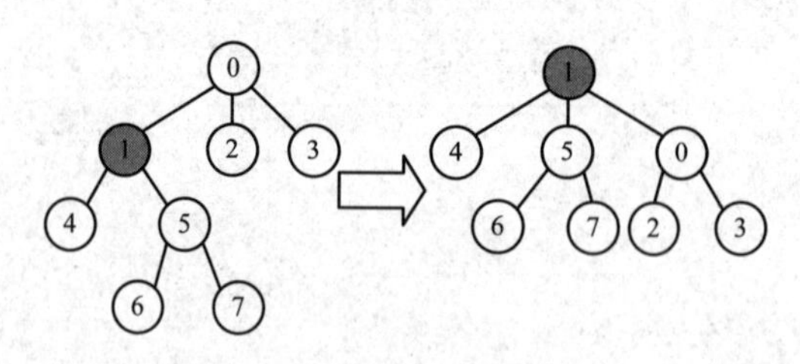

图 11-1　无根树转有根树

【分析】

树是一种特殊的图，因此很容易想到用

邻接矩阵表示。可惜，n 个结点的图对应的邻接矩阵要占用 n^2 个元素的空间，开不下。怎么办呢？用 vector 数组即可。由于 n 个结点的树只有 $n-1$ 条边，vector 数组实际占用的空间与 n 成正比。

```
vector<int> G[maxn];
void read_tree() {
  int u, v;
  scanf("%d", &n);
  for(int i = 0; i < n-1; i++) {
    scanf("%d%d", &u, &v);
    G[u].push_back(v);
    G[v].push_back(u);
  }
}
```

转化过程如下：

```
void dfs(int u, int fa) {             //递归转化以 u 为根的子树，u 的父结点为 fa
  int d = G[u].size();                //结点 u 的相邻点个数
  for(int i = 0; i < d; i++) {
    int v = G[u][i];                  //结点 u 的第 i 个相邻点 v
    if(v != fa) dfs(v, p[v] = u);//把 v 的父结点设为 u，然后递归转化以 v 为根的子树
  }
}
```

主程序中设置 p[root] = −1（表示根结点的父结点不存在），然后调用 dfs(root, −1)即可。初学者最容易犯的错误之一就是忘记判断 v 是否和其父结点相等。如果忽略，将引起无限递归。

11.1.2　表达式树

二叉树是表达式处理的常用工具。例如，$a+b*(c-d)-e/f$ 可以表示成如图 11-2 所示的二叉树。

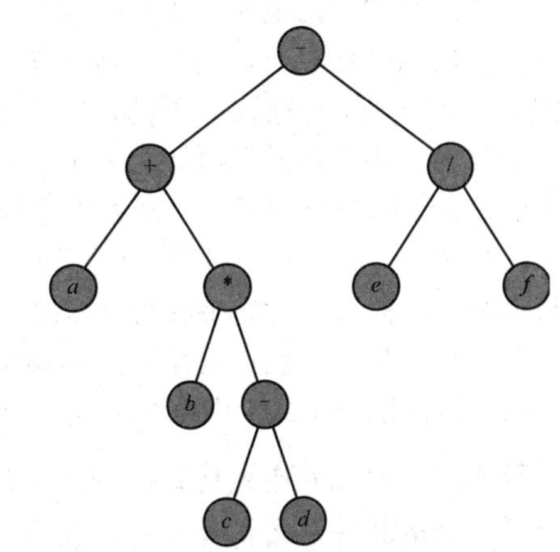

图 11-2　表达式树

其中，每个非叶结点表示一个运算符，左子树是第一个运算数对应的表达式，而右子树则是第二个运算数对应的表达式。如何给一个表达式建立表达式树呢？方法有很多，这里只介绍一种：找到“最后计算”的运算符（它是整棵表达式树的根），然后递归处理。下面是程序：

```
const int maxn = 1000;
int lch[maxn], rch[maxn]; char op[maxn];    //每个结点的左右子结点编号和字符
int nc = 0;          //结点数
```

```
int build_tree(char* s, int x, int y) {
  int i, c1=-1, c2=-1, p=0;
  int u;
  if(y-x == 1){       //仅一个字符，建立单独结点
    u = ++nc;
    lch[u] = rch[u] = 0; op[u] = s[x];
    return u;
  }
  for(i = x; i < y; i++) {
    switch(s[i]) {
      case '(': p++; break;
      case ')': p--; break;
      case '+': case '-': if(!p) c1=i; break;
      case '*': case '/': if(!p) c2=i; break;
    }
  }
  if(c1 < 0) c1 = c2;  //找不到括号外的加减号，就用乘除号
  if(c1 < 0) return build_tree(s, x+1, y-1);   //整个表达式被一对括号括起来
  u = ++nc;
  lch[u] = build_tree(s, x, c1);
  rch[u] = build_tree(s, c1+1, y);
  op[u] = s[c1];
  return u;
}
```

注意上述代码是如何寻找“最后一个运算符”的。代码里用了一个变量 p，只有当 $p=0$ 时才考虑这个运算符。为什么呢？因为括号里的运算符一定不是最后计算的，应当忽略。例如，$(a+b)*c$ 中虽然有一个加号，但却是在括号里的，实际上比它优先级高的乘号才是最后计算的。由于加减和乘除号都是左结合的，最后一个运算符才是最后计算的，所以用两个变量 $c1$ 和 $c2$ 分别记录“最右”出现的加减号和乘除号。

再接下来的代码就不难理解了：如果括号外有加减号，它们肯定最后计算；但如果没有加减号，就需要考虑乘除号（if(c1<0) c1 = c2）；如果全都没有，说明整个表达式外面被一对括号括起来，把它去掉后递归调用。这样，就找到了最后计算的运算符 s[c1]，它的左子树是区间$[x, c1]$，右子树是区间$[c1+1, y]$。

提示 11-1：建立表达式树的一种方法是每次找到最后计算的运算符，然后递归建树。“最后计算”的运算符是在括号外的、优先级最低的运算符。如果有多个，根据结合性来选择：左结合的（如加、减、乘、除）选最右边；右结合的（如乘方）选最左边。根据规定，优先级相同的运算符的结合性总是相同。

例题 11-1　公共表达式消除（Common Subexpression Elimination, ACM/ICPC NWERC 2009, UVa12219）

可以用表达式树来表示一个表达式。在本题中，运算符均为二元的，且运算符和运算

数均用 1~4 个小写字母表示。例如，a(b(f(a,a),b(f(a,a),f)),f(b(f(a,a),b(f(a,a),f)),f))可以表示为图 11-3（a）中形式。

用消除公共表达式的方法可以减少表达式树上的结点，得到一个图，如图 11-3（b）所示。左图有 21 个点，而右图只有 7 个点。其表示方法为 a(b(f(a,4),b(3,f)),f(2,6))，其中各个结点按照出现顺序编号为 1，2，3，…，即编号 k 表示目前为止写下的第 k 个结点。

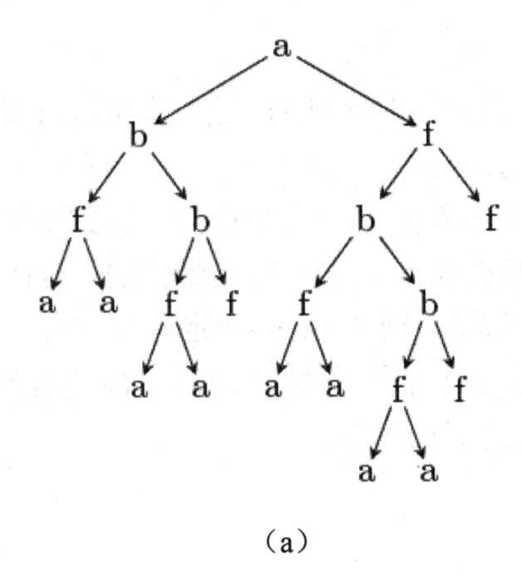

（a）

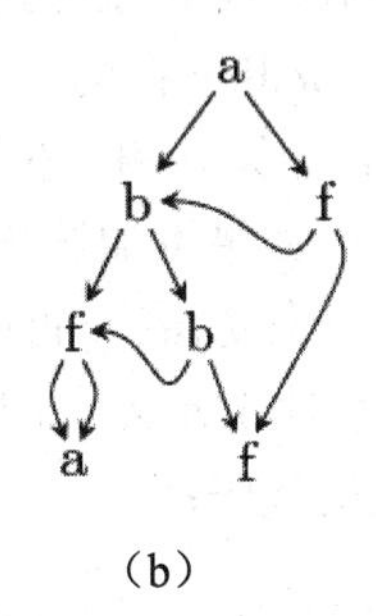

（b）

图 11-3 公共表达式消除

输入一个长度不超过 50000 的表达式，输出一个等价的，结点最少的图。

【分析】

算法的第一步是构造表达式树。接下来应该怎么做呢？是否可以用两两比较的方法去掉重复？比较两棵树的时间复杂度为 $O(n)$（因为要递归比较二者的所有后代），再加上二重循环枚举两棵子树，总时间复杂度高达 $O(n^3)$，无法承受。此处不仅需要更快地比较两棵树，还需要更快地查找一棵树是否存在过。

借用第 5 章“集合栈计算机”的思路，用一个 map 把子树映射成编号 1, 2,…。这样一来，子树就可以用根的名字（字符串）和左右子结点编号表示。如图 11-4 所示，用(a,0,0)表示根的名字为 a，且左右子结点均为空（0 表示不存在）的子树，即叶子 a。可以看到，下面所有叶子 a 的编号都是 4。再例如，(b,3,6)就是根的名字为 b，左右两个子树的编号分别为 3,6。可以看到，这样的子树编号均为 5。

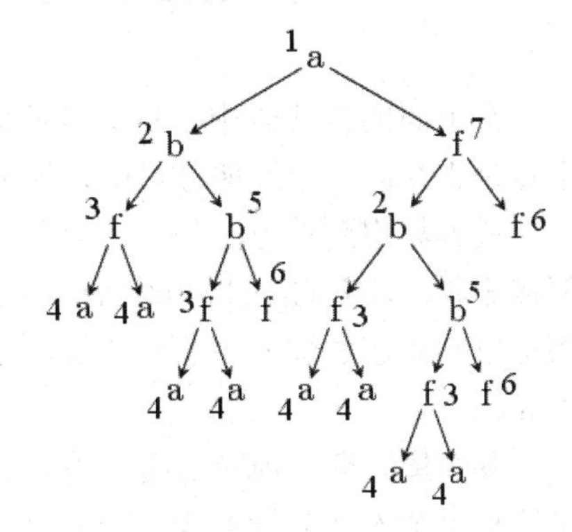

图 11-4 子树编写

这样，每次判断一棵子树是否出现过只需要在 map 中查找，总时间复杂度为 $O(n\log n)$。

11.2 最小生成树

前面提到过，在无向图中，连通且不含圈的图称为树（Tree）。给定无向图 $G=(V,E)$，

连接 G 中所有点，且边集是 E 的子集的树称为 G 的生成树（Spanning Tree），而权值最小的生成树称为最小生成树（Minimal Spanning Tree，MST）。构造 MST 的算法有很多，最常见的有两个：Kruskal 算法和 Prim 算法。限于篇幅，这里只介绍 Kruskal 算法，它易于编写，而且效率很高。

11.2.1 Kruskal 算法

Kruskal 算法的第一步是给所有边按照从小到大的顺序排列。这一步可以直接使用库函数 qsort 或者 sort。接下来从小到大依次考查每条边(u,v)。

情况 1：u 和 v 在同一个连通分量中，那么加入(u, v)后会形成环，因此不能选择。

情况 2：如果 u 和 v 在不同的连通分量，那么加入(u, v)一定是最优的。为什么呢？下面用反证法——如果不加这条边能得到一个最优解 T，则 $T+(u, v)$一定有且只有一个环，而且环中至少有一条边(u', v')的权值大于或等于(u,v)的权值。删除该边后，得到的新树 $T'=T+(u, v)-(u', v')$不会比 T 更差。因此，加入(u, v)不会比不加入差。

下面是伪代码：

```
把所有边排序，记第 i 小的边为 e[i]（1<=i<m）
初始化 MST 为空
初始化连通分量，让每个点自成一个独立的连通分量
for(int i = 0; i < m; i++)
    if(e[i].u 和 e[i].v 不在同一个连通分量) {
        把边 e[i]加入 MST
        合并 e[i].u 和 e[i].v 所在的连通分量
    }
```

在上面的伪代码中，最关键的地方在于“连通分量的查询与合并”：需要知道任意两个点是否在同一个连通分量中，还需要合并两个连通分量。

最容易想到的方法是“暴力”——每次“合并”时只在 MST 中加入一条边（如果使用邻接矩阵，只需 G[e[i].u][e[i].v]=1），而“查询”时直接在 MST 中进行图遍历（DFS 和 BFS 都可以判断连通性）。遗憾的是，这个方法不仅复杂（需要写 DFS 或者 BFS），而且效率不高。

并查集。有一种简洁高效的方法可用来处理这个问题：使用并查集（Union-Find Set）。可以把每个连通分量看成一个集合，该集合包含了连通分量中的所有点。这些点两两连通，而具体的连通方式无关紧要，就好比集合中的元素没有先后顺序之分，只有“属于”和“不属于”的区别。在图中，每个点恰好属于一个连通分量，对应到集合表示中，每个元素恰好属于一个集合。换句话说，图的所有连通分量可以用若干个不相交集合来表示。

并查集的精妙之处在于用树来表示集合。例如，若包含点 1，2，3，4，5，6 的图有 3 个连通分量{1,3}、{2,5,6}、{4}，则需要用 3 棵树来表示。这 3 棵树的具体形态无关紧要，只要有一棵树包含 1、3 两个点，一棵树包含 2、5、6 这 3 个点，还有一棵树只包含 4 这一个点即可。规定每棵树的根结点是这棵树所对应的集合的代表元（representative）。

如果把 x 的父结点保存在 p[x]中（如果 x 没有父结点，则 p[x]等于 x），则不难写出“查找结点 x 所在树的根结点”的递归程序：int find(int x) { p[x] == x ? x : find(p[x]); }，通俗地讲就是：如果 p[x]等于 x，说明 x 本身就是树根，因此返回 x；否则返回 x 的父结点 p[x]所在树的树根。

问题来了：在特殊情况下，这棵树可能是一条长长的链。设链的最后一个结点为 x，则每次执行 find(x)都会遍历整条链，效率十分低下。看上去是个很棘手的问题，其实改进方法很简单。既然每棵树表示的只是一个集合，因此树的形态是无关紧要的，并不需要在“查找”操作之后保持树的形态不变，只要顺便把遍历过的结点都改成树根的子结点，下次查找就会快很多了，如图 11-5 所示。

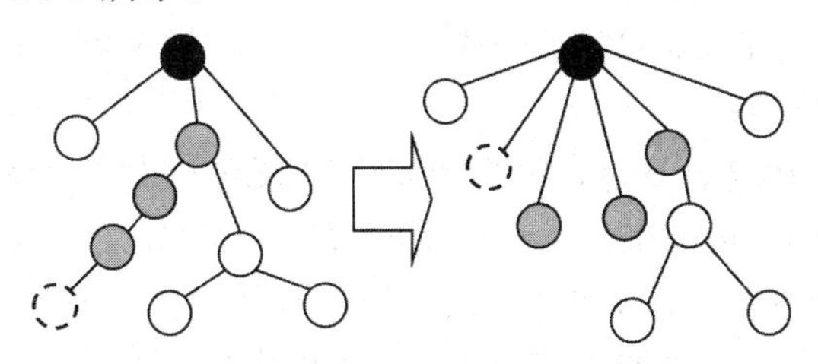

图 11-5　并查集中的路径压缩

这样，Kruskal 算法的完整代码便不难给出了。假设第 i 条边的两个端点序号和权值分别保存在 u[i]，v[i]和 w[i]中，而排序后第 i 小的边的序号保存在 r[i]中（这叫做间接排序。排序的关键字是对象的“代号”，而不是对象本身）。

```
int cmp(const int i, const int j) { return w[i]<w[j]; }    //间接排序函数
int find(int x) { return p[x] == x ? x : p[x] = find(p[x]);}//并查集的find
int Kruskal() {
  int ans = 0;
  for(int i = 0; i < n; i++) p[i] = i;        //初始化并查集
  for(int i = 0; i < m; i++) r[i] = i;        //初始化边序号
  sort(r, r+m, cmp); //给边排序
  for(int i = 0; i < m; i++) {
      int e = r[i]; int x = find(u[e]); int y = find(v[e]);
                                                //找出当前边两个端点所在集合编号
      if(x != y) { ans += w[e]; p[x] = y; } //如果在不同集合，合并
  }
  return ans;
}
```

注意，x 和 y 分别是第 e 条边的两个端点所在连通分量的代表元。合并 x 和 y 所在集合可以简单地写成 p[x]=y，即直接把 x 作为 y 的子结点，则两个树就合并成一棵树了。注意不能写成 p[u[e]]=p[v[e]]，因为 u[e]和 v[e]不一定是树根。并查集的效率非常高，在平摊意义下，find 函数的时间复杂度几乎可以看成是常数（而 union 显然是常数时间）。

11.2.2 竞赛题目选解

例题 11-2 苗条的生成树（Slim Span, ACM/ICPC Japan 2007, UVa1395）

给出一个 n（$n \leqslant 100$）结点的图，求苗条度（最大边减最小边的值）尽量小的生成树。

【分析】

首先把边按权值从小到大排序。对于一个连续的边集区间$[L, R]$，如果这些边使得 n 个点全部连通，则一定存在一个苗条度不超过 $W[R]-W[L]$的生成树（其中 $W[i]$表示排序后第 i 条边的权值）。

从小到大枚举 L，对于每个 L，从小到大枚举 R，同时用并查集将新进入$[L,R]$的边两端的点合并成一个集合，与 Kruskal 算法一样。当所有点连通时停止枚举 R，换下一个 L（并且把 R 重置为 L）继续枚举。

例题 11-3 买还是建（Buy or Build, ACM/ICPC SWERC 2005, UVa1151）

平面上有 n 个点（$1 \leqslant n \leqslant 1000$），你的任务是让所有 n 个点连通。为此，你可以新建一些边，费用等于两个端点的欧几里德距离。另外还有 q（$0 \leqslant q \leqslant 8$）个“套餐”可以购买，如果你购买了第 i 个套餐，该套餐中的所有结点将变得相互连通。第 i 个套餐的花费为 C_i。如图 11-6 所示，一共有 3 个套餐：

它的最优解是购买套餐 1 和套餐 2，然后手动连接两条边，如图 11-7 所示。

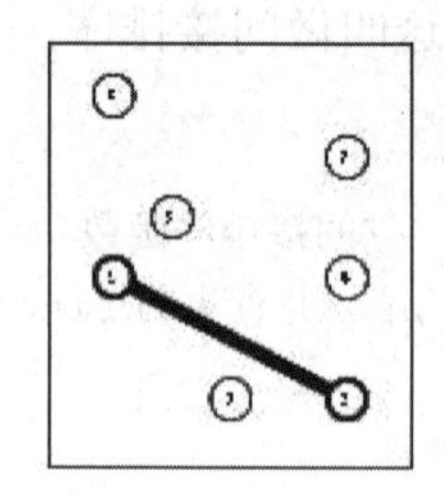

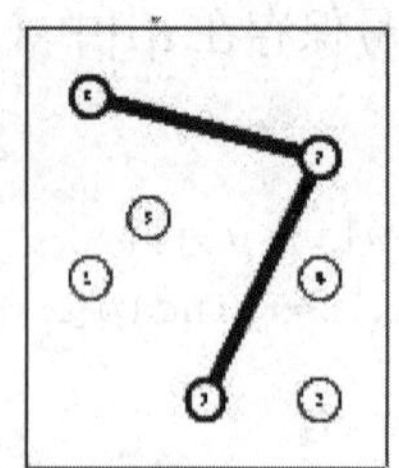

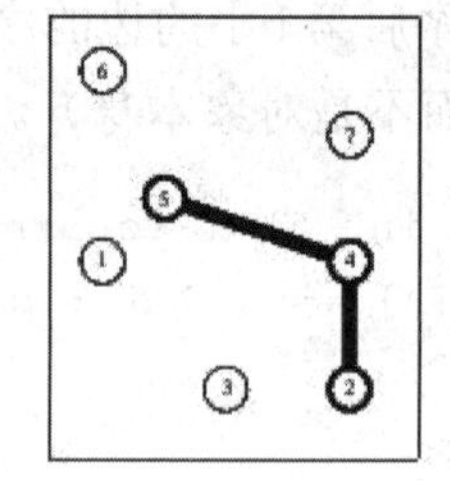

图 11-6 3 个套餐

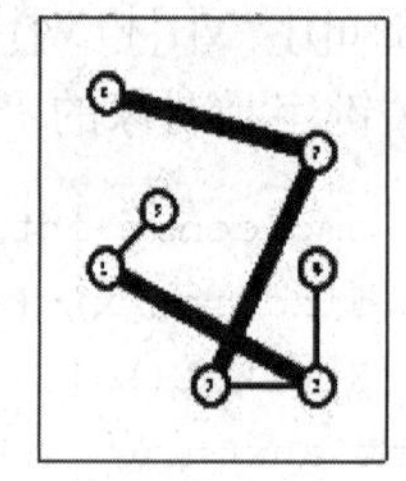

图 11-7 购买套餐 1、2 并连接边

【分析】

最容易想到的算法是：先枚举购买哪些套餐，把套餐中包含的边的权值设为 0，然后求最小生成树。由于枚举量为 $O(2^q)$，给边排序的时间复杂度为 $O(n^2\log n)$，而排序之后每次 Kruskal 算法的时间复杂度为 $O(n^2)$，因此总时间复杂度为 $O(2^q n^2+n^2\log n)$，对于题目的规模来说太大了。

只需一个小小的优化即可降低时间复杂度：先求一次原图（不购买任何套餐）的最小生成树，得到 n-1 条边，然后每次枚举完套餐后只考虑套餐中的边和这 n-1 条边，则枚举套餐之后再求最小生成树时，图上的边已经寥寥无几。

为什么可以这样呢？首先回顾一下，在 Kruskal 算法中，哪些边不会进入最小生成树。答案是：两端已经属于同一个连通分量的边。买了套餐以后，相当于一些边的权变为 0，而对于不在套餐中的每条边 e，排序在 e 之前的边一个都没少，反而可能多了一些权值为 0 的边，所以在原图 Kruskal 时被“扔掉”的边，在后面的 Kruskal 中也一样会被扔掉。

本题还有一个地方需要说明：因为 Kruskal 在连通分量包含 n 个点时会终止，所以对于随机数据，即使用原始的“暴力算法”，也能很快出解。如果你是命题者，可以这样出一个数据：有一个点很远，而其他 n-1 个点相互比较近。这样，相距较近的 n-1 个点之间的 $C(n-1,2)$条边会排序在前面，每次 Kruskal 都会先考虑完所有这些边。而考虑这些边时是无法让远点和近点连通的。

11.3　最短路问题

最短路问题并不陌生：在第 9 章中，曾介绍过无权和带权 DAG 上的最短路和最长路，二者的算法几乎是一样的（只是初始化不同，并且状态转移时把 min 和 max 互换）。但如果图中可以有环，情况就不同了。

11.3.1　Dijkstra 算法

Dijkstra 算法适用于边权为正的情况。下面直接给出 Dijkstra 算法的伪代码，它可用于计算正权图上的单源最短路（Single-Source Shortest Paths，SSSP），即从单个源点出发，到所有结点的最短路。该算法同时适用于有向图和无向图。

```
清除所有点的标号
设 d[0]=0，其他 d[i]=INF
循环 n 次 {
    在所有未标号结点中，选出 d 值最小的结点 x
    给结点 x 标记
    对于从 x 出发的所有边(x,y)，更新 d[y] = min{d[y], d[x]+w(x,y)}
}
```

下面是伪代码对应的程序。假设起点是结点 0，它到结点 i 的路径长度为 d[i]。未标号结点的 v[i]=0，已标号结点的 v[i]=1。为了简单起见，用 w[x][y]==INF 表示边(x,y)不存在。

```
memset(v, 0, sizeof(v));
for(int i = 0; i < n; i++) d[i] = (i==0 ? 0 : INF);
for(int i = 0; i < n; i++) {
  int x, m = INF;
  for(int y = 0; y < n; y++) if(!v[y] && d[y]<=m) m = d[x=y];
  v[x] = 1;
  for(int y = 0; y < n; y++) d[y] = min(d[y], d[x] + w[x][y]);
}
```

除了求出最短路的长度外，使用 Dijkstra 算法也能很方便地打印出结点 0 到所有结点的最短路本身，原理和动态规划中的方案打印一样——从终点出发，不断顺着 d[i]+w[i][j]==d[j]的边(i,j)从结点 j “退回”到结点 i，直到回到起点。另外，仍然可以用空间换时间，在更新 d 数组时维护“父亲指针”。具体来说，需要把 d[y] = min(d[y], d[x]+w[x][y])改成：

```
if(d[y] > d[x] + w[x][y]) {
  d[y] = d[x] + w[x][y];
  fa[y] = x;
}
```

这称为边(x,y)上的松弛操作（relaxation）。不难看出，上面程序的时间复杂度为 $O(n^2)$——循环体一共执行了 n 次，而在每次循环中，“求最小 d 值”和“更新其他 d 值”均是 $O(n)$的。由于最短路算法实在太重要了，下面花一些篇幅把它优化到 $O(m\log n)$，并给出一份简单高效的完整代码。

等一等，为什么说是“优化到”呢？在最坏情况下，m 和 n^2 是同阶的，$m\log n$ 岂不是比 n^2 要大？这话没错，但在很多情况下，图中的边并没有那么多，$m\log n$ 比 n^2 小得多。m 远小于 n^2 的图称为稀疏图（Sparse Graph），而 m 相对较大的图称为稠密图（Dense Graph）。

和前面一样，稀疏图适合使用 vector 数组保存。除此之外，还有一种流行的表示法——邻接表（Adjacency List）。在这种表示法中，每个结点 i 都有一个链表，里面保存着从 i 出发的所有边。对于无向图来说，每条边会在邻接表中出现两次。和前面一样，这里继续用数组实现链表：首先给每条边编号，然后用 first[u]保存结点 u 的第一条边的编号，next[e]表示编号为 e 的边的“下一条边”的编号。下面的函数读入有向图的边列表，并建立邻接表：

```
int n, m;
int first[maxn];
int u[maxm], v[maxm], w[maxm], next[maxm];
void read_graph() {
  scanf("%d%d", &n, &m);
  for(int i = 0; i < n; i++) first[i] = -1; //初始化表头
  for(int e = 0; e < m; e++) {
    scanf("%d%d%d", &u[e], &v[e], &w[e]);
    next[e] = first[u[e]];                    //插入链表
    first[u[e]] = e;
  }
}
```

上述代码的巧妙之处是插入到链表的首部而非尾部，这样就避免了对链表的遍历。不过需要注意的是，同一个起点的各条边在邻接表中的顺序和读入顺序正好相反。读者如果还记得哈希表，应该会发现这里的链表和哈希表中的链表实现很相似。

尽管邻接表很流行，但在概念上 vector 数组更为简单，所以接下来仍然给出基于 vector 数组的代码。虽然在最短路问题中，每条边只有“边权”这一个属性，但后面的最大流以及最小费用流中还会出现“容量”、“流量”以及“费用”等属性。所以在这里使用一个称为 Edge 的结构体，这会让这里的代码与后面的代码在风格上更统一。

```
struct Edge {
  int from, to, dist;
  Edge(int u, int v, int d):from(u),to(v),dist(d) {}
};
```

为了使用方便，此处把算法中用到的数据结构封装到一个结构体中：

```
struct Dijkstra {
  int n, m;
  vector<Edge> edges;
  vector<int> G[maxn];
  bool done[maxn];        //是否已永久标号
  int d[maxn];            //s 到各个点的距离
  int p[maxn];            //最短路中的上一条弧

  void init(int n) {
    this->n = n;
    for(int i = 0; i < n; i++) G[i].clear();
    edges.clear();
  }

  void AddEdge(int from, int to, int dist) {
    edges.push_back(Edge(from, to, dist));
    m = edges.size();
    G[from].push_back(m-1);
  }

  void dijkstra(int s) {
    ...
  }
};
```

不难看出，在 vector 数组中保存的只是边的编号。有了编号之后可以从 edges 数组中查到边的具体信息。有了这样的数据结构，“遍历从 x 出发的所有边(x,y)，更新 $d[y]$”就可以写成“for(int i = 0; i < G[u].size(); i++) 执行边 edges[G[u][i]]上的松弛操作”。尽管在最坏情况下，这个循环仍然会循环 n−1 次，但从整体上来看，每条边恰好被检查过一次（想一想，为什么），因此松弛操作执行的次数恰好是 m。这样，只需集中精力优化“找出未标号结点中的最小 d 值”即可。

在 Dijkstra 算法中，d[i]越小，应该越先出队，因此需要使用自定义比较器。在 STL 中，可以用 greater<int>表示“大于”运算符，因此可以用 priority_queue<int, vector<int>, greater<int> >q 来声明一个小整数先出队的优先队列。然而，除了需要最小的 d 值之外，还要找到这个最小值对应的结点编号，所以需要把 d 值和编号“捆绑”成一个整体放到优先队列中，使得取出最小 d 值的同时也会取出对应的结点编号。

STL 中的 pair 便是专门把两个类型捆绑到一起的。为了方便起见，用 typedef pair<int,int> pii 自定义一个 pii 类型，则 priority_queue<pii, vector<pii>, greater<pii> > q 就定义了一个由二元组构成的优先队列。pair 定义了它自己的排序规则——先比较第一维，相等时才比较第二维，因此需要按(d[i],i)而不是(i,d[i])的方式组合。这样的方法理论上和实际上都没有问题，很多用户并不习惯。为了保持简单，这里不使用 pair，而是显式定义一个结构体作为优先队列中的元素类型，例如：

```
struct HeapNode {
  int d, u;
  bool operator < (const HeapNode& rhs) const {
    return d > rhs.d;
  }
};
```

然后主算法就可以写出来了：

```
void dijkstra(int s) {
  priority_queue<HeapNode> Q;
  for(int i = 0; i < n; i++) d[i] = INF;
  d[s] = 0;
  memset(done, 0, sizeof(done));
  Q.push((HeapNode){0, s});
  while(!Q.empty()) {
    HeapNode x = Q.top(); Q.pop();
    int u = x.u;
    if(done[u]) continue;
    done[u] = true;
    for(int i = 0; i < G[u].size(); i++) {
      Edge& e = edges[G[u][i]];
      if(d[e.to] > d[u] + e.dist) {
        d[e.to] = d[u] + e.dist;
        p[e.to] = G[u][i];
        Q.push((HeapNode){d[e.to], e.to});
      }
    }
  }
}
```

在松弛成功后，需要修改结点 e.to 的优先级，但 STL 中的优先队列不提供“修改优先级”的操作。因此，只能将新元素重新插入优先队列。这样做并不会影响结果的正确性，因为 d 值小的结点自然会先出队。为了防止结点的重复扩展，如果发现新取出来的结点曾经被取出来过（done[u]），应该直接把它扔掉。避免重复的另一个方法是把 if(done[u])改成 if(x.d != d[u])，可以省掉一个 done 数组。

再补充一点：即使是稠密图，使用 priority_queue 实现的 Dijkstra 算法也常常比基于邻接矩阵的 Dijkstra 算法的运算速度快。理由很简单，执行 push 操作的前提是 d[e.to] > d[u] + e.dist，如果这个式子常常不成立，则 push 操作会很少。

11.3.2　Bellman-Ford 算法

当负权存在时，连最短路都不一定存在了。尽管如此，还是有办法在最短路存在的情况下把它求出来。在介绍算法之前，请读者确认这样一个事实：如果最短路存在，一定存在一个不含环的最短路。

理由如下：在边权可正可负的图中，环有零环、正环和负环 3 种。如果包含零环或正环，去掉以后路径不会变长；如果包含负环，则意味着最短路不存在（想一想，为什么）。

既然不含环，最短路最多只经过（起点不算）n-1 个结点，可以通过 n-1 “轮”松弛操作得到，像这样（起点仍然是 0）：

```
for(int i = 0; i < n; i++) d[i] = INF;
d[0] = 0;
for(int k = 0; k < n-1; k++) //迭代 n-1 次
  for(int i = 0; i < m; i++) //检查每条边
  {
    int x = u[i], y = v[i];
    if(d[x] < INF) d[y] = min(d[y], d[x]+w[i]); //松弛
}
```

上述算法称为 Bellman-Ford 算法，不难看出它的时间复杂度为 $O(nm)$。在实践中，常常用 FIFO 队列来代替上面的循环检查，像这样：

```
bool bellman_ford(int s) {
  queue<int> Q;
  memset(inq, 0, sizeof(inq));
  memset(cnt, 0, sizeof(cnt));
  for(int i = 0; i < n; i++) d[i] = INF;
  d[s] = 0;
  inq[s] = true;
  Q.push(s);

  while(!Q.empty()) {
    int u = Q.front(); Q.pop();
    inq[u] = false;
    for(int i = 0; i < G[u].size(); i++) {
      Edge& e = edges[G[u][i]];
      if(d[u] < INF && d[e.to] > d[u] + e.dist) {
        d[e.to] = d[u] + e.dist;
        p[e.to] = G[u][i];
        if(!inq[e.to]) { Q.push(e.to); inq[e.to] = true; if(++cnt[e.to] > 
n) return false; }
      }
```

```
        }
    }
    return true;
}
```

有没有注意到上面的代码和前面的 Dijkstra 算法很像？一方面，优先队列替换为了普通的FIFO队列，而另一方面，一个结点可以多次进入队列。可以证明，采取FIFO队列的Bellman-Ford算法在最坏情况下需要 $O(nm)$ 时间，不过在实践中，往往只需要很短的时间就能求出最短路。上面的代码还有一个功能：在发现负圈时及时退出。注意，这只说明s可以到达一个负圈，并不代表s到每个点的最短路都不存在。另外，如果图中有其他负圈但是s无法到达这个负圈，则上面的算法也无法找到。解决方法留给读者思考（提示：加一个结点）。

11.3.3 Floyd 算法

如果需要求出每两点之间的最短路，不必调用 n 次 Dijkstra（边权均为正）或者 Bellman-ford（有负权）。有一个更简单的方法可以实现——Floyd-Warshall 算法（请记住下面的代码！）：

```
for(int k = 0; k < n; k++)
  for(int i = 0; i < n; i++)
    for(int j = 0; j < n; j++)
      d[i][j] = min(d[i][j], d[i][k] + d[k][j]);
```

在调用它之前只需做一些简单的初始化：d[i][i]=0，其他 d 值为“正无穷”INF。注意这里有一个潜在的问题：如果 INF 定义太大（如 2000000000），加法 d[i][k] + d[k][j]可能会溢出！但如果 INF 太小，可能会使得长度为 INF 的边真的变成最短路的一部分。谨慎起见，最好估计一下实际最短路长度的上限，并把 INF 设置成“只比它大一点点”的值。例如，最多有 1000 条边，若每条边长度不超过 1000，可以把 INF 设成 1000001。

如果坚持认为不应该允许 INF 和其他值相加，更不应该得到一个大于 INF 的数，请把上述代码改成：

```
for(int k = 0; k < n; k++)
  for(int i = 0; i < n; i++)
    for(int j = 0; j < n; j++)
      if(d[i][j] < INF && d[k][j] < INF)
        d[i][j] = min(d[i][j], d[i][k] + d[k][j]);
```

在有向图中，有时不必关心路径的长度，而只关心每两点间是否有通路，则可以用 1 和 0 分别表示“连通”和“不连通”。这样，除了预处理需做少许调整外，主算法中只需把“d[i][j] = min{d[i][j], d[i][k] + d[k][j]}”改成“d[i][j] = d[i][j] || (d[i][k] && d[k][j])”。这样的结果称为有向图的传递闭包（Transitive Closure）。

11.3.4　竞赛题目选讲

例题 11-4　电话圈（Calling Circles, ACM/ICPC World Finals 1996, UVa247）

如果两个人相互打电话（直接或间接），则说他们在同一个电话圈里。例如，a 打给 b，b 打给 c，c 打给 d，d 打给 a，则这 4 个人在同一个圈里；如果 e 打给 f 但 f 不打给 e，则不能推出 e 和 f 在同一个电话圈里。输入 n（$n\leqslant 25$）个人的 m 次电话，找出所有电话圈。人名只包含字母，不超过 25 个字符，且不重复。

【分析】

首先用 floyd 求出传递闭包，即 g[i][j]表示 i 是否直接或者间接给 j 打过电话，则当且仅当 g[i][j]=g[j][i]=1 时二者处于一个电话圈。构造一个新图，在“在一个电话圈里”的两个人之间连一条边，然后依次输出各个连通分量的所有人即可。

例题 11-5　噪音恐惧症（Audiophobia, UVa10048）

输入一个 C 个点 S 条边（$C\leqslant 100$，$S\leqslant 1000$）的无向带权图，边权表示该路径上的噪声值。当噪声值太大时，耳膜可能会受到伤害，所以当你从某点去往另一个点时，总是希望路上经过的最大噪声值最小。输入一些询问，每次询问两个点，输出这两点间最大噪声值最小的路径。例如，在图 11-8 中，A 到 G 的最大噪声值为 80，是所有其他路径中最小的（如 ABEG 的最大噪声值为 90）。

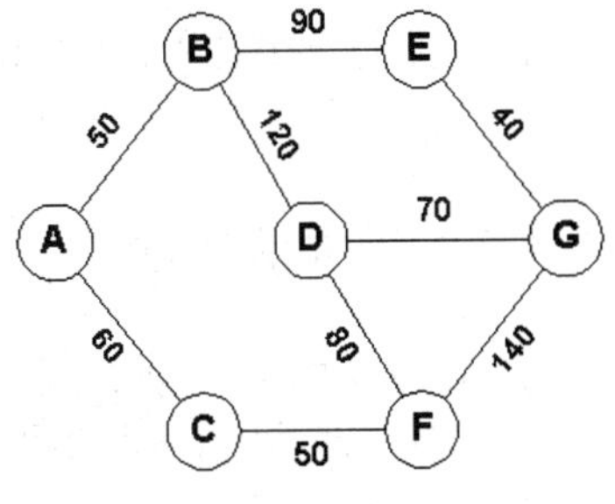

图 11-8　路径与噪声值

【分析】

本题的做法十分简单：直接用 floyd 算法，但是要把加法改成 min，min 改成 max。为什么可以这样做呢？不管是 floyd 算法还是 dijkstra 算法，都是基于这样一个事实：对于任意一条至少包含两条边的路径 *i->j*，一定存在一个中间点 k，使得 *i->j* 的总长度等于 *i->k* 与 *k->j* 的长度之和。对于不同的点 k，*i->k* 和 *k->j* 的长度之和可能不同，最后还需要取一个最小值才是 *i->j* 的最短路径。把刚才的推理中“之和”与“取最小值”换成“取最小值”和“取最大值”，推理仍然适用。

例题 11-6　这不是 bug，而是特性（It's not a Bug, it's a Feature!, UVa 658）

补丁在修正 bug 时，有时也会引入新的 bug。假定有 n（$n\leqslant 20$）个潜在 bug 和 m（$m\leqslant 100$）个补丁，每个补丁用两个长度为 n 的字符串表示，其中字符串的每个位置表示一个 bug。第一个串表示打补丁之前的状态（“-”表示该 bug 必须不存在，“+”表示必须存在，0 表示无所谓），第二个串表示打补丁之后的状态（“-”表示不存在，“+”表示存在，0 表示不变）。每个补丁都有一个执行时间，你的任务是用最少的时间把一个所有 bug 都存在的软件通过打补丁的方式变得没有 bug。一个补丁可以打多次。

【分析】

在任意时刻，每个 bug 可能存在也可能不存在，所以可以用一个 n 位二进制串表示当前软件的“状态”。打完补丁之后，bug 状态会发生改变，对应“状态转移”。是不是很像动态规划？可惜动态规划是行不通的，因为状态经过多次转移之后可能会回到以前的状态，即状态图并不是 DAG。如果直接用记忆化搜索，会出现无限递归。

正确的方法是把状态看成结点，状态转移看成边，转化成图论中的最短路径问题，然后使用 Dijkstra 或 Bellman-Ford 算法求解。不过这道题和普通的最短路径问题不一样：结点很多，多达 2^n 个，而且很多状态根本遇不到（即不管怎么打补丁，也不可能打成那个状态），所以没有必要像前面那样先把图储存好。

还记得第 7 章中介绍的“隐式图搜索”吗？这里也可以用相同的方法：当需要得到某个结点 u 出发的所有边时，不是去读 G[u]，而是直接枚举所有 m 个补丁，看看是否能打得上。不管是 Dijsktra 算法还是 Bellman-Ford 算法，这个方法都适用。本题很经典，强烈建议读者编程实现。

11.4 网络流初步

网络流是一个适用范围相当广的模型，相关的算法也非常多。尽管如此，网络流中的概念、思想和基本算法并不难理解。

11.4.1 最大流问题

如图 11-9 所示，假设需要把一些物品从结点 s（称为源点）运送到结点 t（称为汇点），可以从其他结点中转。图 11-9（a）中各条有向边的权表示最多能有多少个物品从这条边的起点直接运送到终点。例如，最多可以有 9 个物品从结点 v_3 运送到 v_2。

图 11-9（b）展示了一种可能的方案，其中每条边中的第一个数字表示实际运送的物品数目，而第二个数字就是题目中的上限。

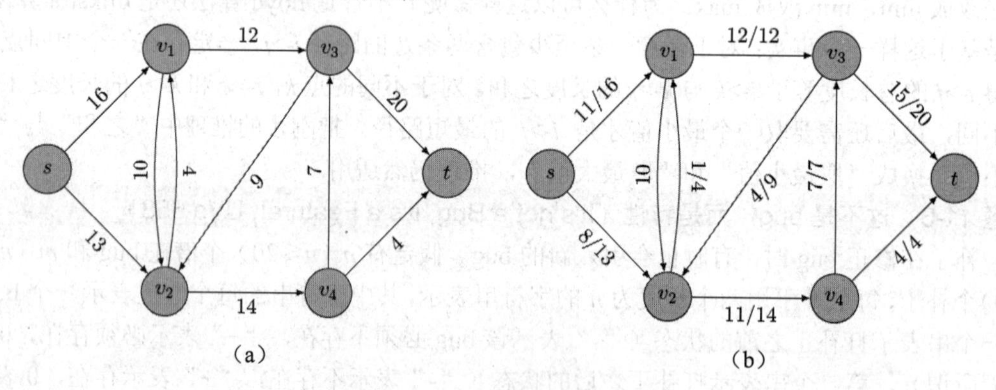

图 11-9 物资运送问题

这样的问题称为最大流问题（Maximum-Flow Problem）。对于一条边(u,v)，它的物品上限称为容量（capacity），记为 $c(u,v)$（对于不存在的边(u,v)，$c(u,v)=0$）；实际运送的物品称为流量（flow），记为$f(u,v)$。注意，“把 3 个物品从 u 运送到 v，又把 5 个物品从 v 运送到 u”没什么意义，因为它等价于把两个物品从 v 运送到 u。这样，就可以规定$f(u,v)$和$f(v,u)$最多只有一个正数（可以均为 0），并且$f(u,v)=-f(v,u)$。这样规定就好比“把 3 个物

品从 u 运送到 v”等价于“把-3 个物品从 v 运送到 u”一样。

最大流问题的目标是把最多的物品从 s 运送到 t，而其他结点都只是中转，因此对于除了结点 s 和 t 外的任意结点 u，$\sum_{(u,v)\in E} f(u,v)=0$（这些 f 中有些是负数）。从 s 运送出来的物品数目等于到达 t 的物品数目，而这正是此处最大化的目标。

提示 11-2：在最大流问题中，容量 c 和流量 f 满足 3 个性质：容量限制（$f(u,v)\leqslant c(u,v)$）、斜对称性（$f(u,v)=-f(v,u)$）和流量平衡（对于除了结点 s 和 t 外的任意结点 u，$\sum_{(u,v)\in E} f(u,v)=0$）。问题的目标是最大化 $|f|=\sum_{(s,v)\in E} f(s,v)=\sum_{(u,t)\in E} f(u,t)$，即从 s 点流出的净流量（它也等于流入 t 点的净流量）。

11.4.2　增广路算法

介绍完最大流问题后，下面介绍求解最大流问题的算法。算法思想很简单，从零流（所有边的流量均为 0）开始不断增加流量，保持每次增加流量后都满足容量限制、斜对称性和流量平衡 3 个条件。

计算出图 11-10（a）中的每条边上容量与流量之差（称为残余容量，简称残量），得到图 11-10（b）中的残量网络（residual network）。同理，由图 11-10（c）可以得到图 11-10（d）。注意残量网络中的边数可能达到原图中边数的两倍，如原图中 c=16，f=11 的边在残量网络中对应正反两条边，残量分别为 16-11=5 和 0-(-11)=11。

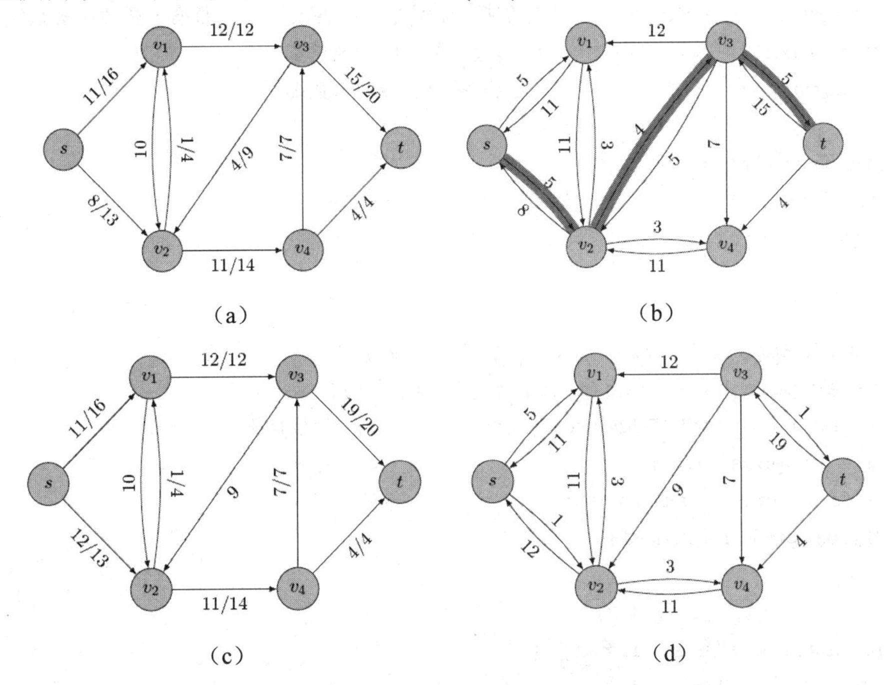

图 11-10　残量网络和增广路算法

该算法基于这样一个事实：残量网络中任何一条从 s 到 t 的有向道路都对应一条原图中

的增广路（augmenting path）——只要求出该道路中所有残量的最小值 d，把对应的所有边上的流量增加 d 即可，这个过程称为增广（augmenting）。不难验证，如果增广前的流量满足 3 个条件，增广后仍然满足。显然，只要残量网络中存在增广路，流量就可以增大。可以证明它的逆命题也成立：如果残量网络中不存在增广路，则当前流就是最大流。这就是著名的增广路定理。

提示 11-3： 当且仅当残量网络中不存在 s-t 有向道路（增广路）时，此时的流是从 s 到 t 的最大流。

“找任意路径”最简单的办法无疑是用 DFS，但很容易找出让它很慢的例子。一个稍微好一些的方法是使用 BFS，它足以应对数据不刁钻的网络流题目。这就是 Edmonds-Karp 算法。下面是完整的代码。注意 Edge 结构体多了 flow 和 cap 两个变量，但是 AddEdge 却和 Dijkstra 中的同名函数很接近。这便是得益于 Edge 结构体这一设计。

```
struct Edge {
  int from, to, cap, flow;
  Edge(int u, int v, int c, int f):from(u),to(v),cap(c),flow(f) {}
};

struct EdmondsKarp {
  int n, m;
  vector<Edge> edges;           //边数的两倍
  vector<int> G[maxn];          //邻接表,G[i][j]表示结点 i 的第 j 条边在 e 数组中的序号
  int a[maxn];                  //当起点到 i 的可改进量
  int p[maxn];                  //最短路树上 p 的入弧编号

  void init(int n) {
    for(int i = 0; i < n; i++) G[i].clear();
    edges.clear();
  }

  void AddEdge(int from, int to, int cap) {
    edges.push_back(Edge(from, to, cap, 0));
    edges.push_back(Edge(to, from, 0, 0)); //反向弧
    m = edges.size();
    G[from].push_back(m-2);
    G[to].push_back(m-1);
  }

  int Maxflow(int s, int t) {
    int flow = 0;
    for(;;) {
      memset(a, 0, sizeof(a));
```

```
    queue<int> Q;
    Q.push(s);
    a[s] = INF;
    while(!Q.empty()) {
      int x = Q.front(); Q.pop();
      for(int i = 0; i < G[x].size(); i++) {
        Edge& e = edges[G[x][i]];
        if(!a[e.to] && e.cap > e.flow) {
          p[e.to] = G[x][i];
          a[e.to] = min(a[x], e.cap-e.flow);
          Q.push(e.to);
        }
      }
      if(a[t]) break;
    }
    if(!a[t]) break;
    for(int u = t; u != s; u = edges[p[u]].from) {
      edges[p[u]].flow += a[t];
      edges[p[u]^1].flow -= a[t];
    }
    flow += a[t];
  }
  return flow;
 }
};
```

注意上面代码中的一个技巧：每条弧和对应的反向弧保存在一起。边 0 和 1 互为反向边；边 2 和 3 互为反向边……一般地，边 i 的反向边为 i^1，其中“^”为二进制异或运算符（想一想，为什么）。

正如所见，上面的代码和普通的 BFS 并没有太大的不同。唯一需要注意的是，在扩展结点的同时还需递推出从 s 到每个结点 i 的路径上的最小残量 a[i]，则 a[t]就是整条 s-t 道路上的最小残量。另外，由于 a[i]总是正数，所以用它代替了原来的 vis 标志数组。上面的代码把流初始化为零流，但这并不是必需的。只要初始流是可行的（满足 3 个限制条件），就可以用增广路算法进行增广。

11.4.3 最小割最大流定理

有一个与最大流关系密切的问题：最小割。如图 11-11 所示，把所有顶点分成两个集合 S 和 $T=V-S$，其中源点 s 在集合 S 中，汇点 t 在集合 T 中。

如果把“起点在 S 中，终点在 T 中”的边全部删除，就无法从 s 到达 t 了。这样的集合划分(S,T)称为一个 s-t 割，它的容量定义为：$c(S,T)=\sum_{u\in S,t\in T}c(u,v)$，即起点在 S 中，终点在 T 中的所有边的容量和。

还可从另外一个角度看待割。如图 11-12 所示，从 s 运送到 t 的物品必然通过跨越 S 和 T 的边，所以从 s 到 t 的净流量等于 $|f|=f(S,T)=\sum\limits_{u\in S,v\in T} f(u,v)\leqslant \sum\limits_{u\in S,v\in T} c(u,v)=c(S,T)$。

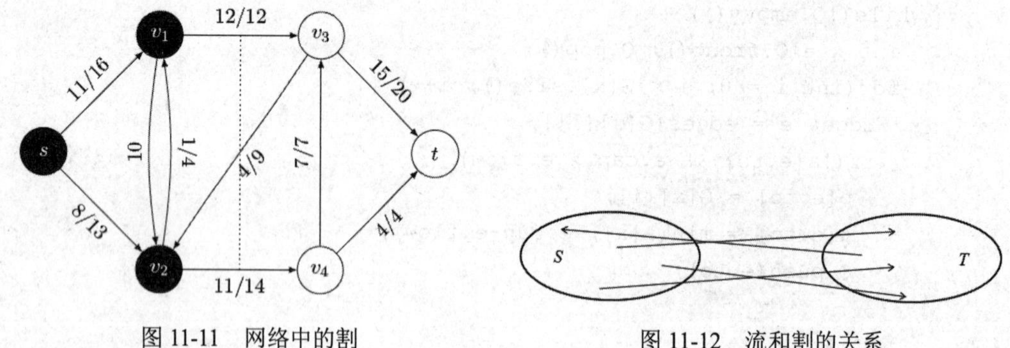

图 11-11　网络中的割　　　　图 11-12　流和割的关系

注意这里的割(S,T)是任取的，因此得到了一个重要结论：对于任意 s-t 流 f 和任意 s-t 割(S, T)，有 $|f|\leqslant c(S,T)$。

下面来看残量网络中没有增广路的情形。既然不存在增广路，在残量网络中 s 和 t 并不连通。当 BFS 没有找到任何 s-t 道路时，把已标号结点（$a[u]>0$ 的结点 u）集合看成 S，令 $T=V-S$，则在残量网络中 S 和 T 分离，因此在原图中跨越 S 和 T 的所有弧均满载（这样的边才不会存在于残量网络中），且没有从 T 回到 S 的流量，因此 $|f|\leqslant c(S,T)$ 成立。

前面说过，对于任意的 f 和(S,T)，都有 $|f|\leqslant c(S,T)$，而此处又找到了一组让等号成立的 f 和(S,T)。这样，便同时证明了增广路定理和最小割最大流定理：在增广路算法结束时，f 是 s-t 最大流，(S,T)是 s-t 最小割。

提示 11-4：增广路算法结束时，令已标号结点（$a[u]>0$ 的结点）集合为 S，其他结点集合为 $T=V-S$，则(S,T)是图的 s-t 最小割。

11.4.4　最小费用最大流问题

下面给网络流增加一个因素：费用。假设每条边除了有一个容量限制外，还有一个单位流量所需的费用（cost）。图 11-13（a）中分别用 c 和 a 来表示每条边的容量和费用，而图 11-13（b）给出了一个在总流量最大的前提下，总费用最小的流（费用为 10），即最小费用最大流。另一个最大流是从 s 分别运送一个单位到 x 和 y，但总费用为 11，不是最优。

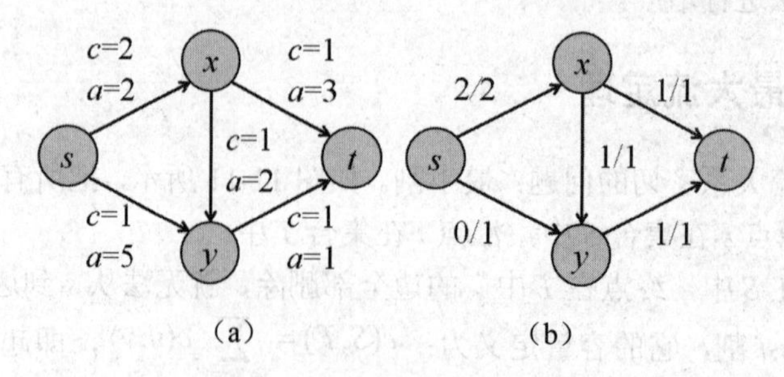

图 11-13　最小费用最大流

在最小费用流问题中，平行边变得有意义了：可能会有两条从 u 到 v 的弧，费用分别为 1 和 2。在没有费用的情况下，可以把二者合并，但由于费用的出现，无法合并这两条弧。再如，若边(u,v)和(v,u)均存在，且费用都是负数，则“同时从 u 流向 v 和从 v 流向 u”是个不错的主意。为了更方便地叙述算法，先假定图中不存在平行边和反向边。这样就可以用两个邻接矩阵 cap 和 cost 保存各边的容量和费用。为了允许反向增广，规定 cap[v][u]=0 并且 cost[v][u]=−cost[u][v]，表示沿着(u,v)的相反方向增广时，费用减小 cost[u][v]。

限于篇幅，这里直接给出最小费用路算法。和 Edmonds-Karp 算法类似，但每次用 Bellman-Ford 算法而非 BFS 找增广路。**只要初始流是该流量下的最小费用可行流，每次增广后的新流都是新流量下的最小费用流**。另外，费用值是可正可负的。在下面的代码中，为了减小溢出的可能，总费用 cost 采用 long long 来保存。

```
struct Edge {
  int from, to, cap, flow, cost;
  Edge(int u, int v, int c, int f, int w):from(u),to(v),cap(c),flow(f),cost(w)
{}
};

struct MCMF {
  int n, m;
  vector<Edge> edges;
  vector<int> G[maxn];
  int inq[maxn];         //是否在队列中
  int d[maxn];           //Bellman-Ford
  int p[maxn];           //上一条弧
  int a[maxn];           //可改进量

  void init(int n) {
    this->n = n;
    for(int i = 0; i < n; i++) G[i].clear();
    edges.clear();
  }

  void AddEdge(int from, int to, int cap, int cost) {
    edges.push_back(Edge(from, to, cap, 0, cost));
    edges.push_back(Edge(to, from, 0, 0, -cost));
    m = edges.size();
    G[from].push_back(m-2);
    G[to].push_back(m-1);
  }

  bool BellmanFord(int s, int t, int& flow, long long& cost) {
    for(int i = 0; i < n; i++) d[i] = INF;
```

```
  memset(inq, 0, sizeof(inq));
  d[s] = 0; inq[s] = 1; p[s] = 0; a[s] = INF;

  queue<int> Q;
  Q.push(s);
  while(!Q.empty()) {
    int u = Q.front(); Q.pop();
    inq[u] = 0;
    for(int i = 0; i < G[u].size(); i++) {
      Edge& e = edges[G[u][i]];
      if(e.cap > e.flow && d[e.to] > d[u] + e.cost) {
        d[e.to] = d[u] + e.cost;
        p[e.to] = G[u][i];
        a[e.to] = min(a[u], e.cap - e.flow);
        if(!inq[e.to]) { Q.push(e.to); inq[e.to] = 1; }
      }
    }
  }
  if(d[t] == INF) return false;
  flow += a[t];
  cost += (long long)d[t] * (long long)a[t];
  for(int u = t; u != s; u = edges[p[u]].from) {
    edges[p[u]].flow += a[t];
    edges[p[u]^1].flow -= a[t];
  }
  return true;
}

//需要保证初始网络中没有负权圈
int MincostMaxflow(int s, int t, long long& cost) {
  int flow = 0; cost = 0;
  while(BellmanFord(s, t, flow, cost));
  return flow;
}
};
```

11.4.5 应用举例

首先需要明确一点：虽然本节介绍了最大流的 Edmonds-Karp 算法，**但在实践中一般不用这个算法，而是使用效率更高的 Dinic 算法或者 ISAP 算法。**这两个算法虽然也不是很难理解，但是较之 Edmonds-Karp 来说还是复杂了许多。另一方面，最小费用流也有更快的算法，但在实践中一般仍用上述算法，因为最小费用流的快速算法（例如网络单纯型法）大都很复杂，还没有广泛使用。对此，笔者的建议是：理解 Edmonds-Karp 算法的原理（包括正确性证明），但在比赛中使用 Dinic 或者 ISAP。《算法竞赛入门经典——训练指南》对这两个算法有较为详细介绍，还给出了完整的代码。事实上，读者无须搞清楚它们的原理，只需会使用即可。换句话说，可以把它们当作像 STL 一样的黑盒代码。在算法竞赛中，一般把这样的代码称为**模板**。

二分图匹配。网络流的一个经典的应用是二分图匹配。在图论中，匹配是指两两没有公共点的边集，而二分图是指：可以把结点集分成两部分 X 和 Y，使得每条边恰好一个端点在 X，另一个端点在 Y。换句话说，可以把结点进行二染色（bicoloring），使得同色结点不相邻。为了方便叙述，在画图时一般把 X 结点和 Y 结点画成左右两列。可以证明：一个图是二分图，当且仅当它不含长度为奇数的圈。

常见的二分图匹配问题有两种。第一种是针对无权图的，需要求出包含边数最多的匹配，即二分图的最大基数匹配（maximum cardinality bipartite matching），如图 11-14（a）所示。

这个问题可以这样求解：增加一个源点 s 和一个汇点 t，从 s 到所有 X 结点各连一条容量为 1 的弧，再从所有 Y 结点各连一条容量为 1 的弧到 t，最后把每条边变成一条由 X 指向 Y 的有向弧，容量为 1。只要求出 s 到 t 的最大流，则原图中所有流量为 1 的弧对应了最大基数匹配。

第二种是针对带权图的，需要求出边权之和尽量大的匹配，如图 11-14（b）所示。有些题目要求这个匹配本身是完美匹配（perfect matching），即每个点都被匹配到，而有些题目并不对边的数量做出要求，只要权和最大就可以了。下面先考虑前一种情况，即最大权完美匹配（maximum weighted perfect matching）。

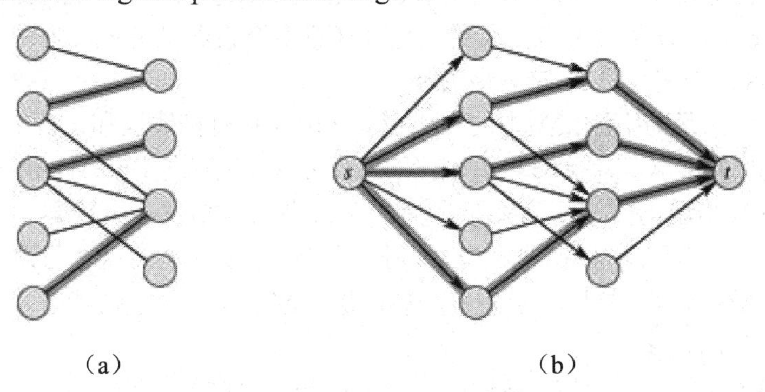

图 11-14　二分图匹配

聪明的读者相信已经找到解决方法了：和最大基数匹配类似，只是原图中所有边的费用为权值的相反数（即前面加一个负号），然后其他边的费用为 0，然后求一个 s 到 t 的最小费用最大流即可。如果从 s 出发的所有弧并不是全部满载（即流量等于容量），则说明完美匹配不存在，问题无解；否则原图中的所有流量为 1 的弧对应最大权完美匹配。

用这样的方法也可以求解第二种情况，即匹配边数没有限制的最大权匹配，只是需要在求解 s-t 最小费用流的过程中记录下流量为 0, 1, 2, 3,…时的最小费用流，然后加以比较，细节留给读者思考。

例题 11-7 UNIX 插头（A Plug for UNIX, UVa753）

有 n 个插座，m 个设备和 k（$n,m,k \leqslant 100$）种转换器，每种转换器都有无限多。已知每个插座的类型，每个设备的插头类型，以及每种转换器的插座类型和插头类型。插头和插座类型都用不超过 24 个字母表示，插头只能插到类型名称相同的插座中。

例如，有 4 个插座，类型分别为 A, B, C, D；有 5 个设备，插头类型分别为 B, C, B, B, X；还有 3 种转换器，分别是 B->X，X->A 和 X->D。这里用 B->X 表示插座类型为 B，插头类型为 X，因此一个插头类型为 B 的设备插上这种转换器之后就“变成”了一个插头类型为 X 的设备。转换器可以级联使用，例如插头类型为 A 的设备依次接上 A->B，B->C，C->D 这 3 个转换器之后会“变成”插头类型为 D 的设备。

要求插的设备尽量多。问最少剩几个不匹配的设备。

【分析】

首先要注意的是：k 个转换器中涉及的插头类型不一定是接线板或者设备中出现过的插头类型。在最坏情况下，100 个设备，100 个插座，100 个转换器最多会出现 400 种插头。当然，400 种插头的情况肯定是无解的，但是如果编码不当，这样的情况可能会让你的程序出现下标越界等运行错误。

笔者第一次尝试本题时使用的方法如下：转换器有无限多，所以可以独立计算出每个设备 i 是否可以接上 0 个或多个转换器之后插到第 j 个插座上，方法是建立有向图 G，结点表示插头类型，边表示转换器，然后使用 Floyd 算法，计算出任意一种插头类型 a 是否能转化为另一种插头类型 b。

接下来构造网络：设设备 i 对应的插头类型编号为 device[i]，插座 i 对应的插头类型编号为 target[i]，则源点 s 到所有 device[i]连一条弧，容量为 1，然后所有 target[i]到汇点 t 连一条弧，容量为 1，对于所有设备 i 和插座 j，如果 device[i]可以转化为 target[j]，则从 device[i]连一条弧到 target[j]，容量为无穷大（代表允许任意多个设备从 device[i]转化为 target[j]），最后求 s-t 最大流，答案就是 m 减去最大流量。

上述算法的优点是网络流模型中的点比较少（因为只有接线板和设备中出现过的插头类型），缺点是弧比较多（任意一对可以转化的结点之间都有弧），并且编程稍微麻烦一些。

还有一个更加简单的方法：直接把所有插头类型（包括仅在转换器中出现的类型）纳入到网络流模型中，则每个转换器对应一条弧，容量为无穷大。这个方法的优点是编程简单，并且弧的个数比较少（只有 k 条），缺点是点数比较多。建议读者实现这两种算法，然后自行比较它们的优劣。

例题 11-8 矩阵解压（Matrix Decompressing, UVa 11082）

对于一个 R 行 C 列的正整数矩阵（$1 \leqslant R$，$C \leqslant 20$），设 A_i 为前 i 行所有元素之和，B_i 为前 i 列所有元素之和。已知 R,C 和数组 A 和 B，找一个满足条件的矩阵。矩阵中的元素必须是 1~20 之间的正整数。输入保证有解。

【分析】

首先根据 A_i 和 B_i 计算出第 i 行的元素之和 A'_i 和第 i 列的元素之和 B'_i。如果把矩阵里的每个数都减 1，则每个 A'_i 会减少 C，而每个 B'_i 会减少 R。这样一来，每个元素的范围变成了 0~19，它的好处很快就能看到。

建立一个二分图，每行对应一个 X 结点，每列对应一个 Y 结点，然后增加源点 s 和汇

点 t。对于每个结点 X_i，从 s 到 X_i 连一条弧，容量为 A'_i-C；从 Y_i 到 t 连一条弧，容量为 B'_i-R。而对于每对结点(X_i,Y_j)，从 X_i 向 Y_j 连一条弧，容量为 19。接下来求 $s-t$ 的最大流，如果所有 s 出发和到达 t 都满载，说明问题有解，结点 X_i->Y_j 的流量就是格子(i,j)减 1 之后的值。

为什么这样做是对的呢？请读者思考。

例题 11-9　海军上将（Admiral, ACM/ICPC NWERC 2012, UVa1658）

给出一个 v（$3 \leqslant v \leqslant 1000$）个点 e（$3 \leqslant e \leqslant 10000$）条边的有向加权图，求 1~$v$ 的两条不相交（除了起点和终点外没有公共点）的路径，使得权和最小。如图 11-15 所示，从 1 到 6 的两条最优路径为 1-3-6（权和为 33）和 1-2-5-4-6（权和为 53）。

【分析】

把 2 到 v−1 的每个结点 i 拆成 i 和 i'两个结点，中间连一条容量为 1，费用为 0 的边，然后求 1 到 v 的流量为 2 的最小费用流即可。

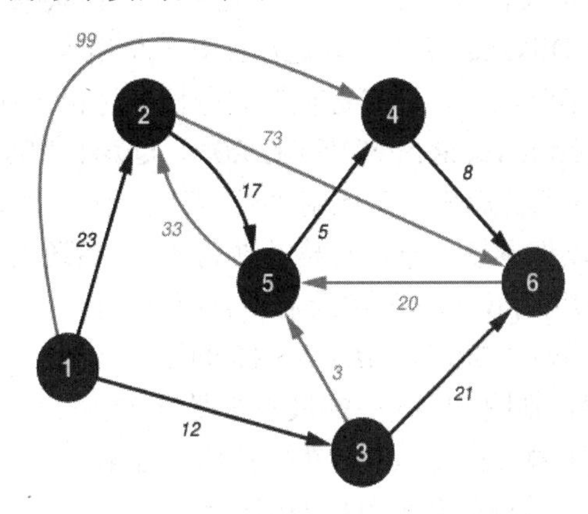

图 11-15　从 1 到 6 的两条最优路径

本题的拆点法是解决结点容量的通用方法，请读者注意。

例题 11-10　最优巴士路线设计（Optimal Bus Route Design, ACM/ICPC Taiwan 2005, UVa12264）

给 n 个点（$n \leqslant 100$）的有向带权图，找若干个有向圈，每个点恰好属于一个圈。要求权和尽量小。注意即使(u,v)和(v,u)都存在，它们的权值也不一定相同。

【分析】

每个点恰好属于一个有向圈，意味着每个点都有一个唯一的后继。反过来，只要每个点都有唯一的后继，每个点一定恰好属于一个圈。“每个东西恰好有唯一的……”让我们想到了二分图匹配。把每个点 i 拆成 X_i 和 Y_i，原图中的有向边 u->v 对应二分图中的边 X_u->Y_v，则题目转化为了这个二分图上的最小权完美匹配问题。

11.5　竞赛题目选讲

例题 11-11　有趣的赛车比赛（Funny Car Racing, UVa 12661）

在一个赛车比赛中，赛道有 n（$n \leqslant 300$）个交叉点和 m（$m \leqslant 50000$）条单向道路。有

趣的是：每条路都是周期性关闭的。每条路用5个整数 u, v, a, b, t 表示（$1 \le u,v \le n$，$1 \le a,b,t \le 10^5$），表示起点是 u，终点是 v，通过时间为 t 秒。另外，这条路会打开 a 秒，然后关闭 b 秒，然后再打开 a 秒，依此类推。当比赛开始时，每条道路刚刚打开。你的赛车必须在道路打开的时候进入该道路，并且在它关闭之前离开（进出道路不花时间，所以可以在打开的瞬间进入，关闭的瞬间离开）。

你的任务是从 s 出发，尽早到达目的地 t（$1 \le s,t \le n$）。道路的起点和终点不会相同，但是可能有两条道路的起点和终点分别相同。

【分析】

本题是一道最短路问题，但又和普通的最短路问题不太相同：花费的总时间并不是经过的每条边的通过时间之和，还要加上在每个点等待的总时间。还记得第9章中的例题“基金管理”吗？该题的决策不仅依赖于状态本身，还依赖于该状态下现金的最大值。本题也是一样：仍然调用标准的 Dijkstra 算法，只是在计算一个结点 u 出发的边权时要考虑 d[u]（即从 s 出发达到 u 的最早时刻）。计算边权时要分情况讨论，细节留给读者思考。

例题 11-12　水塘（Pool construction, NWERC 2011, UVa1515）

输入一个 h 行 w 列的字符矩阵，草地用“#”表示，洞用“.”表示。你可以把草改成洞，每格花费为 d，也可以把洞填上草，每格花费为 f。最后还需要在草和洞之间修围栏，每条边的花费为 b。整个矩阵第一行/列和最后一行/列必须都是草。求最小花费。$2 \le w,h \le 50$，$1 \le d, f, b \le 10000$。

例如，d=1，f=8，b=1，则图11-16中的最小花费为27，方法是先把第一行的洞填上草（花费16），然后把第3行第3列的草挖成洞（花费1），再修10个单位的围栏）。

```
#..##
##.##
#.#.#
#####
```

图11-16　水塘问题示意图

【分析】

围栏的作用是把草和洞隔开，让人联想到了“割”这个概念。可是“割”只是把图中的结点分成了两个部分，而本题中，草和洞都能有多个连通块。怎么办呢？添加源点 S 和汇点 T，与其他点相连，则所有本不连通的草地/洞就能通过源点和汇点间接连起来了。

由于草和洞可以相互转换，而且转换还需要费用，所以需要一并在“割”中体现出来。为此，规定**与 S 连通的都是草，与 T 连通的都是洞**，则 S 需要往所有草格子连一条容量为 d 的边，表示必须把这条弧切断（割的容量增加 d），这个格子才能“叛逃”到 T 的“阵营”，成为洞。由于题目说明了最外圈的草不能改成洞，从 S 到这些草格子的边容量应为正无穷（在这之前需要把边界上的所有洞填成草，累加出这一步所需的费用）。

同理，所有不在边界上的洞格子往 T 连一条弧，费用为 f，表示必须把这条弧切断（割的容量增加 f），才能让这个洞变成草。相邻两个格子 u 和 v 之间需要连两条边 u->v 和 v->u，容量均为 b，表示如果 u 是草，v 是洞，则需要切断弧 u->v；如果 v 是草，u 是洞，则需要切断弧 v->u。

这样，用最大流算法求出最小割，就可以得到本题的最小花费。

例题 11-13　混合图的欧拉回路（Euler Circuit, UVa10735）

给出一个 V 个点和 E 条边（$1 \le V \le 100$，$1 \le E \le 500$）的混合图（即有的边是无向边，有的边是有向边），试求出它的一条欧拉回路，如果没有，输出无解信息。输入保证在忽

略边的方向之后图是连通的。

【分析】

很多混合图问题（例如，混合图的最短路）都可以转化为有向图问题，方法是把无向边拆成两条方向相反的有向边。可惜本题不能使用这种方法，因为本题中的无向边只能经过一次，而拆成两条有向边之后变成了“沿着两个相反方向各经过一次”。所以本题不能拆边，而只能给边定向，就像第 9 章的例题“一个调度问题”那样。

假设输入的原图为 G。首先把它的无向边任意定向，然后把定向后的有向边单独组成另外一个图 G′。具体来说，初始时 G′为空，对于 G 中的每条无向边 *u-v*，把它改成有向边 *u->v*，然后在 G′中连一条边 *u->v*（注意这个定向是任意的。如果定向为 *v->u*，则在 G′中连一条边 *v->u*）。

接下来检查每个点 *i* 在 G 中的入度和出度。如果所有点的入度和出度相等，则现在的 G 已经存在欧拉回路。假设一个点的入度为 2，出度为 4，则可以想办法把一条出边变成入边（前提是那条出边原来是无向边，因为无向边才可以任意定向），这样入度和出度就都等于 3 了；一般地，如果一个点的入度为 in(i)，出度为 out(i)，则只需把出度增加(in(i)−out(i))/2 即可（因为总度数不变，此时入度一定会和出度相等）。如果 in(i)和 out(i)的奇偶性不同，则问题无解。

如果把 G′中的一条边 *u->v* 反向成 *v->u*，则 *u* 的出度减 1，*v* 的出度加 1，就像是把一个叫“出度”的物品从结点 *u*“运输”到了结点 *v*。是不是很像网络流？也就是说，满足 out(i)>in(i)的每个点能“提供”一些“出度”，而 out(i)<in(i)的点则“需要”一些“出度”。如果能算出一个网络流，把这些“出度”运输到需要它们的地方，问题就得到了解决（有流量的边对应“把边反向”的操作）。

细节留给读者思考。相信经过了前面题目的锻炼，读者一定可以解决这个问题。

例题 11-14　星际游击队（Asteroid Rangers, ACM/ICPC World Finals 2012, UVa1279）

三维空间里有 n（$2 \leqslant n \leqslant 50$）个匀速移动的点，第 i 个点的初始坐标为(x,y,z)，速度为(vx,vy,vz)。求最小生成树会改变多少次。输入保证在任意时刻最小生成树总是唯一的，并且每次变化时，新的最小生成树至少会保持 10^{-6} 个单位时间。

【分析】

不难发现：最小生成树切换的时刻一定对应着某两条边$(u1,v1)$和$(u2,v2)$的权值相等。一共有 $O(n^2)$条边，因此有 $O(n^4)$种可能的切换时间（称为事件点）。

最容易想到的做法是把所有可能的事件点按照时间从小到大排序，依次计算每个事件点之后 $0.5*10^{-6}$ 时刻的最小生成树（题目保证了这期间最小生成树不会发生变化），判断它是否和上一个最小生成树相等。假设使用 $O(n^2)$时间复杂度的 prim 算法，总时间复杂度为 $O(n^6)$，需要优化。

一个行之有效的优化是：假设一个事件点对应$(u1,v1)$和$(u2,v2)$的权值相等。只有当$(u1,v1)$和$(u2,v2)$恰好有一个在当前最小生成树，且在该事件点之后这条边会变得比另一条边大时，才有可能发生切换。实践中满足这个条件的事件点非常少，运行效率大幅度提高[①]。

[①]本题的实现需要注意一些细节，请参考代码仓库。

例题 11-15 帮助小罗拉（Help Little Laura, Beijing 2007, UVa1659）

平面上有 m 条有向线段连接了 n 个点。你从某个点出发顺着有向线段行走，给沿途经过的每条线段涂一种不同的颜色，最后回到起点。你可以多次行走，给多个回路涂色。可以重复经过一个点，但不能重复经过一条有向线段。如图 11-17 所示是一种涂色方法（虚线表示未涂色）。

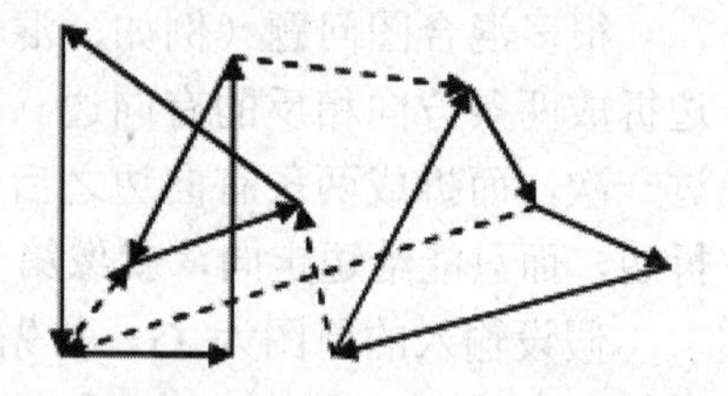

图 11-17 涂色方法示意图

每涂一个单位长度将得到 x 分，但每使用一种颜料将扣掉 y 分。假定颜料有无限多种，如何涂色才能使得分最大？输入保证若存在有向线段 u->v，则不会出现有向线段 v->u。$n\leqslant 100$，$m\leqslant 500$，$1\leqslant x,y\leqslant 1000$。

【分析】

本题的模型是：给出一张有向图，从中选出权和最大的边集，组成若干个有向圈。这里的边权等于题目中的 $dx-y$，其中 d 为边的两个端点的欧几里德距离。

由于每个点并不一定只属于一个有向圈，因此例题“最优巴士路线设计”中“匹配后继”的方法不再适用。尽管如此，还是可以建立一个费用流模型：在原图的基础上设每条边的容量为 1，费用为边权，要求找一个流，使得所有结点都满足流量平衡（入流等于出流）条件，且总流量乘以费用的总和最大。这样的模型没有源也没有汇，而且每个结点都要满足流量平衡，所以也没有“最大流”这种说法，称为循环流（circulation）。换句话说，此处要解决的问题是**最大费用循环流**问题。

对于最大费用流问题，通常会把所有边权取负，变成最小费用流问题。最大费用循环也不例外：把每条边的边权改成 $-dx+y$，则问题转化为最小费用循环流问题。这个问题的解决方法和最小费用最大流有些类似，只不过每次不是求一条 s-t 的最小费用增广路，而是找整个图的一个负费用增广圈。沿着负费用增广圈进行增广之后，每个结点的流量平衡不会被破坏，而整个循环流的总费用变小了。换句话说，求解最小费用循环流的伪代码就是：

```
while(find_negative_cycle()) augment();
```

根据残量网络的概念不难得出：找负费用增广圈等价于在残量网络中找负权圈——这正是 Bellman-Ford 算法的拿手好戏。

上述算法可以很好地解决本题，但是本题还有一个更有意思的方法，可以避开负圈：新增附加源 s 和附加汇 t，对于原图中的每条负权边 $u\rightarrow v$ 变成 3 条边：$s\rightarrow v$，$v\rightarrow u$ 和 $u\rightarrow t$，容量均为 1，但是 $v\rightarrow u$ 的费用为原来的相反数，其他两条边的费用为 0。原图中的正权边 $u\rightarrow v$ 保持不变：容量为 1，费用为权值。

经过这样的处理之后，所有的边都变成正权了，但是网络里出现了很多重边，需要处理一下：对于任意点 u，假设 $s\rightarrow u$ 的弧有 a 条，$u\rightarrow t$ 的弧有 b 条，则当 $a>b$ 时只保留一条 $s\rightarrow u$ 的弧，容量为 $a-b$，删除所有 $u\rightarrow t$ 的弧；$a<b$ 时类似；$a=b$ 时删除所有 $s\rightarrow u$ 和 $u\rightarrow t$ 的弧。处理完毕之后，只需求一次 s-t 最小费用最大流，则求出的最小费用值再加上原图的所有负权之和就是循环流的最小费用值。

是不是很神奇？作为本章最后的“压轴题”，请读者思考这样做的正确性。另外，这种处理负权的方法具有一定的普遍性，有兴趣的读者可以自行研究。

11.6 训 练 参 考

本章的篇幅不长，内容也不多，不过非常重要。考虑到介绍图论算法的书籍和文章很多，本章并没有很正式地介绍各种概念、算法的证明以及严格的复杂度分析，而是把重点放在了程序实现技巧和建模技巧上。本章例题大都不难，建议读者除了掌握不带星号的题目之外也努力弄懂带星号的题目，并且编程实现。例题列表如表 11-1 所示。

表 11-1　例题列表

类　别	题　号	题目名称（英文）	备　注
例题 11-1	UVa12219	Common Subexpression Elimination	表达式树
例题 11-2	UVa1395	Slim Span	最小生成树
例题 11-3	UVa1151	Buy or Build	最小生成树
例题 11-4	UVa247	Calling Circles	Floyd 算法、连通分量
例题 11-5	UVa10048	Audiophobia	Floyd 算法，最大值最小路
例题 11-6	UVa658	It's not a Bug, it's a Feature!	复杂状态的最短路
例题 11-7	UVa753	A Plug for UNIX	Floyd 算法、二分图最大匹配
例题 11-8	UVa11082	Matrix Decompressing	网络流建模
例题 11-9	UVa1658	Admiral	拆点法，最小费用流
例题 11-10	UVa1349	Optimal Bus Route Design	后继模型；二分图最小权匹配
例题 11-11	UVa12661	Funny Car Racing	特殊图的 Dijkstra 算法
*例题 11-12	UVa1515	Pool construction	最小割模型
*例题 11-13	UVa10735	Euler Circuit	网络流建模
*例题 11-14	UVa1279	Asteroid Rangers	动点的最小生成树
*例题 11-15	UVa1659	Help Little Laura	最小费用循环流

下面是习题。本章的习题大都不难，建议读者至少完成 10 道题目。如果要达到更好的效果，至少需要完成 15 道题目。

习题 11-1　网页跳跃（Page Hopping, ACM/ICPC World Finals 2000, UVa821）

最近的研究表明，互联网上任何一个网页在平均情况下最多只需要单击 19 次就能到达任意一个其他网页。如果把网页看成一个有向图中的结点，则该图中任意两点间最短距离的平均值为 19。

输入一个 n（$1 \leqslant n \leqslant 100$）个点的有向图，假定任意两点之间都相互到达，求任意两点间最短距离的平均值。输入保证没有自环。

习题 11-2　奶酪里的老鼠（Say Cheese, ACM/ICPC World Finals 2001, UVa1001）

无限大的奶酪里有 n（$0 \leqslant n \leqslant 100$）个球形的洞。你的任务是帮助小老鼠 A 用最短的时间到达小老鼠 O 所在位置。奶酪里的移动速度为 10 秒一个单位，但是在洞里可以瞬间移动。洞和洞可以相交。输入 n 个球的位置和半径，以及 A 和 O 的坐标，求最短时间。

习题 11-3　因特网带宽（Internet Bandwidth, ACM/ICPC World Finals 2000, UVa820）

在因特网上，计算机是相互连通的，两台计算机之间可能有多条信息连通路径。流通容量是指两台计算机之间单位时间内信息的最大流量。不同路径上的信息流通是可以同时进行的。例如，图11-18中有4台计算机，总共5条路径，每条路径都标有流通容量。从计算机1到计算机4的流通总容量是25，因为路径1-2-4的容量为10，路径1-3-4的容量为10，路径1-2-3-4的容量为5。

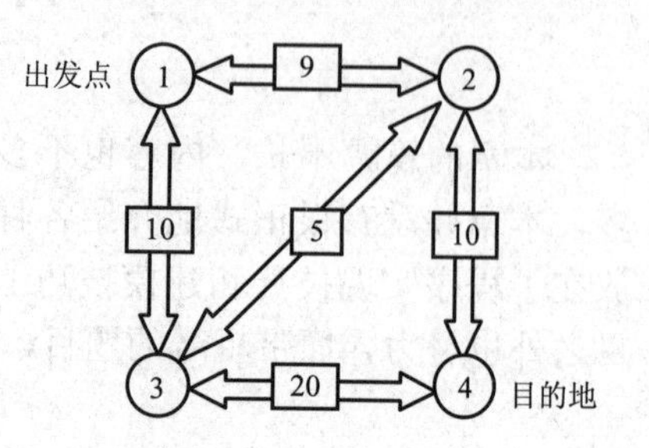

图11-18　计算机和路径

请编写一个程序，在给出所有计算机之间的路径和路径容量后求出两个给定结点之间的流通总容量（假设路径是双向的，且两方向流动的容量相同）。

习题 11-4　电视网络（Cable TV Network, ACM/ICPC SEERC 2004, UVa1660）

给定一个 n（$n \leqslant 50$）个点的无向图，求它的点连通度，即最少删除多少个点，使得图不连通。如图11-19所示，图11-19（a）的点连通度为3，图11-19（b）的点连通度为0，图11-19（c）的点连通度为2（删除1和2或者1和3）。

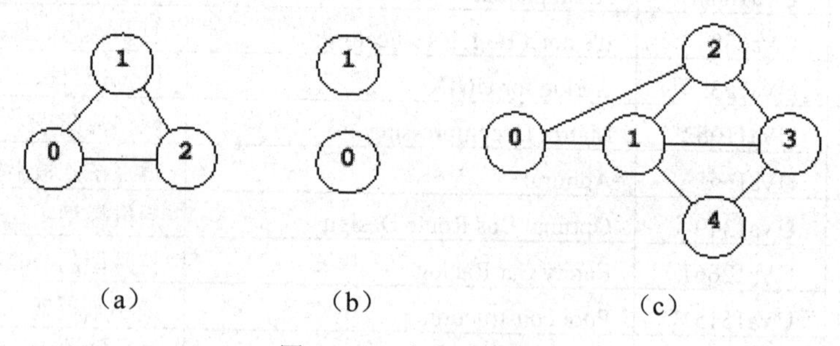

图11-19　点的连通度

习题 11-5　方程（Equation, ACM/ICPC NEERC 2007, UVa1661）

输入一个后缀表达式 $f(x)$，解方程 $f(x)=0$。表达式包含四则运算符，且 x 最多出现一次。保证不会出现除以常数0的情况，即至少存在一个 x，使得 $f(x)$ 不会除0。所谓后缀表达式，是指把运算符写在运算数的后面。例如，$(4x+2)/2$ 的后缀表达式为 $4\ x\ *\ 2 + 2\ /$。样例输入与输出如表11-2所示。

表11-2　样例输入与输出

样例输入	样例输出
4 X * 2 + 2 / 2 2 * 0 2 X / *	X = -1/2 NONE MULTIPLE

习题 11-6　括号（Brackets Removal, NEERC 2005, UVa1662）

给一个长度为 n 的表达式，包含字母、二元四则运算符和括号，要求去掉尽量多的括号。去括号规则如下：若A和B是表达式，则A+(B)可变为A+B，A−(B)可变为A−B′，其中B′为B把顶层“+”与“−”互换得到；若A和B为乘法项（term），则A*(B)变为A*B，

A/(B)变为 A/B′，其中 B′为 B 把顶层“*”与“/”互换得到。本题只能用结合律，不能用交换律和分配律。

例如，((a−b)−(c−d)−(z*z*g/f)/(p*(t))*((y−u)))去掉括号以后为 a−b−c+d−z*z*g/f/p/t*(y−u)。

习题 11-7　电梯换乘（Lift Hopping, UVa 10801）

在一个假想的大楼里，有编号为 0~99 的 100 层楼，还有 n（$n \leqslant 5$）座电梯。你的任务是从第 0 楼到达第 k 楼。每个电梯都有一个运行速度，表示到达一个相邻楼层需要的时间（单位：秒）。由于每个电梯不一定每层都停靠，有时需要从一个电梯换到另一个电梯。换电梯时间总是 1 分钟，但前提是两座电梯都能停靠在换乘楼层。大楼里没有其他人和你抢电梯，但你不能使用楼梯（这是一个假想的大楼，你无须关心它是否真实存在）。

例如，有 3 个电梯，速度分别为 10、50、100，电梯 1 停靠 0、10、30、40 楼，电梯 2 停靠 0、20、30 楼，电梯 3 停靠第 0、20、50 楼，则从 0 楼到 50 楼至少需要 3920 秒，方法是坐电梯 1 到达 30 楼（300 秒），坐电梯 2 到达 20 楼（500 秒+换乘 60 秒），再坐电梯 3 到达 50 楼（3000 秒+换乘 60 秒），一共 300+50+60+3000+60=3920 秒。

习题 11-8　净化器（Purifying Machine, ACM/ICPC Beijing 2005, UVa1663）

给 m 个长度为 n 的模板串。每个模板串包含字符 0,1 和最多一个星号“*”，其中星号可以匹配 0 或 1。例如，模板 01*可以匹配 010 和 011 两个串，而模板集合{*01, 100, 011}可以匹配串{001, 101, 100, 011}。

你的任务是改写这个模板集合，使得模板的个数最少。例如，上述模板集合{*01, 100, 011}可以改写成{0*1, 10*}，匹配到的字符串集合仍然是{001, 101, 100, 011}。$n \leqslant 10$，$m \leqslant 1000$。

习题 11-9　机器人警卫（Sentry Robots, ACM/ICPC SWERC 2012, UVa12549）

在一个 Y 行 X 列（$1 \leqslant Y, X \leqslant 100$）的网格里有空地（.），重要位置（*）和障碍物（#），如图 11-20 所示。用最少的机器人看守所有重要位置。每个机器人要放在一个格子里，面朝上下左右 4 个方向之一。机器人会发出激光，一直射到障碍物为止，沿途都是看守范围。机器人不会阻挡射线，但不同的机器人不能放在同一个格子。

```
Grid          Solution
. * * . .     . → * . .
. * # * .     . ↑ # ↑ .
. # * . .     . # ↓ . .
. . * . .     . . * . .
```

图 11-20　“机器人警卫”问题示意图

习题 11-10　Risk 游戏（Risk, NWERC 2010, UVa12011）

有 n（$n \leqslant 100$）个阵地。已知我方在每个阵地上的士兵数（0~100 的整数），其中士兵大于 0 表示该阵地由我方占领，否则为敌方占领。对于一个我方阵地，如果其相邻的阵地中有敌方阵地，则称为边界阵地（border region）。

现在对我方士兵进行调动（每次可以把一个士兵从一个阵地移动到相邻的我方阵地，操作可以进行任意多次），在保证我方不丢失阵地的情况下（即我方每个阵地上的人数不为 0），使得我方的边界阵地中人数最少的阵地的人数尽量多。

输入保证我方至少有一个阵地，敌方也至少有一个阵地，且至少有一个我方阵地与敌方阵地相邻。

习题 11-11　占领新区域（Conquer a New Region, ACM/ICPC Changchun 2012, UVa1664）

n（$n \leqslant 200000$）个城市形成一棵树，每条边有权值 $C(i,j)$。任意两个点的容量 $S(i,j)$定义为 i 与 j 唯一通路上容量的最小值。找一个点（它将成为中心城市），使得它到其他所有点的容量之和最大。

习题 11-12　岛屿（Islands, ACM/ICPC CERC 2009, UVa1665）

输入一个 $n*m$ 矩阵，每个格子里都有一个$[1,10^9]$正整数。再输入 T 个整数 $t_i(0 \leqslant t_1 \leqslant t_2 \leqslant \cdots \leqslant t_T \leqslant 10^9)$，对于每个 t_i，输出大于 t_i 的正整数组成多少个四连块。如图 11-21 所示，大于 1 的正整数组成两块，大于 2 的组成 3 块。

评论： 这个题目虽然和图论没什么关系，但是可以用到本章介绍的某个数据结构。

1	2	3	3	1
1	3	2	2	1
2	1	3	4	3
1	2	2	2	2

1	2	3	3	1
1	3	2	2	1
2	1	3	4	3
1	2	2	2	2

图 11-21　“岛屿”问题示意图

习题 11-13　最短路线（Walk, ACM/ICPC Jinhua 2012, UVa1666）

平面上有 n（$n \leqslant 50$）个建筑物，求从$(x1,y1)$到$(x2,y2)$的一条路，使得转弯次数最少。建筑物都是坐标平行于坐标轴的矩形，可以相互接触但不会重叠（接触的点或者边都不能通过）。你只能沿着平行于坐标轴的直线走，可以沿着建筑物的边走，但不能穿过建筑物。无解输出-1。

提示： 本题在细节上容易出错。

习题 11-14　乱糟糟的网络（Network Mess, ACM/ICPC Tokyo 2005, UVa1667）

有一棵 n（$n \leqslant 50$）个叶子的无权树。输入两两叶子的距离，恢复出这棵树并输出每个非叶子结点的度数。

习题 11-15　绿色行动（Let's Go Green, ACM/ICPC Jakarta 2012, UVa1668）

输入一棵 n（$2 \leqslant n \leqslant 100000$）个结点的树，每条边上都有一个权值。要求用最少的路径覆盖这些边，使得每条边被覆盖的次数等于它的权值，如图 11-22 所示。

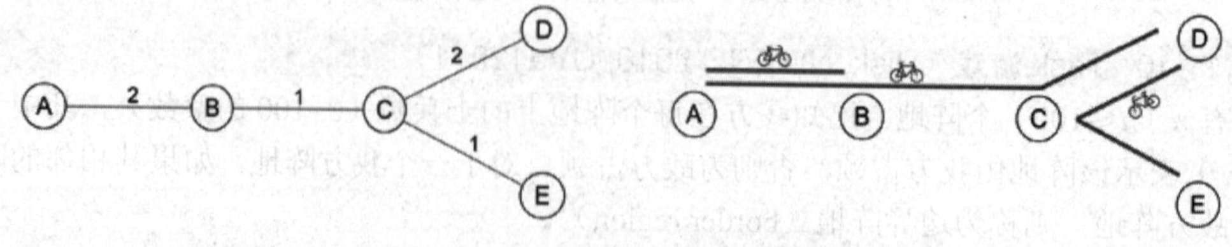

图 11-22 “绿色行动”问题示意图

习题 11-16　交换房子（Holiday's Accomodation, ACM/ICPC Chengdu 2011, UVa1669）

有一棵 n（$2 \leqslant n \leqslant 10^5$）个结点的树，每个结点住着一个人。这些人想交换房子（即每

个人都要去另外一个人的房子，并且不同人不能去同一个房子）。要求安排每个人的行程，使得所有人旅行的路程长度之和最大。

习题 11-17　王国的道路图（Kingdom Roadmap, ACM/ICPC NEERC 2011, UVa1670）

输入一个 n（$n \leqslant 100000$）个结点的树，添加尽量少的边，使得任意删除一条边之后图仍然连通。如图 11-23 所示，最优方案用虚线表示。

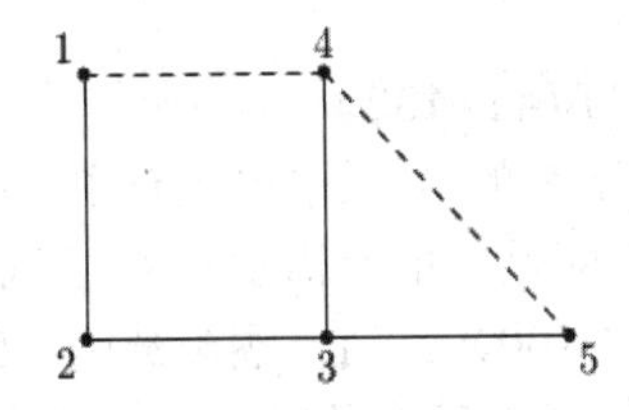

图 11-23　“王国的道路图”问题示意图

习题 11-18　交通堵塞（Traffic Jam, ACM/ICPC Dhaka 2009, UVa12214）

有一条包含 n（$1 \leqslant n \leqslant 25$）段的单向折线，你想开着一辆会“飞”的车从折线起点到折线终点，且耗油量最少。沿着折线方向正常行驶时单位耗油量为 1，“飞行”时单位耗油量为 f（$2 \leqslant f \leqslant 5$）。如图 11-24 所示，$f$=2，折线为(0,0)−(2,2)−(2,−2)，沿折线行驶的耗油量为 2.828+4=6.828，最优解是从(0,0)“飞”到(2,−1.154)，然后正常行驶到(2,−2)，耗油量为 2*2.309+0.846=5.464。

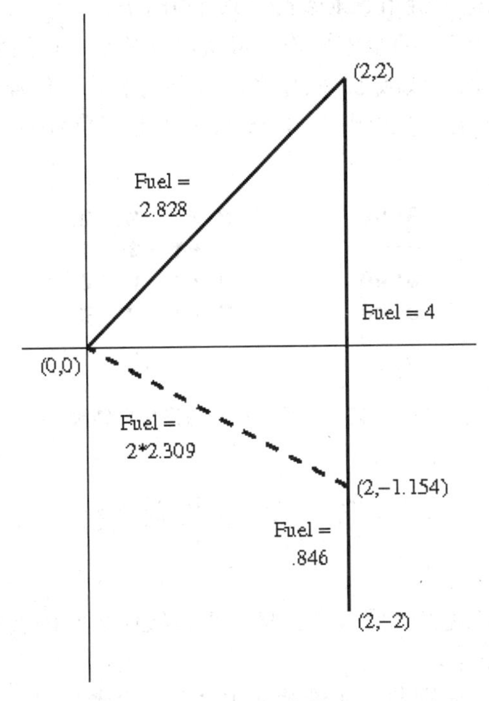

图 11-24　行驶路线

习题 11-19　火车延误（Train Delays, NWERC 2011, UVa1518）

有 n（$1 \leqslant n \leqslant 100$）条火车线路，均为每小时发车一次。输入每条线路的起点站和终点站名称、发车时间 m（$0 \leqslant m \leqslant 59$）、正点运行时间 t（$1 \leqslant t \leqslant 300$）、到达时间、延误概率百分比 p（$0 \leqslant p \leqslant 100$）和最大延误时间 d（$1 \leqslant d \leqslant 120$）。如果火车延误，实际延误时间为$[1,d]$内均匀分布的整数，并且只有在列车发车之后才能知道是否会延误（但此时已经无法换车）。

假定换乘不花时间（即使到达时刻等于要换乘的列车的发车时刻，也可以完成换乘），并且可以根据实际延误情况动态改变乘车计划，你的任务是让总时间的期望值最小。出发时间可以自己定。

习题 11-20　租车（Rent a Car, UVa12433）

你想经营一家租车公司。接下来的 N 天中已经有了一些订单，其中第 i 天需要 r_j 辆车（$0 \leqslant r_j \leqslant 100$）。初始时，你的仓库是空的，需要从 C 家汽车公司里买车，其中第 i 家公司里有 c_i 辆车，单价是 p_i（$1 \leqslant c_i,p_i \leqslant 100$）。当一辆车被归还给租车公司之后，你必须把它送去保养之后才能再次租出去。一共有 R 家服务中心，其中第 i 家保养一次需要 d_i 天，每辆车的费用为 s_i（$1 \leqslant d_i,s_i \leqslant 100$）。这些服务中心都很大，可以接受任意多辆车同时保养。你的仓库很大，可以容纳任意多辆车。你的任务是用最小的费用满足所有订单。$1 \leqslant N,C,R \leqslant 50$。

例如，N=3，C=2，R=1，r={10,20,30}，c_1=40，p_1=90，c_2=15，p_2=100。d_1=1，s_1=5，最优方案是：先买 50 辆车，其中在公司 1 买 40 辆，公司 2 买 10 辆，费用为90*40+100*10=4600。第一天白天租出去 10 辆车，晚上收回之后送到服务中心保养一天，费用为 5*10=50，第 3 天白天可以再次出租。第 2 天出租 20 辆车，第 3 天把剩下的 20 辆车和保养后的 10 辆车一起出租。总费用为 4600+50=4650。

习题 11-21　矩阵中的符号（Sign of Matrix, UVa11671）

有一个 $n*n$（$2 \leqslant n \leqslant 100$）的全零矩阵，每次可以把某一行的所有元素加 1 或减 1，也可以把某一列的所有元素加 1 或减 1。操作之后每个元素的正负号已知，问：至少需要多少次操作？无解输出-1。例如，要达到图 11-25（a）中的正负号矩阵，至少需要 3 次操作，如图 11-25（b）所示。

```
0+00          0 +2  0  0
-+--         -1 +1 -1 -1
0+00          0 +2  0  0
0+00          0 +2  0  0
```

（a）　　　　　（b）

图 11-25　正负号矩阵与操作后结果

11.7　总结与展望

至此，前 11 章的讲解就告一段落了。接下来该做什么？按照先后顺序，建议读者做 3 件事：

巩固前 11 章的内容。先别急，在继续前进之前，笔者建议大家先把前 11 章的内容学扎实。什么叫“学扎实”？每章的“小结和习题”部分都有具体描述，这里不再赘述。

但是有一点需要注意：理解一个题解和自己独立推导出所有细节还是不一样的，所以在看完一个难题的题解之后最好把它做两遍：一遍是刚看完题解以后“趁热打铁”，一遍是等忘掉题解后自己从头推导一遍。

学习《算法竞赛入门经典——训练指南》。确保前 11 章基础扎实之后，推荐学习《算法竞赛入门经典——训练指南》。该书主要是讲解本书前 11 章中没有涉及的知识点，如表 11-3 所示。

表 11-3　《算法竞赛入门经典——训练指南》知识点介绍

内　容	名　称	知 识 点
第 1 章	算法设计基础	Floyd 判圈算法、扫描法、降维法、LIS 的 $O(n\log n)$算法、四边形不等式、Joseph 问题的递推解法
第 2 章	数学基础	剩余系和乘法逆、中国剩余定理、离散对数、Nim 游戏和 Sprague-Grundy 定理、马尔科夫过程、置换分解成循环、Burnside 引理、Polya 定理、高斯消元、高斯-约当消元、矩阵的秩、Q 矩阵和快速矩阵幂、三分法求凸函数极值、自适应辛普森公式
第 3 章	实用数据结构	ADT、树状数组（BIT）、RMQ 问题、线段树、Trie、KMP、Aho-Corasick 自动机、后缀数组及 LCP、Hash 方法、Treap 和伸展树，以及用它们实现的名次树和可分裂合并的序列
第 4 章	几何问题	基本向量几何、点和直线的关系、多边形的面积、与圆和球相关的计算、点在多边形内判定、凸包、旋转卡（qia）壳、半平面交、PSLG、三维几何基础、三维凸包
第 5 章	图论算法与模型	DFS 应用：无向图的割顶和桥、无向图的双连通分量、有向图的强连通分量、2-SAT 问题、差分约束系统、最小瓶颈路问题、次小生成树问题、最小有向生成树（树形图）、LCA 问题、Kuhn-Munkres 算法、稳定婚姻问题、二分图最大匹配的应用（最小覆盖、最大独立集、DAG 最小路径覆盖）、Dinic 算法和 ISAP 算法、网络流模型变换技巧（多源多汇、下界、循环流、流量不固定的费用流）和经典应用（最大闭合子图、最大密度子图等）
第 6 章	更多算法专题	轮廓线动态规划（包括带连通信息的）、嵌套数据结构（二维线段树等）、分块数据结构、minimax 搜索和 alpha-beta 剪枝、舞蹈链和 DLX 算法、二维和三维仿射变换及其矩阵、离散化、几何扫描法（包括 BST 的使用）、运动规划、Pick 定理、Lucas 定理、高次模方程和原根、多项式乘法与 FFT、线性规划

学习本书第 12 章。有了前 11 章和《算法竞赛入门经典——训练指南》的基础，现在可以去“啃”第 12 章了。说“啃”，是因为这一章的内容实际上已经不属于入门的范畴，而是一些高级内容，甚至还包括一些世界顶级比赛的压轴题。这样的安排是有意的，因为本书的目的并不仅仅是让读者入门，而是“从入门开始一直伴随读者”。正如第 2 版前言所说，请把这一章看作是游戏通关之后多出来的 Hard 模式。

难题主要分为 3 种。一是需要“生僻知识”的，二是思维难度大的，三是编程实现复杂的。本书第 12 章在这 3 种难题中精选了一些值得学习的题目，顺便讲解了相关知识点和解题方法，包括 DFA、NFA 和正规表达式、DAWG、树的分治、欧拉序列、轻重路径剖分（树链剖分）、LCA 转 RMQ、Link-Cut 树、可持久化数据结构、多边形的布尔运算和偏移、非完美算法等。

准备好了吗？让我们开始迎接真正的挑战吧！

第12章 高级专题

学习目标

- ☑ 了解DFA、NFA和正规表达式的概念
- ☑ 理解DAWG与后缀自动机的概念及常见用法
- ☑ 掌握树的点分治算法
- ☑ 理解树的欧拉路径以及LCA和RMQ的关系
- ☑ 理解树的轻重路径剖分和Link-Cut树
- ☑ 了解可持久化数据结构的原理和典型实现
- ☑ 理解多边形布尔运算的原理和应用（如多边形偏移）
- ☑ 了解缓冲数据结构和分层数据结构的思想
- ☑ 掌握启发式合并、块链表、懒标记等数据结构设计思想和工具
- ☑ 学会用非完美算法求解问题
- ☑ 初步了解OOP
- ☑ 初步了解函数式编程与LISP
- ☑ 初步了解交互式题目

本章是全书最后一章，也是难度最高的一章。在第11章的末尾我们已经提到，如要顺利阅读本章内容，除了需要熟练掌握前11章的内容外，还需要熟悉本书的姊妹篇——《算法竞赛入门经典——训练指南》（以下简称《训练指南》）的大部分内容。

12.1 知识点选讲

12.1.1 自动机

有限自动机。一个DFA（Deterministic Finite Automaton，确定有限状态自动机）可以用一个5元组$(Q, \Sigma, \delta, q_0, F)$表示，其中Q为状态集，Σ为字母表，δ为转移函数，$q_0$为起始状态，F为终态集。

这个DFA代表一个字符串集合。如何判断一个字符串是否属于这个集合（称为“被这个DFA接受”）呢？方法是边读边进行状态转移。一开始时，自动机在起始状态q_0，每读入一个字符c后，状态转移到$\delta(q,c)$，其中q为当前状态。当整个字符串读完之后，当且仅当q在终态集F中时，DFA接受这个字符串。如图12-1所示，$Q=\{S_1, S_2\}, \Sigma=\{0, 1\}, q_0=S_1, F=\{S_1\}$（用双圈表示），状态转移函数用转移弧来表示（如$S_1$上面标有1的弧表示$\delta(S_1,1)=S_1$）：

不难发现，上面的DFA接受的字符串集合是：0的个数为偶数的01串。

NFA（Nondeterministic Finite Automata，非确定自动机）和DFA差不多，唯一的区别

是状态转移函数返回的是一个集合（可能是空集！）而不是一个状态，实际转移到集合中的任何一个状态（所以是“非确定性”）。如图 12-2 所示，从 p 出发有两条标记为 1 的弧，即 $\delta(p,1)=\{p,q\}$。

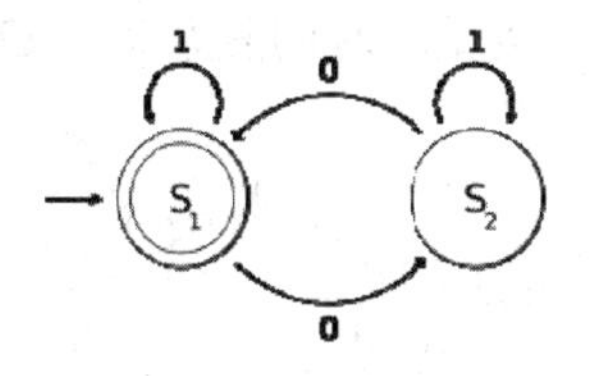

图 12-1　DFA 示例

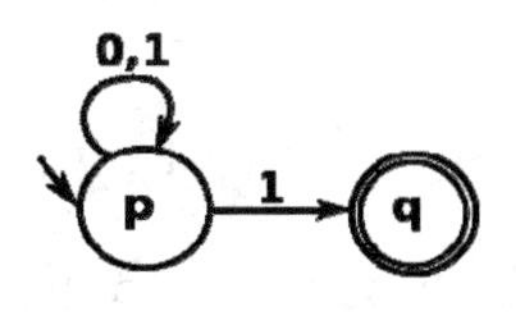

图 12-2　NFA 示例

不难发现，上面的 NFA 接受的字符串集合是：以 1 结尾的 01 串。NFA 有一个变种，即 ε-NFA，它和 NFA 的唯一区别是：可以有标记为 ε 的转移弧，表示不需要输入任何一个字符就可以完成转移。下面是一个例子，如图 12-3 所示，接收的字符串集合是：0 的个数为偶数或者 1 的个数为偶数。

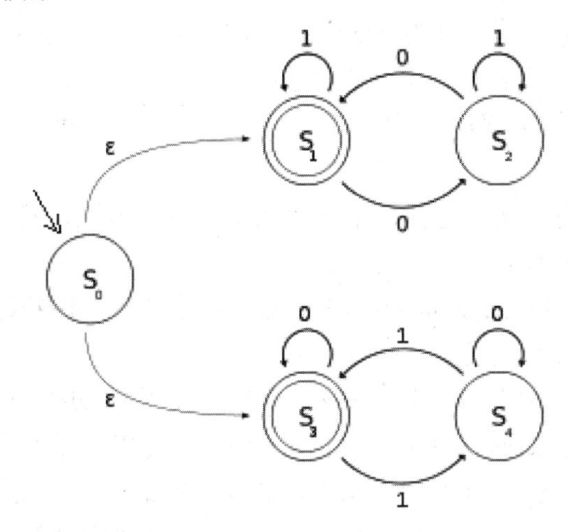

图 12-3　ε-NFA 示例

仔细观察这个自动机会发现：它实际上是两个 DFA 的并。上面的 DFA（起始状态为 S_1）表示“0 的个数为偶数”，下面的 DFA（起始状态为 S_3）表示“1 的个数为偶数”。

给定一个 ε-NFA，如何判断一个字符串是否被它接受？为方便起见，一般会先把 ε-NFA 转化为等价的 NFA，方法是先求出每个状态的所谓“ε-闭包”，即只允许经过 ε-转移弧时可以到达的状态集（例如图 12-3 中 S_0 的闭包为 $\{S_0,S_1,S_3\}$），然后把每个状态转移 $\delta(q,c)=S$ 改成 $\delta(q,c)=S'$，其中 S' 等于 S 中所有状态的 ε-闭包的并集。这样，就去掉了所有的 ε-转移。不过需要注意的是，这个 NFA 的起始状态有多个，它等于原 ε-NFA 的起始状态的 ε-闭包。例如，对于图 12-3，得到的 NFA 如图 12-4 所示，其中起始状态集为 $\{S_0,S_1,S_3\}$。注意，这个 NFA 包含了 3 个互不相干的部分。

假定字符串为 010，可以用递推的方法求出输入每个字符之后的状态集。

起始状态集：$\{S_0, S_1, S_3\}$。

输入字符 0 之后：$\{S_2, S_3\}$。

输入字符1之后：$\{S_2, S_4\}$。

输入字符0之后：$\{S_1, S_4\}$。

因为状态集中包含终态S_1，串010被接受。不难把上述过程推广到一般情况，如果NFA的状态个数为m，字符串长度为n，则判断该串是否被接受的时间复杂度为$O(mn)$。

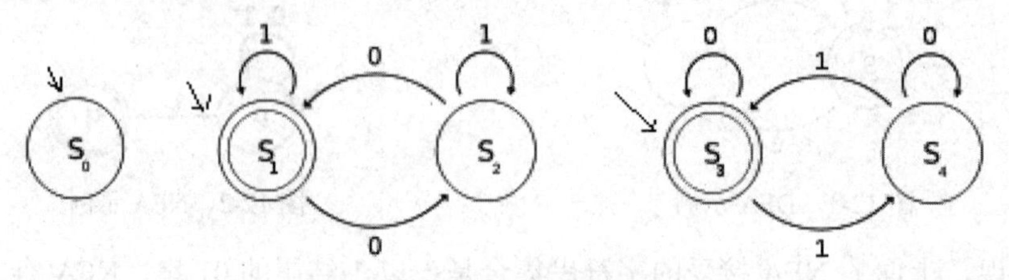

图12-4　由图12-3得到的NFA

例题12-1　语言的历史（History of Languages, ACM/ICPC Hangzhou 2008, UVa1671）

输入两个DFA，判断是否等价。第一行为字母表的大小T（$2\leqslant T\leqslant 26$），然后是两个DFA的描述。每个DFA的第一行为状态数n（$n\leqslant 2000$），以下n行每行描述一个状态，格式为$F, X_0, X_1,\cdots, X_{T-1}$，其中$F$表示是否为终态（$F$=1表示是，0表示否）。$-1\leqslant X_i<N$，表示该状态读入$i$后转移到的状态，其中-1表示该转移不存在。两个DFA的起始状态均为0。

【分析】

本题的做法不止一种，这里选择一个概念上最简单的做法：把“a和b等价”转化为“a的补和b不相交，且b的补和a不相交”。

如何求DFA的补？也就是把接受的串变成不接受的串，不接受的串变成接受的串。由此可以想到，只需把终态和非终态互换即可。

如何判断两个DFA不相交？可试着找一个同时被两个DFA接受的串，如果找不到，则说明两个DFA不相交。如何找这个串？构造一个新的DFA，它的每个状态都可以写成(q_1, q_2)，其中q_1和q_2分别是两个DFA中的状态，当且仅当q_1和q_2分别是两个DFA的终态时，(q_1, q_2)是新DFA的终态。这样，问题就转化为了：找一个被新DFA接受的串。这只需要用经典的图遍历（DFS或BFS）即可，时间复杂度为$O(n^2)$。

本题还有一个细节，即对于“该转移不存在”的处理。虽然可以直接处理，但更经典的方法是加一个“所有转移都指向自己”的“孤岛状态”，把所有不存在的转移都改成转移到孤岛。这样一来，所有转移都是存在的，程序比较好写。

例题12-2　不相交的正规表达式（Disjoint Regular Expressions, ACM/ICPC NEERC 2012, UVa1672）

输入两个正规表达式，判断二者是否不相交（即不存在一个串同时满足两个正规表达式）。本题的正规表达式比较简单，只包含以下几种情况。

- 单个小写字符c。
- 或：(P|Q)。如果字符串s满足P或者满足Q，则s满足(P|Q)。
- 连接：(PQ)。如果字符串s_1满足P，s_2满足Q，则s_1s_2满足(PQ)。
- 克莱因闭包：(P*)。如果字符串s可以写成0个或多个字符串s_i的连接$s_1s_2\cdots$，且每个串都满足P，则s满足(P*)。注意，空串也满足(P*)。

另外，多余的括号可以省略，克莱因闭包的优先级最高，其次是连接，最后是或。例如，abc*|de 表示(ab(c*))|(de)。

输入的两个正规表达式 P 和 D 均不超过 100 个字符。如果 P 和 D 不是不相交的，应输出一个字符串，同时满足 P 和 D。例如，a(ab)*b 和 a(a|b)*ab 是不相交的，但 a(ab)*a 和 a(a|b)*ba 不是不相交的，因为 aaba 同时满足二者。

【分析】

正规表达式（regular expression，也译为正则表达式）是进行文本处理的有力工具。对它的完整讨论超出了本书的范围，但是本题的解法仍然是支持更复杂的正规表达式语法的基础。

例 12-2 中用到的是 DFA，但是本题似乎很难直接从正规表达式构造 DFA，因为 DFA 有一个很强的限制：每个转移都是确定性的。如果放宽这一限制，是否能构造出 NFA 甚至 ε-NFA 呢？

幸运的是，ε-NFA 并不难构造[①]。图 12-5 中分别是单字符的自动机、(A|B)的自动机、(AB)的自动机和(A*)的自动机。

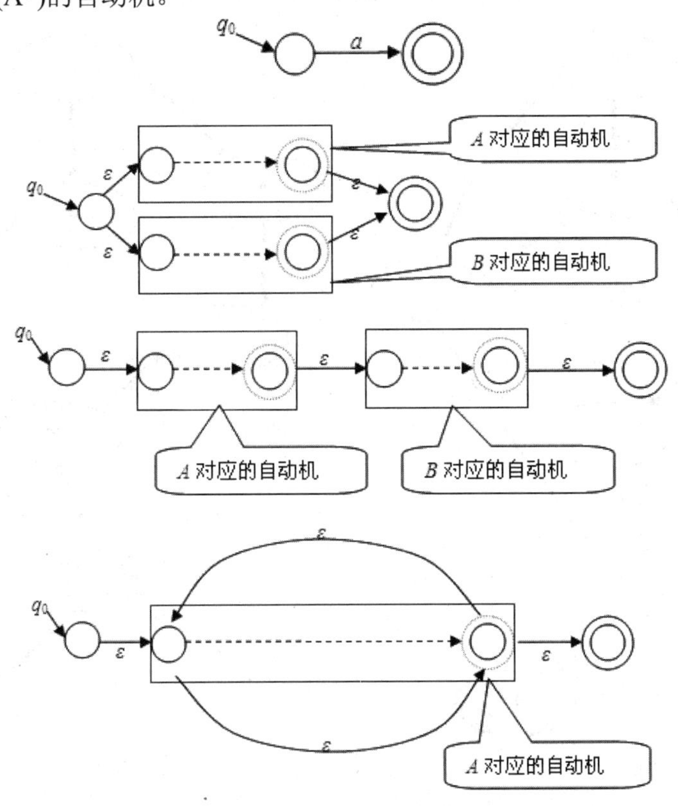

图 12-5　单字符、(A|B)、(AB)和(A*)自动机

从上面的自动机可以清楚地看到构造原理，不过状态有点多。

- (A|B)的自动机中可以把 A、B 和整个自动机的起点合并成一个点，把 A、B 和整

[①] 下面的方法称为 TCA（Thompson's Construction Algorithm）。

个自动机的终点也合并。

- (AB)自动机中可以把整个自动机的起点和A的起点合并，A的终点和B的起点合并，B的终点和整个自动机的终点合并。
- (A*)自动机中可以把A的起点和终点合并。

现在已经拥有两个ε-NFA了。为了方便起见，先把得到的两个ε-NFA转化为NFA。接下来就可以采用和上一题相同的思路，用BFS寻找一个同时被两个自动机接受的非空串了。注意这个串必须非空，所以要用三元组(q_1,q_2, b)来描述状态，表示两个自动机分别处于状态q_1和q_2，b=0表示没有进行过非ε转移，b=1表示进行过。

DAWG。有一种特殊的自动机DAWG（Directed Acyclic Word Graph）[①]，简记为D_w，可以接受一个字符串w的所有子串，而且状态只有$O(n)$个，其中n是w的长度。

听上去很神奇吧？理解DAWG的关键是end-set。一个单词的end-set是它在w中出现位置（从1开始编号）的右端点集合。例如，对于w=abcbc，$\text{end-set}_w(bc)=\text{end-set}_w(c)=\{3, 5\}$。在DAWG中，end-set相同的子串属于同一个状态。如图12-6所示是w=abcbc的DAWG的两种画法，其中图12-6（a）中的结点里写着end-set，图12-6（b）的结点里写着子串集合本身。

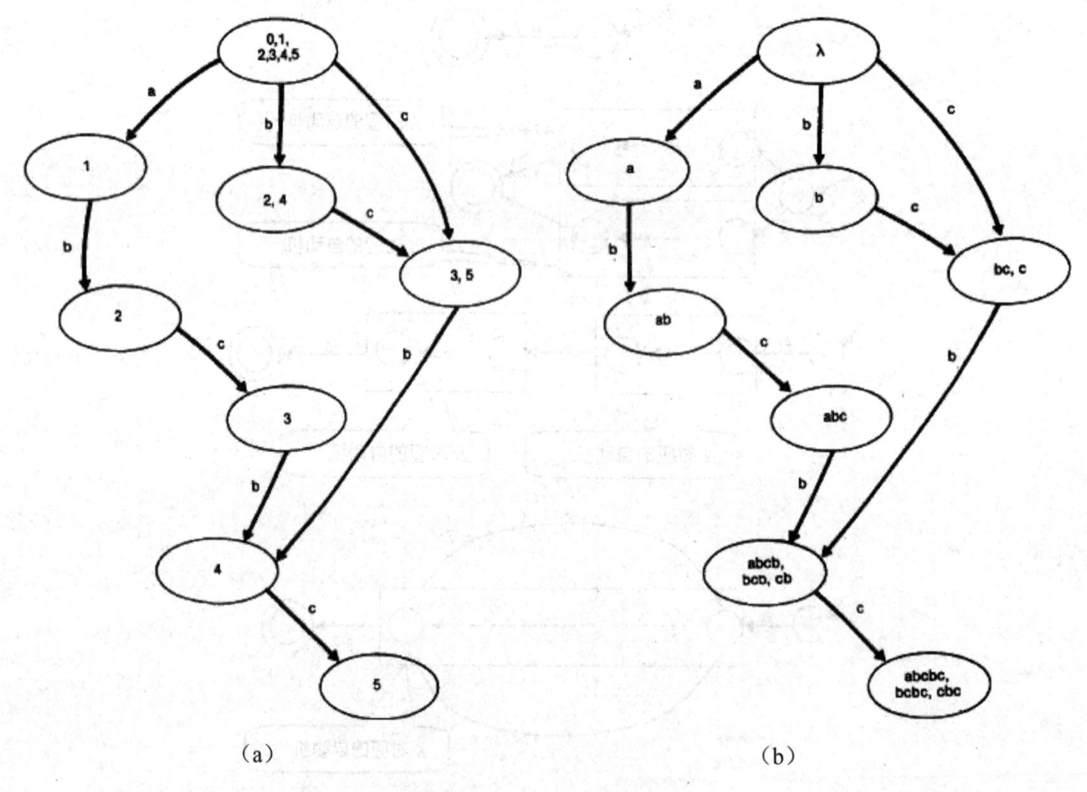

图12-6　w=abcbc的DAWG

对于任意结点S，从根结点到S的路径与S中的字符串是一一对应的，并且所有路径上的各个字母连接起来就是S中对应的那个字符串。例如，end-set为{4}的结点中有3个串abcb,

① 见A. Blumer等人于1985年写的经典论文：《*The Smallest Automaton Recognizing the Subwords of a Text*》。

bcb, cb，从根结点到该结点的 3 条路径分别为 a->b->c->b、b->c->b 和 c->b。另外，每个状态中都有一个最长串，其他的都是它的后缀，并且长度连续。

任意两个结点的 end-set 要么不相交（没有公共元素），要么其中一个为另一个的子集，因此可以得到一个树状结构 T(w)，如图 12-7 所示。

图 12-7（a）中的虚线是 DAWG 中的边，实线是 T(w)的边。这棵树其实是 w 的逆序串的后缀树，如图 12-7（b）所示。T(w)最重要的性质就是：对于任意一个结点 *S*，假设它的最长子串为 *x*，则 *x* 的所有后缀就是 *S* 及其所有祖先结点中的字符串集合。例如，字符串 abc 是结点{abc}的最长串，它和它的祖先{bc, c}与{空串}就是 abc 的后缀集。

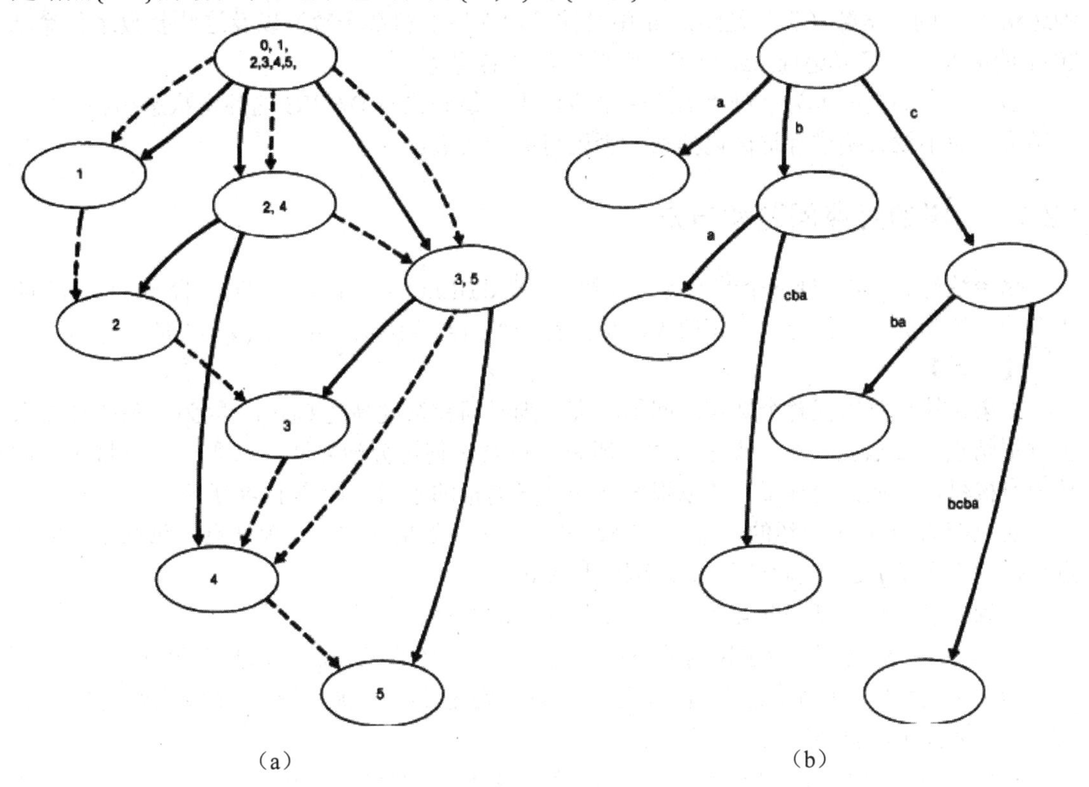

（a） （b）

图 12-7 树状结构 T(w)

DAWG 可以在线性时间内在线构造，即每次在字符串末尾添加一个字符后，只需 $O(1)$ 时间就可以更新 DAWG。不过对该构造算法的具体讨论超出了本书的范围，强烈建议读者在网上搜索相关资料，学会了 DAWG 的构造算法以后再看下面的例题。另外需要特别指出的是，end-set 中包含元素 n 的状态对应 w 的后缀。如果只把那些状态设为接受态，则可以得到一个后缀自动机（suffix automaton，SAM）。一般来说，介绍后缀自动机的文献中讲的“后缀自动机的构造算法”实际上就是 DAWG 的构造算法。

例题 12-3 数字子串的和（str2int, ACM/ICPC Tianjin 2012, UVa1673）

输入 *n*（*n*≤10000）个数字串（即由 0~9 组成的字符串），把所有数字串的所有连续子串提取出来转化为整数，然后去掉重复整数。例如，两个数字串 101 和 123 可以得到 8 个整数：1, 10, 101, 2, 3, 12, 23, 123。求这些整数之和除以 2011 的余数。所有数字串的长度之

和不超过 10^5。

【分析】

DAWG 在概念上很适合这道题目：每个状态里的字符串集合就是不同的子串集合。不过要想完整地解决本题，还有两个障碍。第一，本题的数字串有多个，而 DAWG 是针对单个字符串的；第二，因为数字 0 的存在，两个不同子串可能对应同一个整数。

第一个问题的解决方案在《训练指南》中已经介绍过了。设输入的数字串为 $w_1, w_2, \cdots, w_n$，把它们拼成一个长串 $w=w_1\$w_2\$\cdots\$w_n$ 后，构造 w 的 DAWG。第二个问题需要用递推来解决。从根结点开始走，规定不能走$边，且第一次不能走 0 边。设 c(u)和 s(u)分别表示到达结点 u 的方案数（也就是结点 u 中合法子串对应的整数个数）以及这些整数之和除以 2011 的余数，就可以递推出结果了，细节留给读者思考。

需要注意的是：因为字符串的总长度比较大，最好先对 DAWG 的各个状态拓扑排序，再递推，而不要直接进行记忆化搜索，否则可能会栈溢出。

12.1.2 树的经典问题和方法

路径统计。给定一棵 n 个结点的正权树，定义 dist(u,v)为 u, v 两点间唯一路径的长度（即所有边的权和），再给定一个正数 K，统计有多少对结点(a,b)满足 dist$(a,b)\leqslant K$。

【分析】

如果直接计算出任意个结点之间的距离，则时间复杂度高达 $O(n^2)$。因为一条路径要么经过根结点，要么完全在一棵子树中，所以可以尝试使用分治算法：选取一个点将无根树转为有根树，再递归处理每一棵以根结点的儿子为根的子树，如图 12-8 所示。

还记得第 9 章中介绍的“重心”吗？可以证明：如果选重心为根结点，每棵子树的结点个数均不大于 $n/2$，因此递归深度不超过 $O(\log n)$。

在确立了递归的算法框架之后，需要统计 3 类路径。

情况 1：完全位于一棵子树内的路径。这一步是分治算法中的“递归”部分。

情况 2：其中一个端点是根结点。这一步只需要统计满足 $d(i)\leqslant K$ 的非根结点 i 的个数，其中 $d(i)$表示点 i 到根结点的路径长度。

情况 3：经过根结点的路径。这种情况比较复杂，需要继续讨论。

记 $s(i)$表示根结点的哪棵子树包含 i，那么要统计的就是：满足 $d(i)+d(j)\leqslant K$ 且 $s(i)$不等于 $s(j)$的(i,j)个数，如图 12-9 所示。

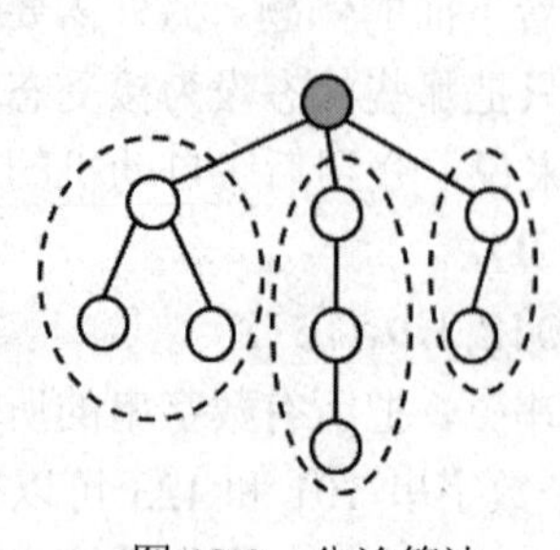

图 12-8　分治算法

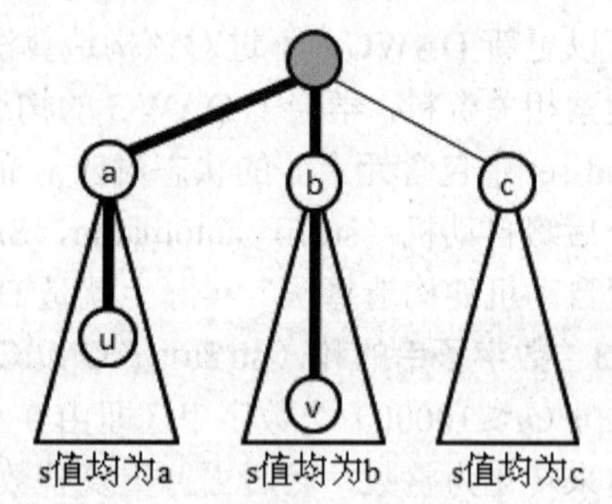

图 12-9　符合条件的 $s(i)$

由图 12-9 可看出，任意两个 s 值不同的点之间都是一条经过根的路径，可以使用补集转换。

设 A 为满足 $d(i)+d(j)\leqslant K$ 的(i, j)个数，B 为满足 $d(i)+d(j)\leqslant K$ 且 $s(i)=s(j)$的(i, j)个数，则答案等于 A−B。如何计算 A 呢？首先把所有 d 值排序，然后进行一次线性扫描即可。B 的计算方法也一样，只不过是对于根的每个子结点分别处理，把 s 值等于该子结点的所有 d 值排序，然后线性扫描。根据主定理，算法的总时间复杂度为 $O(n(\log n)^2)$。

上面介绍的是基于点的分治算法。实际上，还有基于边和链的分治算法，有兴趣的读者可以参考相关资料。

例题 12-4　铁人比赛（Ironman Race in Treeland, ACM/ICPC Kuala Lumpur 2008, UVa12161）

给定一棵 n 个结点的树，每条边包含长度 L 和费用 D（$1\leqslant D, L\leqslant 1000$）两个权值。要求选择一条总费用不超过 m 的路径，使得路径总长度尽量大。输入保证有解，$1\leqslant n\leqslant 30000$，$1\leqslant m\leqslant 10^8$。

【分析】

沿用前面的分治算法框架，关键问题就是如何计算经过树根的最优路径。首先用 DFS 求出子树内所有结点到根的路径长度和费用，然后按照 DFS 序从小到大枚举这些结点。枚举到结点 i 时，假设它到根的路径的费用为 c(i)，则需要在 i 之前的结点（即已经枚举过的结点）中找一个费用不超过 D−c(i)的前提下，到根结点距离最大的结点 u。

注意，对于两个结点 u 和 u'，如果 u 到根的路径费用比 u'大但路径长度比 u'小，则 u 一定不是最优解的端点，可以删除。这样，i 之前的结点可以组织成单调集合：到根的路径长度和路径费用同时递增。如果把这个单调集合保存到 BST 中，就可以在 $O(\log n)$的时间找到“费用不超过给定值的前提下距离最大的结点”。这样，在 $O(n\log n)$时间内求出了“经过树根的最优路径”。根据主定理，总时间复杂度为 $O(n(\log n)^2)$。

还有一种方法，即求解子树时“顺便”把单调集合也构造出来。如果细节处理得当（需要避开 BST），还可以把计算“经过树根的最优路径”的时间复杂度降为 $O(n)$，细节留给读者思考。

欧拉序列。对有根树 T 进行 DFS（深度优先遍历），无论是递归还是回溯，每次到达一个结点时都将编号记录下来，可以得到一个长度为 $2N-1$ 的序列，称为树 T 的欧拉序列 F（类似于欧拉回路）。

如图 12-10 所示，结点 1 的深度为 0，结点 2, 3, 4 的深度为 1，结点 5, 6 的深度为 2，因此欧拉序列 F 和深度序列 B 如表 12-1 所示。

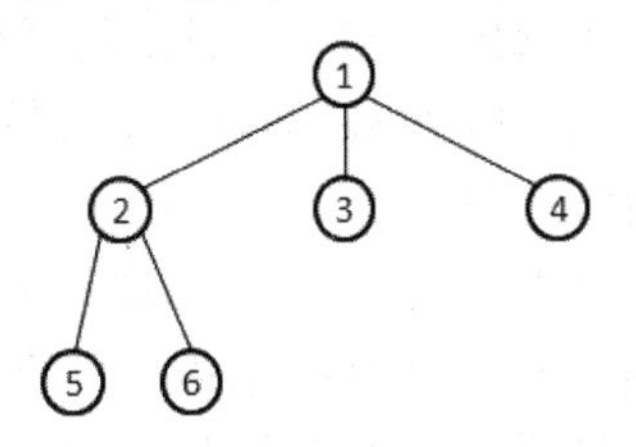

图 12-10　欧拉序列

表 12-1　欧拉序列 F 和深度序列 B

序号	1	2	3	4	5	6	7	8	9	10	11
F	1	2	5	2	6	2	1	3	1	4	1
B	0	1	2	1	2	1	0	1	0	1	0

为了方便，把结点 k 在欧拉序列中第一次出现的序号记为 pos(k)，则图 12-10 中各个结点的 pos 值分别为 1, 2, 8, 10, 3, 5。欧拉序列中每个结点的第一次出现用灰色背景表示。

有了欧拉序列，LCA 问题可以在线性时间内转化为 RMQ 问题：$\mathrm{LCA}(T, u, v) = \mathrm{RMQ}(\mathrm{B}, \mathrm{pos}(u), \mathrm{pos}(v))$。这里的 RMQ 返回值是下标而不是值本身。

这个等式不难理解：从 u 走到 v 的过程中一定会经过 $\mathrm{LCA}(T, u, v)$，但不会经过 $\mathrm{LCA}(T, u, v)$的祖先。因此，从 u 走到 v 的过程中，深度最小的那个结点就是 LCA(T, u, v)。

用 DFS 计算欧拉序列的时间复杂度是 $O(N)$，且欧拉序列的长度为 $2N-1 = O(N)$，所以 LCA 问题可以在 $O(N)$的时间内转化为等规模的 RMQ 问题。

树的动态查询问题 I。给定一棵带边权的树，要求支持两种操作：修改某条边的权值和询问树中某两点间的距离。

首先把无根树变成有根树，则把一条边 u-v（假定 u 是 v 的父结点）的权值增加 d 时，以 v 为根的整个子树的“到根结点的距离”同时增加 d。不难发现，一棵子树内的结点对应欧拉序列中的一段连续序列，因此如果用 dist[i]表示欧拉序列中第 i 个结点到根的距离，则修改操作就是 dist 数组上的“区间增量”，而查询时的距离(u,v)等于 $\mathrm{dist}(u)+\mathrm{dist}(v)-2\mathrm{dist}(w)$，其中 $w=\mathrm{LCA}(u,v)$。这样，只需用一个支持快速区间增量和单点查询的数据结构（例如 Fenwick 树或者线段树）来维护 dist 数组，就可以在 $O(\log n)$时间内支持两个操作。

轻重路径剖分。给定一棵有根树，对于每个非叶结点 u，设 u 的子树中结点数最多的子树的树根为 v，则标记(u,v)为重边，从 u 出发往下的其他边均为轻边，如图 12-11 所示（结点中的数字代表结点的 size 值，即以该结点为根的子树的结点数）。

根据上面的定义，只需一次 DFS 就能把一棵有根树分解成若干重路径（重边组成的路径）和若干轻边。有些资料也把重路径称为树链，因此轻重路径剖分也称树链剖分。

路径剖分中最重要的定理如下：若 v 是 u 的子结点，(u,v)是轻边，则 $\mathrm{size}(v)<\mathrm{size}(u)/2$，其中 $\mathrm{size}(u)$表示以 u 为根的子树中的结点总数。

证明并不复杂。由定义，所有非叶结点往下都有一条重边。假设 $\mathrm{size}(v)\geqslant\mathrm{size}(u)/2$，那么对于 u 向下的重边(u,w)来说，$\mathrm{size}(w)\geqslant\mathrm{size}(v)\geqslant\mathrm{size}(u)/2$，因此 $\mathrm{size}(u)\geqslant 1+\mathrm{size}(v)+\mathrm{size}(w)\geqslant 1+\mathrm{size}(u)$，与假设矛盾。

由此可以得到如下的重要结论：对于任意非根结点 u，在 u 到根的路径上，轻边和重路径的条数均不超过 $\log_2 n$，因为每碰到一条轻边，size 值就会减半。

树的动态查询问题 II。给定一棵带边权的树，要求支持两种操作：修改某条边的权值和询问树中某两点的唯一路径上最大边权。

首先把无根树变成有根树并且求出路径剖分。如图 12-12 所示，任意结点 u 到其祖先 x 的简单路径中包含一些轻边和重路径，但这些重路径可能并不是原树中的完整重路径，而只是一些“片段”，因此可以在轻边中直接保存边权，而用线段树维护重路径。

这样，两个操作都不难实现。

修改：轻边直接修改，重边需要在重路径对应的线段树中修改。

查询：设 LCA(u,v)=p，则只需求出 u 到其祖先 p 之间的最大边权 maxw(u,p)，再用类似的方法求出 maxw(v,p)，则答案为 max{maxw(u,p), maxw(v,p)}。为了求出 maxw(u,p)，依次访问 u 到 p 之间的每条重路径和轻边即可。根据刚才的结论，轻边和重路径的条数均不超过 $\log_2 n$。这样，修改的时间复杂度为 $O(\log n)$，查询的时间复杂度为 $O(\log^2 n)$。虽然存在时间复杂度更低的方法[①]，但上述方法已经很实用了。

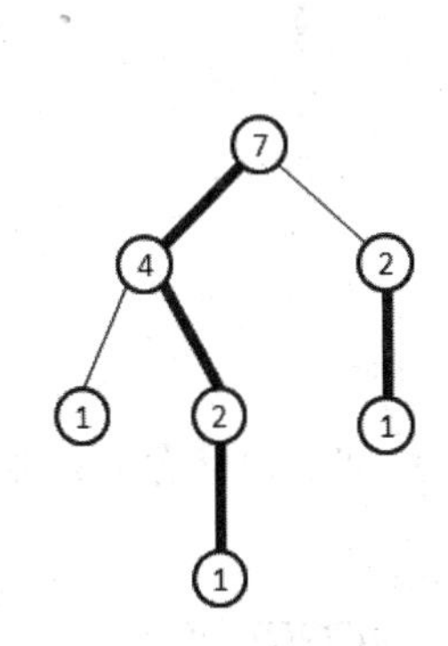

图 12-11　轻重路径剖分

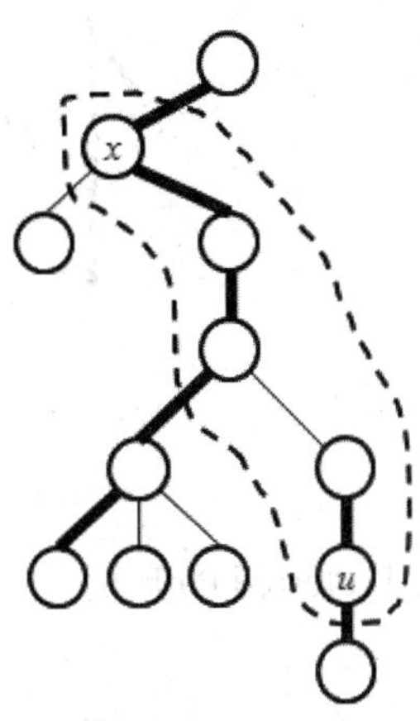

图 12-12　树的动态查询

Link-Cut 树。值得一提的是，轻重路径剖分有一个“动态版本”——Sleator 和 Tarjan 的 Link-Cut 树[②]。该数据结构解决的是所谓的动态树（Dynamic Tree）问题，即维护一个有根树组成的森林。支持以下 4 个操作。

- MAKE-TREE()：创建一棵新树。
- CUT(v)：删除 v 到父亲的边，相当于把以 v 为根的子树独立出来。
- JOIN(v,w)：让 v 成为 w 的子结点。这里 v 必须是森林中一棵树的根，且 w 不在这棵树中。
- FIND-ROOT(v)：找出 v 所在树的根结点。

其中 CUT 和 JOIN 是两个最经典的操作，利用它们可以灵活地改变树的结构。“重路径”在 Link-Cut 树中称为 Preferred Path。每条 Preferred Path 用一棵辅助树表示（通常是伸展树[③]），而不同的辅助树之间通过父结点指针连在一起。

图 12-13 展示了 Link-Cut 树最重要的操作：Access 操作。Access(u)的作用是把从根结点到 u 的路径变成重路径。为此，可能需要把一些其他的重边变成轻边以维持“每个非叶结点往下最多有一条重边”这一性质。图 12-13（a）执行 Access(N)之后得到图 12-13（b），其中重边 A-B, H-J, I-K 都变成了轻边。另外，根结点和执行 Access 操作的结点必须是重路

① 出于时间和空间上的考虑，在竞赛中我们往往不是给每条重路径建一棵线段树，而是用一棵全局线段树保存所有树链，限于篇幅，这里不再详细介绍。

② 原始论文：http://www.cs.cmu.edu/~sleator/papers/self-adjusting.pdf。这里介绍的版本和原始论文有差异，在实践中更为常用。

③ 原论文中不是使用的伸展树，因为 Link-Cut 树比伸展树更早发明。

径的两个端点，所以 N-O 也必须变成轻边。

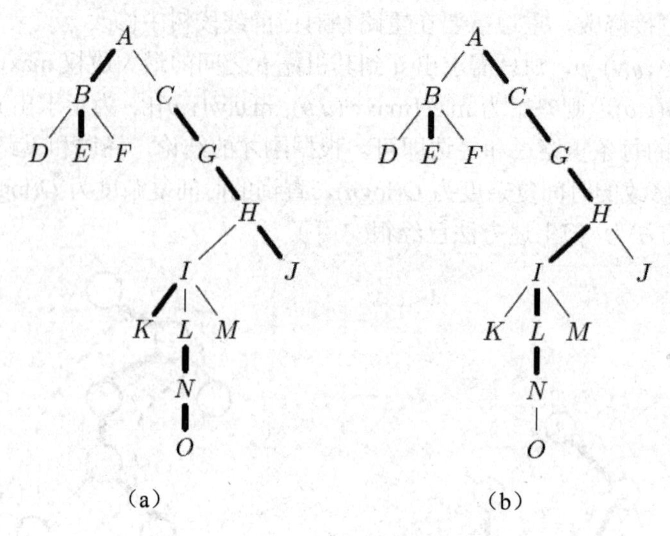

图 12-13　Link-Cut 树中 Access 操作

如果把每条 Preferred Path 用一个序列表示（实际上用伸展树储存），则上面两棵树如图 12-14 所示。

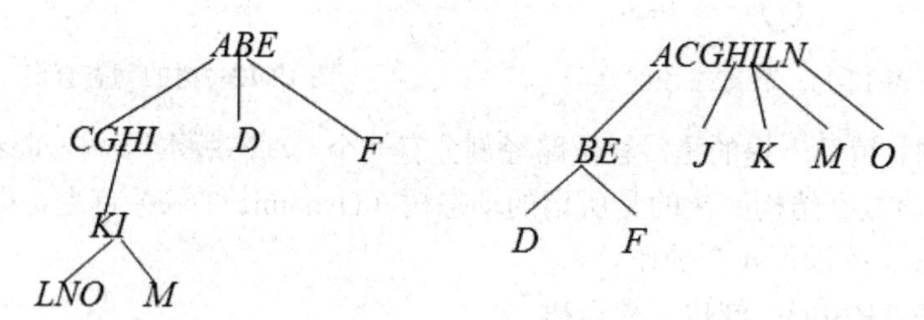

图 12-14　将 Preferred Path 用序列表示

对于 Link-Cut 树的完整讨论超出了本书的范围，建议读者熟练掌握它（包括时间复杂度和程序实现），之后再阅读下面的例题。

例题 12-5　快乐涂色（Happy Painting, UVa11994）

n 个结点组成了若干棵有根树，树中的每条边都有一个特定的颜色。你的任务是执行 m 条操作，输出结果。操作一共有 3 种，如表 12-2 所示。

表 12-2　3 种操作

操　作	含　义
1 x y c	把 x 的父结点改成 y。如果 x=y 或者 x 是 y 的祖先，则忽略这条指令，否则删除 x 和它原先父结点之间的边，而新边的颜色为 c
2 x y c	把 x 和 y 的简单路径上的所有边涂成颜色 c。如果 x 和 y 之间没有路径，则忽略此指令
3 x y	统计 x 和 y 的简单路径上的边数，以及这些边一共有多少种颜色

每组数据第一行为 n 和 m（$1 \leqslant n \leqslant 50000$，$1 \leqslant m \leqslant 200000$），然后是每个结点的父结点编号和该结点与父结点之间的边的颜色（对于根结点，父结点编号为 0，且“与父结点之间

的边的颜色”无意义）。接下来是 m 条指令。对于所有指令，$1\leqslant x,y\leqslant n$；对于类型2指令，$1\leqslant c\leqslant 30$。结点编号为1~n，颜色编号为1~30。

对于每个类型3指令，输出对应的结果。

【分析】

这是一个标准的动态树问题，不过多了一个“统计颜色数”操作。注意到颜色只有30种，可以用一个32位整数表示一个颜色集合。由于辅助树用伸展树保存，可以在伸展树的每个结点中加一个信息c，即以该结点为根的子树所对应的重路径“片段”所拥有的颜色集，则操作2和3都对应于经典的伸展树的修改和查询操作。

例题12-6　闪电的能量（Lightning Energy Report, ACM/ICPC Jakarta 2010, UVa1674）

有 n（$n\leqslant 50000$）座房子形成树状结构，还有 Q（$Q\leqslant 10000$）道闪电。每次闪电会打到两个房子 a, b，你需要把二者路径上的所有点（包括 a,b）的闪电值加上 c（$c\leqslant 100$）。最后输出每个房子的总闪电值。

【分析】

出题者的标准解法是利用路径剖分：每次最多更新2log$n$条重路径，而每条重路径上的区间更新需要 $O(\log n)$时间。

这样做也没有错，但是有点小题大做。其实，对于询问(a, b, c)，可以首先算出 d = LCA(a, b)，然后执行mark[a]+=c, mark[b]+=c, mark[d]−=c。如果d不是树根，还要让d的父结点p的mark值减c。原理是这样的：mark[u]=w的意思是u到根的路径上每个点的权都要加上w，即结点i的闪电值等于根为i的子树的总mark值。如图12-15所示，经过上述mark修改操作之后，只有a到b路径上所有点的“子树总mark值”增加了c，其他结点保持不变。

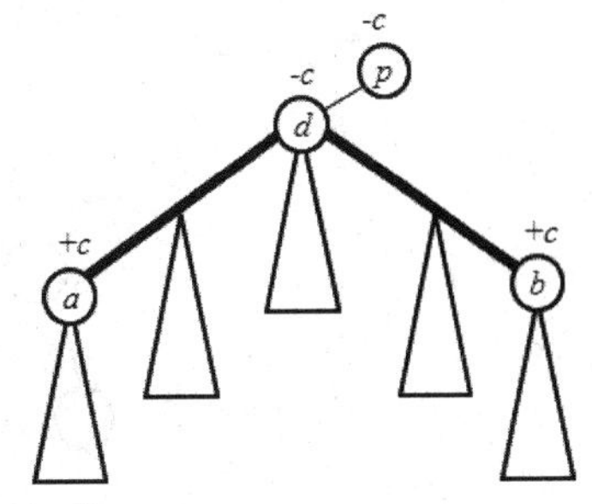

图12-15　mark修改操作后结果

最后用一次DFS，即可求出以每个结点为根的子树的总mark值。

12.1.3　可持久化数据结构

《训练指南》中介绍了一些基本的数据结构，例如BIT、线段树等，也介绍了一些高级数据结构技巧，例如嵌套数据结构和分块数据结构。但有一个重要的话题并来涉及，那就是可持久化数据结构（persistent data structures）。

之前学过的很多数据结构都是可变的，所有修改操作都直接改变了数据结构本身。修改之后，就无法得到修改之前的数据结构了。有时，需要在修改数据结构之后得到的是该数据结构的一个新版本，同时保留修改前的“老版本”。该如何实现呢？

基本思路是：不许修改结点内的值；必要时创建或者复制结点；尽量复用存储空间。

如图12-16所示，我们希望在一个链表的第3个结点后面新加一个白色结点，只需要复制前3个结点即可。

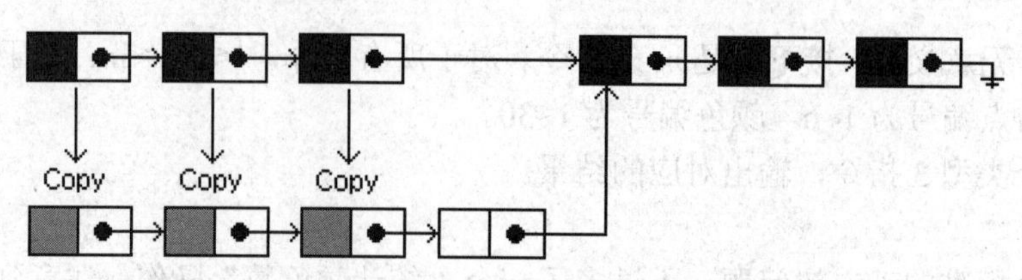

图 12-16　在链表结点中加入结点

虽然整个结构看上去比较奇怪，但是从两个链表各自的表头指针开始访问，沿途访问到的就是该链表自身的结点。

当然，这个例子并不是那么吸引人，因为平均情况下要复制一半的结点，不过这个方法可以用来实现一个可持久化的栈——在链表的头部进行入栈和出栈，不仅时间是 $O(1)$的，附加空间也是 $O(1)$的。

如果是一棵满的排序二叉树，没有插入和删除，只有修改，则不需要旋转操作，因此很容易用上述方法改造成可持久化的排序二叉树。修改单个结点时，只需把从根结点到修改结点的所有结点（只有 $O(\log n)$个）复制一份并设置好链接关系，其他结点保持不变即可，如图 12-17 所示。把 a 作为根访问到的就是老树，把 b 作为根访问到的就是新树。

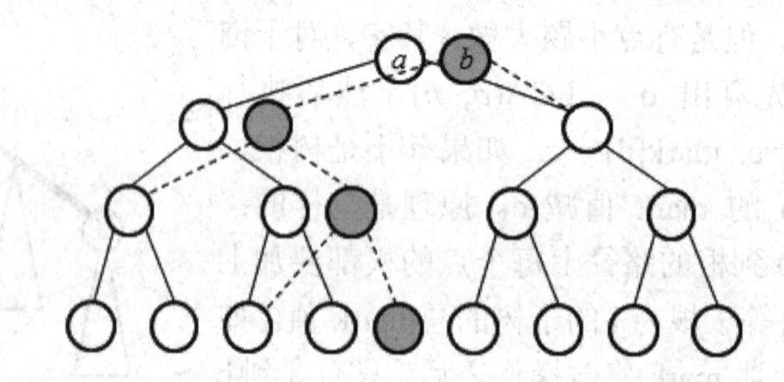

图 12-17　将满的排序二叉树改造成可持久化的排序二叉树

顺便一提：已经有一些编程语言中“自带”了可持久化数据结构，例如 Scala、Erlang 和 Clojure，有兴趣的读者可以参考这些语言的入门书籍，会对可持久化数据结构有一个更加清晰具体的认识。

例题 12-7　自带版本控制功能的 IDE（Version Controlled IDE, ACM/ICPC Hatyai 2012, UVa12538）

编写一个支持查询历史记录的编辑器，支持以下 3 种操作。

- 1 p s：在位置 p 前插入字符串 s。
- 2 p c：从位置 p 开始删除 c 个字符。
- 3 v p c：打印第 v 个版本中从位置 p 开始的 c 个字符。

缓冲区一开始是空串，是版本 0，每次执行操作 1 或 2 之后版本号加 1。每个查询回答之后才能读到下一个查询。操作数 $n \leqslant 50000$，插入串总长不超过 1MB，输出总长保证不超过 200KB。

【分析】

本题要实现的数据结构就是一个典型的可持久化数据结构。在《训练指南》中曾经见过一道类似的例题，但是只需非持久化版本的题目：《排列变换》。在那道题目中，用到

了伸展树的 split 和 merge 操作，本题可以如法炮制。

split 操作。假定要把序列子树 S 分裂成 L 和 R 两部分，其中左边有 left_size 个结点。如果 left_size 小于 S 左子树的结点个数，则可以先递归调用 split 操作把 S 的左子树分裂为 L 和 R'，其中 L 的结点个数为 left_size，然后创建一个值和 S 一样的新结点 R，左右子树分别为 R'和 S 的右子树。不难发现，L 和 R 合起来正好是 S 的所有元素，并且 L 里有 left_size 个元素。left_size 比较大时也可以类似处理，如图 12-18 所示。

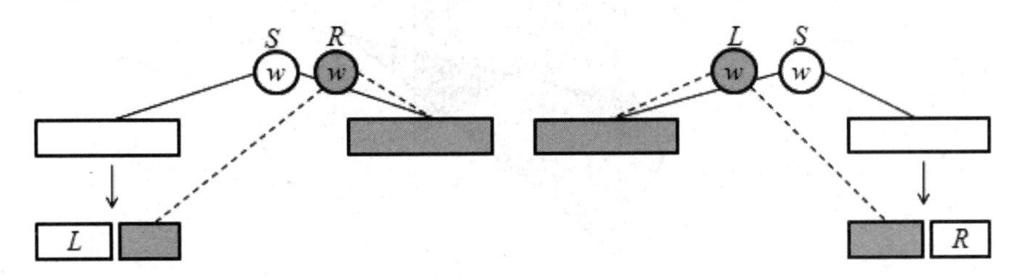

图 12-18　split 操作

merge 操作。假定要把两个序列 a 和 b 合并成一个序列 S。和 split 类似，也有两种方法合并，但两种方法都可以用，并不是上面的“二选一”。例如，图 12-19（a）就是先递归调用 merge 操作把 a 的右子树和 b 合并成 R，然后创建一个新结点 S，而图 12-19（b）则是相反。不管选哪种 merge 方式都有可能合并成一棵形态不好的树，所以随机合并。

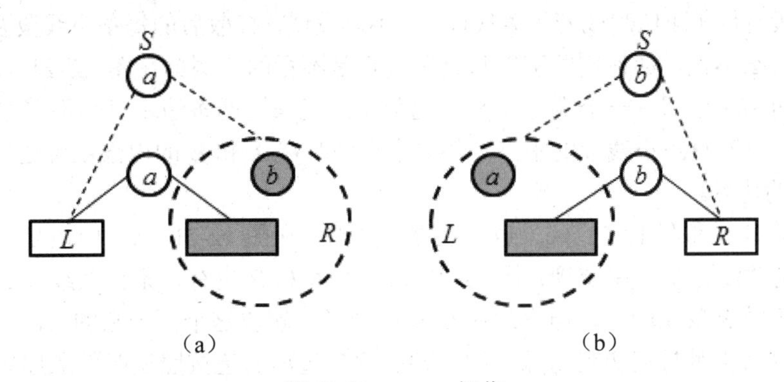

图 12-19　merge 操作

实际上，这就是一个可持久化 treap 的 split 和 merge 操作。对上述方法的理论分析超出了本书的范围，但可以告诉大家的是，它的实际效果非常好，并且程序易于实现，是可持久化数据结构的经典例子。

值得指出的是，如果可以使用 STL 扩展，那么用 rope 实现本题也是一个不错的选择。有兴趣的读者可以阅读维基百科[①]。

12.1.4　多边形的布尔运算

布尔运算是指把多边形看成一个点集，然后执行集合的布尔运算。最常见的布尔运算是交和并。虽然概念简单，但实际上多边形的布尔运算不是那么容易实现的。如果要高效

[①] http://en.wikipedia.org/wiki/Rope_%28computer_science%29。

实现，更是难上加难。

例题 12-8　多边形相交（Polygon Intersections, ACM/ICPC World Finals 1998, UVa805）

输入两个简单多边形，求二者相交的区域（如图 12-20 的深色区域所示）。如果有多个区域，应分别输出。共线的相邻边应合并（细节请参考原题）。

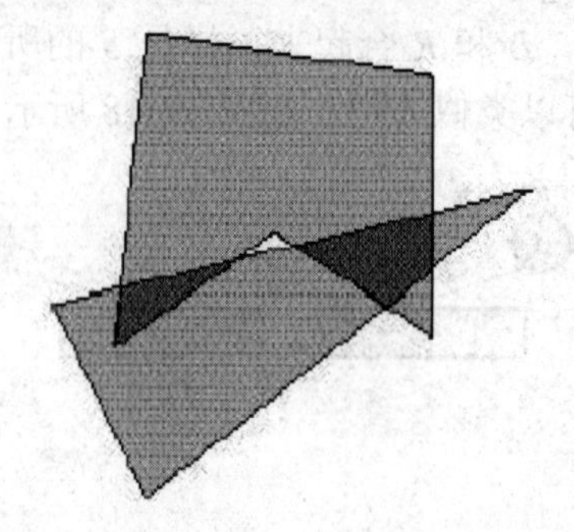

图 12-20　多边形相交

【分析】

为了叙述方便，设输入的多边形为 A（用细线表示）和 B（用粗线表示），答案为 C（图中未画出），如图 12-21 所示。输入的是简单多边形，所以 C 是不会出现洞的，但是可能会不连通。算法大概是这样的：首先对于每条线段求出它和其他线段的交点，然后在交点处把线段打散（即切割成若干条线段）。不难发现，打散后的每条小线段要么完全在 C 的边界上，要么不在。如何判断呢？只判断端点是不行的，例如在图 12-21（a）中，细线正方形的上边和左边都有一个端点在 C 的边界上，但是这两条边本身却不在 C 的边界上。正确的做法是判断每条小线段的中点。如果中点同时在 A 和 B 的内部或者边界上，则这条小线段是 C 的边界。

图 12-21（b）和图 12-21（c）也有些难以处理。在图 12-21（b）中，A 和 B 有一条公共线段，但是并没有在 C 中出现；图 12-21（c）中 A 和 B 也有一条公共线段（注意 A 的右边界已被打断成 3 条线段），但它却在 C 里出现了。解决这个不一致的方法有多种，这里只介绍笔者认为相对常见和容易编写的一种：把多边形的边按照逆时针顺序定向，然后去掉重复的有向线段，如图 12-22 所示。

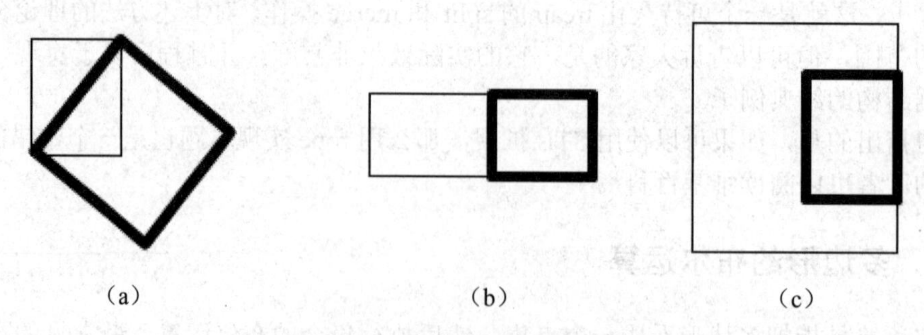

图 12-21　多边形相交问题分析

经过上述处理之后，得到了若干有向线段。只要把它们拼起来，然后把退化的多边形（折线）删除，只保留多边形区域，就得到了最终的答案。例如，图 12-22（b）拼起来以

后得到了一个只有两个点的“多边形”，输入退化情况，应删除。

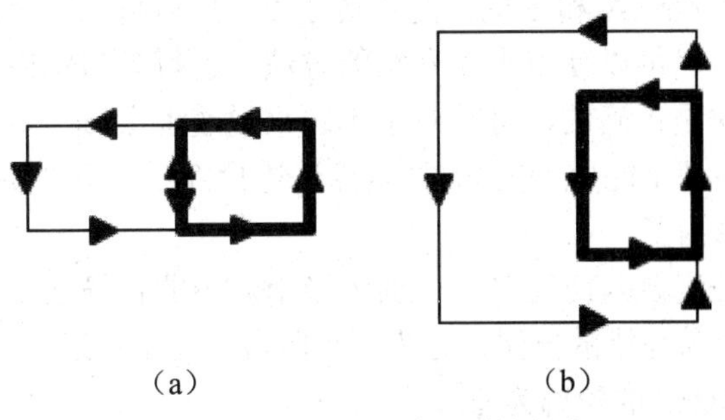

图 12-22　解决不一致问题的方法

例题 12-9　王国的重新合并（Kingdom Reunion, ACM/ICPC NEERC 2012, UVa1675）

输入 3 个国家 Aastria、Abstria 和 Aabstria 的边界，判断 Aastria、Abstria 是否可以恰好不重叠地合并成 Aabstria。输入可能有误，即 3 个边界都可能不是多边形。输出有 6 种情况。

情况 1：如果 Aastria 的边界不是合法多边形，输出 Aastria is not a polygon。

情况 2：如果 Abstria 的边界不是合法多边形，输出 Abstria is not a polygon。

情况 3：如果 Aabstria 的边界不是合法多边形，输出 Aabstria is not a polygon。

情况 4：如果 Aastria 和 Abstria 相交，输出 Aastria and Abstria intersect。

情况 5：如果 Aastria 和 Abstria 的合并不是 Aabstria，输出 The union of Aastria and Abstria is not equal to Aabstria。

情况 6：输出 OK。

图 12-23 中 4 幅图分别对应情况 6、情况 1、情况 4、情况 5。输入中每个边界上的点数都不超过 10000。

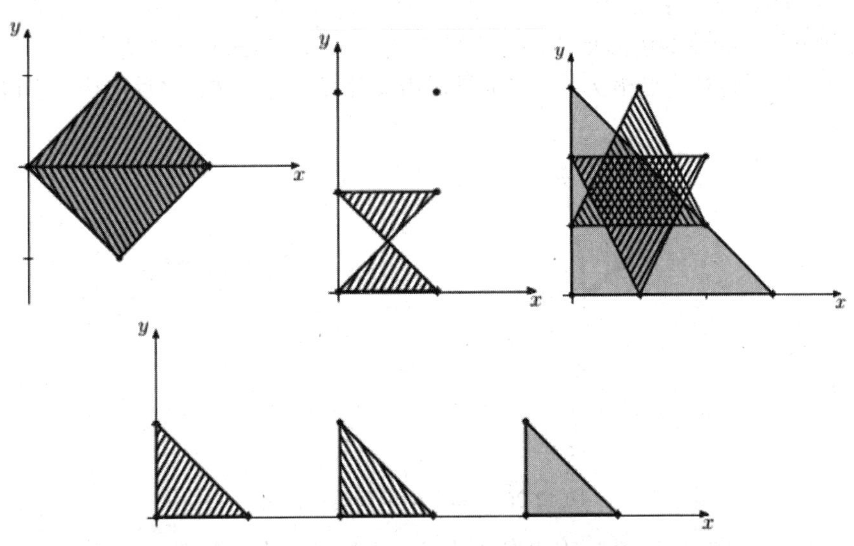

图 12-23　情况 6、情况 1、情况 4 和情况 5

【分析】

本题的数据范围很大，但在优化之前要先思考一下：不考虑时间复杂度的情况下如何求并。一般情况下，两个多边形 A 和 B 的“并”可能是一个“有洞多边形”，如图 12-24 所示。不过本题只需要判断 A 和 B 的并是否等于 C，所以可以不考虑这种情况。

不难发现，此处仍然可以使用刚才介绍的方法：把每条边定向，打断线段并判重，然后逐一判断。这个方法是正确的，可惜对于本题来说速度太慢，就连“判断多边形相交”和“打断线段”这一步都不能用 $O(n^2)$的朴素算法进行判断，更别说判断每条（打断后的）线段是否在两个多边形内了。

解决方法是《算法竞赛入门经典——训练指南》中的扫描法。具体写法有很多种，这里只介绍一种相对不容易写错的方法，分为 3 个阶段。为了叙述方便，设 Aastria 和 Abstria 的轮廓为 A 和 B，Aabstria 的轮廓为 C。

阶段 1：用扫描法判断 A、B、C 是否为合法多边形。这一步看似简单，其实有陷阱。在扫描法中，新增或者删除线段时会判断相邻线段是否相交。这个“相交”一般会理解成“只要有公共点就算相交”，而不一定是规范相交。但是在本阶段中，如果这样写就错了（因为这两条线段可能恰好是同一个顶点出发的两条边）。另一方面，也不能把这里的“相交”理解成“规范相交"，因为图 12-25 中所示就不是规范相交，但它也不是一个合法多边形，应当被检测出来。阶段 1 的另一个作用是用所有顶点去打断每条边，具体细节留给读者思考。

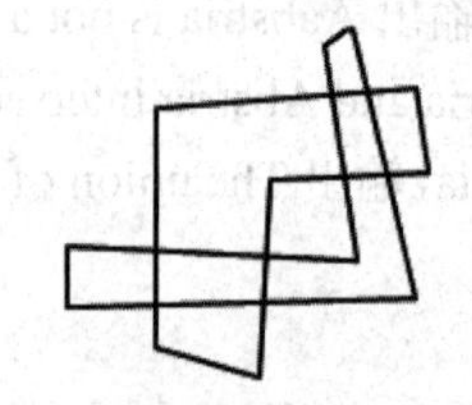

图 12-24　两个多边形的并

图 12-25　非规范相交

阶段 2：判断 A 和 B 是否相交。首先要排除内含的情况，然后对于每个点，判断从它出发的所有边是否导致多边形相交。如图 12-26 所示，图 12-26（a）的两个多边形没有相交，但是图 12-26（b）的多边形相交了。本阶段还需要计算出每条边的“反向边”（u->v 和 v->u 互为反向边）。

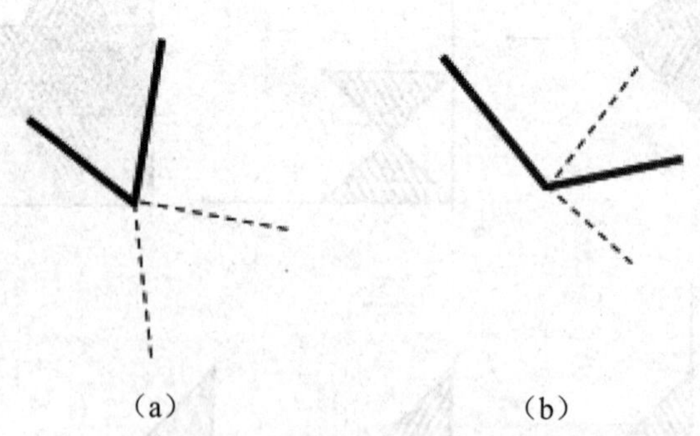

图 12-26　判断 A 和 B 是否相交

接下来就可以忽略同一个顶点出发的边了。再扫描一次，和阶段 1 一样判断线段相交。但是这次不需要打断线段，而且每到一个事件点时要把与它关联的所有相邻边一次性加到扫描线上，就不会认为这些边相交了。

阶段 3：判断 A 和 B 是否覆盖了 C。以 A 为例，首先枚举 A 的每条边 *u*->*v*，看看 C 是否也有一条从 *u* 出发的边。如果 C 中没有从 *u* 出发的边，则 B 中必须有边 *v*->*u*，这样才能和 A 中的 *u*->*v* 相互“抵消”，让 C 的边界中不必出现这条边。类似地，如果 C 有一条完全相同的边 *u*->*v*，则 B 中不能有边 *v*->*u*。因为之前已经算过了反向边，所以对于每个顶点 *u*，只需常数时间内就可以完成上述判断。

例题 12-10　清洁机器人（The Cleaning Robot, Rujia Liu's Present 4, UVa12314）

有一个半径为 *r* 的圆形清洁机器人和一个 *n*（$n \leqslant 100$）边形障碍。需要把机器人放到某个地方，使得它无法移动到无穷远处，要求能清洁到的区域面积尽量大。如图 12-27 所示，图 12-27（a）的阴影部分就是能清洁到的区域，而图 12-27（b）中有两个选择，其中右边那个区域更大。

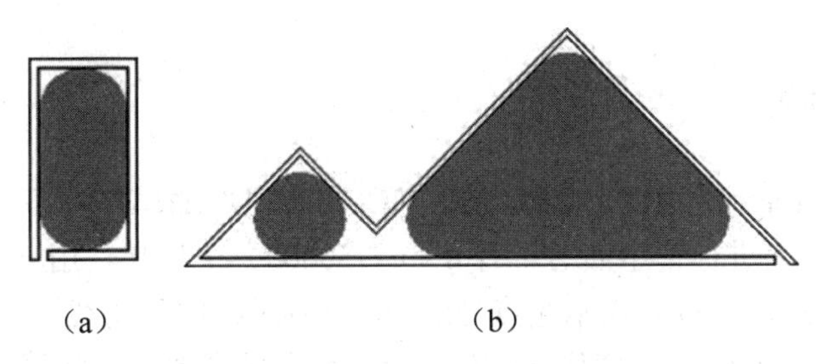

图 12-27　“清洁机器人”问题示意图

【分析】

首先看看机器人的圆心可能在哪些位置。根据题意，圆心不可能在多边形内部，到多边形的距离也不能小于 *r*，所以可以设计一个“膨胀”操作[①]，计算出圆心禁止出现的区域，它实际上等于若干个矩形、若干个圆以及原多边形的并，如图 12-28 所示。

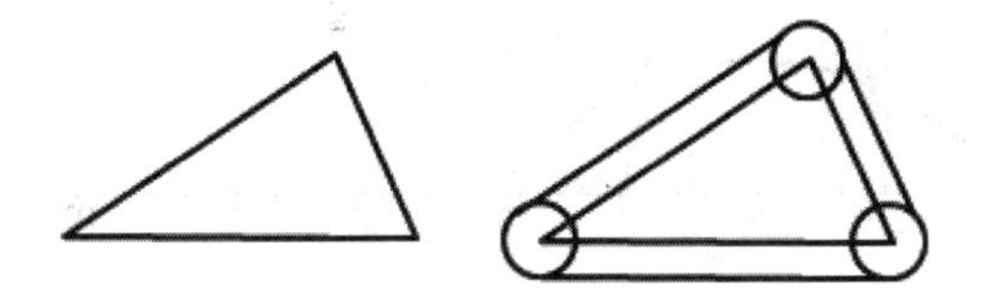

图 12-28　圆心禁止出现的区域

图 12-28 看上去很规则：每条边外扩，然后用每个顶点处的圆弧连接。但有时有些边会消失，还是只能使用多边形并的算法，如图 12-29 所示。

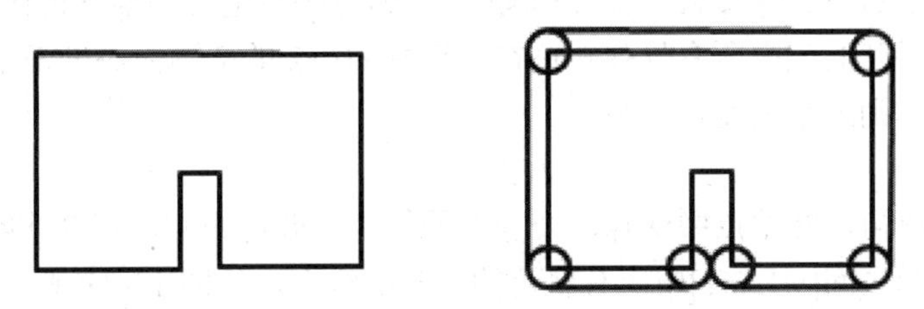

图 12-29　多边形并的算法

① 它的正式名称为多边形偏移（offseting）。

现在假定已经写好了膨胀操作，主算法可以这样设计：首先让输入多边形往外“膨胀”，得到一个带洞多边形（如果没有洞则无解），则每个洞都是一个机器人圆心可以出现的区域。需要注意的是，这个“洞”可能退化成线段甚至是点（如题目中左图的例子）。为了避免出问题，最好是把膨胀的偏移值缩小一点。

然后计算每个区域的可清洁面积，方法是再次“膨胀”，然后计算面积。注意，两次膨胀得到的“多边形”都可能是带圆弧的，需要把直线段和圆弧都打断。

本题的算法虽然概念简单，但是实现起来还是颇有难度的，建议读者编程实践。

12.2 难题选解

12.2.1 数据结构

例题 12-11 航班（Flights, ACM/ICPC NEERC 2012, UVa1520）

某国在一条直线上进行军事演习。有 n（$n \leqslant 50000$）个导弹，用 p、x、y 3 个整数表示（$0 \leqslant p < x \leqslant 50000$，$0 < y \leqslant 50$），表示起点是$(p,0)$，沿着对称的抛物线飞行，如图 12-30 所示，最高点是(x,y)。导弹按照输入顺序依次发射，相邻两个导弹的时间间隔是 1 分钟，而导弹飞行本身瞬间完成。

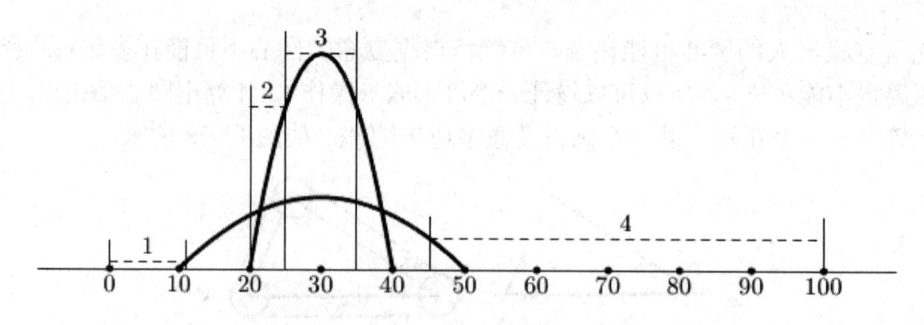

图 12-30　导弹飞行轨迹

另外还有 m 架飞机（$1 \leqslant m \leqslant 20000$），每架飞机用 4 个整数 $t1$、$t2$、$x1$、$x2$ 表示，即飞行时间为 $t1$~$t2$（$1 \leqslant t1 \leqslant t2 \leqslant n$，其中第一个导弹的发射时刻为 1，最后一个导弹的发射时刻为 n），x 坐标为 $x1$~$x2$（$0 \leqslant x1 \leqslant x2 \leqslant 50000$）。你的任务是为每架飞机计算出最小飞行高度 h，使得时间区间$[t1,t2]$内所有导弹轨迹在 x 坐标 $x1$~$x2$ 的范围内高度都不超过 h。如果这个范围没有导弹，则最小高度定义为 0。

【分析】

建立一棵线段树，叶结点中保存一个导弹的轨迹（抛物线），每个非叶结点 u 保存的是一个连续的导弹区间$[m1, m2]$中所有轨迹的“轮廓线”，如图 12-31 所示。

不难看出，这是一棵关于“时间”的线段树。对于每架飞机$(t1, t2, x1, x2)$，可以按照传统的区间分解的方式，转化为对 $O(\log n)$条轮廓线的 $\max(x1, x2)$查询（即在$[x1, x2]$上的最大值）。

为了让轮廓线支持 $\max(x1,x2)$，需要用一个合适的数据结构表示轮廓线。抛物线之间的交点把轮廓线分成了若干段，其中每个部分是一个导弹轨迹的一部分，因此可以用五元组(a, b, c, $x1$, $x2$)表示抛物线 $y=ax^2+bx+c$ 在[$x1$,$x2$]中的部分，而轮廓线就是上述“抛物线片段”的序列（中间可能会有空白区域）。

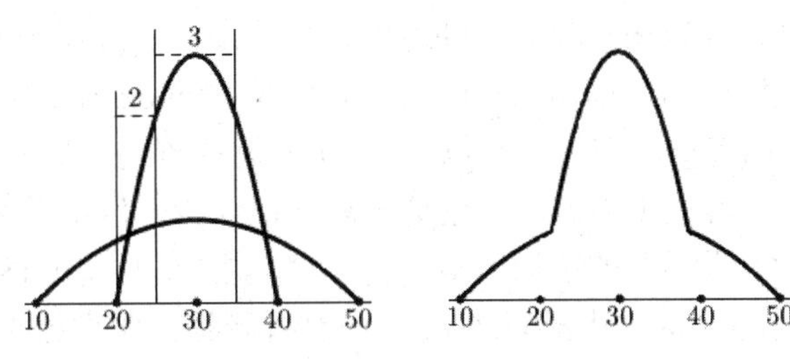

图 12-31　所有轨迹的轮廓线

只要把这些序列按照从左到右的顺序保存，然后创建一棵线段树（叶结点是抛物线片段），就可以在 $O(\log n)$时间内求出 max($x1$, $x2$)。而一共需要查询 $O(\log n)$条轮廓线，因此查询复杂度为 $O(\log^2 n)$。

最后考虑建树部分的时空复杂度。对于一个包含 k 个抛物线的轮廓线，使用类似于归并排序的方法，可以在 $O(k\log k)$的时间构造出一个空间为 $O(k)$的线段树，因此总的时间复杂度为 $O(n\log^2 n)$，空间复杂度为 $O(n\log n)$。

例题 12-12　背单词（GRE Words Revenge, ACM/ICPC Chengdu 2013, UVa1676）

为了准备 GRE 考试，你打算花 n（$n\leqslant 10^5$）天时间背单词。每天可以做两件事之一：

- +w：学一个单词 w。
- ?t：读一篇文章 t，统计 t 有多少个连续子串是学过的单词。

为了简单起见，单词都是 01 串。学的单词长度总和不超过 10^5，文章总长度不超过 $5*10^6$。

【分析】

最容易想到的算法就是维护“学过的所有单词”的 AC 自动机。由于 AC 自动机并不支持“快速插入新字符串”的操作，所以每次学到一个新单词 w 之后，必须重建 AC 自动机。这样，虽然“?t”操作非常高效（文章 t 中的每个字符只需 $O(1)$时间），但重建 AC 自动机的开销是巨大的。如果一共学了 k 个单词，每个单词的长度均为 L，则时间复杂度高达 $L+2L+3L+\cdots+kL=O(k^2L)$，系统是无法承受的。幸运的是，本题至少有 3 种高效解法，而且都有不错的启发性。

解法 1：维护两个 AC 自动机 big 和 small，每次学到一个单词后合并到 small 里，等 small 的字符总数超过一定数值后，合并到 big 里（并且清空 small）。查询时把 big 和 small 分别查一遍，加起来即可，因此查询是每个字符 $O(1)$的。

假设每个单词都是单字符的，一共有 m 个单词。当 small 中的字符总数超过 k 时合并，则每 k 次操作可以看的是一轮操作。时间复杂度为：

- 更新 small：$1+2+\cdots+k=O(k^2)$。
- 更新 big，清空 small：第 i 轮为 $O(i*k)$（为了方便分析，假设第一轮也重建了 big，虽然实际上不需要）。

一共有 m/k 轮，所以总时间复杂度为 $m/k*O(k^2) + k*O((m/k)^2) = O(mk+m^2/k)=m(k+m/k)$。当 k 和 m/k 相近时最好，时间复杂度为 $O(m^{1.5})$。

解法2：用多个AC自动机，字符个数分别为1, 2, 4, 8, 16, 32, 64,⋯，编号为0, 1, 2⋯，即编号为i的自动机的“理论”大小（即字符总数）为2^i。当自动机i的大小超过2^i时，把它所包含的字符串全部插入到自动机i+1中，并且清空自动机i。

假设所有单词的总长度为m，则自动机的最大编号为$t=\log_2 m$。每个单词最多在自动机0, 1,⋯, k里各待一次，所以插入单词的总时间复杂度为$O(m\log m)$。查询时需要在每个自动机里找，所以每个字符的查询时间为$O(\log m)$。由于本题的查询比插入多一个数量级，所以解法2的实际运行效率比解法1略差。不过这个思路很经典，值得学习。

解法3：使用DAWG。设学习的单词为$w_1, w_2,\cdots$，增量式的构造w1\$w2\$w3⋯的DAWG。对于“?t”操作，依次在DAWG中沿着边$t_1, t_2,\cdots$进行转移。假设已经走了边t_i，当前状态为S，所要统计的是t[1⋯i]有多少个后缀是学过的单词。根据前面的讨论，一个状态的最长单词的所有后缀就是当前状态及其在T(w)树中所有祖先状态的字符串集。但是t[1⋯i]不一定是S的最长单词，所以需要统计两项内容：

- 在状态S中，长度不超过i的所有串的权值之和（学过的单词权值为1，其他串权值为0）。
- 状态S在T(w)中所有祖先状态的所有串的权值之和。

对于第一点，在DAWG的每个状态中保存一棵平衡树即可。第二点要困难一些：由于在DAWG的构造算法中需要动态修改T(w)中各个结点的父指针，所以需要用一个Link-Cut树来维护T(w)，从而支持“一个状态的所有祖先状态的权值之和”。其实还有一个相对容易的方法可以代替动态树：用平衡树来维护T(w)的DFS序列。这里的DFS序列很像欧拉序列，不过记录的不是结点名称，而是带符号的权值，入栈时为正，出栈时为负。这样，DFS序列的前缀和就是从根结点到该结点的路径上所有结点的权值之和，并且“修改父亲指针”对应着把DFS序列的一个子序列剪切并粘贴到另外一个位置。在《训练指南》中已经介绍如何用伸展树高效地实现这一操作。

例题12-13　瓦里奥世界（Rujia Liu Loves Wario Land!, Rujia Liu's Present 3, UVa11998）

很久很久以前，瓦里奥世界只有一些废弃的矿山，但没有任何连接这些矿山的道路。已知各个矿山的初始矿藏值V_i，你的任务是按顺序执行m条指令，根据要求输出所求结果。操作指令及说明如表12-3所示。

表12-3　操作及含义

操　作	含　义
1 x y	修建一条直接连接x和y的道路。如果x和y已经连通（直接或者间接都算），则忽略此命令
2 x v	把矿山x的矿藏值改为v（可能是因为发现了新宝物，或者一些宝物被盗）
3 x y v	统计x和y的简单路径上（包括x和y本身）有多少座矿山的矿藏值不超过v，然后把这些矿藏值乘起来，输出乘积除以k的余数。如果满足条件的矿山不存在，则输出一个0（而不是0 0或者0 1）

限制：$1\leqslant n\leqslant 50000$，$1\leqslant m\leqslant 100000$，$2\leqslant k\leqslant 33333$。对于每条指令，$1\leqslant x,y\leqslant n$，$1\leqslant v\leqslant k$。输入文件大小不超过10MB。

为了防止对所有指令进行预处理，本题的真实输入在前述输入格式基础上进行了“加

密”，即输入的各条指令中除了“类型”之外的其他值（x、y、v）都增加了 d，其中 d 是在处理此指令之前上一个输出的整数（如果在此指令之前并未输出过任何指令，d=0）。

【分析】

这是一道综合性很强的题目，而且要求在线算法。维护树上信息的方法主要有欧拉序列、动态树和树链剖分 3 种，但由于操作 3 的特殊性，动态树和欧拉序列都很难起作用：如果采用动态树，需要在 $O(1)$时间内根据左右子树的信息计算父结点的信息。遗憾的是，操作 3 涉及的信息太复杂，通常需要树套树或者块链表实现，无法简单维护；如果采用欧拉序列，维护的信息需要满足区间减法。遗憾的是，操作 3 涉及的信息不满足。

看来只能从树链剖分入手。首先不考虑操作 1，只处理修改（操作 2）和查询（操作 3）。用块链表维护每条重路径，如图 12-32 所示。每个块里最多保存 B 个结点，按照矿藏值从小到大排序，其中 ID[i]表示价值第 i 小（i≥1）的结点编号，prod[i]表示价值前 i 小的结点的价值乘积。为了高效地执行链的分裂与合并（见后），**不同块之间形成双向链表**。

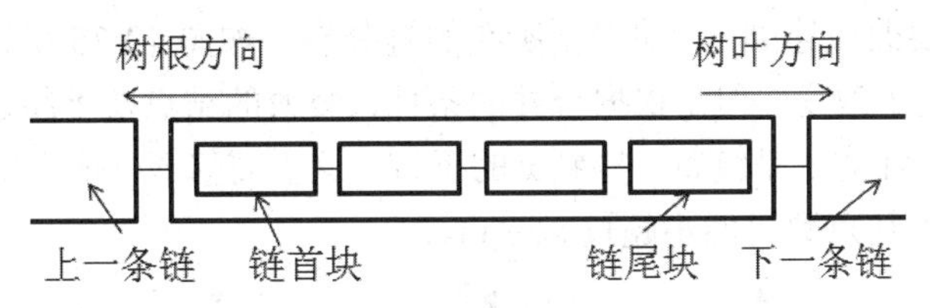

图 12-32　用块链表维护每条重路径

修改操作（2 x v）。首先要找到 v 所在的块 b，然后重建块 b，即把所有结点按照价值排序，重新计算前缀积和。“重建块”这个过程在其他地方也会用到，将其称为 process(b)。

查询操作（3 x y v）。设答案为 res1 和 res2，初始时 res1=0，res2=1。首先按照 LCA 的思路，每次把 x 和 y 中靠下方的结点往上“提”，即统计 x 到 x 所在链的首结点之间的路径，更新答案 res1 和 res2，然后把 x 改成 x 上一条链的尾结点，直到 x 和 y 移到同一位置，即二者的 LCA，如图 12-33 所示。

这样，问题就转化为了一系列的 update(a,b,v,res1,res2)调用，表示已知 a 和 b 在同一个链中，统计 a-b 路径上所有价值不超过 v 的结点，个数加到 res1 中，乘积乘到 res2 中。注意本题的权值在结点上，所有轻边是完全不用考虑的。

如图 12-34 所示，update(a,b,v,res1,res2)可以这样实现：在 a 和 b 所在的块中需要暴力查找，即枚举块内的所有结点，把所有高度在 a 和 b 之间且价值不超过 v 的结点找出来。a 和 b 之间的块因为是完整块，所以可以二分查找，找到价值不超过 v 的结点个数 i，则 prod[i]就是这些结点的价值乘积。

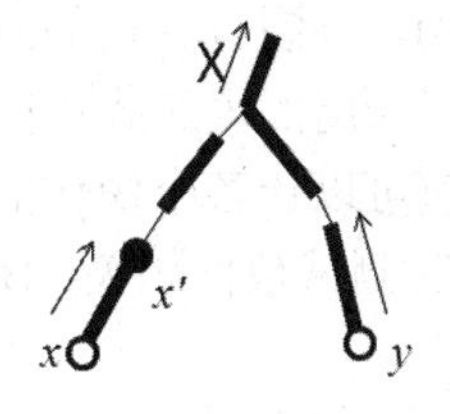

图 12-33　查询操作

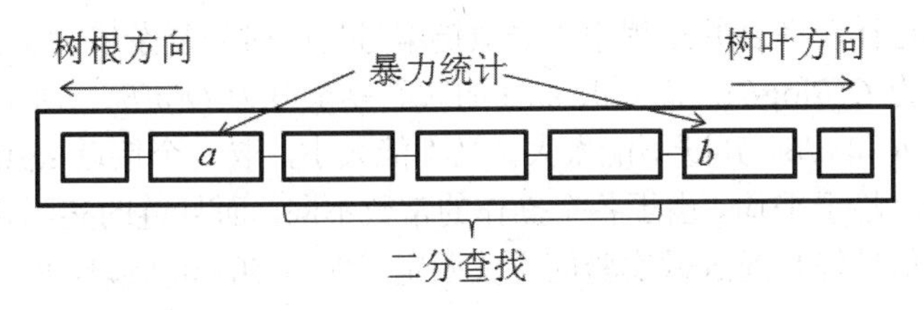

图 12-34　实现 update(a,b,v,res1,res2)

为了简单起见，每个结点 u 只记录链编号 C(u)，而不记录块编号，因此修改操作中需要先花 $O(L/B)$时间找到 u 所在的块，然后用 $O(B\log B)$时间重建块。查询操作最多需要调用 $O(\log n)$次 update 函数，而 update 函数的时间复杂度为 $O(L/B*\log(B) + B)$。

操作 1 的出现意味着树是会合并的，因此上面的讨论还不够。好在道路只增不减，所以可以用启发式合并，即每次把小树合并到大树中，则每个结点最多参与 $O(\log n)$次合并[①]。这样，问题的关键就在于如何**高效地合并两棵树的树链剖分**。

执行操作 1 x y 时，首先找到 x 和 y 所在树的树根，如果相同，则忽略本操作；否则假设 x 所在的树结点比较多，y 所在的树的结点比较少（否则可以交换 x 和 y）。接下来，需要把 y“嫁接”到结点 x 处。但是由于 y 所在树的树根可能是其他结点，首先要把 y 所在的树以 y 为树根重建（包括重建树链剖分），然后设 x 为 y 的父结点。

接下来是重头戏了：由于 x 多了一棵子树 y，所以 x 往下的重边有可能会变化。例如，x 是叶子，或者 x 原来的重边子结点 $W(x)$的子树没有 y 的子树大，即 size($W(x)$)<size(y)。那么 x 往下的重边需要改成连到 y，即把 x 所在的链分裂，如图 12-35 所示。L'部分所有结点的“链编号”都发生了改变，但是根据合并的条件，修改的结点数不超过 size(y)。分裂之后还要把 y 所在的链（注意 y 是链首）接到 x 的下方。这需要修改 y 所在链的所有结点的“链编号”，但是修改的结点数仍然不超过 size(y)。

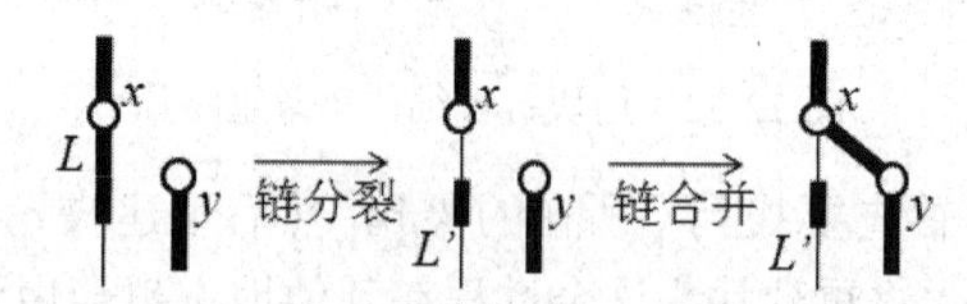

图 12-35　将 x 所在的链分裂

最后是修改 x 及其所有祖先 p 的 size(p)。x 的祖先可能很多，不能一一修改，而只能一个块一个块地修改，即每个块设一个懒标记，表示该块所有结点的整体 size 增量，当访问 size 时再删除标记。这里有一个关键问题：x 的所有祖先的 size 都变大了，所以它们到父结点的边可能会从轻边改成重边，因此还需要一些复杂的操作。幸运的是，此处并不需要严格地使用树链剖分的定义，而是可以让这些轻边保持原样。因为每个结点到根的路径上仍然最多有 $O(\log n)$条链，所以时间复杂度并不会变坏。这样，通过分裂链、合并链和修改 size 这 3 个步骤即完成了两棵树的合并。

还有两个细节没有提到：分裂链时需要分裂 x 所在的块，而在合并链时需要试着合并 x 和 y 所在的两个块（它们是相邻块）。根据块链表的一般思路，只有当这两个块在合并之后仍然不超过 B 时才合并。

这样，在合并过程中“修改链编号”的时间复杂度为 $O(\text{size}(y))$，分裂合并块的时间复杂度为 $O(B\log B)$，而修改 size 的时间复杂度为 $O(n/B)$。由于时间复杂度的表达式里同时出现了 B 和 n/B，B 既不能太大，又不能太小，取一个接近 sqrt(B)的值可以让各个操作的时间复杂度趋于平均。由于各个操作的常数不同，而且链的实际长度还和测试数据相关，B 的最佳取值最好是通过做实验的方法确定（实测 50~300 最佳）。

---

① 《训练指南》中的“图询问”问题也用到了这个技巧。

12.2.2　网络流

例题 12-14　芯片难题（Chips Challenge, ACM/ICPC World Finals 2011, UVa1104）

作为芯片设计的一部分，你需要在一个 $N*N$（$N \leqslant 40$）网格里放置部件。其中有些格子已经放了部件（用 C 表示），还有些格子不能放部件（用“/”表示），剩下的格子需要放置尽量多的新部件（用 W 表示）。

要求对于所有 $1 \leqslant x \leqslant N$，第 x 行的部件个数（C 和 W 之和）等于第 x 列的部件个数。为了保证散热，任意行或列的部件个数不能超过整个芯片总部件数的 A/B。如图 12-36 所示，若 A/B=3/10，则图 12-36（a）的最优解如图 12-36（b）所示，一共放置了 7 个新部件。

```
CC/..    CC/W.
././/    W/W//
..C.C    W.C.C
/.C..    /.CWW
/./C/    /W/C/
 (a)      (b)
```

图 12-36　放置部件的最优解

【分析】

根据经验，构造一个二分图，左边是行，右边是列，一个部件就是一条边 X_i->Y_j。如何表示第 i 行的总流量等于第 i 列呢？从 Y_i 再连一条边到 X_i 即可。因为每个 Y 结点的出弧只有一条（到 X_i），而每个 X_i 只有一条入弧（从 Y_i），所以 X_i 的流量肯定等于 Y_i 的流量。进一步分析可发现：其实这样做等价于把 X_i 和 Y_i“粘”起来。也就是说，根本不需要构造二分图，一共 n 个结点即可。一个部件(i,j)就是有向弧 i->j。如果在(i,j)上加上一个费用 1，则总费用就是新部件的个数。这样就转化为了求最大费用循环流问题，用第 11 章中介绍的方法求解即可。

接下来还需要加上题目中的两个限制。首先是必须有流量的边，也就是 C 对应的边。有两种做法，一是设容量下界也是 1，二是设 cost 为负无穷。接下来考虑每行每列 A/B 的限制。方法是枚举每行/列部件数的最大值 m，给每个点增加结点容量 m（然后用标准方法拆成两个点），然后求最大费用循环流，看看费用是否至少为 $m*B/A$。注意，m 的值只有 0~n 这 n+1 种可能，所以时间复杂度只需乘以 $O(n)$，仍然可以承受①。

例题 12-15　《第七夜》、《时空轮回》与水的故事（Never7, Ever17 and Wa[t]er, Rujia Liu's Present 6, UVa12567）

有一个 n 个点、m 条有向边的网络，每条边都有容量上下界 b 和 c，求一个循环流，使得所有边中的最大流量和最小流量之差尽量小。$n \leqslant 50$，$m \leqslant 200$。

【分析】

本题虽然是网络流问题，但是“最大流量和最小流量之差”似乎无法对应到经典的网络流模型中。怎么办呢？

很多图论优化问题，包括最短路、最大流和最小费用流等，都可以用线性规划建模，本题是不是也可以呢？下面尝试一下。设第 i 条边的流量为 x_i，则容量限制可以列出两个不等式，对于每个结点可以列出流量平衡“等式”，目标是最小化 $\max\{x_i\}-\min\{x_i\}$。问题还是出现在同一个位置：目标函数不是变量的线性组合，不符合“线性规划”的定义。

既然线性规划模型比较灵活，现在我们对目标函数进行代数变形。再引入两个变量

① 仔细分析后可以发现：因为流量可以复用，所以其实复杂度连 $O(n)$都不需要乘。不过对于本题的规模，这个优化不是必需的。

A=min$\{x_i\}$，B=max$\{x_i\}$，然后对每个 x_i 添加不等式 $A \leqslant x_i \leqslant B$，则目标变成了最小化 $B-A$，符合线性规划模型。可是这能不能保证算出来最优解真的满足 A=min$\{x_i\}$，B=max$\{x_i\}$呢？如果不满足，例如，A<min$\{x_i\}$（根据不等式约束，$A \leqslant$min$\{x_i\}$），那么把 A 改成 min$\{x_i\}$之后，约束仍然满足，并且目标函数变得更小，与最优解矛盾。因此，变形后的线性规划模型可以得到原题的最优解。

例题 12-16　怪兽滴水嘴（Gargoyle, ACM/ICPC Xi'an 2006, UVa12110）

城堡顶层有 n 个怪兽状滴水嘴，还有一个包含 m 个连接点和 k 个水管的水流系统（$1 \leqslant n \leqslant 25$，$1 \leqslant m \leqslant 50$，$1 \leqslant k \leqslant 1000$）。从滴水嘴流出的水直接进入蓄水池，通过水管后重新由滴水嘴流出。假设水量无损失，每个连接点处的总入水速度应该等于总出水速度。水管中水流的速度有上下界，单位水速有固定费用。

你的任务是设计各水管的水速，用尽量少的总费用让各滴水嘴的出水速度相同。

每个水管用 5 个整数 a, b, l, u, c 表示（$0 \leqslant a,b \leqslant n+m$，$0 \leqslant l \leqslant u \leqslant 100$，$1 \leqslant c \leqslant 100$），即每个水管入口和出口编号（蓄水池编号为 0，滴水嘴编号为 $1\sim n$，连接点编号为 $n+1\sim n+m$），水速下限、上限，以及单位水速的费用。水管不会连接两个相同点，即水管入口不会是滴水嘴，出口不会是蓄水池。每两个点之间最多一条水管（如果有水管从 a 到 b，则不会再有其他水管也从 a 到 b，也不会有水管从 b 到 a）。输入结束标志为一个 0。

【分析】

根据题意，蓄水池的编号为 0。把它拆成两个点 0 和 0′，则本题的模型就是求一个最小费用流，使得进入 0′点的所有流量均相同。根据题目背景，把那些流入蓄水池的弧称为“瀑布弧”。下面来看一个例子。

如图 12-37 所示，除了弧 0→4 的容量上下界均为 1 之外，其他弧的容量下界为 0，上界为无穷大。所有水管的单位费用为 1（注意，瀑布弧的费用为 0）。不难发现这个例子的唯一可行解如图 12-38 所示（边上的数代表流量）。

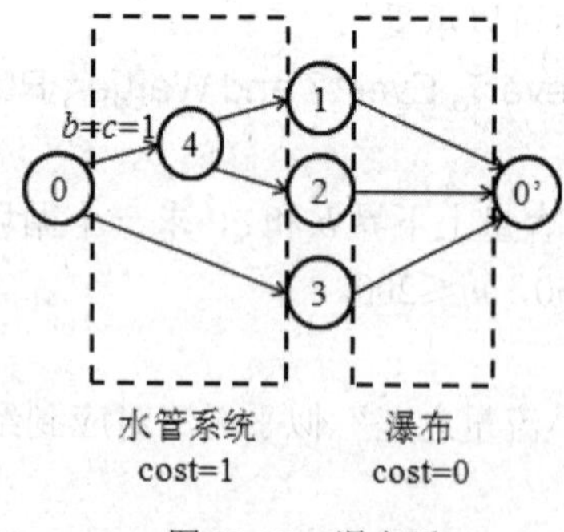

图 12-37　瀑布弧

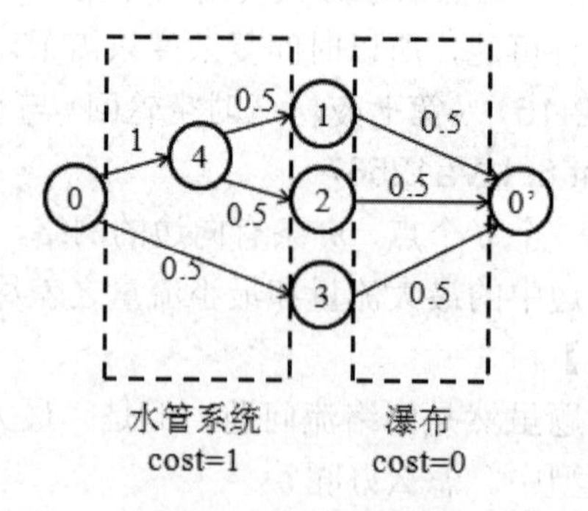

图 12-38　唯一可行解

从图 12-38 可知，出现了非整数的流量。这样一来，就无法在修改模型之后只求一次费用流就得到最终结果，只能寄希望于参数搜索——先确定瀑布弧的相同流量 f，然后再求出对应的最小费用 $c(f)$。这样的想法是可行的，因为 f 确定下来以后问题就会转化为普通的带上下界最小费用流问题。这样，就需要把注意力集中在函数 $c(f)$上。

首先考虑 f 的可行域。不难证明 f 的可行域为连续区间[left,right]，因此可以用二分法确定这个可行域的边界：给瀑布弧设置下界 0 和上界 f，如果网络没有可行流，则说明 f<left；如果网络有可行流但有的瀑布弧不满载，则说明 f>right（想一想，为什么）。

接下来怎么办？直接输出最小流对应的费用？很可惜，最小的 f 并不对应最小的费用。下面的例子很好地说明了这一点。

有两条弧的上下界均为 1，因此流量必须为 1。如果要 f 最小，应该沿着 0→2→3→1→0′ 的顺序流动，但这样一来，经过了费用 100 的弧。另一方面，如果沿着 0→2→1→0′和 0→3→1→0′流动，虽然流量 2 不是最小的，但费用仅为 4，如图 12-39 所示。

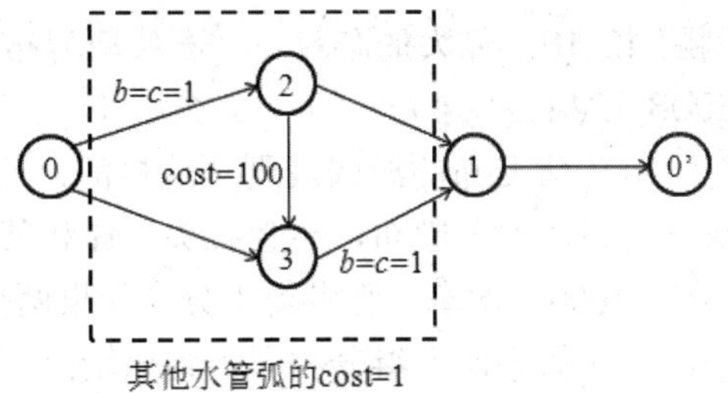

图 12-39　最小的 f 不对应最小的费用

《训练指南》中介绍过“流量不固定的最小费用流”问题，并且指出费用是流量的下凸函数。这个结论在本题中也成立，即在可行域内 $c(f)$是 f 的下凸函数，因此用三分法求解即可[①]。

本题是笔者为 2006 年 ACM/ICPC 西安赛区所命的题目，上述算法便是笔者当时给出的“标准算法”。虽然概念并不复杂，但是毕竟包含二分、三分以及容量有下界的最小费用流问题等诸多因素，用程序实现并不容易。看到这里，聪明的你是否能想到一个“取巧”的方法呢？没错，可以用线性规划方法！只需要加一些“瀑布弧流量全相等”的等式，本题就转化成了线性规划问题。不过，这个新算法和刚才介绍的传统方法相比，效率如何呢？读者不妨一试。

12.2.3　数学

例题 12-17　简单加密法（Simple Encryption, ACM/ICPC Kuala Lumpur 2010, UVa12253）

输入 K_1（$0<K_1<50000$），解方程 $K_1^{K_2} \equiv K_2 (\bmod 10^{12})$，即 K_1 的 K_2 次方的十进制末 12 位等于 K_2。注意，K_2 的十进制必须恰好包含 12 个数字，不能有前导 0。输入保证有解。

【分析】

很多数学题除了需要知识和技巧之外，还需要经验和直觉（而计算机是验证“直觉”的绝好工具！），本题便是一例。本题的模 10^{12} 很大，不妨先缩小一点，例如，把模改成 10^3，那么 K_2 的取值范围是 100~999，直接枚举即可。取 K_1=123，不难枚举到唯一解是 547。如果把模改成 10^4，可以枚举到唯一解是 2547。会不会是巧合？再换一个 K_1=234，可以枚举到模为 10^3 时的唯一解是 616，10^4 时的唯一解为 1616。还有更神奇的：123^{547} 的末 4 位为 2547，而 234^{616} 的末 4 位是 1616！

看上去可以得到一个猜想：如果 K_1^n 以 dn 结尾，则 K_1^{dn} 也以 dn 结尾。这里 dn 是指把数字 d 放在 n 前面的数。试着验证一下：123^{2547} 的末 5 位是 92547，123^{92547} 的末 6 位是 692547。123^{692547} 的末 7 位是 1692547。看上去很不错。如果这个结论是对的，那么只需要用暴力法求出一个很小的 n 使得 K_1^n 以 n 结尾，然后用这个结论不断地往 n 的前面加数字，直到它拥

[①] 本题还有一个有意思的结论：最小费用对应的 f 一定是有理数，且分母不超过 n（即滴水嘴的数量）。这个结论并不容易证明，有兴趣的读者可以一试。

有 12 个数字为止——然后祈祷最后加上的那个数字不是 0。这就是最终算法。

用数学归纳法可以证明上述结论[1]，不过比赛当中通常无暇考虑。只要最终算法够简单，写程序的时间很可能还没有证明的时间长。即使写出来的程序是错的，也没有耽误太多的时间。

例题 12-18　伟大的游戏——石头剪刀布（The Great Game, ACM/ICPC Kuala Lumpur 2008, UVa12164）

石头剪刀布的游戏规则是这样的：两个人一起出拳，必须出石头、剪刀、布之一。石头胜剪刀，剪刀胜布，布胜石头。你和某人玩石头剪刀布游戏，分为若干轮，每轮出 G（$1 \leqslant G \leqslant 1000$）次拳。胜者得 1 分（如果两个人出的一样，都不得分）。每轮结束后，得分多的胜出（如果两人得分相同，则该轮没有人胜出）。当你的对手比你多赢 L 轮时，你就算输掉了整个比赛；当你比对手多赢 W 轮时，你就算赢得了整个比赛。你的任务是找一个最优策略，使赢得整个比赛的概率最大。$1 \leqslant W, L \leqslant 100$。

假定你的对手的策略是固定的，而且每轮都一样：第 i 次出拳时分别有 a_i%, b_i%, c_i%的概率出石头、布和剪刀。输入保证 $a_i+b_i+c_i=100$。

【分析】

你的任务是比对手多赢 W 轮，而各轮之间是不相关的，所以你需要每一轮都玩得尽量好。可是什么叫“玩得尽量好”呢？如果每一轮只有赢和输两种可能，那么“玩得尽量好”就是指获胜的概率尽量大。但是在本题中，每一轮除了输赢之外还有可能是平局。如果有两种策略，一种是 20%概率赢，80%概率平（因此不可能输），但另外一种是 80%概率赢，10%概率平（因此还有 10%的概率输），哪种策略更好呢？仔细思考后会发现：虽然第一种策略的胜率比较低，但它是必胜的（即答案是 100%）——对手没有任何机会获胜；第二种策略虽然赢的概率比较大，但却有概率输掉，如果 $L=1$，答案肯定不是 100%。

《训练指南》中曾经介绍过马尔科夫链。如果用一个编号为 x 的结点表示“比对手多赢 x 场”这个状态，则本题就是一个包含 $L+W+1$ 个结点（即$-L, -(L-1), \cdots, 0, 1, \cdots, W$）的马尔科夫链，要求一个策略使得结点 0 首达结点 W 的概率最大。

假设最优策略使得每局获胜的概率为 p_{win}，输掉的概率为 p_{lose}，每个内结点（即不是$-L$ 也不是 W 的结点）往左的转移概率为 p_{lose}，往右转移的概率为 p_{win}，转移到自己的概率为$(1-p_{\text{win}}-p_{\text{lose}})$。因为本题并不关心到达结点$-L$ 或 W 的具体时间，只关心先到达 W 的概率，所以刚才的马尔科夫链等价于去掉自环（即每个状态到自身的转移），然后把往左往右的概率归一化（即让二者加起来等于 1）。此处要最大化的正是这条新马尔科夫链中的获胜概率，即 $p_0=p_{\text{win}}/(p_{\text{win}}+p_{\text{lose}})$。

至此，问题分成了两个完全独立的部分：如何最大化 p_0，以及已知 p_0 之后如何求出状态 W 的首达概率。后者的一般做法如下：设状态 i 时的获胜概率为 $d(i)$，根据边界 $d(-L)=0$，$d(W)=1$ 以及马尔科夫方程联立求解。具体解法在《训练指南》中已有详细叙述。对于本题中特殊的马尔科夫链，还可以直接求出解的封闭形式。另外，还可以用迭代法而非高斯消元法求解方程组，这里不再详述。

[1] 事实上，还可以证明一个更强的结论：如果不考虑“K_2 不能有前导 0”这个条件，K_2 是唯一存在的。

前者也有两种解法：二分法和不动点迭代法。不动点迭代法及其收敛性的证明超出了本书的讨论范围，因此这里只介绍二分法。二分答案 p，看看是否有一种策略使得 $p_{win}/(p_{win}+p_{lose})\geqslant p$，即 $(1-p)*p_{win}-p*p_{lose}\geqslant 0$。接下来就只需用动态规划计算 $(1-p)*p_{win}-p*p_{lose}$ 的最大值了。令“胜”的权值为 $1-p$，“负”的权值为 $-p$，则问题转化为最大化权值的数学期望。设状态 $d(i,j)$ 表示前 i 次猜拳，得分为 j（注意 j 可能为负数）时的最大期望，分剪刀、石头、布 3 种情况讨论即可。

例题 12-19　自行车（Cycling, ACM/ICPC NWERC 2012, UVa1677）

你有一个很棒的自行车：没有最大速度，加速度不超过 0.5m/s^2，但可以瞬间把速度减为 0 到当前速度之间的任意速度。T=0 时刻，你在 X=0 的位置。目标位置是 $X=X_{dest}$（$1\leqslant X_{dest}\leqslant 10000$）。一共有 L（$0\leqslant L\leqslant 10$）个红绿灯，每个红绿灯用 3 个整数描述：位置 X_i（$0<X_i<X_{dest}$），红灯长度 R_i（$10\leqslant R_i\leqslant 500$），绿灯长度（$10\leqslant G_i\leqslant 500$）。$T$=0 时，所有灯刚刚变红。不同红绿灯的位置保证不同。求到达目标位置的最短时间。

【分析】

用 t-x 图（横坐标为时间，纵坐标为位置）可以直观地表示出一个合法解，如图 12-40 所示。

从图中可以得到两个直观的结论。

结论 1：通过一个点(t,x)时，速度越大越好，因为可以任意减速。

结论 2：不要在中间（没有红绿灯的地方）变速，且不等待时加速度保持最大。

证明：首先考虑没有红绿灯的情况。如何保证通过点(t,x)时速度最大？画一个速度-时间图就一目了然了。相同时间（横轴）走相同路程（面积），而开始低速后加速最终得到的速度更高（纵轴），如图 12-41 所示。也就是说：**要么就等着，要加速就要是最大加速度，并且等待/刹车一定是起点或者刚过红绿灯之后**。

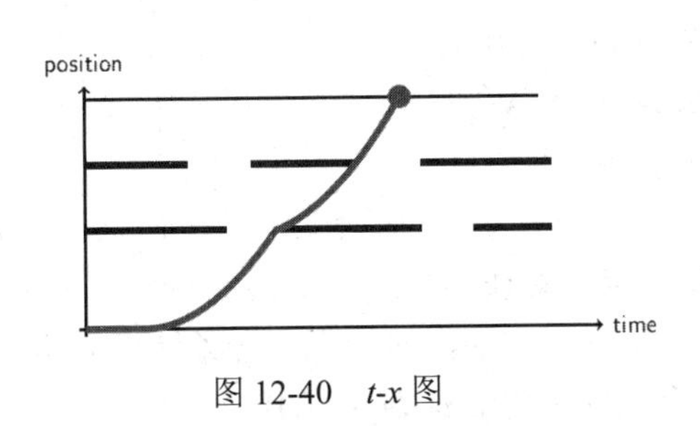

图 12-40　t-x 图

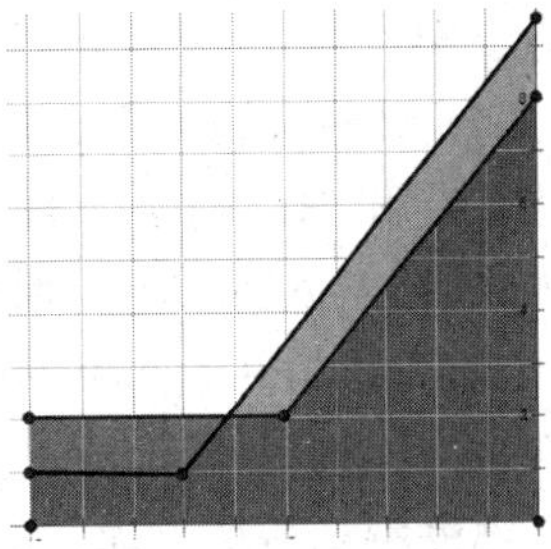

图 12-41　速度-时间图

这样就证明了，只需考虑红绿灯刚刚变化时的状态(t,x)。注意，x 只有 L+1 种取法（起点或者某个红绿灯处），而 t 只能取该红绿灯刚刚变色的时刻（x=0 时 t 必须等于 0）。稍后将会分析状态(t,x)的个数，不过现在先设计算法。

设 $d(t,x)$表示自行车处于状态(t,x)下的最大速度，则可以写一个“刷表法动态规划”：枚举(t,x)的“下一个状态”(t',x')（其中 $t'>t$，$x'>x$），更新 $d(t',x')$。需要分两种情况讨论。

情况 1：减速但不等待。这需要求解减速后的速度 v，使得保持最大加速度行驶后恰好到达状态(t',x')。注意：因为行驶距离 x'-x 和时间 t'-t 都已经固定，且加速度恒定为 0.5，可

以直接解出 v。如果 $v>d(t,x)$，说明这个解不合法（因为自行车不能瞬间加速！），而如果 $v<0$，其实已经变成了情况 2。

情况 2：把速度减为 0，等待一段时间后重新开始加速。因为初速度为 0，加速度恒定为 0.5，根据行驶距离可以直接算出加速时间，也就能算出等待时间了。

需要特别注意的是，不管是情况 1 还是情况 2，算出具体路线以后却要判断这条路线会不会“闯红灯”。只有不闯红灯时才能用到达(t',x')时的速度更新 $d(t',x')$。另外，每个状态$d(t,x)$都有可能直接最大加速冲到终点，从而更新最终答案，但也要判断有没有闯红灯。

状态有多少个呢？最坏的情况就是 10 个红绿灯把 10000 米分成 11 段，每段 910 米，且每次都要从头加速，因此行驶时间为 11*sqrt(4*910)=664 秒。另外，每个红灯处最多等 500 秒，因此总时间不超过 5664 秒，每个红绿灯最多经过 5664/(10+10)<300 个周期。粗略计算一下，上述算法的计算量是可以承受的，而且刚才的估算非常“悲观”，实际上很难达到[①]。

命题组最初设计的题目还要更难一点：自行车的速度还有一个上限值。有兴趣的读者可以思考一下，如何求解这个“加强版”的题目。另外，上述算法还有很大的优化余地（例如，计算 $d(t,x)$时不一定要枚举所有满足 $t'<t, x'<x$ 的状态(t',x')），有兴趣的读者可以深入思考。

例题 12-20　折纸公理 6（Huzita Axiom 6, ACM/ICPC NEERC 2011, UVa1678）

输入两条线 l_1, l_2 和两个点 p_1, p_2，找一条直线 l，使得 p_1 的对称点落在 l_1 上，且 p_2 的对称点落在 l_2 上。换句话说，如果以 l 为折纸痕，p_1 会折到 l_1 上，p_2 会折到 l_2 上，如图 12-42 所示。

输入保证 l_1, l_2 不同，但 p_1, p_2 可以相同。p_1 不在 l_1 上，p_2 不在 l_2 上。坐标都不超过 10。如多解，输出任意解；如无解输出 4 个 0。

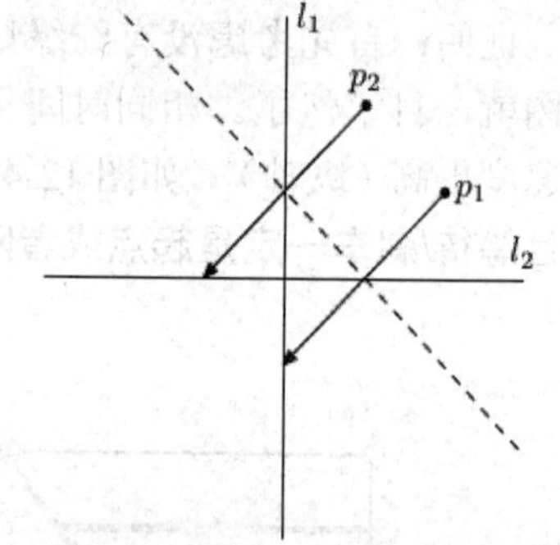

图 12-42　“折纸公理”问题示意图

【分析】

给定 p, l，哪些直线能把 p 折到 l 上呢？假设 l 上有两个不同点 A 和 B，则 l 上任意点可以写成 $p'(t)$=A+t(B−A)。如果把 p 折到 $p'(t)$，则折纸痕为 $p-p'(t)$的垂直平分线，化简为 $a(t)x + b(t)y + c(t) = 0$，其中 $a(t), b(t)$为 t 的线性函数，$c(t)$为二次函数。这是一个**直线族**，即任取一个 t，都能得到一条直线，把 p 折到 l 上。另一方面，对于任意一条能把 p 折到 l 上的直线，都存在这样一个参数 t。此处把这个直线族记为$(a(t), b(t), c(t))$。

在本题中，有两对点和两条直线，因此可以得到两个直线族$(a_1(t), b_1(t), c_1(t))$和$(a_2(t), b_2(t), c_2(t))$。目标是求出一条直线同时属于两个直线族，这等价于求出两个参数 t_1 和 t_2，使得直线 $a_1(t_1)x + b_1(t_1)y + c_1(t_1) = 0$ 和 $a_2(t_2)x + b_2(t_2)y + c_2(t_2) = 0$ 是同一条直线。

一条直线有多种表示法（例如，$x+y+1=0$ 和 $2x+2y+2=0$ 是同一条直线），不能简单地认为 $a_1(t_1)=a_2(t_2)$，$b_1(t_1)=b_2(t_2)$，$c_1(t_1)=c_2(t_2)$，而只能认为三者“成比例”（但是要注意 0 不能做分母）。一种常见方法是将“二直线相等”变成以下两个条件：

① 官方数据中的最大答案为 1685.830。

- 法线共线，即$(a_1(t_1), b_1(t_1))$和$(a_2(t_2), b_2(t_2))$共线。
- 其中一条直线上有一个点在第二条直线上。

根据这两个条件，可以列出两个关于 t_1 和 t_2 的方程，消去 t_2 后，能得到一个关于 t_1 的三次方程，用二分法求解即可（要注意退化情况）。

例题 12-21　简单几何（Easy Geometry, ACM/ICPC NEERC 2013, UVa1679）

输入一个凸 n（$3 \leqslant n \leqslant 100000$）边形，在内部找一个面积最大，边平行于坐标轴的矩形，如图 12-43 所示。

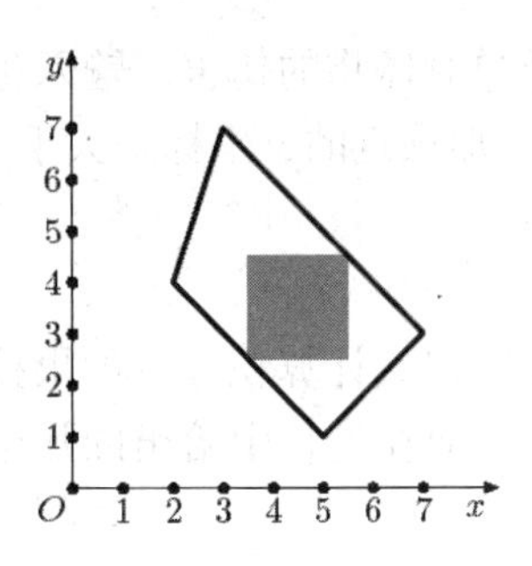

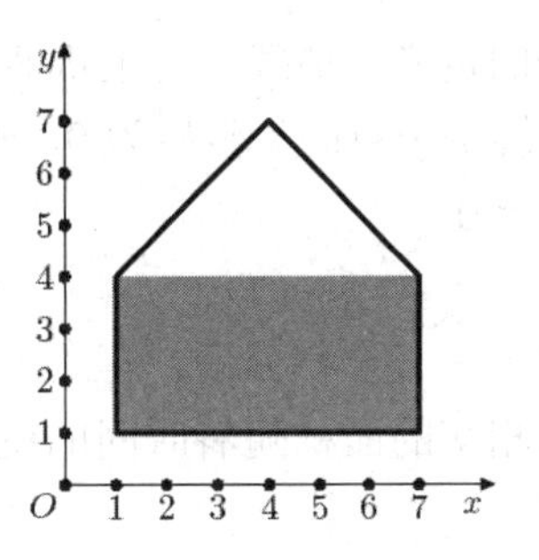

图 12-43　“简单几何”问题示意图

【分析】

虽然本题是几何题（而且题目名称里也有“几何”字样），但用纯几何的方法解题很难奏效。因为图形是凸的，可以从函数的角度考虑问题。对于任意横坐标 x_0，竖直线 $x=x_0$ 最多和凸多边形相交于两个点，设 $y1(x_0)$ 和 $y2(x_0)$分别为低点和高点的坐标。对于任意给定的 x_0，可以用二分查找的方法求出 $y1(x_0)$和 $y2(x_0)$。下面假设矩形的左端点为 x，宽度为 w，则最大矩形包含在如图 12-44 所示的阴影部分梯形中。

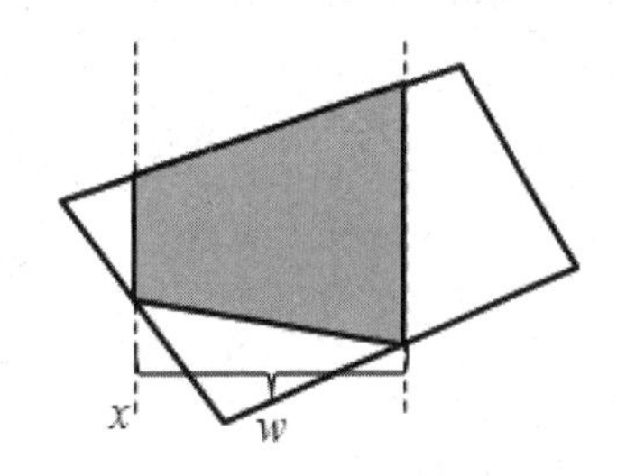

图 12-44　二分查找求出 $y_1(x_0)$和 $y_2(x_0)$

根据图 12-44，最大矩形的面积 $S_1(x,w)=w*(\min\{y_2(x), y_2(x+w)\} - \max\{y_1(x), y_1(x+w)\})$。当 w 固定时，上述表达式是 x 的凸函数，所以宽度为 w 的最大矩形面积 $S_2(w)$可以通过三分法求出。类似地，$S_2(w)$也是关于 w 的凸函数，所以最大矩形的面积也可以通过三分法求出。

12.2.4　几何

例题 12-22　打怪物（Shooting the Monster, ACM/ICPC Kuala Lumpur 2008, UVa12162）

你正在玩一个打怪物的游戏，其中怪物是一个巨大的不能动弹的 n（$n \leqslant 50$）边形，位于右半屏幕。你发的子弹也是一个多边形，从左半屏幕开始匀速水平向右飞到无穷远处，速度为 1。注意，怪物在被子弹打穿的过程中不会产生形变，也不会移动。

为了增加游戏的真实性，一发子弹对怪物的伤害等于子弹与怪物的公共部分面积对时间的积分。例如，在图 12-45 中，t 分别为 0 和 3，相交部分的面积分别为 0 和 1。

对于上面的场景，可以画出相交面积随时间变化的曲线，如图 12-46 所示。

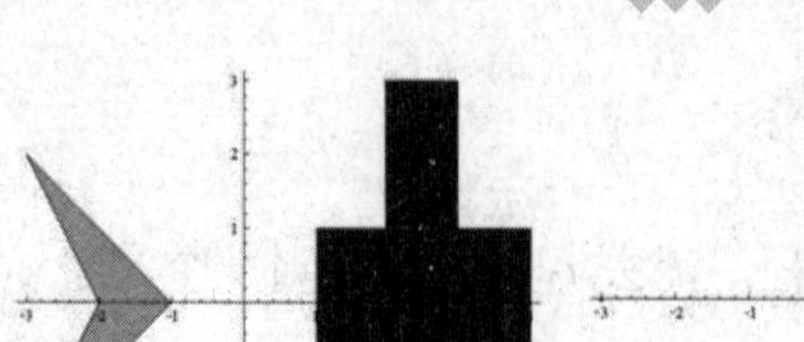
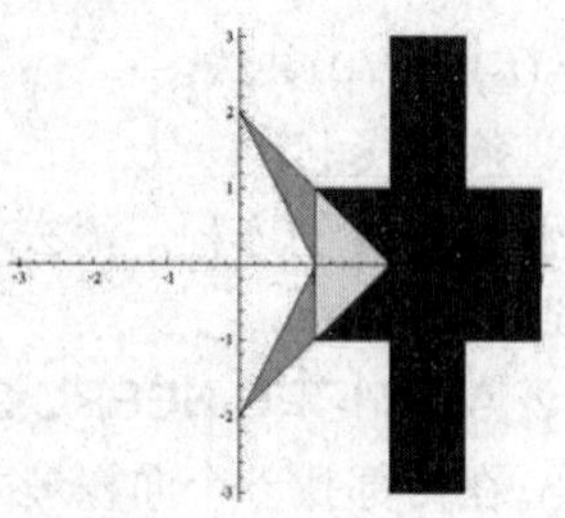

图 12-45　t 为 0 和 3 时相交部分面积

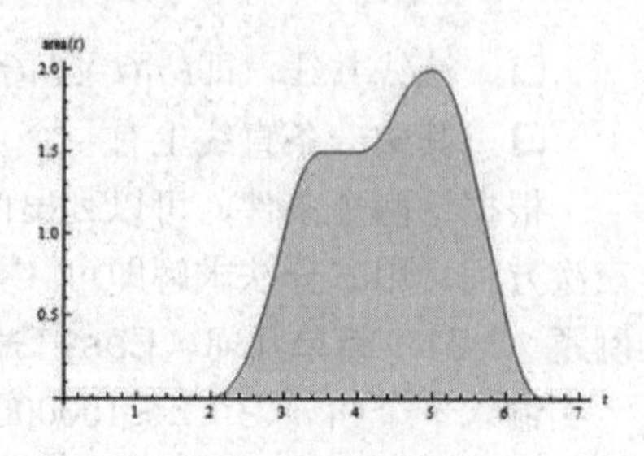

图 12-46　相交面积随时间变化的曲线

根据定积分的定义，曲线下方的面积就是子弹对怪物的伤害。输入坐标均为绝对值小于 500 的整数。屏幕中点的 x 坐标为 0，怪物多边形顶点的 x 坐标均大于 0，子弹多边形顶点的 x 坐标均小于 0。

【分析】

本题在定义上是一个积分题，但不一定要按照定义计算积分。如果按照定义，则需要分析两个多边形相交的面积随着时间的变化规律，而在题目中给出的那个曲线看上去毫无规律。怎么办呢？

因为子弹是水平向右飞行的，可以把两个多边形划分成水平条而非竖直条，则不同水平条之间的结果完全独立，依次求解后累加即可。具体来说，从两个多边形的所有顶点出发画一条水平线，则每个水平条内都是一些梯形（或退化成三角形），如图 12-47 所示。

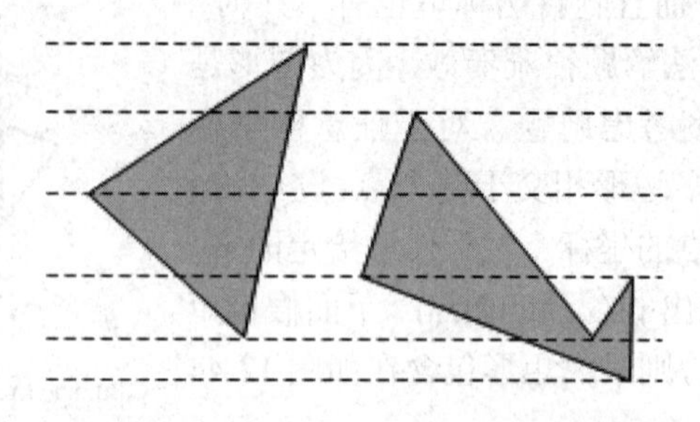

图 12-47　水平线划分出的梯形或三角形

对于一个水平条来说，同一个多边形划分出的梯形/三角形可以合并到一起（想一想，为什么），如图 12-48 所示。所以问题转化为子弹和怪物都是单个梯形的情况，可以直接求解（需要手工计算一个简单积分）。

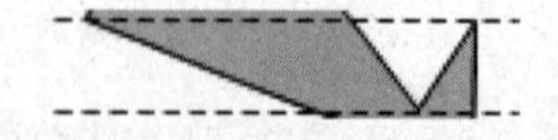
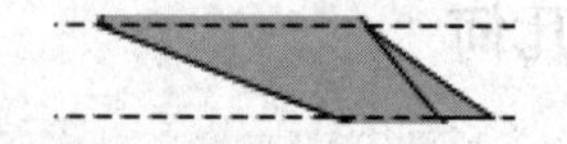

图 12-48　子弹和怪物形状转化为梯形

例题 12-23　快乐的轮子（Merrily, We Roll Along!, World Finals 2002, UVa1017）

你有一个圆形的轮子，放在一条由水平线段和竖直线段组成的折线道路上，轮子的中心在道路起点的正上方。在保持和折线接触的前提下，你沿着道路把轮子滚到尽头（即让轮子的中心在道路终点的正上方）。你的任务是计算圆心移动的总距离。

在下面的例子中，假定轮子半径为 2，道路第一段和最后一段的高度相同，长度都是 2。中间的水平线段长度为 2.828427，比另两条水平线段低 2 个单位。滚动轮子时，轮子首先

从位置 1（起点）水平移动到位置 2，然后旋转 45° 到位置 3，再旋转 45° 到位置 4，最后水平移动到位置 5（终点），圆心移动距离为 7.1416，如图 12-49 所示。

下面的例子更为复杂：两边是两条长度为 3 的水平线段，中间是一条长度为 7，高度比两边低 7 个单位的水平线段。轮子的半径为 1，移动总距离为 26.142，如图 12-50 所示。

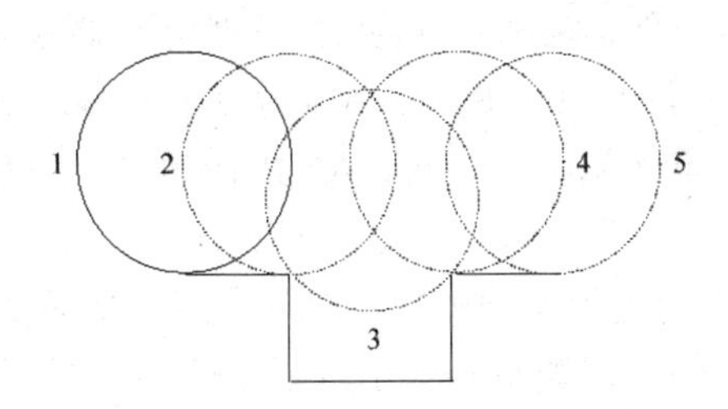

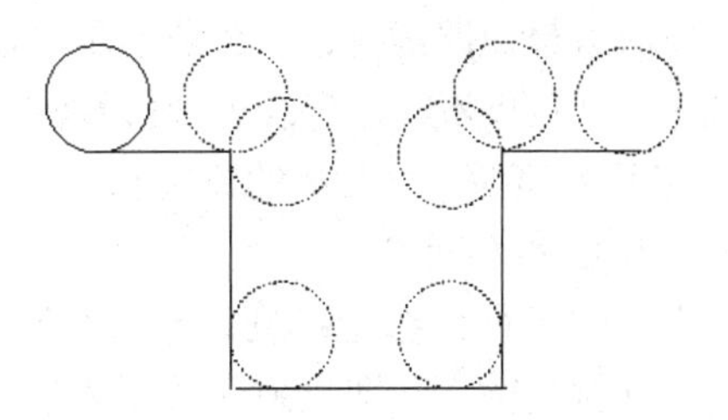

图 12-49　轮子滚动状态　　　图 12-50　更复杂的轮子滚动状态

输入轮子的半径 r 和道路的段数 n（$1 \leqslant n \leqslant 50$），以及每段道路的长度和道路右端处的高度变化值（正数代表变高，负数代表变低，最后一段道路右端的高度变化值保证为 0），输出圆心移动距离，保留 3 位小数。输入保证第一段和最后一段道路的长度严格大于 r，且在滚动过程中轮子不会同时碰到两条竖直道路。

【分析】

本题有两个常用算法。第一种方法类似于"清洁机器人"问题，先将道路外扩距离 R，打散线段和圆弧，然后判断每条小线段和圆弧的中点与输入道路的距离是否小于 R，如果是，则不要统计这条线段/圆弧，如图 12-51 所示。

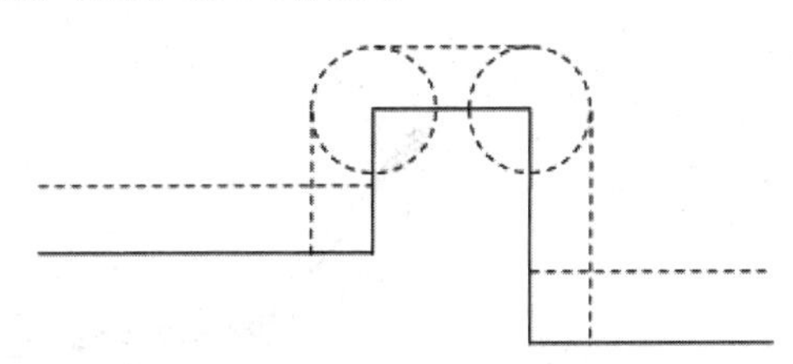

图 12-51　判断是否统计线段圆弧

这个算法比较易于理解和编写，查错也很方便，但运行速度较慢。还有一个概念上较为简单、速度快，但容易出错的算法：直接模拟。任何时刻有 4 个可能的状态：水平向右移动（0）、竖直向下移动（1）、竖直向上移动（2）、绕顶点顺时针旋转（3），可能的转移如图 12-52 所示。

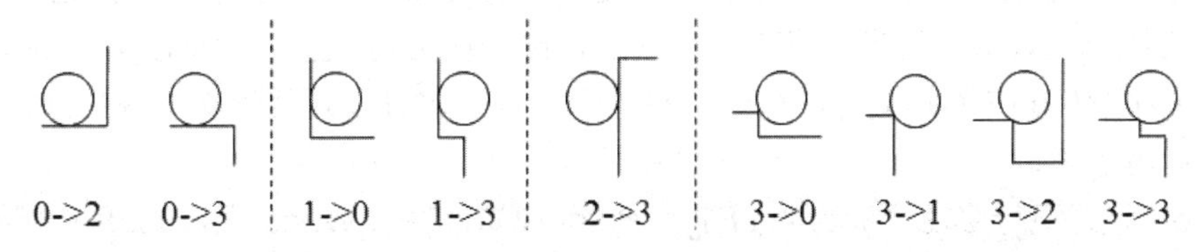

图 12-52　4 种可能的状态

例题 12-24　客房服务（Room Services, ACM/ICPC World Finals 2012, UVa1286）

给定一个凸 n（$3 \leqslant n \leqslant 100$）边形和多边形内的一个点，要求从这个点出发，到达每条边恰好一次，然后回到起点，使得总路程尽量短。注意：到达一个点相当于到达了它所在的两条边。

【分析】

本题看上去相当困难，因为可行的路径有无穷多条。怎么办呢？物理老师曾经说过：光线总是沿着最短路线走。那么是不是可以借鉴一个光路呢？如图 12-53 所示，假设要从 A 到 B，但是中间必须经过直线 l。假设现在的路径是 A->C->B。做 A 关于 l 的对称点 A′，则 ACB 的路径长度等于 A′CB 的路径长度。因为两点之间线段最短，A′CB 最短时就是这三点共线时，即 C 和 C′重合。

这样，即可得到结论：到达一条边时，只要到达的是边的内部而不是端点，路线都满足"光的反射定律"，即反射角等于入射角。另外，还能猜到一个直观（但不是很好证明）的结论：存在一个最优解，使得所有边按照逆时针顺序到达。有了这两个结论，就可以设计出主算法了。

首先枚举第一次到达的边，把环打断成线。为了方便，把第一次到达的边的终点编号为 1，其他点按照逆时针顺序依次编号为 2~n，起点编号为 0，终点编号为 n+1（起点和终点重合）。接下来进行动态规划：设 $d(i)$为表示当前点编号是 i，还需要多长路径才能走到终点。枚举下次走到的顶点编号 j，则：

$$d(i) = \min\{w(i,j) + d(j) \mid j=i+1\cdots n+1\}$$

其中，$w(i,j)$表示从顶点 i 出发，到达顶点 j，中途按顺序经过 i~j 之间所有边的最短路径长度，如图 12-54 所示。

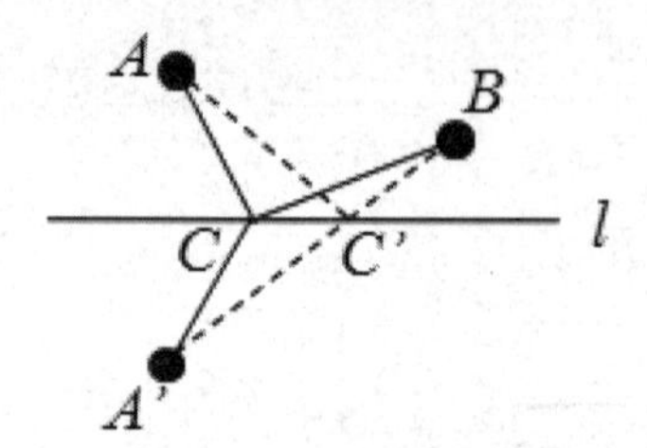

图 12-53　ACB 的路径长度最短

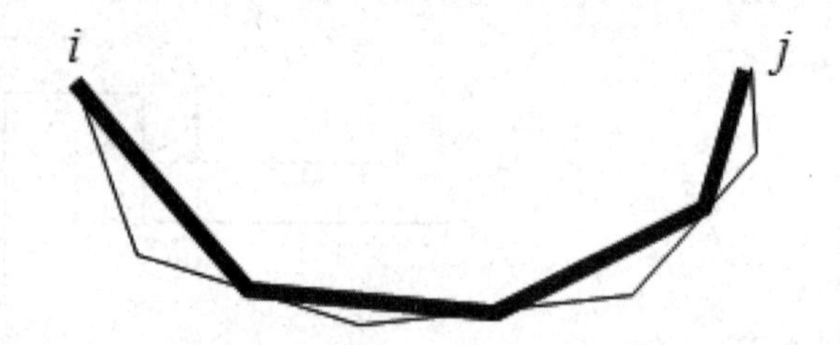

图 12-54　经过 i~j 的所有边的最短路径长度

计算 $w(i,j)$时需要不断地计算 i 关于各条边的对称点，最后和 j 相连，然后恢复出整条折线。但是需要判断是否每次"到达一条边"时接触点都真的在线段的内部。如果接触点在线段外面，则说明这条路线是非法的，$w(i,j)$应设为正无穷。细心的读者可能会问：如果有接触点在线段外面，可以退而求其次，不走镜面反射路线，但也不该是正无穷啊？但其实这样做的结果是直接走到多边形的一个顶点，已经被上述动态规划算法考虑到了。

当 i 或者 j 为 0 或者 n+1 时，需要一些特殊处理。另外，还要注意 j=i+1 的情况。细节留给自行读者思考。

例题 12-25　最短飞行路径（Shortest Flight Path, ACM/ICPC World Finals 2012, UVa1288）

如图 12-55 所示，地球表面有 n 个机场，要求从机场 s 飞到机场 t 时，飞行总距离最小（无解输出 impossible），且飞行过程中始终满足：离最近机场的距离不超过 R。由于油箱限制，最大连续飞行距离为 c，所以可能需要中途在其他机场加油。本题距离都是指球面距

离（假定飞机沿着地球表面飞行）。地球是半径为 6370km 的球，有多组询问(s,t,c)。$n \leqslant 25$，$Q \leqslant 100$。

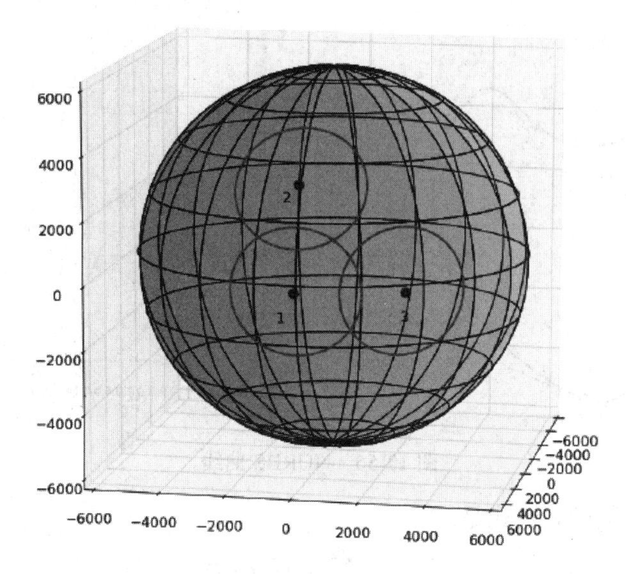

图 12-55 “最短飞行路径”问题示意图

【分析】

虽然这个题一看就是最短路径问题，但是构图才是本题的难点。假设已经成功构图，剩下的问题就是：有 n'个点的图 G，其中有 n 个点是特殊点（机场）。给定起点 s 和终点 t，找一条最短路，使得路径上任意两个相邻特殊点的距离不超过 c。首先以特殊点出发做单源最短路，求出每两个特殊点之间的最短路，然后构造一个新图 G'，结点是特殊点，边 u-v 的长为 G'上 u-v 的最短路。最短路大于 c 时不加这条边。

图 G 的结点是所有机场和每个机场的“保护圈”的交点。一共有 n 个保护圈，交点数不超过 600 个（$2C(n,2) \leqslant 600$）。对于任意两个点，当且仅当二者可以“直达”时连一条边。“可以直达”意味着它们之间的大圆弧是安全的，即这个大圆弧完全位于所有保护圈的“并”的内部。注意这个大圆弧的不同部分可能会在不同机场的保护圈内，所以不能简单地取弧的中点后依次判断每个保护圈。

判断一条大圆线[①] a 是否安全的正确方法是：对于每个保护圈 s，求出 a 被 s 保护的范围，然后把所有范围求并，看看是否是完全覆盖 a。保护圈交点的个数是 $O(n^2)$，因此“需要判断是否安全”的大圆弧个数是 $O(n^4)$。对于 $O(n)$个保护圈，求交点和区间并需要 $O(n\log n)$时间，因此总时间复杂度为 $O(n^5\log n)$。

12.2.5 非完美算法

例题 12-26 可爱的魔法曲线（Lovely M[a]gical Curves, Rujia Liu's Present 6, UVa12565）

NURBS 曲线是一种可爱而又“有魔法”的曲线。它的样子多变，非常灵活，如图 12-56

① 大圆（Great Circle）是球面上半径等于球体半径的圆弧。连接两点的最短“球面线段”等于经过两点的大圆上的劣弧。

所示。

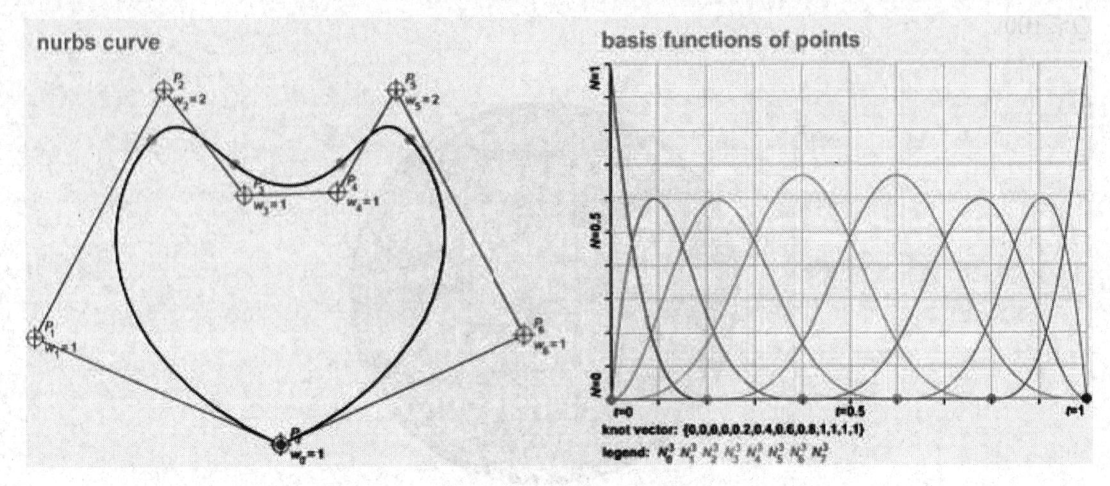

图 12-56　NURBS 曲线

NURBS 曲线的数学表达式是：

$$C(u)=\frac{\sum_{i=1}^{n} w_i N_{i,k}(u) P_i}{\sum_{i=1}^{n} w_i N_{i,k}(u)}$$

其中，u 是参数，n 是控制点个数，k 是曲线的度数，P_i 和 w_i 是第 i 个控制点的位置和权重。在上式中（计算过程中遇到的 0/0 按 0 算）：

$$N_{i,k}(u)=\frac{u-t_i}{t_{i+k}-t_i}N_{i,k-1}(u)+\frac{t_{i+k+1}-u}{t_{i+k+1}-t_{i+1}}N_{i+1,k-1}(u)$$

$$N_{i,0}(u)=\begin{cases}1, & \text{if } t_i \leqslant u < t_{i+1}\\ 0, & \text{else}\end{cases}$$

NURBS 曲线的参数有严格的限制：

- ❑ 度数是正整数。
- ❑ 控制结点至少有 k+1 个，和曲线形状有直接关系。
- ❑ Knot 向量为$[t_1,t_2,\cdots,t_m]$，其中 m=n+k+1。相邻 knot 值满足 $t_i \leqslant t_{i+1}$，定义了曲线中参数$[t_i,t_{i+1})$的部分。整个 NURBS 曲线的定义域是$[t_1,t_m)$。

要求求出两条 NURBS 曲线的所有交点。$n \leqslant 20$, 度数为 1, 2, 3 或者 5，控制点坐标范围是[0,10]，权值范围(0,10]，Knot 向量的第一个数保证为 0，最后一个数保证为 1。

输入保证 NURBS 曲线不病态，且没有特别接近的交点，输出保留 3 位小数。

【分析】

NURBS 曲线和曲面是工业中常用的建模工具，也是工作中实际会用到的。NURBS 曲线的定义看起来比较吓人，但仔细观察后可以发现，它实际上就是一个分段多项式曲线，可以用数学归纳法证明。$N_{i,0}(u)$是分段 0 次曲线（当 u 在 t_i 和 t_{i+1} 之间时为 1，其他时候为 0），而 $N_{i,k}(u)$由两部分相加得到。注意，$N_{i,k-1}(u)$和 $N_{i+1,k-1}(u)$的第二个下标都是 i−1，而且系数都

是 u 的一次函数，因此 $N_{i,k}(u)$比 $N_{i,k-1}(u)$的次数要大 1。

看清楚定义之后，至少可以做一件事：对于一个给定的参数 u，计算曲线中参数 u 所对应的点，即 $C(u)$。于是，第一个算法诞生了：对一条 NURBS 曲线，有一个很大的正整数 p，取步长 $s=1/p$，然后对于参数 $i=0,1,2,\cdots,n-1$ 各求出一个点 $P_i=C(is)$（想一想，为什么不计算 $P_n=C(1)$）。只要 p 足够大，折线 $P_0-P_2-\cdots-P_{p-1}$ 可以很好地逼近一条 NURBS 曲线。这样，用两条折线分别逼近两条 NURBS 曲线，然后求出两条折线的交点即可。如何求两条折线的交点？因为交点很少，采取《训练指南》中介绍的扫描法，可以在 $O(p\log p)$时间内完成这个任务。

这个方法看上去非常不优美，但是它可以解决问题。学习算法的目的不正是解决问题吗？在更好的算法被找到之前，应该尽可能地解决问题，不要轻易放弃。

上述方法只是一个基本梗概，有许多细节可以优化。例如，可以用二分法来“自适应”地构造折线，而不是像刚才那样均分参数空间。还可以不用扫描法，而是把 x 轴划分成一些相互重叠的小窄条，在每个窄条里寻找交点[①]。只要仔细选取上述方法的参数，就能更快、更准地找出所有交点，并且不会遗漏。

例题 12-27　奇怪的歌剧院（A Strange Opera House, UVa11188）

昨天晚上，我做了一个奇怪的梦，梦到我站在一个多边形的歌剧院舞台上演唱。我的声音最多能被歌剧院的墙壁反射 k 次，如图 12-57 中的 4 幅图描绘了声音的反射方式，分别为歌剧院轮廓、声音直射的可达区域、声音反射一次的可达区域、声音反射两次的可达区域。

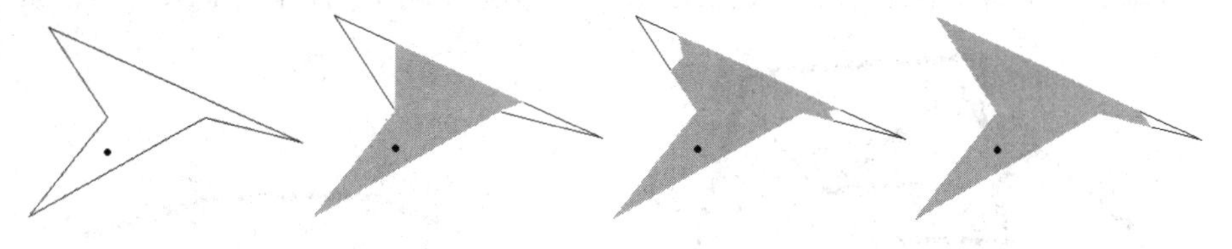

图 12-57　声音的反射方式

观众都坐在墙边。你能帮我计算一下，有多少观众能听到我的歌声吗？

每组数据第一行为 4 个整数 n, k, x, y（$3\leqslant n\leqslant 50$，$0\leqslant k\leqslant 5$），其中，n 为歌剧院多边形的顶点数，k 为最大反射次数，(x,y)为我唱歌的位置（保证严格在多边形的内部，不在墙上）。以下 n 行每行为歌剧院的一个顶点坐标。顶点按照顺时针或逆时针排列。所有坐标均为绝对值不超过 1000 的整数。对于每组数据，输出能听到我的声音的观众所对应的墙的总长度，保留两位小数。

【分析】

本题只需要按照题目意思反射声音，然后求出声音到达的墙的总长度即可。但这个概念上简单的过程却并不容易转化成程序。因为歌剧院是不规则多边形，声波在传播过程中可能经过多次反射，而且不同的声波的“反射序列”（即每次发生反射时由墙编号组成的序列）可能完全不同。幸运的是，这些声波依然是可以“离散化”的，即按照角度划分成若干区间，使得每个区间中声波的反射序列相同，如图 12-58 所示。

---

① 比赛中唯一通过此题的 Anton Lunyov 就是采用的这种方法。

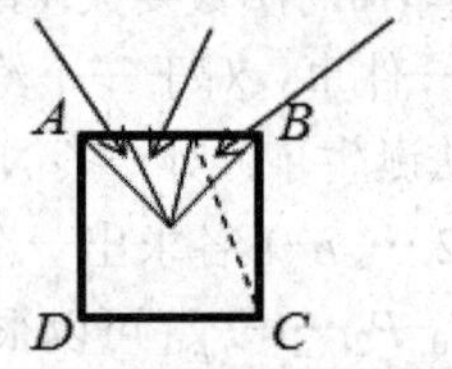

图 12-58　声波的反射序列

这样的“离散化”方案虽然概念正确，但是很难像其他题目那样通过一次预处理完成，因为要事先考虑所有可能的反射序列（多达 50^5 种）。一种折中的方案是用深度优先搜索的方式，递归地把声波角度逐步细分。

如图 12-59（a）所示，从 P 点出发，角度范围为 A 到 E 的声波被分成了 4 部分：A 到 B，B 到 C，C 到 D，D 到 E。接下来递归求解即可。为了递归求解，需要把子问题设计成和原问题相同的形式，即子问题也应有一个“音源”。

如图 12-59（b）所示，从 P 发出的声音，初始范围是向量 **v**1 和 **v**2 之间，其中向量 ***PA*** 和 ***PB*** 中间的部分反射出来的区域等价于 *P* 关于 *AB* 的对称点 *P'*直射 *A* 和 *B* 点，得到的区域中在有向线段 ***AB*** 左侧的部分（这句话非常绕，请多读几遍）。这样，已经可以设计出递归过程了。参数有 5 个：已经反射的次数 *f*、等价音源位置 *P*，上次反射墙的有向线段 ***AB*** 和初始范围向量 **v**1 和 **v**2。在递归过程中，首先把角度区间分成若干个小区间，使得每个区间直射的是同一面墙，然后计算出发射后的递归参数并进行递归调用。程序细节留给读者编写。

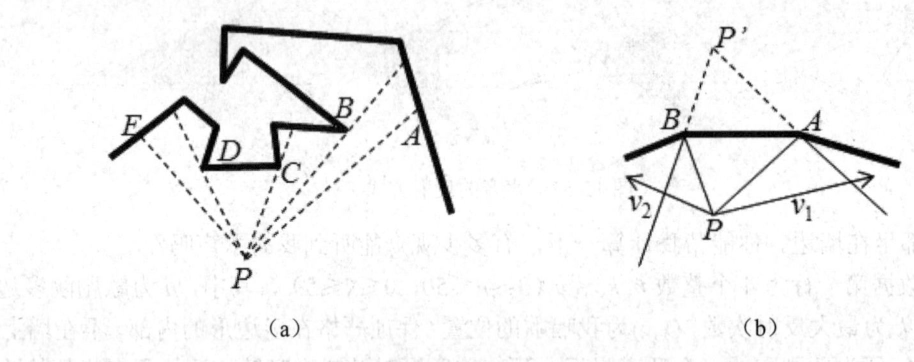

图 12-59　将声波角度逐步细分

本题还有一个姐妹篇——奇怪的歌剧院 II[①]，其中把“长度”改成了“面积”，即要求计算能听到歌手声音的区域面积。有兴趣的读者可以试一试。

例题 12-28　最小包围长方体（Smallest Enclosing Box, Rujia Liu’s Present 4, UVa12308）

给定三维空间中的 *n*（*n*≤10）个点，求一个能包含所有点的体积最小的长方体。这个长方体的各个面不一定要平行于坐标平面。只需输出最小长方体的体积。

【分析】

在《训练指南》中用旋转卡壳的方法计算了 *n* 个点的最小包围矩形，时间复杂度为 *O*(*n*log*n*)。该方法基于这样一个定理：一定存在一个最小包围矩形（不管是面积最小还是周

① A Strange Opera House II, Rujia Liu’s Present 4, UVa12309

长最小），贴着凸包的一条边。

对于最小包围长方体，是否有这样的结论呢：一定存在一个最小包围长方体，贴着凸包的一个面？如果这个结论成立，问题就简单多了。首先计算三维凸包，然后枚举凸包上的一个面，再整体旋转所有点，使得这个面和 z=0 平面平行。这样，就可以忽略所有点的 z 坐标，求出面积最小的包围矩形 R，则所求长方体的底就是 R，高就是旋转之后所有点的 z 坐标最大值与最小值之差。因为 n 的范围很小，既使用最慢的三维凸包和最小包围矩形算法，也不会超时。

很可惜，上述结论是错的，即最小包围长方体不一定会贴住凸包上的一个面。如图 12-60 所示，正四面体（它的凸包是自身）就是一个反例：最小包围长方体的每个面都贴住了一条边，但是没有贴住任何一个面。

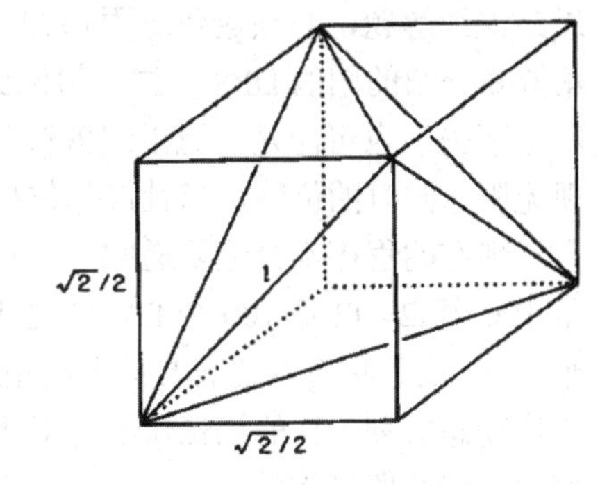

图 12-60　正四面体

事实上，已知最强的结论是：最小包围长方体中至少有两个相邻面均贴住凸包的某条边。Joseph O’Rourke 在论文《*Finding Minimal Enclosing Boxes*》中基于这个结论设计了一个三维旋转卡壳算法，成功地在多项式时间内解决了最小包围长方体问题，但算法很抽象、复杂，难以用到算法竞赛中。

前面曾经多次强调过，算法竞赛的目的是要解决问题。如果“正解”过于复杂，难以驾驭，可以寻找非完美解决方案。刚才的算法其实只有第一步错了，那么只要用其他办法找到最小包围长方体的一个面，还是可以用旋转、降维的方法进行求解。一个相对容易实现的方法是使用随机调整：先随机生成大量的平面，求出对应的解，然后选一些比较优秀的解进行“微调”——稍微旋转一下，如果旋转后的解更优，就更新答案。这样的随机调整方法有很多不同的实现方法，常用的一种是模拟退火方法，有兴趣的读者可以查阅相关资料。

12.2.6　杂题选讲

例题 12-29　旅行（Journey, ACM/ICPC NEERC 2011, UVa1680）

有 n（n≤100）个绘图函数，包含 GO（前走一步）、LEFT（左转）、RIGHT（右转）、Fk（递归调用第 k 个函数然后继续执行本函数）4 种指令。

例如程序：

```
f1: GO F2 GO F2 GO F2
f2: F3 F3 F3 F3
f3: GO LEFT
```

会画出如图 12-61 所示的图形。

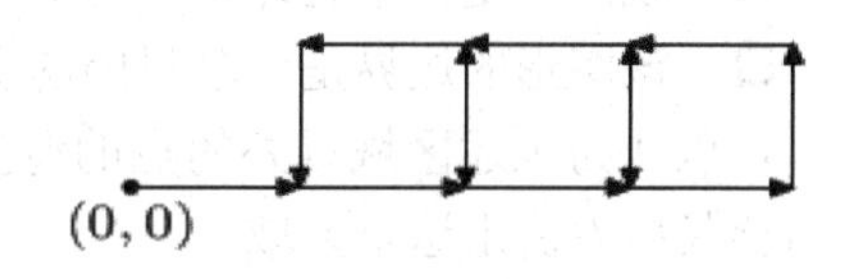

图 12-61　程序绘制的图形

有时，函数会无限执行下去，如 GO F1。

每个函数最多包含 100 条指令。从(0,0)点开始执行 f1，求画图过程中距离(0,0)点最大的曼哈顿距

离（即$|x|+|y|$）。如果无限大，则输出 Infinity。

【分析】

既然题目是递归，那么第一反应就是直接写个递归函数 simulate(x, y, i, d)，表示目前在(x,y)，面朝方向 d，执行函数 f_i。在执行函数时不断更新|x|+|y|的最大值。

可惜这样做是不行的，因为题面已经给出了一个无限递归的例子。所以要想沿着这个思路继续解题，必须避免无限递归。如何避免呢？最直接的方法就是检测无限递归，就像第6章介绍的图的DFS一样。检测到以后怎么办呢？直接输出 Infinity？这样可不行。“无限走下去”也可能是“无限绕圈圈”，并不代表会离原点无限远。所以还应该记录一下出现无限递归时的位移，当且仅当位移不是(0,0)时，输出 Infinity。

现在的程序不会无限递归了，可惜还是会超时，因为走的步数可能会非常多。例如 f1是100个f2，f2是100个f3，f3是100个f4，…，f100是100个GO，则一共会执行100^{100}个GO（这意味着本题需要输出高精度整数）。怎么办呢？既然已排除了无限递归，就可以用像动态规划一样的记忆化了：对于(i,d)，记录面朝方向为 d，执行完f_i之后的方向、总位移(dx, dy)和路径上的$\max\{|x|+|y|\}$，然后尝试递推。

记忆化时之所以不记录(x, y)，是因为它们可能会很大，而且不同的(x, y)，当i相同时，执行 f_i 的路线“形状”都是一样的，因此位移也一样。可新的问题又出现了：$\max\{|x|+|y|\}$无法递推。具体来说，就是设位移为(x_0, y_0)时，无法根据$\max\{|x|+|y|\}$计算出$\max\{|x+x_0|, |y+y_0|\}$。

解决方法也非常巧妙。分别记录$x+y, -x+y, -x-y, x-y$这4个表达式的最大值。因为没有绝对值符号，这4个值是可以递推的；当计算最终答案时，这4个值的最大值就是$\max\{|x|+|y|\}$（想一想，为什么）。

例题 12-30　下雨（Rain, ACM/ICPC World Finals 2010, UVa1097）

有一个由许多不同形状的三角形沿边相互拼接而成的立体地形图，其中三角形的每条边要么是地形图的边界，要么与另外一个三角形的某条边完全重合。此时在地形图的上空开始下雨，雨水会被困在地形图中而形成湖。要求编写一个程序来确定所有的湖，以及每个湖水位的海拔高度。假设雨非常大，所有湖的水位都到达了最高点。

对于一个湖，一艘大小可以任意小但不为0的船可以在湖面上的任意两点间航行。如果两个湖在相接位置的水位深度均为0，则它们被认为是两个不同的湖。

输入第一行包含两个数p和q（$p\geqslant 3$，$q\geqslant 3$），分别表示地形图中点和边的个数。之后的p行描述每个点，每行首先是点的名字，接着是3个整数x, y, h，表示这个点的三维坐标，其中 x、y（$-10000\leqslant x$，$y\leqslant 10000$）为点在地平面上的坐标，h（$0\leqslant h\leqslant 8848$）为点的海拔高度。接下来的$q$行描述每条边，每行包含两个点的名字，表示一条边的两个端点。

地形图在xy平面上的投影满足下列条件：

- ❑ 任意两条边只可能在端点处相交。
- ❑ 该图形是一个有许多三角形组成的连通区域。
- ❑ 该图形的边界是一个封闭的多边形，内部没有空洞。

可以认为上述区域以外的点的海拔高度低于区域内任意一点的海拔高度，水在流到边界后会紧接着流出这个区域。

对于每组输入，在第一行输出数据的编号，接下来以递增的顺序在每行输出一个湖的海拔高度；如果没有湖，则输出一个 0。

【分析】

首先建一个图，结点是所有区域（即三角形和“外界”无限大区域）。当且仅当两个区域 u 和 v 有公共边时，在图上连一条边，权值为 u 和 v 的两个公共顶点的较低高度，表示只要水位高于这个高度，水就可以从 u 流到 v，或者从 v 流到 u。

下面这一步需要点创造性思维：考虑水从某一个区域流到“外界”的路径。这条路径上的最大权重对应着一个“最小高度”，当水位达到这个高度时，水就可以顺着这条路径流到外面。但是水可以有多条通往外界的路径，只要水位大于任何一条路径的最小高度，水就可以顺着这条路径流出去。这正是一个最短路问题吗，只不过路径的“长度”是最大边权而非边权之和而已。第 11 章中已经讨论过这样的“变形最短路”问题。

用 Dijkstra 算法求出以外界为起点的单源最短路（因为边都是无向的，以外界为终点相当于以外界为起点）之后，对每个区域 i 都求出了一个 d[i]，即“能流到外界的最小水位”，只要 d[i]大于区域 i 的 3 个顶点的最小高度，则说明区域 i 是有积水的，并且水位就是 d[i]。求出了水位，用 DFS 或者 BFS 把连通的积水区域合并起来成为“湖”即可。

例题 12-31　字典（Dictionary, ACM/ICPC NEERC 2013, UVa1681）

输入 n（$1 \leqslant n \leqslant 50$）个不同的单词（每个单词的长度为 1~10），设计一个结点数最少的树状字典，使得每个单词 w 都可以找到一条从上到下（即远离根结点）的路径，使得路径上出现的字母按顺序连接起来后可以得到 w。如图 12-62 所示，7 到 5 是 north，16 到 12 是 eastern，29 到 2 是 european，3 到 25 是 regional，1 到 31 是 contest。

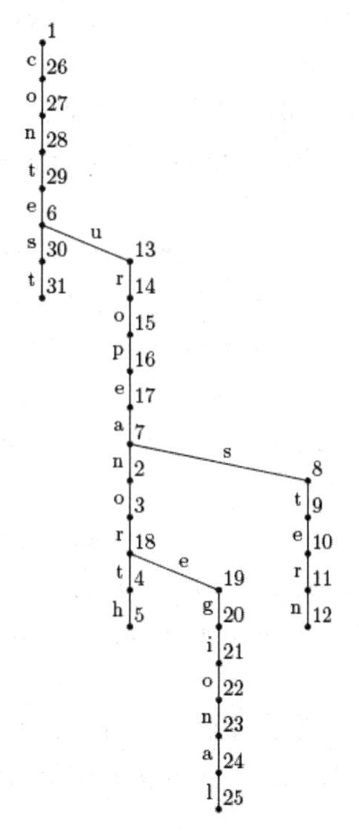

图 12-62　“字典”问题示意图

【分析】

首先把题目的要求放宽一点：必须从根开始走，而不是从任意结点开始走。这样，只需要构造这些单词的Trie即可，如图12-63（a）所示。

这个Trie也可以理解成一个状态图，每个结点代表“当前得到的字符串前缀”，则本题中“从任意结点出发”的条件只需要加一些虚线边即可，如图12-63（b）所示。例如，加上了abc→c的虚线边之后，实际上可以从根走到abc，然后走虚线边“扔掉前两个字符”得到c，这和从根直接走到c是完全等价的。更妙的是，从abc到c这条“边”实际上并不在最终的树状字典中，所以用它来代替从根到c的这一条边，能让答案更优。

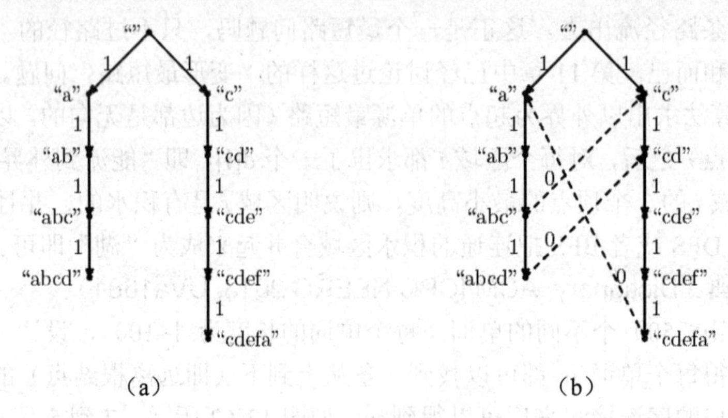

图12-63　构选单词的Trie

一般地，对于任意两个前缀p和q，若q是p的后缀，则连一条从p到q的虚线边。在这个图中，我们的目标是找到一些边，使得这些边形成“树状字典”，并且包含的实线边最少。设实线边权为1，虚线边权为0，所求答案就是这个图的最小树形图。

例题12-32　算符破译（Equations in Disguise, Rujia Liu's Present 1, UVa11199[①]）

已知字母a, b, c, d,⋯, m和数字（0~9）、加号（+）、乘号（1*）和等号（=）之间有一个一一对应关系（一一映射）。你的任务是根据n（1≤n≤20）个等式，尽可能地推导出这些对应关系。每个等式恰好包含一个等号，等号两边都是中缀表达式，数字都是十进制的，不含前导零（但整数0是允许的）。运算符均为二元的，乘法的优先级比加法高（没有括号）。

对于每组数据，输出所有可以确定的符号对（一个字母和它代表的数字/运算符）。换句话说，这些符号对应在所有解中均成立。无解，输出No；如果有解，但没有可以确定的符号对，则输出Oops。

例如，有两个等式{abcdec、cdefe}，输出为“a6 b* d= f+”（所有可能的解为{6*2=12, 2=1+1}，{6*4=24, 4=2+2}，{6*8=48, 8=4+4}）。只有一个等式{abcde}，则什么也确定不了（输出Oops），而只有一个等式{milim}，则是无解（输出No）。

【分析】

本题的条件太苛刻，连运算符都没有给出，看上去非搜索莫属了。不难发现，应当先搜索等号、加号和乘号的位置，因为这三者出现的位置最苛刻（等号在每个等式中必须恰

① 题目来源：NOI2000，命题人：李申杰。UVa中的数据经过加强，难度大大高于NOI中的测试数据。

好出现一次，并且这三者中的任意两个都不能连续出现，也不能在等式的首尾位置）。例如，若有一个等式 abcab，则 c 肯定是等号，因为只有 c 恰好出现一次。枚举完等号以后还有一个小优化：如果某些等式在等号左右两边的字符串完全相等，则不管怎么搜，这个等式都会成立，因此只需要标记出来，今后在搜索时就可以避开无谓的判断了。

接下来搜索各个数字。a+b=c 这样的等式只需搜索 a 和 b，则 c 就能直接计算出，所以需要重新安排各个数字的搜索顺序，使得更多的数字能够尽快直接计算出。例如，ab+cd=ef 的一个较好的搜索顺序是：b, d, f, a, c, e。其中搜索完 b, d 之后可以直接计算出 f（注意此时还要检查其他等式是否存在矛盾），而搜索完 a, c 后可以直接计算出 e。

abc=d+e+f 是不可能成立的，因为 3 个一位数加起来不可能是 3 位数。一般地，可以求出每个数的最小值和最大值，进而计算出等式两边的取值范围。例如，abc 的取值范围是 100~999（虽然不如 123~987 准确，但比较容易求），d+e+f 的取值范围是 0~27，因为 27<100，所以无解。这个方法有一个软肋：0 乘以任何数都等于 0，所以在 a*b=a*cdefg 这样的等式里，这个方法完全不奏效。幸运的是，有一个办法可以减少这种情况的发生：先搜索 0。等 0 确定下来以后，上下界估计就会准确一些。

看上去很吸引人吧？这个剪枝的效果很不错（即可以剪掉大量枝叶），但是效率却不佳。也就是说，有可能花费大量的运行时间在“判断是否满足剪枝条件上，这就舍本逐末了。一般来说，可以尝试以下方法来调整这种“低效剪枝”：牺牲效果（即少剪一点）而提高效率，或者只在搜索的前几层才检查剪枝条件，因此那时的结点还不多，效率不会太受影响，而剪枝成功后的好处更大。

还有一个剪枝更有意思：因为并不是要找出所有解，所以如果已经 Oops 了（即有解，但所有字母都是多解），直接终止整个搜索过程即可。一般地，设 ans(c)表示“当前最终答案”中 c 的值（可能是“?”），val(c)表示“当前解”中 c 映射到的字符（必须是 0~9 或者加号、乘号或者等号），则还没有搜索的所有字符的 ans 都是“?”，已经搜索的字符 c 满足：要么 ans(c)='?'，要么 ans(c)=val(c)，即继续搜索下去，不管 val 能不能变成一个合法解，都不会改变“最终答案”。所以应该终止当前解的搜索。注意，初始时 ans 为空，此时无论如何都要先搜出一个解。

刚才的描述比较抽象，下面举一个例子。假设目前已经得到了两个解：a=4, b=6, c=3, d=1；a=8, b=6, c=1, d=3，因此 ans 是 a=?, b=6, c=?, d=?。再假设现在已经搜了 a=2, b=6，但 c 和 d 还没搜。在这种情况下不管有没有解，有何种解，都改变不了 ans。

有了这些优化，最终的程序速度会非常快。不过本题还有一个不起眼的“陷阱”：在输入中没有出现的字符并不一定是不确定的——因为是一一映射，如果已经确定了 12 个字母，剩下的那一个也就确定了。

例题 12-33　独占访问（Exclusive Access, NEERC 2008, UVa1682）

多线程编程中的一个重要问题就是确保共享资源的独占访问。需要独占访问的资源称为临界区（CS），确保独占访问的算法称为互斥协议。

在本题中，假设每个程序恰好有两个线程，每个线程都是一个无限循环，重复进行以下工作：执行其他指令（与临界区无关的代码，称为 NCS），调用 enterCS，执行 CS（即临界区代码），调用 exitCS，然后继续循环。NCS 和 CS 内的代码和协议完全无关。

在本题中，用共享的单比特变量（即每个变量只能储存 0 或者 1）来实现互斥协议（即上述的 enterCS 和 exitCS）。所有变量初始化为 0，且读写任意一个变量只需要一条语句。两个线程可以有一个局部指令计数器 IP 指向下一条需要执行的指令。初始时，两个线程的 IP 都指向第一条指令。程序执行的每一步，计算机随机选择一个线程，执行它的 IP 所指向的指令，然后修改该线程的 IP。为了分析互斥协议，定义“合法执行过程”如下：两个线程都执行了无限多条指令；或者其中一个线程执行了无限多指令，另一个线程执行了有限多条指令以后终止，且 IP 在 NCS 中。

表 12-4 中展示了 3 个互斥协议的伪代码。两个线程的 id 分别为 0 和 1，变量 want[0]、want[1]和 turn 为共享单比特变量。以“+”开头的代码实现了 enterCS，而以“-”开头的代码实现了 exitCS。NCS()和 CS()表示执行 NCS 代码和 CS 代码，这些代码的具体内容和本题无关（假设它们不会修改共享变量）。

表 12-4　3 个互斥协议的伪代码

算法 1	算法 2	算法 3
loop forever 　NCS() + loop while +　　(turn == 1 - id) 　CS() - turn <- (1 - id) end loop	loop forever 　NCS() + want[id] <- 1 + loop while +　　(want[1 - id] == 1) 　CS() - want[id] <- 0 end loop	loop forever 　NCS() +　want[id] <- 1 +　turn <- (1 - id) +　loop while +　　(want[1 - id] == 1 and +　　　turn == 1 - id) 　CS() -　want[id] <- 0 end loop

本题的任务是判断一个给定算法是否满足以下 3 个条件。

- 互斥性：在任意合法执行过程中，两个线程的 IP 不可能同时位于 CS。
- 无死锁：在任意合法执行过程中，CS 都执行了无限多次。
- 无饥饿：在任意合法执行过程中，执行了无限多条指令的线程执行了无限多次 CS。

互斥性很容易满足：一个什么都不干的死循环就符合条件。上述 3 个算法均满足互斥性，但前两个算法不满足“无死锁”，而第 3 个算法（由 Gary Peterson 发明）满足所有 3 个条件。

输入包含多组数据。每组数据第一行为两个整数 m_1, m_2（$2 \leqslant m_i \leqslant 9$），即线程 1 和线程 2 的代码行数。接下来的 $m1$ 行是线程 1 的代码，再接下来的 $m2$ 行是线程 2 的代码。每个线程的代码都是一条指令占一行。每条指令的格式如下：首先是指令编号（顺序编号为 1~m_i，仅是为了可读性才放在输入中），然后是指令助记符，后面跟着若干个参数。有一种特殊的参数称为 NIP，即下一条指令的编号（保证为 1~m_i 之间的整数）。一共有 3 个单比特共享变量：A, B, C。指令助记符有以下 4 种。

- NCS：非临界区代码。唯一的参数是 NIP。
- CS：临界区代码。唯一的参数是 NIP。

- SET：写入共享变量。包含 3 个参数 v, x, g。v 是写入的变量（A, B 或 C），x 是写入的值（0 或 1），g 是 NIP。
- TEST：读取共享变量并判断它的值。包含 3 个参数 v, g_0, g_1，其中 v 是读取的变量（A, B 或 C），g_0 是 v=0 时的 NIP，g_1 是 v=1 时的 NIP。

在每个线程的代码中，NCS 和 CS 恰好各出现一次。代码不一定是一个典型的无限循环，但保证交替执行 CS 和 NCS。输入结束标志为文件结束符（EOF）。

对于每组数据，输出 3 个字母 Y 或者 N，分别表示是否满足互斥性、无死锁和无饥饿条件。

【分析】

这是一道难题，即使在 NEERC 这样高水平的区域赛中，也只有一支队伍在比赛时通过此题。在考虑核心算法之前，要先把程序存起来（假设程序编号为 0 和 1）。一个合理的数据结构是保存每条指令的字母 c, var, op1, op2 和 nip，然后定义本题的"状态"为三元组(ip0, ip1, vars)，即两个程序的"当前指令编号"以及 3 个变量的值（最多只有 2^3=8 种取值）。

接下来可以写一个 Next(state,p)函数，即从状态 state 开始让程序 p 执行一条指令以后达到的新状态，然后从初始状态开始 BFS/DFS，得到所有可能达到的状态，设为 states 数组。接下来的所有讨论都针对这个状态集。为了方便分析时间复杂度，设一共有 *n* 个可达状态。根据上面的讨论，n≤9*9*8=648。

本题的 3 个定义各不相同，下面分别验证。首先推敲一下"合法执行过程"的定义："两个线程都执行了无限多条指令，或者其中一个线程执行了无限多指令，另一个线程执行了有限多条指令以后终止，且 IP 在 NCS 中"。也就是说，至少有一个线程会无限循环下去。对应到此处"状态"中，这表明状态会无限转移下去。但是在无限循环过程中如果有一个程序的 IP 始终没有变化，这个 IP 必须在 NCS 中。

exclusion 的判定。这个相对比较容易，在计算可达状态集的同时顺便判断即可。

deadlock 的判定。回忆"无死锁"的定义：在任意合法执行过程中，CS 都执行了无限多次。从反面看，试着找一个执行方式，使得从某个时刻开始 CS 再也不执行了，这就表明出现了死锁。也就是说，存在一个满足以下 3 个条件之一的环。

条件 1：进入环之后，程序 0 执行过，但从没有到达过 CS，而程序 1 始终停止在 NCS。

条件 2：进入环之后，程序 1 执行过，但从没有到达过 CS，而程序 0 始终停止在 NCS。

条件 3：进入环之后，程序 0 和程序 1 都不断执行，且都没有到达过 CS。

starvation 的判定。和死锁类似，饥饿的出现意味着某程序执行了无数条语句，但只有有限多次 CS。也就是说，存在一个环，使得在该环中某程序曾经执行过，但没到达过 CS。

主算法。既然死锁和饥饿都可以归结为找一个满足特定条件的环，可以枚举环的起点 s_0，然后用 DFS 找环。由于判定条件比较复杂，需要在 DFS 过程中加几个参数，用来记录各个条件是否满足。具体来说，可以编写递归过程 dfs(s,m_0,m_1,c_0,c_1)，表示当前状态为 s，m_i 表示程序 i 有没有被执行过，c_i 表示程序 i 是否执行过 CS。当 s=s_0 且 m_0 和 m_1 至少有一个为 true（说明找到圈）时判断。

情况一：两个程序都执行过（m_0=m_1=true）。如果两个程序中至少一个没进过 CS（即!c_0||!c_1），说明发生饥饿；如果两个程序都没进过 CS（即!c_0&&!c_1），说明发生死锁。

情况二：存在 $0 \leqslant p \leqslant 1$ 使得程序 p 始终在 NCS（即 m_p=false 且 s 状态中程序 p 在 NCS）且程序 1-p 没进过 CS（c_{1-p}=false），则同时发生死锁和饥饿。

对于每个确定的起始状态 s_0，dfs 需要 $O(n)$时间，因此总时间复杂度为 $O(n^2)$。

例题 12-34　压缩（Compressor, UVa11521）

你的任务是压缩一个字符串。在压缩串中，[S]k 表示 S 重复 k 次，$[S]k\{S_1\}t_1\{S_2\}t_2\cdots\{S_r\}t_r$（$1 \leqslant t_i<k, t_i<t_{i+1}$）表示 S 重复 k 次，然后在其中第 t_i 个 S 后面插入 S_i。这里的 S 称为压缩单元。压缩是递归进行的，因此上面的 $S, S_1, S_2,\cdots$也可以是压缩串。你的任务是使得压缩串的长度最小。

例如，I_am_WhatWhat_is_WhatWhat 的最优压缩结果是 I_am_[What]4{_is_}2。注意，上述 $k, t_1, t_2,\cdots\cdots$的长度均算作 1，即使它们的十进制表示中包含超过 1 个数字。一个递归压缩的例子是 aaaabaaaaaaaabaaaaaaaabaaaa，最优结果是[[a]8{b}4]3，长度为 11。

输入包含不超过 20 组数据。每组数据包含不超过 200 个可打印字符，但不含空白字符、括号（小括号()、方括号[]或者花括号{}都算括号）或者数字。字母是大小写敏感的。

对于每组数据，输出长度和压缩串。如果有多解，任意输出一个压缩串即可。

【分析】

这是一道很难的动态规划题目，思路不难想到，但是细节处很容易想复杂或者写错。**建议读者先自行思考一下，写一个程序试试，然后再阅读下面的题解。**

设输入串为 A。令 f(x,y)表示字符串 A[x⋯y][①]的最短压缩长度，则有两种状态转移方式：一是连接，只需枚举划分点 m，转化为 $f(x,m)+f(m+1,y)$（如图 12-64 所示）；二是压缩，需要枚举压缩单元的长度 L，转移到 $f(x,x+L-1)+3+g(x,y,L)$，这里的"+3"是方括号和数字 k，$g(x,y,L)$是指：用 $A[x\cdots x+L-1]$作为单元来压缩 $A[x\cdots y]$时，后面的$\{S_1\}t_1\cdots\{S_r\}t_r$部分的最短长度。

注意，这个 L 必须满足 $A[x\cdots y]$的前 L 个字符等于后 L 个字符，因为 $t_i<k$，即不允许在最后面添加字符串。用 $O(n^2)$时间预处理出任意两个位置 i 和 j 开始的 LCP（最长公共前缀）长度 lcp[i][j]之后，则 L 满足条件，当且仅当 lcp[x][$y-L+1$]>=L。

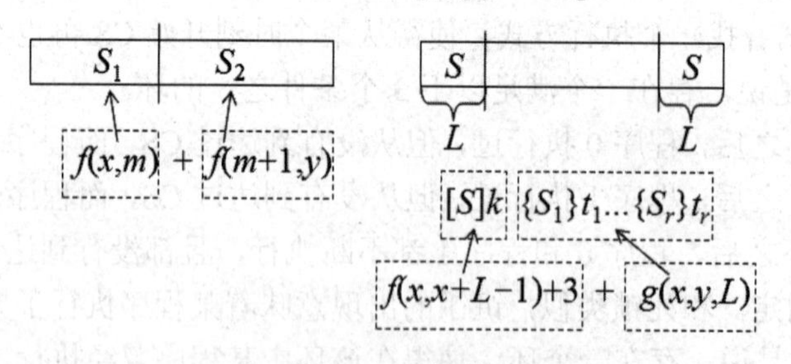

图 12-64　连接

如何求解 $g(x,y,L)$？同样需要进行动态规划。

首先枚举压缩单元下一次出现的位置 i（需要满足 lcp[x][i]$\geqslant L$），如果中间有缝隙（$i>x+L$），则说明有插入串$[x+L,i-1]$（如图 12-65 所示），需要递归压缩插入串（长度为 $3+f(x+L,i-1)$）。然后问题转化为了 $g(i,y,L)$，即压缩$[i,y]$，压缩单元为 $S[i\cdots i+T-1]$。

---

① 习惯上用 A[x⋯y]表示子序列 A[x]，A[x+1]，⋯，A[y]，后同。

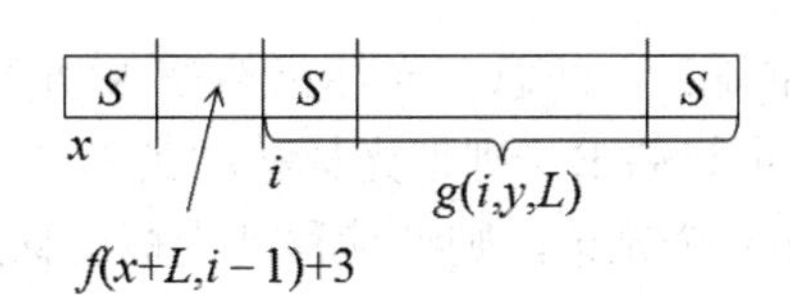

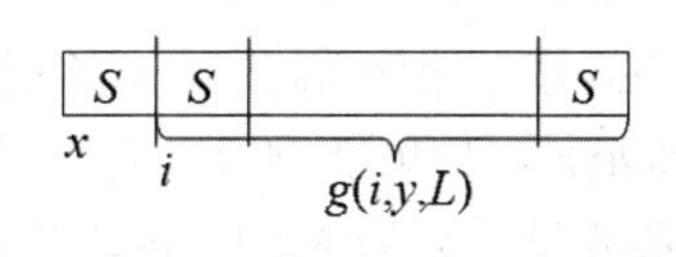

图 12-65　有插入串

这样，综合 f 和 g 的状态转移方程，就可以求出最优解的长度了。如何输出方案？用递归比较方便，写起来和动态规划部分类似，只是当发现当前解和最优解一样时立即递归打印。需要注意的是，在输出 f 的方案时，要先得到 g 部分的方案，同时统计单位串的重复次数，然后再输出。

算法的理论时间复杂度为 $O(n^4)$，但因为 L 的选取有限制，实际上效率很高。

例题 12-35　公式编辑器(Formula Editor, UVa12417)

你的任务是编写一个类似于 MathType 的公式编辑器。从技术上讲，公式就是一个表达式，它是由元素组成的序列。有 3 种元素：基本元素（算术运算符、括号、数字和字母）、矩阵和分式。

公式编辑器为每个表达式创建了一个看不见的编辑框。由于矩阵中的每个单元格都是表达式，所以每个单元格也都有一个编辑框。类似地，每个分式的分子和分母分别有一个编辑框。

在如图 12-66 所示的表达式中，有 5 个编辑框。F1 包围了整个表达式，F2 和 F3 各包围一个矩阵单元格，F4 包围了分子，而 F5 包围了分母。

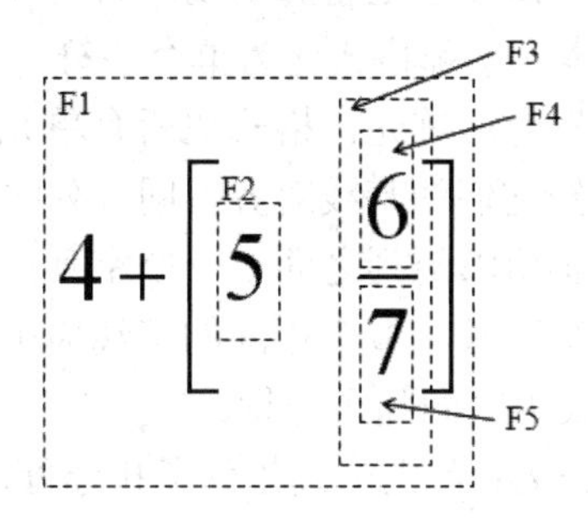

图 12-66　表达式中的编辑框

不难发现，编辑框相互嵌套。如果编辑框 A 直接包含编辑框 B，则称 A 是 B 的父编辑框（例如，在图 12-66 中，F1 是 F2 和 F3 的父编辑框，F3 是 F4 和 F5 的父编辑框）。如果 A 和 B 拥有相同的父编辑框，则称 A 和 B 是兄弟（例如，在图 12-66 中 F4 和 F5 是兄弟，F2 和 F3 也是兄弟）。

下面介绍光标移动的实现。在任意时刻，光标总是直接包含在某个编辑框中。它可能位于该编辑框中所有元素的左边（即“框首”），也可能位于所有元素的右边（即“框尾”），还可能位于某两个相邻元素之间。如果光标在元素 X 和元素 Y 之间，并且 X 在 Y 的左边，则称光标的左相邻元素为 X，右相邻元素为 Y。

光标支持 6 种移动方式：Up、Down、Left、Right、Home 和 End。假定直接包含光标的编辑框为 A，则各种移动方式的细节如下。

Home（End）：把光标移到A的框首（框尾）。注意，光标仍然被A所直接包含。

Up（Down）：如果A的上（下）方有一个兄弟B，则把光标移动到B的框首，否则检查A的父编辑框。如果A的父编辑框有这样一个兄弟，则继续移动光标会移到该兄弟编辑框上。如果A的所有祖先编辑框均不含这样的兄弟，则忽略此命令。

Left（Right）：有以下4种情况。

- 如果光标在A的框首（框尾），则把它放到A的左（右）兄弟B的框尾（框首）。如果没有这样的B，把光标放到A的父编辑框C中（如果存在），紧挨着A的左边（右边）。
- 如果光标的左（右）相邻元素是一个分式，把它放到分子的框尾（框首）。
- 如果光标的左（右）相邻元素是一个n行m列的矩阵，把它放到第$[n/2]$行第1列（第m列）的编辑框的框尾（框首）。
- 如果光标的左（右）相邻元素是一个基本元素，把它放到该元素的左（右）相邻位置。

输出格式化。本题的输出为ASCII格式，因此需要把每个编辑框格式化成一个ASCII字符矩形（尽管多数字符都是空格）。表达式的字符矩形由组成它的各个元素的字符矩形（称为内矩形）经过水平拼接而成。各个内矩形根据基线进行对齐，相邻两个矩形之间没有空白，而内矩形和整个矩形的边界之间也没有空白。

每个元素都可以格式化为一个字符矩形，规则如下：

- 基本元素恰好占一行，该行也是它的基线。用“ - ”（注意前后各有一个空格）来表示减号，而其他基本元素都格式化为单个字符。
- 矩阵元素的格式化步骤为：首先，格式化所有单元格，然后排成一个矩阵，同一行的各个ASCII矩形按它们的基线对齐，同一列的ASCII矩形水平对齐，相邻两行之间有一个空行，而相邻两列之间有一个空列；最后，在每行的前后分别加一个方括号。当行数为奇数时，整个矩阵的基线为中间那一行的基线；当行数为偶数时，整个矩阵的基线为中间那个空行。
- 分式元素的格式化步骤为：首先格式化分子和分母，然后在中间画一条水平线（由一些连续的“-”字符组成）。这也是整个分式的基线，这一行的宽度等于分子分母的较大宽度加2（即前后各加一个字符）。分子和分母水平对齐。

前面提到的“水平对齐”是这样的：首先把水平宽度最大的矩形固定下来，然后水平移动其他矩形，使得它们的水平中心线尽量整齐。如果对不齐（即该矩形的宽度和最大宽度的奇偶性不同），可以往左移动0.5个单位的宽度，如图12-67所示。

```
 XXXX
------
 XXX
```

图12-67　向左移动0.5个单位宽度

注意有一个特例：当整个表达式为空时，ASCII矩形是一个空行——它的宽度为0，但高度为1。这一点在拼接和对齐时尤为重要。

输入处理。输入已转化为了一个命令字符串序列。对于每个字符串：

- 如果它是单个字符，说明它是一个基本元素。在光标处插入此元素，然后把光标移动到它的右相邻位置。
- 如果是字符串 Matrix（Fraction），在光标处插入一个 1 行 1 列矩阵（空分式），然后将光标右移一次。注意，光标右移之前，新的矩阵（分式）在光标的右相邻位置。
- 如果是字符串 AddRow（AddCol），首先找到直接包含光标的矩阵，然后在最上方（最左方）添加一行（一列），并把光标移动到此行（列）中，保持列（行）不变。如果直接包含光标的编辑框 A 并不是矩阵的单元格，需要检查 A 的父编辑框，直到找到一个矩阵。如果找不到，忽略此命令。
- 如果是字符串 Home、End、Left、Right、Up、Down 之一，按前述规则移动光标。

输入包含多组数据，每组数据以命令 Done 结束。单个数据包含不超过 1000 条命令，输入总大小不超过 200KB。

【分析】

这道题目的主要难点是理清思路，建立合理的数据结构，使得编程难度、调试难度都达到一个不错的平衡点。

相关概念。题目中定义的主要概念有两个：元素和编辑框（即表达式），其中元素有 3 种：基本元素（单个字符）、分式和矩阵。这两个概念是交织在一起的，因为每个元素都有一个或多个编辑框，而编辑框就是一个或多个元素的有序序列。这里有个特别容易搞错的地方：元素的外面是没有编辑框的。例如，题目中的例子，4、“+”和矩阵外面都没有编辑框。6/7 的外面有编辑框 F3，但那是因为矩阵的每个单元格自带一个编辑框，如图 12-68 所示。

每个编辑框有一个“父元素”，而每个元素都有一个“父编辑框”，整个结构是一棵有两种结点的树。题目中的例子对应如图 12-69 所示。

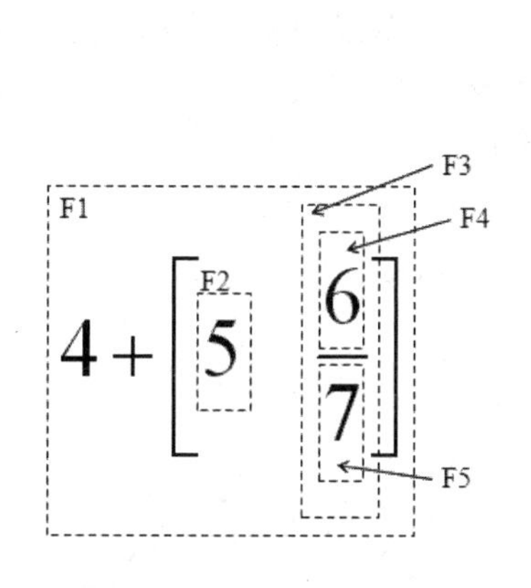

图 12-68　元素外无编辑框

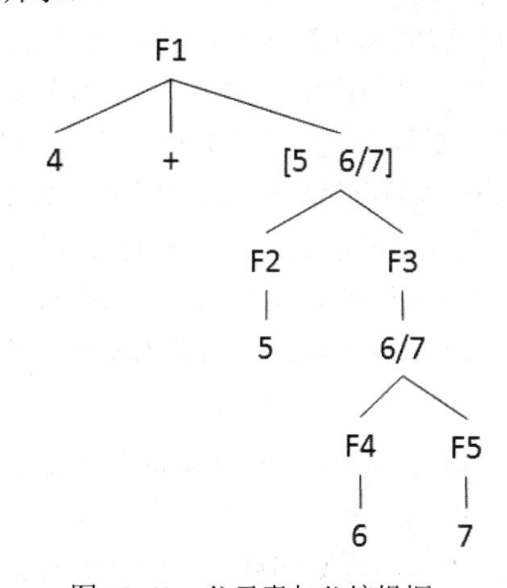

图 12-69　父元素与父编辑框

因为很多操作涉及在编辑框中寻找“上一个元素”、“下一个元素”和“首尾元素”的操作，而且还有插入元素的操作，所以编辑框可以用链表来实现。光标要么位于编辑框的尾部，要么位于某个元素 e 的前面，则光标位置实际上可以表示为 e 的指针[①]。

[①] 为了方便，还可以保存光标在每个级别的编辑框的元素指针。

另外，父元素相同的编辑框可以组织成十字链表（即有上下左右 4 个指针），从而支持快速的光标移动。当然，也可以写 4 个函数，动态计算每个编辑框上下左右的编辑框。这样，可得到如下的数据结构：

- 元素和编辑框都有一个父亲指针，其中元素的父亲是编辑框，编辑框的父亲是元素。
- 每个编辑框中保存“第一个子元素”和“最后一个子元素”，而每个元素中保存“下一个元素”和“上一个子元素”。
- 每个元素保存一些子编辑框，每个编辑框保存上下左右 4 个“兄弟”编辑框。这里的“一些”需要注意。基本元素只有一个框，分式也只有两个框，但是矩阵元素不仅会有多个子编辑框，而且个数还会动态改变。最容易想到的方法是直接定义一个编辑框的二维数组，但是占用空间较大。推荐的方法是只保存每行每列的首尾元素，通过十字链表访问其他元素。

格式化输出。编辑框和元素都可以进行格式化输出，也有两种常见的思路。一是递归计算出所有子结点的格式化结果，得到二维字符矩阵，然后把这些字符矩阵拼起来。这样做的好处是直观，坏处是需要大量的字符复制。第二种方式是提供两个函数，一是计算尺寸，二是以某个点为左上角把字符矩阵“画”到一个固定的字符矩阵中。这样，格式化某个结点时，先计算所有子结点的尺寸，进行排版，得到每个子结点左上角的坐标，然后让每个子结点“绘制”自己（即写到一个叫 output 的全局二维数组中）。这种方法最大的好处是避免了大量的字符复制，也是常见GUI软件实现布局的方法。

落实到程序上，最传统的方法是使用面向对象程序设计方法（OOP），设计两个类Element 和 EditBox，以及 Element 的 3 个子类：Character、Fraction 和 Matrix。还有一种不很“优美”但很实用的方法：把所有类合在一起为 Object，通过一个名为 type 的字段加以区别。例如，type=0 表示编辑框，type=1、2、3 分别表示基本元素、分式和矩阵。这样做的好处是代码紧凑（一些重复代码可以写在一起）[①]，坏处是代码看上去没那么好维护，而且还会遭到软件工程师们的批评[②]。本书是算法书籍，无意讨论这些工程性问题，但有一点是肯定的：要具体问题具体分析，不存在适用于所有场合的“银弹”[③]。

例题 12-36　疯狂的谜题（Killer Puzzle, UVa12666）

你有没有做过下面这个疯狂的谜题[④]？

请回答下面 10 个问题，各题都恰有一个答案是正确的。

（1）第一个答案是 B 的问题是哪一个？

A. 2　　B. 3　　C. 4　　D. 5　　E. 6

（2）恰好有两个连续问题的答案是一样的，它们是：

A. 2，3　　B. 3，4　　C. 4，5　　D. 5，6　　E. 6，7

（3）本问题答案和哪一个问题的答案相同？

A. 1　　B. 2　　C. 4　　D. 7　　E. 6

---

① 它可以把代码压缩到 5~6KB。而传统的 OOP 写法往往需要 8~10KB。

② 这些批评也是有道理的。事实上，很多 ACM/ICPC 选手因为过于习惯编写独立、简短的代码，在工作初期会不适应大型软件的协作开发。

③ 在软件工程领域，不同的遗留代码情况、团队情况以及软件的预计规模、需求变化情况等，都会影响到程序架构和设计决策。

④ 相信看过《算法艺术与信息学竞赛》的读者对这个题目不陌生。

（4）答案是 A 的问题的个数是：

A. 0　B. 1　C. 2　D. 3　E. 4

（5）本问题答案和哪一个问题的答案相同？

A. 10　B. 9　C. 8　D. 7　E. 6

（6）答案是 A 的问题的个数和答案是什么的问题的个数相同？

A. B　B. C　C. D　D. E　E. 以上都不是

（7）按照字母顺序，本问题的答案和下一个问题的答案相差几个字母？

A. 4　B. 3　C. 2　D. 1　E. 0（注：A 和 B 相差一个字母）

（8）答案是元音字母的问题的个数是：

A. 2　B. 3　C. 4　D. 5　E. 6（注：A 和 E 是元音字母）

（9）答案是辅音字母的问题的个数是：

A. 一个质数　B. 一个阶乘数　C. 一个平方数

D. 一个立方数　E. 5 的倍数

（10）本问题的答案是：

A. A　B. B　C. C　D. D　E. E

注意：

（1）你的答案不能自相矛盾。例如，第一题的答案不能是 B。

（2）你需要确保每道题的选项中只有你的答案是正确的，其他都是错误的。例如，若问题（5）的答案是 A，那么问题（6）、（7）、（8）、（9）的答案都不能是 A。

（3）你需要确保每道题目都是有效的。例如，若问题（2）和问题（3）的答案相同，且问题（8）和问题（9）的答案也相同，则问题（2）是非法的，因为并不是恰好有两个连续问题的答案一样。

这道题目当然可以手算，但是作为程序员，编程求解会更有意思。

编程求解。最容易想到的方法就是穷举法，即考虑所有 $5^{10} = 9765625$ 种可能，依此检查答案是否合法（即每道题有且只有你的答案是正确的）。伪代码如下：

```
forall(answer_list):
  bad = False
  for testing_question in [1,2,3,4,5,6,7,8,9,10]:
    for testing_option in ["a","b","c","d","e"]:
      # your answer should be correct
      if testing_option == answer_list[testing_question] and
check(testing_question, testing_option) == False:
        bad = True
      # other options must be incorrect
      if testing_option != answer_list[testing_question] and
check(testing_question, testing_option) == True:
        bad = True
```

```
  if not bad:
    print answer_list
```

在上述伪代码中，answer_list 是一个字母列表（下标从 1 开始），其中第 i 个字母表示第 i 个问题的答案。本题的唯一解是 cdebeedcba（如果每道题目的答案前加上题目编号，它是 1c2d3e4b5e6e7d8c9b10a）。

是不是很神奇？还有更神奇的。你可以写一个更加通用一些的程序，以求解其他类似的谜题，而不仅仅是解上面这一个谜题。不过在此之前，需要把问题描述加以形式化。

问题的形式化描述。本题采用一种 LISP 方言来描述谜题。LISP 的语法很简单。(f a b)表示用参数 a 和 b 调用函数 f，相当于 C/C++/Java 的 f(a, b)。类似地，(f a (g b c) d)相当于 C/C++/Java 中的 f(a, g(b, c), d)。下面是一道问题的例子：

```
3. (equal (answer 3) (answer (option-value)))
a. 1
b. 2
c. 4
d. 7
e. 6
```

上面的问题涉及两个重要的内置函数，如表 12-5 所示。

表 12-5 两个重要的内置函数

函　数	说　明
(answer idx)	返回伪代码中的 answer_list[idx]
(option-value)	返回伪代码中 testing_option 的计算结果（即把它看作一个表达式）

在上面的例子中，如果 testing_option 的计算结果是 c，则(option-value)返回 4（整型），因为 4 是选项 c 所对应的计算结果。注意，testing_option 的文本可以是一个复杂的表达式，参见样例输入。

上面用到的函数 check(testing_question, testing_option)可以这样实现：

```
check(testing_question, testing_option):
  1. set-up the function (option-value) so that it returns the evaluation
result of testing_option of testing_question
  2. evaluate the lisp expression of testing_question (e.g. the expression
(equal (answer 3) (answer (option-value))) in the example above)
  3. if an unhandled exception is raised during the evaluation, returns False
  4. if the result of step 2 is boolean, return it; otherwise return False
```

有一个特殊的表达式叫做 none-of-above，其计算结果取决于其他选项的计算结果。每个问题最多只有一个 none-of-above 的选项，并且一定是最后一个选项。

下面是本题所用 LISP 方言的一些细节。

- 一共有 4 种数据类型：整型、字符串、布尔型和函数。

- 布尔型只有两个值：true 和 false。注意，布尔值没有常量表示方法，所以无须考虑是用 Scheme 里的#t 和#f 还是 Common Lisp 里的 t 和 nil 来表示布尔常量。
- 整型都是非负整数。
- 字符串都用双引号包围，例如“a string”。
- 所有由字母和横线组成的字符序列都是预定义函数。没有变量。

下面是预定义函数列表。所有以“!”开头的函数有可能抛出异常，而以“@”开头的函数会处理异常。和 C++/Java/Python 一样，当异常从一个函数抛出后，表达式计算的过程将会终止，除非有该函数的调用者处理异常。

基本函数如表 12-6 所示。

表 12-6 基本函数

函 数	说 明
(equal a b)	返回伪代码中的 answer_list[idx]
(option-value)	上面已经讨论过
!(answer idx)	上面已经讨论过。如果 idx 不是整数或不在范围 1~*n* 内（其中 *n* 是问题总数），则抛出异常
!(answer-value idx)	返回 answer_list[idx]对应的表达式的值。Idx 取值非法时会抛出异常

谓词是一类特殊的函数，唯一参数是个任意类型的值，返回一个布尔值，不会抛出异常，如表 12-7 所示。

表 12-7 谓词

函 数	说 明
primp-p	当且仅当参数是一个正素数时返回 true
factorial-p	当且仅当参数是一个阶乘数时返回 true
square-p	当且仅当参数是一个平方数时返回 true
cubic-p	当且仅当参数是一个立方数时返回 true
vowel-p	当且仅当参数是单个字符的串，并且是元音时返回 true
consonant-p	当且仅当参数是单个字符的串，并且是辅音时返回 true

查询和统计函数如表 12-8 所示。

表 12-8 查询和统计函数

函 数	说 明
!@(first-question pred)	返回满足谓词 pred 的第一个问题编号 1~*n*。如果不存在，则抛出异常
!@(last-question pred)	返回满足谓词 pred 的最后一个问题编号 1~*n*。如果不存在，则抛出异常
!@(only-question pred)	返回满足谓词 pred 的唯一问题编号 1~*n*。如果不存在或者不唯一，则抛出异常
@(count-question pred)	返回满足谓词 pred 的问题个数
!(diff-answer idx1 idx2)	返回问题 idx1 和 idx2 的答案之差（例如，a 和 b 相差 1）。返回值总是 0~*m* 的整数。如果 idx1 或 idx2 非法，则抛出异常

注意：表 12-8 中的前 4 个函数（即有“@”标记的函数）可以处理异常，即如果在计算 pred

的过程中抛出了异常，这 4 个函数不会把异常传递给它的调用者，而是当作 pred 返回了 false。例如，如果 answer_list 是 abc，则表达式(count-question (make-answer-diff-next-equal 0))返回 0，而不会抛出异常，尽管计算((make-answer-diff-next-equal 0) 3)时会抛出异常。注意，所有其他函数都不会处理异常，例如，若一共只有 3 个问题，则(factorial-p (answer-value 5))会抛出异常，而不是返回 false。

谓词生成器如表 12-9 所示。

表 12-9 谓词生成器

函 数	说 明
!(make-answer-diff-next-equal num)	返回一个谓词(p idx)。该谓词先计算(diff-answer idx idx+1)，当计算结果等于 num 时返回 true。当 num 不是整数时抛出异常
(make-answer-equal a)	返回一个谓词(p idx)。该谓词先计算(answer idx)。当计算结果等于 a 时返回 true
(make-answer-is pred)	返回一个谓词(p idx)。该谓词先计算(answer idx)。当计算结果满足谓词 pred 时返回 true
(make-answer-value-equal a)	和上面类似。计算的是(answer-value idx)
(make-answer-value-is pred)	和上面类似。计算的是(answer-value idx)
!(make-is-multiple num)	返回谓词(p i)。该谓词返回 true 当且仅当 i 是整数且是 num 的倍数。当 num 不是整数时抛出异常
!(make-equal val)	返回谓词(p v)。该谓词返回 true 当且仅当(equal v val)为真。当 val 既不是整数也不是字符串时抛出异常
(make-not pred)	返回谓词(p v)。当且仅当(pred v)为 false 时该谓词返回 true
(make-and pred1 pred2)	返回谓词(p v)。当且仅当(pred1 v)和(pred2v)均为 true 时返回 true。注意，pred1 和 pred2 都要测试，不能进行短路操作
(make-or pred1 pred2)	返回谓词(p v)。当且仅当(pred1 v)和(pred2v)至少有一个为 true 时返回 true。注意，pred1 和 pred2 都要测试，不能进行短路操作

例如，(make-is-multiple 3)返回谓词“是 3 的倍数”，因此((make-is-multiple 3) 6)返回 true，而((make-is-multiple 3) 10)返回 false。类似地，(make-not (make-or square-p prime-p)) 返回谓词“既不是平方数也不是素数”。

输入包含不超过 50 组数据。每组数据的第一行是问题的个数 n 和选项的个数 m（$2 \leqslant n \leqslant 10$，$2 \leqslant m \leqslant 5$），每个问题用 $m+1$ 行表示，即问题的表达式和各个选项的表达式。问题按输入顺序编号为 1~n，选项编号为 a~e。选项保证是合法的表达式，并且不会调用(option- value)（否则会引起无限递归！）。每个问题后有一个空行。输入的大部分数据都是简单的。

对于每组数据，输出数据编号和所有答案，按照字典序从小到大排列，各占一行。

样例输入（节选）：

```
3 3
(equal (option-value) (count-question (make-answer-equal "a")))
3
0
```

```
1

(equal (option-value) "a")
"c"
"b"
"a"

((option-value) (count-question (make-answer-equal "c")))
(make-and (make-is-multiple 2) (make-or factorial-p prime-p))
(make-not prime-p)
"none-of-above"
```

样例输出（节选）：

```
Case 1:
bcb
cca
```

【分析】

这是笔者为第 9 届湖南省大学生程序设计竞赛所命的一道压轴题目。本题的背景与 Lisp 相关，但为了题目的清晰简洁以及“公平”起见，有些细节与 Scheme 和 Common Lisp 不同。实际上，Common Lisp 是笔者最喜欢的语言之一[①]，所以“让更多参加算法竞赛的人知道 Lisp”成为了本题的另一个目标。

本题的题干很长，不过核心内容并不多，主要是预定义函数太多。其实整个题目的意思很简单，就是用穷举法求解一个复杂的逻辑谜题。因为这个谜题的题干和选项都采用 LISP 方言来描述，而且这个方言（即预定义函数）还要足够强大到可以描述题目最初提到的那个经典谜题，所以题目的复杂程度可想而知。

主算法就是穷举所有可能的 answer_list，依次判断是否正确；判断 answer_list 是否正确的方法就是依次判断每个问题的每个选项是否满足条件——answer_list 中选中的选项必须正确，其他选项必须错误（还要加上对 none-of-above 的特判）。所以其实问题的核心在于：给定 answer_list，计算一个表达式。

表达式是按照字符串的格式输入的，但是为了效率，应当事先把它解析并保存在合理的数据结构中，这样才能快速求值。这个过程相当于程序设计语言的“编译”。不过这个编译的结果并不是机器指令，而是我们自己设计的内部格式，例如，一个称为 Expression 的类。具体来说，它有两种情况，一是常数（例如字符串、布尔值），另一个是函数调用。

每个 Expression 都可以计算，得到一个计算结果，因此 Expression 应该有一个 eval(context)函数，返回一个 Value 类型的变量，这里的 context 是指“上下文”，即所有的 question 表达式，option 表达式，还有 answer_list 等。计算表达式所需要的所有内容都在

---

① 这是一个很特别的程序设计语言，看过《黑客与画家》的读者相信对它并不陌生。这个语言有不少吸引人的地方，但它的复杂程度却是大大超过普通人的预期。对此，笔者在实际项目的开发中已略有体会。有兴趣的读者可阅读《ANSI Common Lisp》入门，然后在《On Lisp》和《Practical Common Lisp》等经典著作中找到更多信息。

context 里。

根据题意，Value 类型除了 C++中的 int、bool 或者字符串 char*之外[1]，还可以是函数（实际上用于“闭包”，后面还会讨论），因此需要自定义一个 Function 类。由于 Value 类主要用于承载数据，此处不再用继承的方式编写 int、bool 等子类，而是用不同的 TYPE 加以区分。例如[2]：

```
struct Value {
  ValueType type; //值的类型，有 INTEGER、BOOLEAN 等
  bool boolVal;
  int intVal;
  const char * strVal;
  Function * funVal; //自定义的 Function 类
  //还有一些 GetBoolean()、GetFunction()以及 MakeBoolean()、MakeFunction()等函数，其作用望文知义，具体实现略
}

class Function {
  public:
    virtual ~Function() {}
    virtual Value Call(const Context & c, const Value* params, int paramsCount)=0;
};
```

对于上述代码中的技巧，特别是纯虚函数，请读者自行阅读相关资料。有了这些，就可以定义 Expression 类了。

```
class Expression {
public:
  virtual ~Expression() {}
  virtual Value Evaluate(const Context & context) = 0;
};

class LiteralExpression : public Expression {
  Value _arg;
public:
  //构造函数略
  virtual Value Evaluate(const Context &) { return _arg; }
};

class CallExpression : public Expression {
```

[1] 当然可以用 STL 的 string 来表示字符串。但是因为本题的字符串大都非常短，所以使用 STL 字符串带来的效率损失是比较明显的。

[2] intVal、strVal 等成员可以写成联合（union）的形式以节省空间，不过和本题的核心关系不大，这里就不叙述了。

```
    Expression * _functionExpression;
    Expression ** _params; //也可以用 vector，但速度稍慢，因为最多只有两个 params
    int _paramsCount;
  public:
    //构造/析构函数略
    virtual Value Evaluate(const Context & context) {
      Value fn = _functionExpression->Evaluate(context);
      if (fn.GetType() == ERROR) return Value::MakeError(); //抛出异常
      assert(fn.GetType() == FUNCTION); //必须是函数
      Value evaluatedParams[2]; //最多是二元函数
      for (int i = 0; i < _paramsCount; ++i)
        evaluatedParams[i] = _params[i]->Evaluate(context);
      return fn.GetFunction()->Call(context, evaluatedParams, _paramsCount);
      }
  };
```

这里有一个地方需要特别注意：CallExpression 里的_functionExpression 的类型是 Expression，因此它既有可能是 LiteralExpression 又有可能是 CallExpression。例如(equal 1 1)，这里的_functionalExpression 就是 LiteralExpression，即 equal；但是对于((make-equal 1) 1)，_functionExpression 就是(make-equal 1)，是一个 CallExpression。

另外，上面的代码包含了异常处理。在 Value 中增加了一种类型：ERROR。如果在计算 fn 时抛出了异常，则整个表达式都应抛出异常。

接下来有 3 个任务：写 Parser、编写预定义函数和编写主程序。主程序在题目中已经给出，这里不再赘述。Parser 不难编写，但是在处理常量表达式时要注意。根据题目，一共只有 3 种常量表达式：遇到数字串，得到的 Value 是整型，例如 10；遇到带引号的字符序列，得到的 Value 是字符串，例如"none-of-above"；遇到不带引号的字符序列，得到的 Value 是函数，例如 equal。换句话说，所有预定义函数都必须是 Function 类或者它的子类，否则无法保存到 Value 中。

因此接下来的工作重点是编写预定义函数。这个工作理论上并不困难，但代码量大（占到总程序的一半以上），并且容易出错。所以在编码之前，有必要把一些细节想清楚。

之前说过，所有预定义函数应当是 Function 类或者它的子类，但具体来说还是有两种不同的写法。一种是写一个巨大的 PredefinedFunction 类，保存一个 functionName，然后在 Call 函数中根据 functionName 判断。还有一种写法是每个函数写一个单独的子类。两种写法各有利弊，读者可以根据需要进行选用。

不管使用哪种方法，都面临一个问题：如何保存动态生成的函数（即闭包）。其实动态生成的函数并不是任意生成的。例如，所有由 make-equal 生成的函数都较相似，只是有一个参数 a 不一样。所以可以把所有“由 make-equal 生成的函数”统一处理。

如果采用方法一（即一个巨大的 PredefinedFunction 类），可以用 functionName="generated-by-make-equal"来表示由 make- equal 生成的函数，另外在类中增加成员变量 a 和 functionName，一同代表(make-equal a)的返回值。

如果采用方法二（每个函数是一个类），推荐把由 make-equal 生成的类写成 MakeEqual 函数的内部类，因为其他类都不会用到这个类。这样一来，甚至没必要给它命名。例如：

```
class MakeEqual : public Function1 {
   class _F : public Function1 { //内部类
      Value _val;
   public:
     inline _F(const Value & val) : _val(val) {}
      virtual Value Call(const Context & context, const Value & a) {
         return Equal().Call(context, a, _val);
      }
   };
public:
   virtual Value Call(const Context &, const Value & val) {
      return Value::MakeFunction(new _F(val));
   }
};
```

上面的代码还展示了方法二的一个重要技巧：由于最多是二元函数，可以编写 Function 的 3 个子类：Function0、Function1、Function2（即有 0 个、1 个、2 个参数的类），然后让具体的函数继承这 3 个类[①]。这样做可以把一些与具体函数无关的操作（例如，检查参数个数，以及是否有参数是 ERROR 类型）移到这 3 个类中，还可以加一些方便调试的语句，让具体函数的实现更简洁。由于本题的特殊性，还可以编写 IntegerPredicate 和 StringPredicate 两个子类，进一步地避免重复代码（主要是参数类型检查）。

至此，整个题目就分析完毕了。按照上述方法编写的代码效率很高，可以在很短的时间内通过测试数据。但优化是无止境的。如果把本题的主算法改成回溯（而非完全枚举），可以实现一个杀手级的剪枝，程序运行效率可以提高几十倍甚至上百倍。剪枝的思路如下：在 answer_list 没有枚举完时，虽然有些表达式无法算出结果，但有些表达式仍是能算出结果的（例如，前两题的答案确定后，(diff-answer 1 2)就能算出来了）。不确定的结果可以在 Value 类中新增一个 NA 类型，然后在函数求值时判断：当函数本身和所有参数都不是 NA 类型时，答案也是确定性的。这个剪枝思路很直观，不过需要注意细节，有兴趣的读者可以自行尝试。

例题 12-37　太空站之谜（Mysterious Space Station, Rujia Liu's Present 7[②], UVa12731）

3000 年的一天，人们在茫茫的宇宙中发现了一些奇怪的太空站。科学家们用高科技探测出了它们的精确位置，并绘制了地图，准备派一批机器人到那里进行深入的研究。

地图是一个 $N*M$ 的矩形网格，如图 12-70 所示每个格子要么是可以穿梭自如的真空（用白色表示），要么是无法逾越的未知物质（用阴影表示）。机器人每次可以沿着东（E）、南（S）、西（W）、北（N）中的一个方向前进到相邻格子）如果那里没有未知物质阻挡）。

① 这个设计也许会让 scala 程序员会心一笑。另外，熟悉 STL 的读者也许会更倾向于复用 STL 中的 functor。
② 题目来源：NOI 冬令营 2002。命题人：刘汝佳。

由于太空站内没有任何光线和其他可被机器人感知的物质，机器人只有在尝试往某一个方向行进并失败以后才能知道该方向的相邻格子无法到达，而不能事先知道某一方向上是否有障碍。

有趣的是，太空站里所有未知物质连成一片（沿东、南、西、北 4 个方向连通），把所有真空格围在中间，形成一个真空大厅，机器人从任何一个真空格出发都可以走到其他所有真空格中。另外，太空站内没有“狭窄的通道”，即对于每个真空格子来说，它的南北方向至少有一个相邻格子是真空，东西方向也至少有一个相邻格子是真空。为了方便，把所有的真空格按照从北到南，从西到东标号为 1,2,3……。如图 12-71 所示就是其中一个叫 FT 的太空站的地图标记。

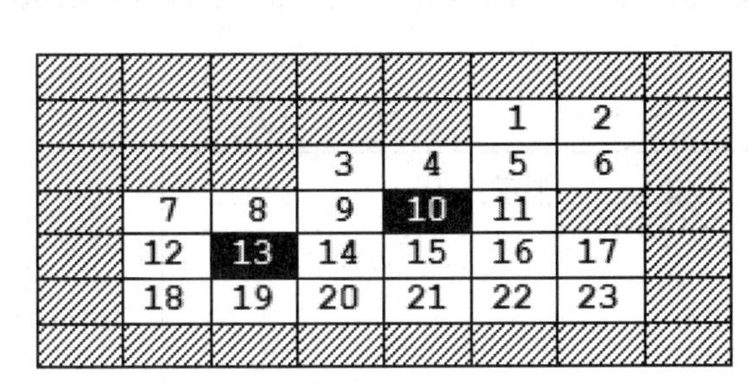

图 12-70　地图

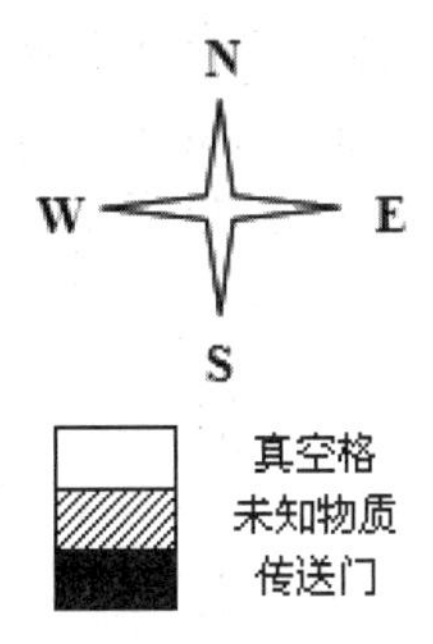

图 12-71　FT 太空站的地图标记

机器人一号被运送到了 FT 的 12 号真空格（由于技术限制，机器人们只能被运送到某个和未知物质有公共边的格子）后开始工作。机器人从起始位置出发往东走一格，再往北走一格，以为到达了 8 号格。但当它试着往北移动时，发现竟然没有被阻挡，而是成功地走到 8 号格上方那个地图上标记为未知物质的格子。这一重大发现很快传遍了所有在太空站内工作的机器人。它们一致认为地图有误，因而用集体罢工的方式向人类提出抗议。

针对这一情况，科学家们解释说：地图并没有绘制错，该现象的发生是因为太空站中存在着某种神秘的传送装置——虽然机器人一号在行走中已经被瞬间转移到其他格子中去了，但他自己却一点也感觉不到。

科学家们指出，太空站中有 K 个传送装置，每一个装置逻辑上连接着两个不同的真空格子，称为传送门。每个传送门只能属于一个传送装置，并且任意传送门周围的 8 个格子中不会有其他传送门或者未知物质。如果两个传送门属于同一个传送装置，那么当机器人沿某一个方向进入其中一个传送门，它就会被瞬间转移到另一个传送门并沿该方向再前进一格。在机器人看来，这一过程和普通的行走并没有区别，因此它们无法感知瞬间转移的进行。以 FT 为例，由于有一个传送装置连接着 10 号格和 13 号格，机器人一号的实际路线是 12->11->5->1，根本没有到达格子 8 上面那个不能去的格子。

机器人明白了其中的奥秘以后，迫不及待地想要找出这些传送装置，但又担心自己在太空站中的工作时间会过长。经过一番慎重的考虑，科学家们决定请你编写一个智能控制程序，帮助机器人用不超过 32767 步数找到所有传送装置。

本题是一道交互式题目。对于每组数据，你的程序应当首先读入整数 N, M, K（$6 \leqslant N, M \leqslant 15$，$1 \leqslant K \leqslant 5$）的值，然后是一个 N 行 M 列的地图，其中“.”表示真空，“*”表示未知物质，“S”表示起点。起始位置保证与至少一个未知物质格有公共边，真空格保证不出现在地图的边或角上。输入数据保证无错，行末无多余空格。

接下来，你的程序应当向标准输出打印一些移动机器人的指令，每个指令占一行，格式为 MoveRobot D，其中 D 为 4 个字符 N, E, S, W 之一。然后你的程序可以从标准输入中读到指令的执行结果，0 表示失败，1 表示成功。

算出结果之后，你的程序应当向标准输出打印恰好 K 条输出指令，每个指令占一行，格式为 Answer pos1 pos2，表示有一个传送装置连接真空格 pos1 和 pos2。每个传送装置应恰好输出一次，顺序任意。当所有 K 条输出完毕之后，你的程序应准备求解下一组数据测试（即再次读取 N, M, K）。当 $N=M=K=0$ 时输入结束。

注意，向标准输出打印每一行之后必须执行 flush 标准输出（例如，C/C++可以执行函数 fflush(stdout)）。

如图 12-72 所示是一个交互范例。

输入	输出
7 8 1	
********	
*****..*	
***....*	
*.....**	
S. . .	
......	
********	
	MoveRobot E
1	
	MoveRobot N
1	
	MoveRobot N
1	
	MoveRobot W
0	
	MoveRobot N
0	
	MoveRobot E
1	
	MoveRobot E
0	
	Answer 10 13
0 0 0	

图 12-72　交互范例

【分析】

本题是笔者第一次给正式比赛命的题目，参加现场比赛的 20 位 IOI 国家集训队员的最好成绩是解决 10 个测试点中的 2 个。

在此之前，IOI99 中出现过一道看上去类似的题目“地下城市”[1]：给定一张地图，但是不知道你的当前位置。要求使用 look 和 move 指令来算出你的当前位置，其中 look 可以判断当前位置的某个方向是空地 O 还是墙 W，move 则是往某个方向移动一格。目标是 look 的次数尽量少。这道题目可以用筛法解决。初始时所有空地都有可能是“当前位置”，根

[1] http://olympiads.win.tue.nl/ioi/ioi99/contest/official/under.html。

据 look 指令的返回值，可以排除一些可能性，当可能性只有一种时，它就是正确答案。当然，还有一些细节问题要考虑（例如，需要计算一下到哪个位置去 look 比较容易排除更多的可能性），但算法的主框架就是这样。因为最多只有 100*100=10000 个可能的位置，所以并不是很困难。

本题却是完全不同的。最多有 11^2=121 个不与未知物质相邻的真空格，任选 5 对格子的方法有很多种（有兴趣的读者可以自己算一下），而且很难简单地通过几条指令来排除一种方案，看来需要放弃“筛法”。

怎么办呢？看来只好用逻辑思考的方法设计方案了。一开始机器人是知道自己位置的，可是走了几次以后就不知道自己在哪里了。根据题目给出的信息，移动是可逆的，即如果成功执行了移动序列 EENWN，则执行序列 SESWW 的结果一定是每步都成功，并且回到了执行 EENWN 之前的位置。有了这个结论，就不怕“走丢”了，大不了原路返回，继续下一次探索。

尽管如此，“走丢”这件事情还是应该尽量避免，因为在不知道当前位置的情况下，能获得的信息十分有限。所以机器人应当遵循以下基本原则：尽量在肯定没有传送门的格子中行走。不过，未知格子总是避不开的，因为我们必须找到传送门。如图 12-73 所示，白色格子是肯定没有传送门的，因为它们和未知物质相邻。但是灰色格子就不一定了：它们可能是传送门，也可能不是。如何判断呢？

设需要判断 A 是不是传送门。首先走到 B，然后执行移动序列 SW，**则当且仅当 A 不是传送门时，移动序列 SW 可以成功，并且当前位置是 C**。是否可能执行 S 时从 A 传送到另外一个位置 D，然后执行 W 时再传送回 C 呢？不可能，因为一个传送门只能属于一个传送装置，而从 D 往 W 走一步后不可能走到与 A 配对的传送门（从 D 往 N 走才能走到与 A 配对的传送门）。

这样一来，问题的关键就变成了判断当前位置是不是 C。首先，如果当前格子不“靠边”，说明它肯定不是 C，直接排除；否则可以用“单手扶墙法”来“绕圈”[①]。例如，从 A 开始左手扶墙，可以得到这样一个移动序列：NESESWWN，然后回到 A。如果从 A 上面的格子出发，移动序列应当是 ESESWWNN，如图 12-74 所示。不难发现，如果把移动序列看成一个环状串，每个格子的移动序列对应的都是这个环状串的一种线性表示。换句话说，根据一个“靠墙点”的“扶墙移动序列”，就能确定这个点的具体位置。

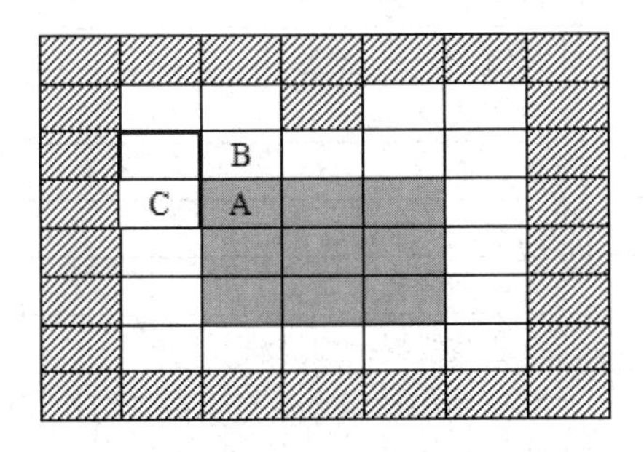

图 12-73　找到传送门

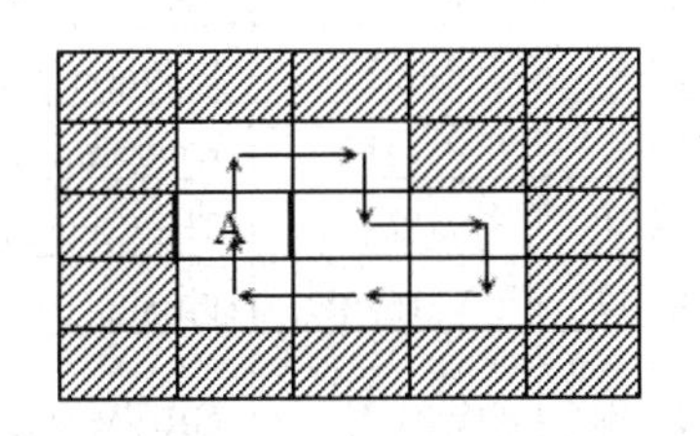

图 12-74　判断当前集团

① http://en.wikipedia.org/wiki/Maze_solving_algorithm#Wall_follower。

这样，用“假设-验证”的方法确定了A是不是传送门——先假设A不是传送门，然后执行一些事先设计好的指令，看看结果是否和预想的一样。在上面的例子中，绕墙一周只需要十几次 MoveRobot 指令（注意绕墙的过程中可能会“碰壁”，所以实际执行的指令往往比移动序列长），非常方便。

按照“从外向里”的顺序，可以**依次确定每个未知格是不是传送门**。具体来说，对于每一个待判断的格子，首先假设它不是传送门，然后进入格子，从另一个方向离开格子，走到墙边，再用绕墙法判断假设是否正确。因为传送门互不相邻，所以第一步“进入格子”和第三步“走到墙边”都可以完美地避开未知格子和传送门，只在肯定不是传送门的真空格中移动。需要特别指出的是，如果假设不成立，说明该格子是传送门，这时必须原路返回，否则会继续“走丢”。

现在只需确定 2K 个传送门之间的配对关系即可。不难发现，这一步也可以用“假设-验证”法，细节留给读者思考。

需要说明的是，上述算法只是一个梗概，还有很多细节可以优化，例如，“绕墙”过程不一定要执行完毕。一旦发现假设是错误的，可以原路返回，而不必求出完整的“扶墙移动序列”。其他还有很多地方可以减少不必要的指令，实际效果也非常好[①]，读者不妨一试。

12.3 小结与习题

至此，本书内容已经全部讲完。仔细看完本章的读者想必已经掌握了《算法竞赛入门经典》和《算法竞赛入门经典——训练指南》中最精髓的部分，在理论和实践上都相当有经验了。按照惯例，下面是例题列表，如表 12-10 所示。

表 12-10 例题列表

类 别	题 号	题目名称（英文）	备 注
例题 12-1	UVa1671	History of Languages	DFA
例题 12-2	UVa1672	Disjoint Regular Expressions	正规表达式；NFA
例题 12-3	UVa1673	str2int	DAWG（或后缀自动机）
例题 12-4	UVa12161	Ironman Race in Treeland	树的分治
例题 12-5	UVa11994	Happy Painting	Link-Cut 树
例题 12-6	UVa1674	Lightning Energy Report	树链剖分或 LCA
例题 12-7	UVa12538	Version Controlled IDE	可持久化 treap
例题 12-8	UVa805	Polygon Intersections	多边形交
例题 12-9	UVa1675	Kingdom Reunion	扫描法；DSLG
例题 12-10	UVa12314	The Cleaning Robot	多边形偏移
例题 12-11	UVa1520	Flights	嵌套线段树；扫描法
例题 12-12	UVa1676	GRE Words Revenge	数据结构的组合；分层数据结构；DAWG 的综合应用

[①] 对于原题的10组官方数据，优化前的最坏情况需要走20000步左右，优化后只需不到2000步。

续表

类　　别	题　　号	题目名称（英文）	备　　注
例题 12-13	UVa11998	Rujia Liu Loves Wario Land!	启发式合并；树链剖分的综合应用；块链表
例题 12-14	UVa1104	Chips Challenge	网络流建模
例题 12-15	UVa12567	Never7, Ever17 and Wa[t]er	线性规划
例题 12-16	UVa12110	Gargoyle	特殊费用流或线性规划
例题 12-17	UVa12253	Simple Encryption	数论；数学猜想
例题 12-18	UVa12164	The Great Game	马尔科夫过程；二分法（或不动点迭代）
例题 12-19	UVa1677	Cycling	数形结合；对最优解性质的分析
例题 12-20	UVa1678	Huzita Axiom 6	解析几何；三次方程
例题 12-21	UVa1679	Easy Geometry	凸函数
例题 12-22	UVa12162	Shooting the Monster	离散化
例题 12-23	UVa1017	Merrily, We Roll Along!	模拟或离散化
例题 12-24	UVa1286	Room Services	几何猜想；动态规划
例题 12-25	UVa1288	Shortest Flight Path	球面几何；区间覆盖；简单图论
例题 12-26	UVa12565	Lovely M[a]gical Curves	NURBS 曲线；近似算法
例题 12-27	UVa11188	A Strange Opera House	几何计算；暴力法
例题 12-28	UVa12308	Smallest Enclosing Box	旋转卡壳；近似算法
例题 12-29	UVa1680	Journey	递归；记忆化搜索；绝对值的处理
例题 12-30	UVa1097	Rain	最短路；图遍历
例题 12-31	UVa1681	Dictionary	字符串和图论综合题
例题 12-32	UVa11199	Equations in Disguise	搜索；优化
例题 12-33	UVa1682	Exclusive Access	互斥算法验证；找圈
例题 12-34	UVa11521	Compressor	复杂动态规划
例题 12-35	UVa12417	Formula Editor	复杂模拟题；OOP
例题 12-36	UVa12666	Killer Puzzle	复杂模拟题；Lisp
例题 12-37	UVa12720	Mysterious Space Station	算法综合题；交互式题目

由于篇幅限制，上述内容无法全部详细地介绍给读者。请读者以“可持久化数据结构”、“后缀自动机”、“动态树”等关键字在网上搜索，能获得很多详细、实用的资料，包括讲解、代码和更多精彩例题。另外要强烈推荐的是 MIT 的 6.851 课程：高级数据结构（Advanced Data Structures），2012 年的课程主页是：http://courses.csail.mit.edu/6.851/spring12/。

然而，知识是永无止境的，高水平的竞赛中还有许多本书以《训练指南》中没有涉及的知识、技巧和题型。表 12-11 中将列举新知识点以及相关题目，以供参加高水平竞赛的选手查漏补缺。

表 12-11　新知识及相关题目

题　　号	题目名称（英文）	备　　注
UVa1683	In case of failure	可以用 Delaunay 三角剖分或者 k-d 树
UVa12629	Rectangle XOR Game	Nim 积

续表

题　　号	题目名称（英文）	备　　注
UVa12698	Safari Park	梯形剖分
UVa12711	Game of Throne	任意图最大权匹配（实现最基本的Edmonds算法即可）
UVa12713	Pearl Chains	Delannoy数；Lucas定理
UVa12513	Safe Places	三维凸包；多面体的交
UVa11594	All Pairs Maximum Flow	Gomory-Hu树
UVa12415	Digit Patterns	NFA转DFA（动态）
UVa11993	Girls' Celebration	PQ树
UVa10766	Organising the Organisation	Matrix-Tree定理
UVa11118	Prisoners, Boxes and Pieces of Paper	非常精彩的题目。虽然没有什么扩展性，但是强烈推荐
UVa11915	Recurrence	钩子公式
UVa1684	Escape Plan	K短路（结点可以重复经过）
UVa1685	Enjoyable Commutation	K短路（结点不能重复经过）

下面的习题不一定可以用来练习本章中介绍的各种知识点和技巧，也不一定有很高的难度。在这里把它们翻译出来，只是因为笔者比较喜欢这些题目，希望能与读者分享。

习题12-1　自编SketchUp（My SketchUp, Rujia Liu's Present 4, UVa12306）

Google SketchUp是一个很棒的软件，可以用来创建、修改和分享3D模型。在本题中，你需要编写它的一个2D简化版，即My SketchUp。

My SketchUp的使用非常直观。例如，画两条交叉线段后，两条线段会被自动截断成4条，因此在图12-75（a）中单击小圆点后只会选中一条线段（粗线部分），删除后如图12-75（b）所示。此时单击图12-75（b）中的小圆点，会选中另一条线段。把该线段删除后剩下的两条线段会自动合并成一条线段，如图12-75（c）所示。另外，在任何时候，重复的线段都会合并成一条。

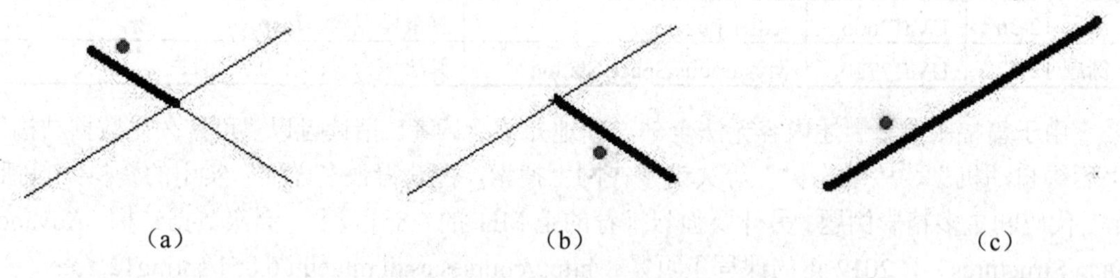

（a）　　（b）　　（c）

图12-75　自动分裂和合并线段

换句话说，对于一个图形来说，它的“长相”决定了它的实际结构，与“这个图形是如何画出来的”无关。一个图形看上去是什么样的实际就是什么样的。例如图12-76包含14个顶点和15条线段。

输入是n≤100条DRAW和REMOVE语句，输出是图形中的各个点的坐标和各条线段两端的点编号，按照字典序排列。DRAW的参数一条折线（最多包含20个点），而REMOVE语句有3个参数x y d，功能是删除离(x,y)的距离不超过d的所有线段。

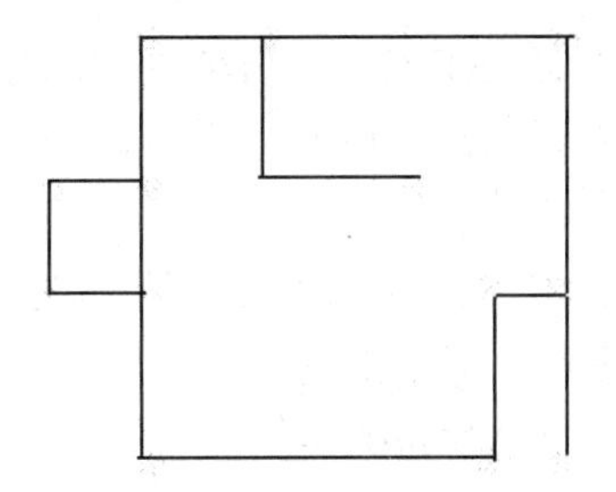

图 12-76　图形示例

评注：这是一道很考验编程能力的题目，稍不注意就会让程序变得很复杂而且非常容易出错。

习题 12-2　平铺（Tiling, ACM/ICPC Jakarta 2012, UVa1686）

输入 6 个整数 DX1，DY1，DX2，DY2，DX3，DY3，……（绝对值均不超过 10000），所有可以写成(iDX1+jDX2+kDX3, iDY1+jDY2+kDY3)的位置都有一个点，如图 12-77 所示。

图 12-77（a）是一个周期，图 12-77（b）是铺贴方法。你的任务是求最小周期。

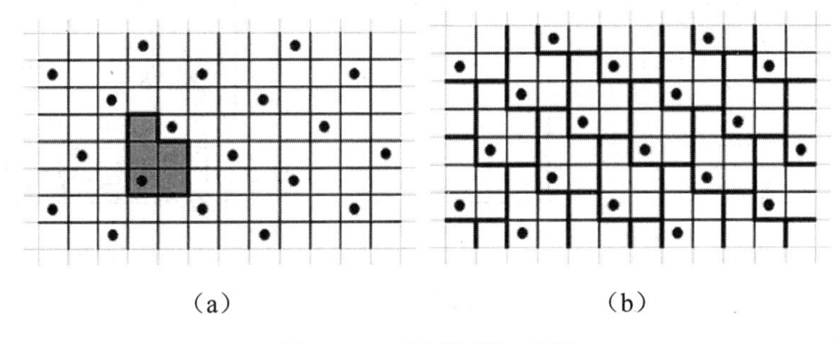

（a）　　（b）

图 12-77　平铺问题示意图

评注：本题的结论就是一个简单公式，但是得到这个公式却不容易。

习题 12-3　切片树（Slicing Tree, ACM/ICPC Daejeon 2012, UVa1687）

有 n（1≤n≤1000）个矩形的长宽值和一棵切片树，要求把矩形按照切片树的规则摆放，使得最小包围盒面积最小。如图 12-78 所示，切片树是一棵二叉树，每个叶子代表一个矩形，每个内结点是 H 或者 V，表示左子树中所有矩形位于右子树中所有矩形的下方/左方。注意：矩形可以横放也可以竖放。

图 12-78 中是一棵切片树和符合该树的两种摆放方法。

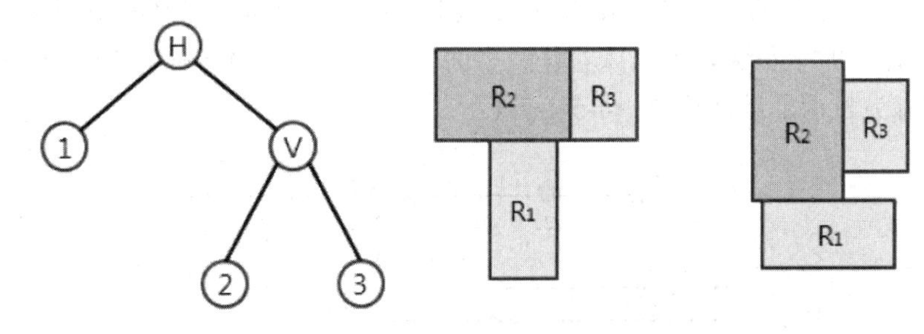

图 12-78　切片树和两种摆放方法

习题 12-4 虫洞（Wormhole, ACM/ICPC NWERC 2009, UVa12227）

科幻小说里常提到虫洞。所谓虫洞，就是一个可以把你传送到遥远地方的东西。更神奇的是，虫洞还能带你到过去或者未来。

在本题中，假定空间里有 n（$0 \leqslant n \leqslant 50$）个虫洞，你的任务是在时刻 0 从起点出发，借助这些虫洞在最早的时刻到达终点。每个虫洞用入口坐标(xs, ys, zs)、出口坐标(xe, ye, ze)、创建时间 t 和时间偏移 d 来描述（$|t|,|d| \leqslant 10^6$）。当你在 t 时刻或更晚时刻到达入口时，将会转移到出口，并且当前时刻加上 d（当 d 为负时，相当于时光倒流）。坐标均为绝对值不超过 10000 的整数，且所有点都不相同。

提示： 本题并不是特别难，但很有启发意义。

习题 12-5 屋顶（Roof, Seoul 2005, UVa1688）

给一个边平行于坐标轴的多边形 P，所有边同时向内以相同速度收缩，并且以这个速度向上（+Z）移动，最终得到一个屋顶，如图 12-79 所示。求屋顶的高度。

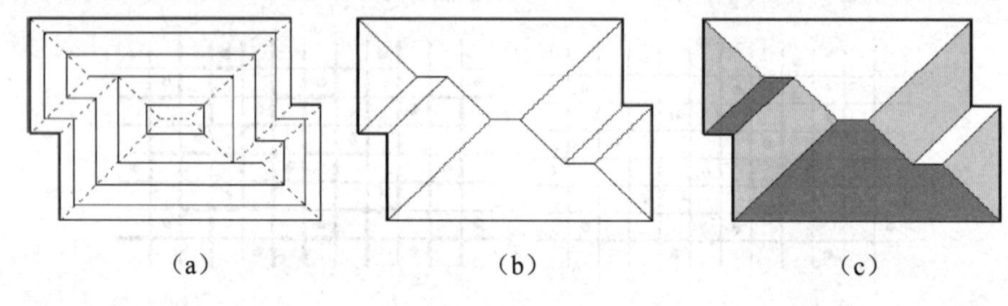

图 12-79 屋顶

提示： 方法不止一种，且复杂程度差异较大。

习题 12-6 国际活动（International Event, ACM/ICPC Daejeon 2013, UVa1689）

有一个盛大的国际活动，一年举办一届。在活动现场，有 N（$2 \leqslant N \leqslant 100000$）个旗杆排成一行，每个旗杆上都有一面国旗迎风飘扬。

每个旗杆用 3 个数 l_i, a_i, b_i 表示，即旗杆的坐标为 l_i，去年挂着国家 a_i 的国旗，今年需要换成国家 b_i 的国旗。你有一个机器人，初始位置为 A，要求为机器人设计一条路线，把所有旗杆上的国旗换成今年的，且移动总距离最小。

国家编号为 1~M（$1 \leqslant M \leqslant 1000$），且每个国家的国旗至少挂在一个旗杆上，并且去年和今年的旗杆数不变（即对于任意 $1 \leqslant c \leqslant M$，满足 $a_i=c$ 的 i 的个数等于满足 $b_j=c$ 的 j 的个数）。假设机器人的手很大，可以捧着任意多面国旗。如图 12-80 所示，每个旗杆用两个数(a_i,b_i)表示，箭头表示了最优路径：4-5-1-7-4。

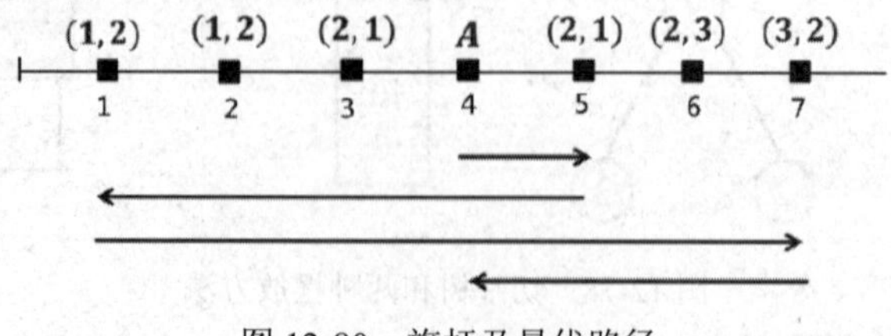

图 12-80 旗杆及最优路径

习题 12-7 拿行李（极限版）（Collecting Luggage EXTREME, UVa11425）

有一个 n（$n\leqslant 100$）边形传送带，上面有你的行李。已知你和行李的初始位置、传送带移动的速率和你行走的最大速度，求拿到行李的最短时间。

评注：本题是 ACM/ICPC 2007 世界总决赛中一道难题的加强版。原题规定人的速度大于传送带移动的速度，因此可以二分。原题的详细分析参见《算法竞赛入门经典——训练指南》。

习题 12-8 加速器（Accelerator, ACM/ICPC Daejeon 2011, UVa1570）

圆周上等距排列着 n 个点，其中有 a 个红点（用圆形表示）和 b 个蓝点（用方形表示），要求每个红点配一个蓝点，每个蓝点最多配一个红点，使得连线的总长度最小。两个匹配点的连线长度等于二者的劣弧长度。例如图 12-81 中的最优解为：位置 1, 3, 9 的红点分别匹配位置 5, 4, 10，连线长度为 6。所有红蓝点位置均不同。$1\leqslant n\leqslant 10^6$，$1\leqslant a\leqslant b\leqslant 10^6$，$2\leqslant a+b\leqslant n$。

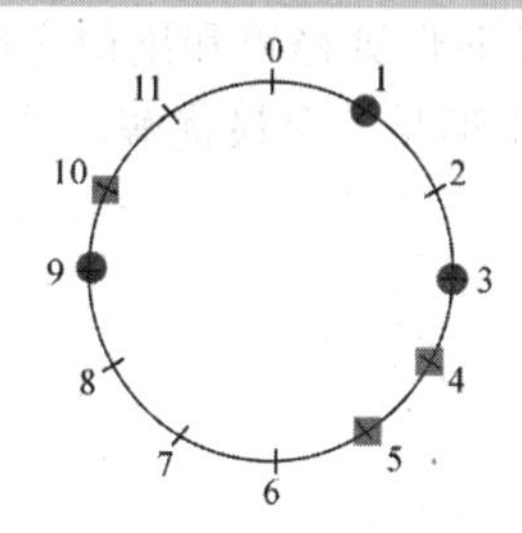

图 12-81 “加速器”问题示意图

习题 12-9 寻找缩图（Find a Minor, Beijing 2007, UVa1690）

对于无向图 G，缩边 e 的操作是这样的：假定 e 的两个端点为 u 和 v，用一个新结点来代替边 e，然后把原先关联到 u 或者 v 的边（除了 e 之外）改成关联到这个新点。执行一次缩边操作后，新图比原图少一条边（注意，新图可以有重边）。如果图 H 可以由图 G 经过一次或多次删边、缩边和删除孤立点操作后得到，则称 H 是 G 的缩图。

缩图在图论中扮演着重要角色。例如，一个无向平面图要么有缩图 $K_{3,3}$（两边各 3 个结点的完全二分图），要么有缩图 K_5（5 个结点的完全图）。

给一个包含 V（$3\leqslant V\leqslant 12$）个结点的简单无向图 G，你的任务是判断它是否含有某个形如 $K_{n,m}$ 或 K_n（$1\leqslant n,m\leqslant V$）的给定缩图。

习题 12-10 赌博（Hey, Better Bettor, ACM/ICPC World Finals 2013, UVa1573）

你在赌场上玩一个游戏，每次的赌注是 1 美元，赢了会得到 2 美元，输了什么也得不到。赌场有一个优惠：在任何时候，赌场可以补偿 x%的损失。使用优惠之后你可以继续玩，也可以退出赌场。退出赌场之前最多只能使用一次这样的优惠。

例如，x=20，你玩了 10 次，赢了 3 次，总共损失 10−3*2=4 元，使用优惠后损失 3.2 元。但如果你赢了 6 次，总共获利 6*2−10=2 元。

假定每局比赛获胜概率为 p%，输入 x, p（$0\leqslant x<100$，$0\leqslant p<50$），输出最优策略下最大的期望获利。

提示：本题和“伟大的游戏”一题有些相像，但也有区别。

习题 12-11 完全平方子集（Hip To Be Square, ACM/ICPC NWERC 2012, UVa1691）

6, 10, 15 均不是完全平方数，但是它们的乘积 900 是完全平方数。输入两个整数 a, b（$1<a<b\leqslant 4900$），找$\{a,a+1,\cdots,b\}$的一个非空子集，其所有元素的乘积为完全平方数 k^2，要求 k 尽量小。输入保证答案小于 2^{63}。无解输出 none。例如，20 30 的解为 5，101 110 的

解为 none, 2337 2392 的解为 3580746020392020480。

提示：本题的方法并不优美，所以请使出浑身解数吧。

习题 12-12　米诺陶洛斯的迷宫（Labyrinth of the Minotaur, ACM/ICPC NEERC 2012, UVa1692）

输入一个宽为 w、高为 h（$2 \leqslant w,h \leqslant 1500$）的矩形迷宫，左上角(1,1)是出口，右下角$(w,h)$是怪兽。放一个尽量小的正方形障碍（不能放在入口或者怪兽上）使得怪兽无法从出口出去。初始时保证怪兽和出口之间有通路。多解输出任意解，无解输出 impossible。如图 12-82 所示，矩形是一个最优解，边长为 2。

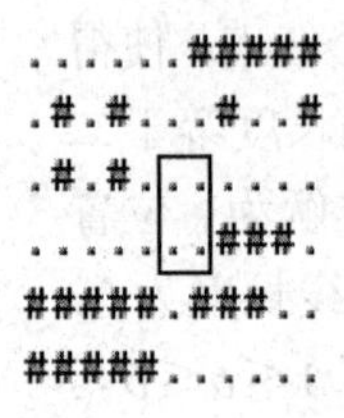

图 12-82　最优解

提示：“太空站之谜”的题解看了吗？如果还没有，现在就看看吧。

习题 12-13　XAR（XAR, ACM/ICPC Beijing 2006, UVa1693）

机器 XAR08 有 n 个（$n \leqslant 128$）8 位寄存器，可以存储 8 位无符号整数，支持 4 种操作（每个操作都同时作用于所有寄存器）：

- X n (0≤n<256)，即 V = V xor n。
- A n (0≤n<256)，即 V = (V+n) mod 256，
- R n (0≤n<8)，循环左移 n 位，等价于 C 语言的 V = (((V>>(8-n))|(V<<n))&0xFF)。
- E n (0≤n<256)，忽略 n，程序终止。

给出 n 个寄存器的初始状态 d_i（$0 \leqslant d_i < 128$ 且各不相同），设计不超过 40000 条指令，使得执行后各寄存器的值分别为 $0,1,\cdots,n-1$。

习题 12-14　收购游戏（Takeover Wars, ACM/ICPC World Finals 2012, UVa1290）

T 公司有 n（$1 \leqslant n \leqslant 10^5$）个子公司，B 公司有 m（$1 \leqslant m \leqslant 10^5$）个子公司。每个子公司有一个市场价值，均为不超过 10^{12} 的正整数。

每次可以合并两个公司。合并同一个公司的两个子公司没有限制。合并之后市场价值等于合并前的两个公司之和。

每个公司都可以用己方的一个子公司 A 吃掉对方的一个子公司 B，条件是 A 的市场价值严格大于 B 的市场价值。被吃掉的子公司 B 消失，而子公司 A 的市场价值不变。为了简单起见，假定任意操作序列都不会产生两个母公司且市场价值相同的子公司。

两个公司轮流操作，T 公司先。如果无法操作，则再次轮到对手操作。你的任务是判断谁赢。

习题 12-15　历史课（History course, ACM/ICPC CERC 2013, UVa1694）

给定 n（$1 \leqslant n \leqslant 50000$）个历史事件，各用一个区间$[a_i,b_i]$表示，即事件的开始时刻和结

束时刻。如果两个历史事件的区间有公共点，说明两个历史事件是相关的。我们需要给学生讲这些历史事件，其中每堂课讲一个事件。我们希望相关历史事件在排课时尽量排在一起，即要找一个最小的 k，使得相关历史事件的课堂编号之差不超过 k。另外，不相关的历史事件必须按顺序讲，即如果有两个不相关事件 i 和 j，i 在 j 之前发生，则 i 的课也必须排在 j 之前。要求输出任意解。

习题 12-16　Quall[e]? Quale?（Quall[e]? Quale?, Rujia Liu's Present 6, UVa12570）

有 n 道题，每道题的标题有多语言版（一共有 m 种语言）。已知每道题的每种语言的版本以什么字母开头，要求前 n 个字母的题目各一道。问：实际用到的语言集合有哪几种可能？例如，有 5 道题，3 种语言。每道题目的每种语言版开头字母如图 12-83 所示。

No	English	French	Chinese
1	A	B	C
2	D	-	B
3	C	B	-
4	E	-	E
5	C	A	-

图 12-83　题目不同语言版本的开头字母

一个合法解如图 12-84 所示。

Problem A	Problem 1 in English
Problem B	Problem 3 in French
Problem C	Problem 5 in English
Problem D	Problem 2 in English
Problem E	Problem 4 in Chinese

图 12-84　合理解法之一

实际用到的语言是{English, French, Chinese}，$3 \leqslant n \leqslant 26$，$1 \leqslant m \leqslant 5$。

评注：本题可以用《训练指南》中介绍的 DLX 算法解决，也有实际效率更高的方法。

习题 12-17　单后对单车（Queen vs Rook, UVa10383）

你的任务是解决国际象棋里的著名残局“单后对单车”。输入 4 个棋子的位置和下一个移动的棋子颜色。要求在第一行输出获胜方及获胜的最少步数，第二行输出下一次移动方的最优策略（若是必胜方，应输出获胜最快的策略；若是必败方，应输出失败最慢的策略；若是平局，输出导致平局的策略）。本题不允许后和车易位。

输入最多有 1000 组数据，保证任何两个棋子不会位于同一个格子里，并且后和车的颜色保证不同。不该移动的一方不会“已经被将死”，但是该移动的一方有可能“已经被将死”。输出中用 X 表示吃子，“+”表示将军，“#”表示将死。

评注：本题容易超时，需要优化，且有些优化本身的代码量比较大。

习题 12-18　谱曲（Melod[y] "Creation", Rujia Liu's Present 6, UVa12566）

可以用字符串来表示一个简谱，其中小节线为“|”，s1=s2 表示一个转调，即该音符在转调前是 s1，转调后是 s2。例如，下面的简谱是一个“诡异版”的生日歌：

5 5 6 5 1=4 3 | 1 1 2 1 5 4 | 1=5 5 5 3 1 7=3 2 | b7 b7 6 4 5=2 1 ||

输入一个简谱，要求将它改写，使得升降号不超过 k 个，在此前提下转调的次数最少。多解时，输出字典序最小的解。要求音符数不超过100。音乐知识和题目背景请参考原题。

习题 12-19　大逃亡（Escape, ACM/ICPC CERC 2013, UVa1695）

有一棵 n（$1\leqslant n\leqslant 200000$）个结点的树，初始时你在结点1，生命值HP=0，目标是从结点t的出口逃出来。每个结点有一个怪兽或者一个鸡腿。当第一次到达一个结点时，你的HP会发生变化：打怪之后HP减少，吃鸡腿之后HP增加，改变量等于结点权值的绝对值，负数表示怪兽，正数表示鸡腿，0表示什么都没有。注意，如果终点 t 内有怪兽，必须先打怪兽然后才能逃出。问是否能成功逃出。

习题 12-20　蜘蛛旅行家（Travelling Spider, ACM/ICPC Daejeon 2011, UVa1696）

把一个魔方的每个面分成 $n*n$（$2\leqslant n\leqslant 50$）的正方形，如图12-85所示（n=4）。不难发现，每个正方形恰好有4个相邻正方形。

图 12-85　$n*n$ 正方形

在两个正方形的中心点分别放一只公蜘蛛和一只母蜘蛛，求一条路径，从公蜘蛛出发，经过所有正方形的中点恰好一次后到达母蜘蛛。换句话说，包括起点和终点，求出的路径应恰好包含 $6n^2$ 个互不相同的正方形，且路径上相邻的两个正方形在魔方上也相邻。

无解输出-1，多解输出任意解。

附录 A　开发环境与方法

合适的开发环境和开发方法能大大提高编程的速度和正确性，但却常常被人忽视。本附录介绍命令行、脚本编程和编译器以及调试器的基本使用方法，希望能给读者带来帮助。

A.1　命　令　行

在图形用户界面（Graphical User Interface，GUI）日益发达的今天，命令行使用得越来越少。但笔者仍然认为命令行操作是每一位编程竞赛的选手必须掌握的技能。它不仅可以让你看起来很专业，而且确实能帮你很大的忙。

首先，进入命令行。在 Windows XP 中，可以选择“开始”菜单中的“运行”命令，在弹出的“运行”对话框中输入“cmd”，然后按 Enter 键，将出现类似下面的提示信息：

```
Microsoft Windows XP [版本 5.1.2600]
(C) 版权所有 1985-2001 Microsoft Corp.

C:\Documents and Settings\Administrator>
```

其中，C:\Documents and Settings\Administrator 是当前路径，而后的“>”符号是命令提示符，紧跟其后的是闪烁的光标（cursor）。在文本界面中，所输入的任何信息都将出现在光标的所在位置。输入命令之后不要忘记按 Enter 键。

在 Linux 中，打开终端（terminal）即可进行命令行操作。Linux 终端并不一定会显示当前路径，可以用 pwd 命令将其显示。无论是 Windows 还是 Linux，都可以用上下箭头来翻阅并使用历史记录。Windows 和 Linux 下都可以用 Tab 键补全命令，但在细节上存在一些差异，读者可以自己实践或查阅相关资料。

A.1.1　文件系统

学习命令行的第一步是理解文件系统。相信读者对“文件”这一概念已经有所认识，但除此之外还需要清楚文件所在的位置。“位置”的表达方式有两种，一种是相对路径，另一种是绝对路径。

相对路径（relative path）是相对当前路径（current path）而言的，它在命令行中已有所体现。例如，在上面的例子中，当前路径是 C:\Documents and Settings\Administrator。在这种情况下，命令 type abc.txt 即为试图显示 C:\Documents and Settings\Administrator\abc.txt。

除了直接给出文件名外，还可以借助当前目录“.”和父目录“..”进行更为灵活的相对路径引用。例如，在上面的命令行提示符下输入 type..\..\Windows\123.txt，实际上是在试图显示 c:\Windows\123.txt。

在命令行中可以用“cd <目录名>”的方式改变当前路径。例如，“cd..”会进入父目录，而“cd aaa”会进入当前目录的 aaa 子目录。

绝对路径和相对路径的区别是，前者给出了“起点”，其实际指向不随当前路径变化。在算法竞赛中，不要在提交的源代码中引用绝对路径，但在操作和调试程序的过程中可以随意使用绝对路径。另外，Linux 中的路径分隔符是正斜线“/”，而非反斜线“\”。

如果在程序中读写文件，则当前路径一般和该程序位于同一个目录，但也可以更改。如果在执行程序时出现“找不到文件”的错误，而文件确实存在，则极有可能是程序的“当前路径”与所想的不一致。一个笨（但有效）的方法是用 freopen("test.txt", "w", stdout)的方法创建文件 test.txt。找到了这个文件，就知道当前路径是什么了。如果要在 freopen 或者 fopen 中使用“..\..\Windows\123.txt”这样的相对路径，应注意反斜线字符在 C 语言的正确表示方法是“\\”。不过，即使在调试中也尽量不要使用路径名。如果在提交程序前忘记把路径名删除，将导致程序得 0 分。事实上，这样的例子并不少见。当然，如果只在条件编译中使用路径名，则是没有问题的。

最后一个小问题是：你不一定有存取文件的权限。如果出现类似于“Permission Denied”的错误信息，需确认当前用户是否拥有想访问的目录或者文件的访问/修改权。在现场比赛中，这可能是因为没有使用比赛指定账户，而是改用 guest 登录了。

A.1.2 进程

简单地说，进程是一个程序正在执行时的实体。它消耗 CPU 资源且占用内存。进程一般都有名字，同时还有一个编号（称为 PID）。

在 Windows 和 Linux 中都能方便地列出进程。在 Windows 下可以使用 Ctrl+Alt+Del 组合键打开任务管理器，或者在命令行下用 tasklist 命令。在 Linux 下可以用 top 命令查看当前占用 CPU 资源最多的一些进程，而 ps 命令类似于 Windows 下的 tasklist 命令，它是使用列表的方式给出当前进程。在默认情况下，ps 命令并不会列出系统进程，用 ps ax 命令可以列出更多的进程。

强行终止进程有很多方法。在 Windows 下，可以用任务管理器直接终止，也可以在命令行下用 taskkill /pid <PID>或 taskkill /im <映像名>终止进程，可以通过执行 taskkill /?查看更多选项。

在 Linux 下可以用 kill 命令终止命令，还可以用 killall <进程名>命令把某个进程名对应的所有进程终止。一个典型情况是，如果 pascal 选手的 Lazarus IDE 不响应，就可以用 killall lazarus 把它们终止。

作为一个好习惯，当程序非正常终止，或者系统表现异常时，应检查进程。例如，若系统反应特别慢，可能是有一些看似运行结束，但其实残留在系统中继续占用系统资源的进程。

A.1.3 程序的执行

在命令行下执行一个程序比在 IDE 中执行要方便和灵活得多。基本的方法很简单：只需直接输入程序名即可。

例如，在 Windows 下执行 abc.exe，可以进入它所在目录后直接输入 abc 并按 Enter 键。系统为什么能找到 abc.exe 呢，因为在 Windows 下，当前目录是最先搜寻可执行文件的位置，并且扩展名.exe 在搜索之前会被自动添加。如果当前目录没有 abc.exe，是否会报错呢？不一定。运行 path 命令，会看到一连串目录。如果当前目录没有 abc.exe，系统会继续在这些目录中寻找，全部查找完毕仍没找到时才会报错。在搜索文件时并不会检查上述目录下的子目录。

Linux 有一些不同。首先，它的可执行文件名并不是以“.exe”为扩展名的，因此 g++ abc.cpp -o abc 编译出的文件是 abc，而非 abc.exe（当然，如果一定要将其取名为 abc.exe，也无不可）。另外，当前目录并不在搜索路径中，因此，即使 abc 已经在当前目录中，仍需要用./abc 这样的方式告诉 Linux“可执行文件 abc 就在当前目录”。

A.1.4 重定向和管道

很多比赛要求选手直接读写标准输入输出（即用 printf/scanf 或 cin/cout 读写，且不用 freopen），难道在评分时裁判要将输入数据一一用键盘输入，等程序运行结束之后看着屏幕，逐个对照手中的标准答案吗？当然不是。可以使用重定向的技巧将输入文件塞到程序的标准输入中，然后再将程序输出保存在文件中。

在 Windows 下可以使用 abc < abc.in > abc.out。而在 Linux 下则可以使用./abc < abc.in > abc.out。当然，如果可执行文件和输入输出文件不在同一个目录，则需要进行相应调整。但基本方法是不变的：在输入文件名前面加一个“<”符号，而在输出文件名前面加一个“>”符号。注意，此时的输出文件将被覆盖。如果希望只是把输出附加在文件末尾，则可用“>>”代替“>”。此外，如果有大量的文本输出到标准错误输出，还可以用“2>”将它们重定向，但需注意，尽量不要在正式提交的程序中输出到标准错误输出，这样不仅可能会违反比赛规定，还可能会因为大量文本的输出而占用宝贵的 CPU 资源，甚至导致超时。

Windows 和 Linux 均提供“管道”机制，用于把不同的程序串起来。例如，如果有一个程序 aplusb 从标准输入读取两个整数 a 和 b，计算并输出 $a+b$，还有一个程序 sqr 从标准输入读取一个整数 a，计算并输出 a^2，则可以这样计算$(10+20)^2$： echo 10 20 | aplusb | sqr。尽管也可以用重定向来完成这个任务，但用管道明显要简单得多。

另一个常见用法是分页显示一个文本文件的内容。在 Windows 下可以用 type abc.txt | more，在 Linux 下则是用 cat abc.txt | more。

A.1.5 常见命令

在 Linux 中，可以用 time 命令计时。例如，运行 time ./abc 会执行 abc 并输出运行时间。但 Windows 中并没有这样的命令，幸好在大多数情况下只是在对自己编写的程序计时，因此只需在程序的最后打印出 clock() / (double)CLOCKS_PER_SEC 即可（需要包含 time.h）。

附表 A-1 中给出了一些常见命令的 Linux 版本和 Windows 版本，供读者查阅。

附表 A-1 常见的 Linux 命令和 Windows 命令

分 类	Linux 命令	Windows 命令
文件列表	ls	dir
改变/创建/删除目录	cd/mkdir/rmdir	cd/md/rd
显示文件内容	cat/more	type/more
比较文件内容	diff	fc
修改文件属性	chmod	attrib
复制文件	cp	copy/xcopy
删除文件	rm	del
文件改名	mv	ren
回显	echo	echo
关闭命令行	exit	exit
在文件中查找字符串	grep	find
查看/修改环境变量	set	set
帮助	man <命令>	help <命令>

A.2 操作系统脚本编程入门

读者如果不学习脚本的编写，就无法让命令行发挥最大威力。编写脚本和编写 C 语言程序有几分相似，但也有一些不同。下面先来看一个常见任务：不停地随机生成测试数据，分别运行两个程序并对比其结果。这个任务被形象地称为“对拍”。

A.2.1 Windows 下的批处理

Windows 下的批处理程序如下：

```
@echo off
:again
r > input                              ;生成随机输入
a < input > output.a
b < input > output.b
fc output.a output.b > nul             ;比较文件
if not errorlevel 1 goto again         ;相同时继续循环
```

第 1 行表明接下来的各个命令本身并不会回显。如果不理解，试着把这一行去掉就明白了。第 2 行是一个标号，后面的 goto 语句用得上。接下来调用数据生成器 *r*，把输入数据写到文件 input 中，然后分别执行 *a* 和 *b*，得到相应的输出，然后用命令 fc 比较它们。注意，fc 命令有输出，但我们对此不感兴趣，因此重定向到一个名为 nul 的设备中，它就好比一个黑洞。另一个有意思的设备是 con，代表标准输入输出。例如，命令 copy con con 的含义是直接把标准输入复制到标准输出（尽管有些傻）。试一试，建立一个只包含一条语句的“C程序”：#include<con>，用命令行编译一下试试——很不幸，看上去编译器“死掉”了，尽管它其实是在读键盘。如果在设计一个基于 Windows 的在线评测系统，小心好事者用它来愚弄你的系统！另一方面，千万不要在正式比赛中使用这个伎俩——它很可能让你失去比赛资格。

最后一行是整个批处理程序的关键——只有当比较文件相同时才执行 goto，否则立刻终止程序。这样，就有机会好好研究一下这个 input 文件，看看两个程序的输出到底为什么不同。读者也许会问，这个 if not errorlevel 1 到底是什么意思呢？它是在测试上一个程序（在本例中，就是 fc 程序）的返回码。if errorlevel num 的意思是“如果返回码大于或者等于 num”，因此 if not errorlevel 1 的意思是，“如果返回码小于 1”。事实上，当且仅当文件相同时，fc 程序返回 0。如果不确定程序的返回码是多少，可以在程序执行完毕后用 echo %errorlevel% 命令输出返回码。

你自己编写的程序的返回码是多少呢？这要看在 main 函数的最后 return 的是多少。返回码 0 往往代表“正常结束”，因此本书的正文部分才建议用 return 0。典型的评分程序将在执行选手程序之后判断它的返回码，如果非 0，则直接认为程序非正常退出，根本不去理会输出是否正确。说到这里，你也许已经想到一种故意让返回码非 0 的情况了——输出检查器。对于答案不唯一的情况（例如，走迷宫时要求输出最短路径，但不必是字典序最小的），对拍时不能简单地用 fc 命令比较文本内容，而应该单独编写一个程序，这个程序应当在答案不一致时返回 1，以便上面的批处理程序及时终止。

上面的程序应以.bat 为扩展名保存，并且在执行时也可以省略扩展名。如果同时存在 abc.bat 和 abc.exe，将执行 abc.exe。但如果主文件名和系统命令重名，则连 exe 文件也无法执行，如 path.exe。

A.2.2 Linux 下的 Bash 脚本

下面是上述程序的 Linux 版：

```
#!/bin/bash
while true; do
  ./r > input                        #生成随机数据
  ./a < input > output.a
  ./b < input > output.b
  diff output.a output.b             #文件比较
  if [ $? -ne 0 ] ; then break; fi  #判断返回值
done
```

和 Windows 版没有太大的不同，但需要注意的是，Linux 中的设备名和 Windows 有所不同，而且也没有必要执行类似@echo off 的命令——命令本来就不会回显。需要注意的是，如果在 Windows 下编写 Linux 脚本，复制到 Linux 后需要去掉所有的\r 字符，否则解释器会报错。

把上述程序保存成test.sh后，再执行chmod +x test.sh，即可用./test.sh来执行它。当然，扩展名也不是必需的，完全可以以不带扩展名的test命名。

上面的程序不是最简洁的（例如，可以直接把diff命令放在if语句中），但展示了bash脚本的一些其他用法。例如，while循环是“while <命令集>; do <命令集>; done”，而if语句的基本是“if <命令集>; do <命令集>;”。不管是while还是if，判断的都是命令集中最后一条语句的返回码（exit code）是否为0。例如，若把上面的脚本改成if diff output.a output.b; then break; fi，则当两个文件相同（diff返回码为0）时退出循环（这个不是我们所期望的）。如果忘记了命令格式，可以用help if和help while获取帮助。

上面的“true”和“[”都是程序。前者的作用是直接返回0；而后者的作用是计算表达式（该程序要求最后一个参数必须是“]”），其中“$?”是bash内部变量，表示“上一个程序的返回码”。

A.2.3 再谈随机数

如果做过测试，可能会发现上面的方法有一个问题：如果程序执行太快，随机数生成器在相邻两次执行时，time(NULL)函数返回值相同，因而产生出完全相同的输入文件。换句话说，每隔一秒才能产生出一个不同的随机数据。一个解决方案是利用系统自带的随机数发生器：在Windows下是环境变量%random%，而在bash中是$RANDOM。它们都是0~32767之间的随机整数。可以直接用脚本编写随机数生成器，也可以把它们传递到程序中。

A.3 编译器和调试器

既然编译器和调试器都是程序，执行方法和普通程序大致相同。在安装时，系统会自动把编译器和调试器程序所在路径加到搜索路径中，因此在执行时不必像./gcc 这样加上路径名。

A.3.1 gcc的安装和测试

尽管在现场比赛中，编译器都已安装好，但如果平时练习，一般需要自己安装。如果使用Linux，在安装操作系统时即可选择安装gcc、g++、binutils等包，但若要在Windows中使用C/C++语言，需要手工安装编译器。

本书推荐使用MinGW环境下的gcc，它的好处是和Linux下的gcc一致性较好，而且是免费的。可以到www.mingw.com中下载最新的安装包，然后在安装时选择g++编译器。

安装完毕后，在命令行中执行gcc命令。如果显示gcc: no input files，则安装成功；如果提示不存在这个命令，可能是因为没有把gcc所在目录加到搜索路径中。可以双击控制面板的“系统”图标，并在“高级”选项卡中设置环境变量。在“系统变量”中找到“PATH”（大小写无所谓），它就是可执行程序的搜索路径。请在它的最后加入MinGW安装路径的

bin 子目录，如 C:\MinGW\bin（在安装时记住 MinGW 的安装路径），保存后重新启动命令行，gcc 就应该可以正常工作了。

A.3.2　常见编译选项

先建立一个 test.c，试试常见的编译选项。

```
#include<stdio.h>
main()
{
  int a, b;
  scanf("%d%d", &a, &b);
  int c = a+b;
  printf("%d%d\n", c);
}
```

编译一下，命令为 gcc test.c。程序没有输出，代表一切均好。检查目录（Windows 下用 dir，Linux 下用 ls），会发现多了一个 a.exe（Windows）或 a.out（Linux），这就是程序的编译结果。

gcc test.c-o test 命令会让编译出的可执行程序名为 test.exe（Windows）或 test（Linux）。这样，就能用 test（Windows）或./test（Linux）方式运行程序。

也许读者已经看出了上述代码中的一些问题，不过当程序更加复杂时，人眼就不一定能快速找到错误了。在这样的情况下，编译选项能起作用：gcc -test.c -o test -Wall。这次，编译器指出了 3 个警告：main 函数没有返回类型、没有返回值、printf 的格式字符串可能有问题。还可以进一步用-ansi-pedantic，它会检查代码是否符合 ANSI 标准（-ansi 只是判断是否和 ANSI 冲突，而-pedantic 更加严格）。它进一步指出了上述代码中的另外一个问题：ANSI C 中不允许临时声明变量，而必须在语句块的首部声明变量。

在 C 语言中，另一个常用的编译选项是-lm，它让编译器连接数学库，从而允许程序使用 math.h 中的数学函数。C++编译器会自动连接数学库，但如果程序的扩展名是.c，且不连接数学库，有时会出现意想不到的结果。

另一个有用的选项是-DDEBUG，它在编译时定义符号 DEBUG（可以换成其他，如-DLOCAL 将定义符号 LOCAL），这样，位于#ifdef DEBUG 和#endif 中间的语句会被编译。而在通常情况下，这些语句将被编译器忽略（注意，不仅是不会执行，连编译都没有进行）。

可以用-O1、-O2 和-O3 对代码进行速度优化。一般情况下，直接编译出的程序比用-O1 编译出的程序慢，而后者比-O2 慢。尽管理论上-O3 编译出的程序更快，但由于某些优化可能会误解程序员的意思，一般比赛中不推荐使用。另外，如果你的程序中有一些不确定因素（如使用了未初始化的变量），运行结果可能会和编译选项有关——用-O1 和-O2 编译出的程序也许不仅是速度有差异，答案甚至都有可能不同！当然，这种情况出现的前提是程序有瑕疵。如果是一个规范的程序，运行结果不会和优化方式有关。

既然编译选项可以影响程序的行为，在正规比赛中，组织方应提前公布编译选项。如果没有公布，选手最好尽早询问。

A.3.3 gdb 简介

gdb 尽管只是一个文本界面的调试器，但功能十分强大。不管是 Linux 和 Windows 下的 MinGW，gcc 和 gdb 都是最佳拍档。

gdb 的使用方法很简单——用 gcc 编译成 test.exe 之后，执行 gdb test.exe 即可。不过，如果要用 gdb 调试，编译时应加上-g 选项，生成调试用的符号表。

接下来使用 l 命令，将看到部分源程序清单。如果用 l 15，将会显示第 15 行（以及它前后的若干行）。除此之外，还可以用函数名来定义，如 l main 将显示 main 函数开头的附近 10 行。如果不加参数执行 l，将显示下 10 行；list -将显示上 10 行。所有这些操作都可以用 help list 命令来查看。gdb 中的命令可以简写（例如 list 简写成 l），大家可以多尝试（提示：试一下命令的前若干个字母）。

运行程序的命令是 r（run），但会一直执行到程序结束。如何让它停下来呢？方法是用 b（break）命令设置断点。例如，b main 命令将在 main 函数的开始处设置一个断点，则用 r 命令执行时会在这里停下来。如果想继续运行，请用 c（continue）命令，而不是继续用 r 命令。和 list 命令类似，b 命令既可以指定行号，也可以在指定函数的首部停下来。笔者在调试很多程序时都是以命令 b main 和 r 开头的。

如果希望逐条语句地执行程序，不停地用 b 和 c 命令太麻烦。gdb 提供了一些更加方便的指令，其中最常用的有两个：next（简写为 n）和 step（简写为 s）。其作用都是执行当前行，区别在于如果当前行涉及函数调用，则 next 是把它作为一个整体执行完毕，而 step 是进入函数内部。尽管 n 和 s 都只有一个字母，但有时还是稍显繁琐。在 gdb 中，如果在提示符下直接按 Enter 键，等价于再次执行上一条指令，因此如果需要连续执行 s 或者 n，只需要第一次输入该命令，然后直接连按 Enter 键即可。另外，和命令行一样，可以按上下箭头来使用历史记录。

另一个常用命令是 until（简写为 u），让程序执行到指定位置。例如，u 9 就是执行到第 9 行，u doit 就是执行到 doit 函数的开头位置。

停下来以后便打印一些函数值，看看是否和想象的一致。用 p（print）命令可以打印出一些变量的值，而 info locals（可以简写为 i lo）可以显示所有局部变量。如果希望每次程序停下来，则可以用 display（简写为 disp）命令。例如，display i+1 就可以方便地读取 i+1 的值。它往往和 n、s 和 u 等单步执行指令配合使用。如果需要列出所有 display，可以用 info display（简写为 i disp）；还可以删除或者临时禁止/恢复一些 display，相应的命令为 delete display（d disp）、disable display（dis disp）和 enable display（en disp）。类似地，也可以根据断点编号删除、禁止和恢复断点，还可以用 clear（cl）命令，像 b 命令一样根据行号或者函数名直接删除断点。

在多数情况下，灵活运用上述功能已经能高效地调试程序了。下面把涉及的命令列出，供读者参考，如附表 A-2 所示。

附表 A-2　gdb 常见命令

简　写	全　称	备　注
l	list	显示指定行号或者指定函数附近的源代码
b	break	在指定行号或者指定函数开头处设置断点。如 b main
r	run	运行程序，直到程序结束或者遇到断点而停下
c	continue	在程序中断后继续执行程序，直到程序结束或者遇到断点而停下。注意在程序开始执行前只能用 r，不能用 c
n	next	执行一条语句。如果有函数调用，则把它作为一个整体
s	step	执行一条语句。如果有函数调用，则进入函数内部
u	until	执行到指定行号或者指定函数的开头
p	print	显示变量或表达式的值
disp	display	把一个表达式设置为 display，当程序每次停下来时都会显示其值
cl	clear	取消断点，和 b 的格式相同。如果该位置有多个断点，将同时取消
i	info	显示各种信息。如 i b 显示所有断点，i disp 显示 display，而 i lo 显示所有局部变量

如果对上述解释有疑问，可输入 help 以获得详尽的帮助信息。

A.3.4　gdb 的高级功能

gdb 的功能远不止刚才所讲述的那些。尽管很多功能是专为系统级调试所设，但还有很多功能也能为算法程序的调试带来很大方便。

首先是栈帧的相关命令，其中最常用的是 bt，其他命令可以通过 help stack 来学习。接下来是断点控制命令。commands（comm）命令可以指定在某个断点处停下来后所执行的 gdb 命令，ignore（ig）命令可以让断点在前 count 次到达时都不停下来，而 condition 则可以给断点加一个条件。例如，在下面的循环中：

```
10  for(i = 0; i < n; i++)
11  printf("%d\n", i);
```

首先用 b 11 设置断点（假设编号为 2），然后用 cond 2 i==5 让该断点仅当 i=5 时有效。这样的条件断点在进行细致的调试时往往很有用。

另外，gdb 还支持一种特殊的断点——watchpoint。例如，watch a（简写为 wa a）可以在变量 a 修改时停下，并显示出修改前后的变量值，而 awatch a（简写为 aw a）则是在变量被读写时都会停下来。类似地，rwatch a（rw a）则是在变量被读时停下。

最后需要说明的是，gdb 中可以自由调用函数（不管是源程序中新定义的函数还是库函数）。第一种方法是用 call 命令。例如，如果想给包含 10 个元素的数组 a 排序，可以像这样直接调用 STL 中的排序函数 call sort(a, a+10)。

遗憾的是，如果真的做过这个实验，会发现刚才所说完全是骗人的。gdb 会显示不存在函数 sort。怎么会这样呢？如果学过宏和内联函数就会知道，很多看起来是函数的却不一定真的是函数，或者说，不一定是调试器识别的函数。为了在 gdb 中调用 sort，可以将它打包：

```
void mysort(int*p, int*q)
{
    sort(p, q);
}
```

这样，就可以用 call mysort(a, a+10)来给数组 a 排序了。print、condition 和 display 命令都可以像这样使用 C/C++函数。例如，可以用 p rand()来输出一个随机数，或是专门编写一个打印二叉树的函数，然后在 print 或者 display 命令中使用它，还可以编写一个返回 bool 值的函数，并作为断点的条件。

至此是不是觉得 gdb 很强大呢？注意，过分地依赖于 gdb 的调试功能让敏锐的直觉变得迟钝。事实上，笔者建议读者尽量只使用 A.3.3 节提到的基本功能，甚至尽量不要使用 gdb——用输出中间变量的方法，加上直觉和经验来调试算法程序。如果是这样，编程速度和准确性将大大提高。

A.4 浅谈 IDE

所谓 IDE，是指集成开发环境（Integrated Development Environment）。顾名思义，开发程序所用到的各种功能都应该被集成到 IDE 中，包括编辑（edit）、编译（compile）、运行（run）、调试（debug）等。但工具始终总是工具，读者必须懂得如何使用它，才能发挥出它的最大威力。

可以用来编写 C/C++程序的 IDE 有很多，如 Linux 下的 Anjuta，Windows 下的 Dev-Cpp，以及跨平台的 Eclipse 和 Code::Blocks，还有一些强大的通用编辑器也可以用来编写 C/C++程序，如 vi、emacs、EditPlus 等。

也许和很多读者所期望的不同，笔者在这里不打算介绍任何一个 IDE。事实上，如果读者对本章所介绍的命令行、脚本、编译选项和 gdb 都能很好地掌握，IDE 是非常容易学习的——只需要熟悉它的编辑特色（语法高亮、代码折叠、查找与替换和代码补全等）和常用快捷键即可。

多数 IDE 会引入“工程”的概念，所以读者需要花一点时间来掌握工程的基本知识。例如，在编写算法程序时，工程类别需要的是命令行程序（console application），而不是图形界面程序（GUI application）或其他。如果熟练掌握了 gcc 编译参数和 gdb 的常见命令，在 IDE 下编译和调试会更容易。

主要参考书目

[1] Thomas H.Cormen,Charles E.Leiserson,Ronald L.Rivest,Clifford Stein.Introduction to Algorithms,Second Edition,The MIT Press,2001

[2] Jon Kleinberg,Éva Tardos.Algorithm Design.Addison Wesley,2005

[3] Sanjoy Dasgupta.Christos Papadimitriou,Umesh Vazirani.Algorithms.McGraw Hill Higher Education,2006

[4] Ronald L.Graham,Donald E.Knuth,Oren Patashnik.Concrete Mathematics.Addison-Wesley Professional,1994

[5] Joseph O'Rourke.Computational Geometry in C,second edition,Cambridge University Press,1998

[6] Mark de Berg,Otfried Cheong, Marc van Kreveld,Mark Overmars,Computational Geometry: Algorithms and Applications, 3rd Edition, Springer-Verlag Berlin and Heidelberg GmbH & Co. K,2008

[7] G. Polya. How to Solve It: A New Aspect of Mathematical Method. Princeton University Press2nd Edition,1971

[8] Philip Schneider, David H. Eberly. Geometric Tools for Computer Graphics. Morgan Kaufmann,2002

[9] 周培德．计算几何——算法分析与设计．北京：清华大学出版社，2000

[10] 中国计算机学会（执行主编王宏）．全国信息学奥林匹克年鉴．河南：中原出版传媒集团，2006—2010

[11] 中国计算机学会．IOI 国家集训队资料，2002—2010